U0418327

高等学校智能科学与技术/人工智能专业教材

机器人智能感知基础

孙亮　胡艳艳　江菁晶　编著

清華大学出版社
北京

内容简介

本书系统地介绍机器人智能感知技术。全书共9章，主要内容包括机器人传感器基础知识，机器人内部传感器（位置与速度传感器、加速度传感器、陀螺仪表、姿态传感器等）技术基础，机器人触觉和力觉感知技术基础，机器人接近觉、热觉、滑觉、听觉、嗅觉和味觉感知技术基础，机器人视觉感知技术基础，估计理论基础，多传感器信息融合技术基础，智能感知技术在机器人系统中的应用，基于多传感器信息融合的自动驾驶汽车位姿估计等。

本书可作为高等院校人工智能、机器人工程、自动化、智能感知工程、测控技术与仪器等相关专业的本科生教材，也可供从事智能机器人技术研究、开发和应用的研究生及科研人员和工程人员参考。

版权所有，侵权必究。举报：010-62782989，beiqinquan@tup.tsinghua.edu.cn。

图书在版编目（CIP）数据

机器人智能感知基础 / 孙亮，胡艳艳，江菁晶编著. --北京：清华大学出版社，2025. 6.
（高等学校智能科学与技术/人工智能专业教材）. -- ISBN 978-7-302-68990-4

Ⅰ. TP242.6

中国国家版本馆 CIP 数据核字第 2025QR4222 号

责任编辑：张　玥
封面设计：常雪影
责任校对：刘惠林
责任印制：曹婉颖

出版发行：清华大学出版社

网　　址：https://www.tup.com.cn，https://www.wqxuetang.com
地　　址：北京清华大学学研大厦A座　　邮　　编：100084
社 总 机：010-83470000　　邮　　购：010-62786544
投稿与读者服务：010-62776969，c-service@tup.tsinghua.edu.cn
质量反馈：010-62772015，zhiliang@tup.tsinghua.edu.cn
课件下载：https://www.tup.com.cn，010-83470236

印 装 者：三河市龙大印装有限公司
经　　销：全国新华书店
开　　本：185mm×260mm　　印　　张：26.5　　字　　数：631千字
版　　次：2025年6月第1版　　印　　次：2025年6月第1次印刷
定　　价：79.80元

产品编号：094691-01

高等学校智能科学与技术/人工智能专业教材

编审委员会

主　任：

陆建华　清华大学电子工程系　教授
　　　　　　　　　　　　　　中国科学院院士

副主任：（按照姓氏拼音排序）

邓志鸿　北京大学信息学院智能科学系　副主任/教授
黄河燕　北京理工大学人工智能研究院　院长/特聘教授
焦李成　西安电子科技大学人工智能研究院　院长/华山杰出教授
卢先和　清华大学出版社　总编辑/编审
孙茂松　清华大学人工智能研究院　常务副院长/教授
王海峰　百度公司　首席技术官
王巨宏　腾讯公司　副总裁
曾伟胜　华为云与计算 BG 高校科研与人才发展部　部长
周志华　南京大学　教授
庄越挺　浙江大学计算机学院　教授

委　员：（按照姓氏拼音排序）

曹治国　华中科技大学人工智能与自动化学院学术委员会　主任/教授
陈恩红　中国科学技术大学大数据学院　执行院长/教授
陈雯柏　北京信息科技大学自动化学院　副院长/教授
陈竹敏　山东大学人工智能学院　副院长/教授
程　洪　电子科技大学机器人研究中心　主任/教授
杜　博　武汉大学计算机学院　副院长/教授
杜彦辉　中国人民公安大学信息网络安全学院　教授
方勇纯　南开大学　副校长/教授
韩　韬　上海交通大学电子信息与电气工程学院　副院长/教授
侯　彪　西安电子科技大学人工智能学院　执行院长/教授
侯宏旭　内蒙古大学网络信息中心　主任/教授
胡　斌　北京理工大学　教授
胡清华　天津大学人工智能学院　院长/教授
李　波　北京航空航天大学人工智能学院　常务副院长/教授
李绍滋　厦门大学信息学院　教授
李晓东　中山大学智能工程学院　教授

李轩涯	百度公司	高校合作部总监
李智勇	湖南大学机器人学院	党委书记/教授
梁吉业	山西大学	副校长/教授
刘冀伟	北京科技大学智能科学与技术系	副教授
刘振丙	桂林电子科技大学人工智能学院	副院长/教授
孙海峰	华为技术有限公司	高校生态合作高级经理
唐　琎	中南大学自动化学院智能科学与技术专业	专业负责人/教授
汪　卫	复旦大学计算机科学技术学院	教授
王国胤	重庆师范大学	校长/教授
王科俊	哈尔滨工程大学智能科学与工程学院	教授
王　瑞	首都师范大学人工智能系	教授
王　挺	国防科技大学计算机学院	教授
王万良	浙江工业大学计算机科学与技术学院	教授
王文庆	西安邮电大学自动化学院	院长/教授
王小捷	北京邮电大学智能科学与技术中心	主任/教授
王玉皞	南昌大学人工智能工业研究院	研究员
文继荣	中国人民大学高瓴人工智能学院	执行院长/教授
文俊浩	重庆大学大数据与软件学院	党委书记/教授
辛景民	西安交通大学人工智能学院	常务副院长/教授
杨金柱	东北大学计算机科学与工程学院	常务副院长/教授
于　剑	北京交通大学人工智能研究院	院长/教授
余正涛	昆明理工大学信息工程与自动化学院	院长/教授
俞祝良	华南理工大学自动化科学与工程学院	副院长/教授
岳　昆	云南大学信息学院	副院长/教授
张博锋	上海第二工业大学计算机与信息工程学院	院长/研究员
张　俊	大连海事大学人工智能学院	副院长/教授
张　磊	河北工业大学人工智能与数据科学学院	教授
张盛兵	西北工业大学图书馆	馆长/教授
张　伟	同济大学电信学院控制科学与工程系	副系主任/副教授
张文生	中国科学院大学人工智能学院	首席教授
	海南大学人工智能与大数据研究院	院长
张彦铎	武汉工程大学	副校长/教授
张永刚	吉林大学计算机科学与技术学院	副院长/教授
章　毅	四川大学计算机学院	学术院长/教授
庄　雷	郑州大学信息工程学院、计算机与人工智能学院	教授

秘书长：

朱　军	清华大学人工智能研究院基础研究中心	主任/教授

秘书处：

陶晓明	清华大学电子工程系	教授
张　玥	清华大学出版社	副编审

出版说明

当今时代，以互联网、云计算、大数据、物联网、新一代器件、超级计算机等，特别是新一代人工智能为代表的信息技术飞速发展，正深刻地影响着我们的工作、学习与生活。

随着人工智能成为引领新一轮科技革命和产业变革的战略性技术，世界主要发达国家纷纷制订了人工智能国家发展计划。2017 年 7 月，国务院正式发布《新一代人工智能发展规划》(以下简称《规划》)，将人工智能技术与产业的发展上升为国家重大发展战略。《规划》要求"牢牢把握人工智能发展的重大历史机遇，带动国家竞争力整体跃升和跨越式发展"，提出要"开展跨学科探索性研究"，并强调"完善人工智能领域学科布局，设立人工智能专业，推动人工智能领域一级学科建设"。

为贯彻落实《规划》，2018 年 4 月，教育部印发了《高等学校人工智能创新行动计划》，强调了"优化高校人工智能领域科技创新体系，完善人工智能领域人才培养体系"的重点任务，提出高校要不断推动人工智能与实体经济(产业)深度融合，鼓励建立人工智能学院/研究院，开展高层次人才培养。早在 2004 年，北京大学就率先设立了智能科学与技术本科专业。为了加快人工智能高层次人才培养，教育部又于 2018 年增设了"人工智能"本科专业。2020 年 2 月，教育部、国家发展改革委、财政部联合印发了《关于"双一流"建设高校促进学科融合，加快人工智能领域研究生培养的若干意见》的通知，提出依托"双一流"建设，深化人工智能内涵，构建基础理论人才与"人工智能＋X"复合型人才并重的培养体系，探索深度融合的学科建设和人才培养新模式，着力提升人工智能领域研究生培养水平，为我国抢占世界科技前沿，实现引领性原创成果的重大突破提供更加充分的人才支撑。至今，全国共有超过 400 所高校获批智能科学与技术或人工智能本科专业，我国正在建立人工智能类本科和研究生层次人才培养体系。

教材建设是人才培养体系工作的重要基础环节。近年来，为了满足智能专业的人才培养和教学需要，国内一些学者或高校教师在总结科研和教学成果的基础上编写了一系列教材，其中有些教材已成为该专业必选的优秀教材，在一定程度上缓解了专业人才培养对教材的需求，如由南京大学周志华教授编写、我社出版的《机器学习》就是其中的佼佼者。同时，我们应该看到，目前市场上的教材还不能完全满足智能专业的教学需要，突出的问题主要表现在内容比较陈旧，不能反映理论前沿、技术热点和产业应用与趋势等；缺乏系统性，基础教材多、专业教材少，理论教材多、技术或实践教材少。

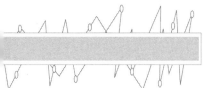

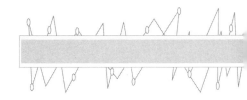

为了满足智能专业人才培养和教学需要，编写反映最新理论与技术且系统化、系列化的教材势在必行。早在 2013 年，北京邮电大学钟义信教授就受邀担任第一届"全国高

等学校智能科学与技术/人工智能专业规划教材编委会”主任，组织和指导教材的编写工作。2019 年，第二届编委会成立，清华大学陆建华院士受邀担任编委会主任，全国各省市开设智能科学与技术/人工智能专业的院系负责人担任编委会成员，在第一届编委会的工作基础上继续开展工作。

编委会认真研讨了国内外高等院校智能科学与技术专业的教学体系和课程设置，制定了编委会工作简章、编写规则和注意事项，规划了核心课程和自选课程。经过编委会全体委员及专家的推荐和审定，本套丛书的作者应运而生，他们大多是在本专业领域有深厚造诣的骨干教师，同时从事一线教学工作，有丰富的教学经验和研究功底。

本套教材是我社针对智能科学与技术/人工智能专业策划的第一套规划教材，遵循以下编写原则：

(1) 智能科学技术/人工智能既具有十分深刻的基础科学特性(智能科学)，又具有极其广泛的应用技术特性(智能技术)。因此，本专业教材面向理科或工科，鼓励理工融通。

(2) 处理好本学科与其他学科的共生关系。要考虑智能科学与技术/人工智能与计算机、自动控制、电子信息等相关学科的关系问题，考虑把“互联网＋”与智能科学联系起来，体现新理念和新内容。

(3) 处理好国外和国内的关系。在教材的内容、案例、实验等方面，除了体现国外先进的研究成果，一定要体现我国科研人员在智能领域的创新和成果，优先出版具有自己特色的教材。

(4) 处理好理论学习与技能培养的关系。对理科学生，注重对思维方式的培养；对工科学生，注重对实践能力的培养。各有侧重。鼓励各校根据本校的智能专业特色编写教材。

(5) 根据新时代教学和学习的需要，在纸质教材的基础上融合多种形式的教学辅助材料。鼓励包括纸质教材、微课视频、案例库、试题库等教学资源的多形态、多媒质、多层次的立体化教材建设。

(6) 鉴于智能专业的特点和学科建设需求，鼓励高校教师联合编写，促进优质教材共建共享。鼓励校企合作教材编写，加速产学研深度融合。

本套教材具有以下出版特色：

(1) 体系结构完整，内容具有开放性和先进性，结构合理。

(2) 除满足智能科学与技术/人工智能专业的教学要求外，还能够满足计算机、自动化等相关专业对智能领域课程的教材需求。

(3) 既引进国外优秀教材，也鼓励我国作者编写原创教材，内容丰富，特点突出。

(4) 既有理论类教材，也有实践类教材，注重理论与实践相结合。

(5) 根据学科建设和教学需要，优先出版多媒体、融媒体的新形态教材。

(6) 紧跟科学技术的新发展，及时更新版本。

为了保证出版质量，满足教学需要，我们坚持成熟一本，出版一本的出版原则。在每本书的编写过程中，除作者积累的大量素材，还力求将智能科学与技术/人工智能领域的最新成果和成熟经验反映到教材中，本专业专家学者也反复提出宝贵意见和建议，进行审核定稿，以提高本套丛书的含金量。热切期望广大教师和科研工作者加入我们的队伍，并欢迎广大读者对本系列教材提出宝贵意见，以便我们不断改进策划、组织、编写与出版工作，为我国智能科学与技术/人工智能专业人才的培养做出更多的贡献。

联系人：张玥

联系电话：010-83470175

电子邮件：jsjjc_zhangy@126.com

清华大学出版社

2020年夏

总　　序

以智慧地球、智能驾驶、智慧城市为代表的人工智能技术与应用迎来了新的发展热潮，世界主要发达国家和我国都制订了人工智能国家发展计划，人工智能现已成为世界科技竞争新的制高点。然而，智能科技/人工智能的发展也面临新的挑战，首先其理论基础有待进一步夯实，其次其技术体系有待进一步完善。抓基础、抓教材、抓人才，稳妥推进智能科技的发展，已成为教育界、科技界的广泛共识。我国高校也积极行动、快速响应，陆续开设了智能科学与技术、人工智能、大数据等专业方向。截至 2020 年年底，全国共有超过 400 所高校获批智能科学与技术或人工智能本科专业，面向人工智能的本、硕、博人才培养体系正在形成。

教材乃基础之基础。2013 年 10 月，“全国高等学校智能科学与技术/人工智能专业规划教材”第一届编委会成立。编委会在深入分析我国智能科学与技术专业的教学计划和课程设置的基础上，重点规划了《机器智能》等核心课程教材。南京大学、西安电子科技大学、西安交通大学等高校陆续出版了人工智能专业教育培养体系、本科专业知识体系与课程设置等专著，为相关高校开展全方位、立体化的智能科技人才培养起到了示范作用。

2019 年 10 月，第二届(本届)编委会成立。在第一届编委会教材规划工作的基础上，编委会通过对斯坦福大学、麻省理工学院、加州大学伯克利分校、卡内基·梅隆大学、牛津大学、剑桥大学、东京大学等国外高校和国内相关高校人工智能相关的课程和教材的跟踪调研，进一步丰富和完善了本套专业规划教材。同时，本届编委会继续推进专业知识结构和课程体系的研究及教材的出版工作，期望编写出更具创新性和专业性的系列教材。

智能科学技术正处在迅速发展和不断创新的阶段，其综合性和交叉性特征鲜明，因而其人才培养宜分层次、分类型，且要与时俱进。本套教材的规划既注重学科的交叉融合，又兼顾不同学校、不同类型人才培养的需要，既有强化理论基础的，也有强化应用实践的。编委会为此将系列教材分为基础理论、实验实践和创新应用三大类，并按照课程体系将其分为数学与物理基础课程、计算机与电子信息基础课程、专业基础课程、专业实验课程、专业选修课程和“智能＋”课程。该规划得到了相关专业的院校骨干教师的共识和积极响应，不少教师/学者也开始组织编写各具特色的专业课程教材。

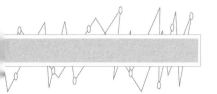

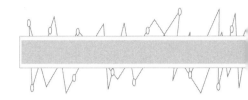

编委会希望，本套教材的编写，在取材范围上要符合人才培养定位和课程要求，体现学科交叉融合；在内容上要强调体系性、开放性和前瞻性，并注重理论和实践的结合；在

章节安排上要遵循知识体系逻辑及其认知规律；在叙述方式上要能激发读者兴趣，引导读者积极思考；在文字风格上要规范严谨，语言格调要力求亲和、清新、简练。

编委会相信，通过广大教师/学者的共同努力，编写好本套专业规划教材，可以更好地满足智能科学与技术/人工智能专业的教学需要，更高质量地培养智能科技专门人才。

饮水思源。在全国高校智能科学与技术/人工智能专业规划教材陆续出版之际，我们对为此做出贡献的有关单位、学术团体、老师/专家表示崇高的敬意和衷心的感谢。

感谢中国人工智能学会及其教育工作委员会对推动设立我国高校智能科学与技术本科专业所做的积极努力；感谢清华大学、北京大学、南京大学、西安电子科技大学、北京邮电大学、南开大学等高校，以及华为、百度、腾讯等企业为发展智能科学与技术/人工智能专业所做出的实实在在的贡献。

特别感谢清华大学出版社对本系列教材的编辑、出版、发行给予高度重视和大力支持。清华大学出版社主动与中国人工智能学会教育工作委员会开展合作，并组织和支持了该套专业规划教材的策划、编审委员会的组建和日常工作。

编委会真诚希望，本套规划教材的出版不仅对我国高校智能科学与技术/人工智能专业的学科建设和人才培养发挥积极的作用，还将对世界智能科学与技术的研究与教育做出积极的贡献。

由于编委会对智能科学与技术的认识、认知的局限，本套系列教材难免存在错误和不足，恳切希望广大读者对本套教材存在的问题提出意见和建议，帮助我们不断改进，不断完善。

高等学校智能科学与技术/人工智能专业教材编委会主任

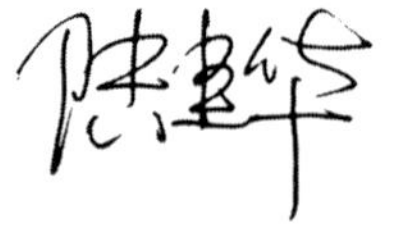

2021 年元月

前言

FOREWORD

多年来，机器人学与人工智能的研究一直是国际、国内极为重视的高技术领域之一，得到了极其迅速的发展。当前，机器人的应用范围已经渗透到人类生产生活的各个方面，极大地促进了各个产业的发展。机器人技术的高速发展离不开基础科学、电子技术和计算机技术的发展，尤其是各种嵌入式处理器以及计算机的运算能力大大提高以及成本不断下降，使得先进传感器得以开发和应用，充分提升了机器人的智能性。

早在 20 世纪 80 年代，就有很多机器人学家和人工智能学家憧憬着智能机器人能够满足人类的各种需求，能够像人一样完成各种复杂任务。在数学力学和机械技术、电子技术所取得的各种成果的基础上，机器人机械电气结构设计和加工已经相对成熟，但是机器人的智能性仍与人类的期望相差较大。当前，关于智能机器人技术的研究主要有两个热点：机器人感知和机器人控制。机器人感知系统的主要作用是通过各种先进智能感知仪表帮助机器人感受和理解机器人内部信息变化及其与外部环境交互过程中的各类物理信息；机器人控制系统的主要作用则是通过综合智能感知系统的所有输出完成机器人控制指令的设计，保证机器人实现各种技术动作以完成最终任务。显然，为实现机器人控制任务，要求机器人必须具备优异的智能感知系统，而智能感知系统又是由各类智能感知硬件设备和相关软件算法综合实现的，所以机器人感知系统的设计和实现越来越重要，已经成为提高机器人智能性的关键之一。由于机器人智能感知技术涉及力学、自动控制、计算机、机械、电子、电气、材料、物理、化学等多学科知识，特别是智能感知研究正处于如火如荼的发展阶段，大量文献不断涌现，使得初次接触这一领域的人感到难以入门。本书的主要目的就是为有意从事机器人感知技术研发和设计的本科生以及相关研究和技术人员提供一本有意义的参考教材。

本书系统介绍了机器人智能感知技术的基础知识，广泛借鉴了国内外机器人感知技术相关的参考资料和部分院校人工智能专业、机器人工程专业的教学经验。本书共 9 章。第 1 章介绍机器人感知系统的概念、分类、组成及相关技术基础。第 2 章主要介绍机器人内部传感器技术的基础知识。第 3 章和第 4 章介绍机器人外部传感器技术的基础知识，包括机器人触觉、力觉、接近觉、热觉、滑觉、听觉、嗅觉和味觉等传感器的基本感知原理、机械电气结构、内部信息处理算法等相关基础知识。第 5 章介绍机器人视觉感知相关的基础知识，以强调视觉感知在智能机器人中的重要作用。第 6 章介绍与机器人感知技术密切相关的信号估计理论基础知识，为后续传感器信息融合方法的学习奠定理论基础。第 7 章介绍机器人智能感知技术中的核心知识，即多传感器信息融合技术，有助于读者深入理解机器人感知信息综合处理的过程和相关算法。第 8 章从机器人感知系统角度分别对移动机器人、飞行机器人、空间机器人、水下机器人和仿生机器人等系统

FOREWORD

前言

中已经得到成熟应用的机器人智能感知技术进行概述，以提高读者对机器人智能感知系统复杂性的认识。第 9 章以自动驾驶汽车为例介绍基于多传感器信息融合技术实现机器人自身位姿估计的基本过程和相关理论知识，为读者理解其他移动机器人智能感知系统的工作原理提供技术参考。

本书由北京科技大学孙亮博士、胡艳艳博士和英国拉夫堡大学的江菁晶博士共同编写。本书第 1 章、第 2 章、第 6 章、第 7 章和第 9 章由孙亮和胡艳艳共同编写，由胡艳艳定稿；第 3 章、第 4 章、第 5 章和第 8 章由孙亮和江菁晶共同编写，由江菁晶定稿；习题及答案由胡艳艳和江菁晶共同编写，由孙亮定稿。孙亮负责电子资源的制作及全书的统稿。在本书的编写过程中，研究生王俊、曹胜杰、楚玉鑫、王金伟、牛文凯、蒋任兼、李通、张雪纯、陈天齐、王江涛、周嘉诚等参与了部分文字和图表的修改工作以及部分章节电子资源的制作工作，在此向他们表示由衷感谢。

本书得到了北京科技大学 2021 年度校级规划教材（讲义）建设项目的支持。北京科技大学自动化学院和智能科学与技术学院的多位老师审阅了本书文稿，英国拉夫堡大学航空与汽车工程系的几位老师审阅了部分书稿并提出了宝贵意见，清华大学出版社张玥编辑为本书的出版付出了辛勤劳动，特向他们致以谢意。本书的编写和出版借鉴和参考了很多国内外相关领域的优秀教材、专著、论文及其他资料，在此向相关文献作者表示深深的谢意。

由于机器人智能感知技术具有明显的多学科交叉特征，涉及的专业范围较广，难以用有限的篇幅涵盖如此庞大的知识体系。限于编者的学识水平，本书难免存在不完善之处，敬请读者批评指正。

编　者

2024 年 12 月

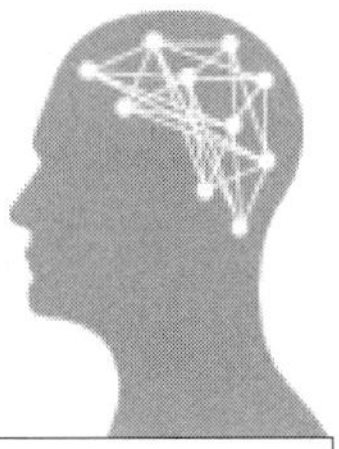

目　录

CONTENTS

CONTENTS 目录

目 录

CONTENTS

目录

CONTENTS

CONTENTS

目录

目　录

CONTENTS

CONTENTS

目录

第1章　机器人传感器基础知识

1.1　机器人传感器技术基础

1.1.1　传感器的定义和特点

传感器类似人体的感觉器官。人的大脑通过耳朵、眼睛、皮肤等感知周围的信息。例如，耳朵有听觉，相当于声学传感器；眼睛有视觉，相当于视觉传感器；皮肤有触觉，相当于压力传感器。

在工程科学与技术领域，传感器的功用是感和传，即传感器将感受到的信息传送出去。我国国家标准《传感器通用术语》(GB/T 7665—2005)中将传感器(transducer/sensor)定义为"能够感受规定的被测量(包括物理量、化学量、生物量等)并按照一定规律转换成可用输出信号的器件或装置"。该定义包括以下要点：

(1) 传感器是能完成检测任务的测量器件或装置。

(2) 输入量可能是物理量、化学量或生物量等某一被测量，如位移、温度、CO 气体浓度等。

(3) 输出量是便于传输、转换及处理的某种物理量。

(4) 输出与输入之间应有确定的对应关系，且应有一定的转换精度。

近年来，传感器正处于转型的发展阶段。新型传感器的特点是微型化、数字化、智能化、多功能化、系统化、网络化。传感器技术的发展不仅促进了传统产业的升级和改造，而且推动了新型产业的形成和发展，是21世纪新的经济增长点。

1.1.2　传感器的组成和分类

1. 传感器的组成

传感器一般由敏感元件、转换元件、转换电路3部分组成，有时还需外加辅助电源提供转换能量。其组成框图如图1.1所示。

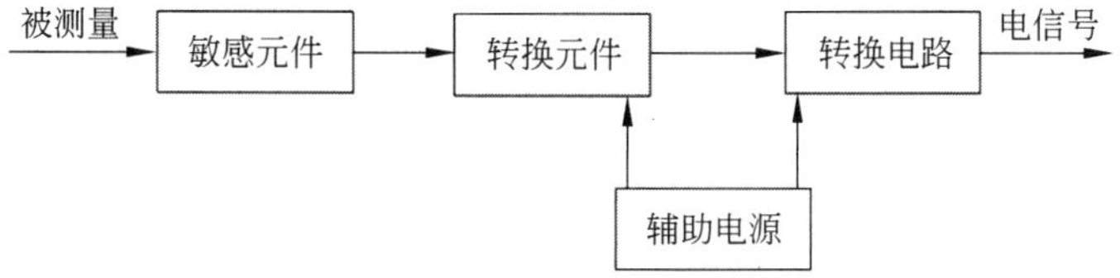

图1.1　传感器组成框图

在图1.1中，敏感元件的作用是直接感受被测量，并输出与被测量有确定关系的物理量；转换元件的作用是把敏感元件输出的物理量转换成电路参量；转换电路的作用是把电路参量接入转换电路，转换成便于传输和处理的电信号输出。

值得注意的是，并不是所有传感器都包含以上 3 个元件。最简单的传感器由一个敏感元件兼转换元件组成，如热电偶、光电器件等；有些传感器由敏感元件和转换元件组成，没有转换电路，如压电式加速度传感器由质量块（敏感元件）和压电片（转换元件）组成；有些传感器的转换元件不止一个，需要进行多次转换。

随着半导体器件与集成技术在传感器中的应用，目前已经实现了将传感器的信号调理转换电路与敏感元件集成在同一芯片上的传感器模块和集成电路传感器，如集成温度传感器 AD590、DS18B20 等。

2. 传感器分类

传感器产品种类繁多。例如，用于流程工业的主要有温度传感器、压力传感器、重量传感器、流量传感器、液位传感器、氧敏传感器、力敏传感器、气敏传感器、分析仪表等，用于机械工业的主要有开关类的接近/定位传感器、安全门开关等安全传感器、旋转编码器、视觉传感器、速度传感器、加速度传感器等。目前国内传感器共分 10 大类、24 小类、6000 多个品种。而国外传感器品种更多，例如美国约有 17 000 种传感器。我国传感器品种的发展空间很大。

应用在机器人领域的传感器可分为内部传感器和外部传感器两大类。

内部传感器是以机器人本身的坐标轴确定其位置，用于感知机器人的状态，以调整和控制机器人的行动。内部传感器通常有位置、加速度、速度及压力传感器等。

外部传感器用于机器人获取周围环境、目标物的状态特征信息，使机器人和环境发生交互作用，从而使机器人对环境有自校正和自适应能力。外部传感器通常包括触觉、力觉、接近觉、热觉、滑觉、视觉、听觉、嗅觉和味觉等传感器。

1.1.3 传感器的标定技术

为了确保传感器测量的准确性、可靠性和统一性，必须按照国家建立的传感器检定标准，利用标准测试仪器对传感器的技术性能进行全面检定。通常将对新研制和生产的传感器进行技术检定和标度的过程称为传感器的标定。

传感器的标定分为静态标定和动态标定。无论是静态标定还是动态标定，标定系统一般都由 3 部分组成，即产生标准输入量的标准发生器、测量非电量的标准测试系统以及测量待标定传感器输出的标准测试仪器。我国将标定精度分为 3 级：一级精度标定是国家计量机构进行的标定，其级别最高；二级精度标定是省部级计量部门进行的标定；三级精度标定是市级和企业计量部门进行的标定。按照国家规定，只能用上一级标准装置标定下一级传感器及配套仪表。如果待标定传感器精度较高，可跨级采用更高级别的标准装置。需要注意的是，工程测试所用传感器的标定应在与其使用条件相似的环境下进行。

1. 静态标定

传感器静态标定的目的是在静态标准条件下确定传感器的静态特性指标，如线性度、迟滞、重复性、灵敏度、阈值、稳定性、漂移、静态误差等。所谓静态标准条件就是指没有加速度、振动、冲击（除非它们本身是被测量）以及环境温度为(20±5)℃、相对湿度不大于 85%、大气压力为(101±7)kPa 的情况。

进行静态标定首先要建立一个满足要求的静态标定系统，其关键是选择与被标定传感器的精度要求相适应的一定等级的标准仪器设备。标定过程的具体步骤如下：

(1) 连接测试系统，确定被标定传感器的量程范围，并按一定标准将全量程划分为若干等间距标定点(通常划分为 10 个以上标定点)。

(2) 按标定点的设置，先由小到大，再由大到小逐点将标准信号输入传感器，并记录标准输入与对应输出的测量值，完成传感器正反行程的标定测量。

(3) 按步骤(2)的过程对传感器进行正反行程往复循环多次测量，并记录相应的数据。

(4) 得到输出、输入测试数据列表，并绘制传感器的静态特性曲线。

(5) 对测试数据进行线性化处理后，即可确定被标定传感器的静态特性指标。

2. 动态标定

传感器动态标定的目的是通过实验的方法确定传感器的动态响应特性，如一阶传感器的时间常数、二阶传感器的固有角频率和阻尼比等。对传感器进行动态标定时，需要标准输入信号，常用的标准输入信号有周期信号和瞬变信号两类，周期信号常用正弦信号，瞬变信号常用阶跃信号。将标准信号输入传感器后，可测量得出相应的输出信号，经分析计算和数据处理，即可确定被标定传感器的动态特性指标。下面以一阶传感器的时间常数标定为例，介绍传感器动态特性指标的标定方法。

一阶传感器时间常数通常采用阶跃响应进行分析计算。

输入阶跃信号测量时间常数的方法通常有两种。

一种方法是用实验的方法测出系统的单位阶跃响应曲线，求出输出达到最终稳定值的 63.2%所需的时间，即系统的时间常数。这种方法简单，但精确度不高。另一种方法是利用以下分析计算过程得到时间常数。首先用实验的方法测出系统的单位阶跃响应曲线，再根据系统的单位阶跃响应函数

$$y(t)=1-e^{-\frac{t}{\tau}} \tag{1.1}$$

可得

$$\ln(1-y(t))=-\frac{t}{\tau} \tag{1.2}$$

令

$$z=\ln(1-y(t)) \tag{1.3}$$

则有

$$z=-\frac{t}{\tau} \tag{1.4}$$

即 z 和 t 呈线性关系，且

$$\tau=-\frac{\Delta t}{\Delta z} \tag{1.5}$$

因此，只要测量出一系列 t 与 $y(t)$的对应值，就可以通过数据处理，由式(1.5)确定一阶传感器的时间常数，这种方法标定的 τ 值精确度高。

1.2 机器人智能感知技术概述

1.2.1 机器人系统结构

机器人作为一种典型的机电一体化系统，集机械工程、电气工程、系统设计工程、计算机工程、自动控制理论、传感器技术、人工智能、仿生学等众多学科于一体。其中，机械工程用来设计机械零部件、操作臂、末端执行器（夹具），也负责机器人的运动学、动力学和控制系统建模分析等；电气工程主要负责机器人的驱动器、传感器、动力源和控制系统的实现等；系统设计工程负责机器人的感知和控制算法；计算机工程负责机器人的逻辑、智能、通信和联网。

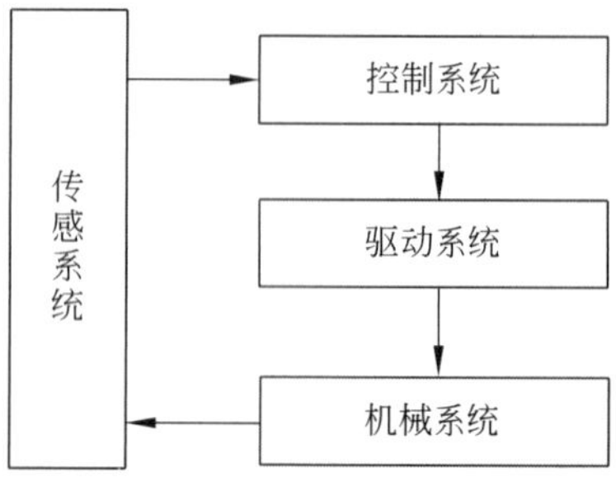

图 1.2 机器人系统结构

机器人系统是一个复杂系统，其功能由多个子系统实现，一般具备机械系统、驱动系统、控制系统、传感系统 4 部分，如图 1.2 所示。

1. 机械系统

机器人系统最基本的组成部分是机械系统。机械系统通常由一套运动装置（轮系、履带、机械腿）和操作装置（操作臂、末端执行器、人工手）构成。典型的工业机器人的机械本体多采用关节式机械结构，一般具有 6 个自由度，其中 3 个自由度用来确定末端执行器的位置，另外 3 个自由度则用来确定末端执行器的方向（姿态）。操作臂上的末端执行器可以根据操作需要换成焊枪、吸盘、扳手等作业工具。

2. 驱动系统

驱动系统是机器人的动力系统，可提供作用于机械上的动力，使机器人实现移动和操作行为。因此，驱动系统使机器人的机械组件具有运动能力。驱动系统一般由驱动装置和传动装置两部分组成。

1）驱动装置

驱动装置依据驱动方式的不同可以分为电动、液压、气动 3 种类型。一般而言，高精度机器人多采用电动，如交流伺服驱动；重载低速机器人多采用液压驱动；而在对精度要求不高又要求快速动作的场合则采用气动方式。驱动装置（电动机、液压缸、气缸）可以与操作臂直接相连，也可以通过传动装置与操作臂相连。

电动机是操作臂上最常用的驱动装置。尽管电动机不具有液压缸或气缸那么好的功率重量比特性，但电动机可控性好且接口简单，所以广泛用于中小型操作臂上。现在的工业机器人主要采用交流伺服电动机作为驱动装置。

液压缸结构相对紧凑，能产生足够的力驱动关节而无需减速系统，且液压系统的位置控制原理相对直观，因此早期工业机器人以及现代大型机器人一般采用液压驱动。液压驱动主要存在泄漏、摩擦等不足。

气缸具有液压缸的主要优点，而且由于泄漏的是气体而不是液体，所以比液压缸干净。然而，由于气体的可压缩性以及密封造成的摩擦增大，使得气缸很难实现精确控制。

2）传动装置

在传动装置中，如果驱动器能够产生足够的力和力矩，那么可以把驱动器放在所驱动关节上或其附近。然而，很多驱动器转速高、转矩低，需要安装减速系统，所以很多时候把减速系统与传动系统的功能集成在一起。

传动装置通常有齿轮传动、链传动、谐波齿轮传动、螺旋传动、带传动等类型。

3. 控制系统

由感知到行为是由控制系统实现的，控制系统能够在机器人自身及其环境因素约束下，根据任务规划技术设定的目标指挥机器人执行动作。控制系统负责对指令信息、内外环境信息进行处理，并依据设定的模型和控制程序做出决策，产生相应的控制信号，通过驱动器驱动执行机构的各个关节按所需的顺序、沿确定的位置或轨迹运动，从而完成特定的作业。由此可见，控制系统有3个作用：

（1）收集和处理由机器人传感器提供的信息。

（2）规划机器人机构的几何运动。

（3）组织机器人与其环境之间的通信。

控制系统从系统构成角度可分为开环控制系统和闭环控制系统，从控制方式角度可分为程序控制系统、适应性控制系统和智能控制系统。

4. 传感系统

机器人的感知能力由传感系统实现，可用于检测和收集内外环境/状况信息，它包括内部传感器和外部传感器两大类。集成在机器人中的传感器通过通信协议将每个连杆和关节的信息发送至控制单元，控制单元再决定机器人的运动状况。

内部传感器主要用来检测机器人本体的状态，可以为机器人的运动控制提供必要的本体状态信息。常见内部传感器有位置传感器、速度传感器等。

外部传感器用来感知机器人所处的工作环境或工作状况信息，又可分为环境传感器和末端执行器传感器两种类型。前者用于识别物体、检测物体与机器人的距离等；后者安装在末端执行器上，检测精巧作业的感觉信息。常见的外部传感器有力觉传感器、触觉传感器、视觉传感器等。

1.2.2 机器人传感器技术发展趋势

随着机器人技术转向微型化、智能化以及应用领域从工业结构环境拓展至深海、空间和其他人类难以进入的环境，机器人传感器技术的研究将与微电子机械系统、虚拟现实技术有更密切的联系。同时，传感信息的高速处理、多传感器融合和完善的静态/动态标定测试技术也成为机器人传感器研发的重要方向。

随着机器人技术的发展，适应未来机器人的感知系统及相关研究将成为主要研究方向。未来机器人传感器及相关技术研究包括以下几方面。

1. 多智能传感器技术

工业系统正在向大型、复杂、动态和开放的方向转变，使传统的工业系统和机器人技术遇到了严重的挑战，分布式人工智能（Distributed Artificial Intelligence，DAI）与多智能体系统（Multi-Agent System，MAS）理论为解决这些挑战提供了有效途径。将DAI与MAS应用于工业和多机器人系统,便产生了一门新兴的机器人技术领域——多智能体机器人系统(Multi-Agent Robot System,MARS)。在多智能体机器人系统中,最关键的问题表现在其体系结构、相应的协调合作机制以及感知系统的规划和协商等方面。

2. 网络传感器技术

通信网络技术的发展完全能够将各种机器人传感器连接到网络上,并通过网络对机器人进行有效控制。网络传感器技术包括网络操作控制技术、网络化传感器和传感器网络化技术、众多信息组的压缩与扩展方法及传输技术等。

3. 虚拟传感器技术

虚拟传感器是对物理传感器的抽象表示,通过虚拟传感器可利用计算机软件仿真各种类型的机器人传感器,实现基于虚拟传感信息的控制操作。机器人虚拟传感器概念的提出并实际应用于机器人的实际控制操作,可望缓解目前由于缺少某些种类的传感器信息,或由于操作环境极端恶劣而无法提供在该环境下工作的传感器信息,不能实现的机器人理想操作控制的问题。随着虚拟传感器研究的不断深入和功能的不断完善,未来的虚拟传感器可以取代或部分取代某些物理传感器,使机器人感知系统的构成得以简化,功能得以增强,成本得以降低。

4. 临场感技术

临场感技术以人为中心,通过各种传感器将远地机器人与环境的交互信息(包括视觉、力觉、触觉、听觉等)实时反馈给本地操作者,生成和远地环境一致的虚拟环境,使操作者产生身临其境的感受,从而实现对机器人的控制,完成作业任务。临场感的实现不仅可以满足高技术领域(如空间探索、海洋开发以及原子能应用等)发展的需要,而且可以广泛地应用于军事领域和民用领域。因此,临场感技术已成为目前机器人传感器技术研究的热点之一。

1.2.3 智能传感器的定义、结构、功能和特点

1. 智能传感器的定义

智能传感器系统是一门现代综合技术,是正在迅速发展的高新技术,学术界对智能传感器至今还没有形成统一、确切的定义。智能传感器的概念最初是在美国国家航空航天局开发宇宙飞船的过程中提出的。不仅获取宇宙飞船在太空中飞行的速度、位置、气压、空间成分等信息需要各式各样的传感器,宇航员在太空中进行各种实验也需要大量的传感器,因此控制台就需要处理从众多传感器获得的信息。然而,即便使用一台大型计算机也很难同时处理如此庞大的数据,并且这在宇宙飞船上显然不可行。因此,美国国家航空航天局的专家就希望传感器本身具有信息处理的功能。20 世纪 70 年代末,研究者把传感器和微处理器结合在一起,就出现了智能传感器。

在智能传感器发展早期,人们认为传感器的敏感元件及其信号调理电路与微处理器集成在一块芯片上就是智能传感器。

目前得到较多认可的定义是:兼有信息检测与信息处理功能的传感器就是智能传感器。将传感器与微处理器集成在一块芯片上是构成智能传感器的一种经典方式。

2. 智能传感器的结构

智能传感器最大的特点就是将信息检测与信息处理功能结合在一起。智能传感器主要

由传感器模块、信号处理单元、微处理器等组成，其基本结构如图 1.3 所示。

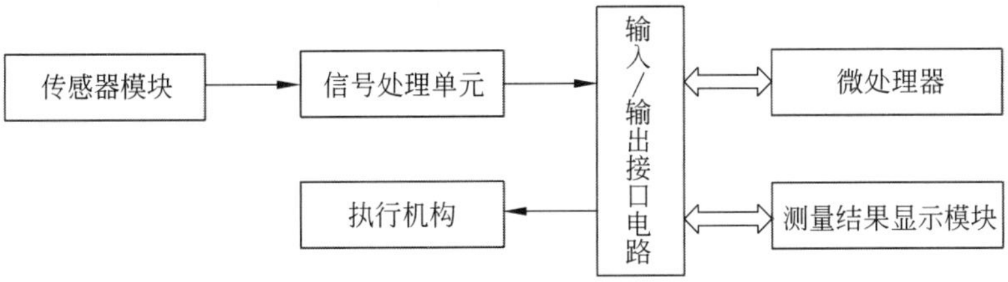

图 1.3　智能传感器的基本结构

传感器模块将被测量转换成相应的电信号输入信号处理单元，经信号放大、相敏检波、滤波等处理后，送入输入接口电路进行模数转换，转换后的数字信号送入微处理器进行数据处理。数据处理后的信号一方面通过输出接口电路送入执行机构，实现被测量的自动控制；另一方面通过输出接口电路送入测量结果显示模块。

在设计和实现智能传感器时主要采用以下 3 种结构。

1）分立模块式

分立模块式智能传感器是把传统的传感器同其配套的信号调理电路、微处理器、输出接口与显示电路等相互独立的模块组装在同一壳体内构成的。这种结构集成度不高，使得智能传感器的体积较大，但在目前的技术水平下仍是一种实用的结构形式。

2）集成式

集成式智能传感器是采用微机械加工技术和大规模集成电路工艺技术，利用硅作为基本材料制作敏感元件，将敏感元件、信号调理电路、微处理器等集成在一块芯片上构成的。与分立模块式智能传感器相比，这种结构具有微型化、精度高、多功能、阵列式、全数字化、使用方便、操作简单、可靠性和稳定性高等优势，是智能传感器的发展方向。

3）混合式

混合式智能传感器是将传感器、转换电路、微处理器和信号调理电路等根据实际需要以不同的组合方式分别集成在不同的芯片上，构成小的功能单元模块，最后再组合在一个壳体内。例如，可将敏感元件及转换电路集成在同一块芯片上，加上信号调理电路和微处理器模块组合在一起构成智能系统；也可将敏感元件、转换电路和信号调理电路集成在同一块芯片上，加上微处理器模块组合在一起构成智能系统。这种方式可以根据实际的需要灵活集成与配置。与集成化智能传感器相比，这种结构虽然集成度不是很高，体积较大，但是具有维护方便、价格便宜的优点，是目前智能传感器采用较多的结构形式。

3. 智能传感器的功能

智能传感器在功能上对传统传感器有极大拓展，几乎包括仪器仪表的全部功能，主要表现为以下几点。

（1）逻辑判断、统计处理功能。智能传感器能对检测数据进行分析、统计和修正，能进行非线性、温度、噪声、响应时间、交叉感应以及缓慢漂移等误差补偿，还能根据工作情况调整系统状态，使系统工作在低功耗状态和传送效率优化的状态。

（2）自校零、自标定、自校正功能。智能传感器可以通过对环境和自身的判断进行零位和增益参数的调整，可以借助其内部检测线路对异常现象或故障进行诊断。操作者输入零值或某一标准值后，自校准模块可以自动地进行在线校正。

（3）软硬件灵活组合。用户可以通过操作指令改变智能传感器的硬件模块和软件模块的组合方式，以达到不同的应用目的，完成不同的功能，实现多传感器、多参数的复合测量。

（4）人机对话功能。智能传感器与仪表等组合在一起，配备各种显示装置和输入键盘，可以使系统具有灵活的人机对话功能。

（5）数据存储、记忆与信息处理功能。可以存储各种信息，例如装载历史信息。还可以进行数据校正、参数测量、状态参数预估。对检测到的数据可以随时存取，大大加快了信息的处理速度。

（6）双向通信和标准化数字输出功能。智能传感器系统具有数字标准化数据通信接口，通过 RS-232、RS-485、USB、I^2C 等标准总线接口能与计算机交换信息。

针对不同的应用场合，智能传感器可以有选择地具有上述部分或全部功能。智能传感器具有较高的标准性、灵活性和可靠性，同时采用低成本的集成电路工艺和芯片以及强大的软件实现，具有高的性价比优势。

4. 智能传感器的特点

智能传感器是通过模拟人的感官和大脑的协调动作，结合长期以来测试技术的研究成果和实际经验提出的。它是一个相对独立的智能单元，它的出现使得传感器对硬件性能的苛刻要求有所放宽，而靠软件的帮助可以使传感器的性能大幅度提高，同时大大降低了传感器本身的价格。智能传感器的特点如下：

（1）具有信息存储和传输功能。随着智能分布式系统（Smart Distributed System，SDS）的飞速发展，对智能单元要求具备通信功能，通过通信网络以数字形式进行双向通信，这也是智能传感器的关键标志之一。智能传感器通过测试数据传输和接收指令实现各项功能，如增益的设置、补偿参数的设置、内检参数的设置、测试数据输出等。

（2）具有自补偿和计算功能。多年来，从事传感器研制的工程技术人员为解决传感器的温度漂移和输出非线性问题寻找解决办法，但都没有从根本上解决问题。而智能传感器的自补偿和计算功能为解决传感器的温度漂移和非线性问题开辟了新的道路，放宽对传感器加工精密度的要求，只要能保证传感器的重复性好，利用微处理器对测试的信号采用多次拟合和差值计算方法进行漂移和非线性补偿，从而能获得较精确的测量结果。例如，美国凯斯西储大学研制了一种含有 10 个敏感元件、带有信号处理电路的 PH 传感器芯片，可计算敏感元件输出的平均值、方差和标准差。若某一敏感元件输出的误差超出 ±3 倍标准差，输出数据时就将它舍弃，但输出这些数据的敏感元件仍然是有效的，只是因为某些原因使其标定的值发生了漂移。另外，智能传感器能够重新标定单个敏感元件，使它重新有效。

（3）具有自检、自诊断、自校功能。普通传感器需要定期检验和标定，以保证它在正常使用时有足够的准确度。这些工作一般要求将传感器从使用现场拆卸下来，送到实验室或检验部门进行，而在线测量传感器出现异常时不能及时诊断。采用智能传感器，情况则大有改观。首先，自检、自诊断功能在电源接通时进行自检和诊断测试，以确定组件有无故障；其次，自校功能可以根据使用时间在线进行校正，微处理器利用保存在 EPROM 内的计量特性数据进行对比和校正。

（4）具有复合敏感功能。智能传感器具有复合功能，能够同时测量多种物理量和化学量，给出较全面地反映运动规律的信息。例如，美国加利福尼亚大学伯克利分校传感器和执行器中心研制的复合液体传感器可同时测量液体的温度、流速、压力和密度，美国 EG&GICSensors 公司研制的复合力学传感器可同时测量物体某一点的三维振动加速度、速度和位移等。

(5) 智能传感器的集成化。由于大规模集成电路的发展，使得传感器与相应的电路可以集成到同一芯片上，从而构成集成智能传感器。集成智能传感器在功能上有以下 3 个优点：

① 具有较高的信噪比。传感器的弱信号先经集成电路信号放大后再远距离传送，可以大大地提高信噪比。

② 改善了传感器的性能。由于传感器与相应的电路集成于同一芯片上，对于传感器的零漂、温漂和零位可以通过自校单元定期自动校准，还可以采用适当的反馈方式改善传感器的频响。

③ 实现了信号归一化。传感器的模拟信号通过程控放大器进行归一化，又通过模数转换部分转换成数字信号，微处理器再按数字传输的几种形式（如串行、并行、频率、相位和脉冲等）进行数字归一化。

1.2.4　多传感器信息融合技术及其应用

1. 多传感器信息融合的定义

人就是一个复杂但适应性极强的信息融合系统。实际上，人的双目、耳朵、鼻子、舌头和四肢都可以类比为功能不同的传感器。在一个人通过自己的“传感器”完成某项特定的任务时，大脑处理信息的过程就是信息融合的过程。例如，一个人到一间黑屋子中取一个带有特殊味道的物品，他进屋后要看，要听，要用手触摸，用鼻子闻，以确定物品的方向和位置。他对物品的定位是通过综合各种信息实现的。

多传感器信息融合也称多传感器数据融合，最早出现在 20 世纪 70 年代，在 20 世纪 80 年代成为军事高技术研究和发展领域中的一个重要专题，以提高传感器系统的实时目标识别、跟踪、战场态势以及威胁估计等方面的性能为主要研究方向。

1984 年，美国国防部 C^3I（Command，Control，Communication and Intelligence，指挥、控制、通信和情报）的 JDL（Joint Directors of Laboratories，实验室主管联席会议）成立数据融合专家组联合指导委员会（Data Fusion Subpanel，DFS），指导、组织并协调这一国防关键技术的系统性研究，在军事领域研究中取得了很大进展。目前，以军事应用为目标的信息融合技术不仅用于 C^3I 系统，而且在工业控制、机器人、空中交通管制、海洋监视和管理、航天、目标跟踪和惯性导航等领域得到普遍关注和应用。然而，对信息融合还很难给出一个统一的、全面的定义。美国国防部的 JDL 从军事应用的角度把信息融合定义为：将来自多个传感器和信息源的数据和信息加以关联（association）、相关（correlation）和组合（combination），以获得精确的位置估计（position estimation）和身份估计（identity estimation），以及对战场情况和威胁及其重要程度进行适时的完整评价。

随后 Edward Waltz 和 James Llinas 对信息融合的定义进行了改进，增加了信息融合检测功能，并且将仅对目标的位置估计改为对目标的状态估计，以包括更广义的运动状态（速度等高阶导数)以及其他行为状态(例如电子状态、燃料状态)等的估计。他们对信息融合的定义为:信息融合是一种多层次、多方面的处理过程,这个过程处理多源数据的检测、关联、相关、估计和组合,以获得精确的状态估计和身份估计以及完整、及时的态势估计和威胁估计。

目前,信息融合是针对一个系统中使用多个以及多类传感器这一特定问题提出的一种新的数据处理方法。随着信息融合和计算机应用技术的发展,从军事应用的角度看,多传感器信息融合比较确切的定义是:通过对空间分布的多源信息及各种传感器的时空采样,对关心的目标进行检测、关联(相关)、跟踪、估计和综合等多级多功能处理,以更高的精度、较高的概率或置信度得到所需的目标状态估计和身份估计以及完整、及时的态势评估和威胁评估,为指挥员提供有用的决策信息。

这一定义能够描述信息融合的3个主要功能:

(1) 信息融合是在多个层次上对多源信息进行处理的,每个层次代表信息处理的不同级别。

(2) 信息融合过程包括检测、关联(相关)、跟踪、估计和综合。

(3) 信息融合过程的结果包括低层次上的状态估计和属性估计,以及高层次上的态势评估和威胁评估。

总之,多传感器信息融合提供了一个非常有力的多源数据处理工具,它对来自多个传感器在空间或时间上的冗余或互补信息依据某种准则进行组合,以此获得使用任意单个传感器所无法达到的对探测目标和环境更为精确和完整的识别与描述。因此,信息融合具有如下本质特征:

(1) 多传感器多信源输入。

(2) 符合实际需要的有效的合成准则。

(3) 单一表示形式的结果。

2. 多传感器信息融合的特点

在目标探测、跟踪和识别等方面采用多传感器信息融合技术和使用单传感器相比具有以下特点。

(1) 生存能力强。在若干传感器受到干扰不能被利用或某个目标/事件不在覆盖范围内时,总有一种传感器可以提供信息,使系统能够不受干扰地连续运行,弱化故障,并提高检测概率。

(2) 扩展空间覆盖范围。通过多个交叠覆盖的传感器作用区域,扩展了空间的覆盖范围。一些传感器可以探测到其他传感器探测不到的地方,进而提高了系统的监视能力和检测概率。

(3) 扩展时间覆盖范围。当某些传感器不能探测的时候,另外一些传感器可以检测、测量目标或者事件,即多个传感器的协同作用可以提高系统的时间检测范围和检测概率。

(4) 可信度高,信息模糊度低。多种传感器对同一目标/事件加以确认,多传感器的联合信息降低了目标/事件的不确定性。

(5) 探测性能好。有效融合了对目标/事件的多种测量,提高了探测的有效性。

(6) 空间分辨力高。多传感器信息融合可以获得比任何单个传感器更高的分辨力,并可以利用改善的目标位置数据支持防御能力和攻击方向的选择。

（7）系统可靠性高。

多传感器信息融合虽然具有很多优点，但与单传感器相比，多传感器系统的复杂性大大增加，因此会产生一些不利因素，如提高了成本、降低了系统可靠性、增加了设备物理因素（尺寸、重量、功耗）以及因辐射而增大了系统被敌方探测的概率等。因此，在执行每项任务时，必须对多传感器的性能提升与由此产生的不利因素进行权衡。

3. 多传感器信息融合的关键问题

多传感器信息融合的关键问题包括数据转换、数据相关、态势数据库、融合推理和融合损失等。

1）数据转换

由于各传感器输出的数据形式、对环境的描述和说明等都不一样，信息融合中心为了综合处理这些不同来源的数据，首先必须把这些数据按一定的标准转换成相同的形式、描述和说明，才能进行相关处理。数据转换的难度在于不仅要转换不同层次的信息，而且要转换对环境或目标的描述或说明的不同之处和相似之处（目标和环境的先验知识也很难提取）。即使是同一层次的信息，也存在不同的描述或说明。

另外，坐标的变换是非线性的，其中的误差传播直接影响数据的质量和时空校准。在异步获取传感器信息时，若时域校准不好，将直接影响融合处理的质量。

2）数据相关

数据相关的核心问题是：如何克服传感器测量的不精确性和干扰等引起的相关二义性，即保持数据的一致性；如何控制和降低相关计算的复杂性，开发相关处理、融合处理和系统模拟的算法和模型。

3）态势数据库

态势数据库可分为实时数据库和非实时数据库。实时数据库的作用是把当前各传感器的测量数据及时提供给融合推理模块，并提供融合推理所需要的各种其他数据，同时也存储融合推理的最终态势/决策分析结果和中间结果。非实时数据库存储传感器的历史数据、有关目标和环境的辅助信息以及融合推理的历史信息。态势数据库所要解决的难题是容量大、搜索快、开放互联性好并具有良好的用户接口，因此，要开发更有效的数据模型、新的有效查找和搜索机制（如启发式并行搜索机制）以及分布式多媒体数据库管理系统等。

4）融合推理

融合推理是多传感器融合系统的核心。它需要解决如下问题：

（1）决定传感器测报数据的取舍。

（2）对同一传感器相继测报的战场相关数据进行综合及状态估计，对数据进行修改和验证，并对不同传感器的相关测报数据进行验证分析、补充综合、协调修改和状态跟踪估计。

（3）对新发现的不相关测报数据进行分析与综合。

（4）生成综合态势并实时地根据测报数据的综合结果对综合态势进行修改。

（5）完成态势决策分析。

融合推理所需解决的关键问题是如何针对复杂的环境和目标时变动态特性，在难以获得先验知识的前提下，建立具有良好鲁棒性和自适应能力的目标机动与环境模型，以及如何有效地控制和降低推理估计的计算复杂性。此外，融合推理还需解决与其服务对象——指挥控制模块的接口问题。

5）融合损失

融合损失指融合处理过程中的信息损失。例如，如果目标配对时出错，将损失定位跟踪信息，识别及态势评定也将出错；各传感器数据缺乏公共的性质，则将难以融合。

4. 多传感器信息融合的应用

1）多传感器信息融合在军事领域的应用

为了实现国家安全，各国在军事领域都投入了大量的财力、人力及物力。在多传感器信息融合技术方面，英国和美国等已经研发了很多种军用系统，这些系统都具备较好的信息融合功能，英国研发的多传感器信息融合系统有炮兵智能信息融合系统以及机动和控制系统等。英国研发的分布式信息融合系统最巧妙的地方就在于其中采用了分布式技术。而我国的信息融合技术主要采用集中式数据，所有的信息或者数据都是在一个层次中完成的。集中式信息融合系统若中心节点被破坏或者遭到攻击，就会损伤整个多传感器信息融合系统。在分布式信息融合系统中，操作是在各个节点上进行的，即使某个节点遭到攻击或者破坏，也不会导致整个系统崩溃。英国对这种系统进行了实验，涉及 8 个节点，这些节点采用组网互联的方式，可以进行自主布局。如果定位雷达发现了敌情，自主式无人驾驶飞机就会接收到信息，并且飞往相关区域查看情况，监视雷达可以在地面对指定的目标进行跟踪，即使跟踪的目标不在视线以内，也可以时刻保持虚拟跟踪或者虚拟警戒。如果其中某架自主式无人驾驶飞机飞越了传感器，也可以把这个传感器引入原来的网络当中，这一优势是很多系统无法相比的。该系统使多传感器信息融合系统中采集的数据更具准确性和安全性。

此外，多传感器信息融合技术也被应用于智能武器方面。在雷达系统中，为了增加目标信号被检测到的概率，往往采用多个传感器组合的方式对不同的物理信号分别进行响应。常见的自主式多传感器雷达系统经常将毫米波传感器和红外传感器组合，将它们的工作频率设计成互补状态，拥有足够宽的电磁波频率覆盖范围，即使在恶劣天气、密集回波和干扰环境等情况下，仍然可以对目标实现较高的检测率和分类，同时使错误率控制在可以接受的范围内。

和仅用一个传感器实现对目标的辨识相比，使用多个传感器收集来自多种物理现象的信号，扩展了信息检测范围，可以提高对敏感区域目标的定位能力，从而很容易实现对目标的辨识，图 1.4 表明了采用多传感器信息融合系统进行目标识别的优势。图 1.4 中下方的曲线给出了使用单个毫米波雷达并且虚警率恒为 10^{-6} 时系统的检测率与信噪比之间的关系。当信噪比为 16dB 时，检测率达到 70%，可以满足要求。然而，当目标信号开始减弱，信噪比降到 10dB 时，检测率也迅速降到 27%，这时的检测率就达不到要求，不能被接受。

然而，如果采用毫米波雷达、毫米波辐射计、红外传感器 3 传感器检测目标，各传感器响应不同的物理信号，并且对同一事件假设 3 个传感器不会同时产生虚警，则虚警抑制可以分配在三个传感器上。采用串联加并联组合多个传感器的表决融合算法，使系统总的虚警率重新恢复到 10^{-6}。如果虚警抑制平均分配到 3 个传感器上，则每个传感器虚警率的上限为 10^{-2}，对目标信号的检测率曲线为图 1.4 中位于上方的曲线。从图 1.4 可以看出，当传感器的信噪比为 16dB 时，目标的检测率将达到 85%。更重要的是，当目标的信号的信噪比降为

10dB 时，目标的检测率还能达到 63%，这是使用单传感器时的结果的两倍以上。因此，多传感器系统把对虚警的抑制进行了分散，具体分配到以下环节：信号的获取、对所有传感器信号的处理以及融合算法。实际上，这种结构让每个传感器工作在较高的虚警率中，这样，当目标信号被抑制时还能实现较高的检测率。

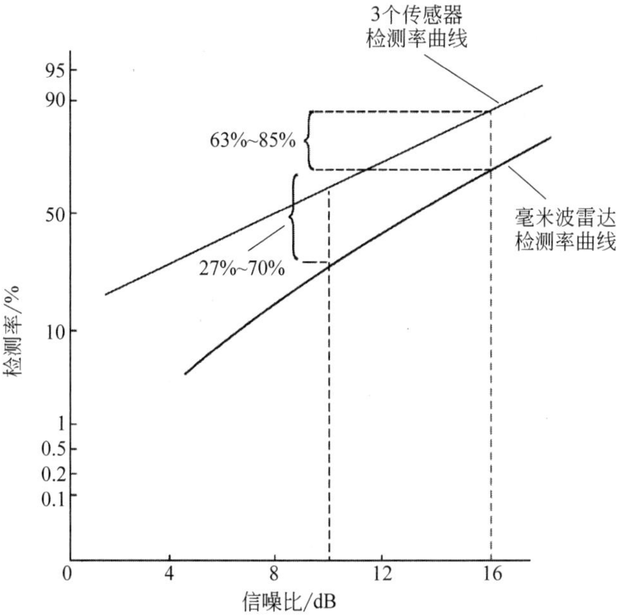

图 1.4　多传感器信息融合系统与单传感器系统性能比较

2）多传感器信息融合在民用领域的应用

随着经济与社会的不断发展，多传感器信息融合技术已经应用到民用领域，主要应用在智能交通、工业机器人的故障诊断以及无人驾驶汽车等方面。在无人驾驶汽车的应用上，多传感器信息融合技术采用控制系统实现汽车的无人驾驶。这个控制系统包括定位系统、惯性传感器、数字地图等多种功能，能够实时控制汽车的行驶方向，自动检测出路面地段的形状，对前方的路况、障碍物进行检测，使得无人驾驶汽车更具安全性和稳定性。实践证明，应用多传感器信息融合技术的无人驾驶汽车具备很高的安全性。

此外，多传感器信息融合技术在天气预报和地球资源勘探等方面也有所应用。气象卫星结合毫米波、微波、红外线及可见光等传感器对大气层的水蒸气、降雨量、云层覆盖情况、风暴轨迹、海况、积雪情况以及风速等信息进行综合，最后得出分布数据，进行气象预报。

随着多传感器信息融合研究的深入和应用领域的扩大，各个领域的研究人员日益认识到该技术的重要性。迄今为止，多传感器信息融合技术已成功地应用于如下研究领域：

- 机器人和智能仪器系统。
- 复杂机器系统的条件维护。
- 图像分析与理解。
- 目标检测与跟踪。
- 自动目标识别。
- 多元图像识别。

1.3 本章小结

传感器技术随着现代科技的不断突破得到了极大的发展。传感器的应用渗透到各行各业,极大地推动了经济的发展和社会的进步。本章首先介绍了传感器的定义、特点、组成、分类以及标定技术等,然后介绍了机器人系统、智能传感器以及多传感器信息融合等方面的知识,以拓宽读者视野,帮助读者了解领域前沿知识,为以后的学习打下基础。

习 题 1

1. 简述传感器的定义和特点。
2. 常见的机器人外部传感器有哪几类?
3. 怎样对传感器进行动态标定?
4. 智能传感器有哪几种结构形式?各有哪些特点?

第2章　机器人内部传感器技术基础

2.1　位置与速度传感器

2.1.1　绝对式光电编码器

绝对式光电编码器是一种直接编码的测量元件，它可以把被测转角或位移直接转换成相应的代码，指示的是绝对位置而无绝对误差，在电源切断时不会失去位置信息。但其结构复杂，价格昂贵，且不易做到高精度和高分辨率。绝对式光电编码器由光源、码盘、检测光栅、光电检测器件和转换电路组成，其外观和码盘如图2.1所示。

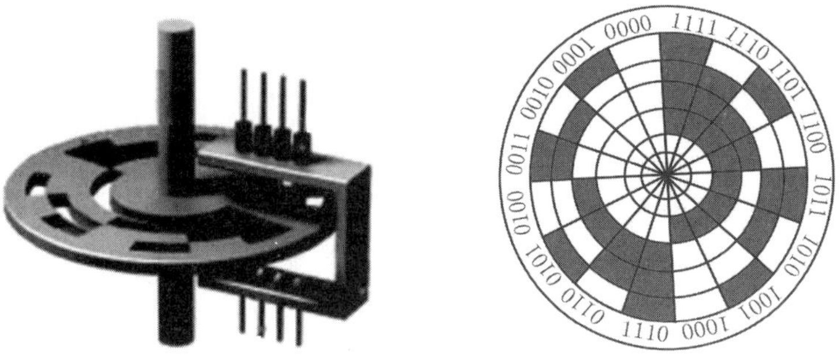

图2.1　绝对式光电编码器外观和码盘

2.1.2　增量式旋转光电编码器

增量式旋转光电编码器是普遍使用的编码器类型，在机电系统中应用非常广。对于伺服电机，为了实现闭环控制，与电机同轴安装光电编码器，可实现电机的精确运动控制。增量式旋转光电编码器能记录旋转轴的相对位置变化量，却不能给出运动轴的绝对位置，因此这种光电编码器通常用于定位精度不高的机器人，如喷涂、搬运、码垛机器人等。

增量式旋转光电编码器如图2.2所示。在现代高分辨率码盘上，透射和遮光部分是很细的窄缝和线条，因此码盘也被称为圆光栅。相邻的窄缝之间的夹角称为栅距角，透射部分和遮光部分大约各占栅距角的1/2。码盘的分辨率以码盘旋转一周在光电检测部分可产生的脉冲数表示。在码盘上往往还另外安排一个（或一组）特殊的窄缝，用于产生定位或零位信号，测量装置或运动控制系统可以利用这个信号产生回零或复位操作。

如果不增加光学聚焦放大装置，让光电器件直接面对这些光栅，那么由于光电器件的几何尺寸远远大于这些栅线，即使码盘动作，光电器件的受光面积上得到的总是透光部分与遮光部分的平均亮度，导致通过光电转换得到的电信号不会有明显的变化，不能得到正确的脉冲波形。为了解决这个问题，在光路中增加一个与光电器件的感光面几何尺寸相近的固定挡板，挡板上有若干条几何尺寸与码盘窄缝（主光栅）相同的窄缝（挡板光栅）。当码盘运动时，主光栅与挡板光栅的覆盖情况就会变化，导致光电器件上的受光量产生明显的变化，从而通过光电转换检测出位置的变化。从原理上分析，光电器件输出的电信号应该是三角波。但是由于运动部分和静止部分之间的间隙所导致的光线衍射和光电器件的特性，使得到的波形近似正弦波，而且其幅度与码盘的分辨率无关。

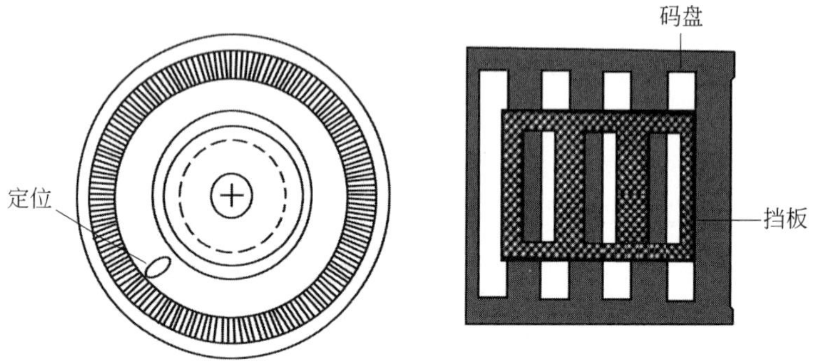

图 2.2　增量式旋转光电编码器

2.1.3　直线式光电编码器

与增量式旋转光电编码器不同，在直线式光电编码器（通常也称为线性编码器，其中“线性”不意味着线性关系，而是指直线运动）中，矩形的透明板（而不是旋转盘）沿直线移动，其与轴编码器（旋转）有着相同类型的信号发生和解译机制。透明板上有一系列不透明线，它们平行地排列，从而形成传感器的固定板（称为相位板），这称为掩蔽板。具有相同线条布局的第二块透明板形成移动板（称为编码板）。两个板上的线间隔均匀，线宽等于相邻线之间的间距。将光源放置在移动板侧，并且使用一个或多个光电传感器在另一侧检测透过两个板的公共区域的光。当两个板上的线重合时，最大光量将通过两个板的公共区域。当一个板上的线落在另一个板的透明空间上时，几乎没有光穿过这两个板。因此，当板移动时，光电传感器产生脉冲串，并且在使用增量式编码器的情况下可以确定直线位移。

直线式光电编码器的结构如图 2.3 所示，编码板与要测量直线运动的物体相连。使用 LED 光源和光敏晶体管光电传感器检测运动脉冲，同旋转编码器所用的方法一样解译该脉冲，同轴编码器一样使用相位板增强检测信号的强度和分辨力。这种编码器需要用两个正交窗（即有 1/4 间距的偏移）轨道确定运动方向。在相位板上，使用与主轨道有 1/2 间距的偏移的另一个窗轨（图 2.3 中未画出）进一步增强对待检测脉冲的识别。具体来说，当主轨道上的传感器读取高强度（编码板和相位板上的窗口对准）信号时，在 1/2 间距的偏移处轨道上的传感器将读取低强度（相位板的相应窗口被编码板的不透明区域阻挡）信号。

2.1.4　模拟式速度传感器

测速发电机是最常用的一种模拟式速度传感器，它是一种小型永磁式直流发电机。其

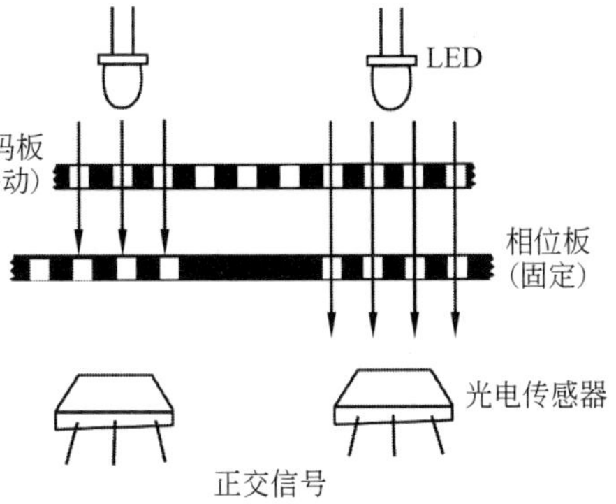

图 2.3　直线式光电编码器的结构

工作原理是：当励磁磁通恒定时，其输出电压和转子转速成正比，即

$$U = kn$$

其中，U 为测速发电机输出电压，n 为测速发电机转速，k 为比例系数。

当有负载时，电枢绕组流过电流，由于电枢反应而使输出电压降低。若负载较大，或者测量过程中负载发生变化，则破坏了线性特性而产生误差。为减少误差，必须使负载尽可能地小而且性质不变。测速发电机总是与驱动电动机同轴连接，这样就测出了驱动电动机的瞬时速度，如图 2.4 所示。

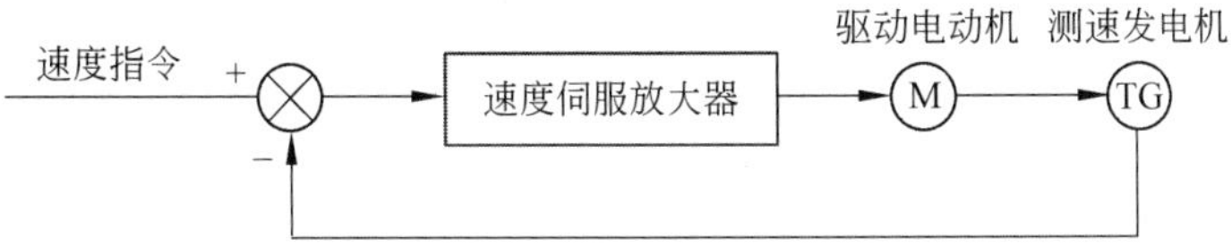

图 2.4　模拟式速度传感器

2.1.5　数字式速度传感器

在机器人控制系统中，增量式编码器一般用作位置传感器，但也可以用作速度传感器。当把一个增量式编码器用作速度检测元件时，有模拟和数字两种方式。

1. 模拟方式

在模拟方式下，关键是需要一个 F/V 转换器，它必须有尽量小的温度漂移和良好的零输入/输出特性，将编码器的脉冲频率输出转换成与转速成正比的模拟电压，它检测的是驱动电动机轴上的瞬时速度，如图 2.5 所示。

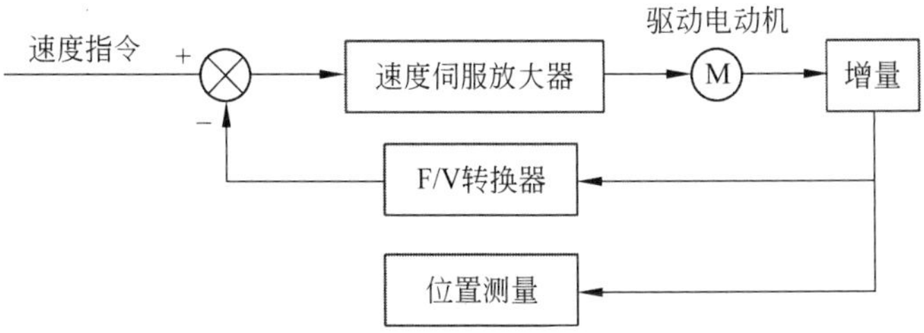

图 2.5　增量式编码器用作速度传感器

2. 数字方式

编码器是数字元件,它的脉冲个数代表了位置,而单位时间里的脉冲个数表示这段时间里的平均速度。显然,单位时间越短,越能代表瞬时速度,但在太短的时间里只能得到几个编码器脉冲,因而降低了速度分辨率。目前在技术上有多种办法能够解决这个问题。例如,可以采用两个编码器脉冲为一个时间间隔,然后用计数器记录在这段时间里高频脉冲源发出的脉冲数,其原理如图 2.6 所示。

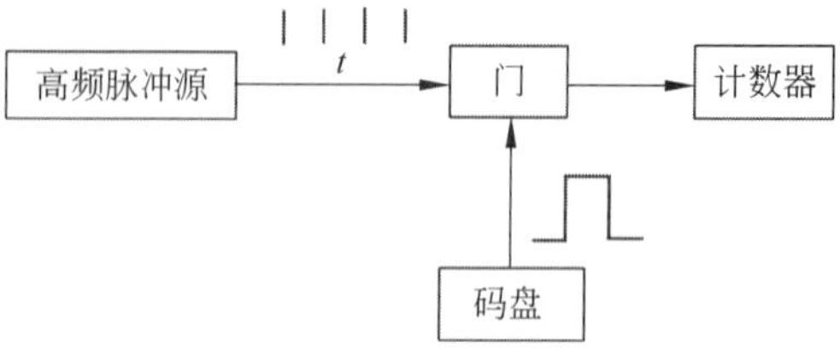

图 2.6 利用编码器的测速原理

设编码器每转输出 1000 个脉冲,高频脉冲源的周期为 0.1ms,门电路每接收一个编码器脉冲就开启,再接收到一个编码器脉冲就关闭,这样周而复始,也就使得门电路开启时间是两个编码器脉冲的间隔时间。例如,计数器的值为 00,则编码器角位移 $\Delta\theta=\frac{2}{1000}\times 2\pi$(单位为 rad),时间增量 Δt = 脉冲源周期 × 计数值 $=0.1\text{ms}\times 100=10\text{ms}$,速度 $\dot{\theta}=\frac{\Delta\theta}{\Delta t}=\left(\frac{2}{1000}\times 2\pi\right)/(10\times 10^{-3})=1.26\text{rad/s}$。

2.1.6 倾斜角传感器

倾斜角传感器测量重力的方向,应用于机器人末端执行器或移动机器人的姿态控制。根据测量原理不同,倾斜角传感器分为液体式和垂直振子式等。

1. 液体式倾斜角传感器

液体式倾斜角传感器分为气泡位移式、电解液式、电容式和磁流体式等,下面仅介绍气泡位移式和电解液式倾斜角传感器。图 2.7 为气泡位移式倾斜角传感器的结构及测量原理。半球状容器内封入含有气泡的液体,对准上面的 LED 发出的光。容器下面分成四部分,分别安装 4 个光电二极管,用以接收透射光。液体和气泡的透光率不同,液体在光电二极管上投影的位置随传感器倾斜角度而改变。因此,通过计算对角的光电二极管感光量的差分,可测量出二维倾斜角。该传感器测量范围为 0°~20°,分辨率可达 0.001°。

电解液式倾斜角传感器的结构如图 2.8 所示。在管状容器内封入 KCL 之类的电解液和气体,并在其中插入 3 个电极。容器倾斜时,电解液移动,中央电极和两端电极间的电阻及电容量改变,使容器相当于一个阻抗可变的元件,可用交流电桥电路进行测量。

2. 垂直振子式倾斜角传感器

图 2.9 是垂直振子式倾斜角传感器的结构。振子由挠性薄片悬起,传感器倾斜时,振子为了保持铅直方向而离开平衡位置,根据振子是否偏离平衡位置及偏移角函数(通常是正弦函数)检测出倾斜角度 θ。但是,由于容器限制,测量范围只能在振子自由摆动的允许范围

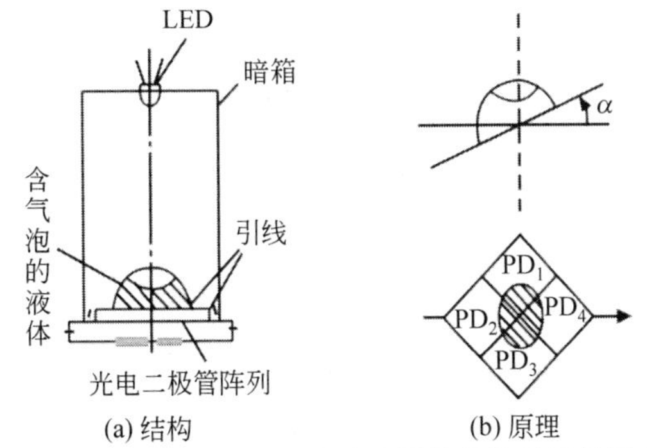

图 2.7　气泡位移式倾斜角传感器的结构及测量原理

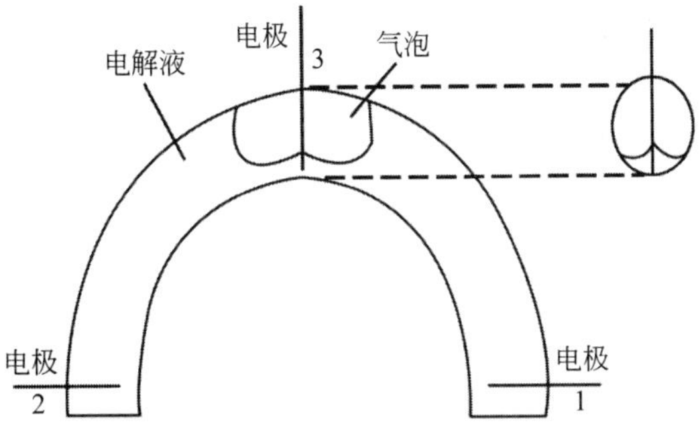

图 2.8　电解液式倾斜角传感器的结构

内，不能检测过大的倾斜角度。按图 2.9 所示的结构，把代表偏移角函数的输出电流反馈到转矩线圈中，使振子返回平衡位置。这时，振子产生的力矩 $M=mgl\sin\theta$，转矩 $T=Ki$。其中，m 表示振子质量，l 表示挠性薄片上端至底部的长度，K 为转矩常数，i 表示线圈电流。在平衡状态下应有 $M=T$，于是得到 $\theta=\arcsin Ki/mgl$。

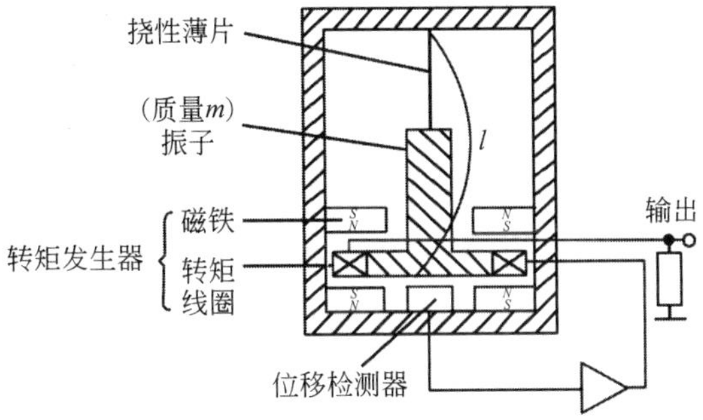

图 2.9　垂直振子式倾斜角传感器的结构

2.2　加速度传感器

2.2.1　加速度传感器原理

检测运动体加速度依据的共同原理是力学的牛顿第二定律，这种检测方法是将检测有一定质量的物体的加速度归结为检测力或力矩。

若在运动体重心沿纵轴方向固接一质量 m，则运动体相对于某惯性空间以加速度 a 向前运动时，运动体将给质量 m 以向前运动的力 F，此作用力 F 与质量 m 的惯性力 ma 相等，而方向相反，即 $F=ma$。因此，当质量 m 一定时，可通过检测运动体施加于质量 m 上的力确定运动体相对于惯性空间的加速度。质量 m 是通过弹簧与运动体相连接的，惯性力 ma 将与弹簧的反作用力平衡，并表现出一定的位移，因此，通过检测该位移也可确定加速度 a。

因为检测加速度的系统感受的是沿运动体某一轴向的加速度，因此，若要检测运动体 3 个轴向的加速度，则必须用 3 个加速度检测系统。若要确定运动体相对地面上某一固定点的加速度，则必须考虑地球相对于惯性空间的运动加速度，以便用它修正检测到的加速度值。

运动体过载加速度检测系统的敏感轴安装在运动体的轴向。在一般惯性制导系统中，加速度检测系统的敏感轴根据所选择的直角坐标系的 3 个方向安装，如按地球的东西、南北和铅垂 3 个方向安装。为保证整个飞行过程中 3 个加速度检测系统的敏感轴方向不变，必须采用方向稳定性很好的稳定平台。在捷联式惯性制导系统中，沿飞行器的 3 个轴向安装检测系统的敏感轴。

2.2.2 线位移式加速度传感器

线位移式加速度传感器由敏感质量 m、阻尼器（阻尼系数为 c）、有线性特性的弹簧（劲度系数为 k）和基座组成，基座安装在运动体上，如图 2.10 所示。基座在惯性空间运动时，质量 m 沿 X-X 方向作相对于惯性空间和基座的运动。若不考虑重力加速度的作用，并设 x_i 为基座相对于惯性空间（惯性参考系统）的位移，x 为质量 m 相对于惯性空间的位移，则 $y=x-x_i$，代表质量 m 相对于基座的位移。

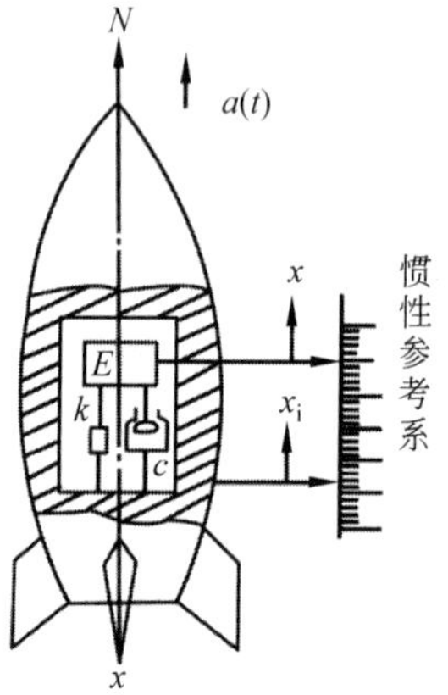

图 2.10 线位移式加速度传感器

忽略质量 m 运动时的摩擦，并假设质量 m 的敏感轴与惯性参考系的某坐标轴平行，根据牛顿第二定律可得系统的运动方程：

$$m\ddot{x}+c(\dot{x}-\dot{x}_i)+k(x-x_i)=0 \tag{2.1}$$

若以质量 m 相对于基座的位移表示，则

$$m\ddot{y}+c\dot{y}+ky=-m\ddot{x}_i$$

或

$$\ddot{y}+\frac{c}{m}\dot{y}+\frac{k}{m}y=-\ddot{x}_i \tag{2.2}$$

其中，$\ddot{x}_i$ 是基座相对于惯性参考系的加速度 $a(t)$。

若用典型二阶测量系统的符号，则式(2.2)可写成

$$\ddot{y}+2\zeta\omega_n\dot{y}+\omega_n^2y=-\ddot{x}_i \tag{2.3}$$

其中，$\omega_n=\sqrt{k/m}$ 是测量系统的固有频率，$\zeta=c/2\sqrt{mk}$ 是测量系统的阻尼比，$\ddot{x}_i$ 是测量系统的输入量（被测加速度），y 是测量系统的输出量（质量 m 相对于基座的位移）。当 a 按正弦规律变化时，即

$$x_i=x_{i0}e^{j\omega t}$$

$$\dot{x}_i=j\omega x_{i0}e^{j\omega t}$$

$$\ddot{x}_i = -\omega^2 x_{i0} e^{j\omega t}$$

其中，x_{i0} 表示基座相对于惯性参考系的初始位移，则实际输出量 y 可由上述方程解得：

$$\begin{aligned} y &= \frac{-a_0}{\sqrt{(\omega_n^2 - \omega^2)^2 + (2\zeta\omega_n\omega)^2}} e^{j(\omega t + \Delta\varphi)} \\ &= \frac{-a_0/\omega_n^2}{\sqrt{\left[1-\left(\dfrac{\omega}{\omega_n}\right)^2\right]^2 + \left(2\zeta\dfrac{\omega}{\omega_n}\right)^2}} e^{j(\omega t + \Delta\varphi)} \end{aligned} \tag{2.4}$$

稳态时的输出幅值为

$$|y_m| = \frac{|-a_0/\omega_n^2|}{\sqrt{\left[1-\left(\dfrac{\omega}{\omega_n}\right)^2\right]^2 + \left(2\zeta\dfrac{\omega}{\omega_n}\right)^2}}$$

幅频特性为

$$A(\omega) = \left|\frac{y_m\omega_n^2}{a_0}\right| = \frac{1}{\sqrt{\left[1-\left(\dfrac{\omega}{\omega_n}\right)^2\right]^2 + \left(2\zeta\dfrac{\omega}{\omega_n}\right)^2}} \tag{2.5}$$

相频特性为

$$\varphi(\omega) = \arctan\frac{\dfrac{-2\zeta\omega}{\omega_n}}{1-\left(\dfrac{\omega}{\omega_n}\right)^2} - \pi \tag{2.6}$$

相对幅值误差为

$$\Delta A = \frac{1}{\sqrt{\left[1-\left(\dfrac{\omega}{\omega_n}\right)^2\right]^2 + \left(2\zeta\dfrac{\omega}{\omega_n}\right)^2}} - 1 \tag{2.7}$$

相角差为

$$\Delta\varphi = \arctan\frac{\dfrac{-2\zeta\omega}{\omega_n}}{1-\left(\dfrac{\omega}{\omega_n}\right)^2} \tag{2.8}$$

相角和相角差相差 π 的物理意义可由图 2.11 所示旋转向量图说明。由于输入加速度 $\ddot{x}_i = -\omega^2 x_{i0} e^{j\omega t}$ 的方向与输入位移 $x_i = x_{i0} e^{j\omega t}$ 的方向相反，因此输入位移指向实轴右方时，输入加速度指向实轴左方。同时，由于输出量（位移 y）与输入加速度方向相反，所以理想的输出量 y_d 应与输入加速度相位相差 180°，并指向实轴右方。由于实际输出量（位移 y）与理想输出量 y_d 之间有一个负的相角差 $\Delta\varphi$，所以实际输出量 y 的相角为负值，也仅当 $\varphi = \Delta\varphi - \pi$ 时 y 的相角才能为负值。此时将输入加速度的相角看成落后于理想输出量 180°，并认为输入加速度（相对于理想输出量）具有正的相位。

在上述情况下，理想输出量 y_d 相对于输入加速度具有 $-\pi$ 的相角差，因此实际输出量与理想输出量之间的相角差 $\Delta\varphi$ 与实际输出量的相角减去理想输出量的相角的结果相等，即

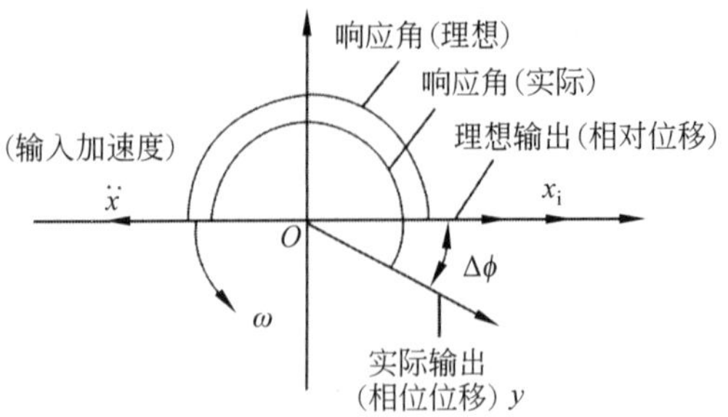

图 2.11 检测加速器时的旋转向量图

$$\Delta\varphi = \arctan\frac{\frac{-2\zeta\omega}{\omega_n}}{1-\left(\frac{\omega}{\omega_n}\right)^2} - \pi - (-\pi) = \arctan\frac{\frac{-2\zeta\omega}{\omega_n}}{1-\left(\frac{\omega}{\omega_n}\right)^2}$$

可以看出,其幅频特性和相频特性与典型二阶系统相同,只是在相角上相差$-\pi$。

系统的传递函数可写成下列 3 种形式:

$$W(s) = \frac{Y(s)}{s^2 x_i(s)} = \frac{-1}{s^2 + \frac{c}{m}s + \frac{k}{m}} = \frac{-T^2}{T^2 s^2 + 2k\zeta Ts + 1} = \frac{-1}{s^2 + 2k\zeta\omega_n s + \omega_n^2} \tag{2.9}$$

其中,$T=\frac{1}{\omega_n}$是测量系统的时间常数。

稳态时,运动体相对于惯性空间的加速度可写成

$$\ddot{x}_{i0} = a_0 = -\frac{k}{m}y_c = -\frac{k}{m}x_{i0}$$

所以,质量 m 相对于基座的位移稳态值为

$$y_c = -\frac{m}{k}a_0 = -\frac{a_0}{\omega_n^2} \tag{2.10}$$

式(2.10)即为简单(开环)加速度测量系统的静态特性方程,其中负号表示输出量(位移)与被测加速度的方向相反(相位差 180°)。

测量系统的静态灵敏度为

$$S_c = \frac{m}{k} = \frac{1}{\omega_n^2} \tag{2.11}$$

可以看出,上述加速度传感器具有典型二阶测量系统的传递函数,因此利用前述结论对这种简单的加速度测量系统性能与其参数之间的关系加以分析,并可得到以下结论:

(1) 传感器的灵敏度与敏感质量 m 成正比,与系统的弹簧劲度系数 k 成反比,亦即与系统的固有频率 ω_n 的平方成反比。欲取得较大的静态灵敏度,应选取较大的质量 m 和较小的弹簧劲度系数 k,使系统具有较小的固有频率 ω_n。

(2) 为使传感器有较高的静态精度和线性度,在全量程内,质量 m 和弹簧劲度系数 k 应保持不变,或具有极小的误差。这不仅要求 m 和 k 在较大的温度变化范围内性能变化极小,而且要求 k 在大位移(大加速度)时,也具有较好的线性度。显然,金属弹性元件难以达到这一要求。所以,这种简单加速度传感器较难满足小灵敏度、大测量范围(如 $10^{-5}\sim 20g$

甚至更大范围)的加速度测量要求。

(3) 这种简单开环加速度测量系统的阻尼比 ζ 较大时,会使过渡过程的上升时间增大,或者使频带变窄;但阻尼比太小又会使动态误差增大。因此,应根据动态误差(超调误差或相对幅值误差)的要求选择最佳阻尼比。

(4) 为了得到较宽的频带以减小动态误差,在选定合适的阻尼比的情况下,应选取较大的固有频率 ω_n。但是,考虑干扰振动的影响并且为了满足静态灵敏度的要求,系统的固有频率 ω_n 应远小于干扰振动频率,以使活动系统对干扰振动具有较低的灵敏度。

2.2.3　摆锤式加速度传感器

摆锤式加速度传感器在运动体加速度测量中应用非常广泛,它以单摆效应为基础,通过测量摆锤的偏转角测量线加速度。图 2.12 所示的摆锤式加速度传感器由质量为 m 的摆锤、阻尼器(阻尼系数为 c)、反作用弹簧(劲度系数为 k)及固装在运动体框架上的基座组成。

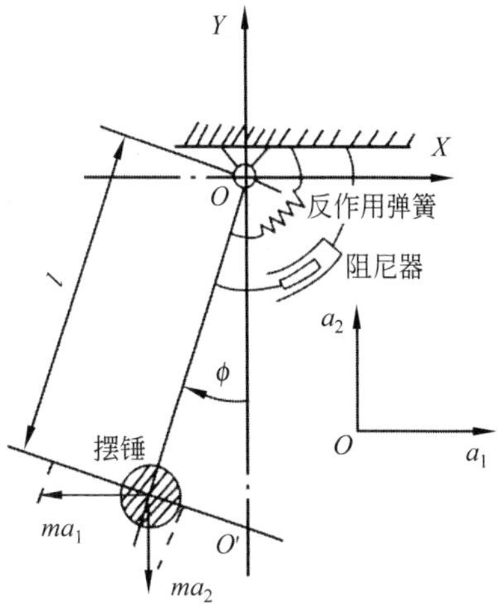

图 2.12　摆锤式加速度传感器结构

为了简化摆锤式加速度传感器的数学模型,假设摆杆的分布质量集中在摆锤上,摆锤起始位置位于 O-O' 垂线,加速度方向如图 2.12 所示。基座随运动体相对于惯性空间运动时,单摆的运动微分方程可写成

$$J\ddot{\varphi} + c\dot{\varphi} + k\varphi = mla_1\cos\varphi - mla_2\sin\varphi \mp M_f \tag{2.12}$$

其中,J 是质量 m 对旋转中心 O 的转动惯量,φ 是单摆相对起始位置的偏离角度,c 是阻尼系数,k 是弹簧劲度系数,M_f 是摩擦力矩,a_1 和 a_2 是质量沿两个敏感轴方向的加速度。

当 φ 很小时,$\sin\varphi\approx\varphi$,$\cos\varphi\approx1$,则式(2.12)可写成

$$J\ddot{\varphi} + c\dot{\varphi} + k\varphi = mla_1 - mla_2\varphi \mp M_f$$

或

$$\ddot{\varphi} + \frac{c}{J}\dot{\varphi} + \frac{k + mla_2}{J}\varphi = \frac{mla_1}{J} \mp \frac{M_f}{J} \tag{2.13}$$

典型形式如下:

$$\ddot{\varphi} + 2\zeta\omega_n\dot{\varphi} + \omega_n^2\varphi = \frac{ml}{J}a_1 \mp \frac{M_f}{J} \tag{2.14}$$

其中,$\omega_n = \sqrt{\dfrac{k + mla_2}{J}}$ 是传感器的固有频率,$\zeta = \dfrac{c}{2\sqrt{(k + mla_2)J}}$ 是传感器的阻尼比。

摆锤式加速度传感器也是典型的二阶系统,其固有频率 ω_n 和阻尼比 ζ 与 a_2 有关。当 $a_2 = 0$ 时,

$$\omega_n = \sqrt{\frac{k}{J}} \tag{2.15}$$

$$\zeta = \frac{c}{2\sqrt{kJ}} \tag{2.16}$$

稳态时，$\ddot{\varphi} = \dot{\varphi} = 0$，则

$$\varphi = \frac{mla_1 \mp M_f}{k + mla_2} \tag{2.17}$$

因此，当传感器的 m、l 和 k 为确定值时，单摆的偏转角 φ 不仅与被测加速度 a_1 有关，而且与摩擦力矩 M_f 和其他方向的加速度 a_2 有关。a_2 是包括重力加速度在内的不需要感受的加速度，被视为有害加速度。M_f 和 a_2 一般是变量。

下面研究有害加速度 a_2 和摩擦力矩 M_f 对测量精度的影响。

1. a_2 的影响

如果略去 M_f，则式(2.17)变为

$$\varphi_1 = \frac{ml}{k + mla_2} a_1 \tag{2.18}$$

不存在有害加速度 a_2 时，单摆偏转角为

$$\varphi = \frac{ml}{k} a_1 \tag{2.19}$$

a_2 引起的角度误差为

$$\Delta\varphi = \varphi_1 - \varphi$$

相对误差为

$$\xi = \frac{\Delta\varphi}{\varphi} = \frac{\varphi_1}{\varphi} - 1$$

即

$$\xi = -\frac{1}{\dfrac{k}{mla_2} + 1} \tag{2.20}$$

再由式(2.19)可知，单摆系统的静态灵敏度为

$$S_c = \frac{ml}{k} \tag{2.21}$$

则

$$\xi = -\frac{1}{\dfrac{1}{S_c a_2} + 1} \tag{2.22}$$

由式(2.22)知，若要减小有害加速度的影响，则应增大 k，减小 ml 值，也就是要减小传感器的灵敏度 S_c，即应使单位加速度作用下产生的单摆转角尽可能地小。显然，这对角度测量和变换提出了很高的要求。

2. M_f 的影响

如果忽略 a_2，则式(2.17)变为

$$\varphi = \frac{mla_1 \mp M_f}{k} = \frac{mla_1 - |M_f|}{k} \tag{2.23}$$

当 $mla_1<|M_f|$ 时，即当被测加速度产生的惯性力矩小于摩擦力矩时，敏感质量实际上不会运动，传感器没有输出($\varphi=0$)。可见，摩擦力矩限制了传感器的灵敏限。如果要求传感器具有较小的灵敏限和感受较小的加速度，则摩擦力矩也应很小，否则必须增大质量 m 和摆长 l。

例如，某典型摆锤式加速度传感器的敏感质量 $m=5\text{g}$，摆长 $l=5\text{mm}$，要求能测量的最小加速度 $a_{\min}=1\times10^{-4}\text{m/s}^2$(约 $1\times10^{-5}g$，g 为重力加速度)，要求确定传感器允许的最大摩擦力矩 M_{fm}。事实上，最大摩擦力矩可根据 $mla_{\min}>M_{\text{fm}}$ 条件计算，即 $M_{\text{fm}}\leqslant mla_{\min}=5\times10^{-2}\text{kg}\times5\times10^{-2}\text{m}\times10^{-4}\text{m/s}^2$，因此 $M_f\leqslant2.5\times10^{-9}\text{N}\cdot\text{m}$。如此小的摩擦力矩用具有干摩擦的支承方法很难实现。

当 $mla_1>|M_f|$ 时，摩擦力矩引起的附加偏转角(摩擦误差)为

$$\Delta\varphi=\frac{|M_f|}{k}\tag{2.24}$$

其相对误差为

$$\xi=\frac{|M_f|}{mla_2}\tag{2.25}$$

以附加偏转角 $\Delta\varphi$ 表示摩擦力矩 M_f，并以 $k=\omega_n^2J$ 代入式(2.14)时，传感器的动特性可写成

$$\ddot{\varphi}+2\zeta\omega_n\dot{\varphi}+\omega_n^2\varphi=\frac{ml}{J}a_1+\omega_n^2|\Delta\varphi|\tag{2.26}$$

由此可见，要减小摩擦力矩造成的有害影响，可减小传感器的固有频率 ω_n。但是，过小的 ω_n 会使传感器的动态性能变坏，频带变窄，动态误差增大，响应时间增长。

2.2.4　石英挠性加速度传感器

石英挠性加速度传感器实际上是一种机械摆式加速度传感器，其挠性杆和电容传感器构成一体，故结构简单，有精度高、功耗小和体积小等优点。这种加速度传感器既是惯导系统的理想部件，又可广泛用于工业监测系统、石油钻井的随钻测斜系统、水库大坝或建筑工程的测斜系统。

石英挠性加速度传感器的结构如图 2.13 所示。敏感头由挠性支承摆组件(其上装有力矩器线圈)、力矩器、差动电容传感器(由摆片与轭铁的上下磁结构组成)和阻尼器(由力矩器线圈与磁钢之间的空隙及力矩器线管与其外侧的轭铁之间的空隙形成，通过空气阻尼)等组成。

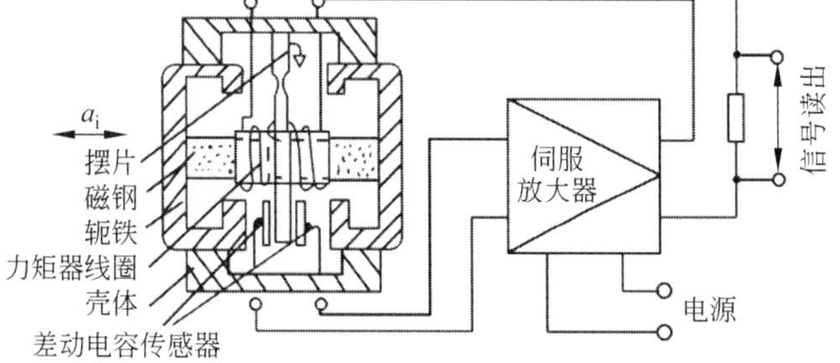

图 2.13　石英挠性加速度传感器结构

沿加速度传感器的输入轴方向有加速度 a_i 作用时，摆组件发生微小偏转，则差动电容传感器两臂的电容量发生变化，伺服放大器检测这一变化并变换成相应的输出电流反馈给力矩器，该电流 i 的大小与输入加速度 a_i 成正比，而极性有使摆组件返回原来位置的倾向。在力平衡状态下有

$$pa_i = K_{tg} i \tag{2.27}$$

$$i = \frac{pa_i}{K_{tg}} \tag{2.28}$$

由于摆性 $p=ml$ 和力矩器的力矩系数 K_{tg} 是已知的，故测出流过力矩器的电流 i 便可知道输入加速度 a_i。比例系数 p/K_{tg} 称为标度因数，其数值等于单位加速度输入时所需的再平衡电流，也称自重电流。

石英挠性加速度传感器的原理如图 2.14 所示，系统的输入输出特性为

$$\frac{i(s)}{a_i(s)} = \frac{pK/K_{tg}}{Js^2 + Ds + K + K_c} \approx \frac{pK}{K_{tg}J} \cdot \frac{\omega_n^2}{s^2 + 2\zeta\omega_n s + \omega_n^2} \tag{2.29}$$

其中，K 是伺服回路刚度(单位为 N·m/rad)，$K=K_pK_{sa}+K_{tg}$，K_p 为传感器比例系数，K_{sa} 为伺服放大器系数；ω_n 是回路的固有频率(单位为 rad/s)，$\omega_n=\sqrt{(K_c+K)/J}$；$\zeta$ 是回路的阻尼比(无量纲)，$\zeta=\dfrac{D}{2\sqrt{(K_c+K)/J}}$；$J$ 是摆组件转动惯量(单位为 kg·m)；p 是摆性(单位为 N·m/g)。

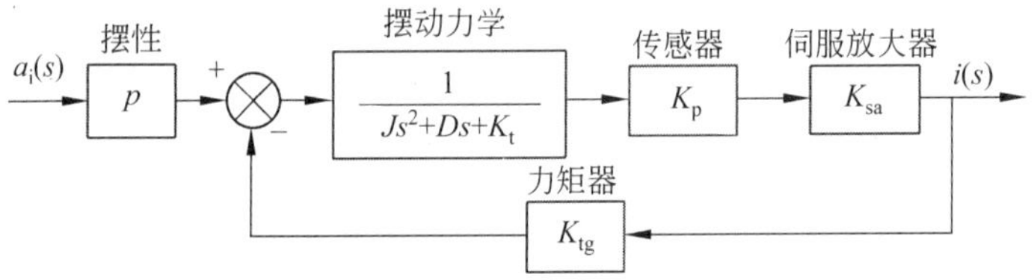

图 2.14 石英挠性加速度传感器原理

将式(2.29)进行拉普拉斯变换，可得伺服回路对阶跃输入的时域响应：

- 当 $0\leqslant\zeta<1$ 时：

$$i(t) = \frac{\omega_n}{1-\zeta^2}\exp(-\zeta\omega_n t)\sin\omega_n\sqrt{1-\zeta^2}\,t, \quad t\geqslant 0$$

- 当 $\zeta=1$ 时：

$$i(t) = \omega_n^2 t\exp(-\omega_n t), \quad t\geqslant 0$$

- 当 $\zeta>1$ 时：

$$i(t) = \frac{\omega_n}{2\sqrt{\zeta^2-1}}\exp[-(\zeta-\sqrt{\zeta^2-1})\omega_n t] - \frac{\omega_n}{2\sqrt{\zeta^2-1}}\exp[-(\zeta+\sqrt{\zeta^2-1})\omega_n t], \quad t\geqslant 0$$

在 $pK/JK_{tg}=1$ 的情况下，i 与 t 的关系如图 2.15 所示。

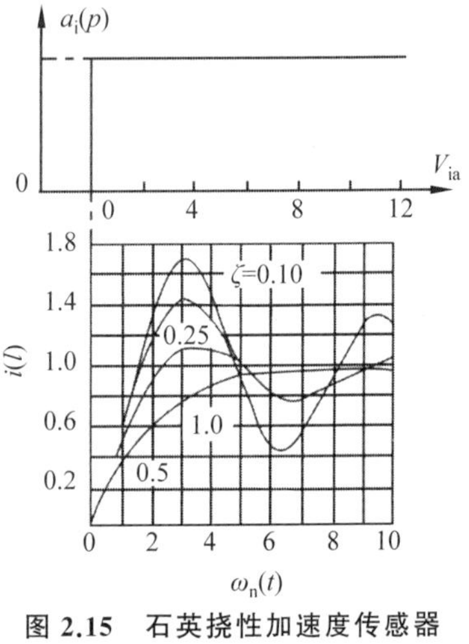

图 2.15 石英挠性加速度传感器的阶跃响应特性

2.2.5　压阻式和压电式加速度传感器

1. 压阻式加速度传感器

压阻式加速度传感器具有一般压电力敏传感器不具备的直流响应特性，而且输出稳定性和线性度好，因此对这种传感器的研究十分活跃。提高压阻式加速度传感器性能通常会遇到两个技术难题：一是压阻器对温度十分敏感；二是压阻器耐冲击性能差。由于半导体技术的发展，有过载保护和空气阻尼的微机械硅加速度传感器已能耐冲击，用半导体压力传感器的温度补偿电路已能实现对压阻器的温度补偿。压阻式加速度传感器的体积小、成本低，适用于步行机器人和汽车的控制系统，如制动控制系统和悬挂系统。

1）压阻式加速度传感器的结构原理

压阻式加速度传感器由压阻器和混合集成电路组成，该电路带有低温漂的集成运算放大器和 EMI 滤波器，全部组件封装在一个塑料盒内。

压阻式加速度传感器的结构如图 2.16 所示，这种硅悬臂梁结构能将加速度产生的惯性力转变成应变力。设置压阻器的硅载体片，其厚度通过各向同性蚀刻减薄。硅载体片的一端设置金属质量块，这样可提高灵敏度。按硅晶方向排列的四个压阻器构成一个电桥电路。在传感器的金属盒内注入硅油，这样能提高传感器的动态特性。

2）压阻式加速度传感器的静态特性

压阻式加速度传感器的敏感元件结构如图 2.17 所示。在 y 方向 $1g$ 的加速度（以下称重力加速度）条件下，其灵敏度（单位为 mV/g）为

$$S_y = \frac{3mC_x^* \pi_{44} V_s}{Wh^2} \tag{2.30}$$

其中，π_{44} 是压阻系数；m 是质量；$C_x^* = C_x - r$ 是 x 方向的质心到电阻位置的距离，r 是由固定端到电阻器的距离；W 是硅悬臂梁的宽度；h 是压阻器的厚度；V_s 是桥路供电电压。m、C_x^*、W 和 h 都是设计传感器动态特性的参数，它们的选择要考虑工作频率范围。

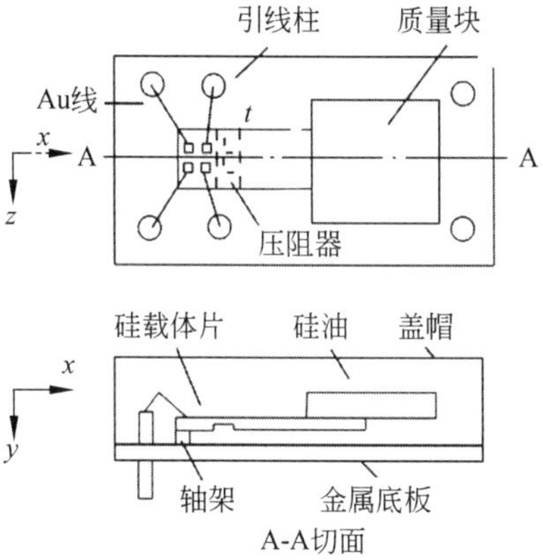

图 2.16　压阻式加速度传感器的结构

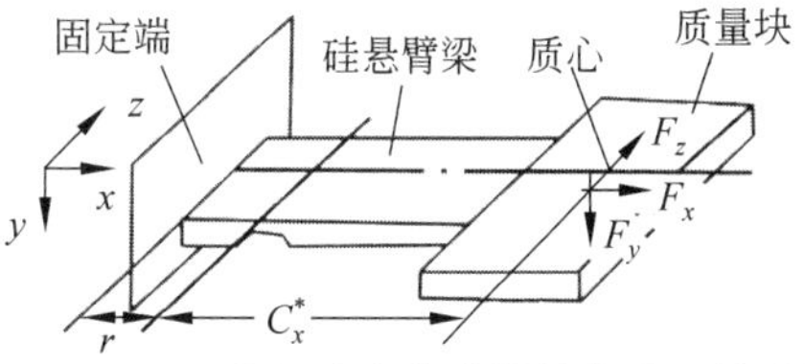

图 2.17　压阻式加速度传感器的敏感元件结构

每个 S_y 的交叉轴灵敏度 S_x 和 S_z 分别为

$$\frac{S_x}{S_y} = \frac{1}{C_x^*}\left(\frac{h}{6} + C_y\right) + f_1\left(\frac{C_z}{C_x^*} \cdot \frac{2n}{W_z}\right) \tag{2.31}$$

$$\frac{S_z}{S_y}=f_2\frac{2h}{W_z} \tag{2.32}$$

其中，C_x、C_y、C_z 是质心；C_x^* 由 C_x-r 获得；W_z 是电阻器在 z 方向的宽度；f_1 和 f_2 分别是惯性力 F_x 和 F_z 引起的力矩输出，难以获得确切的表达式，因为该力矩对压阻器上应力的作用不均匀，这种作用与压阻器的 z 位置有关。

由式(2.31)和式(2.32)可看出，若 h/C_x^* 和 C_y/C_x^* 小，且对 M_y 有足够的刚度，则可降低交叉轴灵敏度。图2.18表示一个仿真直流输出，灵敏度 S_y 是计算值，交叉轴灵敏度 S_x 是通过在重力加速度条件下沿 y 方向绕 z 轴旋转传感器得出的。图2.18中给出了 $S_x=0$ 和 $S_x=20\%$ 情况下的直流输出非线性。

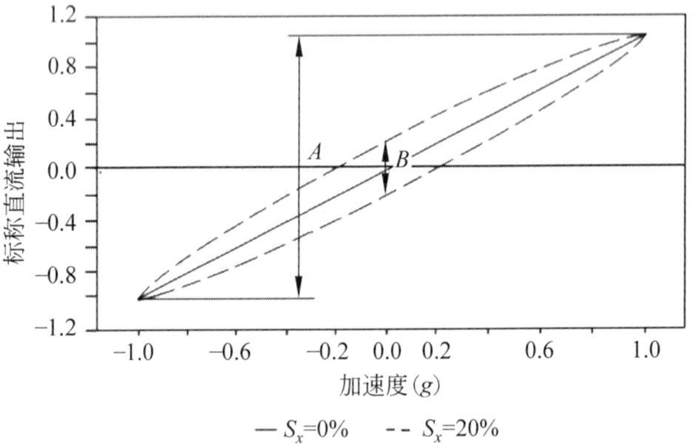

图2.18　重力加速度条件下观测的直流输出

在重力加速度条件下，旋转期间由于交叉轴的加速度成分变化，故交叉轴灵敏度的轨迹为非线性的。交叉轴灵敏度可由式(2.33)计算：

$$\frac{S_x}{S_y}=\frac{B}{A},S_y=\frac{A}{2}(\mathrm{mV}/g) \tag{2.33}$$

3）压阻式加速度传感器的动态特性

固有频率 f_n 和阻尼比 ζ 由式(2.34)给出。压阻式加速度传感器的动态特性由这两个参数决定，恰当地设置这两个参数能使传感器在工作频带内有平坦的灵敏度。

$$\zeta=\frac{\lambda}{2\sqrt{mk}},f_n=\frac{\sqrt{\frac{m}{k}}}{2\pi} \tag{2.34}$$

其中，m 是敏感质量，k 是劲度系数，λ 是阻尼系数。

λ 决定于质量块形状、硅油的黏性和压力以及运动质量块和静止壁之间的间隔。阻尼比 ζ 主要决定于硅油的黏性，为了提高抗振性，通常采用过阻尼($\zeta\approx8.7(-30℃)$，$f_n\approx260\mathrm{Hz}$)。

图2.19展示了−30℃时的灵敏度频率特性，截止频率为

$$f_c=(\zeta-\sqrt{\zeta^2-1})f_n \tag{2.35}$$

为了克服灵敏度低和温度影响，传感器中设置了放大器和温度补偿电路。图2.20展示了加速度传感器的信号调制和补偿电路，它由四级低温漂运算放大器组成，它是单片集成电路，带有用于补偿零位偏置和灵敏度漂移的P型电阻器。混合集成电路由集成电路和厚膜电阻网络构成。传感器的差动输出经差动放大器放大，并转变成单极性输出，放大器起到温

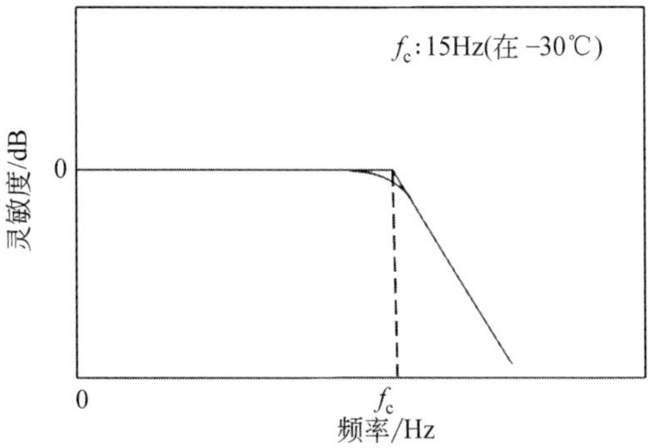

图 2.19 灵敏度频率特性

度补偿作用。加速度传感器的直流输出如图 2.21 所示。

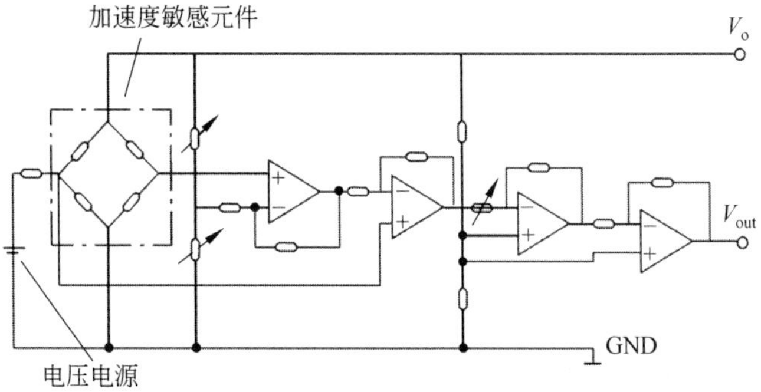

图 2.20 加速度传感器的信号调制和补偿电路

灵敏度补偿方法与压力传感器中使用的方法相同,是由第三级运算放大器增益随温度反向变化完成的。偏置漂移补偿采用一个并联的阻抗 R 作为敏感压阻应变计的一部分,其缺点是二阶误差既与压阻器的二阶系数有关,也与二次初始偏置漂移有关。图 2.22 为偏置补偿电路。这种电路由温度补偿电阻 R 和敏感温度的电源组成。输入电源通过电阻 R 加到桥路的一个输出结点上。偏置电压为

$$V_{off}(T)=\frac{V_s}{4n}[(1-2K)+(\beta_1-2K\beta_1-2K\alpha)T+(\beta_2-2K\beta_2-2K\alpha\beta_1)T^2] \quad (2.36)$$

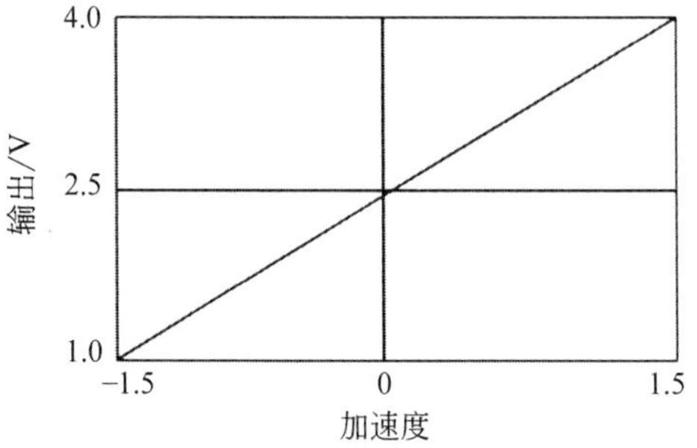

图 2.21 加速度传感器的直流输出

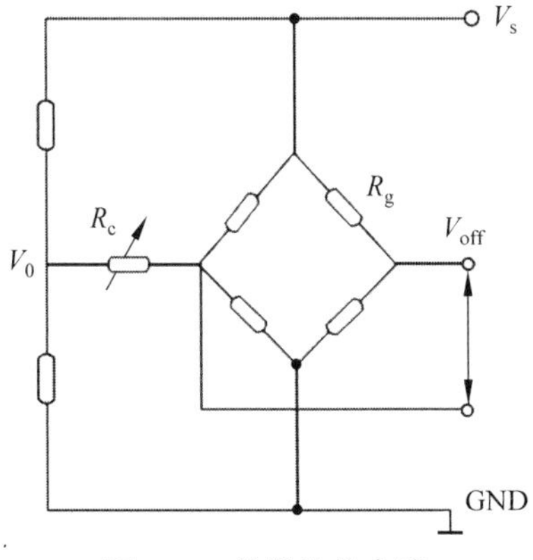

图 2.22 偏置补偿电路

其中，V_s 表示电源电压，T 表示温度，β_1 和 β_2 是压阻应变计的一阶和二阶温度常数，n 是比率 R_c/R_g（R_c 是随温度变化的可变增益阻抗，R_g 是在参考温度下的应变阻抗），$K=V_0/V_s$（V_0 是参考温度的电压），α 是电压的一阶温度系数。

偏移电压有一阶和二阶两个温度常数。通过合理配置 n、k、α 点可消除温度影响。$K=0$ 意味着通常方法，这时 V_{off} 仅决定于 n，因此用这种方法不能灵活地进行温度补偿。

图 2.23 展示了两种补偿方法的比较（初始总偏置漂移达 100%）。用通常的方法，产生 23%的误差；用新方法，误差减小到约 2%。

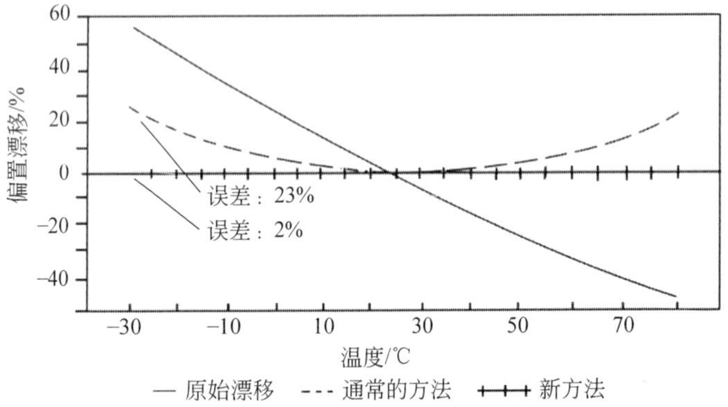

图 2.23　两种补偿方法的比较

2. 压电式加速度传感器

压电式加速度传感器利用具有压电效应的物质将产生加速度的力转换为电压。这种具有压电效应的物质受到外力发生机械形变时能产生电压；反之，外加电压时，它也能产生机械形变。压电元件大多由具有高介电常数的锆钛酸铅材料制成。设压电常数为 d，则加在元件上的应力 F 和产生的电荷 Q 的关系式为 $Q=dF$。设压电元件的电容为 C，输出电压为 U，则 $U=Q/C=dF/C$，其中 U 和 F 在很大动态范围内保持线性关系。压电元件的形变有 3 种基本模式：压缩形变、剪切形变和弯曲形变。图 2.24 是利用剪切形变的压电式加速度传感器结构。该传感器中一对平板形或圆筒形压电元件在轴对称位置上垂直固定，压电元件的剪切逆压电常数大于压电常数，而且不受横向加速度的影响，在一定的高温下仍能保持稳定的输出。

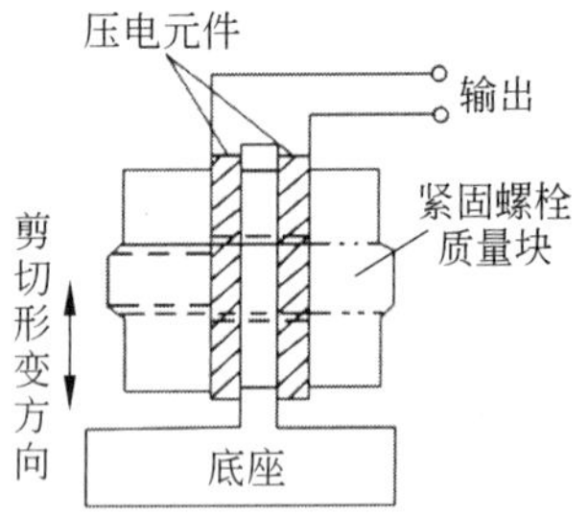

图 2.24　利用剪切形变的压电式加速度传感器

利用逆压电效应可构成多种结构的压电数字式线加速度传感器。图 2.25 展示了压电数字式线加速度传感器结构。该传感器在敏感轴方向设置一个拉伸谐振器和一个压缩谐振器，拉伸谐振器的频率 f_t 和压缩谐振器的频率 f_c 相减，略去高次项的表达式如下：

$$f_t-f_c=f_0+k_1a-k_2a^2+k_3a^3-f_0+k_1a+k_2a^2+k_3a^3=2k_1a+2k_3a^3 \quad (2.37)$$

2.2.6　光纤加速度传感器

光纤加速度传感器主要有马赫-曾德尔干涉仪型和迈克尔逊干涉仪型两种，它们的原理

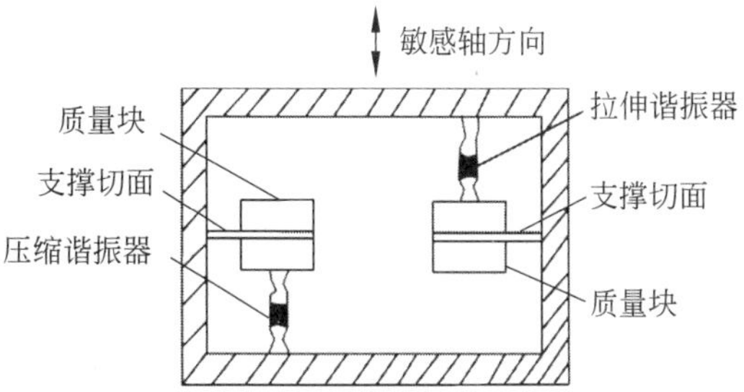

图 2.25　压电数字式线加速度传感器的结构

基本一致。

1. 马赫-曾德尔干涉仪型光纤加速度传感器

马赫-曾德尔干涉仪型光纤加速度传感器的结构如图 2.26 所示。壳体中的上下两根光纤在无张紧状态下穿过质量块，然后穿过壳体到达耦合器。两根光纤是马赫-曾德尔干涉仪两臂的一部分，这两臂至分束器，并与激光器相联，耦合器通过单根光纤把调制光纤导到光电检测器及信号处理器。耦合器接收来自两根光纤的两束相干光束，这两束相干光束的相位差与加速度成正比。

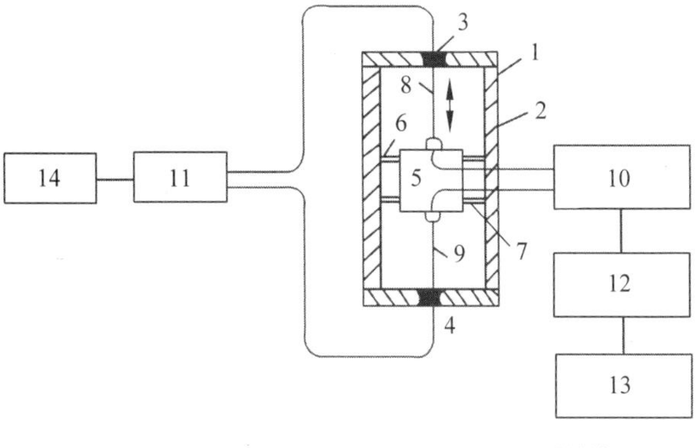

1—光纤加速度计本体；2—壳体；3，4—窗孔；5—质量块；
6，7—金属膜片元件；8，9—单模光纤；10—耦合器；11—分束器；
12—光电检测器；13—信号处理器；14—激光器

图 2.26　马赫-曾德尔干涉仪型光纤加速度传感器结构

2. 迈克尔逊干涉仪型光纤加速度传感器

迈克尔逊干涉仪型光纤加速度传感器的结构如图 2.27 所示。壳体上下两端盖上分别开窗孔，质量块与两个金属膜片元件支承在壳体的边壁上，金属膜片元件限制了质量块的横向运动，可以沿箭头所示的方向运动。两根单模光纤分别紧固在质量块的上下表面上。光纤是迈克尔逊干涉仪两臂的一部分，壳体外部的光纤与分束器相连，光纤的外部光纤经分光束器与光电检测器相连，光电检测器的输出送给信号处理器。上下两根光纤分别紧固在上下盖的两个窗孔内，两根光纤处于稍微绷紧状态，质量块的运动在箭头方向上产生一个力的分量，从而使一根光纤的长度略微增加，另一根光纤的长度略微缩短。

假设在壳体内支承质量块的上下两根光纤长度为 L，它们有效地起着支承质量块的弹簧作用。如果壳体受到的是垂直向上的加速度，则上面的光纤将伸长 ΔL，下面的光纤将缩

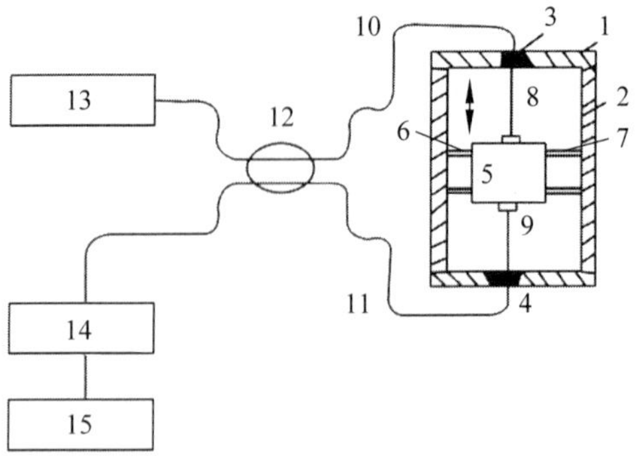

1—光纤加速度计本体；2—壳体；3，4—窗孔；5—质量块；
6，7—金属膜片元件；8，9—单模光纤；10，11—干涉仪两臂；
12—分束器；13—激光器；14—光电检测器；15—信号处理器

图 2.27　迈克尔逊干涉仪型光纤加速度传感器结构

短 ΔL，此时质量块的惯性力为

$$F = 2A\Delta f = ma \tag{2.38}$$

其中，A 是光纤的截面积，Δf 是每根光纤的张力变化值。

若最小可检测的相对相位差记为 $\Delta\Phi_{\min}$，则最小可检测的加速度为

$$a_{\min} = \frac{E\lambda}{16n} \cdot \Delta\Phi_{\min} \cdot \frac{d^2}{Lm} \tag{2.39}$$

其中，E 是光纤的弹性模量，λ 是光在真空中的波长，n 是光纤折射率，d 是光纤直径，L 是光纤长度，m 是检测质量。由式(2.39)可以看出，光纤加速度传感器的最小可检测加速度与光纤直径的平方成正比，而与光纤的长度成反比。

对于典型的光纤，光纤折射率 n 为 1.5，光纤直径 d 为 80μm，壳体内的光纤长度 L 为 1cm，光纤的弹性模量 E 为 7.3×10^{10} Pa。若质量块 m 为 1g，最小可检测的加速度 $a_{\min}$ 为 $0.3\times10^{-6}g$。

2.3　陀螺仪表

2.3.1　框架式陀螺

早期的框架式陀螺的轴承用滚珠支承，称为滚珠轴承式框架陀螺。为了减少轴承摩擦力矩，后来人们研制了用气浮和液浮支承的陀螺，称为浮动式框架陀螺。

1. 单轴框架陀螺

单轴框架陀螺，其结构如图 2.28 所示，其由转子(轴承支承)、浮子、输出轴轴承、传感器、力矩器、阻尼器和壳体组成。当不考虑转子的转动自由度时，陀螺转子轴只有一个绕输出轴的转动自由度，故又称其为单自由度陀螺。

绕输入轴相对于壳体输入一个旋转速率时，在与输入轴成 90°的方向产生一个陀螺力矩，在陀螺力矩作用下，陀螺的浮子绕输出轴转动。图 2.28 中的传感器有一对交流线圈，一个固定在壳体上，另一个固定在浮子上，故可检测浮子相对于壳体的转动角度。

力矩器是用来对陀螺施加控制力矩的，它的转子固定在浮子上，定子固定在壳体上。当

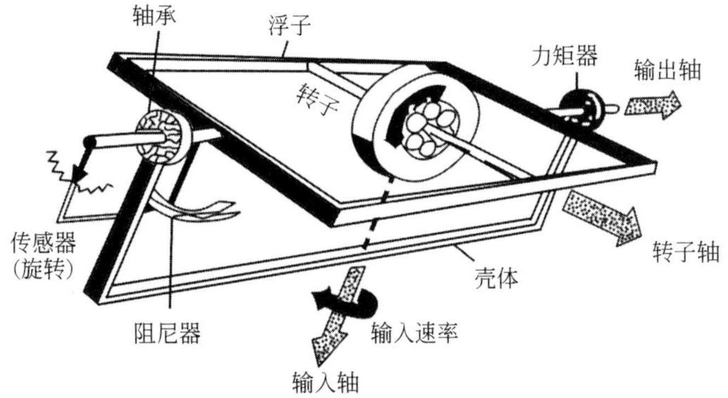

图 2.28　单轴框架陀螺结构

控制线圈通以控制电流时，力矩器便产生电磁控制力矩，该力矩可以控制陀螺运动，还可以补偿有害力矩，减小陀螺漂移。

阻尼器是在圆柱形浮子和圆柱形壳体之间的环形小间隙中充以一种高比重、高黏度系数的氟油形成的，它可以减小支承的负载，隔离冲击振动，还可以提供阻尼力矩。

2. 双轴框架陀螺

与单轴框架陀螺相比，双轴框架陀螺的转子轴具有两个转动自由度，因此也称双自由度陀螺。它由转子、平衡环、壳体以及 3 对轴承组成，转子轴内、外环轴相互垂直。当转子高速旋转时，转子轴相对惯性空间保持稳定。它可提供两根测量轴，检测机体相对于惯性空间的转动角度。当给转子施加控制力矩时，则转子轴可按指令规律进动。

双轴框架陀螺的结构如图 2.29 所示，在转子支承件和壳体间加一个平衡环，使陀螺有第二个旋转自由度。因为有两条平衡环轴，故壳体可绕轴 A 或轴 B 倾斜而不干扰转子轴的空间方位。

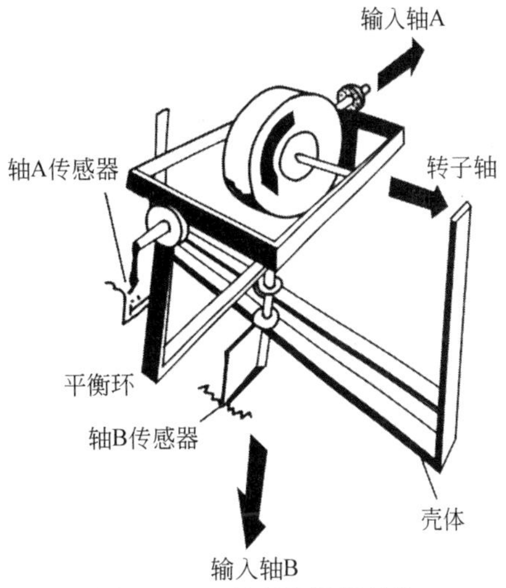

图 2.29　双轴框架陀螺结构

壳体的倾斜即是对稳定平台的角干扰。传感器检测出干扰信号，并将误差信号送到平台伺服回路，从而将角干扰减小到 0。与单轴框架陀螺相似，双轴框架陀螺的转子安装在精密轴承上，并以高速（1200～2400r/min）转动，像平衡在弦线上的玩具陀螺那样，转子的角动量使其在惯性空间保持稳定。

2.3.2　动力调谐式挠性陀螺

动力调谐式挠性陀螺的驱动轴与转子之间的挠性接头不是前述挠性陀螺的一根细颈轴，而是由两对相互垂直的共轴线扭杆和一个平衡环组成，如图 2.30 所示。一对共轴线的内扭杆与驱动轴及平衡环固连，另一对共轴线的外扭杆与平衡环及转子固连。内扭杆轴线垂直于驱动轴轴线，外扭杆轴线垂直于内扭杆轴线，并且内外扭杆轴线与驱动轴轴线相交于一点。

驱动电机使驱动轴旋转时，驱动轴通过内扭杆带动平衡环旋转，平衡环再通过外扭杆带动转子旋转。转子绕内扭杆轴线有转角时，通过外扭杆带动平衡环一起绕内扭杆轴线偏转，这时内扭杆产生扭转弹性变形。转子绕外扭杆轴线有转角时，不能带动平衡环绕外扭杆轴线偏转，仅使外扭杆产生扭转弹性变形。由内外扭杆和平衡环组成的挠性接头一方面起支承转子作用，另一方面又提供所需的转动自由度。因此，内外扭杆绕其自身轴线应具有低的扭转刚度，而在与内外扭杆轴线垂直的方向上应具有高的抗弯刚度。

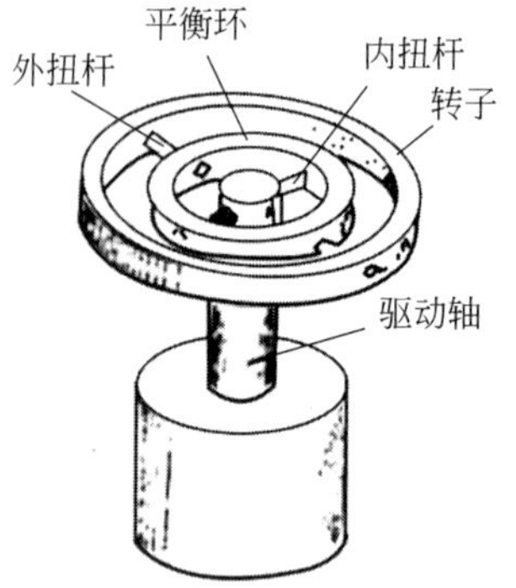

图 2.30　动力调谐式挠性陀螺的挠性接头

动力调谐式挠性陀螺结构如图 2.31 所示。动力调谐式挠性陀螺除挠性接头与细颈式挠性陀螺的接头不同外，其余部分，如磁滞电动机、驱动轴、转子、信号传感器和力矩器等，与细颈式挠性陀螺的基本相同。由图 2.31 可以看出，挠性接头设置在转子的内腔，工作时平衡环和内外扭杆随同转子一起高速旋转，信号传感器用于检测仪表本体相对自转轴的转角，一般使用电感式传感器或电容式传感器。图 2.31 所示的是电感式传感器，其导磁环固装在转子上，而铁芯和线圈固装在表壳上。力矩器用于将控制力矩施加给陀螺，一般用永磁式力矩器或涡流环式力矩器，图 2.31 所示的是永磁式力矩器，其永磁环固装在转子上，线圈固装在表壳上。为了防止扭杆的扭转角度过大，在驱动轴上有限动器，它可限制陀螺的工作转角。

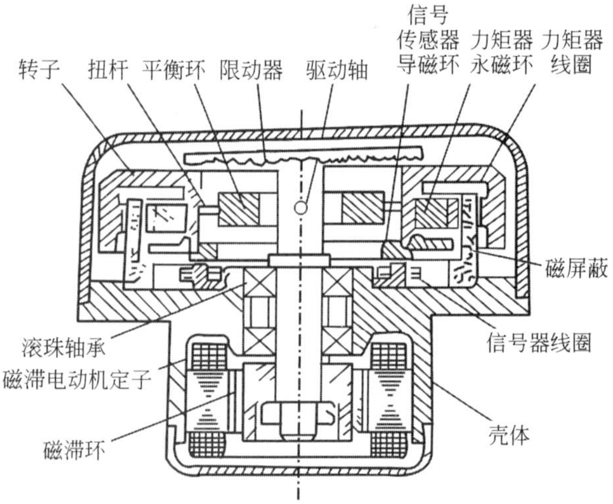

图 2.31　动力调谐式挠性陀螺结构

动力调谐式挠性陀螺的挠性接头支承转子与挠性陀螺的细颈式挠性接头支承完全相同。自转轴与驱动轴之间出现相对偏角时，由于扭杆的扭转变形，同样会产生弹性力矩作用到转子上，即它同样具有机械弹簧效应。但是，这种挠性接头又与细颈式挠性接头不同，转子轴与驱动轴之间出现相对偏角时，由于平衡环的振荡运动，它会产生一个与机械弹性力矩方向相反的负弹性力矩即动力调谐补偿力矩，作用到转子上。动力调谐式挠性陀螺按使用方法可分成自由陀螺和速率陀螺两种。自由陀螺仪用于平台惯导系统。速率陀螺用于捷联惯导系统，又称捷联式陀螺。

2.3.3　静电陀螺

前述框架式陀螺、挠性陀螺和动力调谐式挠性陀螺都采用机械方法支承转子，而本节介绍的静电陀螺的转子则是由静电吸力支承的。静电陀螺的转子做成球形，将其置于超高真空的强电场内，由强电场产生的静电吸力使之保持悬浮。

1. 静电悬浮的基本原理

如图 2.32 所示，在球形金属转子两侧的对称方向配置一对球面电极，球形转子与球面电极之间的间隙很小，球面电极接通高电压时球形转子的电位为 0。因此，在电极与转子之间可形成场强很高的均匀静电场。球面电极带正电时，静电感应使转子对应表面带负电，由于正电与负电的相互吸引而产生静电吸力；球面电极带负电时，静电感应使转子对应表面带正电。正电与负电的相互吸引也会产生静电吸力；球面电极为正电与负电交替变化时，转子对应表面负电与正电也交替变化，仍然会产生静电吸力。在图 2.32 中，右边的球面电极对转子的静电吸力 F_1 使转子趋向右边移动，左边的球面电极对转子的静电吸力 F_2 使转子趋向左边移动。

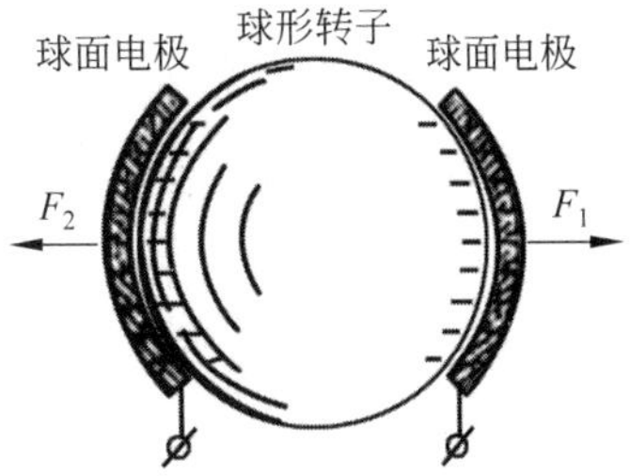

图 2.32　球面电极对球形转子的静电吸力

显然，若球面电极上的电压是不可调节的固定值，则起不到支承转子的作用。因为当转子相对于球面电极有一个位移时，转子与对应两个球面电极之间的间隙起了变化，间隙变小一端的球面电极对转子的静电吸力增大，而间隙变大的一端的球面电极对转子的静电吸力减小，这样，转子被吸引向间隙变小的那一端的球面电极，从而失去支承作用。因此，转子出现位移时，必须自动调节对应两个球面电极施加的电压大小，使间隙变小一端的球面电极上施加的电压减小，从而减小静电吸力，并使间隙变大一端的球面电极上施加的电压增大，以便使静电吸力增大，这样才能将转子拉回到中间位置而使球面电极起到支承转子的作用。

2. 静电陀螺的工作原理

静电陀螺的工作原理如图 2.33 所示。若沿 3 个正交轴方向在球形转子外面配置 3 对球面电极，即球形转子的左右、前后和上下方向都配置一对球面电极，且每对球面电极上加的电压均可自动调节，则球形转子被支承在 3 对球面电极的中心位置。实际静电陀螺的转子用铝或铍等比重小的金属做成空心或实心球体，并放置在陶瓷壳体的球腔内，球腔壁上用陶瓷金属化方法制成 3 对球面电极。通过支承控制线路敏感转子相对球面电极的位移，并自动调节加到各对球面电极上的电压大小。

为了得到较大的静电吸力以便支承转子，球面电极与转子之间的电场强度应足够高，一般要求达到 20～400kV/cm。因电场强度与电极上的电压大小成正比，而与电极和转子之间的间隙大小成反比，故球面电极上的电压一般加到 1000V 以上，电极和转子之间的间隙一般仅为 5μm。

为了防止高电场强度下转子和电极之间发生高压击穿，同时减小转子转动时受到的气体阻尼，陶瓷球腔内需维持超高真空状态，真空度一般达 10^{-6}～10^{-8} mmHg(1mmHg＝

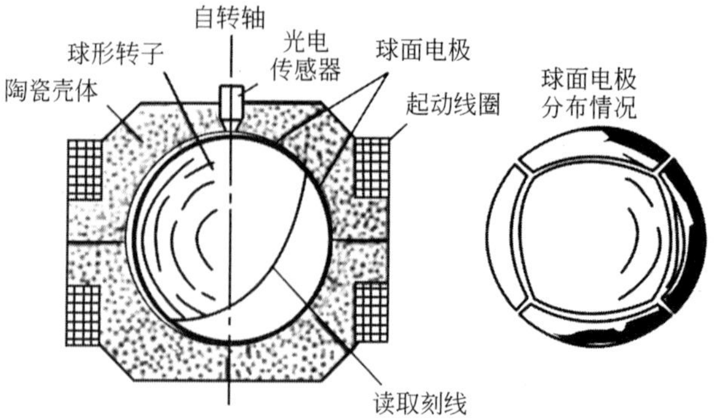

图 2.33 静电陀螺的工作原理

133.332Pa)。在这样的超高真空条件下,转子由起动线圈施加作用而达到额定转速(每分钟数万转)后则靠惯性运动,其持续时间可达几个月至几年。

静电支承的转子能自由地绕 3 个正交轴转动,即转子有 3 个转动自由度,且转角范围不受限制。静电陀螺的自转轴有两个转动自由度,若按自转轴的转动自由度计算,它属两自由度陀螺。显然,静电陀螺也具有前述两自由度陀螺的基本特性——进动性和稳定性。静电陀螺的壳体转动时,其自转轴相对于惯性空间仍保持原方位。在转子表面上刻线,通过光电传感器即可测得壳体相对于自转轴的转角。

静电陀螺消除了机械连接及气体或液体振动引起的干扰力矩,从而使陀螺随机漂移达 0.01～0.001″/h。这种陀螺仅有一个活动部件——高速转子,故结构简单,可靠性高。静电陀螺自转轴相对仪表壳体的转角范围不受限制,故可全姿态测角。静电陀螺能承受较大的振动和冲击,并且一个静电陀螺还具有 3 个加速度传感器功能。静电陀螺可用作平台式和捷联式惯性导航系统(例如舰船、潜艇、飞机和导弹的惯性制导系统)的传感器。

2.3.4 激光陀螺

激光陀螺利用闭合光路中逆时针、顺时针两个方向运转两个激光束的激光谐振频率差检测相对于惯性空间的转速和方向,其功能与机械陀螺相同,但无机械转子。因其有许多优点和广阔的应用前景,1962 年,美、英、法、苏等国几乎同时开始研制这种陀螺,并先后于 20 世纪 70 年代末至 80 年代初试制成功。我国各有关部门对激光陀螺的研制与应用投入了大量人力、物力,现已用于智能机器人的惯性导航系统。

1. 无源萨尼亚克干涉仪

利用萨尼亚克(Sagnac)效应测量物体相对于惯性坐标系的转动角速度的装置称为萨尼亚克干涉仪。图 2.34 是理想的萨尼亚克干涉仪示意图。光在 A 点入射,并被半透半反射镜 SP 分成两束,设法使折射光沿半径为 R 的圆形路径逆时针传播,而透射光沿着相同的圆形路径顺时针传播。经过一周后,这两束沿相反方向传播的光又在半透半反射镜处会合。当萨尼亚克干涉仪不转动时,这两束光传播一周的时间是相等的,即

$$t=\frac{2\pi R}{c} \tag{2.40}$$

其中,c 是光的传播速度。

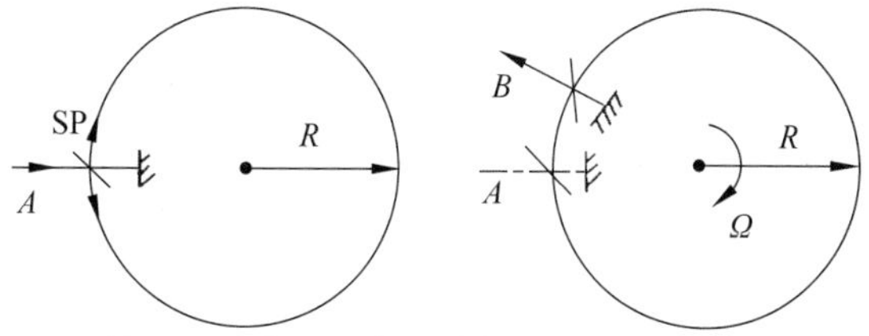

图 2.34　萨尼亚克干涉仪工作原理示意图

萨尼亚克干涉仪以角速度 Ω 相对于惯性坐标系顺时针转动时，对于随同萨尼亚克干涉仪一起转动的观察者而言，这种对称性将被破坏，顺、逆光程就会产生差异，两束光传播一周的时间不相等，因为在一段时间内半透半反射镜已从 A 点转到了 B 点。对顺时针方向传播的光束来说，当它再次到半透半反射镜时多走了一段 AB 路程，因此所需的时间为

$$t_{\mathrm{CW}}=\frac{2\pi R+\Omega R t_{\mathrm{CW}}}{c}$$

由此得

$$t_{\mathrm{CW}}=\frac{2\pi R}{c-\Omega R}$$

同理，可以求得逆时针方向传播的光束再次到达半透半反射镜时所需时间：

$$t_{\mathrm{CCW}}=\frac{2\pi R}{c+\Omega R}$$

两束光传播一周的时间差为

$$\Delta t=t_{\mathrm{CW}}-t_{\mathrm{CCW}}=\frac{4\pi\Omega R^2}{c^2-\Omega^2R^2}$$

因为 $c^2\gg\Omega^2R^2$，所以

$$\Delta t=\frac{4\pi\Omega R^2}{c^2}$$

于是可得两束光再次在半透半反射镜处会合时的光程差为

$$\Delta L=\Delta t\cdot c=\frac{4\pi\Omega R^2}{c} \tag{2.41}$$

由于环形所包围的圆面积为 $S=\pi R^2$，所以

$$\Delta L=\frac{4S}{c}\Omega \tag{2.42}$$

可以证明式(2.42)对任意形状的平面环形腔都适用，S 为环形腔所包围的面积。式(2.42)说明两束光的光程差与干涉仪相对于惯性坐标系的转动角速度 Ω 成正比，只要测出光程差，就能测得 Ω。

1925 年，迈克尔逊与盖勒根据上述原理用矩形环形腔干涉仪测定地球转动角速度。这个环形腔为 $600\mathrm{m}\times300\mathrm{m}=1.8\times10^9\mathrm{cm}^2$。对 $\Omega=15°/\mathrm{h}$(地球自转角速度，计算时需要将单位转换成弧度/秒)，可得

$$\Delta L=0.174\mathrm{m}\approx\frac{\lambda}{4}$$

其中，λ 取 0.7m。

光每差一个波长，干涉条纹就移动一个，以上结果说明只移动了 1/4 个条纹，然而这种环形腔干涉仪没有实际工程意义。

2. 激光陀螺的工作原理

激光出现以后，将激光增益引入环形腔，做成激光振荡器，这样极大地提高了测量转动角速度的灵敏度，这种装置就是激光陀螺。

图 2.35 展示了带增益管的三角形谐振腔。增益管内是通电激发的氦-氖气体，它是激发能源，因此谐振腔是有源腔。图 2.35 中 M_1、M_2 是具有高反射率的多层介质平面膜片，M_3 是高反射球面片，M_4 是具有高透射率的多层介质膜增透片。通以适当的电流以后，增益管处于受激状态。调整环路，并使光子靠近增益毛细管中心轴通过，则光子绕一圈后仍回到原处。端面镜片 M_4 使经过它的光子变成线偏振光，因而光子绕一圈回到原处时的相位差是 2π 的整数倍，各圈激发产生的光子同相位，叠加结果才能使光强极大地提高而产生激光。

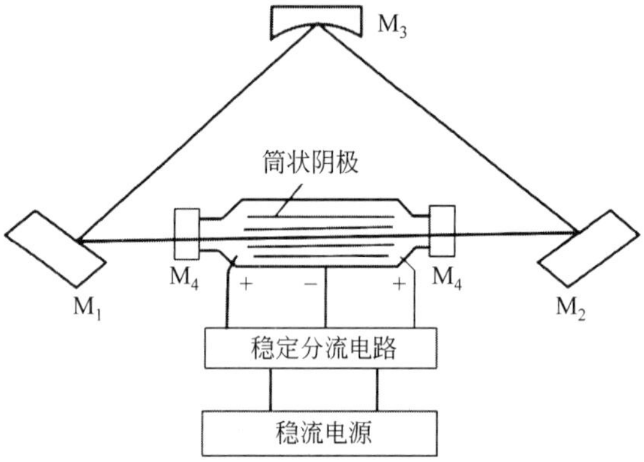

图 2.35　带增益管的三角形谐振腔

与无源萨尼亚克干涉仪相似，在环形谐振腔中产生相反方向(顺时针方向和逆时针方向)沿环路传播的两束激光，它们都以同一频率沿顺时针和逆时针绕行环路。激光振荡频率为

$$\nu = q\,\frac{c}{2\pi d}$$

其中，q 为任意整数，$2\pi d$ 为激光在谐振腔中来回一次的光程。对环形谐振腔而言，$2\pi d$ 应该用激光沿环路传播一周的光程 L 代替，因此

$$\nu = q\,\frac{c}{L} \tag{2.43}$$

谐振腔在环路平面内以角速度 Ω 转动时，两个沿相反方向传播的激光束的光程不同，振荡频率也不同，产生一个频率差。记 ν_{CW}、L_{CW} 和 ν_{CCW}、L_{CCW} 分别表示顺时针和逆时针方向激光束的频率和光程，则

$$\nu_{\mathrm{CW}} = q\,\frac{c}{L_{\mathrm{CW}}},\ \nu_{\mathrm{CCW}} = q\,\frac{c}{L_{\mathrm{CCW}}} \tag{2.44}$$

两个激光束的频率之差 $\Delta\nu$ 称为频差，且为

$$\Delta\nu = |\nu_{\mathrm{CW}} - \nu_{\mathrm{CCW}}| = \left|qc\left(\frac{1}{L_{\mathrm{CW}}} - \frac{1}{L_{\mathrm{CCW}}}\right)\right| = qc\,\frac{\Delta L}{L_{\mathrm{CW}}L_{\mathrm{CCW}}}$$

其中，ΔL 为两个激光束在谐振腔中传播一周的光程差。由此可得

$$\frac{\Delta\nu}{\nu}=\frac{qc\,\Delta L}{\nu L_{\mathrm{cw}}L_{\mathrm{ccw}}}$$

将式(2.44)代入，得

$$\frac{\Delta\nu}{\nu}=L\,\frac{\Delta L}{L_{\mathrm{cw}}L_{\mathrm{ccw}}}$$

又因为 $\Delta L=L_{\mathrm{cw}}-L_{\mathrm{ccw}}$，$L_{\mathrm{cw}}=L+\frac{\Delta L}{2}$，$L_{\mathrm{ccw}}=L-\frac{\Delta L}{2}$，进而得到

$$\frac{\Delta\nu}{\nu}=L\,\frac{\Delta L}{L^2-\frac{(\Delta L)^2}{4}}$$

由于 $L^2\gg\frac{(\Delta L)^2}{4}$，故可得

$$\frac{\Delta\nu}{\nu}=\frac{\Delta L}{L}\tag{2.45}$$

将式(2.42)代入式(2.45)得

$$\Delta\nu=\frac{4S}{L\lambda}\Omega\tag{2.46}$$

其中，S 和 L 分别为环形谐振腔光路包围的面积和周长，λ 是谐振腔静止时激光的波长，它们均是常数，因此频差 $\Delta\nu$ 与 Ω 成正比，即

$$\Delta\nu=K\Omega\tag{2.47}$$

其中，$K=\frac{4S}{L\lambda}$称为激光陀螺的刻度系数。

对于国内常用的周长 $L=400\mathrm{mm}$ 的正三角形环路，用 $0.6328\mu\mathrm{m}$ 波长可得

$$\frac{4S}{L\lambda}=2120\tag{2.48}$$

其单位为赫兹/(度/秒)，符号为 Hz/(°/s)。因此，测出频差就可算出角速度 Ω。对于有源腔，频差就是两束激光之间的拍频；对于无源腔，可寻找一种探测频差的方法。

将式(2.47)两边对时间 t 积分一次，可得拍频振荡周期数 N，它与转角成正比，即

$$N=\int_0^t\Delta\nu\,\mathrm{d}t=\frac{4S}{L\lambda}\theta\tag{2.49}$$

用电子线路将每个振荡周期变成一个脉冲，通过检测 N 可得 θ。图 2.36 为测量角速度和角度的方框图。

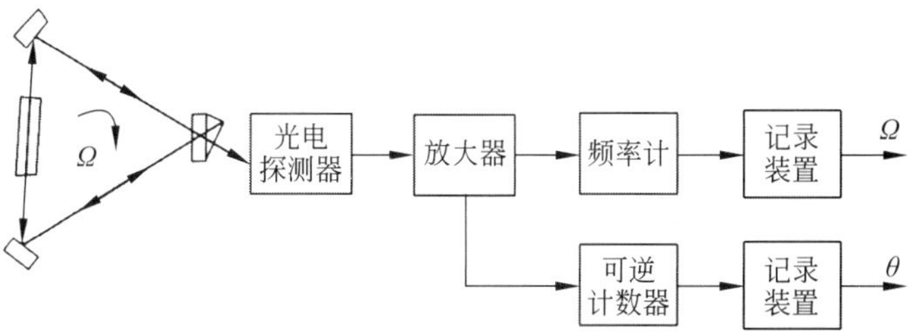

图 2.36　激光陀螺测量角速度和角度的方框图

式(2.48)的刻度系数的数值可转换成其他单位,例如:

$$\frac{4S}{L\lambda}=2.12\times 10^3\,\text{Hz}/(°/\text{s})=0.591\text{Hz}/(°/\text{h})=0.591\text{Hz}/('/\text{s})$$

$$=2.12\times 10^3\text{ 脉冲 / 度}=0.591\text{ 脉冲 / 角秒}=7.66\times 10^5\text{ 脉冲 / 整周} \tag{2.50}$$

国外的环路较小,约为上述数值的一半。

用式(2.50)规格的刻度系数和地球自转角速度可求得

$$\Delta\nu=0.591\times 15=8.87\text{Hz} \tag{2.51}$$

这个数字可以用仪器准确地测出,它是一个不小的值,仪器可以敏感到 0.005Hz 以下。

测量频差与测量光程差两种方法在灵敏度上的巨大差别可从式(2.46)与式(2.42)直接比较得出。频差以 Hz 为单位(容易精确到 0.1Hz,实际上可精确到 0.005Hz),光程差以波长 λ 为单位(每个 λ 移动一个条纹,可估算到 $\lambda/10$),得

$$\Delta\nu\cdot\frac{\lambda}{\Delta L}=\frac{c}{L}=\frac{3\times 10^{10}}{40}=7.5\times 10^8 \tag{2.52}$$

可见灵敏度差别非常大,但使用频差方法需要谐振腔。

2.3.5 光纤陀螺

1. 工作原理

V.Vali 和 R.W.Shorthill 于 1976 年提出了光纤陀螺。1985 年,国外已有光纤陀螺产品出售,其精度达 0.1～1°/h。与激光陀螺相比,光纤陀螺结构简单,没有闭锁问题,成本低,易于微型化。尽管光纤陀螺有许多优点,但要达到精度高、满足实用要求的目标,还需要解决不少技术难题,例如克服误差源、扩大动态范围、提高性能价格比等。

光纤陀螺的基本原理仍然是萨尼亚克效应。由式(2.42)可知,绕垂直于光路平面的角速度会产生光程差,与之相应的相位差为

$$\Delta\varphi_S=\frac{2\pi}{\lambda_0}\cdot\Delta L=\frac{4\pi RL}{\lambda_0 c}\cdot\Omega \tag{2.53}$$

其中,λ_0 是真空中的光波长,L 是光路的长度,$\Delta\varphi_S$ 是萨尼亚克相移。

光纤陀螺原理如图 2.37 所示,用光纤代替由若干反射镜构成的光路,大大增加了光路长度 L,从而提高了灵敏度。由于光纤可以绕在尺寸小的环上,故可减小光路尺寸。例如,光源波长 $\lambda=1\mu\text{m}$,光纤长度 $L=1\text{km}$,光纤线圈直径 $D=10\text{cm}$,$\Omega=0.1°/\text{h}$,可得 $\Delta L=4.5\times 10^{-15}\text{m}$,$\Delta\varphi_S=10^{-6}\text{rad}$,这个量级的相移可用现有的检测技术检测到。

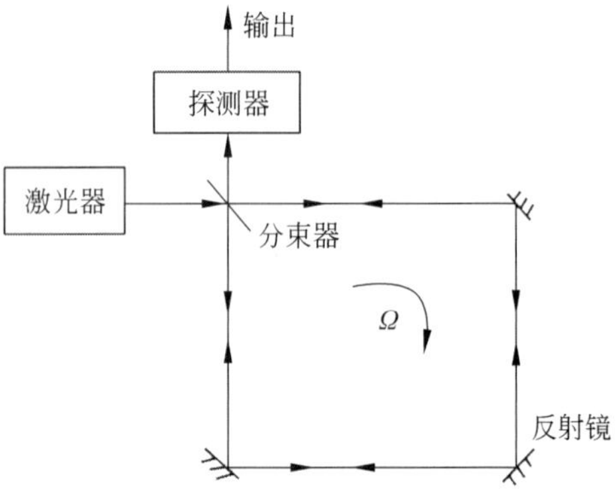

图 2.37 光纤陀螺原理

在光纤陀螺中,光纤线圈中沿相反方向传播的两束光的光程的一致性称为光纤陀螺的互易性。由上面的数值可知,对这种互易性的要求很高,要想测量 0.1°/h 的角速度,就必须使光纤陀螺在静止时两束光的光程差小于 4.5×

10^{-15} m，或者说非互易相位差小于 10^{-6} rad。

对于图 2.37 所示的光纤陀螺，在到达探测器的信号中，顺时针传播的光通过光纤线圈时两次透过分束器，逆时针传播的光通过光纤线圈在分束器两次反射，因此两束光相位差不为 0，造成非互易性相位差。如果这种非互易性相位差是固定的，则光纤陀螺输出显示零偏。由于环境因素的变化，这种非互易相位差常是随机性的，这时光纤陀螺表现出随机漂移。由图 2.37 可以看出，在返回光源（激光器）的信号光中，顺时针传播的光和逆时针传播的光在分束器上各经过一次透射和一次反射，它们满足光学互易性，原则上只有它们才能作为光纤陀螺的相位检测信号。

根据以上分析，在靠近光源处再放置一个分束器，将激光返回到光源的一部分光反射到探测器上，这种光纤陀螺称为最简结构光纤陀螺，如图 2.38 所示。国外性能较高的光纤陀螺一般都采用这种光路互易的最简结构光纤陀螺方案。

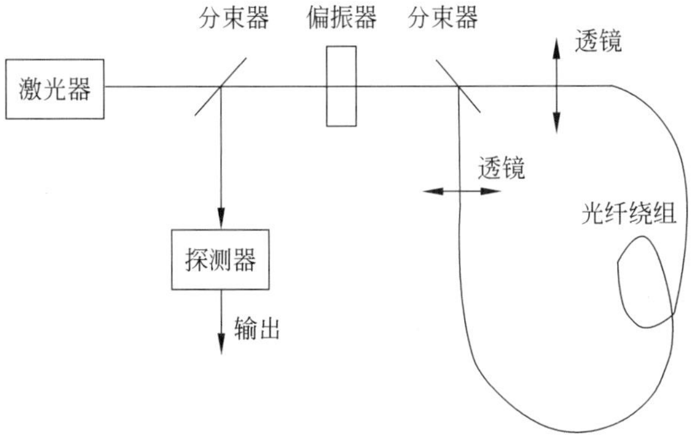

图 2.38　光路互易的最简结构光纤陀螺

2. 全光纤陀螺和集成光学光纤陀螺

全光纤陀螺是用耦合器、偏振器等构成的光纤陀螺，从而使整个光路连成一个整体，大大提高了稳定性。全光纤陀螺的原理如图 2.39 所示。

集成光学光纤陀螺是将耦合器、偏振器、相位调制器集成在一个光电晶体上，用其代替耦合器、偏振器和相位调制器，如图 2.40 所示。应用集成光学技术将极大地提高光纤陀螺的工作性能和可靠性，降低光纤陀螺成本，适于批量生产。这是光纤陀螺的一个发展方向。

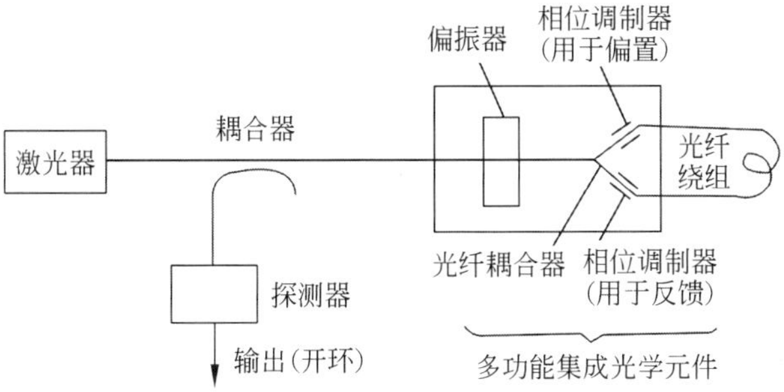

图 2.39　全光纤陀螺的原理

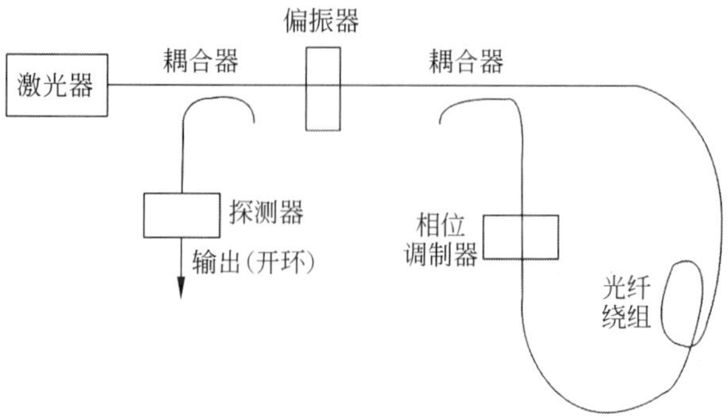

图 2.40 集成光学光纤陀螺的示意图

2.4 姿态传感器

2.4.1 惯性系统的基本概念

在一些实际应用中,通常需要测量载体的姿态信息,从而进行姿态控制和导航。实现导航及姿态测量的方案很多,但通常是非自主式的。所谓自主是指不依赖载体外部信息,仅依赖载体内部传感器测量的载体姿态、位置(经纬度)和航向信息。惯性系统是利用惯性传感器的基准方向及最初的位置信息确定载体的方位和速度的自主式导航系统,它通过惯性传感器精确测量载体的旋转运动参量和直线运动加速度,经过积分得到速度、位置及姿态数据。惯性系统依赖载体内部传感器测量载体的运动参量。不与载体外界发生声、光、电、磁等联系,因而具有非常好的隐蔽性,不受外界气象条件、地理条件及人为因素的影响。惯性系统的这种特点使其不仅在强调隐蔽性的军事领域得以广泛应用,而且在某些难以接收外部信号的情况下,例如水下机器人、地下管道清洗机器人以及高层建筑的爬壁机器人等,有着良好的应用前景。

根据牛顿定律,载体相对于惯性空间以加速度 a 运动时,用加速度传感器可测出作用在单位质量 m 上的惯性力 ma 和引力 mg(g 是引力加速度)之差,即比力 F,用矢量形式表示为

$$\boldsymbol{F}=\boldsymbol{a}-\boldsymbol{g}$$

载体上的加速度传感器测量出比力后,在已知载体初始位置和初始速度的情况下,通过积分即可得到载体的位置信息。惯性系统是一个自主的空间基准保持系统,主要由指示当地地垂线方向的分系统和保持惯性空间基准的分系统组成。载体处于静基座状态时,即载体仅做俯仰(纵摇)、横滚(横摇)运动时,可用加速度传感器指示当地地垂线方向。载体做角运动与线运动的复合运动时,由陀螺保持惯性空间基准。

惯性系统可分为平台式和捷联式两种。

平台式惯性系统的原理如图 2.41 所示,它有一个陀螺稳定平台,陀螺和加速度传感器安装在平台上,利用平台指示和保持惯性空间基准,以平台坐标系测量载体的运动参量。平台式惯性系统又可以分成半解析式、几何式和解析式 3 种。

捷联式惯性系统的原理如图 2.42 所示。捷联(strapdown)的英文原意是捆绑,在捷联

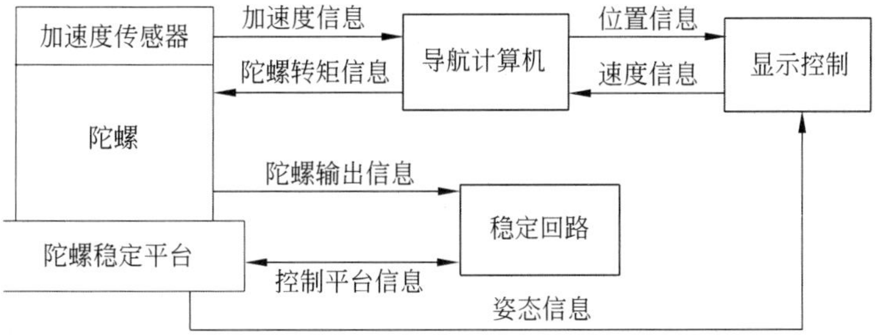

图 2.41　平台式惯性系统的原理

式惯性系统中没有陀螺稳定平台，惯性传感器（陀螺与加速度传感器）直接安装在载体上，以计算机实现的数字平台代替平台式惯性系统中的物理平台。

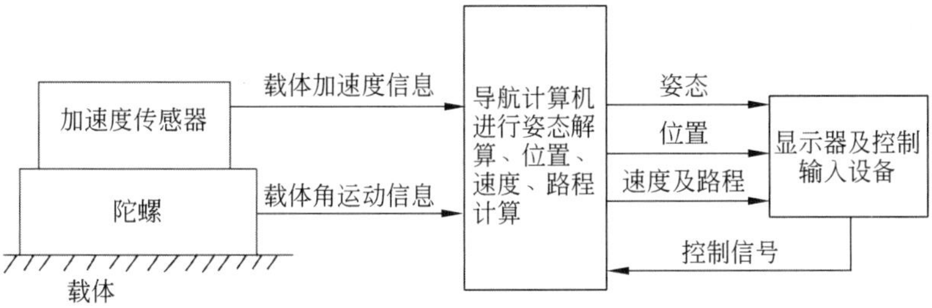

图 2.42　捷联式惯性系统的原理

捷联式惯性系统测量到的是载体坐标系轴向的运动参量。陀螺和加速度传感器的测量信息通过计算机进行实时计算，将载体坐标系的测量参量转换到参考坐标系的坐标系轴上。在这个过程中，首先计算姿态变换矩阵，并通过计算姿态变换矩阵中的相关元素求出载体的姿态角。因此，捷联式惯性系统实际上是利用计算机完成陀螺稳定平台的功能，即用数字平台代替物理平台，以计算机丰富的软件代替平台式惯性系统中的硬件。与平台式惯性系统相比，捷联式惯性系统具有以下明显的优点：

（1）惯性传感器（陀螺和加速度传感器）易于安装、更换和维护。

（2）惯性传感器可以直接给出载体坐标系方向的运动角速度、线速度和线加速度信息。

（3）结构简单，造价低廉。

由于惯性传感器直接安装在载体上，没有平台系统与外界隔离，故惯性传感器的工作环境比较差，对惯性传感器的性能要求高。另外，惯性传感器直接感受载体运动的冲击、振动，这样会引入动态误差，故系统中应有误差补偿措施。

2.4.2　捷联式惯性系统基本方程

1. 位置方程

地球坐标系 $OX_eY_eZ_e$ 到地理坐标系 $OX_iY_iZ_i$ 的转换如图 2.43 所示。

按以下顺序转换：

$$OX_eY_eZ_e \xrightarrow[\lambda]{\text{绕 } Z_e \text{ 轴}} OX'_eY'_eZ'_e \xrightarrow[90^\circ-\varphi]{\text{绕 } Y'_e \text{ 轴}} OX''_eY''_eZ''_e \xrightarrow[90^\circ]{\text{绕 } Z''_e \text{ 轴}} OX_iY_iZ_i$$

以上转换关系可用如下矩阵表示：

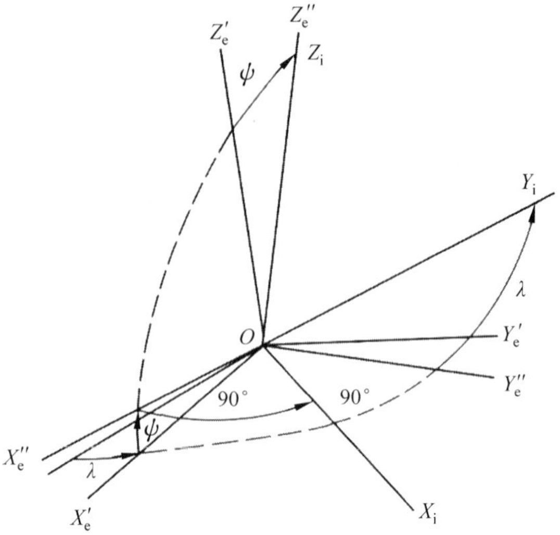

图 2.43　地球坐标系到地理坐标系的转换

$$\begin{bmatrix} X_i \\ Y_i \\ Z_i \end{bmatrix} = \begin{bmatrix} -\sin\lambda & \cos\lambda & 0 \\ -\sin\varphi\cos\lambda & -\sin\varphi\sin\lambda & \cos\varphi \\ \cos\varphi\cos\lambda & \cos\varphi\sin\lambda & \sin\varphi \end{bmatrix} \begin{bmatrix} X_e \\ Y_e \\ Z_e \end{bmatrix} = \boldsymbol{C}_e^i \begin{bmatrix} X_e \\ Y_e \\ Z_e \end{bmatrix} \tag{2.54}$$

$$\boldsymbol{C}_e^i = \begin{bmatrix} C_{11} & C_{12} & C_{13} \\ C_{21} & C_{22} & C_{23} \\ C_{31} & C_{32} & C_{33} \end{bmatrix}$$

则主值为

$$\varphi_{主} = \arcsin C_{33}$$
$$\lambda_{主} = \arctan(C_{32}/C_{31})$$

真值的确定依据以下关系式：

$$\varphi_{真} = \varphi_{主}$$
$$\lambda_{真} = \begin{cases} \lambda_{主}, & C_{31} > 0 \\ \lambda_{主} + 2\pi, & C_{31} < 0 \text{ 且 } \lambda_{主} < 0 \\ \lambda_{主} - 2\pi, & C_{31} < 0 \text{ 且 } \lambda_{主} > 0 \end{cases}$$

其中，λ 是经度值，取值范围是$-180°\sim180°$；φ 是纬度值，取值范围是$-90°\sim90°$。求 $\lambda_{真}$ 的关系式有以下特殊情况：当 $C_{31}=0$ 时，若 $C_{32}>0$，则 $\lambda_{主}=\pi/2$；若 $C_{32}<0$，则 $\lambda_{主}=-\pi/2$；若 $C_{32}=0$，则 $\lambda_{主}$ 无定义。当 $\lambda_{主}=0$ 时，$\lambda_{真}=0$。实际上，载体在地球表面运动会引起地理坐标系相对于地球坐标系运动，因此经纬度的数值在不断变化。对 $\boldsymbol{C}_e^i$ 求导，得到以下微分方程：

$$\dot{\boldsymbol{C}}_e^i = \begin{bmatrix} 0 & -\omega_{eiz}^i & \omega_{eiy}^i \\ \omega_{eiz}^i & 0 & -\omega_{eix}^i \\ -\omega_{eiy}^i & \omega_{eix}^i & 0 \end{bmatrix} \begin{bmatrix} C_{11} & C_{12} & C_{13} \\ C_{21} & C_{22} & C_{23} \\ C_{31} & C_{32} & C_{33} \end{bmatrix} \tag{2.55}$$

其中，ω_{eix}^i、ω_{eiy}^i、ω_{eiz}^i 分别为地理坐标系相对于地球坐标系运动的角速度在地理坐标系 X、Y、Z 轴上的分量。显然 $\omega_{eiz}^i=0$，因此有如下微分方程组：

$$\begin{cases}\dot{C}_{11}=\omega_{eiy}^{i}C_{31}\\ \dot{C}_{12}=\omega_{eiy}^{i}C_{32}\\ \dot{C}_{13}=\omega_{eiy}^{i}C_{33}\\ \dot{C}_{21}=-\omega_{eix}^{i}C_{31}\\ \dot{C}_{22}=-\omega_{eix}^{i}C_{32}\\ \dot{C}_{23}=-\omega_{eix}^{i}C_{33}\\ \dot{C}_{31}=-\omega_{eiy}^{i}C_{11}+\omega_{eix}^{i}C_{21}\\ \dot{C}_{32}=-\omega_{eiy}^{i}C_{12}+\omega_{eix}^{i}C_{22}\\ \dot{C}_{33}=-\omega_{eiy}^{i}C_{13}+\omega_{eix}^{i}C_{23}\end{cases} \tag{2.56}$$

求解该微分方程组可以得到 $\boldsymbol{C}_{e}^{i}$ 中的各个元素，从而求出 φ、λ。

2. 姿态速率方程

记捷联式惯性系统的陀螺测量沿载体坐标系方向上的角速度为 ω_{Fx}、ω_{Fy}、ω_{Fz}，由于载体运动时地理坐标系随之运动，故实际测到的角速度是地球自转角速度、地理坐标系运动角速度与载体运动角速度之和，即

$$\bar{\omega}_{F}=\bar{\omega}_{iF}^{F}+\bar{\omega}_{ei}^{F}+\bar{\omega}_{e}^{F} \tag{2.57}$$

其中，$\bar{\omega}_{e}^{F}$ 是地球自转角速度，$\bar{\omega}_{e}^{F}=C_{i}^{F}\omega_{e}^{i}$，$\omega_{e}^{i}$ 为地理坐标系下的地球自转角速度，其公式为

$$\boldsymbol{\omega}_{e}^{i}=\boldsymbol{C}_{e}^{i}\boldsymbol{\omega}_{e}=\begin{bmatrix}C_{11}&C_{12}&C_{13}\\C_{21}&C_{22}&C_{23}\\C_{31}&C_{32}&C_{33}\end{bmatrix}\begin{bmatrix}0\\0\\\Omega_{e}\end{bmatrix}=\begin{bmatrix}\Omega_{e}C_{13}\\\Omega_{e}C_{23}\\\Omega_{e}C_{33}\end{bmatrix} \tag{2.58}$$

其中，ω_{e} 为惯性系下的地球自转角速度，Ω_{e} 是地球自转角速度，$\Omega_{e}=15°/\mathrm{h}$；$\bar{\omega}_{ei}^{F}$ 是地理坐标系运动角速度。因此，载体的运动角速度为

$$\bar{\omega}_{iF}^{F}=\bar{\omega}_{F}-\bar{\omega}_{ei}^{F}-\bar{\omega}_{e}^{F} \tag{2.59}$$

即

$$\begin{bmatrix}\omega_{iFx}^{F}\\\omega_{iFy}^{F}\\\omega_{iFz}^{F}\end{bmatrix}=\begin{bmatrix}\omega_{Fx}\\\omega_{Fy}\\\omega_{Fz}\end{bmatrix}-\boldsymbol{C}_{i}^{F}\begin{bmatrix}\omega_{eix}^{i}+\Omega_{e}C_{13}\\\omega_{eiy}^{i}+\Omega_{e}C_{23}\\\omega_{eiz}^{i}+\Omega_{e}C_{33}\end{bmatrix}=\begin{bmatrix}\omega_{Fx}\\\omega_{Fy}\\\omega_{Fz}\end{bmatrix}-\boldsymbol{C}_{i}^{F}\begin{bmatrix}-V_{y}^{i}/R_{N}\\V_{x}^{i}/R_{M}+\Omega_{e}C_{23}\\V_{x}^{i}/R_{M}+\Omega_{e}C_{33}\end{bmatrix} \tag{2.60}$$

其中，$\boldsymbol{C}_{i}^{F}$ 是地理坐标系到载体坐标系的转换矩阵，$R_{N}=R_{e}(1-2e+3e\sin^{2}\varphi)$，$R_{M}=R_{e}(1+e\sin^{2}\varphi)$，$e=(R_{e}-R_{\rho})/R_{e}$，$R_{e}$ 是赤道半径，R_{ρ} 是极轴半径，V_{x}^{i} 和 V_{y}^{i} 分别是载体沿地理坐标系 X 轴和 Y 轴的线速度。

3. 姿态方程

地理坐标系到载体坐标系的转换如图 2.44 所示，过程如下：

$$OX_{i}Y_{i}Z_{i}\xrightarrow[-\psi]{\text{绕 }Z_{i}\text{ 轴}}OX_{i}'Y_{i}'Z_{i}'\xrightarrow[\theta]{\text{绕 }X_{i}'\text{轴}}OX_{i}''Y_{i}''Z_{i}''\xrightarrow[\gamma]{\text{绕 }Y_{i}''\text{轴}}OX_{F}Y_{F}Z_{F}$$

其中，ψ 是航向角，以顺时针方向计，范围是 0°～360°；θ 是俯仰角，范围是 −90°～90°；γ 是横滚角，范围是 −90°～90°。

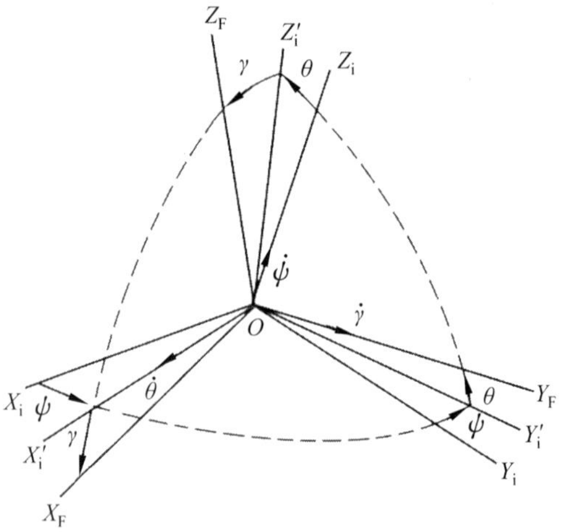

图 2.44　地理坐标系到载体坐标系的转换

地理坐标系到载体坐标系的转换矩阵为

$$C_i^F=\begin{bmatrix}\cos\psi\cos\gamma+\sin\psi\sin\theta\sin\gamma & -\sin\psi\cos\gamma+\cos\psi\sin\theta\sin\gamma & -\cos\theta\sin\gamma\\ \sin\psi\cos\theta & \cos\psi\cos\theta & \sin\theta\\ \cos\psi\sin\gamma-\sin\psi\sin\theta\cos\gamma & -\sin\psi\cos\gamma-\cos\psi\sin\theta\cos\gamma & \cos\theta\cos\gamma\end{bmatrix} \tag{2.61}$$

因此,从地理坐标系到载体坐标系的转换关系为

$$\begin{bmatrix}X_F\\ Y_F\\ Z_F\end{bmatrix}=C_i^F\begin{bmatrix}X_i\\ Y_i\\ Z_i\end{bmatrix} \tag{2.62}$$

因为 C_i^F 是正交矩阵,$(C_i^F)^T=(C_i^F)^{-1}$,故逆转换矩阵为

$$\begin{aligned}T&=\begin{bmatrix}\cos\psi\cos\gamma+\sin\psi\sin\theta\sin\gamma & \sin\psi\cos\theta & \cos\psi\sin\gamma-\sin\psi\sin\theta\cos\gamma\\ -\sin\psi\cos\gamma+\cos\psi\sin\theta\sin\gamma & \cos\psi\cos\theta & -\sin\psi\cos\gamma-\cos\psi\sin\theta\cos\gamma\\ -\cos\theta\sin\gamma & \sin\theta & \cos\theta\cos\gamma\end{bmatrix}\\ &=\begin{bmatrix}T_{11} & T_{12} & T_{13}\\ T_{21} & T_{22} & T_{23}\\ T_{31} & T_{32} & T_{33}\end{bmatrix}\end{aligned} \tag{2.63}$$

由矩阵 T 中元素可以得到姿态角 θ、γ、ψ,即

$$\theta_{主}=\arcsin T_{32}$$
$$\gamma_{主}=\arctan(-T_{31}/T_{33})$$
$$\psi_{主}=\arctan(T_{12}/T_{22})$$

真值为

$$\theta_{真}=\theta_{主}$$
$$\gamma_{真}=\gamma_{主}$$
$$\psi_{真}=\begin{cases}\psi_{主}, & T_{22}>0\\ \psi_{主}+2\pi, & T_{22}<0\text{ 且 }\psi_{主}<0\\ \psi_{主}-2\pi, & T_{22}<0\text{ 且 }\psi_{主}>0\end{cases}$$

求 $\psi_{真}$ 的关系式有以下特殊情况：当 $T_{22}=0$ 时，若 $T_{12}>0$，则 $\psi_{主}=\pi/2$；若 $T_{12}<0$，则 $\psi_{主}=-\pi/2$；若 $T_{12}=0$，则 $\psi_{主}$ 无定义。当 $\psi_{主}=0$ 时，$\psi_{真}=0$。

对矩阵 $\boldsymbol{T}$ 求导可得姿态的微分方程：

$$\dot{\boldsymbol{T}}=\begin{bmatrix}\dot{T}_{11} & \dot{T}_{12} & \dot{T}_{13}\\ \dot{T}_{21} & \dot{T}_{22} & \dot{T}_{23}\\ \dot{T}_{31} & \dot{T}_{32} & \dot{T}_{33}\end{bmatrix}=\begin{bmatrix}T_{11} & T_{12} & T_{13}\\ T_{21} & T_{22} & T_{23}\\ T_{31} & T_{32} & T_{33}\end{bmatrix}\begin{bmatrix}0 & -\omega_{\mathrm{iF}z}^{\mathrm{F}} & \omega_{\mathrm{iF}y}^{\mathrm{F}}\\ \omega_{\mathrm{iF}z}^{\mathrm{F}} & 0 & -\omega_{\mathrm{iF}x}^{\mathrm{F}}\\ -\omega_{\mathrm{iF}y}^{\mathrm{F}} & \omega_{\mathrm{iF}x}^{\mathrm{F}} & 0\end{bmatrix} \tag{2.64}$$

故可得到 9 个微分方程：

$$\begin{cases}\dot{T}_{11}=T_{12}\omega_{\mathrm{iF}z}^{\mathrm{F}}-T_{13}\omega_{\mathrm{iF}y}^{\mathrm{F}}\\ \dot{T}_{12}=-T_{11}\omega_{\mathrm{iF}z}^{\mathrm{F}}+T_{13}\omega_{\mathrm{iF}x}^{\mathrm{F}}\\ \dot{T}_{13}=T_{11}\omega_{\mathrm{iF}y}^{\mathrm{F}}-T_{12}\omega_{\mathrm{iF}x}^{\mathrm{F}}\\ \dot{T}_{21}=T_{22}\omega_{\mathrm{iF}z}^{\mathrm{F}}-T_{23}\omega_{\mathrm{iF}y}^{\mathrm{F}}\\ \dot{T}_{22}=-T_{21}\omega_{\mathrm{iF}z}^{\mathrm{F}}+T_{23}\omega_{\mathrm{iF}x}^{\mathrm{F}}\\ \dot{T}_{23}=T_{21}\omega_{\mathrm{iF}y}^{\mathrm{F}}-T_{22}\omega_{\mathrm{iF}x}^{\mathrm{F}}\\ \dot{T}_{31}=T_{32}\omega_{\mathrm{iF}z}^{\mathrm{F}}-T_{33}\omega_{\mathrm{iF}y}^{\mathrm{F}}\\ \dot{T}_{32}=-T_{31}\omega_{\mathrm{iF}z}^{\mathrm{F}}+T_{33}\omega_{\mathrm{iF}x}^{\mathrm{F}}\\ \dot{T}_{33}=T_{31}\omega_{\mathrm{iF}y}^{\mathrm{F}}-T_{32}\omega_{\mathrm{iF}x}^{\mathrm{F}}\end{cases} \tag{2.65}$$

求解上述联立微分方程，给出矩阵 $\boldsymbol{T}$ 的每个参数，即可求得 θ、γ、ψ。

2.4.3 机器人姿态传感器

1. 机器人姿态传感器的特点

由前面对捷联式惯性系统基本方程的分析可以看出，求解姿态方程必须首先根据位置信息(经度与纬度)计算出地球自转角速度及地理坐标系运动角速度在载体坐标系中的分量，这样才能获取载体本身运动的角速度信息。同时，还要实时修正载体的位置方程，求解姿态微分方程。然而，解 9 个联立微分方程的运算量大，一般采用四元数法求解微分方程。

四元数是一个实系数的四元数组，一般表示为

$$Q=q_0+q_1\boldsymbol{i}+q_2\boldsymbol{j}+q_3\boldsymbol{k}$$

载体相对于地理坐标系的角位置可用四元数表示，姿态矩阵可写为

$$\boldsymbol{C}_{\mathrm{i}}^{\mathrm{F}}=\begin{bmatrix}q_0^2+q_1^2-q_2^2-q_3^2 & 2(q_1q_2-q_0q_3) & 2(q_1q_3+q_0q_2)\\ 2(q_1q_2+q_0q_3) & q_0^2-q_1^2+q_2^2-q_3^2 & 2(q_2q_3-q_0q_1)\\ 2(q_1q_3-q_0q_2) & 2(q_2q_3+q_0q_1) & q_0^2-q_1^2-q_2^2+q_3^2\end{bmatrix} \tag{2.66}$$

其微分方程为

$$\begin{bmatrix} \dot{q}_0 \\ \dot{q}_1 \\ \dot{q}_2 \\ \dot{q}_3 \end{bmatrix} = \frac{1}{2} \begin{bmatrix} 0 & -\omega_{iFx}^{F} & -\omega_{iFy}^{F} & -\omega_{iFz}^{F} \\ \omega_{iFx}^{F} & 0 & \omega_{iFz}^{F} & -\omega_{iFy}^{F} \\ \omega_{iFy}^{F} & -\omega_{iFz}^{F} & 0 & \omega_{iFx}^{F} \\ \omega_{iFz}^{F} & \omega_{iFy}^{F} & -\omega_{iFx}^{F} & 0 \end{bmatrix} \begin{bmatrix} q_0 \\ q_1 \\ q_2 \\ q_3 \end{bmatrix} \tag{2.67}$$

该方程的解还需要满足约束条件 $q_0^2+q_1^2+q_2^2+q_3^2=1$。

求解四元数微分方程组的数值解可以得到 $\boldsymbol{T}$ 矩阵的 9 个元素。初始值由式(2.68)给出：

$$\begin{cases} |q_0| = 1 + T_{11}(0) + T_{22}(0) + T_{33}(0)/2 \\ |q_1| = 1 + T_{11}(0) - T_{22}(0) - T_{33}(0)/2 \\ |q_2| = 1 - T_{11}(0) + T_{22}(0) - T_{33}(0)/2 \\ |q_3| = 1 - T_{11}(0) - T_{22}(0) + T_{33}(0)/2 \end{cases} \tag{2.68}$$

由四元数法求解姿态矩阵 $\boldsymbol{T}$ 虽能使运算量明显减少，但要解算出多种信息，就必须提高计算机和外围芯片的运算速度。

在捷联式惯性系统的应用中，由于载体的机动性较大，故要求陀螺的测量范围为 0.01°/h～400°/s，且动态误差小。对加速度传感器的要求一般为 $10^{-5}g \sim 10^{-4}g$。这样的捷联式惯性系统既能自主地提供姿态信息，还可自寻北，可提供精确的航向信息、位置信息与速度信息，从而实现导航、定位与定向。尽管捷联式惯性系统相对于平台式惯性系统的造价已大幅度下降，但由于其对惯性元件及计算机的要求较高，故成本仍非常高。另外，捷联式惯性系统对惯性传感器的测量范围、抗振动、耐冲击等有较苛刻的要求，故将捷联式惯性系统应用于移动机器人要克服许多困难。

实际上，很多移动机器人的运动范围很小，有的甚至在方圆百米内行动，一般运动速度都不高，最高时速 20～60km/h。这种机器人的连续工作时间短，不需要提供位置信息和精确的姿态信息，有些场合甚至允许 1°～2°的姿态角误差，但要求姿态传感器能在非常恶劣的条件下正常工作。鉴于这种情况，有学者曾开展过用气流式惯性传感器组成捷联式姿态传感器的研究工作，气流式惯性传感器成本低，特别是它具有其他惯性器件不可相比的抗恶劣环境性能，承受高达 16 000g 的冲击后还能正常工作。

2. 捷联式惯性系统基本方程的简化

地球赤道平面的半径约为 6378km，在地球表面运动的载体的运行高度可以忽略不计。假设地球是一个以 $R_e=6378$km 为半径的球，则北京的经纬度分别约 116°和 40°。载体以经度 116°、纬度 40°为原点，在方圆 1km 内运动，运动轨道最大直径为 2km，则最大直径引起的纬度变化约 1′，经度变化约

$$2/R_e\cos 40° \times 57.3 \times 60 = 1.4'$$

假设载体坐标系与地理坐标系重合，载体沿 40°纬度线向北以 60km/h 的速度运动，则投影在载体坐标系上的 ω_{eix}^{F} 最大。此时

$$\omega_{eix}^{F} = \frac{-V_y^{i}}{R_N} = \frac{-60}{3600} \times \frac{1}{6378(1-2e+3e^2\sin^2 40°)} = -0.000\ 002\ 61\text{rad/s} = 0.000\ 15°/\text{s}$$

其中，$e=(R_e-R_p)/R_e=(6378-6356)/6378=0.003\ 45$。

同样，假设地理坐标系与载体坐标系重合，载体以 60km/h 的速度向西行驶，则

$$\omega_{ny}^{f}=-\frac{V_x^{i}}{R_M}=\frac{-60}{3600}\times\frac{1}{R_e(1+e\sin^2\varphi)}=0.000\ 002\ 61\text{rad/s}$$

此时投影到载体 Y 轴的角速度值也为最大。

以上分析均建立在载体坐标系与地理坐标系重合的情况下，故分析得到的数据均为极限值。在实际情况下，由于载体坐标系相对于地理坐标系有转动，因此实际测量到的 $\omega_{\text{ei}x}^{\text{F}}$ 和 $\omega_{\text{ei}y}^{\text{F}}$ 均小于上述极限值。

从以上分析可以看出，载体以较慢的运行速度在很小的运动范围内运动时，可认为地理坐标系相对于地球坐标系是固定的。这种假设的纬度误差约 1′，经度误差约 2′，故这个误差是可以允许的，地理坐标系相对于地球坐标系的运动速度可以忽略不计。显然，由于假设载体的位置基本不变，φ、λ 值是固定的，因此不需要解微分方程，只是在运算中给定初始值时必须知道载体所处的纬度值。在姿态速率方程中，

$$\boldsymbol{\omega}_{\text{i}}^{\text{F}}=\begin{bmatrix}\omega_x^{\text{F}}\\\omega_y^{\text{F}}\\\omega_z^{\text{F}}\end{bmatrix}-\boldsymbol{T}\begin{bmatrix}0\\\Omega_e\cos\psi\\\Omega_e\sin\psi\end{bmatrix}\tag{2.69}$$

因此，

$$\begin{cases}\omega_{\text{iF}x}^{\text{F}}=\omega_x^{\text{F}}-T_{21}\Omega_e\cos\psi-T_{31}\Omega_e\sin\psi\\\omega_{\text{iF}y}^{\text{F}}=\omega_y^{\text{F}}-T_{22}\Omega_e\cos\psi-T_{32}\Omega_e\sin\psi\\\omega_{\text{iF}z}^{\text{F}}=\omega_z^{\text{F}}-T_{23}\Omega_e\cos\psi-T_{33}\Omega_e\sin\psi\end{cases}\tag{2.70}$$

由姿态微分方程得到

$$\begin{cases}\dot{T}_{12}=-T_{11}\omega_{\text{iF}z}^{\text{F}}+T_{13}\omega_{\text{iF}x}^{\text{F}}\\\dot{T}_{22}=-T_{21}\omega_{\text{iF}z}^{\text{F}}+T_{23}\omega_{\text{iF}x}^{\text{F}}\end{cases}$$

而

$$\begin{cases}\dot{T}_{12}=(\sin\psi\ \cos\theta)'=\dot{\psi}\cos\psi\ \cos\theta-\dot{\theta}\sin\psi\ \sin\theta\\\dot{T}_{22}=(\cos\psi\ \cos\theta)'=-\dot{\psi}\sin\psi\ \cos\theta-\dot{\theta}\cos\psi\ \sin\theta\end{cases}\tag{2.71}$$

因此，

$$\dot{\psi}\cos\psi\ \cos\theta-\dot{\theta}\sin\psi\ \sin\theta=-T_{11}\omega_{\text{iF}z}^{\text{F}}+T_{13}\omega_{\text{iF}x}^{\text{F}}\tag{2.72a}$$

$$-\dot{\psi}\sin\psi\ \cos\theta-\dot{\theta}\cos\psi\ \sin\theta=-T_{21}\omega_{\text{iF}z}^{\text{F}}+T_{23}\omega_{\text{iF}x}^{\text{F}}\tag{2.72b}$$

将式(2.72a)乘以 $\cos\psi$，将式(2.72b)乘以 $\sin\psi$，两个乘积相减为 $\dot{\psi}\cos\theta$，且

$$\dot{\psi}\cos\theta=\omega_{\text{iF}z}^{\text{F}}(-T_{11}\cos\psi+T_{21}\sin\psi)+\omega_{\text{iF}x}^{\text{F}}(T_{13}\cos\psi-T_{23}\sin\psi)\tag{2.73}$$

两边同时乘以 $\cos\theta$ 并代入 T_{11}、T_{21}、T_{13}、T_{23} 的表达式，则可得

$$\dot{\psi}\cos^2\theta=-T_{31}\omega_{\text{iF}x}^{\text{F}}+T_{33}\omega_{\text{iF}z}^{\text{F}}\tag{2.74}$$

$$\dot{\psi}=\frac{1}{1-T_{32}^2}(-T_{31}\omega_{\text{iF}x}^{\text{F}}+T_{33}\omega_{\text{iF}z}^{\text{F}})\tag{2.75}$$

所以，只要求解 4 个微分方程：

$$
\begin{cases}
\dot{T}_{31} = T_{32}\omega_{iFz}^{F} - T_{33}\omega_{iFy}^{F} \\
\dot{T}_{32} = -T_{31}\omega_{iFz}^{F} + T_{33}\omega_{iFx}^{F} \\
\dot{T}_{33} = T_{31}\omega_{iFy}^{F} - T_{32}\omega_{iFx}^{F} \\
\dot{\psi} = \dfrac{1}{1-T_{32}^{2}}(-T_{31}\omega_{iFx}^{F} + T_{33}\omega_{iFz}^{F})
\end{cases}
\tag{2.76}
$$

再由

$$
\begin{aligned}
\theta &= \arcsin T_{32} \\
\gamma &= \arctan(-T_{31}/T_{33})
\end{aligned}
\tag{2.77}
$$

即可求得 θ、γ、ψ。

2.4.4 姿态传感器系统构成及姿态解算

1. 姿态传感器系统构成

姿态传感器由陀螺、加速度传感器、多路转换及数据采集电路、计算机和输出显示电路等组成，其结构框图如图 2.45 所示。

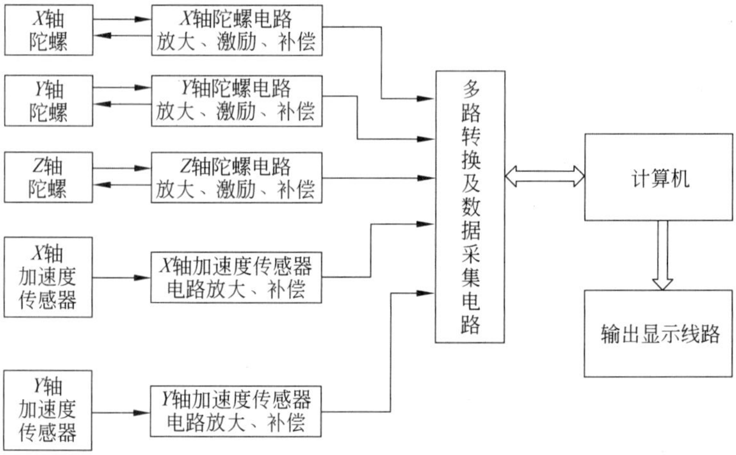

图 2.45 姿态传感器结构框图

姿态传感器系统包括 3 个压电射流速率陀螺和两个气体线加速度传感器，被测载体的俯仰和横滚角度不大，且不要求测量载体运动的线加速度，故加速度传感器用气体摆式倾角传感器代替。3 个压电射流速率陀螺分别沿载体的 X 轴、Y 轴和 Z 轴正方向安装。陀螺的敏感轴互相垂直，用以测量沿载体 X、Y、Z 方向上的运动角速度。两个气体摆式倾角传感器沿 X 轴和 Y 轴方向安装，用以提供载体在静止情况下的初始俯仰和横滚参数。由于压电射流速率陀螺的分辨率较低，不能用于测量地球自转角速度，故这种姿态传感器不能提供初始方位角。以传感器开机时的方向为初始方向，此时的初始方位角定义为 0，即 $\psi(0)=0$，或者由磁传感器、GPS 等提供初始方位角。陀螺和加速度传感器的安装位置如图 2.46 所示。

陀螺和加速度传感器的电路包括电源、放大、滤波和压电泵激励电路。系统的其他部分包括计算机、多路转换及数据采集电路、显示控制电路等。由 2.4.3 节中方程的化简可看出，传感器的姿态解算运算工作量不大，为降低成本和方便开发，可采用运算速度较低的单片机

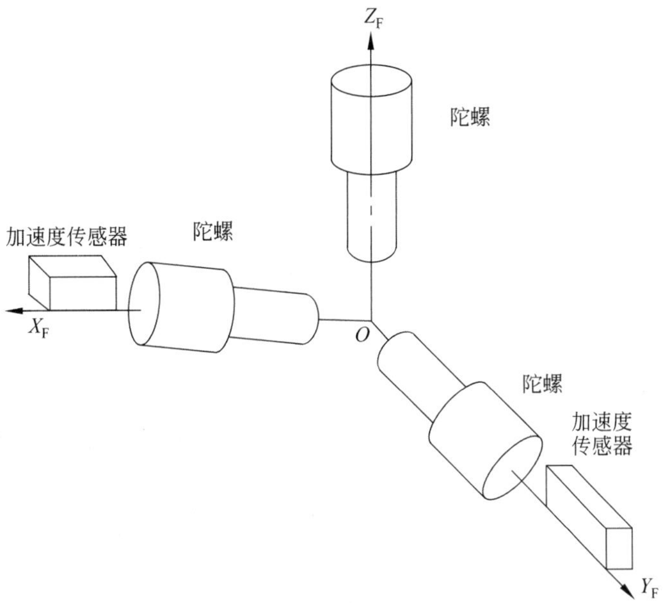

图 2.46　陀螺和加速度传感器的安装位置

作为姿态解算的处理器，以下选用英特尔公司生产的 MC8098 单片机，当然也可以选用更加先进的其他嵌入式处理器。与 MC8051 系列的单片机相比，MC8098 是准 16 位单片机，其外部数据总线为 8 位，易于与其他 8 位的外围器件连接，但其寄存器为 16 位，内部 RAM 可以进行 16 位的字操作及 32 位的双字操作，而且有较为丰富的 8 位和 16 位运算指令，便于处理 16 位数据。

姿态传感器中需要处理两个气体摆式倾角传感器和 3 个压电射流速率陀螺的输出信号，倾角传感器的信号范围是 −5～5V(DC)，陀螺的输出信号范围也是 −5～5V(DC)，其灵敏度分别为 300mV/(°/s)和 150mV/(°/s)。如果采用单片机片内的模数转换器，由模数转换器造成的最小分辨误差为 $10\text{V}/(2^{10}-1)=9.775\text{mV}$，约为 10mV。这个误差对倾角传感器来说相当于约 0.03°，对陀螺来说相当于约 0.06°/s。这样的精度比较差，因此应选用更高位数的模数转换器。根据整机的性能价格比，可选用 12 位的模数转换器 AD574A 和 12 位的数模转换器 DAC1210。AD574A 是一种低成本的 12 位模数转换器，其非线性误差为 1LB，约 2.4mV，相当于 0.0018°的倾角传感器误差和 0.0016°/s 的角速度误差。AD574A 具有较高的转换频率，其转换时间为 35μs，如果每个通道采样 10 个数据，扫描 5 个通道仅 0.175ms，足以满足数据处理的要求。

计算机部分的结构如图 2.47 所示。LF13508 为 8 选 1 的多路转换开关，用于在某一固定时刻选择一路信号至模数转换器，A_0～A_2 为 8 个通道的选通输入。6116 为 2KB 的静态 RAM。姿态解算必须采用浮点数运算，故运算量较大，运算时间也较长，且要占比较多的内存。单片机内的 RAM 区的每一字节或字均可以用作累加器，且存取时间相对外部存储器要短得多。因此，要计算中间过程量，常用的变量和一部分保留区(用于在计算中暂存数据)留给内部 RAM，而堆栈、不常用的变量和常数、每一步计算的结果和需要输出的量均置于外部 RAM，这样可以提高运算速度，同时有足够的外部 RAM 空间可供使用。MC8098 可寻址 64KB 存储空间，完全可以满足运算的程序及数据区的空间要求。

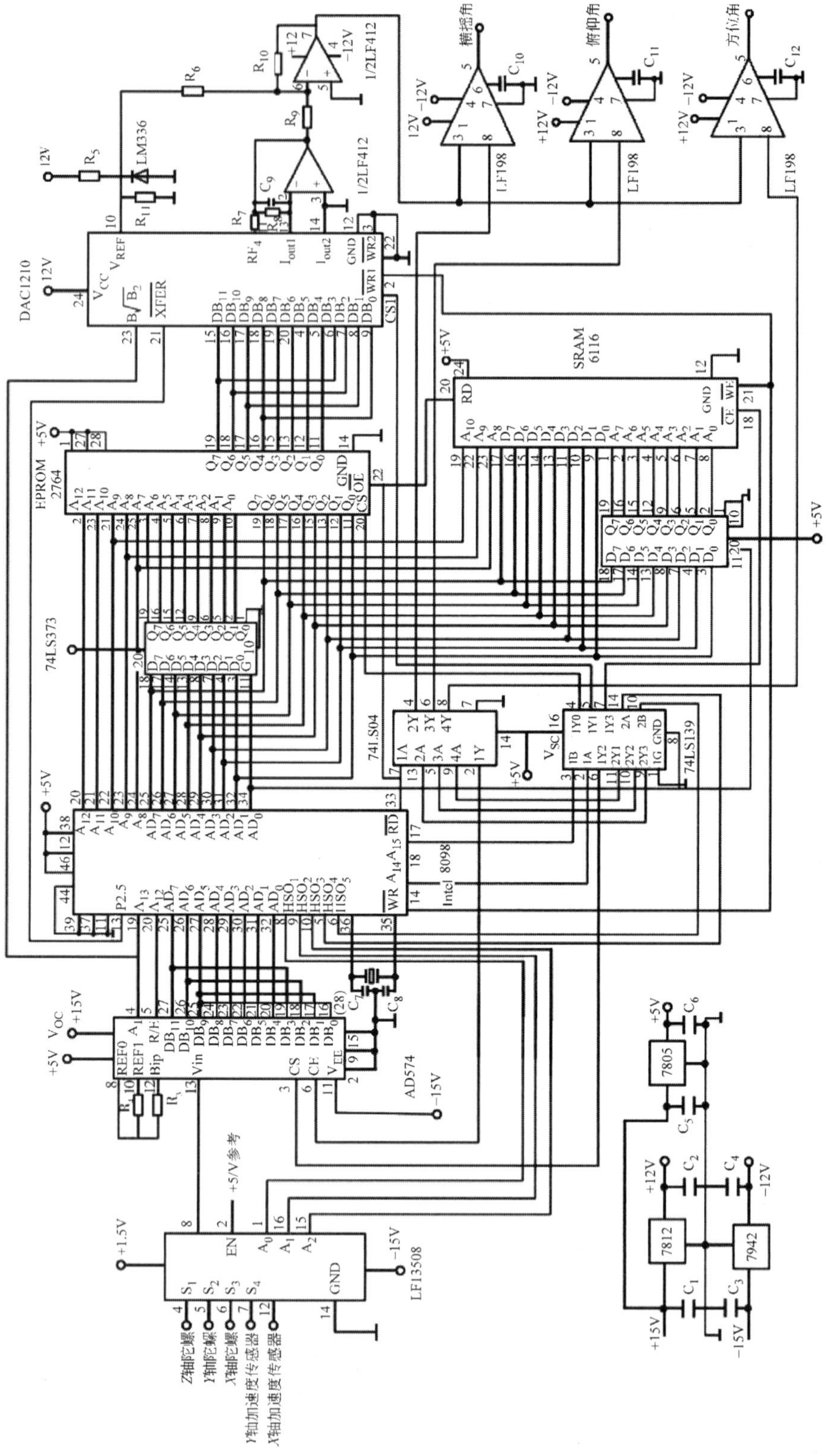

图 2.47 计算机部分的结构

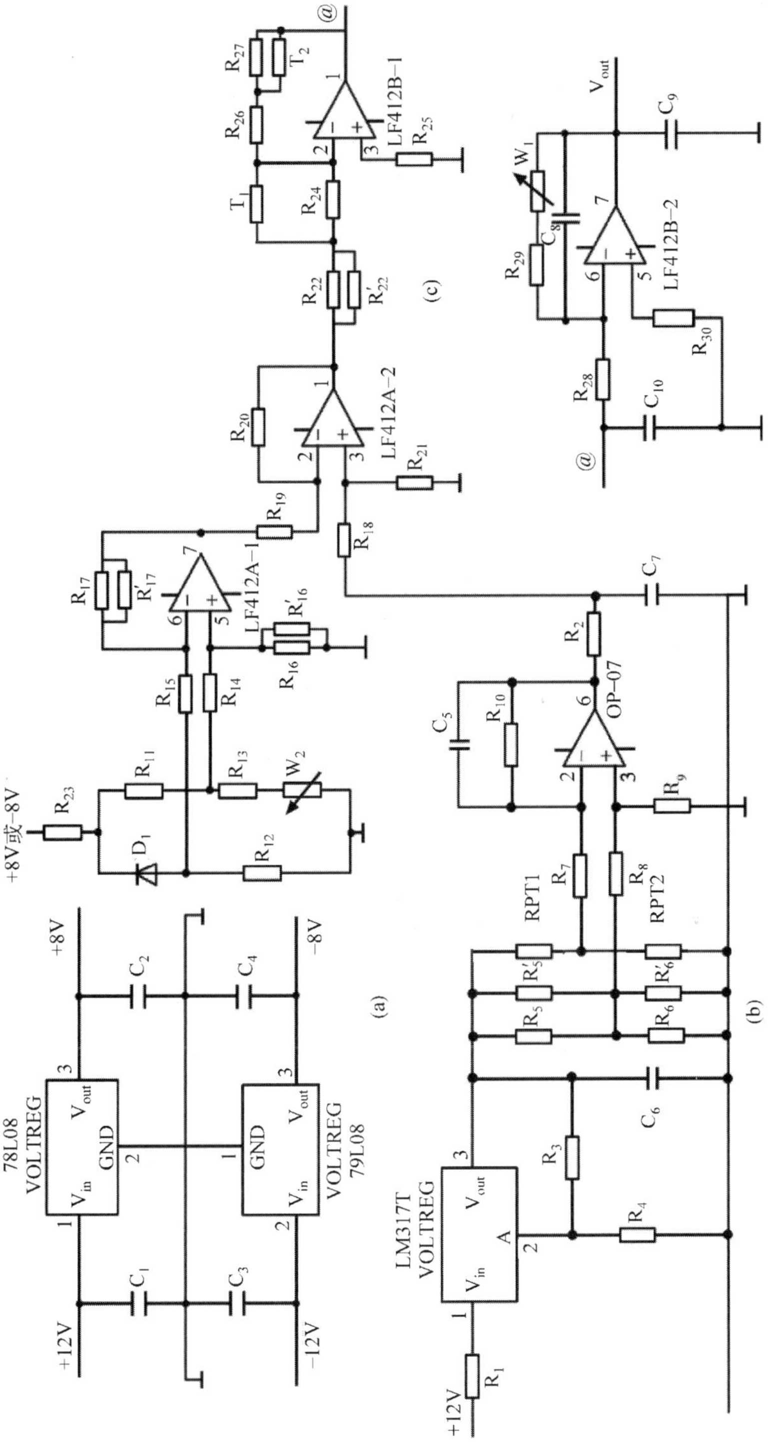
78L08
VOLTREG
GND
79L08
+12V
−12V
+8V
−8V
(a)
LM317T
VOLTREG
OP-07
RPT1
RPT2
(b)
+8V或−8V
LF412A−1
LF412A−2
LF412B−1
(c)
LF412B−2
@

图 2.47 （续）

2764 是 8KB 的 EPROM(由紫外线擦除),用于存放程序和常数。MC8098 复位后将从 2080H 地址开始取指执行程序,2000H～207FH 存放中断向量,程序可放置的空间为 2080H～3FFFH。DAC1210 为 12 位数模转换器。因为输出的是三路信号,故用 3 个采样保持器 LF198 保持输出信号。

2. 姿态解算

载体姿态的解算需要求解三角函数与反三角函数,因此只有采用浮点运算才可保证精度。用于开发 MC8098 单片机的 EUD98 单片机开发系统具有较为丰富的浮点运算库,可以直接调用姿态解算所需的浮点运算软件。除模数、数模转换部分以外,均采用 PL/M 编写,PL/M 是英特尔公司提供的高级开发语言,支持英特尔公司生产的计算机芯片。采用 PL/M 编写大部分程序和所有的数学运算部分的程序,不仅使程序的编写大为简化,而且其汇编代码能根据用户的选择得到不同程度的优化。采用 PL/M 编写大部分软件的另一个优点是软件具有良好的可移植性,由于 PL/M 是针对英特尔公司生产的计算机芯片开发的,当 MC8098 的容量和处理速度不能满足传感器精度要求时,可以选用 8086、80286 等芯片作为处理芯片,而程序不会有太多的修改即可在其他计算机上运行。当然,PL/M 作为高级语言也有其缺点,即对运行时间的控制不够完善,因此在需要精确控制时间的场合,如模数、数模转换,还必须用汇编语言将这些对外设的操作编写成一个个模块以备调用。

通过 2.4.3 节的分析可知,将方程化简后只要解 4 个微分方程即可求得姿态角,采用一阶欧拉法求数值解可得

$$\begin{cases}T_{31}(k)=T_{31}(k-1)+\Delta t[T_{32}(k-1)\omega_{\mathrm{iF}z}^{\mathrm{F}}(k)-T_{33}(k-1)\omega_{\mathrm{iF}y}^{\mathrm{F}}(k)]\\T_{32}(k)=T_{32}(k-1)+\Delta t[-T_{31}(k-1)\omega_{\mathrm{iF}z}^{\mathrm{F}}(k)+T_{33}(k-1)\omega_{\mathrm{iF}x}^{\mathrm{F}}(k)]\\T_{33}(k)=T_{33}(k-1)+\Delta t[T_{31}(k-1)\omega_{\mathrm{iF}y}^{\mathrm{F}}(k)-T_{32}(k-1)\omega_{\mathrm{iF}x}^{\mathrm{F}}(k)]\\\psi(k)=\psi(k-1)+\Delta t\dfrac{1}{1-T_{32}^{2}(k-1)}[-T_{31}(k-1)\omega_{\mathrm{iF}x}^{\mathrm{F}}(k)+T_{33}(k-1)\omega_{\mathrm{iF}z}^{\mathrm{F}}(k)]\end{cases}\tag{2.78}$$

四阶龙格-库塔法的计算量较大,计算时间较长,且编程较为复杂。对倾角传感器和陀螺的信号进行实际的仿真后可知,采用一阶欧拉法与四阶龙格-库塔法的算法误差相差不大,故可采用一阶欧拉法编程。

陀螺和倾角传感器的动态响应是一个一阶过程,其阶跃响应时间为 50～80ms。频率太高的姿态变化会得不到响应,因此,在进行软件设计时,可确定迭代周期为 100ms,即 $\Delta t=0.1$s。时间的控制由软件定时器实现,每次定时时间到,则转入软件定时器中断服务子程序,在中断服务子程序中完成对陀螺的采样、模数转换和姿态角的计算。在中断服务子程序的开始处重写软件定时器,使得在所有计算中,角度单位为弧度(在显示及输出时转换成度),角速度单位为 rad/s。每台陀螺及倾角传感器的灵敏度经重复测量后写入主程序中。陀螺及倾角传感器的灵敏度、零位等量的测试由计算机进行,并经过最小二乘法拟合后给出。姿态解算主程序流程图如图 2.48 所示。

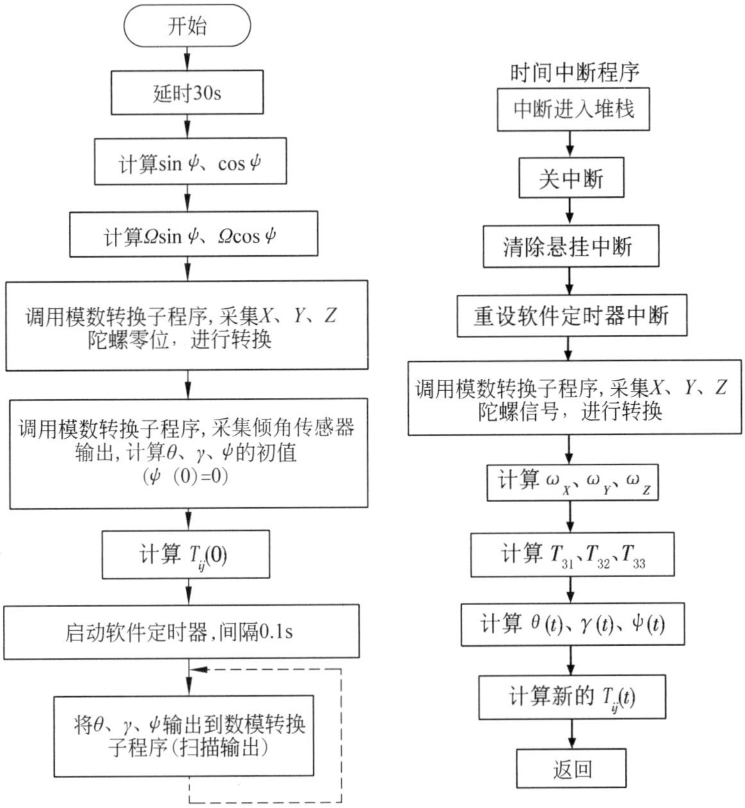

图 2.48　姿态解算主程序流程图

2.5　本章小结

本章主要介绍了机器人中常用的内部传感器，包括位置与速度传感器、加速度传感器、陀螺仪表以及姿态传感器。2.1 节介绍了位置与速度传感器。在位置传感器中，绝对型光电编码器可获得没有误差的绝对位置，且在电源切换时不会失去位置信息；但其结构复杂，精度和分辨率有限。增量式旋转光电编码器可记录相对位置变化量，实现电机的精确运动控制等，应用广泛；但其精度不高。增量式编码器除了作为位置传感器外，也可以作为速度传感器。此外，常用的位置和速度传感器还包括直线式光电编码器、测速发电机等模拟式速度传感器以及液体式、垂直振子式等倾斜角位置传感器。2.2 节介绍了线位移式加速度传感器、摆锤式加速度传感器、石英挠性加速度传感器、压阻/压电式加速度传感器以及光纤加速度传感器。2.3 节对框架式陀螺、动力调谐式挠性陀螺、静电陀螺、激光陀螺和光纤陀螺的工作原理和特点进行了介绍。2.3 节在介绍惯性系统基本概念和捷联式惯性系统基本方程的基础上，给出了姿态传感器系统的构成及姿态解算方法。

习　题　2

1. 机器人的内部传感器主要有哪些种类？它们各有什么作用？

2. 测量机器人运动位移的传感器有哪些？各种传感器相应的测量方法是什么？

3. 某加速度传感器的动态特性可由二阶传递函数表征，则给定传感器输入信号时可根据传递函数的哪些信息提取传感器的输出信号？

4. 测量机器人运动加速度的传感器有哪些？它们各有什么特点？

5. 线位移式加速度传感器与摆锤式加速度传感器相比各自的优缺点是什么？

6. 陀螺是用于测量什么物理量的传感器？有哪些类型的陀螺仪表？它们的工作原理是什么？

7. 惯性系统的基本测量原理是什么？惯性系统有什么优点？

8. 机器人系统中为什么要使用惯性测量单元？

9. 已知点 u 的坐标为$[7,3,2]^{\mathrm{T}}$，对点 u 依次进行如下变换：

（1）绕 Z 轴旋转 90°得到点 v。

（2）绕 Y 轴旋转 90°得到点 w。

（3）沿 X 轴平移 4 个单位，再沿 Y 轴平移 -3 个单位，最后沿 Z 轴平移 7 个单位，得到点 t。

求 u、v、w、t 各点的齐次坐标。

第3章 机器人触觉和力觉感知技术基础

3.1 触觉信息获取与处理

3.1.1 触觉传感器的基本分类

机器人触觉一般可分为压觉、力觉、滑觉和接触觉等，因此相应地有压觉传感器、力觉传感器、滑觉传感器、接触觉传感器等。

1. 压觉传感器

压觉传感器位于机器人手指握持面上，用来检测机器人手指握持面上承受的压力大小和分布。图3.1为硅电容压觉传感器阵列结构。

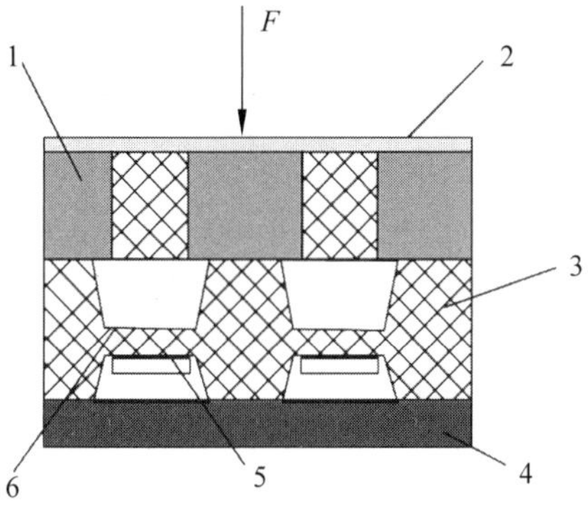

1—柔性垫片层； 2—表皮层； 3—硅片；
4—衬底； 5—SiO_2； 6—电容极板

图3.1 硅电容压觉传感器阵列结构

硅电容压觉传感器阵列由若干电容均匀地排列成一个简单的电容阵列。该传感器的转换电路及波形如图3.2所示。

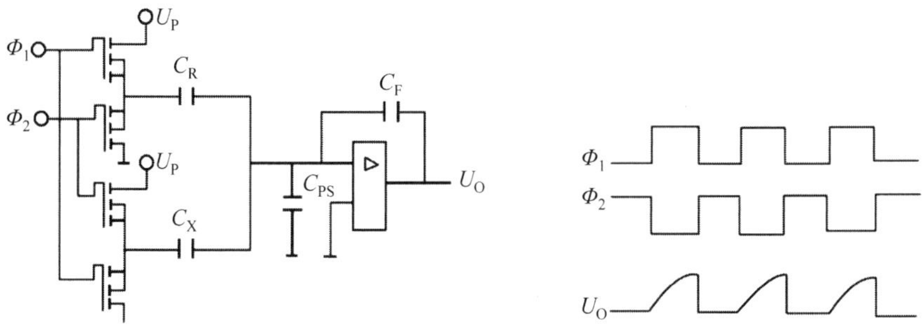

(a) 转换电路　　(b) 波形

图3.2 硅电容压觉传感器转换电路及波形

在图 3.2(a)中，C_X 为传感器电容，C_R 为基准电容，C_F 为反馈电容。电路以交流调制电源供电，电源峰值为 U_P。图 3.2(b)中的驱动时钟 Φ_1、Φ_2 是相位差为 180°的脉冲调制信号。

当机器人手指握持物体时，传感器受到外力 F 的作用，该作用力通过表皮层和垫片层传到电容极板上，从而引起电容 C_X 的变化，其变化量随作用力的大小而变，则转换电路的输出电压为 $U_O=U_P[(C_X-C_R)/C_F]$，该电压反馈给计算机，经与标准值比较后输出指令给执行机构，使手指保持适当握紧力。

2. 力觉传感器

力觉传感器用于感知机器人的关节、腕等部位在工作和运动中所受力和力矩的大小及方向，相应地有关节力传感器、腕力传感器等。力觉传感器主要分为应变片式、压电式、电容式等类型，其中以应变片式力觉传感器的应用最为广泛。图 3.3 为挠性十字梁式腕力传感器的结构。

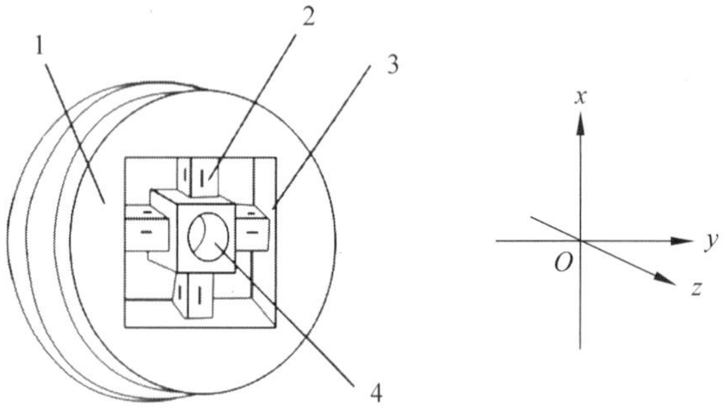

1—前手腕关节；2—十字框架；3—应变片；4—后手腕关节链接孔

图 3.3 挠性十字梁式腕力传感器的结构

该传感器的弹性元件用铝材制成，并加工成十字框架(十字梁)，中心圆孔用于固定后手腕关节，4 个悬臂梁的外端固定在圆形前手腕关节的方形内侧孔中。这样，当前手腕关节与后手腕关节之间传递力矩时，十字梁就会产生变形。应变片贴于十字梁上，每根梁的 4 个侧面各贴一片应变片，相对面上的两片应变片构成一个电桥，通过测量每一个电桥的输出，即可检测该方向的力矩参数。整个手腕通过应变片可测量出 8 个参数，利用这些参数，可以计算出手腕在 x、y、z 3 个方向的力 F_x、F_y、F_z 和力矩 T_x、T_y、T_z。

3. 滑觉传感器

机器人的手爪要抓住属性未知的物体，必须对物体施以最佳大小的握持力，以保证既能握住物体以使之不滑动、不脱落，又不至于因用力过大而使物体产生变形而损坏。在手指握持面上安装滑觉传感器就能检测出手指与物体在接触面上的相对运动(滑动)的大小和方向。图 3.4 为采用光电式滑觉传感器的手爪。

图 3.4(a)是众多手爪类型中的一种。当驱动杆向后移动时，和驱动杆相连的齿条带动齿轮转动，齿轮通过连杆机构使手爪向中心收缩从而夹持住物体，抓握力的大小 F_G 由驱动杆的拉力决定。

在图 3.4(b)中，手爪产生的抓握力 F_G 可产生足够的摩擦力 F_f，以阻止物体由于重力 P 的作用而下落。在手爪上有一个窗口，安装了光电式滑觉传感器，传感器的定轴通过弹簧片固定在手爪上。由图 3.4(c)可知，滚筒通过轴承绕定轴滚动，在手爪张开的状态下，滚筒突出手爪表面 1mm。在定轴上安装了一对发光二极管和光敏管，滚筒上有一片带狭缝的圆板。

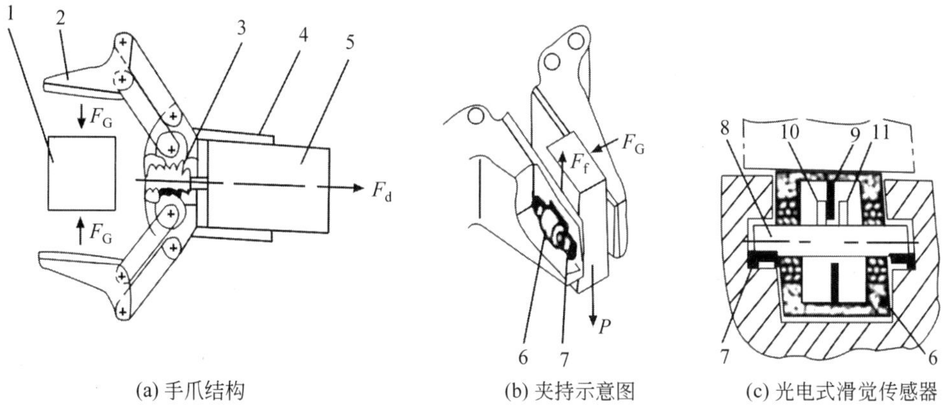

1—被抓物体；2—手爪；3—齿轮和齿条；4—手腕；5—驱动杆；6—滚筒；
7—平直弹簧片；8—定轴；9—码盘；10—发光二极管；11—光敏管

图 3.4　采用光电式滑觉传感器的手爪

当 $F_G < P$ 时，手爪和物体之间产生滑动，于是滚筒带动狭缝圆板转动，光敏管接收到通断交替的光束，输出与滑动相对应的滑动位移信号（脉冲信号），该信号反馈给控制器后输出指令，使驱动杆进一步后移以增加抓握力 F_G，直到光敏管不产生脉冲信号，表明滑动停止，驱动杆才停止后移。抓握力增大时必须防止物体被损坏，为此还可以在弹簧片表面安装应变片以检测抓握力的大小。

光电式滑觉传感器只能感知一个方向的滑觉（称为一维滑觉）。若要感知二维滑觉，则可采用球形滑觉传感器，如图 3.5 所示。该传感器有一个可自由滚动的球，球的表面是用导体和绝缘体按一定规格布置的网格，在球的表面安装了接触器。当球与被握持物体相接触时，如果物体滑动，将带动球随之滚动，接触器与球的导体和绝缘体交替接触，从而发出一系列脉冲信号 U_f，脉冲信号的个数及频率与物体滑动的速度有关。球形滑觉传感器所测量的滑动不受滑动方向的限制，能检测全方位滑动。在这种滑觉传感器中，也可将两个接触器用光电传感器代替，并将球的表面制成反光和不反光交替的网格，这样可提高可靠性，减轻磨损。

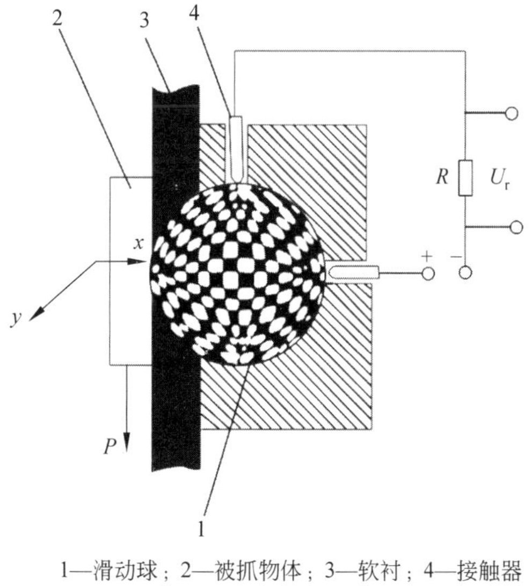

1—滑动球；2—被抓物体；3—软衬；4—接触器

图 3.5　球形滑觉传感器

4. PVDF 接触觉传感器

有机高分子聚二氟乙烯(PVDF)是一种具有压电效应和热释电效应的敏感材料,利用PVDF可以制成接触觉、滑觉、热觉的传感器,而且它是用来研制仿生皮肤的主要材料。PVDF薄膜的厚度只有几十微米,具有优良的柔性及压电特性。

机器人的手爪表面接触物体时的瞬时压力使PVDF因压电效应产生电荷,再经电荷放大器放大后产生脉冲信号,该脉冲信号就是接触觉信号。当物体相对于手爪表面滑动时会引起PVDF表层的颤动,从而导致PVDF产生交变信号,这个交变信号就是滑觉信号。当手爪抓住物体时,由于物体与PVDF表层有温差存在,进而产生热能的传递,PVDF的热释电效应使PVDF极化而产生相应数量的电荷,从而有电压信号输出,这个信号就是热觉信号。

3.1.2 触觉信息处理

通过广义的触觉可获取如下信息:接触信息、压力信息(加在某狭小区域上的力)、分布压力信息(阵列中各感压元上的力)、力信息(各方向的力和力矩)、滑觉信息(垂直于压力方向上的力和位移)。这些信息分别用于触觉识别与触觉控制。从检测信息及等级考虑,触觉识别可分为点信息识别、平面信息识别和空间信息识别3种。

图3.6给出了触觉信息的排位,其中包含信息维数扩展和空间扩展两方面。

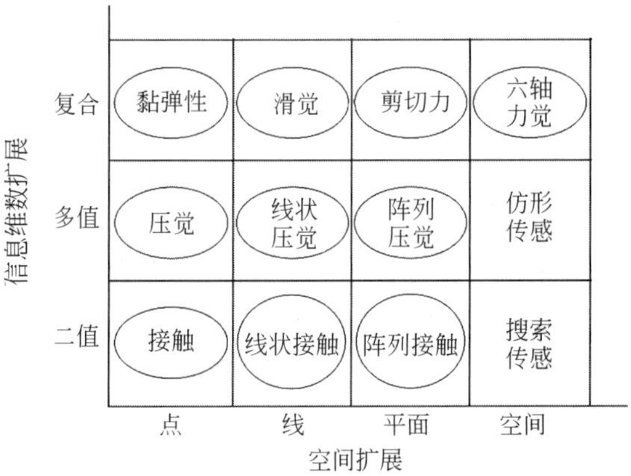

图3.6 触觉信息的排位

用于各类触觉传感器控制的信息处理方式主要包括以下几类:

(1) 接触信息的组合逻辑或顺序逻辑处理方式。此类处理方式是根据接触信息在何处出现及如何表现进而推断作业和对象的状况。

(2) 压觉信息的模拟处理方式。模拟压力信号是施加力于对象时所出现的信号,利用它与位移及过渡响应特性的组合可推断出对象的力学性质。

(3) 利用分布压觉的二维图像处理方式。先抽取压力分布情况,再运用图像处理方法进行处理。所谓阵列压觉,是指感压点有规律地纵横排列,它是分布压觉的一种。

(4) 触觉、压觉的三维处理方式。通过移动检测端获取空间信息的方法(称为主动感知的方法)就属于此类处理方式。

(5) 力/转矩的变换处理方式。根据三轴的力和绕三轴旋转的力矩,可检测任意的力和力矩,并在机器人坐标上进行分解等。该信息处理方式可应用于柔顺推断等领域。

3.1.3　柔性触觉传感器技术

对于智能服务机器人和仿生物智能机器人而言,触觉传感器的柔性化是至关重要的。因此,在智能机器人触觉传感器技术领域出现了一个新的研究热点——机器人柔性敏感皮肤。它可以提高机器人的工作效率和智能化水平,同时在较为复杂的环境中完成各种精细、高难度的工作。当需要机器人准确地完成抓取任务时,就必须具有能感知三维触觉力的传感器,至少要能精确测量 X、Y、Z 3 个方向上的作用力,并且能够粘贴在非平面、非规则的物体上测量 3 个方向的接触力。目前,尽管单维力触觉传感器技术的研究已经成熟,也只能单纯对法向力进行检测,触觉传感器的应用仍有很大的局限性,很难满足智能机器人对触觉传感器的需求。这就要求柔性触觉传感器除了能够检测施加在其上的法向力外,还能够检测施加在其上的切向力。

1. MEMS 技术

基于 MEMS(Micro-Electro-Mechanical System,微机电系统)的硅压阻式压力传感器(图 3.7)采用微电子机械技术将压力这个物理量直接转换成电量,然而许多领域存在微尺度空间,其中的微力很难测量。目前,基于 MEMS 技术的三维微触觉力传感器已成为国内外多维高精度微力传感器研究的热点,目前的成果有浙江大学的三维微力传感器、哈尔滨工业大学机器人研究所的三维微力传感器等。这类传感器虽然量程较小,但是以其特有的高精度和微小体积在生物医学、航空航天、军事和工业等领域发挥着不可替代的作用。传统的硅基材料有易碎的缺点,使其难以承受较大的形变和瞬时冲击。同时,材料的刚性很难适用于诸如弯曲表面的触觉传感探测等,因而硅基材料 MEMS 器件有其自身的局限性。近年来很多学者对基于柔性衬底的 MEMS 传感器进行了研究。柔性衬底材料具有很好的挠曲性、耐冲击性及机械性能。柔性 MEMS 器件重量轻,制作工艺简单,批量生产成本低。据报道,可贴附在非平面物体的柔性 MEMS 传感器大都以聚酰亚胺膜作为柔性衬底。

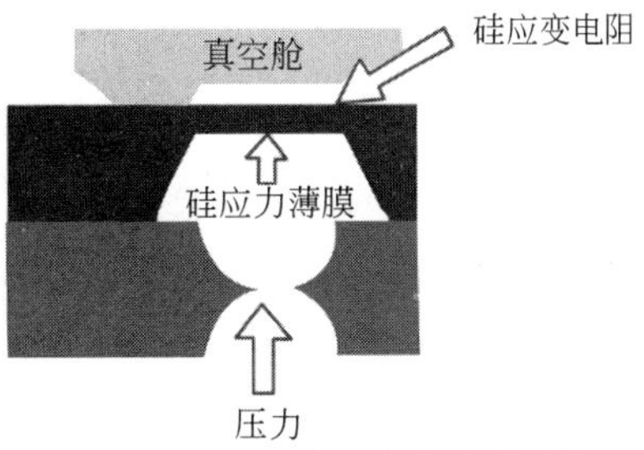

图 3.7　硅压阻式压力传感器结构

我国对于柔性 MEMS 传感器应用在特殊场合的研究还有一些欠缺,离实用化还有一定距离。现有的 MEMS 阵列传感器多是以刚性的硅基材料为衬底,其缺点是单个分立传感器封装后体积较大,降低了空间分辨率,难以获得较为准确的连续分布信息。另外,多个分立器件的封装和安装成本都远高于单个传感器阵列的封装和安装成本。未来 MEMS 传感器的发展主要是对衬底材料的改良和完善并建立新的制作工艺等。

2. 基于 PVDF 的柔性触觉传感器

新型材料 PVDF 具有特殊的动态特性,表现为产生的电荷与施加的机械应力变化成正比。如图 3.8 所示,由于压电膜很薄,所以电极只能在上下表面,电荷沿膜的厚度方向传输,因而电的方向总是“3”;而力的方向可以加在任何轴向。图 3.9 为压电膜的等效电路(电压源同电容串联)。压电膜的电容由压电膜的厚度、面积和介电常数确定。频率越高,容抗越低，对电压源的分压值越小；反之亦然。因而，压电膜可被视为高通滤波器。

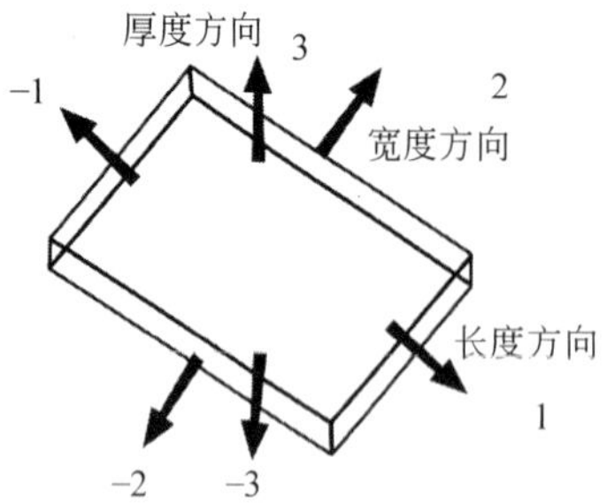

图 3.8 压电膜受应力示意图

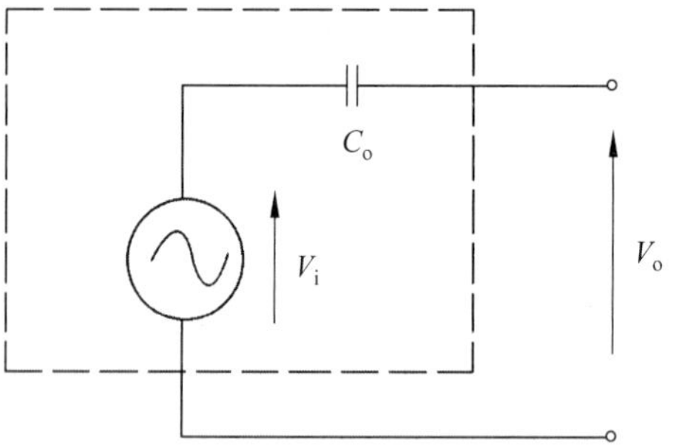

图 3.9 压电膜的等效电路

压电性是建立在热力学基础之上的电介质的力学性质与电学性质的耦合。作为一种新型的聚合物压电薄膜，PVDF 具有质地柔软、极薄、质轻、韧度高、灵敏度高、响应快、测压范围大、频率范围宽、经济性好等特点，且具有良好的压电性、热释电性、机械特性及加工性能，使其能制成多种形状甚至大面积挠曲的各种传感器。PVDF 薄膜与人的皮肤有很大的相似性，作为智能柔性传感材料，其物理特性的突出优势表现在该种材料具有极其柔软的质地和较轻的质量。对质量较轻的结构或多传感器共同工作的场景来说，用 PVDF 作为传感材料可以显著地提高测量精度，在电声、水声、超声、结构振动、探伤、生物医学领域及爆炸冲力测量中有着广泛的应用。

由于 PVDF 的优点与性能，使其在医疗器械中得到广泛应用，传感器可以与人体充分接触，准确测量人体心跳、血压、呼吸、血流速度、胎儿心音等。利用柔性的 PVDF 还可以制作人造敏感皮肤、齿科检测膜、B 超用超声探头、红外图像仪、热图像仪等。

触觉传感器研究目前大都停留在实验室阶段，在商用化方面明显滞后，在国内市场上基本上没有出现通用性较强的触觉传感器。可见基于 PVDF 的柔性触觉传感器具有十分广泛的研究和应用前景。

近年来，人们利用 MEMS 与 PVDF 等技术提出的可以检测三维力的触觉传感器大都是组合式或盔甲式触觉传感器阵列，它们很难满足仿生机器人的实际需求。此外，当前盔甲式柔性触觉传感器采用多个基于弹性基底的三维力传感器形成三维力敏感阵列，其缺点是无法实现真正意义上的柔性，并且多个独立三维力传感器的设计不能实现对表面的连续测量。

3. 基于导电橡胶的柔性触觉传感器

以硅橡胶作为基体材料，添加碳系导电填料制备的导电复合材料称为导电橡胶。导电橡胶与常用的导电材料相比具有价格便宜、设计简单及易于实现多点测量等优点。这种复合材料既具有橡胶的弹性，又具有金属的导电性。

碳系的导电机理主要有宏观的导电通道理论、微观的隧道效应和场致发射效应。石墨作为导电橡胶填料时导电性质应是直接导电，受温度影响以热膨胀为主，变化单调，有较明显的温度效应。炭黑作为填料时出现导电通道和隧道效应两种导电机理，且有较明显的压阻效应。作为柔性接触压力测量的导电橡胶的导电粒子含量必须控制在适宜的范围内，即正好处在发生隧道效应穿透概率迅速上升前的水平，这样胶体在压力下发生一定的形变时，受压部分的导电粒子含量增大，则受压部分的电阻减小，使导电材料可进行压力检测。一般而言，掺入导电填料的胶体基本上可以看作一个电阻。在胶体不受力的情况下，材料中的导电粒子彼此不接触，颗粒间存在聚合物隔离层，使导电颗粒中自由电子的定向运动受到阻碍，电流无法通过；当胶体受力时，导电粒子被迫彼此接近，就会形成导电粒子网络，从而呈现出导电性。外力的变化改变了胶体中导电粒子的分布，从而改变了材料的电阻，使这种导电胶体所拥有的一个重要特性就是压力-电阻特性。

随着科技的进步，检测一维力的触觉传感器已经无法满足实际应用的需求。所以众多学者把研究方向放在三维或多维传感器的结构设计上。利用导电橡胶的柔性、导电机理和压阻特性设计出能够检测三维力的传感器结构。近年来，有学者对添加纳米材料后的柔性触觉传感器进行了研究，实验表明，这种方法对触觉传感器的性能有改善作用。

由此可见，在基于导电橡胶的柔性触觉传感器中添加一些复合材料以改善传感器性能有一定的研究价值。导电橡胶保持了电阻式传感器的结构简单、响应时间短、频率响应特性好等优点，但也存在信号缓变、滞后以及由于硅橡胶边缘的刚性导致传感器互相干扰等缺点。因而，在研究时间响应的同时，还应考虑到导电橡胶的稳定性和电阻的蠕变等特性。

3.2　力觉信息获取与处理

3.2.1　力觉传感器的基本分类

机器人力觉传感器主要包括关节力传感器、腕力传感器、基座力传感器等。

1. 关节力传感器

关节力传感器是直接通过驱动装置测定力的装置。例如，关节由直流电动驱动，则可用测定转子电流的方法测量关节的力；关节由油压装置带动，则可用测背压的方法测定力的大小。这种测力装置的程序中包括对重力和惯性力的补偿。这种方法的优点是不需要分散的传感器，但测量精度和分辨率受机器人的手的惯性负荷及其位置变化的影响，还要受机器人自身关节不规则的摩擦力矩的影响。

应变式关节力传感器如图 3.10 所示。应变式关节力传感器实验装置最早是在斯坦福机器人上采用的。在机器人的第 1、2 关节的谐波齿轮的柔性输出端安装了连接输出轴的弹性法兰盘。在其衬套上贴了应变片，可以直接测出力矩，并反馈至控制系统进行力和力矩的控制。衬套弹性敏感部位厚 2mm，宽 5mm，其优点是不占额外空间，计算方法简单，响应快。

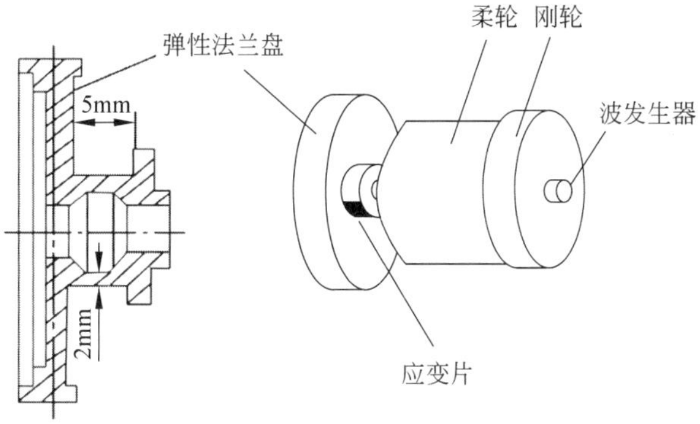

图 3.10　应变式关节力传感器

2. 腕力传感器

机器人在完成装配作业时通常要把轴、轴承、垫圈等零件装入别的零件中。其中心任务一般包括确定零件的重量、将轴类零件插入孔里、调准零件的位置、拧动螺钉等，这些都是通过测量并调整装配过程中零件的相互作用力实现的。

通常可以通过固定的参考点将一个力分解成 3 个互相垂直的力及 3 个顺时针方向的力矩，传感器就安装在固定参考点上。这种传感器要能测出这 6 个量，因此，设计这种传感器时要考虑一些特殊要求。例如，交叉灵敏度应很低，每个测量通道的信号只应受相应分力的影响；传感器的固有频率应很高，以便使作用于机器人手指上的微小扰动力不会产生错误的输出信号。这类腕力传感器可以是应变式的、电容式的或压电式的。

图 3.11(a)是一种筒式六自由度腕力传感器。铝制主体呈圆筒状，外侧由 8 根梁支撑，手指尖与手腕连接。手指尖受力时，梁受影响而弯曲，从粘贴在梁两侧的八组应变片的信号就可算出加在 X、Y、Z 轴上的力与各轴的力矩。每根梁上的缩颈部分是为了减小弯曲刚性、加大应变片部分的应变量而设计的。

图 3.11(b)为挠性件十字排列的腕力传感器，应变片贴在十字梁上，用铝材切成框架，其内的十字梁为整体结构。为了增强其敏感性，在与梁连接处的框臂上还要切出窄缝。该传感器可测 6 个自由度的力和力矩。其信号由 16 个应变片组成的 8 个桥式电路输出。

图 3.11(c)的腕力传感器是在一个整体金属盘上将其侧壁制成按 120°周向排列的 3 根梁，其上部圆环上有螺孔与手腕末端连接，下部圆盘上有螺孔与挠性杆连接，测量电路安排在圆盘内。

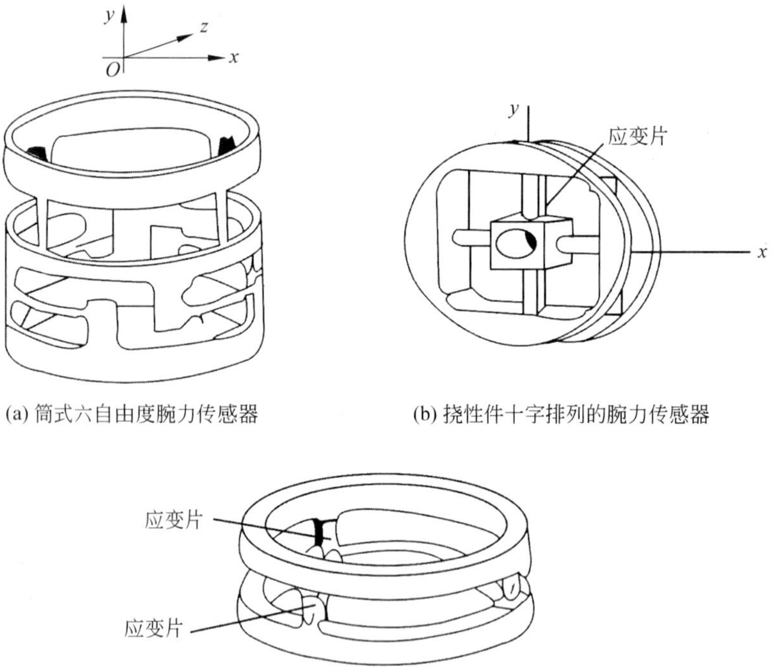

(a) 筒式六自由度腕力传感器

(b) 挠性件十字排列的腕力传感器

(c) 金属盘式腕力传感器

图 3.11　3 种腕力传感器

腕力传感器的发展呈现两个趋势：一种是将传感器本身设计得比较简单，但需经过复杂的计算求出传递矩阵，使用时要经过矩阵运算才能提取 6 个分量，这类传感器称为间接输出型腕力传感器；另一种则相反，传感器结构比较复杂，但只需简单的计算就能提取 6 个分量，甚至可以直接得到 6 个分量，这类传感器称为直接输出型腕力传感器。

3. 基座力传感器

基座力传感器装在基座上，在机器人手装配时用来测量安装在工作台上的工件所受的力。这个力是装配轴与孔的定位误差所产生的，测出的力的数据用来控制机器人手的运动。基座力传感器的精度低于腕力传感器。图 3.12 为可分离的基座力传感器。

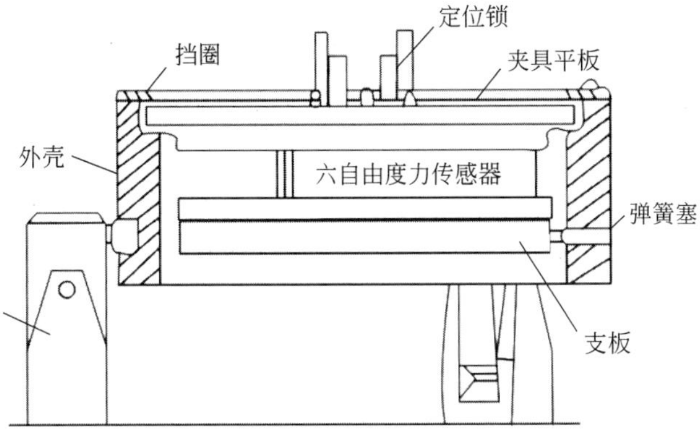

图 3.12　可分离的基座力传感器

还有一种基座力传感器由装在工作台上的 3 块铝板(大小为 40cm×2.5cm)构成。中间的铝板上部装有与上面的铝板相连的 4 个垂直排列的力传感器，中间的铝板下部有相同的 4 个水平排列的力传感器并与下面的铝板相连，用于测量纵横力。

3.2.2　力觉传感器标定技术

多维力/力矩传感器标定实验系统的组成框图如图 3.13 所示。标定时，首先将多维力/力矩传感器安装在标定实验台上，施加载荷后，传感器产生变形，引起应变片阻值变化，进而破坏电桥平衡而输出电压信号。传感器各通道电压信号经信号放大调理电路放大并去噪后，再由数据采集板卡上传至上位机数据采集软件，并记录各加载情况下传感器各桥路的输出电压值。

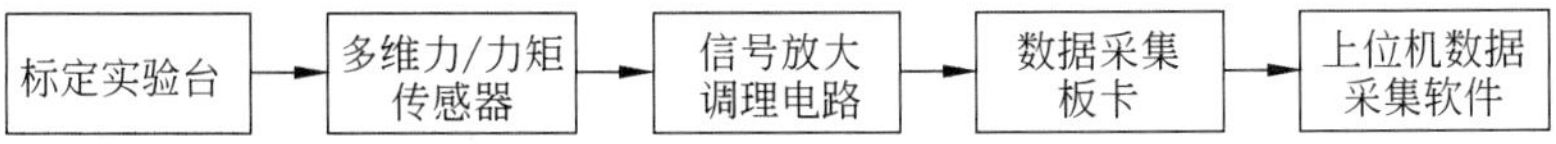

图 3.13　多维力/力矩传感器标定实验系统的组成框图

以一个六维腕力/力矩传感器为实验对象，其结构如图 3.14 所示。该传感器总体尺寸为 60mm×45mm，为双 E 形膜结构，结构上引起的维间耦合较大。该传感器各方向上的量程如下：F_x、F_y 方向均为 −200～200N，F_z 方向为 −300～0N，M_x、M_y 方向均为 −8000～8000N・m，M_z 方向为 −10 000～10 000N・m。

标定实验就是要获取多维力/力矩传感器的加载力/力矩信息与相应输出电压的大量数据样本，为解耦提供训练样本和测试样本。随后便可利用解耦算法实现六维力/力矩传感器的静态解耦，以提高其测量精度。

标定流程如下：

（1）将传感器安装在标定实验台上。

（2）在传感器全量程范围内按砝码重量分成若干等间距测量点，将载荷按测量点从0逐步增加到满量程值，然后减少到0，再逐步增加到负向满量程值，然后减少到0，用上位机数据采集软件记录对应的传感器各桥路输出电压值（取值范围为−5～5V）。

（3）按步骤（2）完成3次循环标定。

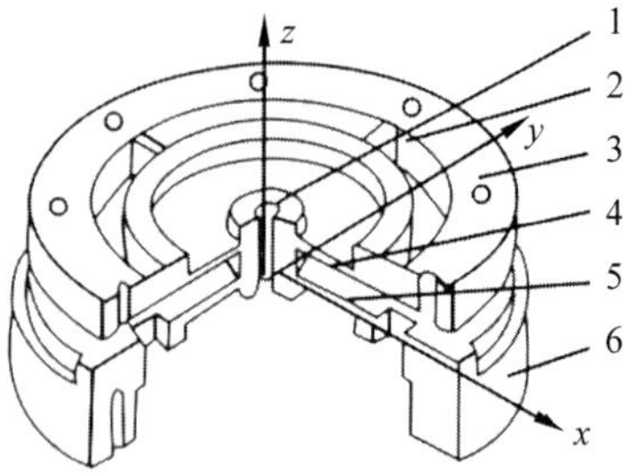

1—中空圆柱体；2—4个矩形薄片（测M_g）；3—加载环；4—上E形膜（测M_g、M_y）；5—下E形膜（测F_x、F_y、F_z）；6—基体

图 3.14　六维腕力/力矩传感器结构

最后进行标定实验曲线分析。通过上述标定实验，取同一加载情况时的各数据平均值，可以得到各方向加载力/力矩与传感器各桥路输出电压的关系，如图3.15所示。从中可以看到，F_y、M_x、M_y方向单向加载时，分别对M_z、F_y、F_z方向产生了较大的耦合效应。这主要是由双E形膜的一体化弹性体结构引起的，因而需要对各方向进行解耦。

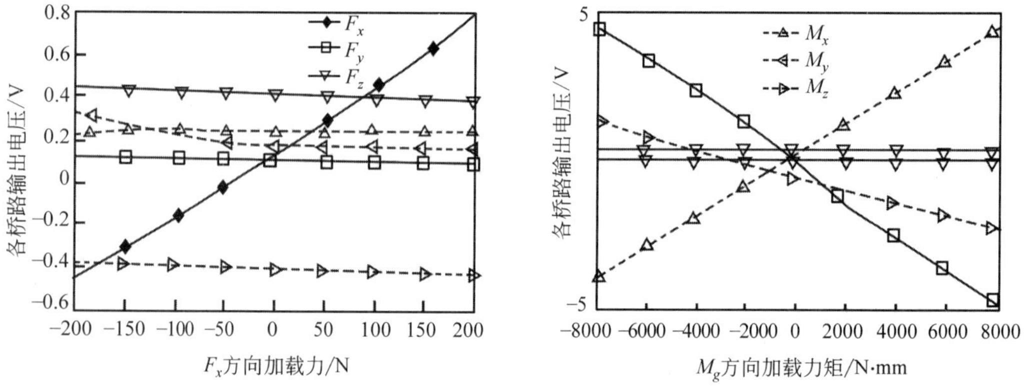

(a) F_x方向加载时的输入/输出曲线　　(b) M_g方向加载时的输入/输出曲线

图 3.15　各方向加载力/力矩与传感器各桥路输出电压的关系

3.2.3　应变式、电感式和电容式压力传感器

1. 应变式压力传感器

应变式压力传感器主要用于液体、气体动态和静态压力的测量，如内燃机管道和动力设备管道的进气口和出气口压力测量、发动机喷口的压力测量、枪炮管内部压力测量等。这类传感器主要采用板式和筒式弹性元件。

1）板式压力传感器

测量气体或液体压力的板式传感器原理如图3.16(a)所示，圆薄板和壳体制作在一起，引线从壳体的上端引出，这种传感器可以测量气体压力。圆薄板的结构如图3.16(b)所示。工作时将传感器的下端旋入管壁，均匀分布的压力作用在圆薄板的一面，圆薄板的另一面粘贴应变片，通过应变的测量求得压力大小。

圆薄板周边的固定情况对传感器的线性、灵敏度、固有频率有很大影响。若是刚性连

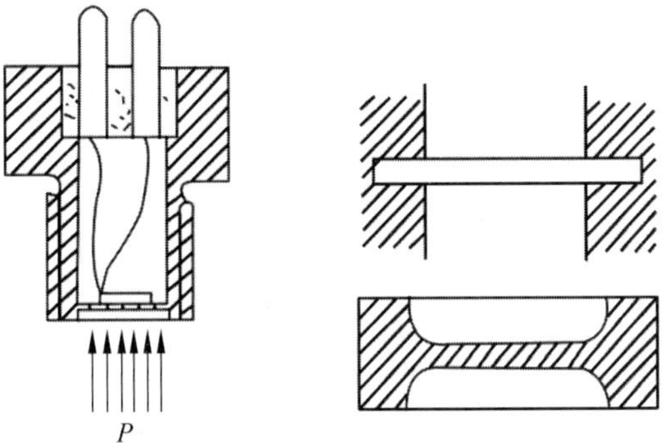

(a) 板式压力传感器原理　　(b) 圆薄板结构

图 3.16　板式压力传感器原理和圆薄板结构

接，则当圆薄板上有均匀分布的压力 P 作用时，圆薄板上各点的径向应力 σ_r 与切向应力 σ_t 可表示为

$$\sigma_r = \frac{3P}{8h^2}[(1+\mu)R^2 - (3+\mu)x^2] \tag{3.1}$$

$$\sigma_t = \frac{3P}{8h^2}[(1+\mu)R^2 - (1+3\mu)x^2] \tag{3.2}$$

且圆薄板内任一点的应变可表示为

$$\varepsilon_r = \frac{3P}{8h^2E}(1-\mu^2)(R^2 - 3x^2) \tag{3.3}$$

$$\varepsilon_t = \frac{3P}{8h^2E}(1-\mu^2)(R^2 - x^2) \tag{3.4}$$

其中，σ_r 和 σ_t 分别为径向和切向应力，ε_r 和 ε_t 分别为径向和切向应变，R 和 h 分别为圆薄板的半径和厚度，x 为点与圆心的径向距离，μ 为泊松比，E 为弹性模量。

应力分布如图 3.17 所示，其中的 $R_1 \sim R_4$ 为 4 个应变片。由式(3.1)和式(3.2)可知，圆薄板边缘处 $x=R$ 时的应力为

$$\sigma_r = -\frac{3P}{4h^2}R^2$$

$$\sigma_t = -\frac{3P}{4h^2}R^2$$

因此边缘处的径向应力最大。设计圆薄板时，边缘处的应力不应超过允许应力 σ_b，因此圆薄板厚度为

$$h = \sqrt{\frac{3PR^2}{4\sigma_b}} \tag{3.5}$$

由图 3.17 可知，$x=0$ 时，在圆薄板中心处的应变为

$$\varepsilon_r = \varepsilon_t = \frac{3P}{8h^2}\frac{1-\mu^2}{E}R^2 \tag{3.6}$$

$x=R$ 时，在边缘处的应变为

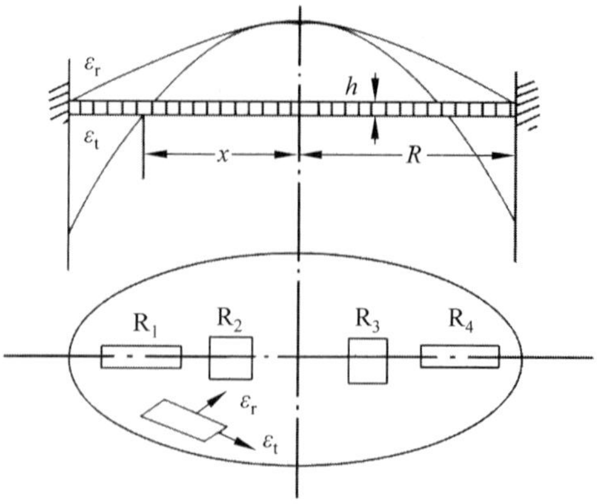

图 3.17　应力分布

$$\varepsilon_r = -\frac{3P}{4h^2}\frac{1-\mu^2}{E}R^2 \qquad \varepsilon_t = 0 \tag{3.7}$$

此值比中心处高一倍。当 $x=R/\sqrt{3}$ 时 $\varepsilon_r=0$,由应力分布规律可找出贴片的方法。切向应变全是正的,中间最大;径向应变沿圆薄板分布有正有负,在中心处和切向应变相等,而在边缘处最大,是中心处的 2 倍,在 $x=R/\sqrt{3}$ 处为 0,故贴片时要避开 $\varepsilon_r=0$ 处。一般在圆薄片中心处沿切向贴两片,在边缘处沿径向贴两片。应变片 R_1、R_4 和 R_2、R_3 接在桥路的相邻臂内,以提高灵敏度和进行温度补偿。

周边刚性固定的圆薄板的固有振动频率为

$$f = 1.57\sqrt{\frac{Eh^3}{12R^4 m_0 (1-\mu)^2}} \tag{3.8}$$

其中,m_0 为圆薄板单位厚度的质量。

由式(3.6)和式(3.8)可知,圆薄板的厚度和弹性模量增加时,传感器的固有频率增加,而灵敏度下降;半径越大,固有频率越低,灵敏度越高。所以,设计传感器时要综合考虑。

2) 筒式压力传感器

当被测压力较大时,多采用筒式压力传感器,如图 3.18(a)所示。圆柱体内有一个盲孔,构成应变筒,一端有法兰盘与被测系统连接。被测压力 P 进入应变筒的腔内,使筒发生变形。筒外表面上环向应变(沿着圆周线)为

$$\varepsilon_D = \frac{P(2-\mu)}{E(n^2-1)} \tag{3.9}$$

其中,$n=D_0/D$,D_0 为盲孔直径,D 为圆柱体直径。

若壁比较薄时,可用下式计算环向应变 $\varepsilon_D = \frac{PD}{2hE}(1-0.5\mu)$,其中 $h=(D-D_0)/2$。图 3.18(b)中在盲孔的另一端部有较长的实心部分,制作传感器时,在筒壁和实心部分沿圆周方向各贴一片应变片,实心部分在筒内有压力时不产生变形,只用于温度补偿。图 3.18(c)中实心部分很短,则 R_1 和 R_2 相互垂直粘贴,一个沿圆周方向,另一个沿筒长方向,沿筒长方向的 R_2 用于温度补偿。

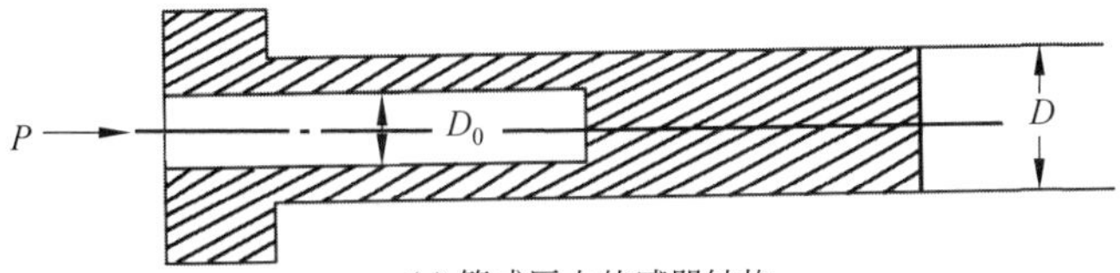

(a) 筒式压力传感器结构

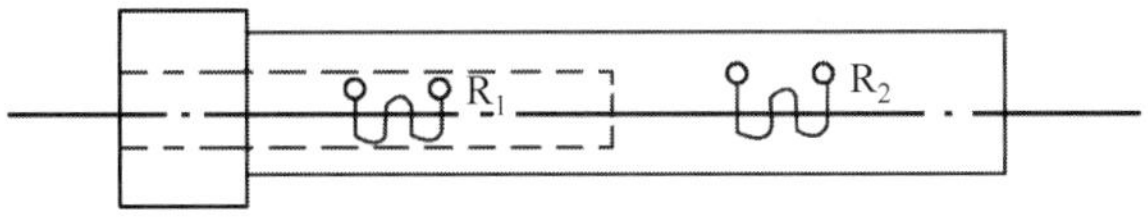

(b) 实心部分较长时的贴片方法

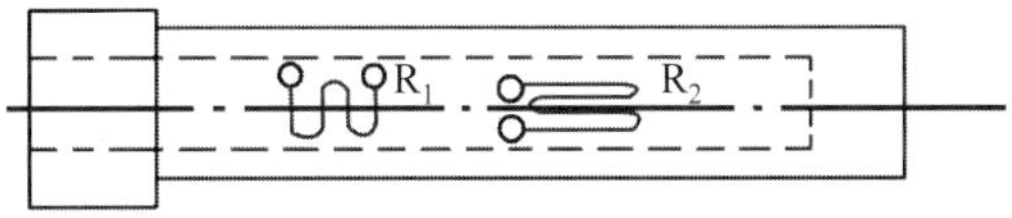

(c) 实心部分很短时的贴片方法

图 3.18　筒式压力传感器结构和贴片方法

这类传感器可用来测量机床液压系统的压力($10^6 \sim 10^7$ Pa)，也可用来测量枪炮的膛内压力(10^8 Pa)，其动态特性和灵敏度主要由材料的弹性模量值和尺寸决定。

2. 电感式压力传感器

电感式传感器利用电磁感应原理，把被测物理量(如位移、振动、压力、应变等)转换为线圈的自感或互感系数的变化，从而导致线圈电感量改变，再由测量电路转换为电压或电流的变化量的输出，实现非电量的测量。因此，根据转换原理，电感式传感器可以分为自感式和互感式两大类。电感式传感器具有以下优点：结构简单可靠，测量力小，灵敏度和分辨率高，能测出 0.1μm 甚至更小的机械位移，输出信号强，电压灵敏度可达数百毫伏每毫米，重复性好，线性度优良；在几十微米到数百毫米的位移范围内，传感器的非线性误差仅为 0.05%～0.1%，输出特性的线性度较好且比较稳定，能实现远距离传输、记录、显示和控制。其缺点是响应频率低，不适用于高频动态测量。

电感式传感器的种类很多，下面只介绍电感式压力传感器。

在电感式压力传感器中大都采用变隙电感式作为检测元件，它和弹性元件组合在一起构成电感式压力传感器。图 3.19 为这种传感器的工作原理。

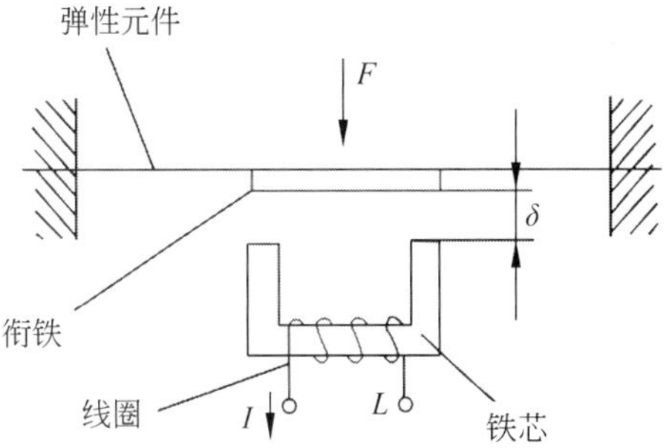

图 3.19　变隙电感式压力传感器的工作原理

检测元件由线圈、铁芯、衔铁组成，衔铁安装在弹性元件上。在衔铁和铁芯之间存在着气隙 δ，它的大小随着外力 F 的变化而变化。线圈的电感 L 可计算如下：

$$L = N^2 / R_m \tag{3.10}$$

其中，N 为线圈匝数；R_m 为磁路总磁阻，单位是每亨利(H)，表示物质对磁通量所呈现的阻力。磁通量的大小不仅与磁势有关，而且与磁阻的大小有关。当磁势一定时，磁路上的磁阻越大，则磁通量越小。磁路上气隙的磁阻比导体的磁阻大得多。假设气隙是均匀的，且导磁截

面与铁芯的截面相同，在不考虑磁路中的铁损时，磁阻可表示为

$$R_m = \frac{l}{\mu A} + \frac{2\delta}{\mu_0 A} \tag{3.11}$$

其中，l 为磁路长度(单位为 m)，μ 为导磁体的磁导率(单位为 H/m)，A 为导磁体的截面积(单位为 m^2)，δ 为气隙量(单位为 m)，μ_0 为空气的磁导率($4\pi\times10^{-7}$ H/m)。

由于 $\mu_0 \ll \mu$，因此式(3.11)中的第一项可以忽略，代入式(3.10)可得到

$$L = \frac{N^2\mu_0}{2\delta}A \tag{3.12}$$

如果给传感器线圈通以交流电源，流过线圈的电流与气隙之间有以下关系：

$$I = 2U\delta/\mu_0\omega N^2 A \tag{3.13}$$

其中，U 为交流电压(单位为 V)，ω 为交流电源的角频率(单位为 rad/s)。

从以上各式可以看出，当压力引起衔铁的位置变化时，衔铁与铁芯的气隙发生变化，传感器线圈的电感量会发生相应的变化，流过传感器的电流 I 也发生相应的变化。因此，通过测量线圈中电流的变化便可得知压力的大小。

1）变隙电感式压力传感器

图 3.20 为变隙电感式压力传感器结构。它由膜盒、衔铁、铁芯及线圈等组成，衔铁与膜盒的上端连在一起。

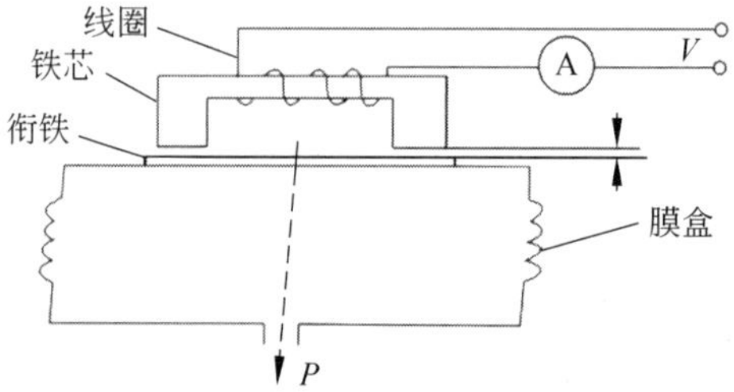

图 3.20　变隙电感式压力传感器结构

当压力 P 进入膜盒时，膜盒的顶端在压力的作用下产生与压力大小成正比的位移，于是衔铁也发生移动，从而使气隙发生变化，流过线圈的电流也发生相应的变化，电流表指示值反映了被测压力的大小。

2）变隙差动电感式压力传感器

图 3.21 为变隙差动电感式压力传感器结构，它主要由 C 形弹簧管、衔铁、铁芯和线圈等组成。

当被测压力进入 C 形弹簧管时，C 形弹簧管产生变形，其自由端发生位移，带动与自由端连接成一体的衔铁运动，使线圈 1 和线圈 2 中的电感量发生大小相等、符号相反的变化，即一个线圈的电感量增大，另一个线圈的电感量减小。电感量的这种变化通过电桥电路转换为电压输出。由于输出电压与被测压力成正比，因此，只要用检测仪表测量出输出电压，即可得知被测压力的大小。

3. 电容式压力传感器

1）电容式压力传感器的工作原理和结构

电容式传感器比压阻式传感器具有更高的温度稳定性。为避免其输出产生的寄生电

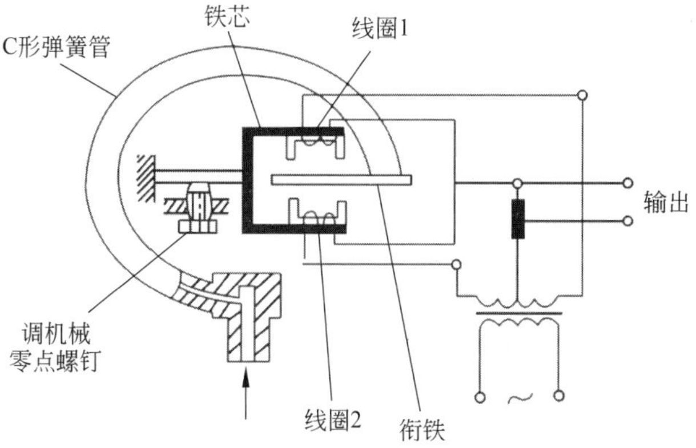

图 3.21　变隙差动电感式压力传感器结构

容，在芯片上固化了一个检测电路，这个电路的性能将影响整个传感器的精度，所以一般的电容式固态压力传感器由压敏电容器和检测电路两部分组成。压敏电容器一般可分为两类：一类是利用硅加工技术，取适当的晶向，在硅膜上蚀刻形成一个薄硅膜片，将其与一个温度系数相近的喷镀了金属电极的玻璃板采用静电方法焊接在一起；另一类是利用硅加工技术在硅膜上蚀刻两个膜片，一个作为敏感膜片，另一个作为参考膜片。检测电路一般采用两类方法，一类是利用电容的变化量控制正弦波弛张振荡器的频率；另一类是采用阻抗桥方式测量压敏电容器的交流阻抗变化。另外，敏感膜片从形状上可分为圆形、方形和环形，也可制成双圆形、双方形和双环形。电容式压力传感器在结构上有单端式和差动式两种，因为差动式的灵敏度较高，非线性误差也较小，所以电容式压力传感器大都为差动式。

图 3.22 为差动电容式压力传感器结构。它主要由一个膜式电极和两个在凹形玻璃上电镀的固定电极组成。当被测压力或压力差作用于膜片并产生移动时，两个电容器的电容量一个增大一个减小。该电容值的变化经测量电路转换为与压力或压力差相对应的电流或电压的变化。

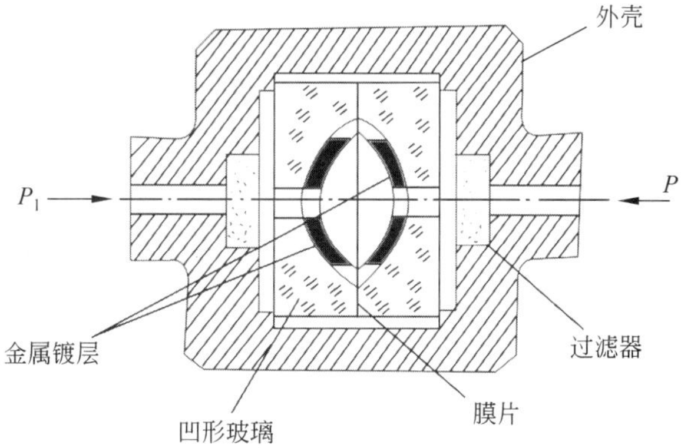

图 3.22　差动电容式压力传感器结构

2）测量电路

电容式压力传感器的测量电路常采用双 T 形电桥电路，如图 3.23(a)所示。其中，U 为对称方波的高频激励电源电压，C_1、C_2 为传感器差动电容，VD_1、VD_2 为特性完全相同的二极管，R_1、R_2 为阻值相等的固定电阻，R_L 为差动电容式压力传感器负载电阻。此电路因 C_1、VD_1、R_1 与 C_2、VD_2、R_2 分别构成T形充放电电路，因此得名为双T形充放电电路。

当电源电压 U 为正半周时，VD_1 导通、VD_2 截止，等效电路如图3.23(b)所示。此时 C_1 充电，充电回路的电阻仅为导线电阻，因此很快被充电至电压 U，U 经 R_1 以电流 i_1 向负载电阻 R_L 供电。如果 C_2 初始时已充电，则 C_2 以电流 i_2 经 R_2 和 R_L 放电。流经 R_L 的电流 i_L 为 i_1 与 i_2 的代数和。

当电源电压 U 为负半周时，VD_2 导通、VD_1 截止，等效电路如图3.23(c)所示。此时，C_2 很快被充电至电压 U，而 C_2 经 R_1 和 R_L 放电，流经 R_L 的电流为 i_1' 和 i_2' 的代数和。

由于 VD_1 和 VD_2 特性相同，$R_1=R_2=R$。当没有压力输入给传感器时，差动电容 $C_1=C_2$，即在 U 的一个周期内流过 R_L 的 i_L 与 i_L' 的平均值为0，即无信号输出；当有压力输入给传感器时，$C_1\neq C_2$，在 R_L 上产生的平均电流不为0，则有信号输出。当受到压力 f 作用时，R_L 两端的平均电压为

$$U_o \approx \frac{R(R+2R_L)}{(R+R_L)^2} U R_L (C_1-C_2) f \tag{3.14}$$

当 R_L、U、f 均为定值时，双T形电路的输出电压 U_o 与传感器 C_1 和 C_2 之差存在线性关系。当 R 和 R_L 为定值时，该电路的电压灵敏度 $S=U_o/(C_1-C_2)$ 与 U 和 f 成正比。因此，要求电源电压必须是稳幅稳频和高幅高频的对称方波，以保证该电路具有较高的稳定性和灵敏度。

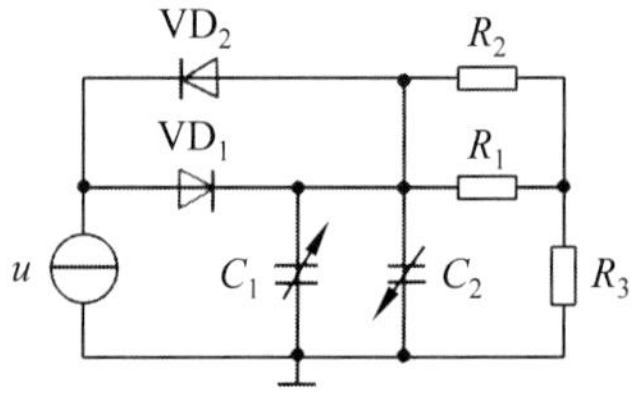

(a) 双T形电桥电路

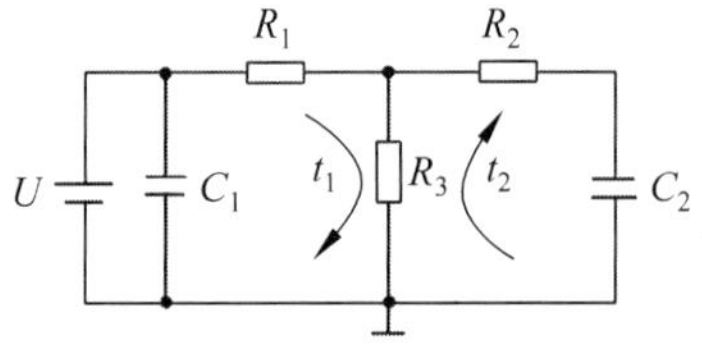

(b) U为半周时的等效电路

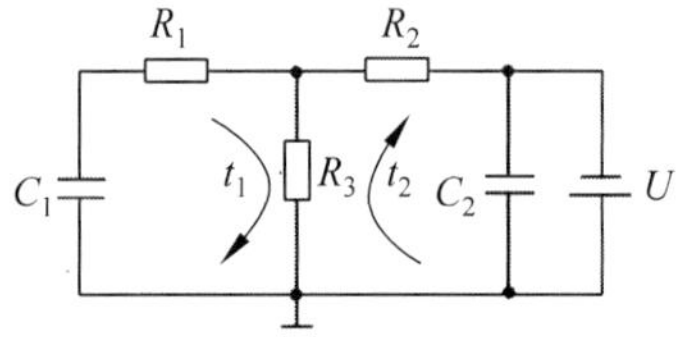

(c) U为负半周时的等效电路

图3.23 双T形电桥电路及其等效电路

双T形电桥电路具有以下特点：电源、传感器电容、负载均可同时在一点接地；线路简单，可全部放在探头内，大大缩短了电容引线，减小了分布电容的影响；电源周期、幅值直接影响灵敏度，要求它们高度稳定；输出阻抗与 R_1、R_2 和 R_L 有关，而与电容无关，只要适当选择电阻，即可使输出阻抗控制为1～100kΩ，克服了电容式传感器高内阻的输出电压较高的缺点。

3.2.4 电阻式多维力/力矩传感器

机器人广泛使用的多维力/力矩传感器都基于电阻式检测方法，其中又以应变电阻式检

测和压阻电阻式检测最为常见。如图 3.24 所示，基于应变电阻式检测技术的力和力矩信息检测方法一般分以下 4 步完成传感器所受力和力矩到等量力和力矩信息输出的过程。

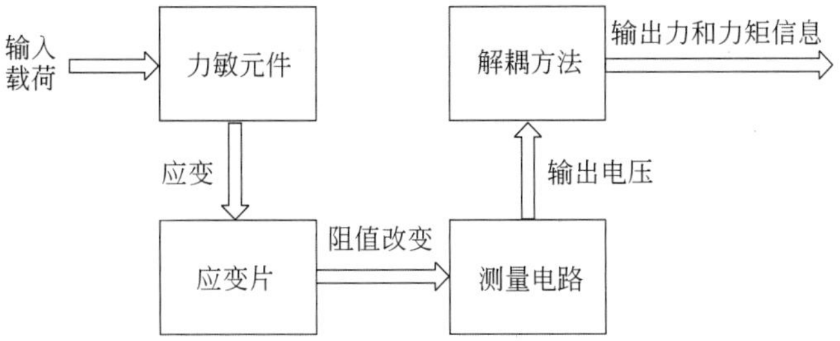

图 3.24　基于应变电阻式检测技术的力和力矩信息检测方法

1. 载荷到弹性应变

应变式力和力矩信息检测系统通过检测弹性体上某些点的应变获得力和力矩信息。弹性体是经过专门设计的一种具有力觉敏感元件的特殊结构。在载荷作用下，弹性体发生与所受载荷成一定关系的极微小应变。假设传感器工作在材料的弹性极限内，加载的力和力矩信息与其产生的相应的应变存在线性关系，即

$$\varepsilon = f(F) \tag{3.15}$$

其中，ε 和 F 分别表示弹性体发生的应变和所受载荷。

2. 弹性应变到应变片的电阻值变化

弹性体上的应变片组也会发生与其粘贴位置相同的变形和应变。由于应变片的电阻值与其发生的应变存在线性关系，因此应变片的电阻值变化率为

$$\frac{\Delta R}{R} = G_{\mathrm{f}}\varepsilon \tag{3.16}$$

其中，G_{f} 为应变片的灵敏系数；ΔR 和 R 分别为应变片的电阻值变化和电阻初始值。因此，应变片发生的电阻值变化为

$$\Delta R = G_{\mathrm{f}}R\varepsilon = G_{\mathrm{f}}Rf(F) \tag{3.17}$$

在实际应用中，综合考虑传感器的线性度和灵敏度，并保证传感器弹性体工作在比例极限下，一般允许的弹性体应变应小于 1000 微应变（1 微应变为 10^{-6}），这样计算出来的应变片的电阻值变化会小于 $0.2\%R$（假设应变片的灵敏系数为 2），一般的应变片电阻为 350Ω，因此应变片上发生的最大电阻值变化是 0.72Ω，对如此小的变化值还需要进一步的信息处理（如放大等）。

3. 应变片的电阻值变化到电压输出

通常应变片的电阻值变化是很小的，所以测量电路的输出信号（电压或者电流）也极为微弱。因此，要用电子放大电路对所得信号进行放大，再进行下一步信息处理工作。应变片电阻式检测方法一般采用两种检测电路：一种是电位计式检测电路；另一种是惠斯通电桥式检测电路（简称桥式检测电路）。前一种只在某些特殊情况下使用，如动态分量（冲击和振动）的测量；后一种应用更为普遍。

1）电位计式检测电路

电位计式检测电路如图 3.25 所示，应变片串联一个固定电阻。在应变片没有发生应变

时，检测电路的输出电压为

$$U_o = \frac{R}{R + R_b} U_E \tag{3.18}$$

其中，R 表示应变片电阻初始值，R_b 表示固定电阻的电阻值，U_E 表示电路的电压激励。

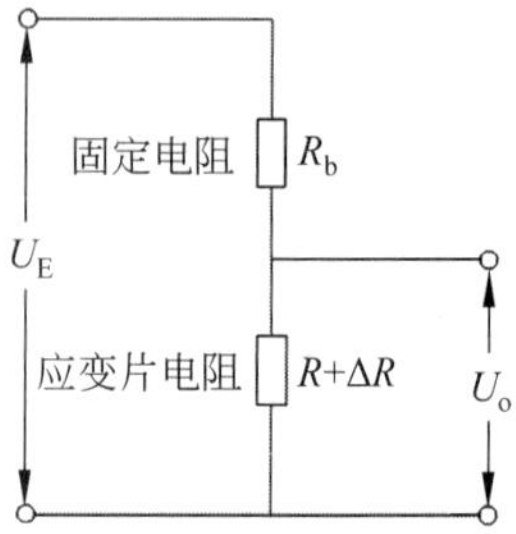

图 3.25　电位计式检测电路

当有应变产生时，应变片电阻值会发生相应的变化，导致检测电路的输出电压也发生相应的变化：

$$U_o + \Delta U_o = \frac{R + \Delta R}{R + \Delta R + R_b} U_E \tag{3.19}$$

因此可得

$$\Delta U_o = \frac{R_b \Delta R}{(R + R_b)(R + R_b + \Delta R)} U_E = \frac{a}{1 + a + \dfrac{(1 + a)^2}{\Delta R / R}} U_E \tag{3.20}$$

其中，$a = R_b / R$。由式(3.20)可以看出，ΔU_o 与 $\Delta R / R$ 之间不存在线性关系。一般 a 取 1～3 使非线性误差不至于过大。这种检测电路比较简单，电路中的元器件使用时间也较长。在使用半导体应变片时，这种检测电路有明显的优势。

2）桥式检测电路

采用桥式检测电路的传感器的弹性体上发生的应变一般在 1000 微应变以下，因此相应的应变片的电阻值变化很小，测量电路必须能精确测量这样小的电阻值变化，常用的惠斯通电桥因为可以满足这个要求而被广泛采用在力/力矩传感器中。

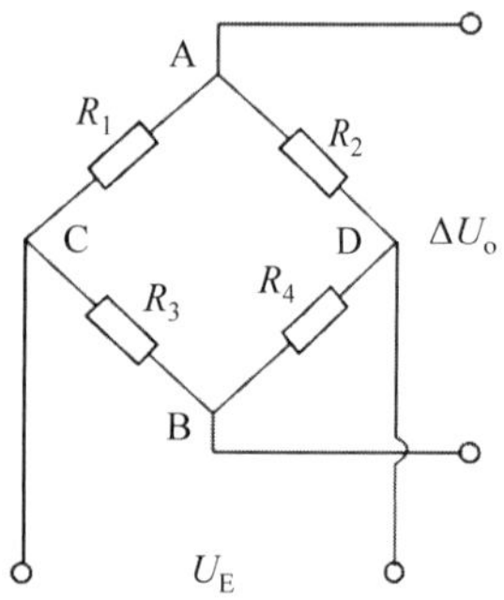

图 3.26　惠斯通电桥

如图 3.26 所示，惠斯通电桥由 4 个电阻组成，其中任何一个都可以由应变片代替而构成检测电路。它由一个对角进行电压输入，另一个对角用来测量输出电压。当 4 个电阻达到一定的关系时，电桥输出为 0，即达到了平衡。按电路理论知识，可以得到输出电压的表达式：

$$U_o = U_{BC} - U_{AC} = \frac{R_1 R_3 - R_2 R_4}{(R_1 + R_2)(R_3 + R_4)} U_E \tag{3.21}$$

因此电桥平衡的条件为 $R_1 R_3 = R_2 R_4$。在满足该条件时，输出电压为

$$\Delta U_o = \frac{R_1 R_2}{(R_1 + R_2)^2} \left(\frac{\Delta R_1}{R_1} - \frac{\Delta R_2}{R_2} + \frac{\Delta R_3}{R_3} - \frac{\Delta R_4}{R_4} \right) U_E \tag{3.22}$$

（1）当电桥左右对称时，通常只有两个臂接入应变片，此时称为半桥，则

$$\Delta U_o = \frac{U_E}{4} \left(\frac{\Delta R_1}{R_1} - \frac{\Delta R_2}{R_2} + \frac{\Delta R_3}{R_3} - \frac{\Delta R_4}{R_4} \right) \tag{3.23}$$

（2）当电桥左右不对称时，则

$$\Delta U_o = \frac{a U_E}{(1 + a)^2} \left(\frac{\Delta R_1}{R_1} - \frac{\Delta R_2}{R_2} + \frac{\Delta R_3}{R_3} - \frac{\Delta R_4}{R_4} \right) \tag{3.24}$$

（3）当电桥 4 个臂的电阻值全部相等（如 4 个臂都介入应变片，此时称为全桥检测）时，可得

$$\Delta U_{\mathrm{o}}=\frac{U_{\mathrm{E}}G_{\mathrm{f}}}{4}(\varepsilon_1-\varepsilon_2+\varepsilon_3-\varepsilon_4) \tag{3.25}$$

采用全桥检测方式对力和力矩信息进行检测可以提高传感器的灵敏度。

4. 电压输出到力和力矩信息输出

载荷一般包括三维力和三维力矩,弹性体上一般粘贴了多个应变片组(应变片组数应大于多维力和力矩传感器的维数),传感器所受的载荷与各应变片组输出的关系可以用检测矩阵表示:

$$\boldsymbol{S}=\boldsymbol{F}\boldsymbol{T} \tag{3.26}$$

其中,$\boldsymbol{S}=[S_1,S_2,S_3,\cdots]^{\mathrm{T}}$ 表示传感器各应变片组的输出,$\boldsymbol{T}$ 为传感器的检测矩阵,$\boldsymbol{F}=[F_1,F_2,F_3,\cdots]^{\mathrm{T}}$ 表示传感器所受的载荷,F_i 表示第 i 维力或力矩。

传感器根据检测到的各应变片组的输出,经过特定的解耦方法得到解耦矩阵,就可以得到传感器所受的力和力矩。

$$\boldsymbol{F}=\boldsymbol{T}^{-1}\boldsymbol{S} \tag{3.27}$$

当应变片组数大于传感器的维数,且检测矩阵的维数等于传感器的维数时,应通过广义逆矩阵计算传感器所受的力和力矩:

$$\boldsymbol{F}=(\boldsymbol{T}^{\mathrm{T}}\boldsymbol{T})^{-1}\cdot\boldsymbol{T}^{\mathrm{T}}\boldsymbol{S} \tag{3.28}$$

通过上述方法得到了在传感器坐标系中表示的力和力矩信息。为了便于控制,应该把获得的力和力矩信息转换到机器人手爪坐标系中表示:

$$\begin{bmatrix}\boldsymbol{F}_{\mathrm{c}}\\ \boldsymbol{M}_{\mathrm{c}}\end{bmatrix}=\begin{bmatrix}\boldsymbol{R}_{\mathrm{s}}^{\mathrm{c}} & 0\\ \boldsymbol{S}(\boldsymbol{r}_{\mathrm{cs}}^{\mathrm{c}})\boldsymbol{R}_{\mathrm{s}}^{\mathrm{c}} & \boldsymbol{R}_{\mathrm{s}}^{\mathrm{c}}\end{bmatrix}\begin{bmatrix}\boldsymbol{F}_{\mathrm{s}}\\ \boldsymbol{M}_{\mathrm{s}}\end{bmatrix} \tag{3.29}$$

其中,$\boldsymbol{F}_{\mathrm{c}}$ 表示在手爪坐标系中的三维力;$\boldsymbol{M}_{\mathrm{c}}$ 表示在手爪坐标系中的三维力矩;$\boldsymbol{R}_{\mathrm{s}}^{\mathrm{c}}$ 表示方向余弦矩阵;$\boldsymbol{r}_{\mathrm{cs}}^{\mathrm{c}}$表示在手爪坐标系中表示的起点为传感器坐标系原点、终点为手爪坐标系原点的矢量;$\boldsymbol{F}_{\mathrm{s}}$ 表示在传感器坐标系中的三维力;$\boldsymbol{M}_{\mathrm{s}}$ 表示在传感器坐标系中的三维力矩;$\boldsymbol{S}(*)$ 表示斜对称算子,对矢量 $\boldsymbol{r}=[r_x,r_y,r_z]^{\mathrm{T}}$,其定义为

$$\boldsymbol{S}(\boldsymbol{r})=\begin{bmatrix}0 & -r_z & r_y\\ r_z & 0 & -r_x\\ -r_y & r_x & 0\end{bmatrix}$$

3.3 基于触觉感知的机器人操作

3.3.1 基于触觉感知信息的抓取稳定性分析

在利用手部抓握获取接触信息、识别对象的研究中,包括两大研究内容,即人类抓握机理的研究以及机器人手部的研究。这里首先对人类抓握机理的研究做简要介绍。在人类抓握方面,迄今已经开展了许多研究。不过,这些研究都是基于抓握时手腕动作和手指形状的测量展开的,很少涉及抓握的接触信息研究。

有关抓握的研究,最早的当数 Schlesinger 在第一次世界大战中对伤残者假手的分类,其后 Taylor、Schwartz 和 Kapandji 等许多学者都曾涉猎这一领域。有人从解剖学的观点出发对抓握进行分类,不过这些分类绝大多数是围绕手指的形态展开的,从而奠定了抓握的经

典分类方法。Naiper既不依据抓握时手指的形态分类，也不依据对象的形状或大小分类，而是从作业的目的着手，将抓握大致分成稳定可靠的力度抓握(power grip)和精巧作业的精度抓握(precision grip)。现在对抓握的分类基本上都参照Naiper的观点。Cutkosky等把抓握状态又进一步分为16种。粗略的分类大致有两类，即power grasp和precision grasp；而细致的分类则进一步根据抓握对象的形状、抓住对象手指的形状再加上手指的数目等进行划分。众所周知，触觉传感器手套已经问世，所以有的研究报告也发表了根据触觉传感器手套对抓握状态进行分类的结果。

但是，上述研究几乎从未涉及抓握力和接触状态。在抓握力的研究方面，Johansson等曾经研究过利用一对拇指和食指抓握对象的情况，他们从对象质量变化、手指接触部分材质变化(即改变摩擦系数)的角度，观察夹起力和抓握力的变化，进行抓握过程的分析。Arbib等从力学观点对抓握做了说明。他们提出了opposition grip的概念。他们认为，抓握现象可以用3个假想指的作用来解释，其中两个假想指构成一对相互抗衡的力，另一个假想指产生操纵力。不过，关于接触状态的研究还比较少。Kamakura等向对象的表面涂抹墨水，然后从抓握时墨水附着在手上的分布情况对抓握状态进行测量和分类。除此之外，还有对预构形(preshaping)现象的研究，该研究关注抓握时对象和手的形态，根据作业目的和对象形状，让手的形态预先按照目的进行构形，以便满足抓取作业的要求。

将上述抓握状态的测量研究应用于工程实际的一个例子是机器人作业示教方法。Kang等早期开发了一个系统，该系统先让人把抓握作业执行一遍，然后让机器人重复同样的作业。这种方法被称为示教，是一种十分有用的人机交互方式。人们发现，依据上述方法对抓握状态进行分类时，需要测量手指的形状和手指与对象的接触状态，这会造成计算机自动分类的困难。因此，Kang等从更实用的角度出发，提出按照手指的接触网络(contact web)进行抓握状态分类的方案。所谓接触网络就是在描述抓握状态时不再沿用以往手指形状的方法，而改成如图3.27所示的观察操作者手部15处(指部14处、掌部1处)接触点与对象接触的情况。按照掌部是否接触对象可以将抓握方式分成两大类，再根据剩余的14处接触点可以更细致地对抓握方式进行分类。然后，根据抓握中各手指的作用，对各手指的功能进行分组，再与机器人手部的手指构造做比较，通过功能映射，使机器人手部具有抓握功能。

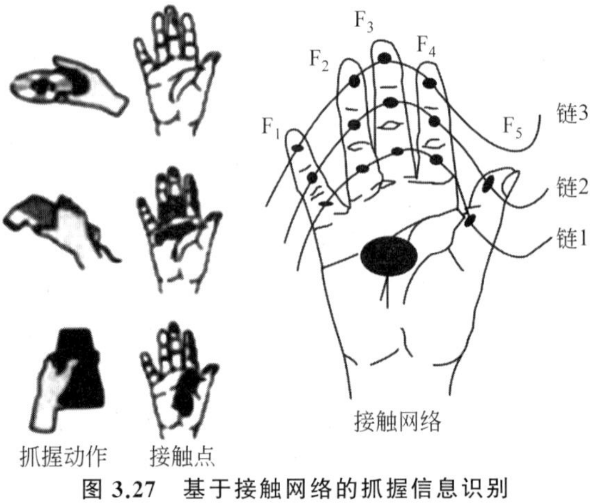

图3.27 基于接触网络的抓握信息识别

现在,机器人对象识别的研究已经展开了,即让机器人手部抓握对象,根据接触信息识别对象。机器人手部安装传感器,根据抓握时对象的形状与手部(触觉传感器)之间的几何学构造对应关系可以实现某种程度的测量。例如,一项研究是依靠嵌入接触传感器的三根手指对已知形状的对象进行识别。该研究抓握的对象是形状已知的多角形物体,根据指尖接触点与接触面法线方向进行抓握对象的识别。识别前需要事先逐一读取接触点与对象表面之间的各种接触图像,以解释树的形式把它们表示出来,再根据抓握对象时获得的传感器信息对解释树进行修剪,最后完成对抓握对象的识别。有学者还提出了依据接触图像外观法对抓握对象进行识别的方案,外观法是一种主要应用于视觉信息处理的方法。利用视觉传感器测量三维形状时,随着视线方向的变化,被观察到的形状也发生了变化。这时,被获取的图像存在两种情况：一种是各个面的形状发生变化,但它们的相对位置关系不变;另一种是一度被隐藏的面有时能被捕捉到。后一种情况表示被见到的面以拓扑的形式变化,称这种变化为外观变化。这样一来,观察三维形状的方法就可以分为两种：一种方法是连续地改变视线方向,其结果是外观的变化是无限的;另一种方法是离散地改变视线方向,其结果是外观的变化是有限的。利用有限个外观的集合描述三维形状的方法被称为外观法。这种方法已经应用到触觉图像处理中。当采用分布触觉传感器与对象接触时,由于接触方向、姿态不同,能够获得多种不同的触觉图像。针对这个触觉图像的集合,利用同值关系将其进行分割,得到同值类图像,这些图像就是触觉图像的外观。

此外,还有关于其他基于触觉的抓握信息识别的研究报道。例如,在两根相对的手指和手掌上安装 3 个触觉传感器,抓握已知物体时通过检测边、角等局部形状特征判断抓握位置。另外,在手指和手掌上安装检测接触压力的总和以及力的中心位置的传感器,而在其余手指上则安装另一种分布式传感器。为了提高抓握角度的检测精度,在进行实际数据处理时可以将测量值叠加,以使 3 个传感器测量误差的平方和最小。还有研究报道介绍了一种将触觉传感器缠绕到圆筒状手指上按压物体以检测对象曲率的方法。

3.3.2　基于触觉感知信息的目标识别

1. 被抓取物体的断面形状识别

用两根相对设置的带关节手指抓取物体,有可能识别出物体的断面形状。具体方法是：在一系列设定的抓握过程中,借助手指各个杆件的触觉传感器与物体表面的接触获得触觉图像,利用触觉图像就可以对抓取的物体进行识别。

图 3.28(a)是一种通过设置在手指表面的开关型触觉传感器(接触觉传感器),仅从接触信息进行形状识别的方法。图 3.28(b)是将接触信息与手指的关节角度组合进行形状识别的方法。图 3.28(c)是将手指与物体局部接触的形状与手指的关节角度组合进行形状识别的方法。

方法 1 又分为借助机器学习技术将接触图形分离的方法以及采用贝叶斯法则和切比雪夫近似表达式建立识别函数进行分离的方法等。方法 2 是在方法 1 的基础上加进手指关节角度的信息。方法 3 要对手指与物体接触表面的局部形状进行识别,所以需要将触觉传感器的敏感元件排列成一维触觉传感器。

2. 二维分布载荷中心位置检测

检测触觉传感器上二维分布载荷中心位置的方法已经被开发出来。如图 3.29 所示,在

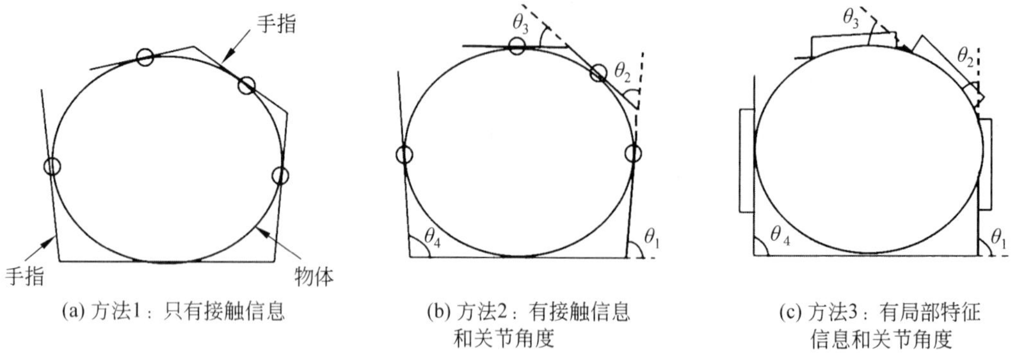

图 3.28　被抓取物体的断面形状识别方法

压敏导电橡胶的 A 层和 B 层中安装了柔性导电体电极。压敏导电橡胶的特性是每个单位面积的电阻变化 $n=kp$(k 为常数,p 为载荷)。压敏导电橡胶的特性是：当 $n=1$ 时,重心载荷即为全载荷;当 $n>1$ 时,重心载荷会从原来的重心位置向偏载荷方向偏移。检测电路如图 3.30 所示。

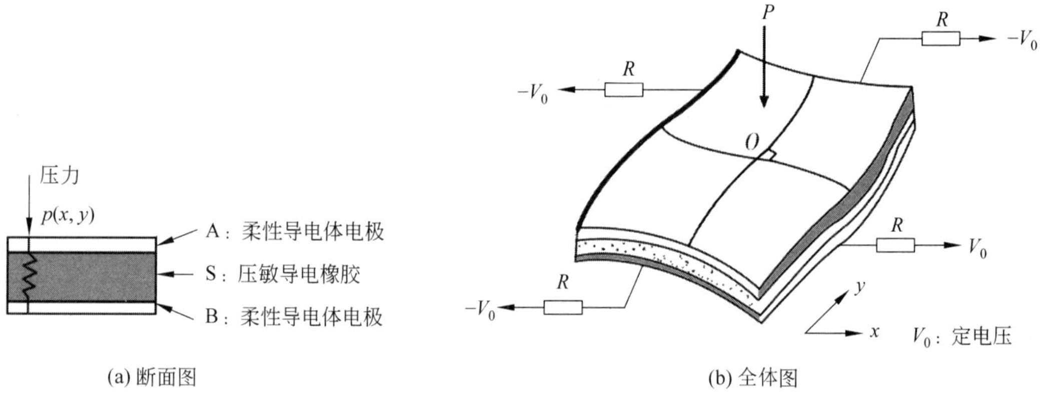

图 3.29　触觉传感器的构造

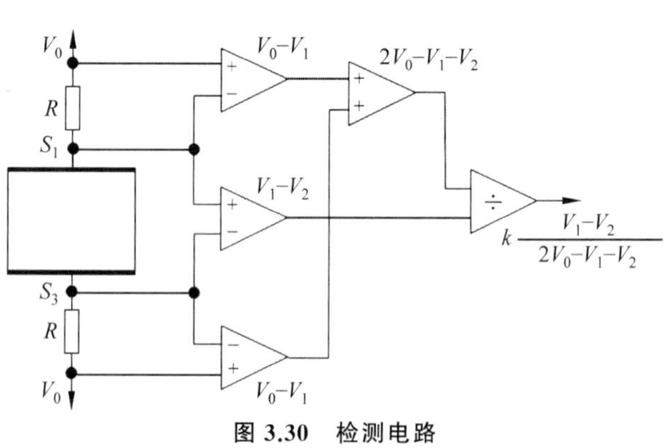

图 3.30　检测电路

3. 触觉的立体信息识别

用触觉传感器进行三维物体表面的形状识别,大致可以分为两种情况：①通过物体表面与触觉传感器表面接触(加压)产生三维触觉图像,然后对该图像进行识别；②使安装了触觉传感器的手运动,根据伴随这种移动依次检测到的触觉图像及其位置和姿态形成三维触觉图像,得到物体表面形状的全部信息。在物体表面的尺度比手指的触觉传感器大的场合,应该选择第二种识别方法。

3.3.3 基于触觉感知的其他应用

1. 基于触觉感知的手势识别系统

2012年,一个名为quadSquad的乌克兰学生团队为帮助聋哑人获得更好的交流能力研发了一款可以完成手语翻译的手套。该手套装配了弯曲传感器、触摸感应器、陀螺仪和加速度传感器,可以将手语翻译成文本信息和语音信息。该团队凭借该手套获得了当年微软公司在悉尼举办的Imagine Cup科技大赛冠军。2018年,哈尔滨理工大学李辉使用加速度传感器、磁力计、弯曲传感器制作手势感知手套,使用决策树算法对6种手语进行识别,平均准确率达87%。2018年,东北大学王梦宁使用5DT公司开发的5DT Data Glove UItra14型数据手套采集了7种手势动作数据,训练多种模式识别方法进行分类,取得了最高91.4%的准确率。2019年,北京邮电大学Huang Xinan使用覆盖石墨烯材料的光纤传感器制作数据手套,使用神经网络算法对10种手势进行识别,达到98.5%的准确率。2019年,华东师范大学田希悦使用新型石墨烯传感器制作数据手套,使用人工智能算法实现了对"剪刀""石头""布"3种手势的识别任务。

2. 基于触觉感知的飞行姿态感知技术

对几乎处于视觉和听觉感知极限的飞行员而言,使用触觉感知获取姿态信息并不增加飞行员的工作负荷。另外,触觉感知是最快捷、最直接、最容易被理解的感知系统。例如,有人敲打你的左肩,你会下意识地头向左转动,反应十分敏捷。据相关研究显示,经过适当训练后,触觉感知能获取和普通对话一样精确的信息。美国海军航空医学研究实验室研究了利用躯干触觉感知飞机的滚转姿态,形成了试验样机,并在UH-60直升机上进行了试飞,效果明显。国内有研究者将触觉感知技术应用于盲人感知,取得了一定进展。

3.4 机器人力觉感知及操作

3.4.1 机器人阻抗控制及力位混合控制

1. 基本阻抗控制策略

阻抗控制由Neville Hogan于1985年提出,其中心思想为机器人在进行位置控制的同时还需要进行机器人自身阻抗特性的规划。机器人是一个物理系统,其本身的物理特性可以等效为质量块、阻尼器以及弹簧组合而成的系统。这3个组成部分分别代表了系统的惯性、阻尼以及劲度特性,描述了关于刚体动力学的基本性质。阻抗一词起源于电学系统中电压与电流的关系。在电学系统中,在系统两端加一个输入电压,则系统产生一个电流。电压与电流的比值被称为阻抗。同样,在实际的力学系统中,给系统一个力(输入),则系统会产生相应的运动(输出)。与电路系统相对应,系统输入的力可以类比为电压,运动可以类比为电流,则力学系统输入与输出的比值可以类比为阻抗。可以看出,对于实际的力学系统来说,其力与位置的动态关系可以通过其阻抗转换。阻抗控制通过调整力与运动的动态关系实现机器人在末端精确地输出力。也就是说，通过控制方法对机器人系统的阻抗进行调整，从而达到使机器人末端输出力的目的。

对于基于位置的阻抗控制来说，其力与运动之间的阻抗关系可以表示为

$$F(s)=Z(s)[X(s)-X_{r}(s)] \tag{3.30}$$

其中，$F(s)$为机器人末端与环境的接触力，$Z(s)$为期望的阻抗模型，$X(s)$为机器人末端的实际位置，$X_{r}(s)$为机器人末端的期望位置。这样可以将机器人末端的力控制与位置控制纳入同一框架，便于实现对机器人末端的力与位置同时进行控制。

一个单自由度系统的阻抗模型可以简化为质量块、阻尼器和弹簧组成的系统。系统的加速度、速度以及位置发生变化同时也会产生对应的力。对于一个由质量块、阻尼器和弹簧组成的系统来说，其动力学可以表示为

$$f-c\dot{x}-kx=m\ddot{x} \tag{3.31}$$

其中，f 为接触力，c 为阻尼系数，k 为劲度系数。零初始状态时通过拉普拉斯变换转换到频域可得

$$f(s)=(ms^{2}+cs+k)x(s) \tag{3.32}$$

由此可得，对于质量块-阻尼器-弹簧系统来说，其力与位移之间的阻抗关系可以表示为

$$\frac{f(s)}{x(s)}=ms^{2}+cs+k \tag{3.33}$$

类似地，对于任意一个单自由度力学系统，其阻抗都可以用这样一个二阶数学模型表示。

对于机器人阻抗控制而言，阻抗代表的是机器人末端接触力与期望轨迹和实际轨迹之差之间的关系，其最普遍的形式有 3 种，数学表达式可以写为

$$\begin{cases}\boldsymbol{M}_{\mathrm{d}}\ddot{\boldsymbol{X}}+\boldsymbol{B}_{\mathrm{d}}\dot{\boldsymbol{X}}+\boldsymbol{K}_{\mathrm{d}}(\boldsymbol{X}-\boldsymbol{X}_{\mathrm{r}})=-\boldsymbol{F}_{\mathrm{c}}\\ \boldsymbol{M}_{\mathrm{d}}\ddot{\boldsymbol{X}}+\boldsymbol{B}_{\mathrm{d}}(\dot{\boldsymbol{X}}-\dot{\boldsymbol{X}}_{\mathrm{r}})+\boldsymbol{K}_{\mathrm{d}}(\boldsymbol{X}-\boldsymbol{X}_{\mathrm{r}})=-\boldsymbol{F}_{\mathrm{c}}\\ \boldsymbol{M}_{\mathrm{d}}(\ddot{\boldsymbol{X}}-\ddot{\boldsymbol{X}}_{\mathrm{r}})+\boldsymbol{B}_{\mathrm{d}}(\dot{\boldsymbol{X}}-\dot{\boldsymbol{X}}_{\mathrm{r}})+\boldsymbol{K}_{\mathrm{d}}(\boldsymbol{X}-\boldsymbol{X}_{\mathrm{r}})=-\boldsymbol{F}_{\mathrm{c}}\end{cases} \tag{3.34}$$

其中，$\boldsymbol{M}_{\mathrm{d}}$、$\boldsymbol{B}_{\mathrm{d}}$、$\boldsymbol{K}_{\mathrm{d}}$ 分别代表期望阻抗模型的惯性矩阵、阻尼矩阵以及劲度矩阵，$\ddot{\boldsymbol{X}}$、$\dot{\boldsymbol{X}}$、$\boldsymbol{X}$ 分别代表机器人的末端加速度、末端速度以及末端位置向量，$\ddot{\boldsymbol{X}}_{\mathrm{r}}$、$\dot{\boldsymbol{X}}_{\mathrm{r}}$、$\boldsymbol{X}_{\mathrm{r}}$ 分别代表机器人末端的期望加速度、期望速度以及期望位置向量，$\boldsymbol{F}_{\mathrm{c}}$ 代表机器人末端位置与环境的接触力。

式(3.34)中的 3 个表达式代表了 3 种不同情况的阻抗：第一个表达式代表的是只考虑期望位置与实际位置偏差的阻抗模型，相当于弹簧系统；第二个表达式代表考虑了位置偏差和速度偏差的阻抗模型，相当于阻尼器-弹簧系统；第三个表达式考虑了位置偏差、速度偏差和加速度偏差，相当于质量块-阻尼器-弹簧系统。对于式(3.34)来说，由于没有参考力信号的输入，可以看作系统用运动补偿接触力，也可以看作对外界环境的柔顺性。为了实现对力的跟踪，可以引入一个参考力信号，并将其与机器人末端接触力求差，可以得到力误差信号 $\boldsymbol{F}_{\mathrm{e}}=\boldsymbol{F}_{\mathrm{r}}-\boldsymbol{F}_{\mathrm{c}}$。将力误差信号取代接触力信号引入式(3.34)中，则新的阻抗模型可以表示为

$$\begin{cases}\boldsymbol{M}_{\mathrm{d}}\ddot{\boldsymbol{X}}+\boldsymbol{B}_{\mathrm{d}}\dot{\boldsymbol{X}}+\boldsymbol{K}_{\mathrm{d}}(\boldsymbol{X}-\boldsymbol{X}_{\mathrm{r}})=-\boldsymbol{F}_{\mathrm{e}}\\ \boldsymbol{M}_{\mathrm{d}}\ddot{\boldsymbol{X}}+\boldsymbol{B}_{\mathrm{d}}(\dot{\boldsymbol{X}}-\dot{X}_{\mathrm{r}})+\boldsymbol{K}_{\mathrm{d}}(\boldsymbol{X}-\boldsymbol{X}_{\mathrm{r}})=-\boldsymbol{F}_{\mathrm{e}}\\ \boldsymbol{M}_{\mathrm{d}}(\ddot{\boldsymbol{X}}-\ddot{\boldsymbol{X}}_{\mathrm{r}})+\boldsymbol{B}_{\mathrm{d}}(\dot{\boldsymbol{X}}-\dot{\boldsymbol{X}}_{\mathrm{r}})+\boldsymbol{K}_{\mathrm{d}}(\boldsymbol{X}-\boldsymbol{X}_{\mathrm{r}})=-\boldsymbol{F}_{\mathrm{e}}\end{cases} \tag{3.35}$$

式(3.35)通过引入力误差,为实现力信号的跟踪奠定了基础。在阻抗控制中,一般情况下与期望阻抗有关的3个矩阵$\boldsymbol{M}_d$、$\boldsymbol{K}_d$、$\boldsymbol{B}_d$都被设为对角矩阵,也就是说,对于期望阻抗模型来说,其在各个自由度上是解耦的。这样,对于机器人这样的复杂多自由度系统,可以降低到单个自由度讨论其阻抗。只考虑一个自由度的情况,式(3.35)中的矩阵与向量都变为标量。考虑式(3.35)中第三个表达式的情况,在单自由度的情况下,该表达式变为

$$m_d(\ddot{x}-\ddot{x}_r)+b_d(\dot{x}-\dot{x}_r)+k_d(x-x_r)=f_r \tag{3.36}$$

当机器人在空间中自由运动时,也就是机器人末端与环境没有接触时,接触力$f_c=0$。此时,由于没有接触,力控制没有意义,则$f_r=0$,进一步有

$$m_d(\ddot{x}-\ddot{x}_r)+b_d(\dot{x}-\dot{x}_r)+k_d(x-x_r)=0 \tag{3.37}$$

此时机器人为单纯的位置控制。当机器人与环境发生接触时,与环境发生了相互作用。此时,不能再将机器人本身看作一个独立的系统,而是应该将机器人与机器人末端所接触的环境一同纳入考虑的范围。对于环境而言,一般可以将其看作由弹簧k_e与阻尼器b_e构成的系统,其结构如图3.31所示。

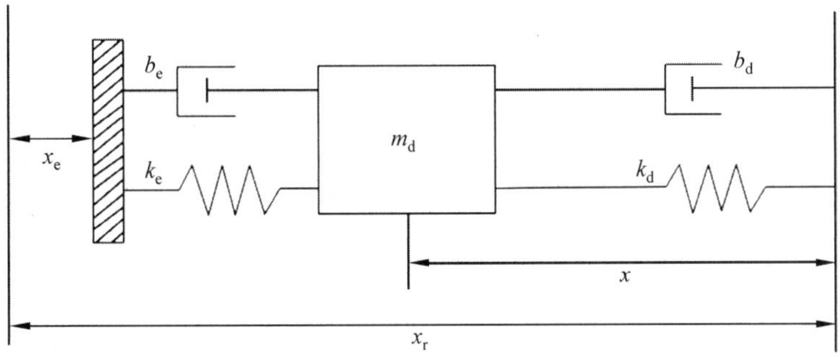

图3.31　单自由度系统的阻抗模型

2. 力位混合控制基本原理

机器人通过与环境的接触状态定义多个子空间。机器人与环境接触时,机器人每一个操作任务都可以分为多个子任务,针对不同的子任务的位型(机器人末端与外部环境接触时的位置和指向)可以定义一个广义曲面。对于每个子任务来说,有两种约束,即垂直于广义曲面的位置约束和正切于广义曲面的力约束。这两种约束可以把机器人运动的自由度划分为两个正交集合,对这两个集合分别选择不同的规则进行控制,即力的控制和位置的控制。力位混合控制方法的优点在于可以分别对机器人末端的期望力与位置直接进行控制。

图3.32为传统串并联机器人的力位混合控制律。由图3.32可以看出,在力位混合控制中有两个反馈回路:一个是力反馈回路,另一个是位置反馈回路,两个反馈回路都有相应的控制法则和传感器系统。通过传感器系统收集的力误差信号和位置误差信号分别经过力反馈回路和位置反馈回路作为控制指令传给驱动单元作为全局控制信号。图3.32中G表示全局信号,$\boldsymbol{S}$为柔顺选择矩阵。在两个反馈控制回路中,经过柔顺选择矩阵对机器人的每个自由度进行柔顺控制。$\boldsymbol{S}$是一个对角阵,记作

$$\boldsymbol{S}=\text{diag}(s_1,s_2,s_3,s_4,s_5,s_6)$$

柔顺选择矩阵$\boldsymbol{S}$的6个自由度$s_1\sim s_6$表示机器人在工作空间中可以沿X、Y、Z轴平移运动和沿X、Y、Z轴旋转,当柔顺选择矩阵$\boldsymbol{S}$中的第i个自由度是力控制时$s_i=0$,当第i个

自由度是位置控制时 $s_i=1$。

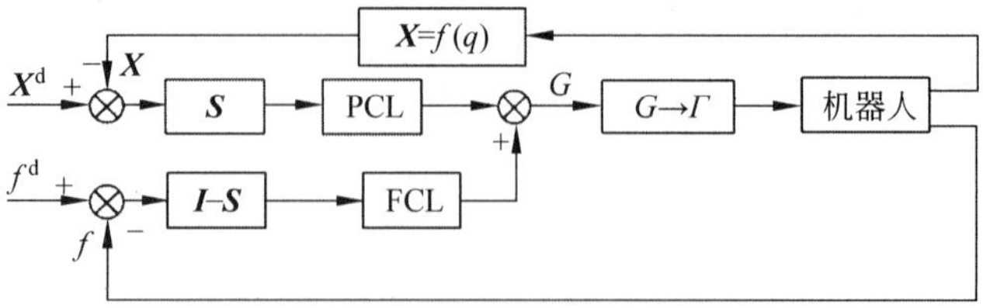

图 3.32　传统串并联机器人的力位混合控制律

图 3.32 的 FCL 与 PCL 分别为力反馈回路和位置反馈回路的力控制律和位置控制律。经过两者的相互作用使机器人控制 6 个关节共同实现机器人的力位混合控制，然后通过全局控制信号 G 把力位混合控制分为 3 种形式：

(1) G 等于关节力矩。

(2) G 等于在操作空间中的位移或者速度，需要通过逆雅可比矩阵转换成关节位置。

(3) G 等于任务空间中的力，需要和雅可比矩阵的转置相乘。

图 3.32 中的两个力位混合控制的柔顺选择矩阵 $\boldsymbol{S}$ 和 $\boldsymbol{I}$-$\boldsymbol{S}$ 相当于两个互锁开关。在位置反馈回路中，利用编码器获取机器人关节角位移，算出机器人末端位移，进行位置反馈。在力反馈回路中，利用机器人末端和关节的力传感器获取机器人末端和关节的力，再与期望力求差，完成力反馈。然后，使机器人可以同时控制相互正交的力和位置，实现力位混合运动控制。

3.4.2　机器人接触约束和力控制融合方法

1. 接触约束

机器人系统的构形(configuration)是对系统每个点的位置的完整描述。机器人系统的构形空间是系统所有可能构形的空间。因此，任一构形只是这个抽象构形空间中的一个点，可以用来描述机器人运动状态，定量表示机器人的平移、旋转等运动变化。通过对机器人构形空间的分析和建模，能够将机器人的操作规划问题抽象成高维空间的代数问题。

对于图 3.33 所示的销-孔装配，在物理空间中，通过控制机器人关节运动，使其末端夹持的销从一个相对大的初始区域转移到一个相对小的目标区域。初始区域比目标区域大，机器人装配过程可以认为是从一个大区域运动到一个小区域，不断消除机器人位置不确定性的过程。一般情况下，销是运动的，孔是固定的。在销插入孔的过程中，固定的孔可以约束销的运动。在构形空间中，约束域是由孔对销的约束形成的区域，在这个区域内，孔约束了销的状态运动。当机器人的运动精度小于销和孔的配合精度时，仅仅依靠机器人的位置控制是很难实现精密装配的。有了约束域，能够在机器人运动精度不高的情况下利用孔的约束将销插入孔中。

将物体在装配过程中的状态表示为

$$\begin{cases}\dot{\boldsymbol{X}}_1=\boldsymbol{X}_2\\ \dot{\boldsymbol{X}}_2=\boldsymbol{M}^{-1}(u_a(\boldsymbol{X},t)+u_p(\boldsymbol{X}))\\ \boldsymbol{X}_1\in\Omega\end{cases}\tag{3.38}$$

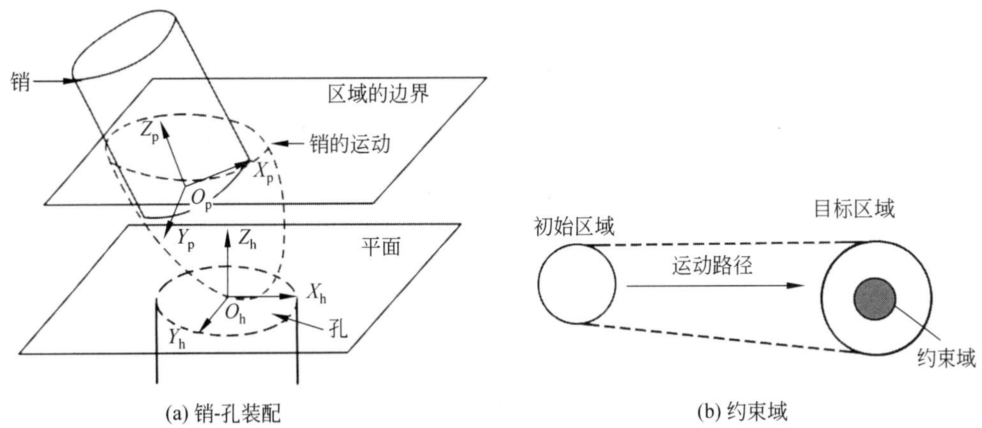

图 3.33　销-孔装配和约束域

其中，$\boldsymbol{X}_1$ 是对象的位置状态；$\boldsymbol{X}_2$ 是其速度状态，$\boldsymbol{X}=[\boldsymbol{X}_1^{\mathrm{T}}\quad \boldsymbol{X}_2^{\mathrm{T}}]^{\mathrm{T}}$，$t$ 为时间变量；$\boldsymbol{M}$ 是惯性质量矩阵；u_{a} 是机器人的作用力；u_{p} 是被动输入(工件之间的摩擦力和接触力)；Ω 是在接触约束下系统状态的允许变化区域。

状态向量 $\boldsymbol{X}_1$ 可以分解为平行和垂直于约束域边界切平面的两个向量。平行于边界切平面的向量可以表示为

$$\begin{cases}\dot{\boldsymbol{X}}_{1\mathrm{A}}=\boldsymbol{X}_{2\mathrm{A}}\\ \dot{\boldsymbol{X}}_{2\mathrm{A}}=\boldsymbol{M}^{-1}(F_{\partial\Omega}(u_{\mathrm{a}}(\boldsymbol{X},t))-f(\boldsymbol{X}))\end{cases}\tag{3.39}$$

其中，$\boldsymbol{X}_{1\mathrm{A}}$是 $\boldsymbol{X}_1$ 在约束边界切平面上的投影，$F_{\partial\Omega}(u_{\mathrm{a}}(\boldsymbol{X},t))$是 u_{a} 在切平面$\partial\Omega$ 上的投影，$f(\boldsymbol{X})$是摩擦力。

假设 T 是一个时间常数，则系统的稳定点为

$$L=\{(\boldsymbol{X}_1,\boldsymbol{X}_2)\mid \boldsymbol{X}_2(t)>0,t\geqslant T\}\tag{3.40}$$

因此，可以寻找机器人系统构形空间中的接触约束域，然后在约束域中设计出机器人构形转移路径，最后将构形转移路径反向映射到机器人运动空间，规划出相应的机器人运动策略。

销坐标系和孔坐标系如图 3.33(a)所示。其中，销的坐标系建在销的底部中心，孔的坐标系建在孔的顶部中心。把销装入孔的过程可以认为是消除两个坐标系中心点之间的误差 $O_{\mathrm{h}}O_{\mathrm{p}}$ 的过程。$O_{\mathrm{h}}O_{\mathrm{p}}$ 在孔坐标轴上的投影表示为$(O_{\mathrm{h}}O_{\mathrm{p}})_{\mathrm{h}x}$、$(O_{\mathrm{h}}O_{\mathrm{p}})_{\mathrm{hy}}$和$(O_{\mathrm{h}}O_{\mathrm{p}})_{\mathrm{h}z}$。边界的上面区域定义为当销的底圆和孔口接触时销的顶部平面中心投影的运动范围。销的底部平面在平面上的投影是一个长轴为 $2R_{\mathrm{p}}$ 的椭圆。销运动的边界特征与销和孔的中心线的夹角相关。当轴和孔的中心线的夹角取某个特定值时，$(O_{\mathrm{h}}O_{\mathrm{p}})_{\mathrm{h}z}$取得最小值，即有以下不等式：

$$(O_{\mathrm{h}}O_{\mathrm{p}})_{\mathrm{h}x}^2+(O_{\mathrm{h}}O_{\mathrm{p}})_{\mathrm{hy}}^2\leqslant(R_{\mathrm{h}}-R_{\mathrm{p}})^2\tag{3.41}$$

这是状态满足销插入孔中时对$(O_{\mathrm{h}}O_{\mathrm{p}})_{\mathrm{h}x}$和$(O_{\mathrm{h}}O_{\mathrm{p}})_{\mathrm{hy}}$的要求。也就是说，只需要沿着 Z_{h} 的反方向施加一个力，就可以把销插入孔中。虽然销和孔的中心线的夹角影响销的运动范围，但是状态 $\min\{(O_{\mathrm{h}}O_{\mathrm{p}})_{\mathrm{h}z}\}$总能满足销插入孔的过程中对$(O_{\mathrm{h}}O_{\mathrm{p}})_{\mathrm{h}x}$和$(O_{\mathrm{h}}O_{\mathrm{p}})_{\mathrm{hy}}$的约束。图 3.34 为仿真获得的约束域形状，这个形状表示固定销与孔的中心线的夹角沿着 x_{h} 和 y_{h} 移动销时$(O_{\mathrm{h}}O_{\mathrm{p}})_{\mathrm{h}z}$的变化情况。

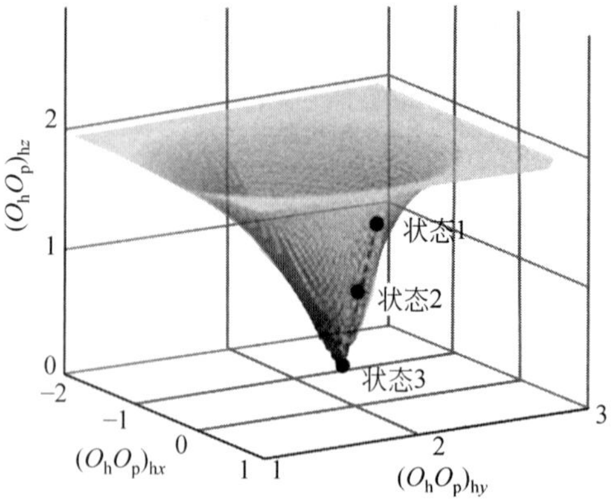

图 3.34 仿真获得的约束域形状

从图 3.34 可以看出，$\min\{(O_hO_p)_{hz}\}$表示销插入孔的过程中孔对$(O_hO_p)_{hx}$和$(O_hO_p)_{hy}$的约束，即在固定的情况下，$\min\{(O_hO_p)_{hz}\}$对应着一组确定的$(O_hO_p)_{hx}$和$(O_hO_p)_{hy}$。

2. 接触约束和力控制的融合

正如前面所述，可以在环境形成的约束域内规划机器人的运动，利用约束域实现销-孔装配，但是这个过程隐含一个假设条件：销的初始状态一直位于约束域内。然而，在实际应用中，孔的位置会由于固定偏差而产生位置误差，销会由于机器人末端手指的夹持偏差产生夹持误差。当上述两方面的误差使销的初始状态落在约束域外时，就会导致机器人无法将销对准孔。因而，确保销的初始状态落在约束域内是利用约束域实现销-孔装配的前提条件。这里提出通过约束域和力控制的融合使销的初始状态位于约束域内的策略。首先分析销和孔的几类典型接触状态及其对应的接触力，然后给出引导销进入约束域的力控制策略。

1）几类典型的销-孔接触状态

（1）销的底圆和平面接触。如图 3.35 所示，这种情况下销的状态没有在孔形成的约束域内。F_x 和 F_z 由安装在机器人末端的力/力矩传感器测量获得，F_N 是平面对销的支撑力，F_f 是平面与销底圆侧边之间的摩擦力。假设销的中心线和孔的中心线的夹角为 θ_y，则支撑力和测量力之间的关系可以表示为

$$\begin{cases}F_x = F_N\sin\theta_y + \mu F_N\cos\theta_y \\ F_z = F_N\cos\theta_y + \mu F_N\sin\theta_y\end{cases} \tag{3.42}$$

其中，μ 是销和平面之间的摩擦系数。

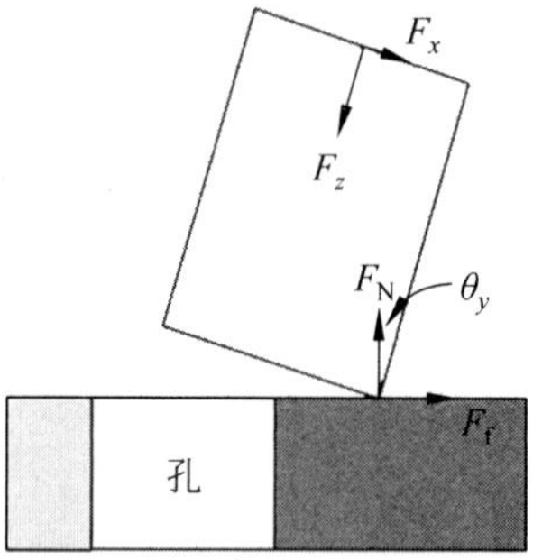

图 3.35 销和平面接触时的支撑力和测量力

（2）销的底圆和孔的顶圆内侧有一个接触点。如图 3.36 所示，F_x 和 F_z 由安装在机器人末端的力/力矩传感器测量获得，F_N 是孔对销的支撑力。支撑力和测量力之间的关系可以表示为

$$\begin{cases}F_x = F_N \\ F_z = \mu F_N\end{cases} \tag{3.43}$$

其中，μ 是摩擦系数。

（3）销的底圆和孔的顶圆内侧有两个接触点。如图 3.37 所示，假设两个接触点 C_1 和

C_2 对称分布在销的底圆上，支撑力 F_N 沿着 X_p 轴的反方向，摩擦力 $F_f=\mu F_N$ 沿着 Z_p 轴的反方向。F_x 和 F_z 由安装在机器人末端的力/力矩传感器测量获得。支撑力和测量力之间的关系可以表示为

$$\begin{cases} F_x = 2F_N \\ F_z = 2\mu F_N \end{cases} \tag{3.44}$$

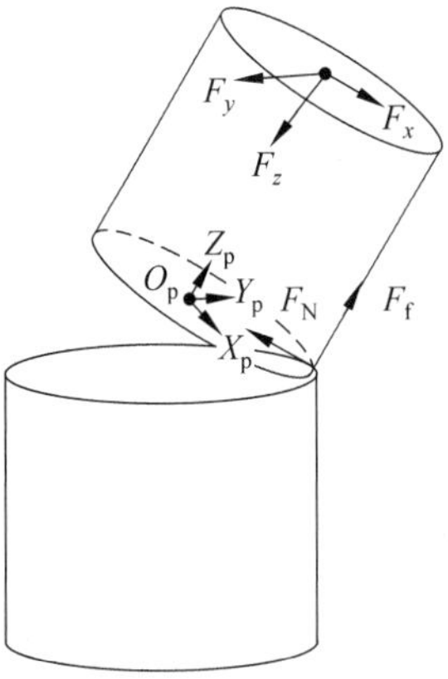

图 3.36　销和孔单点接触时的支撑力和测量力

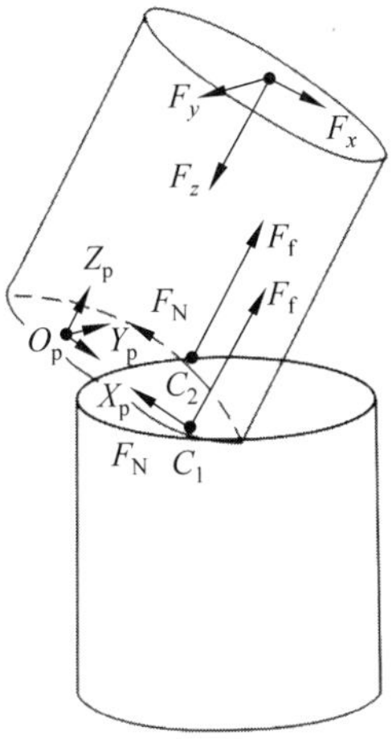

图 3.37　销和孔两点接触时的支撑力和测量力

(4) 销的底圆和孔的顶圆内侧有 3 个接触点。如图 3.38 所示，假设两个接触点 C_1 和 C_2 对称分布在销的底圆上，第三个接触点 C_3 位于销的柱面上。在接触点 C_1 和 C_2 处，支撑力 F_N 沿着 X_p 轴的反方向，摩擦力 $F_f=\mu F_N$ 沿着 Z_p 轴的反方向。在接触点 C_3 处，支撑力 F_c 沿着 X_p 轴的反方向，摩擦力 $F_{fc}=\mu F_c$ 沿着 Z_p 轴的反方向。F_x 和 F_z 由安装在机器人末端的力/力矩传感器测量获得。支撑力和测量力之间的关系可以表示为

$$\begin{cases} F_x = F_c + 2F_N \\ F_z = \mu F_c + 2\mu F_N \end{cases} \tag{3.45}$$

其中，μ 是摩擦系数。

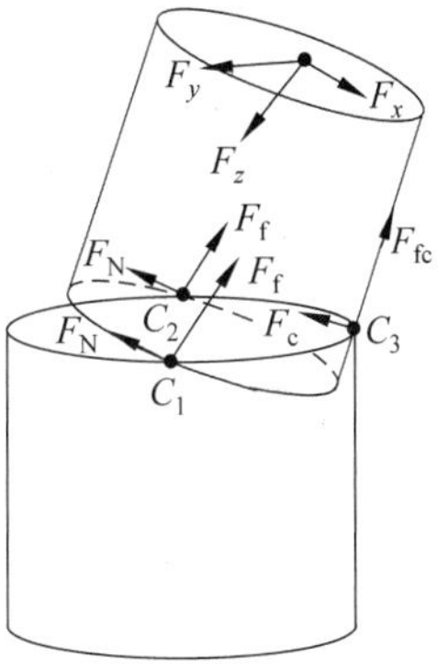

图 3.38　销和孔三点接触时的支撑力和测量力

2) 基于力反馈控制的销的初始状态转移

在图 3.34 所示的约束域中，销从单点接触状态转移到两点或三点接触状态，直至转移到约束域的底部。在理想情况下，可以让销的初始状态到达约束域。但是，如果销不能在理想状态下接触孔，或者机器人的调整超出了约束范围，这种约束域的方法将是无效的。为了解决这个问题，采用如下的力反馈控制策略引导销到达约束域：

$$\Delta \boldsymbol{P} = K_e \boldsymbol{e} + K_d \dot{\boldsymbol{e}} \tag{3.46}$$

其中，$e(t)=\boldsymbol{F}_d-\boldsymbol{F}(t)$ 是力的偏差，$\boldsymbol{F}_d=[F_{xd}\quad F_{yd}\quad F_{zd}]^T$ 是期望的销-孔接触力，$\boldsymbol{F}(t)=[F_x(t)\quad F_y(t)\quad F_z(t)]^T$ 是力传感器测量获得的力；$\Delta\boldsymbol{P}=[\Delta x\quad \Delta y\quad \Delta z]^T$ 是机器人末端沿着 X、Y 和 Z 方向的运动量；K_e、K_d 是控制器的正增益项。

首先,预先设定销-孔单点接触时的期望力,将来自力传感器的力数据与期望力进行比较,获得力偏差数据,并根据式(3.46)调整销的运动方向,当力数据超过期望力时,销到达期望的单点接触状态。然后,设定销-孔两点或三点接触时的期望力,将来自力传感器的力数据与期望力进行比较,获得力偏差数据,并根据式(3.46)调整销的运动方向,当力数据超过期望力时,销到达期望的两点或三点接触状态。这里力反馈信号用来控制销的移动,使之与孔接触,到达约束域。在约束域内,利用机器人的被动柔顺运动消除销的姿态不确定性,即在旋转销的过程中,利用约束域限制销的旋转,直至其对准孔。这里采用的力反馈控制策略可以利用低频力信号,以避免大多数力控制方法中使用的高频力信号带来的噪声干扰等问题。

3.4.3 基于力智能感知的操控

上面讨论了阻抗控制、力位混合控制、接触约束和力控制融合等方法,它们在作业场景、物体三维模型、接触力模型和机器人的动力学和运动学模型等已知的情况下可以获得很好的控制性能。但是,如果很难建立作业场景、物体三维模型和接触模型,或者机器人的动力学和运动学模型存在不确定性,基于模型的机器人操作方式常常会由于模型的不确定性造成系统不稳定。并且,当面临新的作业任务时,如何选取合适的控制参数会成为一个难以解决的问题。有学者提出了基于机器学习的机器人操控技术,使机器人可以从经验数据中学到作业技能。这些方法基于高斯过程、神经网络、群优化等,通过大样本数据训练和预测机器人作业模型,机器人使用模型执行不同的作业任务。例如,通过深度学习技术,机器人能够学到可靠地抓取水杯、钥匙、眼镜盒和书等不同类型的日常生活用品的策略;通过支持向量机和主成分分析的区间估计优化算法,利用大量装配实验数据训练机器人末端运动参数,机器人可以规划装配运动轨迹;通过示教方式可以获得机器人作业的样本数据,并利用高斯回归模型构建机器人感知和行为之间的映射关系,实现机器人对人类行为的模仿。基于机器学习的规划方法需要大量样本数据,样本的覆盖度和规模对学习的性能影响较大。

此外,一些学者还提出了基于参数自适应控制的方法以解决机器人动力学参数存在不确定性的装配难题。例如,基于神经网络的自适应力位混合控制器和自适应阻抗控制器,将神经网络的输出用于补偿由于机器人动力学变化造成的不确定性扰动,提高了控制器输出性能,使机器人末端和接触对象之间获得期望的接触力;利用强化学习算法获得的机器人初始装配力和力矩曲线,可在实际装配过程中通过迭代不断优化装配控制参数。

本节将介绍其中几类典型的机器人操作技能学习技术。

人类擅长执行不需要精确几何模型和机械模型的操作任务,因而,在机器人领域,一些研究人员通过工人演示装配过程,机器人模仿工人的装配力和装配路径,以解决难以建立几何模型和机械模型情况下的装配问题。在工人进行销-孔装配时,他的大脑会感知到手的触觉/力觉反馈,然后决定销的移动方向以顺应性地组装工件。此外,工人还能够针对工件的不同材料和公差,在销-孔装配过程中的不同阶段采取不同的策略。基于工人示范的力感知与装配技术主要有以下两种方式:

(1) 拖动示范方式。工人拖动机器人末端执行器将销插入孔中,同时采集机器人装配过程中的数据,如图 3.39(a)所示。在整个装配过程中,安装在机器人末端的力/力矩传感器记录销和孔之间的接触力,利用机器人前向动力学模型计算出机器人在笛卡儿空间中的运行速度和加速度。

(2) 直接示范方式。工人直接完成销-孔装配，利用运动捕获系统记录装配过程中销的运动轨迹，力/力矩传感器记录销-孔之间的接触力，如图 3.39(b)所示。

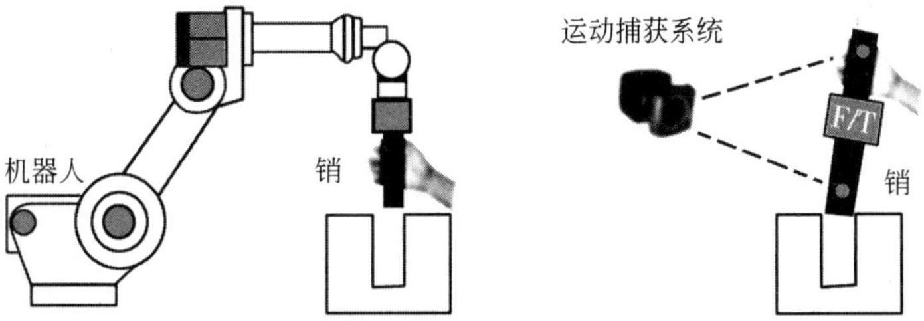

(a) 拖动示范方式　　(b) 直接示范方式

图 3.39　两种获取示范数据的方法

如图 3.40 所示，以力/力矩传感器的中心 O_S 为原点建立笛卡儿坐标系，定义 O_p 为销末端的中心点。假设销的位置为 $\boldsymbol{X}=[x_p \quad y_p \quad z_p \quad \theta_x \quad \theta_y \quad \theta_z]^T$，则销的速度为 $\dot{\boldsymbol{X}}=[v_p \quad v_p \quad v_p \quad \omega_x \quad \omega_y \quad \omega_z]^T$，由力/力矩传感器检测到的力旋量描述为 $\boldsymbol{W}^S=[F_x^S \quad F_y^S \quad F_z^S \quad M_x^S \quad M_y^S \quad M_z^S]^T$。

1. 非接触空间的运动规划

非接触空间的运动规划是机械臂控制的基础，对机械臂工作效率、运动平稳性等都具有重要意义。常见的运动规划算法包括样条插值法、快速探索随机树(Rapid-exploring Random Tree，RRT)法、人工势场法以及动态运动基元(Dynamic Movement Primitive，DMP)的轨迹学习方法等。其中，基于样条插值的运动规划方法含有时间常数，使得多自由度轨迹学习较为困难；快速探索随机树等基于统计的方法生成的轨迹连续性不好，在复杂环境中可能出现路径迂回和死锁；人工势场法容易陷入局部极小值。

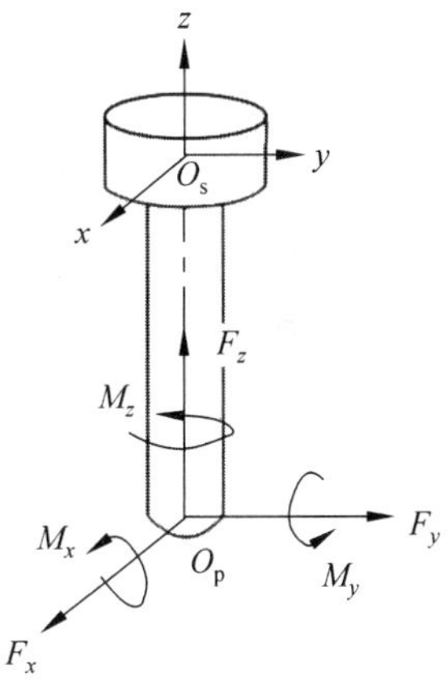

图 3.40　销的状态和检测力的定义

动态运动基元是由 Auke Ijspeert 等人提出的机器人运动规划方法，其主要思路是把复杂的运动看作一系列简单运动基元的叠加。DMP 通过示教轨迹信息得到运动参数，并使新生成的学习轨迹保持与示教轨迹相同的运动趋势。DMP 本质上是在一个具有稳定性质的二阶动力学系统中引入一系列高斯函数加权叠加的非线性函数项。通过改变权重参数值，可以使非线性函数的形状发生任意变化，从而使得动态系统可以表示任何形状的运动轨迹。DMP 生成从初始值 y_0 向目标值 g_f 收敛的轨迹 $[y \quad \dot{y}]^T$，在运动结束时 $y_T=g_f$；运动轨迹的形状，即 y_0 和 g_f 之间的 y 值，由轨迹形状参数确定。因此，可以得到以下 DMP 模型：

$$\tau^2\ddot{y}=\alpha(\beta(g-y)-\dot{y})+f \tag{3.47}$$

其中，g 为学习轨迹的终点；τ、α 和 β 为常数项；f 为强迫函数：

$$f(x)=\frac{\sum_{i=1}^{N}\psi_i(x)\omega_i}{\sum_{i=1}^{N}\psi_i(x)}x(g-y_0) \tag{3.48}$$

其中，ψ_i 为基 $\psi_i(x)=\exp(-0.5h_i(x-c_i)^2)$；$y_0$ 是初始状态；h_i 和 c_i 分别是高斯核函数的带宽和中心；ω_i 为权重参数；N 为基函数个数，该值越大，泛化目标轨迹越平滑。

假设采集到示范轨迹$(y_{\text{demo}}(t),\dot{y}_{\text{demo}}(t),\ddot{y}_{\text{demo}}(t))$，其中 $t\in\{1,2,\cdots,P\}$，P 为结束时间，可认为示范轨迹学习是一个由 $y_0=y_{\text{demo}}(t=0)$，$g=y_{\text{demo}}(t=P)$学习基函数的权重参数 ω_i 的过程。由式(3.47)可得

$$f=\tau^2\ddot{y}_{\text{demo}}-\alpha(\beta(g-y_{\text{demo}})-\dot{y}_{\text{demo}}) \tag{3.49}$$

可以采用局部权重学习(Locally Weighted Learning，LWL)非参数回归方法求解函数逼近问题(3.49)，获得基函数 ψ_i 的权重参数 ω_i：

$$\omega_i=\frac{\boldsymbol{s}^{\mathrm{T}}\boldsymbol{\Gamma}_i\boldsymbol{f}_{\text{target}}}{\boldsymbol{s}^{\mathrm{T}}\boldsymbol{\Gamma}_i\boldsymbol{s}} \tag{3.50}$$

其中，$\boldsymbol{s}=[\xi(1)\quad\xi(2)\quad\cdots\quad\xi(P)]^{\mathrm{T}}$，$\boldsymbol{f}_{\text{target}}=[f(1)\quad f(2)\quad\cdots\quad f(P)]^{\mathrm{T}}$，$\boldsymbol{\Gamma}_i=\mathrm{diag}(\psi_i(1),\psi_i(2),\cdots,\psi_i(P))$。计算出权重参数 ω_i 后，就可以实现对示范轨迹的模仿，即使目标位置 g 发生变化，模仿出的轨迹的形状也与示范轨迹类似。

2. 接触空间的力感知与控制

在接触空间，机器人需要同时学习装配过程中的示范轨迹和示范力/力矩。机器人控制器记录末端执行器的工作轨迹，力/力矩传感器记录末端执行器和环境的相互作用力。当采集示范数据的方式不同时，也会影响力感知模型的建立。为了解决这个问题，可以通过高斯混合回归(Gaussian mixed regression)建立力感知和控制模型。高斯混合回归的基本思想是将工人演示数据(力旋量 $\boldsymbol{W}$ 和状态 X)合成一个联合概率分布 $p(\boldsymbol{W},X)$；然后使用条件概率 $p(X|\boldsymbol{W})$，根据给定的力旋量 $\boldsymbol{W}$ 输出机器人末端状态 X。其中，$\boldsymbol{W}$ 表示末端执行器和环境之间的力旋量，$X=(y,\dot{y},\ddot{y})$分别表示末端执行器的位置、速度和加速度。假设记录了 N 组示范操作，第 i 组示范操作的数据为(X_i,W_i)。首先需要通过 N 个高斯分量拟合联合概率密度 $p(X|\boldsymbol{W})$，其中高斯分量的均值为 $\boldsymbol{\mu}_i$，协方差为 $\boldsymbol{\Sigma}_i$，权重为 ω_i。联合概率密度为

$$p(\boldsymbol{W},X)=\sum_{i=1}^{N}\omega_i p^i(\boldsymbol{W},X) \tag{3.51}$$

其中，$p^i(\boldsymbol{W},X)=\sum_{i=1}^{N}\omega_i\psi_i(X,\boldsymbol{W}\mid\boldsymbol{\mu}_i,\boldsymbol{\Sigma}_i)$，$\sum_{i=1}^{N}\omega_i=1$，$\boldsymbol{\mu}_i=[\mu_{Xi}\quad\mu_{\boldsymbol{W}i}]^{\mathrm{T}}$，$\boldsymbol{\Sigma}_i=\begin{bmatrix}\Sigma_{iX} & \Sigma_{iX\boldsymbol{W}}\\ \Sigma_{i\boldsymbol{W}X} & \Sigma_{i\boldsymbol{W}}\end{bmatrix}$，$\psi_i(X,\boldsymbol{W}|\boldsymbol{\mu}_i,\boldsymbol{\Sigma}_i)\sim N([\boldsymbol{W},X]^{\mathrm{T}}|\boldsymbol{\mu}_i,\boldsymbol{\Sigma}_i)$。

由于每一个 $p^i(\boldsymbol{W},X)$都服从高斯分布，因而认为它的条件概率仍然服从高斯分布，即

$$p^i(X\mid\boldsymbol{W})=N(X\mid\mu_{iX},\Sigma_{iX}) \tag{3.52}$$

总的条件概率如下：

$$p(X\mid\boldsymbol{W})=\sum_{i=1}^{N}\frac{\omega_i N(\boldsymbol{W}\mid\mu_{i\boldsymbol{W}},\Sigma_{i\boldsymbol{W}})}{\sum_{j=1}^{N}\omega_j N(\boldsymbol{W}\mid\mu_{i\boldsymbol{W}},\Sigma_{i\boldsymbol{W}})}p^i(X\mid\boldsymbol{W}) \tag{3.53}$$

其中，权重 ω_i 表示 $\boldsymbol{W}$ 属于高斯分布的概率。参数 ω_i、$\boldsymbol{\mu}_i$、$\boldsymbol{\Sigma}_i$ 可以利用最大期望(Expectation Maximization，EM)算法估计。

因此，假设力传感器记录了输入力旋量 $\boldsymbol{W}$，如果采用基于位置控制方式，则可以将满足

条件概率 $p(X|\boldsymbol{W})$ 最大的 X 作为机器人的参考轨迹，即

$$X=\arg\max_{x} p(X \mid \boldsymbol{W})=\arg\max_{x} \sum_{i=1}^{N} \frac{\omega_i N(\boldsymbol{W} \mid \mu_{iW}, \Sigma_{iW})}{\sum_{j=1}^{N} \omega_j N(\boldsymbol{W} \mid \mu_{iW}, \Sigma_{iW})} p^i(X \mid \boldsymbol{W}) \quad (3.54)$$

在装配过程中，可以通过控制机器人末端实际速度和参考速度的插值以及采用滑模控制、比例-微分-积分等控制方法调节末端轨迹实现销-孔装配。

3.5 本章小结

本章主要介绍了经典的机器人外部触觉和力觉传感器技术基础。3.1 节简要介绍了触觉传感器，包括压觉传感器、力觉传感器、滑觉传感器，以及柔性接触觉传感器。在触觉传感器中，给出了各类触觉传感器信息处理方式，并简要介绍了基于 PVDF 和基于导电橡胶两类前沿柔性触觉传感器技术的发展情况。3.2 节介绍了力觉信息获取和处理的基本方法，给出了机器人中的关节力传感器、腕力传感器、基座力传感器的基本结构及可获取的力信息，然后重点阐述了力觉传感器的标定技术和应变片式、电感式、电容式、电阻式 4 类经典压力传感器的检测原理。3.3 节对机器人操作过程中基于触觉感知信息可实现的任务进行了介绍，主要包括基于触觉的抓取稳定性分析和基于触觉的目标识别。3.4 节介绍了在机器人力觉感知方面可实现的阻抗控制技术基础和基于力觉反馈的装配过程控制技术基础。

习　题　3

1. 机器人的触觉传感器可以感知哪些信息？简述触觉感知技术采用的基本测量原理。
2. 机器人力觉感知技术的基础是应变片式传感器，简述应变片测力的基本原理。
3. 机器人力觉传感器主要有哪些种类？各自的优点是什么？
4. 除了阻抗控制方法以外，还有哪些先进控制方法可以实现运动受限机器人的操作？
5. 机器人触觉和力觉传感器的发展中遇到的瓶颈技术可能有哪些？
6. 在电感式压力传感器中，给定线圈匝数 N、磁路长度 l、导磁体的磁导率 μ、导磁体的截面积 A、气隙量 δ 以及空气的磁导率 μ_0（为 $4\pi\times10^{-7}$ H/m），计算线圈的电感 L。

第4章 机器人接近觉、热觉、滑觉、听觉、嗅觉和味觉感知基础

4.1 接近觉传感器

接近觉传感器介于视觉传感器与触觉传感器之间，不仅可以测量距离和方位，而且可以融合视觉传感器和触觉传感器的信息。接近觉传感器可以辅助视觉系统的功能，判断对象物体的方位、外形，同时识别其表面形状。因此，为准确定位抓取部件，对机器人接近觉传感器的精度要求比较高。接近觉传感器的作用可归纳如下。

(1) 发现前方障碍物，限制机器人的运动范围，以避免与障碍物发生碰撞。

(2) 在接触物体前得到必要信息，如与物体的相对距离、相对倾角，以便为后续动作做准备。

(3) 获取物体表面各点间的距离，从而得到有关物体表面形状的信息。

机器人接近觉传感器分为接触式和非接触式两种测量方法，测量周围环境的物体或被操作物体的空间位置。接触式接近觉传感器主要采用机械机构实现；非接触式接近觉传感器根据测量原理的不同，采用的装置各异。机器人接近觉传感器可以分为机械式、感应式、电容式、超声波、光电式等。

4.1.1 机械式接近觉传感器

机械式接近觉传感器主要有触须接近觉传感器、接触棒接近觉传感器和气压接近觉传感器。

1. 触须接近觉传感器

触须接近觉传感器与触觉传感器不同，它与昆虫的触须类似，在机器人上通过微动开关和相应的机械装置(探头、探针等)相结合而实现非接触测量距离的作用。触须接近觉传感器可以安装在移动机器人的四周，用以发现外界环境中的障碍物。猫胡须传感器的结构如图4.1(a)所示。其控制杆采用柔软的弹性物质制成，相当于微动开关，当触及物体时接通输出回路，输出电压信号。图4.1(b)为使用实例，在机器人的脚下安装多个猫胡须传感器，依照接通的传感器个数检测机器人的脚在台阶上的具体位置。

2. 接触棒接近觉传感器

图4.2为安装在机器人手爪上的接触棒接近觉传感器，传感器由一端伸出的接触棒和传感器内部开关组成。机器人手爪在移动过程中碰到障碍物或接触作业对象时，传感器的

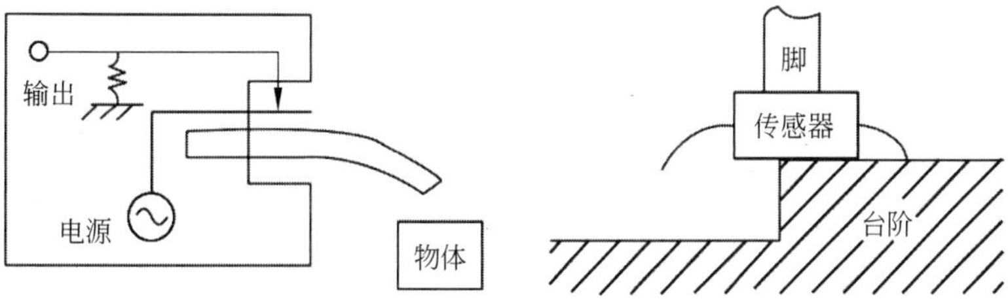

(a) 结构　　(b) 使用实例

图 4.1　猫胡须传感器

内部开关接通电路，输出信号。多个传感器安装在机器人的手臂或腕部，可以感知障碍物和作业对象。

3. 气压接近觉传感器

图 4.3 所示的气压接近觉传感器利用反作用力方法，通过检测气流喷射遇到物体时的压力变化检测和物体之间的距离。气源送出具有一定压力 p_1 的气流，喷嘴与物体的距离 x 越小，气流喷出的面积就越小，气缸内气体压力 p_2 就越大。如果事先求得距离 x 和气缸内气体压力 p_2 的关系，即可根据气压计读数 p_2 测定距离 x。

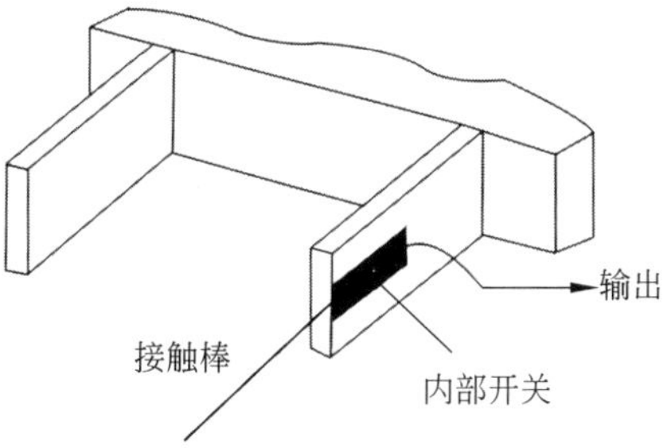

图 4.2　接触棒接近觉传感器

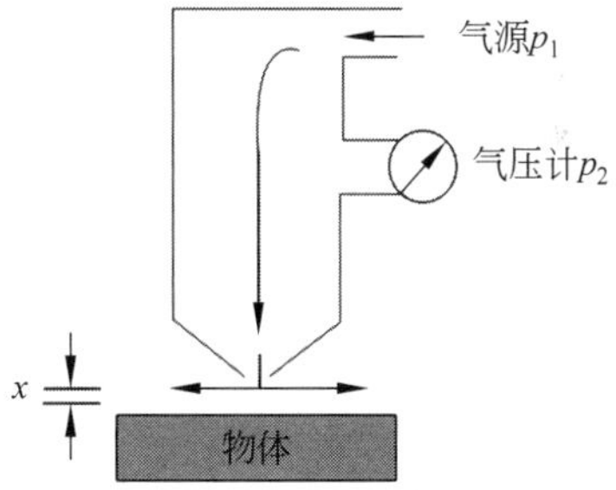

图 4.3　气压接近觉传感器

4.1.2　感应式接近觉传感器

感应式接近觉传感器主要有 3 种类型，它们分别基于电磁感应、电涡流原理和霍尔效应，仅对铁磁性材料起作用，用于近距离、小范围内的测量。

1. 电磁感应接近觉传感器

如图 4.4 所示，电磁感应接近觉传感器的核心由线圈和永久磁铁构成。当传感器远离铁磁性材料时，永久磁铁的原始磁力线如图 4.4(a)所示；当传感器靠近铁磁性材料时，引起永久磁铁磁力线的变化，如图 4.4(b)所示，从而在线圈中产生电流。这种传感器在与被测物体相对静止的条件下，由于磁力线不发生变化，因而线圈中没有电流。电磁感应传感器只在外界物体与之产生相对运动时才能产生输出。同时，随着距离的增大，输出信号明显减弱，因而这种传感器只能用于近距离测量，一般仅为零点几毫米。

2. 电涡流接近觉传感器

电涡流接近觉传感器主要用于检测由金属材料制成的物体。它是利用一个导体在非均匀磁场中移动或处在交变磁场内，导体内就会出现感应电流这一基本电学原理（称为电涡流

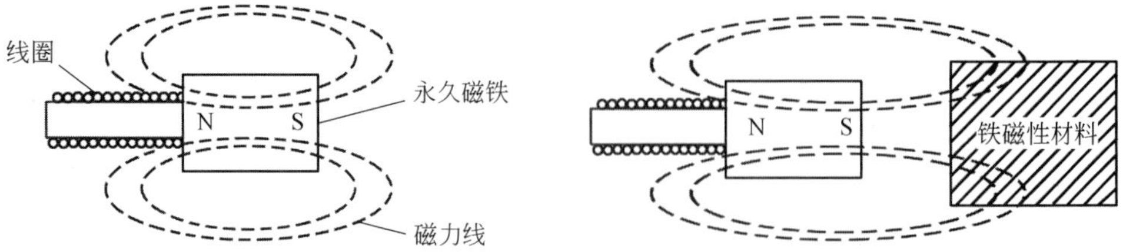

(a) 原始磁力线 (b) 磁力线的变化

图 4.4 电磁感应接近觉传感器

原理)工作的,这种感应电流称为电涡流。最简单的电涡流接近觉传感器只包括一个线圈。图 4.5 为电涡流接近觉传感器的工作原理,线圈中通入交变电流 I_1,在线圈的周围产生交变磁场 H_1。当传感器与外界导体接近时,导体中感应产生电流 I_2,形成磁场 H_2,其方向与 H_1 相反,削弱了 H_1 磁场,从而导致传感器线圈的阻抗发生变化。传感器与外界导体的距离变化能够引起外界导体中感应产生的电流 I_2 的变化。通过适当的检测电路,可从线圈耗散功率的变化得出传感器与外界导体之间的距离。这类传感器的测距范围一般为几十毫米,分辨率可达满量程的 0.1%。电涡流接近觉传感器可安装在弧焊机器人上用于焊缝自动跟踪。这种传感器外形尺寸和测量范围的比值较大,在其他方面应用较少。

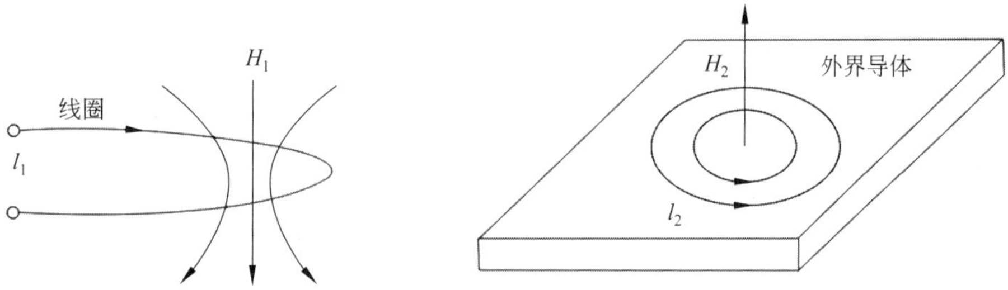

图 4.5 电涡流接近觉传感器

3. 霍尔效应接近觉传感器

保持霍尔元件的激励电流不变,使其在一个均匀梯度的磁场中移动时,则其输出的霍尔电动势取决于它在磁场中的位移量,这一现象被称为霍尔效应。根据霍尔效应,可以对磁性体微位移进行测量。霍尔效应接近觉传感器原理如图 4.6 所示,由霍尔元件和永久磁铁构成,可对铁磁性材料进行检测。当附近没有铁磁性材料时,霍尔元件感受的是强磁场;当铁磁性材料靠近传感器时,磁力线被旁路,霍尔元件感受的磁场强度减弱,引起输出的霍尔电动势发生变化。

4.1.3 电容式接近觉传感器

感应式接近觉传感器仅能检测导体或铁磁性材料。电容式接近觉传感器能够检测任何固体和液体材料,这类传感器通过检测外界物体靠近传感器所引起的电容变化反映距离信息。电容式传感器最基本的元件是由参考电极和敏感电极所组成的电容器,外界物体靠近传感器时,引起电容的变化。有许多电路可用来检测电容的变化。其中,最基本的电路是将这个电容器作为振荡电路中的一个元件,只有在传感器电容值超过某一阈值时振荡电路才

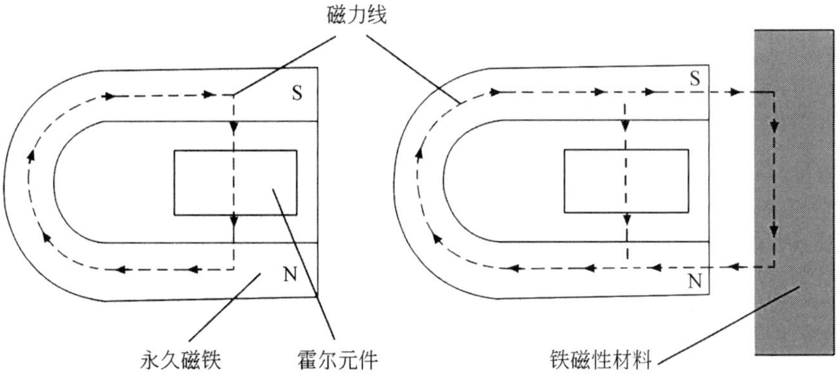

图 4.6　霍尔效应接近觉传感器原理

开始振荡，将此信号转换成电压信号，即可表示是否与外界物体接近，这样的电路可以用来提供二值化的距离信息。较复杂的电路是采用将基准正弦信号输入电路，传感器的电容器是此电路的一部分。电容的变化将引起正弦信号相移的变化，基于此原理可以连续检测传感器与外界物体的距离。

双极板电容式接近觉传感器原理如图 4.7 所示，它由两个置于同一平面上的金属极板构成，厚度忽略不计，宽度为 b，长度视为无限，安置两个极板的绝缘层通过屏蔽板接地。若在极板 1 上施加交变电压，在附近产生交变电场。当目标接近时，阻断了两个极板之间连续的电力线，电场的变化使极板 1、2 间耦合电容 C_{12} 改变。由于激励电压幅值恒定，所以电容的变化又反映为极板 2 上电荷的变化。将极板 2 上的电荷转换为电压输出，并导出电压与距离的对应关系，就可以根据实测电压值确定当前距离，而不需要测量电容。双极板电容式接近觉传感器就是根据此原理检测障碍物距离的。

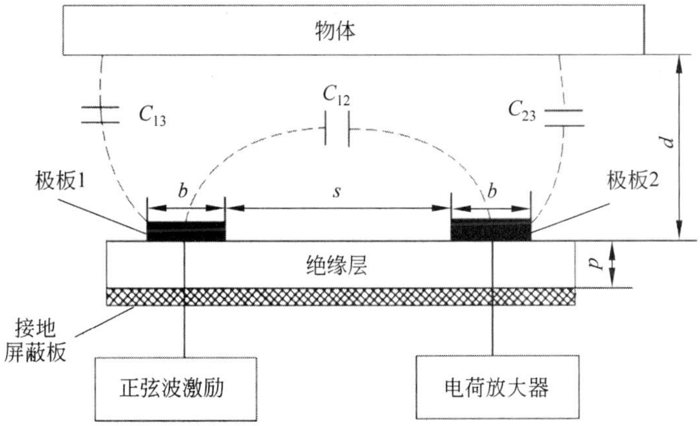

图 4.7　双极板电容式接近觉传感器原理

由于距离 p 非常小，由极板 1 出发的电力线大部分进入接地屏蔽板，到极板 2 的电力线很少，所以极板 2 与极板 1 在极板下方的耦合电容很小，可以忽略。电容式接近觉传感器只能用来检测很短的距离，一般仅为几毫米，超过这个距离，传感器的灵敏度将急剧下降。同时，不同材料引起的传感器电容的变化大小相差很大。

4.1.4 超声波接近觉传感器

人耳能听到的声波频率为20～20 000Hz。超过20 000Hz，人耳所不能听到的声波称为超声波。超声波的频率越高，波长越短，绕射现象越小，最明显的特征是方向性好，能够成为射线而定向传播，与光波的某些特性(如反射、折射定律)相似。超声波的这些特性使之能够应用于距离的测量。

1. 工作原理

超声波接近觉传感器目前在移动式机器人导航和避障中应用广泛。它的工作原理基于测量渡越时间(time of flight)，即测量从发射换能器发出的超声波经目标物体反射后沿原路返回接收换能器所需的时间。由渡越时间和介质中的声速即可求得目标物体与传感器的距离。

渡越时间的测量有多种方法，基于脉冲回波法的超声波接近觉传感器是其中应用最普遍的一种，如图4.8所示。其他方法还有调频法、相位法、频差法等，它们均有各自的特点。对于接收信号也有各种检测方法，以提高测距精度，常用的有固定/可变测量阈值、自动增益控制、高速采样、波形存储、鉴相、鉴频等。换能元件目前应用比较多的是压电晶体，同时压电陶瓷、高分子压电材料等也有一些应用。

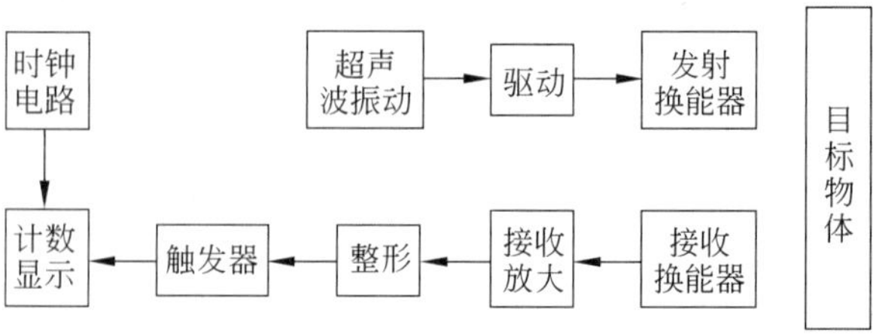

图4.8 超声波接近觉传感器

2. 环境因素影响

环境中温度、湿度、气压对声速均会产生影响，其中温度变化的影响最大，这对以声速计算测量结果的超声波接近觉传感器来说是一个主要的误差来源。空气中声速的大小可近似表示为

$$v = v_0\sqrt{1 + t/273} \approx 331.5 + 0.607t \tag{4.1}$$

其中，v_0 为0℃时的声速，单位为m/s；t 为温度，单位为℃。

声强随传播距离增加而按指数规律衰减。空气流的扰动、热对流的存在均使超声波接近觉传感器在测量中长距离目标时精度下降，甚至无法工作。工业环境中的噪声也会给可靠的测量带来困难。另外，被测物体表面的倾斜以及声波在物体表面上的反射都有可能使换能器接收不到反射回来的信号，从而检测不出前方物体的存在。

近十年来，国外对用于机器人的超声波测距传感器的各种研究开展得十分广泛，处于领先地位的有美国、法国、日本、意大利、德国等国家。目前国外已形成产品的超声波接近觉传感器及其系统主要有美国的Polaroid和Massa、德国的Simens、法国的Robosoft等。我国近年来也在超声波测距、导航方面开展了相关研究。

目前超声波接近觉传感器主要应用于导航和避障，其他应用还有焊缝跟踪、物体识别等。日本东京大学的 Sasaki 和 Takano 研制了一种由步进电机带动可在 90°范围内进行扫描的超声波接近觉传感器，可以获得二维的位置信息。若配合手臂运动，可进行三维空间的探测，从而得到环境中物体的位置。该传感器的探测距离为 15～200mm，分辨率为 0.1mm，这些性能指标使超声波接近觉传感器在最小探测距离和精度上都有所突破。

4.1.5　光电式接近觉传感器

光电式接近觉传感器一般包括发光元件和接收元件。按测距原理，光电式接近觉传感器可分为三角法、相位法和光强法 3 种。

1. 三角法光电式接近觉传感器

三角法测距原理如图 4.9 所示，发光元件发射的光束照射到目标表面上被反射，部分反射光成像在位置敏感元件（PSD、CCD 或光电晶体管阵列）表面上，根据几何关系，测得目标距离 z 为

$$z = bh/x \tag{4.2}$$

距离灵敏度为

$$S = \frac{\Delta x}{\Delta z} = \frac{bh}{z^2} \tag{4.3}$$

由式(4.3)可知，三角法测距原理的主要问题是距离灵敏度与距离的平方成反比，这将限制传感器的动态范围，否则传感器的尺寸会很大。

2. 相位法光电式接近觉传感器

相位法测距原理如图 4.10 所示，发光元件发出频率很高的调制光波，根据接收器接收到的反射光与发射光的相位变化确定距离。假设波长为 λ 的光波被分成两束，一束（参考光束）经过距离 L 到达相移检测装置，另一束（反射光束）经过距离 d 到达反射表面。反射光束经过的总距离为 $d'=L+2d$，假定 $d=0$，此时，$d'=L$，参考光束和反射光束同时到达相移检测装置。若令 d 增大，则反射光束将经过较长的路径，在测量点处两个光束之间将产生相移，则

$$d' = L + \frac{\theta}{2\pi}\lambda \tag{4.4}$$

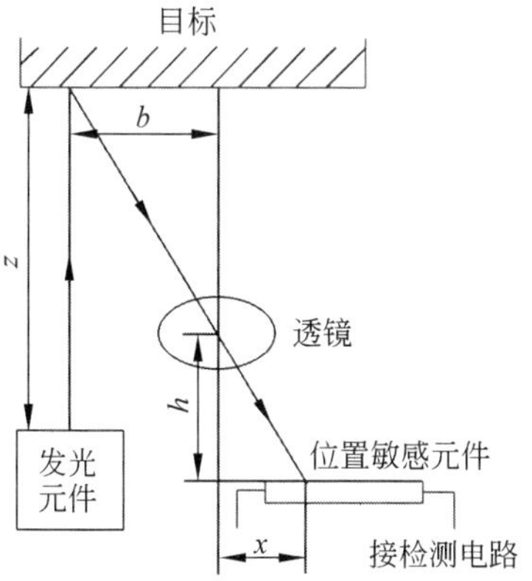

图 4.9　三角法测距原理

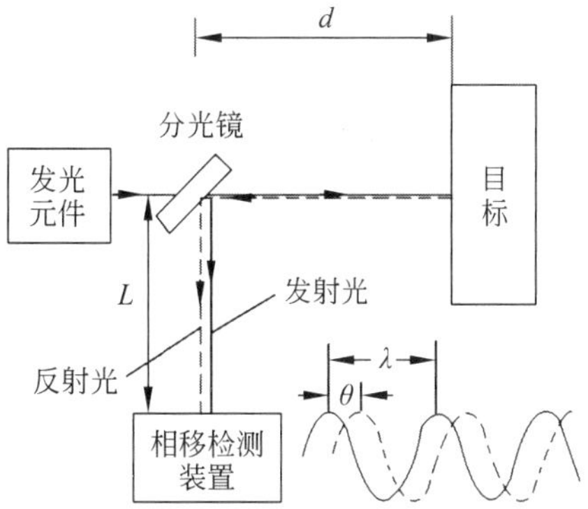

图 4.10　相位法测距原理

可以看出，若 $\theta=2k\pi,k=0,1,2,\cdots$，则只根据测得的相位移无法区别反射光束和参考光束。因此只有 $\theta<360°$ 或 $2d<\lambda$ 时才有唯一解。把 $d'=L+2d$ 代入式(4.4)，有

$$d=\frac{\theta}{4\pi}\lambda=\frac{\theta}{4\pi}\times\frac{c}{f} \tag{4.5}$$

其中，d 为目标距离，θ 为反射光与发射光之间的相移，λ 为调制光波的波长，c 为光的传播速度，f 为调制光波的频率。相位法的发光元件多采用红外光，具有价格便宜、受目标反射特性的影响较小等优点，但电路复杂，不如三角法测距精度高，并且在较大距离时精度相当低。

3. 光强法光电式接近觉传感器

在光电式接近觉传感器中，光强法接近觉传感器是最简单的一种。光强法测距原理如图 4.11 所示。发光元件一般为发光二极管或半导体激光管，接收元件一般为光电晶体管。另外，通常情况下，传感器还包括相应的光学透镜。接收元件所产生的输出信号大小反映了从目标反射回接收元件的光强。这个信号不仅取决于距离，同时也受被测物体表面光学特性和表面倾斜等因素的影响。

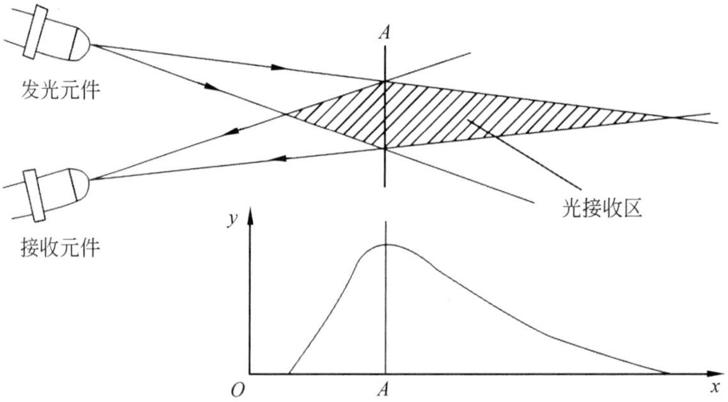

图 4.11 光强法测距原理

当被测物体为平面时，若发光元件和接收元件轴线近似平行，且相距很近时，接收元件的输出近似为

$$y\approx\frac{K}{d^2} \tag{4.6}$$

其中，d 为传感器与被测物体间的距离；K 为被测物体表面特性的参数，通过实验确定。

4.2 热觉传感器

钢和木头都置于室温下，但人会感觉钢比木头冷。这种明显的差别是由于钢能更快地将热量从手指传走。工厂办公室和家中的机器人装有利用这种现象的热觉传感器就能识别物体，从而实现自治。

4.2.1 热电式传感器

热电式传感器是将温度转换为电量变化的装置，主要利用某些材料或原件的性能随温

度变化的特性来测量。在实际使用中，最简单的方法是将温度变化转换为电阻变化（如热电阻和热敏电阻）或者转换为电动势变化（如热电偶）。

热电阻也被称为金属热电阻，它利用金属导体的电阻随温度变化的特性对温度及其相关参数进行测量。目前大多数热电阻在温度增加 1℃时电阻增加 0.4%～0.6%。热电阻材料通常需要具备高电阻率、高温度系数、较宽的测量范围内稳定的物理和化学性质、良好的输出特性和加工工艺。因此，金属热电阻的主要制造材料有铂、铜、铁、镍等。实际的热电阻产品的引出导线也有一定的电阻，为了避免导线电阻引入电桥等测量电路导致的测量误差，实际的热电阻产品引线有二线制、三线制和四线制，分别用于接入不同的测量电路，分别适用于普通应用、工业精确测量应用和高精度测量应用。

热敏电阻也是利用电阻随温度变化这一特性制成的热敏元件。与金属热电阻不同，热敏电阻采用半导体材料制成，例如由钴、锰、镍等材料的氧化物采用不同比例的配方高温烧结而成。根据半导体电阻-温度特性的不同，热敏电阻可分为正温度系数（PTC）、负温度系数（NTC）和临界温度系数（CTR）3 种。NTC 和 CTR 都具有负温度系数，但 CTR 在某个温度范围电阻下降速度更快，主要用于温度开关。热敏电阻相对于热电阻具有结构简单、体积小、温度系数大、灵敏度高、电阻率高、热惯性小、适宜动态测量、可测点温度等优点。热敏电阻的测温范围通常为－50～350℃。同时，热敏电阻阻值随温度变化的灵敏度高，由于电流对热敏电阻有加热作用，所以不能使用大电流，以防带来测量误差。热敏电阻的阻值常温下通常为数千欧姆，连接导线的电阻值对测温几乎没有影响，因此不必采用三线制或四线制接法，使用方便。

热电偶主要基于塞贝克效应（也称为第一热电效应）进行工作。塞贝克效应是这样一种物理现象：当两个不同性质的导体两端连接在一起组成一个闭合回路时，如果接点处的温度不同，则在两个导体间产生电动势，并在回路中形成电流。该现象其实是受热物体中的电子（空穴）在温度梯度作用下由高温区向低温区移动时产生电流或电荷堆积的一种现象。在闭合回路中的两个导体称为热电极。两个接点中一个是工作端，称为热端；另一个是参考端，称为冷端。由两个导体组合并将温度转换为热电动势的传感器称为热电偶。热电偶被广泛用于测量 100～1300℃范围内的温度。回路中的热电动势主要包括两部分，即两个导体的接触电动势和单一导体的温差电动势。

当两个不同种类的金属导体接触时，在接触面上会发生电子扩散。电子扩散的速率一般与两个导体的电子密度和接触区的温度有关。设导体 A 和 B 的自由电子密度分别为 n_{A} 和 n_{B}。若 $n_{\mathrm{A}}>n_{\mathrm{B}}$，则导体 A 失去电子，带正电，在接触面形成电场。该电场阻止电子继续扩散，逐渐达到平衡后形成一个稳定的电位差，称为接触电动势，可表示为

$$E_{\mathrm{AB}}(T)=\frac{kT}{e}\ln\frac{n_{\mathrm{A}}}{n_{\mathrm{B}}} \tag{4.7}$$

其中，$k=1.38\times10^{-23}$ J/K，为玻耳兹曼常数；$e=1.6\times10^{-19}$ C，为电子电荷；n_{A} 和 n_{B} 分别为导体 A 和 B 的自由电子密度；$E_{\mathrm{AB}}(T)$ 为导体 A 和 B 在温度 T 时的接触电动势。由此可知，温度越高，两个导体自由电子密度相差越大，形成的接触电动势越大。

对于同一导体，如果两端温度不同，在两端会产生电动势，称为温差电动势。这是由于高温端的自由电子具有较大的动能，具有向低温端扩散的趋势，这导致高温端失去电子，带

正电。温差电动势的大小与导体性质和温差有关，可表示为(以导体 A 为例)

$$E_A(T,T_0)=\int_{T_0}^{T}\sigma_A \mathrm{d}T \tag{4.8}$$

其中，T 和 T_0 分别为导体两端的高、低温度；σ_A 为温差系数，即导体两端温差为 1℃时所产生的温差电动势(例如，在 0℃时 $\sigma_A=2\mu V/°C$)。

综上可知，温度不同的导体 A 和 B 组成闭合回路，回路中总电动势为

$$\begin{aligned}E_{AB}(T,T_0)&=E_{AB}(T)-E_{AB}(T_0)+E_A(T,T_0)-E_B(T,T_0)\\&=\frac{kT}{e}\ln\frac{n_A}{n_B}-\frac{kT_0}{e}\ln\frac{n_A}{n_B}+\int_{T_0}^{T}\sigma_A \mathrm{d}T-\int_{T_0}^{T}\sigma_B \mathrm{d}T\\&=\frac{k}{e}\ln\frac{n_A}{n_B}(T-T_0)+\int_{T_0}^{T}(\sigma_A-\sigma_B)\mathrm{d}T\end{aligned} \tag{4.9}$$

其中，$E_{AB}(T,T_0)$为回路的总电动势，$E_{AB}(T)$和 $E_{AB}(T_0)$分别为导体 A 和 B 在温度 T 和 T_0 处产生的接触电动势，$E_A(T,T_0)$和 $E_B(T,T_0)$分别为导体 A 和 B 由于温差产生的温差电动势。由此可知，导体材料确定后，热电偶总电动势只与接点温度有关，而且热电偶必须采用不同的电极材料且两端温度不同才能形成电动势。此外，热电偶还具有一些基本定律，例如连接导体定律(包括中间导体定律、均质导体定律)、中间温度定律、参考电极定律。

若在导体 A 和 B 组成的热电偶中插入第三种导体 C，只要导体 C 两端温度相同，则对热电偶总电动势无影响，这称为热电偶中间导体定律。这说明可以用电器仪表直接测量电动势。该定律是采用补偿导线法进行温度测量的理论基础。同理，当加入更多导体后，只要保证加入导体的两端温度相同，就不会影响回路中的总电动势。例如，若热电偶导体 A 和 B 分别与连接导线 C 和 D 相接，总电动势仍为两部分的代数和，即 $E_{ABCD}(T,T_n,T_0)=E_{AB}(T,T_n)+E_{CD}(T_n,T_0)$。

若组成热电偶两个接点的材料相同，无论两个接点的温度是否相同，热电偶回路中的总电动势均为 0，这称为均质导体定律。

若导体 A 与 C、B 和 D 的材料分别相同，热电偶在接点温度 T、T_0 时的电动势等于它在接点温度 T、T_n 和 T_n、T_0 时电动势的代数和，这称为中间温度定律，即 $E_{AB}(T,T_n,T_0)=E_{AB}(T,T_n)+E_{AB}(T_n,T_0)$。

若两种导体 B、C 分别与第三种导体 A 组成热电偶电动势已知，则 B、C 组成热电偶的电动势可知，这称为参考电极定律，即 $E_{BC}(T,T_0)=E_{BA}(T,T_0)-E_{CA}(T,T_0)$。

根据热电偶定律，只要是两种不同金属材料，都可以形成热电偶。为了保证可靠性和测量精度，要求热电偶材料具有热电性质稳定、不易被氧化腐蚀、电阻温度系数小、电导率高等特点。根据上述定律，可以进行平均温度、单点温度、温差等测量。

4.2.2 机器人热觉传感器的设计原理

机器人热觉传感器可仿照人的热觉机理进行设计。人的皮肤覆盖的毛细血管血液循环系统使皮肤温度保持恒定并高于环境温度，利用皮肤的这一特性可鉴别接触物体的热性能。

热觉传感器的结构如图 4.12 所示。热觉传感器有一个温度稳定的加热器，它将热敏电阻 TH_2 作为电路反馈元件，使温度稳定。在未知物体与加热器之间有一层热导率已知的薄膜材料，称为耦合层，它将热量耦合到未知物体接触处的热敏传感器 TH_1 上。

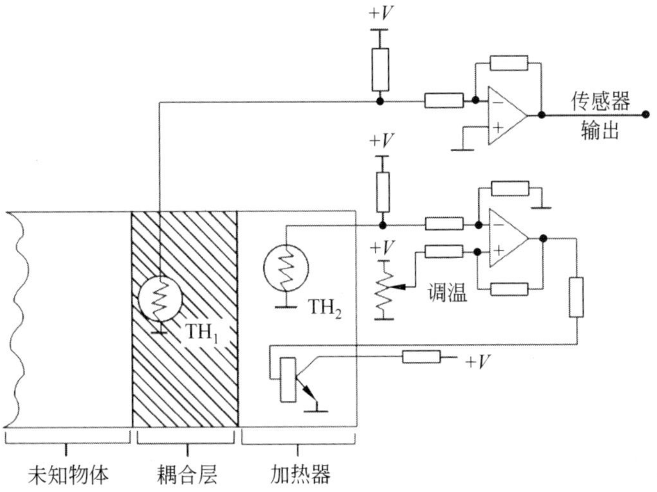

图 4.12　热觉传感器的结构

由传感器的输出可确定未知物体的热传导系数 k 和热扩散率 a。热扩散率 a 等于热传导系数 k 除以密度 ρ 和比热 C 之积。应注意，物体的形状和厚度对传感器输出有影响。

4.2.3　热觉传感器的数学模型

假定传感器的宽度远小于其长度。用一阶模型模拟跟物体接触的传感器的瞬态热响应，如图 4.13 所示，将传感器视为长 l_1、热传导系数 k_1 和热扩散率 α_1 的均匀材料块，左边的温度由温度为 T_1 的热源确定，传感器未跟物体接触时，在表面 $z=h$ 处的温度为 T。在 $T=0$ 时，传感器跟一个长 l_2、热传导系数 k_2 和热扩散率 α_2 的均匀物体接触。整个物体的初始温度为 T_0（环境温度），假设接触表面不存在热阻。机器人金属抓手由右侧抓取物体，假设物体右侧保持为环境温度。与时间相关的热扩散方程解的标准形式如下：

$$T_1(z,t)=(\mathrm{ss})_1+\sum_{n=1}^{\infty}A_nC_n\sin(S_{n_1}z)\mathrm{e}^{-\int_{n_1}^{2}\alpha_1\mathrm{d}t},0<z<l_1 \tag{4.10}$$

$$T_2(z,t)=(\mathrm{ss})_2+\sum_{n=1}^{\infty}A_nC_n\sin(S_{n_2}(l_1+l_2-z))\mathrm{e}^{-\int_{n_2}^{2}\alpha_2\mathrm{d}t},l_2\leqslant z\leqslant(l_1+l_2) \tag{4.11}$$

其中，$(\mathrm{ss})_1$ 和 $(\mathrm{ss})_2$ 分别是传感器和物体的稳态解，如图 4.13(c)所示。A_n、C_n、S_{n_1} 和 S_{n_2} 是由边界和初始条件确定的量。

因为接触面 $z=l_1$ 两侧的温度相等，故对于所有整数 n 有

$$S_{n_2}\sqrt{\alpha_2}=S_{n_1}\sqrt{\alpha_1} \tag{4.12}$$

并且

$$C_n=\frac{\sin(S_{n_1}l_1)}{\sin(S_{n_2}l_2)} \tag{4.13}$$

由同一界面两侧的连续热流量使得

$$C_n=-\left(\frac{K_1}{K_2}\right)\sqrt{\alpha_2/\alpha_1}\,\frac{\cos(S_{n_1}l_1)}{\cos(S_{n_2}l_2)} \tag{4.14}$$

式(4.13)和式(4.14)联合构成超越方程，其跟式(4.12)结合可解出从 $n=1$ 开始的任意空间

谐波 S_{n_1} 或 S_{n_2}。

最后一个条件是如图 4.13(b)所示的初始条件。两种材料的超越方程的解是准正交函数,应用加权特征值方法可得

$$\frac{S_{n_2}A_n}{4}=\frac{E_1(\sin(S_{n_1}l_1)-(S_{n_1}l_1)\cos(S_{n_1}l_1))+(k_2/k_1)E_2C_n(\sin(S_{n_2}l_2)-(S_{n_2}l_2)\cos(S_{n_2}l_2))}{\sqrt{\alpha_2/\alpha_1}(2S_{n_1}l_1-\sin(2S_{n_1}l_1))+(k_2/k_1)C_n{}^2(2S_{n_2}l_2-\sin(2S_{n_2}l_2))} \tag{4.15}$$

其中,$E_1=\frac{T_s-T_1}{l_1}+\frac{(T_1-T_0)}{l_1+(k_2/k_1)l_2}$,$E_2=\frac{k_1}{k_2}\frac{(T_0-T_1)}{l_1+(k_2/k_1)l_2}$。

写出计算机程序以便确定传感器和物体随时间变化的温度曲线。给出参数 T_1、T_2、k_1、k_2、l_1、l_2、α_1 和 α_2,即可解出关于空间谐波 S_{n_1} 的超越方程[式(4.13)和式(4.14)]的解,一般 S_{n_1} 从 $n=1$ 到 $n=50$。每一空间谐波系数 C_n 和 A_n 由式(4.14)和式(4.15)确定,这样即可获得式(4.7)和式(4.8)的完全解。

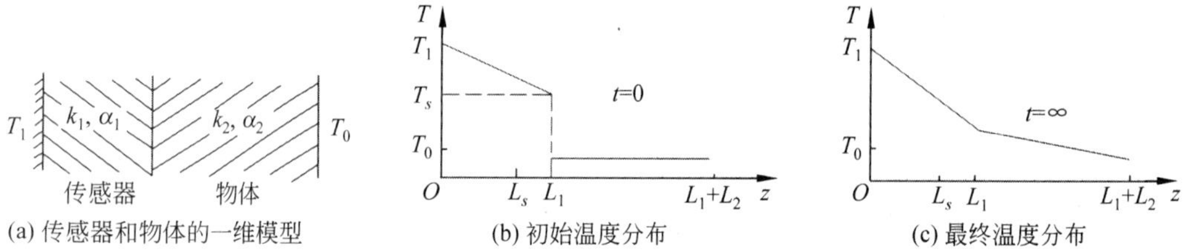

图 4.13 传感器和物体的一维模型以及初始温度分布和最终温度分布

前述一维热觉传感器可扩展成二维,即构成阵列热觉传感器,这种传感器的截面图如图 4.14 所示。阵列热觉传感器能显示物体的形状和材料的图像,如图 4.15 所示。因为传感器两面有热传导,故图像边缘不十分准确。

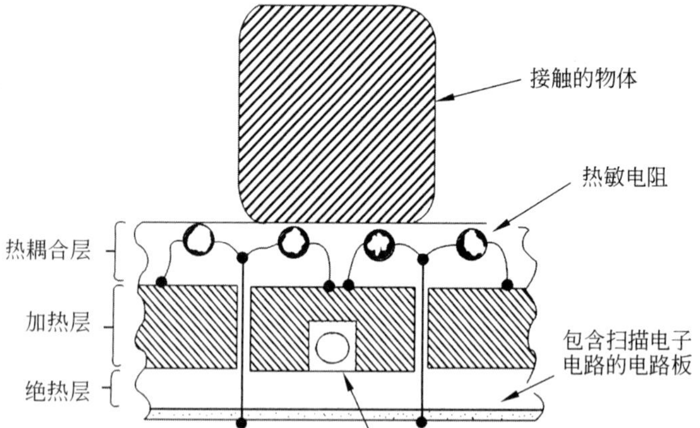

图 4.14 阵列热觉传感器的截面图

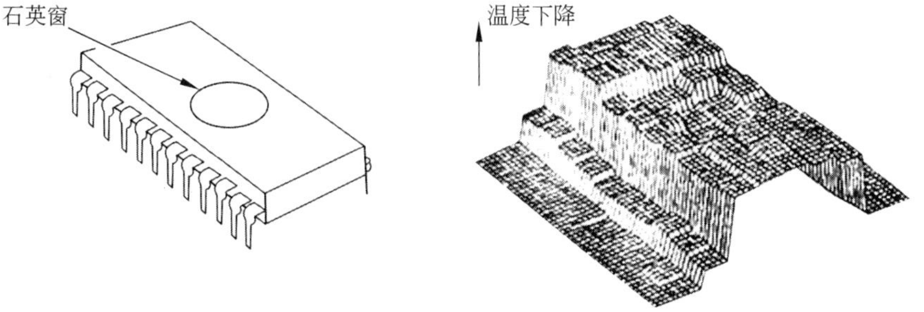

图 4.15　跟 EPROM 外壳接触的阵列热觉传感器输出的图像

4.2.4　水下热觉传感器

前面介绍的在空气中识别物体的热觉传感器通过恒温电路给热敏元件加热。因为水的热导率高于空气，所以这些传感器在水下不能保持恒温，难以在水下识别物体。在水下识别物体要使用水下热觉传感器。

1. 水下热觉传感器的原理

图 4.16 是水下热觉传感器的电路原理图。r_1 是用于识别物体的热敏元件，它接触水下物体表面。r_2 是用于检测环境温度的热敏元件，它悬于水中。传感器通电工作时，电源使标称阻值相同的热敏元件 r_1、r_2 的温度均高于环境温度。但 r_1 接触的物体将 r_1 的热量带走，导致 r_1 的温度不同于 r_2 的温度，从而使 r_1、r_2 的电阻值不同，故电桥失去平衡，输出一个与 r_1 的阻值变化成正比的模拟电压。因为不同的物体导致不同的模拟电压输出，故根据输出电压的大小即可区分出不同材质的物体。

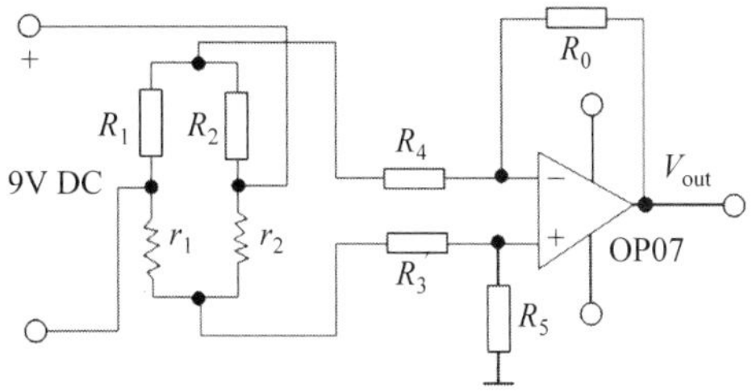

图 4.16　水下热觉传感器的电路原理图

试验表明，为了提高识别率，应避免水很快带走热敏元件的热量。解决这一问题的有效方法是传感器电路应在热敏元件接触物体后再通电工作。

2. 水下各种物体的热响应

图 4.16 所示的水下热觉传感器能识别十多种水下物体，其中识别率大于 90%的物体有钢、覆铜板、大理石、油石、陶器、玻璃、皮革、胶木、塑料、泡沫塑料 10 种，它们的热响应曲线如图 4.17 所示。

传感器的热敏元件接触物体时，其电路即输出一个表征该物体传热性能的特征电压。将各种物体的特征电压范围按大小列成表，就是物体分类表。表 4.1 列出了水下环境温度为 25～30℃时的物体分类表。

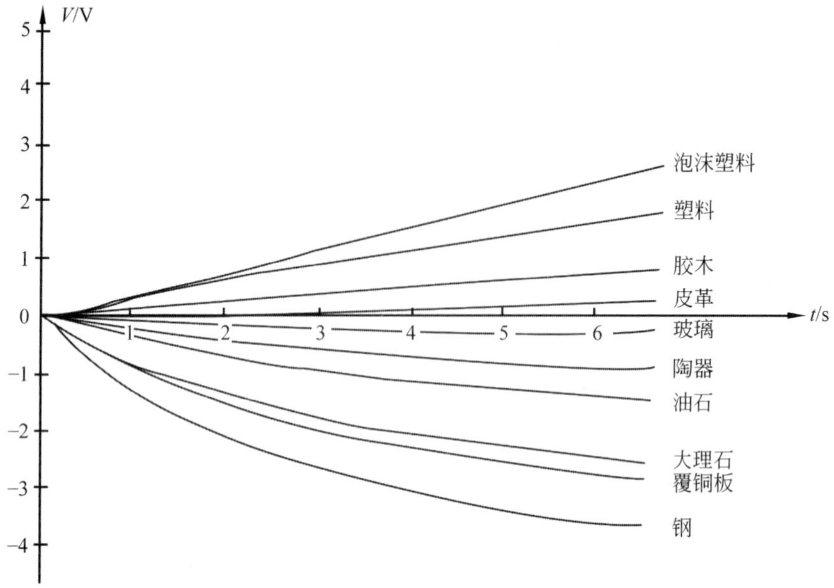

图 4.17　10 种材质的热响应曲线

表 4.1　水下环境温度为 25～30℃ 时物体分类表

物　体	特征电压范围(DC)/V	物　体	特征电压范围(DC)/V
钢	−4.000～−2.730	玻璃	−0.300～0.000
覆铜板	−2.650～−2.067	皮革	0.100～0.590
大理石	−2.037～−1.490	胶木	0.600～1.100
油石	−1.470～−0.800	塑料	1.200～1.950
陶器	−0.790～−0.360	泡沫塑料	2.000～3.800

表 4.1 中各种物体的特征电压范围彼此不相交，因此这些物体能被传感器区分开。

基于热觉传感器的计算机在线识别水下物体系统由热觉传感器、模数转换接口、计算机和识别软件组成。该系统学习过程是：传感器对水下物体样本进行测试实验(对每种样本的测试实验次数不少于 25 次)，由测试实验结果得出水下物体分类表，并将分类表存入系统的水下物体数据库中。

在线识别水下物体流程如图 4.18 所示。

利用水下热觉传感器对水下的钢、覆铜板、大理石、油石、陶器、玻璃、皮革、胶木、塑料和泡沫塑料 10 种物体进行识别实验。实验结果表明，大理石的识别率为 92%，覆铜板和油石的识别率为 96%，其余物体的识别率为 100%。显然，水下热觉传感器也可用于识别空气中的物体。

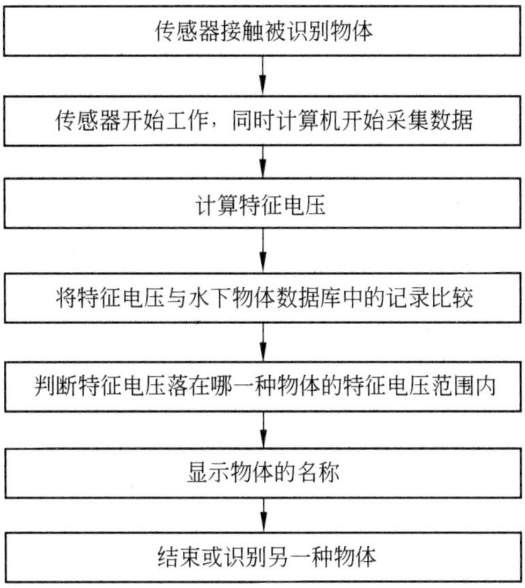

图 4.18　在线识别水下物体流程

4.3　滑觉传感器

人手能感知所抓握的物体的滑动并根据滑动的情况增加或减少抓握力。在机器人传感器技术中，滑觉发展较晚，当今需要解决的问题是快速检测滑动，并调整抓握力，以免损坏被抓物体。若被抓物体滑动（抓握力不恰当），感知滑动的最简单方法是抓握尝试技术，如图 4.19 所示。以机器人的特殊关节（或一组关节）的电机电流作为物体是否滑动的量度，电流监控可以是数字式的，也可以是模拟式的。机器人手爪首先应取向正确，其次应位于被抓物体上并加上一个较小的抓握力。当手爪试图抓起物体时，负载转矩使一个或多个关节内的电机电流增加。若未检测到电流增大，则通过指令让爪手返回起始点。然后按某种预定的增量加大抓握力，并再次尝试抓握物体。重复上述过程，直到电流增加，从而使部件不滑动。

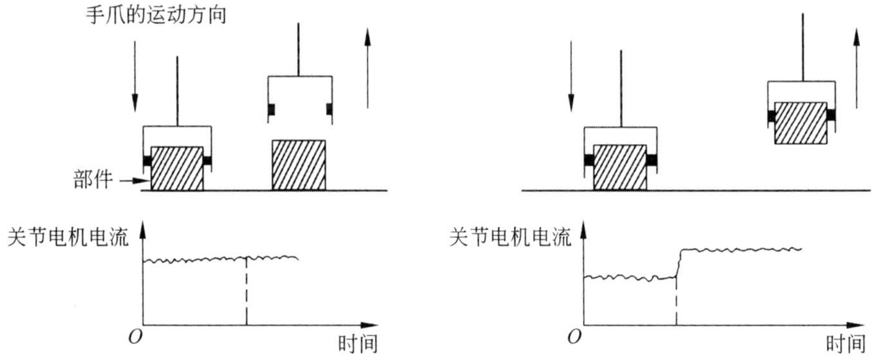

(a) 手爪用最小抓握力，由于力小而未能抓起物体，手爪离开后关节电机电流无变化

(b) 手爪再次下降，力增大，成功地抓起物体，关节电机电流增大

图 4.19　检测滑动的抓握尝试技术

采用上述技术存在以下问题：

（1）虽已将物体抓起，但手爪移动时它还会从手爪中滑出，这说明程序不再检测滑动。

（2）若抓握脆性物体，为了避免压碎部件，抓握力应减至最小；若抓握重而坚固的物体，则初始力可大些；若抓握混合物或未知的物体，则可能损伤其中一些物体，或抓不住要抓握的物体。

（3）必须避免电流高于抓握所需阈值时电刷噪声造成的脉冲。用无刷电机可避免这一问题，但会增大成本。

目前，基于光学、磁学和导电敏感技术已研制出许多实验器件，下面简要介绍3种滑觉传感器。

4.3.1 受迫振荡式滑觉传感器

受迫振荡式滑觉传感器结构如图4.20所示。受迫振荡导致的电压脉冲使物体沿手爪表面的切线方向（与抓握力垂直）移动。该方法与留声机唱片上记录放音信息的方法极为相似。

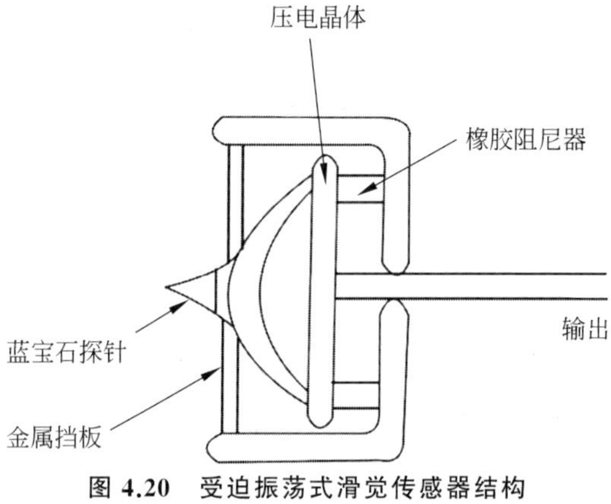

图 4.20 受迫振荡式滑觉传感器结构

在受迫振荡式滑觉传感器中，蓝宝石探针伸出传感器表面，并与被抓物体接触。若物体滑动，则探针移动，于是压电晶体产生机械形变，用阈值检测器能得到产生的合成电压脉冲。抓握力增量式地加大直到物体停止滑动。这类滑觉传感器存在许多问题。最大的问题是，尽管橡胶阻尼器使传感器对非滑动不敏感，但传感器仍对机器人手爪本身的机械振动有反应。这类检测器必须精确地感应物体滑动的开始，这就需要尽可能地降低对非滑动的敏感。它的另一个明显的问题是，为了检测滑动，探针必须接触部件表面，这样容易磨损探针，要求定期更换探针。另外，若快速减速，会损伤整个装置。

图4.21展示了改进后的受迫振荡式滑觉传感器结构。它用一个坚固的ϕ0.5mm钢球代替蓝宝石探针，用永磁线圈代替压电晶体，因此，物体沿着手爪的任何运动都会引起永磁线圈的机械位移，从而输出电压。此外，使用橡胶和油两种阻尼器以及阈电路还降低了传感器对手爪振动的敏感。

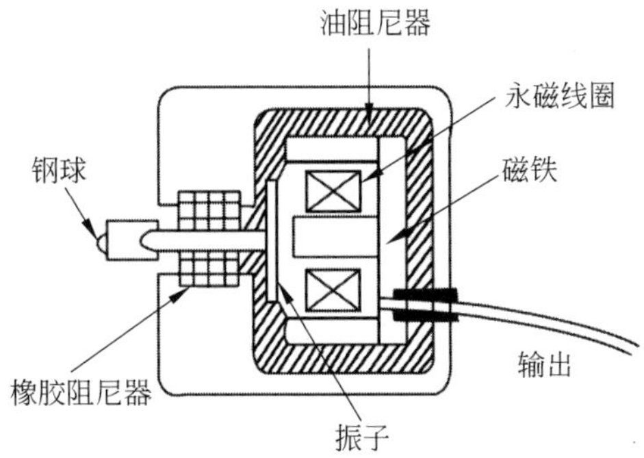

图 4.21　改进后的受迫振荡式滑觉传感器结构

4.3.2　断续器型滑觉传感器

日本名古屋大学在光学(或磁学)编码器(或断续器)基础上研制成断续器型滑觉传感器。图 4.22 展示了磁滚轮型滑觉传感器,它由伸出传感器的橡胶滚轮和一个小的永久磁铁构成。物体在手爪中的滑动能使橡胶滚轮转动。永久磁铁在磁头(可采用磁带录相机用的磁头)上方经过时产生一个脉冲,从而增大抓握力。

上述传感器的主要缺点是滑动检测分辨率低。由图 4.22 可见,若传感器不处于复原位置,则检测滑动仅需要作很小的转动。传感器开始时处于复原位置,只要转动就能立即检测滑动。但进一步感应滑动要等到其他橡胶滚轮转动。

提高滑动检测分辨率的办法是使用多个磁体而不是一个磁体。磁体可用多个铁磁材料小片组成,并将它们对称地埋置在橡胶滚轮周围。磁头由简单的直流线圈构成。这样,只要橡胶滚轮有很小的转动就能使磁阻变化。这种传感器能感应连续滑动。

图 4.23 展示了光学断续型滑觉传感器。这种传感器在橡胶滚轮中有一个狭缝,以利用光学方法检测物体运动。这类传感器与磁滚轮型滑觉传感器一样滑动检测分辨率不高。提高滑动检测分辨率的办法是在橡胶滚轮上设置更多的狭缝。

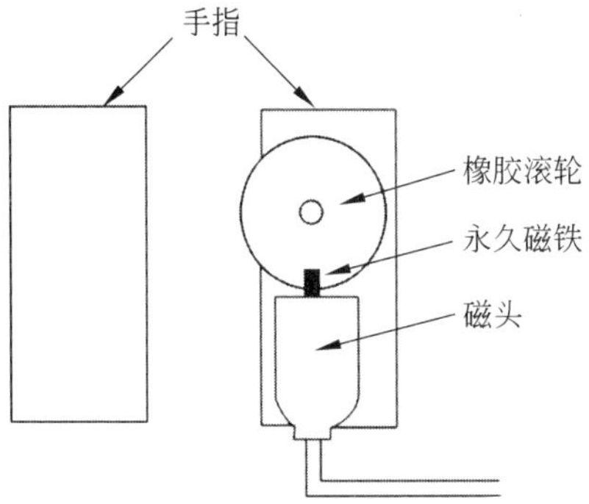

图 4.22　磁滚轮型滑觉传感器

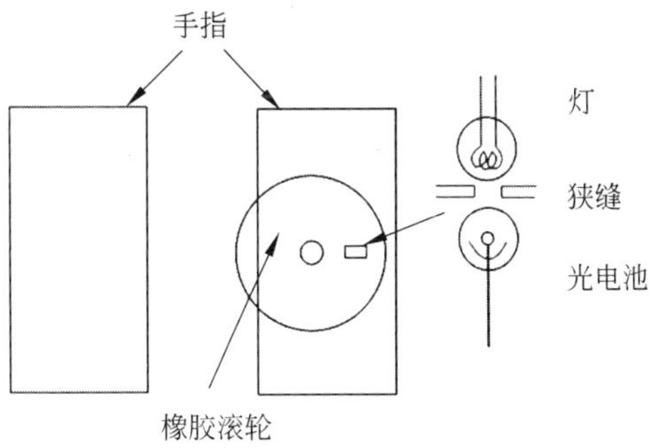

图 4.23　光学断续型滑觉传感器

4.3.3　贝尔格莱德手滑觉传感器

贝尔格莱德大学的研究者利用受迫振荡技术产生用于感应滑动的电信号。他们研制的第一种传感器如图 4.24 所示。物体在机器人的手(称为贝尔格莱德手)上滑动时,略微伸出手表面的压花滚轮旋转,导致簧片朝接地的接点振动。这种动作在方波 R 中产生脉冲宽度调制信号,从而输出信号 e_{out},频宽比小于 50%的非零输出均表明发生滑动。这种传感器难以小型化,并且反应角有限(滑动力在滚轮平面上起作用),仅能在一个方向感应滑动。

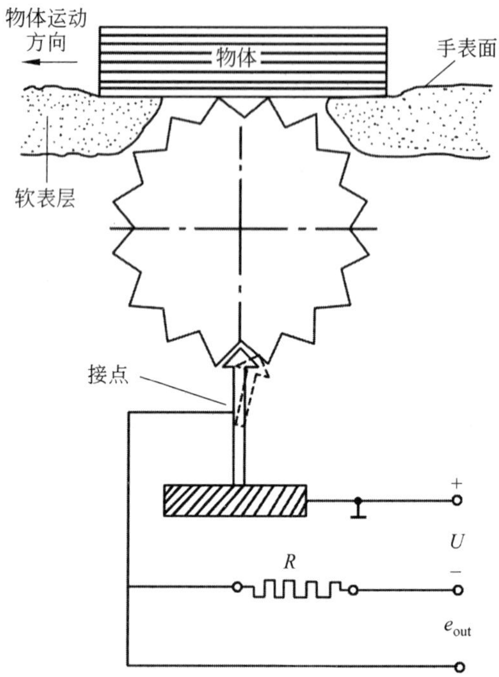

图 4.24 第一种贝尔格莱德手滑觉传感器

图 4.25 是用指针代替压花滚轮的滑觉传感器。沿手表面滑动的物体使指针朝着接地的接点振动,使方波产生脉冲宽度调制信号。这种传感器仅在抓握力较小时才工作(抓握力大时指针闭锁,从而阻止机械振动)。

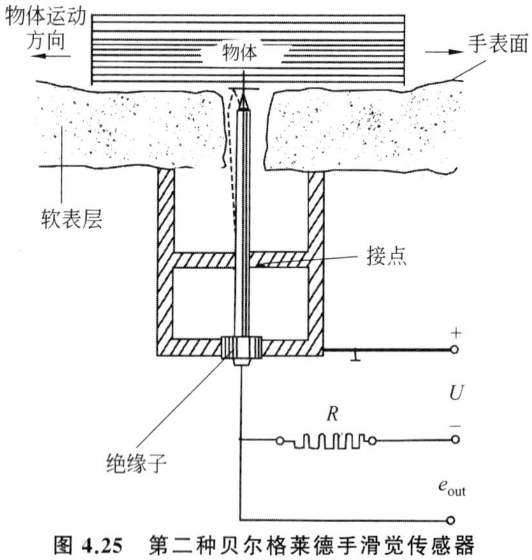

图 4.25 第二种贝尔格莱德手滑觉传感器

第三种滑觉传感器解决了上述两种传感器的问题，如图 4.26 所示。它用一个非导电小球代替滚轮或指针，这种小球可在任意方向旋转，小球表面是用导体和绝缘体间隔排列构成的网格。通过监控两个接点末端的电压差便可检测滑动。一旦物体滑动，就会产生脉冲宽度调制信号。和前两种传感器相比，这种传感器可在任意方向感应滑动，对外部振动不敏感。

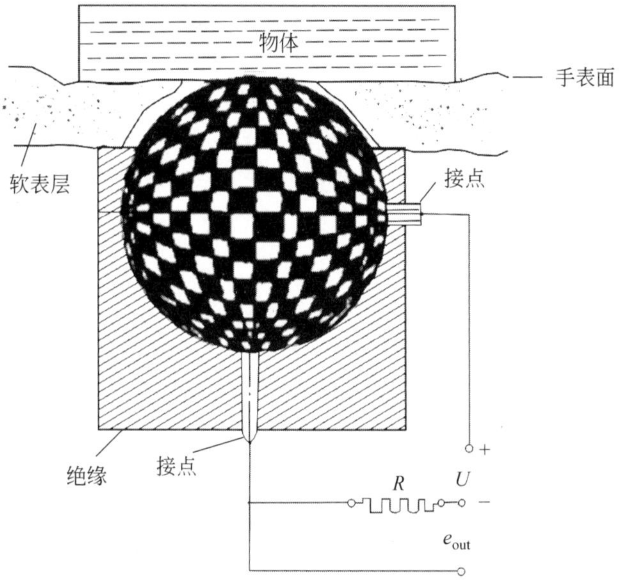

图 4.26　第三种贝尔格莱德手滑觉传感器

4.4　听觉传感器

听觉传感器是将声源通过空气振动产生的声波转换成电信号的换能设备，机器人的听觉传感器功能相当于人的耳朵，要具有接收声音信号的功能和语音识别系统。随着 IBM 公司 ViaVoice 研制成功，基于该技术的语音识别系统相继问世。

4.4.1　声音的基本概念

声音是由物体振动激励其周围的空气、固体或液体介质的质点振动而产生的，在质点的相互作用下，振动物体周围的介质交替压缩和膨胀，并逐渐向外传播，从而形成波的传递方式，最终被听觉器官所感知。

声波传播为能量传递，其形成条件依赖声源及传播介质两方面。声波在不同的介质中传播速度不同，通常声波在固体中传播速度最快，在液体中传播速度次之，在气体中传播速度最慢，并且介质密度越高传播速度越快。此外，介质的内部稳定性也影响声波的传播速度。例如，铁的密度比铜小，但声波在铁中的传播速度反而更快。当物体在空气中运动时，当其速度接近声速时会受到强大阻力，使物体产生强烈振荡，这就是声障现象。当物体突破声障时，物体周围的空气压缩无法迅速传递，在物体迎风面处能量积累形成激波面，当能量传播至人耳时可感受到短暂而强烈爆炸声，称为声爆。

人耳能听到的声波频率为20～20 000Hz，超过该范围的声音人是听不到的。人们获取听觉信息主要是通过空气传播。此外，声源通过直接振动颅骨引起耳蜗发生振动也可以引起听觉，称为骨传导通路，但骨传导敏感性较差。以耳机为例，常规耳机以电流驱动线圈带动振膜发声的方式工作；而骨传导耳机则是将声音转换为不同频率的机械振动，通过人的颅骨、骨迷路、内耳淋巴液、耳蜗、听觉中枢传递声波，传播中减少了声波传递步骤，以增加传播清晰度和减少声波扩散。

1. 声音的物理性质

描述声音的物理量主要包括声音频率、声音周期、声音波长、声速。

声音频率是指声源在1秒内振动的次数，单位为赫兹(Hz)。声音在传播过程中，声音频率越高，波长越短，方向性越好，衰减越快，受阻反射效果越好。声音频率越低，波长越长，越容易产生衍射现象。声音周期是指声源单位振动所需要的时间，单位为秒(s)。频率与周期互为倒数。声音波长是指在一个振动周期内，在声波传播方向传播的距离。或在同一个波形上，两个相位相同的相邻点间的距离，单位为米(m)。声速是指在1秒内声波传播的距离，单位为米/秒(m/s)。

2. 声音的度量

通常声音的强弱可以采用声压、声功率和声强度量。

声波振动时空气压强相比于正常大气压会有增强或者减弱，将增强或减弱的压强称为瞬时声压，单位为帕斯卡(Pa)。在声学测量中，声压一般指有效声压，即声场中某点的声压定义为该点瞬时压强的均方根值或有效值。一般情况下，人耳可以听到的最微弱的声压约为2×10^{-5}Pa，称为听阈声压；而让人耳产生疼痛感觉的声压约为20Pa，称为痛阈声压。由于人耳可听到的声音的声压从听阈到痛阈相差百万倍，测量分析极为不便，而人耳对声音强弱的主观感觉通常和声压变化的对数比值相关，所以在声测量中通常引入分贝(dB)的定义来刻画声音强弱的级别，称为声压级。分贝是度量两个相同单位的数量比例的计量单位，为相对单位，没有物理量纲，主要用于度量声音强弱，是我国选定的非国际单位制单位，是法定计量单位中的级差单位。分贝数越小，声音越小。人耳产生声音感觉的最低值是0dB。声压级常用声音的声压与基准声压之比的对数乘以20表示，即$L_p=20\lg\frac{P}{P_0}=10\lg\frac{P^2}{P_0^2}$。其中，$L_p$表示声压级(dB)；$P$表示声压(Pa)；$P_0$表示计量的基准声压，即听阈声压，$P_0=2\times10^{-5}$Pa。例如，定义基准声压为$2\times10^{-5}$Pa，痛阈声压为20Pa，通过计算可以得到人耳的听阈声压级为0dB，而痛阈声压级为120dB。

声功率是指声源单位时间内向外辐射的声能，单位为瓦特(W)。在噪声测量中，噪声声压属于瞬时声压，用声压值描述声音强度，其值经常会发生变化；而声功率是一个绝对参数，属于定值，用声功率检测法描述声音强度，其值不会经常发生变化。所以，现在常用声功率法进行产品的噪声测量。通常定义人恰好能听到声音的声功率为10^{-12}W，并以此作为声功率的基准，相应的痛阈声功率为1W。声功率级被定义为声音的声功率与基准声功率之比的对数乘以10，即$L_w=10\lg\frac{W}{W_0}$。其中，L_w表示声功率级(dB)；W表示声功率(W)；W_0表示基准声功率，即 10^{-12} W。因此，听阈声功率级为 0dB，痛阈声功率级为 120dB。

声强表示声波平均能量流密度值，代表单位时间内通过一定面积的声波能量，具体是指单位时间内通过垂直于传播方向单位面积的声波能量，单位为瓦特每平方米（W/m^2）。通常定义人恰好能听到的声音的声强为听阈声强，数值为 10^{-12} W/m^2，并以此作为声强的基准，相应的痛阈声强为 1W/m^2。声强级被定义为声音的声强与基准声强之比的对数乘以 10，即 $L_1=10\ \lg\dfrac{I}{I_0}$。其中，$L_1$ 表示声强级（dB）；I 表示声强（W/m^2）；I_0 表示基准声强，即 10^{-12} W/m^2。因此，听阈声功率级为 0dB，痛阈声强级为 120dB。

3. 声音信号特征

声音是一种波，具有音色、音调、响度和音长 4 种物理特征。音色是一种声音区别于其他声音的基本特征。音调表示声音的高低，取决于声波的频率，频率高则音调高，反之则低。响度表示声音的强弱，由声波振动幅度决定。音长表示声音的长短，由发音持续时间的长短决定。每种特征只能反映声音信号的一个方面。语音的某个片段都有一组特征，构成一个特征向量；一个字音就有一组特征向量，构成特征矩阵。

声音中的语音还具有以下 5 个重要特征。

1. 信号幅度特征

信号幅度是指语音在短时间内的平均声音强度，用平均电压幅值或电压幅值的对数值或能量表示，是一个表示语音强度的特征量。一个词一般由几个辅音和元音组成，占用时间为几百毫秒。在一个词中，各采样周期内信号幅度时大时小，不同词的信号幅度特征和时间关系彼此不同，不同语句的信号幅度特征和时间关系也各不相同。因此，可用信号幅度特征区别不同的词和语句。一般而言，浊音比清音的信号幅度大。信号幅度特征可用来进行声母和韵母分解、有声和无声的分界等。

2. 过零率特征

过零率特征是指短时间内语音信号的过零次数，它大致反映语音信号在短时间内的平均频率。经统计，如果采样周期取 0.125ms，有阵音的过零率为 20～30，无阵音的过零率为 80～120，一般的噪声过零率在这两个范围之间。可利用过零率特征区别有阵音与无阵音，也可以判别是否有发音以决定语音的起点或者终点。过零率检测电路可以通过采样、限幅放大、过零判断、检波、计数等环节实现过零率检测。

3. 音调周期特征

人在发音时，声带振动产生浊音，空气摩擦唇齿产生清音。浊音的发音过程是来自肺部的气流冲击声门，造成声门的一张一合，形成一系列准周期的气流脉冲，经过声道的谐振及唇齿辐射，最终形成语音信号。从频谱分析角度看，一个振动信号可以分为基波和各次谐波。音调周期就是语音信号的基波周期。男性的音调周期较长，女性和小孩的音调周期较短；每个人的音调周期互不相同，同一个人的音调周期变化不大；各种字的音调周期也不同。因此，可用音调周期进行语音识别。需要注意的是，只有浊音才具备音调周期特征，清音不具备音调周期特征。

4. 线性预测系数特征

如果声带相当于一个脉冲发生器，则声道相当于一个时变滤波器。在一个短时间内，语音信号可以认为是一串窄脉冲加在一个滤波器输入端时的滤波输出信号，信号波形受滤波器的影响，可从该波形中提取表征滤波器特征的特征值，由这些特定数值反映滤波器（声道）的特征。线性预测系数就是一组可以体现该声道特性的参数。1947 年，维纳首次提出了线性预测系数这个术语。1967 年，板仓等人首先将线性预测技术引入语音分析和合成中。线性预测的基本思想是：语音信号采样点之间存在相关性，可以用过去的若干采样点值或它们的线性组合预测现在或未来的采样点值，即一个语音的抽样能够用过去的若干语音抽样或它们的线性组合逼近，这样就可以通过使实际语音采样值和线性预测采样值之间的均方误差达到最小得到唯一的一组预测系数。这组预测系数可以很好地反映语音信号的特性，所以可以作为语音信号的特征参数。而且，线性预测还提供了一种很好的声音模型及模型参数估计方法。

5. 声音共振峰特征

当前最常见的声道数学模型为声道模型和共振峰模型。若将声道视为由多个等长的不同截面积的管道串联而成的系统，按此导出的数学模型称为声道模型；若将声道视为一个谐振腔，按此导出的数学模型称为共振峰模型。共振峰模型将声道视为谐振腔，共振峰就是体现这个腔体特点的谐振频率。语音信号的频谱等于声带发出的脉冲信号频谱与声道频率特性的乘积。腔体结构不同，语音频谱就会发生变化，共振峰峰值的频率位置也会随所发语音的不同而不同。例如，发元音时声道断面接近于均匀断面，发其他音时声道形状很少是均匀的，那么声道的共振峰数值和位置就会有所不同。在实际工程中，用声道模型的前 3 个共振峰就可以体现一个元音的特征；而对于较复杂的辅音或浊音，一般可用 5 个以上的共振峰体现其特征。

4.4.2 听觉传感器技术基础

1. 动圈式传声器

图 4.27 为动圈式传声器的结构，它与球顶式扬声器的结构非常相似，实际上两者的功能有较大的差别。扬声器与传声器是功能相反的换能器，扬声器的功能是将电信号转换为声信号，而传声器则是将声信号转换为电信号。传声器的振膜非常轻、薄，可随声音振动。动圈同振膜粘在一起，可随振膜的振动而运动。动圈浮在磁隙的磁场中，当动圈在磁场中运动时，动圈中可产生感应电动势，此电动势与振膜振动的振幅和频率相对应，因而动圈输出的电信号与声音的强弱、频率的高低相对应。这样，传声器就将声音转换成音频电信号输出。

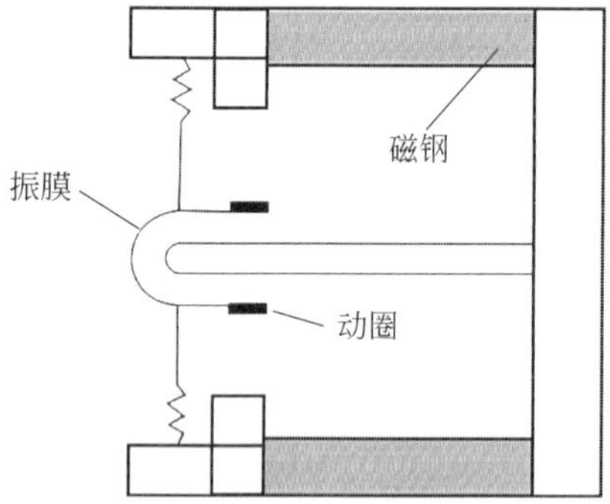

图 4.27　动圈式传声器的结构

2. 电容式传声器

图 4.28 为电容式传声器的结构，它由固定电极和振膜构成一个电容器，V_P 经过电阻 R_L 将一个极化电压加到电容器的固定电极上。当声音传入时，振膜可随声音发生振动，此时振膜与固定电极间的电容也随声音而发生变化，此电容器的阻抗也随之变化。与其串联的负载电阻 R_L 的阻值是固定的，电容器的阻抗变化就表现为 a 点电位的变化。经过耦合电容

器 C 将 a 点电位变化的信号输入前置放大器 A，经放大后输出音频信号。

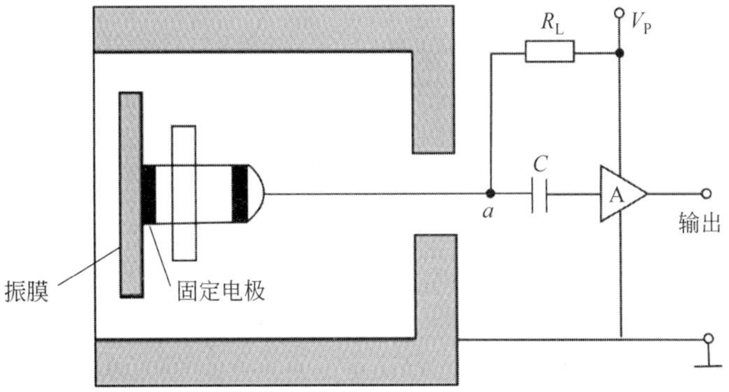

图 4.28　电容式传声器的结构

图 4.29 为 MEMS 电容式传声器的结构，背极板与声学膜共同组成一个平行板电容器。在声压的作用下，声学膜将向背极板移动，两个背极板之间的电容发生相应的改变，从而实现声信号向电信号的转换。对于 MEMS 电容式传声器来说，由于狭窄气隙中空气流阻抗的存在，引起高频情况下灵敏度的降低，这个问题通过在背极板上开大量声孔以降低空气流阻抗的方法解决。

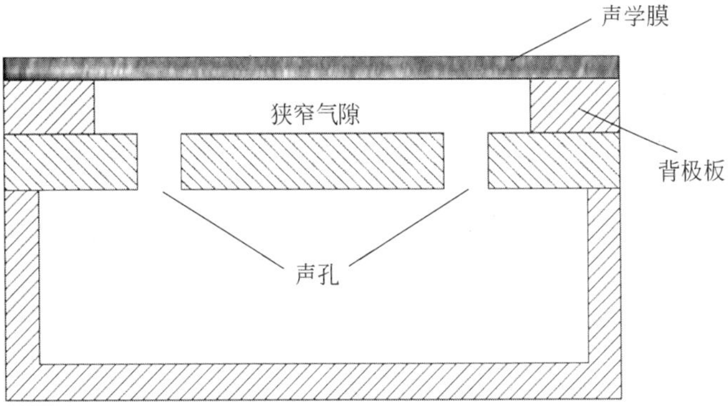

图 4.29　MEMS 电容式传声器的结构

3. 光纤式传声器

光纤受到微小的外力作用时就会产生微弯曲，而其传光能力会发生很大的变化。声音是一种机械波，它对光纤的作用就是使光纤受力并产生弯曲，使传输光的相位产生变化以及造成传输光的损耗等，光纤声传感器就是基于此原理制成的。

光纤式传声器由两根单模光纤组成，分光器将激光器发出的光束分为两束光，分别作为信号光和参考光。信号光射入作为敏感臂的光纤中，在声波的作用下，敏感臂中的激光束相位发生变化，而与另一路作为参考臂的光纤传出的激光束产生相位干涉，光检测器将这种干涉转换成与声压成比例的电信号。作为敏感臂的光纤绕成螺旋状，其目的是增大光与声波的作用距离。

4.4.3　语音识别芯片

语音识别技术就是让机器把传感器采集的语音信号通过识别和理解过程转变为相应的

文本或命令的高技术。

1. 语音识别过程

计算机语音识别过程与人对语音识别处理的过程基本上是一致的。目前主流的语音识别技术是基于统计模式识别的基本理论形成的。一个完整的语音识别系统可大致分为3部分。

1）语音特征提取

语音特征提取的目的是从语音波形中提取随时间变化的语音特征序列。声学特征的提取与选择是语音识别的一个重要环节。声学特征的提取既是一个信息大幅度压缩的过程，也是一个信号解卷过程，目的是使模式划分器能更好地工作。

由于语音信号的时变特性，特征提取必须在小段语音信号上进行，即进行短时分析。这一段被认为是平稳的分析区间，称为帧，帧与帧之间的偏移通常取帧长的1/2或1/3。通常要对信号进行预加重以提升高频，对信号加窗以避免短时语音段边缘的影响。

2）声学模型与模式匹配（识别算法）

声学模型是识别系统的底层模型，并且是语音识别系统中最关键的部分。声学模型通常利用获取的语音特征通过训练产生，目的是为每个发音建立发音模板。在识别时将未知的语音特征同声学模型（模式）进行匹配与比较，计算未知语音的特征向量序列和每个发音模板之间的距离。声学模型的设计和语音的特点密切相关。声学模型单元大小（字发音模型、半音节模型或音素模型）对语音训练数据量、系统识别率以及灵活性有较大影响。

3）语义理解

语义理解是指计算机对识别结果进行语法、语义分析，明白语言的意义，以便做出反应，通常通过语言模型实现。

2. 语音识别专用芯片

根据识别性能及语音识别算法的不同，语音识别专用芯片大致有以下3种类型。

1）DSP语音芯片

DSP语音芯片由16位数字信号处理器（Digital Signal Processor，DSP）、ADC、DAC以及ROM、RAM、Flash等存储器组成。由于DSP包含用于数字信号处理运算的专用部件，因而运算能力强，精度高，适用于较高性能的语音识别系统。最常用的DSP语音芯片有TI公司的TMS320AC54xx系列、AD公司的ADSP218x系列以及DSPG公司开发的OAK系列。DSP语音芯片可以实现孤立词特定人和非特定人语音识别功能，其识别的词可以达到中等词汇量，还可以实现说话人识别以及高质量、高压缩率语音编解码功能，因而也有高品质的语音合成和语音回放功能，这是当前语音识别专用芯片的主流组成。

2）人工神经网络芯片

由于语音信号是一个时间区间动态变化的信号，由人工神经网络构成的语音识别芯片一般采用多层前向感知机算法。但是，由于人工神经网络很难和语音信号达到最佳匹配，因此用人工神经网络实现的语音识别芯片的识别性能很不理想。而如果采用时延单元神经网络（Time Delay Neural Network，TDNN），并且与其他方法配合，则可以实现较高性能的语音识别芯片。例如，1991年，GM ResLab利用时延单元神经网络模拟芯片实现了特定人英语数字串的识别，8位数字串的识别率达到98%以上。

3）语音识别系统级芯片

语音识别系统级芯片（System on chip，SoC）将MCU或DSP、ADC、DAC、RAM、ROM以及预放、功放等电路集成在一个芯片上，只要加上极少的电源等单元就可以实现语音识别、语音合成以及语音回放等功能。这是最先进的语音识别芯片，其性价比高，功耗低，最有代表性的是Sensory公司的RSC-364及Infineon公司的UniSpeech-SDA80D51。

3. 典型芯片介绍

1）RSC-364

RSC-364由美国Sensory公司开发，于2000年开始生产，是一种低价位的语音识别专用芯片。RSC-364的功能框图如图4.30所示。

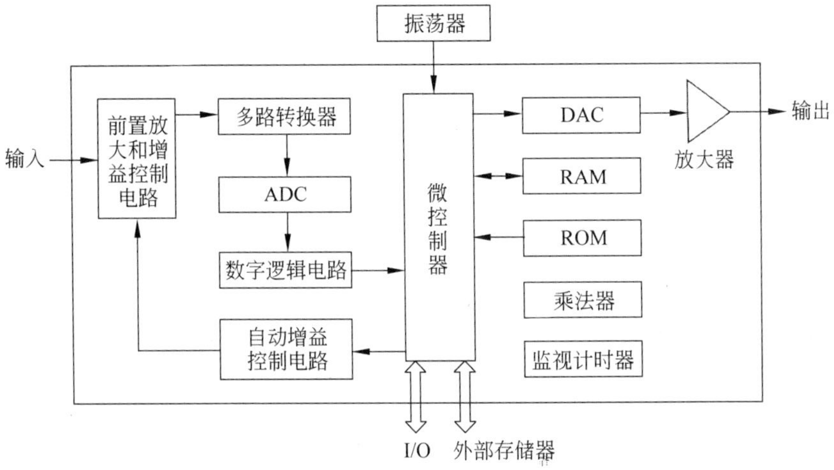

图4.30 RSC-364的功能框图

RSC-364使用预先学习好的人工神经网络进行非特定人语音识别，不需要经过训练就可以识别Yes、No、Ok等简单语句，识别率为97%。此外，RSC-364可以识别约60条特定人孤立词命令语句，识别率为99%以上。

RSC-364可以进行5～15kb/s的语音合成。同时，它还具有改进的ADPCM（Adaptive Differential Pulse Code Modulation，自适应差分脉冲调制）语音编解码功能，用于语音回放。

2）SDA80D51

SDA80D51是德国Infineon公司生产的语音处理芯片，它采用0.18μm工艺，内核的工作电压为1.8V，I/O电压为3.3V，模拟Codec部分电压为2.5V，功耗为150mW。SDA80D51芯片如图4.31所示。该芯片相当于一个片上系统，内部集成了许多功能模块，因此只需要一片芯片就能完成语音处理和系统控制。

SDA80D51含有两个处理器，分别是16位DSP（OAK）和8位MCU（M8051E-Warp）。

OAK是美国DSP Group公司设计的16位低功耗、低电压、高速定点DSP。它采用双金属CMOS，在0.6μm或0.5μm以下工艺生产。工作电压为2.7～5.5V，在5V、80MHz工作条件下消耗电流38mA，在3.3V、80MHz工作条件下消耗电流25mA。OAK采用哈佛总线结构，工作速度可达100MIPS。

M8051E-Warp由美国Mentor Graphics公司设计，是与一般8051兼容的MCU，具有很多的增强功能，最高运算速度可达50MIPS，增强8051的一个机器周期是12个时钟周期，而

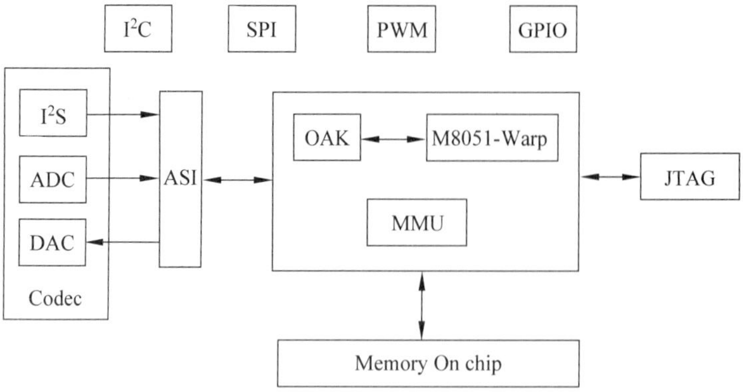

图 4.31 SDA80D51 芯片

M8051-Warp 只需两个时钟周期，其速度是传统 8051 的 6 倍，许多指令都能在一个机器周期内完成。由于其指令与 8051 兼容，使得程序员不用花时间学习新指令，可以直接采用传统的 8051 编程方式。SDA80D51 芯片集成了 JTAG 口，用 Mentor Graphics 公司的 FS2 仿真器就可以实现在线仿真。

Codec 部分由 I^2S、ADC 和 DAC 组成。I^2S 口可用来外接一些通用的模数芯片。两路 12 位 8kHz 采样率的 ADC 可接峰-峰值为 1.03V 的差分电压。片内有数字 AGC，可放大 0～42dB(8 挡，6dB 步长)。ADC 采用 Sigma-Delta 调制技术并经过一定的换算得到 16 位 PCM 码流送往处理器。两路 11 位 8kHz 采样率的 DAC 可以用软件方法调节增益，可放大 0～－18dB(－6dB 步长)。Codec 可通过 ASI(Asynchronous Serial Interface，异步串行接口)连到 OAK 或 M8051-Warp 上。

SDA80D51 芯片还有 I^2S、SPI 和 PWM 接口模块，可以通过 M8051-Warp 控制。另外，在不同版本的 SDA80D51 芯片上还有 50～250 个 GPIO(General-Purpose Input/Output，通用的输入输出口)，这可以保证系统控制的灵活性。该芯片最有特点的功能模块是存储器管理单元 MMU(Memory Manage Unit，存储管理单元)，它可以管理两个核的存储区映射。物理存储器(RAM 或 ROM)由多个块组成，每个块的大小在不同版本的 SDA80D51 芯片上定义是不同的。MMU 既可以把块映射到 OAK 的程序区或数据区，也可以把块映射到 M8051 的程序区或数据区，这些完全由写 M8051 的特殊功能寄存器完成。存储空间的自由挂接使得 OAK 和 M8051-Warp 之间的数据转换变得非常容易。此外，程序装载和启动也需要 MMU 的控制。

整个芯片的工作方式是：M8051-Warp 作为主控制芯片，完成对各种接口的控制和系统的配置；OAK 作为协处理器，完成语音编解码算法等的计算任务。这两个核之间还有两个 64 字宽的 FIFO，它们用于双核通信。

4.5 嗅觉与味觉传感器

4.5.1 嗅觉传感器

1. 嗅觉机理

1) 人类嗅觉

嗅觉是鼻腔受某种挥发性分子的刺激后产生的生理反应，是一种复杂而模糊的感觉。

生理学研究表明，人的鼻腔上布有一块面积约为 $25cm^2$ 的嗅上皮，含有约 5.0×10^7 个嗅细胞，每个嗅细胞上有数根直径约为 $0.15\mu m$ 的嗅黏毛通过嗅黏膜伸出，正是这些嗅黏毛末梢直接感受气味分子的刺激。嗅细胞受气味分子刺激而产生的微弱响应信号经嗅神经被传送至嗅小球、僧帽细胞、颗粒细胞，最后传到大脑中枢。人的嗅觉传导通路如图 4.32 所示。每个嗅细胞的生存期约 22 天，其灵敏度并不很高。至今还没有发现只对一种特定分子有敏感反应的嗅细胞。大量嗅细胞从复杂背景中感受到的多维微弱有用信号经嗅神经和大脑中枢处理后，背景噪声被除去，嗅觉系统的整体灵敏度因此提高 3 个数量级以上，从而具有识别数千种气味的能力。这说明，单个嗅细胞的性能是有限的，多个嗅细胞的性能是彼此重叠的，生物嗅觉系统的识别能力是大量嗅细胞、嗅神经和大脑中枢共同作用的结果。

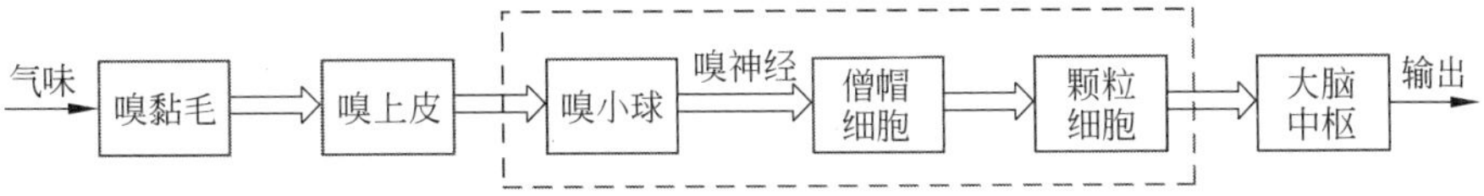

图 4.32 人的嗅觉传导通路

2）人工嗅觉系统

常见的人工嗅觉系统一般由气敏传感器阵列和分析处理器构成。图 4.33 为人工嗅觉系统的结构框图。从功能上看，气敏传感器阵列相当于生物嗅觉系统中彼此重叠的嗅细胞，数据处理器和智能解释器相当于生物的大脑，分析处理器相当于生物的脑细胞，其余部分相当于嗅神经信号传递系统。人工嗅觉系统在以下几方面模拟了生物的嗅觉功能。

（1）阵列检测。

将性能彼此重叠的多个气敏传感器组成阵列，模拟人鼻腔内的大量嗅细胞，通过精密测试电路得到对气味的瞬时敏感响应信号。

（2）数据处理。气敏传感器的响应经滤波、模数转换后，将对研究对象而言的有用成分和无用成分加以分离，得到多维响应信号。

（3）智能解释。利用多元数据统计分析方法、神经网络方法和模糊方法将多维响应信号转换为感官评定指标值或组成成分的浓度值，得到被测气味定性分析结果。

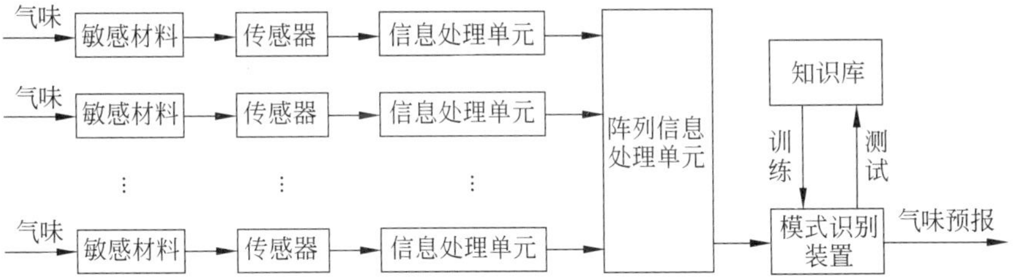

图 4.33 人工嗅觉系统结构框图

只对一种气味分子有敏感响应的气敏传感器是不存在的。一般地说，即使有标准参考气体，由单个传感器的响应也不能推断某种气体的存在。由 n 个传感器测量由多种成分组成的气味，则得到一个 n 维响应向量。

2. 嗅觉传感器

嗅觉传感器按敏感材料类型分为化学电阻型和质量型两大类，前者主要为 MOS 传感器和导电聚合物膜传感器，后者主要为声表面波传感器与石英晶振传感器。

1）MOS传感器

MOS传感器如图4.34所示，是目前使用最广泛的嗅觉传感器，常用的金属氧化物有SnO_2、Ga_2O_3、V_2O_5、TiO_2、WO_3等，其中大多数都被铂、金、铑、钯等稀有金属掺杂，成为对某些气体有选择性敏感响应的金属氧化物半导体，即选择性气体敏感膜材料。例如，SnO_2半导体传感器的表面敏感层与空气接触时，空气中的氧分子靠电子亲和力捕获敏感层表面上的自由电子而吸附在SnO_2表面上，从而在晶界上形成一个势垒，限制了电子的流动，导致器件的电阻增加，使SnO_2表面带负电。当传感器被加热到一定温度并与CO和H_2等还原性气体接触时，还原性气体分子与SnO_2表面的吸附氧发生化学反应，降低了势垒高度，使电子容易流动，从而降低了器件阻值。SnO_2半导体传感器根据输出电压的变化检测特定气体。

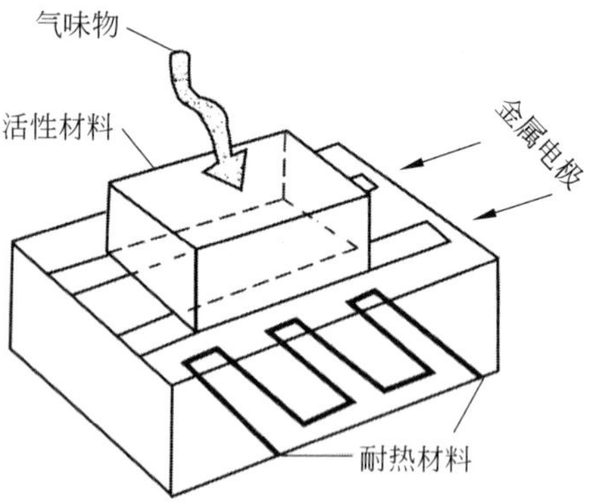

图4.34　MOS传感器

2）导电聚合物膜传感器

导电聚合物膜传感器的工作原理是工作电极表面上的杂环分子涂层在吸附或释放被测气味分子后导电性能会发生变化。导电聚合物膜材料来源广泛，选择性大，具有灵敏度高、稳定性好、不易被含硫化合物毒化的优点。同时，被测对象的浓度与传感器的响应在很大范围内几乎为线性关系，这给数据处理带来极大的方便。除此之外，这类传感器阵列易于制造和微型化，在环境温度下，被测气味分子吸附和释放速度快，因而响应时间短。

3）声表面波传感器

声表面波传感器利用声表面器件制成后波速和频率随外界环境变化而漂移的特性，在压电晶体表面涂一层选择性吸附某种气体的气敏薄膜。当这层气敏薄膜吸附特定气体之后，引起压电晶体的声表面波频率发生漂移，从而可以测出气体的浓度。

目前声表面波传感器主要是基于声表面波延迟线振荡器的气敏元件，声表面波延迟线振荡器具有窄带宽、高Q值和低插损的特点。声表面波传感器如图4.35所示，它采用双通道声表面波延迟线振荡器消除环境温度变化对传感器的影响。

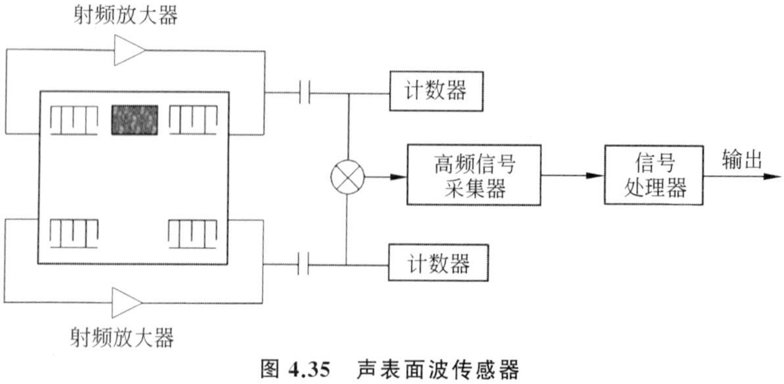

图4.35　声表面波传感器

4）石英晶振传感器

石英晶振传感器由石英基片、电极、支架 3 部分构成。其中化学涂层位于电极的中心，用来吸附被测气体，涂层质量直接影响传感器的质量。涂层材料的质量分数不同，对气体的灵敏度也不同。质量分数过小时，吸附气体的量较少，容易饱和；质量分数过大时，涂层黏度大，石英振子容易超载，甚至会引起停振。另外，涂层种类的选择也会对传感器的各项性能产生很大的影响。所选涂层应该能对被测气体快速做出响应，而对载气或其他气体不吸附或很少吸附，响应过程应完全可逆。当用载气通过气敏元件时被测气体应很快解吸，使晶体恢复原来的振荡频率。最后，涂层应该附着性好，不易挥发，使用寿命长。

3. 红外线光电检测装置

红外线光电检测装置基于以下原理：在给定的光程上，红外线通过气体后，光强以及光谱峰的位置和形状均会发生变化，测出这些变化，就可对被测气体的成分和浓度进行分析。红外线光电检测装置在一定的范围内，传感器的输出与被测对象的浓度基本上为线性关系。但是，这类装置的体积不可能很小，并且价格昂贵，使用条件苛刻。

4.5.2　味觉传感器

味觉是指酸、咸、甜、苦、鲜等人类味觉器官的感觉。酸味是由盐酸、氨基酸、柠檬酸等的氢离子引起的，咸味主要是由氯化钠引起的，甜味主要是由蔗糖、葡萄糖等引起的，苦味是由奎宁、咖啡因等引起的，鲜味是由海藻中的谷氨酸单钠、鱼和肉中的肌苷酸二钠、蘑菇中的鸟苷酸二钠等引起的。

在人类味觉系统中，舌头表面味蕾上的味觉细胞的生物膜可以感受味觉。味觉物质被转换为电信号，经神经纤维传至大脑，这样人就感受到味道。味觉传感器与只检测某种特殊的化学物质的传统化学传感器不同。目前某些传感器可实现对味觉的敏感，例如，pH 计可用于酸度检测，导电计可用于咸度检测，比重计或屈光度计可用于甜度检测。但这些传感器只能检测味觉溶液的某些物理化学特性，并不能模拟实际的生物味觉敏感功能，测量的物理值受到外界非味觉物质的影响。此外，这些物理特性还不能反映各味觉物质之间的关系，如抑制效应等。

实现味觉传感器的一种有效方法是使用类似生物系统的材料作为传感器的敏感膜。电子舌是用类脂膜作为味觉物质换能器的味觉传感器，能够以类似人的味觉感受方式检测味觉物质。目前，从不同的机理看，味觉传感器技术大致分为多通道类脂膜技术、基于表面等离子体共振技术、表面光伏电压技术等，味觉模式识别由最初的神经网络模式识别发展到混沌识别。混沌是一种遵循一定非线性规律的随机运动，它对初始条件敏感。混沌识别具有很高的灵敏度，因此得到越来越广泛的应用。比较典型的电子舌系统有法国的 Alpha MOS 系统和日本的 Kiyoshi Toko 电子舌。

1. 多通道味觉传感器

多通道味觉传感器用类脂膜构成多通道电极，多通道电极通过多通道放大器与多通道扫描器连接，从传感器得到的电子信号通过数字电压表转换为数字信号，然后送入处理器进行处理，测量多通道类脂膜和参考电极之间的电压差。这种传感器已经应用于饮料检测，根据输出模式可以很容易地将各种啤酒区分开。

2. 基于表面光伏电压的味觉传感器

基于表面光伏电压的味觉传感器由参考电极、样本溶液、类脂膜、氧化物和半导体结构组成,其优点是系统简单,传感元件集中在半导体表面。为了增强具有不同灵敏度和选择特性的多个传感元件在半导体表面的集中度,使用改进的 LB 类脂膜。此类传感器基于样本溶液和类脂膜相互作用引起半导体表面电压变化的原理检测味觉物质。当可调节的光子束照射到半导体表面,表面耗尽层产生的光电流由锁相放大器得到,调整扫描光束(直径 0.3mm)为 25kHz,沿半导体表面扫描得到半导体表面电势图,味觉辨识就是通过对类脂膜的电势图进行模式识别实现的。

3. 基于表面等离子共振的味觉传感器

基于表面等离子共振的味觉传感器使用由复六方基磷酸酯制成的多层 LB 类脂膜作为味觉传感器的敏感膜,根据膜与味觉物质的相互作用检测味觉物质。当 LB 类脂膜中加入 ConA(伴刀豆球蛋白 A)后,几乎对所有味觉物质都有响应。这种味觉传感器有独特的电化学性质,通过测量膜电势敏感味觉,所以对电解质敏感;然而,它对大多数甜味物质或一些苦味物质等非电解质不敏感,对这些物质得不到太多信息。表面等离子共振味觉传感器如图 4.36 所示。金膜(50nm)脱水后放置在玻璃棱镜上,这套装置共有两个电极,即参考电极(R)和样本电极(S)。LB 类脂膜被放在样本电极一边,而不放在参考电极一边。首先把 10μL 蒸馏水滴在两个电极上,然后在两边同时加味觉物质,这样两边的味觉物质的浓度应该是相等的,测量两个电极的电压差就可以检测到味觉物质和类脂膜之间的相互作用的特性。

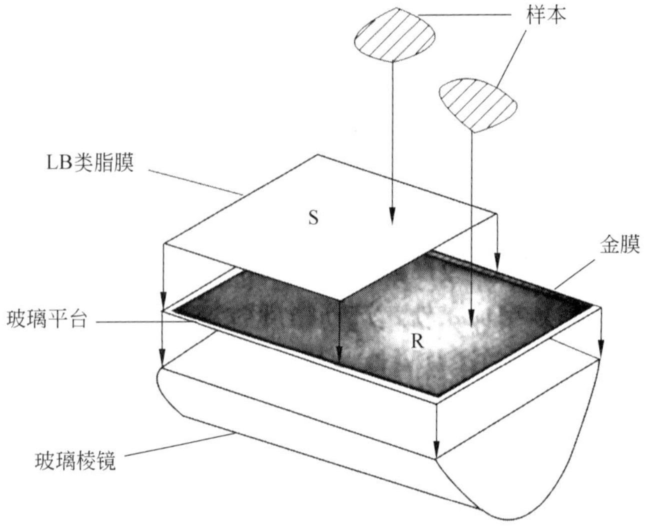

图 4.36　表面等离子共振味觉传感器

4. 得克萨斯味觉传感器芯片

美国得克萨斯大学研制的新型味觉传感器芯片能对溶液中的多种被分析成分进行并行实时检测,并且可对检测结果进行量化。这种传感器芯片将化学传感器固定在一个微机械平台上,图 4.37 为得克萨斯味觉传感器阵列。基于荧光信号变化的蓝色发光二极管在比色系统中采用白光作为高能激发源,荧光检测时用滤波器滤掉激发光源波长。位于微机械平台下的 CCD(Charge-Coupled Device,电荷耦合器件)用来采集数据。在硅片表面用微机械工艺刻槽,敏感球固定在槽中，控制蚀刻过程，使得槽底部具有透光性。调制光通过敏感球和槽底部后投射到 CCD 探测器上，光信号的变化分析可由 CCD 探测器和计算机完成。敏感球的直径为 50～100μm，当微环境发生变化时，其直径也发生变化(如膨胀或收缩)。为了分析这种变化，采用平面微机械工艺装配微型测试管，可以很好地固定敏感球。用传统微机械工艺在硅表面形成金字塔形状的蚀刻槽，放入敏感球，用透明盖子固定在上面。在槽的顶部加光照，在底部用 CCD 探测器接收光信号。通过 CCD 探测器和识别程序判断光信号的变化，以检测味觉物质。

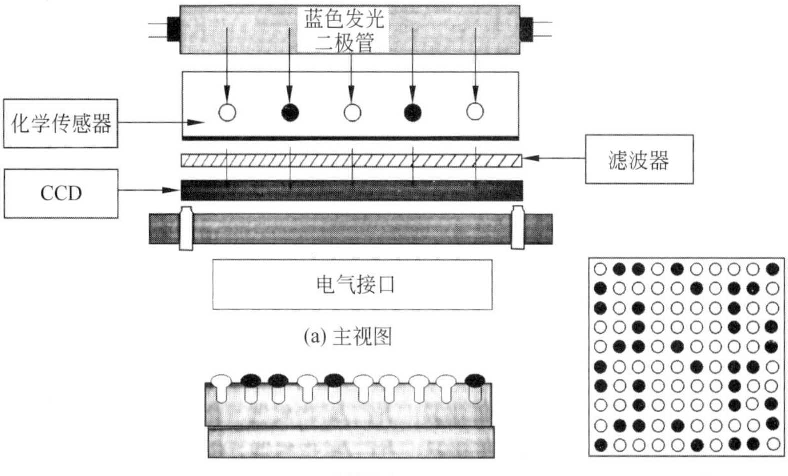

(a) 主视图

(b) 侧视图　　(c) 顶视图

图 4.37　得克萨斯味觉传感器阵列

4.6　本章小结

本章阐述了机器人感知技术中触觉、力觉和视觉以外其他常见的感知技术的基础知识，主要包括接近觉、热觉、听觉、嗅觉和味觉。由于当前智能机器人中使用的这些特殊感知技术还不如触觉和力觉感知技术那样成熟，因此本章主要选取了相关文献中已经给出的较为经典的传感器。对于接近觉感知技术，介绍了接触式、感应式、电容式、超声波式和光电式接近觉传感器的测量基本原理；对于热觉感知技术，先简要介绍了热测量技术的基本知识，然后介绍了机器人中可能用到的几种热觉传感器的工作原理，特别是对水下的热觉传感器进行了阐述；对于滑觉感知技术，介绍了受迫振荡式、断续器型和贝尔格莱德手滑觉传感器的设计原理和工作过程；对于听觉感知技术，简要介绍了动圈式、电容式和光纤式传声器的工作原理，然后介绍了几种典型的语音识别芯片的主要功能；对于嗅觉和味觉感知技术，简要介绍了嗅觉和味觉机理，并给出了常见的传感器的基本功能和应用场景。

习　题　4

1. 机器人接近觉传感器的功能有哪些？接近觉传感器有哪些种类？
2. 简述热电偶测温的基本原理及热电偶测温遵循的基本定律。

3. 机器人热觉传感器的应用场景有哪些？举例说明热觉传感器的作用。

4. 简述机器人滑觉感知技术与触觉和力觉感知技术的区别。滑觉传感器的适用场合有哪些？

5. 简述电容式听觉传感器的基本工作原理。

6. 简述语音识别过程。什么是特定人语音识别和非特定人语音识别？二者有何联系和区别？

7. 采用一款机器人嗅觉或味觉传感器实现嗅觉或味觉定位的基本原理和思路是什么？

第 5 章　机器人视觉感知技术基础

5.1　视觉传感器与视觉系统

随着视觉传感器及计算机技术的飞速发展，机器视觉在三维测量、三维物体重建、物体识别、机器人导航、视觉监控、工业检测、生物医学等诸多领域得到了越来越广泛的应用。

5.1.1　视觉传感器的定义和分类

视觉传感器在传统意义上来讲就是相机，相机是一种利用光学成像原理形成影像并记录影像的设备。按照此定义，视觉传感器仅仅是用来摄影的工具。随着技术的进步，人们在相机里面又加上了集成化的算法，也就是处理单元，就变成了智能相机，但从严格意义上来说，智能相机已经不仅仅是视觉传感器了，把智能相机看作一个视觉系统更为科学。视觉传感器种类繁多且特点鲜明。下面从传统角度和成像特点对视觉传感器进行分类。

1. 传统视觉传感器的分类

按照成像的基本原理以及工作维数不同，传统视觉传感器有线阵相机和面阵相机两种。

线阵相机的像素沿一条线排列，每次得到的图像呈现为一条线，虽然也是二维图像，但是长度很长，可以达到几千像素，但是宽度只有几像素。使用这种相机通常有两种情况：一是被检测视野为细长的带状，如在滚筒上检测故障；二是需要很宽的视野和很高的精准度。线阵相机的优点是像元尺寸比较灵活，帧率高，特别适用于一维动态目标的测量。

面阵相机的像素排列为一个呈矩形的面状，一次可以获取整幅二维图像。利用面阵相机可以获取更多的信息，包括测量面积、形状、尺寸、位置甚至温度。面阵相机可以快速、准确地获取二维图像信息，而且是非常直观的测量图像。其缺点是帧率也受到了限制。

简单地说，线阵相机与面阵相机的不同主要是感光元件的工作原理不同。

前面提到，传统的视觉传感器就是相机，相机的种类有 CCD 相机、CMOS 相机、双目相机、全景相机、3D 相机等。这些相机的种类和上面所说的线阵相机和面阵相机并不冲突。例如，比较常见的 CCD 相机既有线阵 CCD 相机也有面阵 CCD 相机。下面简要介绍这几种相机。

1）CCD 相机

20 世纪 70 年代，贝尔实验室成功研制出一种基于电荷耦合器件（CCD）的传感器。CCD 是一种采用大规模集成电路工艺制作的半导体光电元件，CCD 相机就是应用了这种光电元件的相机。CCD 相机具有分辨率高、噪声小、能耗低、体积小等优良特性，在工业中很快得到广泛应用。

2）CMOS 相机

CMOS 相机的感光元件是互补金属氧化物半导体(CMOS)，它是计算机系统内的一种重要芯片，用于保存系统引导的基本资料。CMOS 相机摄影时不需要复杂的处理过程，可直接将图像半导体产生的电子转变成电压信号，因此成像速度非常快。

3）双目相机

双目相机用两个镜头对物体进行定位，如图 5.1 所示。对物体上一个特征点，用两个位于不同位置的镜头拍摄，可分别获得该点在两个镜头像平面上的坐标。只要知道两个镜头精确的相对位置，就可以用几何方法得到该点在相机的坐标系中的坐标，即确定了特征点的位置。在双目定位过程中，两个镜头在同一平面上，并且光轴平行，就像人的两只眼睛一样。双目相机常用于收集深度数据。

4）全景相机

全景相机(图 5.2)用于广角摄影，可实现 360°拍摄，常用于虚拟现实系统。

图 5.1　双目相机

图 5.2　全景相机

5）3D 相机

3D 相机又称为深度相机。顾名思义，通过 3D 相机能检测出拍摄空间的景深数据，这也是其与普通相机的根本区别。普通相机记录的数据不包含图像中的物体与相机的距离。尽管通过图像的语义分析可以判断哪些物体比较远，哪些比较近，但是无法得到准确的数据。3D 相机解决了该问题，通过 3D 相机获取的数据，就能准确地知道图像中每个点与镜头的距离，再加上该点在 2D 图像中的坐标，就能获取图像中每个点的三维空间坐标。通过三维空间坐标就能还原真实场景，实现场景建模等目标。

2. 视觉传感器从成像特点角度的分类

按照成像特点，视觉传感器又可以分为黑白相机、彩色相机、红外相机等。

黑白相机只能采集到黑白图像。

彩色相机能获得彩色图像。为了实现这样的功能，在感光元件上集成一个拜耳透镜阵列，即在一个 2×2 的像素矩阵内，两个像素采集绿光，一个像素采集蓝光，一个像素采集红光，随后进行插值运算，就可以生成彩色图像了。市场上的数码相机都是按照这样的方法获得彩色图像的。

红外相机的感光部分可以接收红外线信号。所谓红外线，就是在光谱中可见光的红光以外的部分，它具有光的物理特征，但是人眼看不到。红外相机可以捕捉到红外光，所以即便是在光照条件不好的情况下，红外相机也能拍到目标物。

3. 广义的视觉传感器

从广义来说，即从采集目标物信息的角度来说，激光雷达也是一种视觉传感器。激光雷达所采集的点云数据包含了丰富的目标物信息，如三维坐标、颜色、激光反射强度等。

5.1.2　视觉系统

如图 5.3 所示，视觉系统一般由光源、视觉传感器、图像采集系统、图像处理系统以及控制系统等模块组成。光源为视觉系统提供足够的照度，镜头将被测目标成像到视觉传感器的像平面上，并转换为全电视信号。图像采集系统将全电视信号转换为数字图像，即把每一点的亮度转换为灰度级数据，并存储为一幅或多幅图像。图像处理系统负责对图像进行处理……最终给出检测结果。

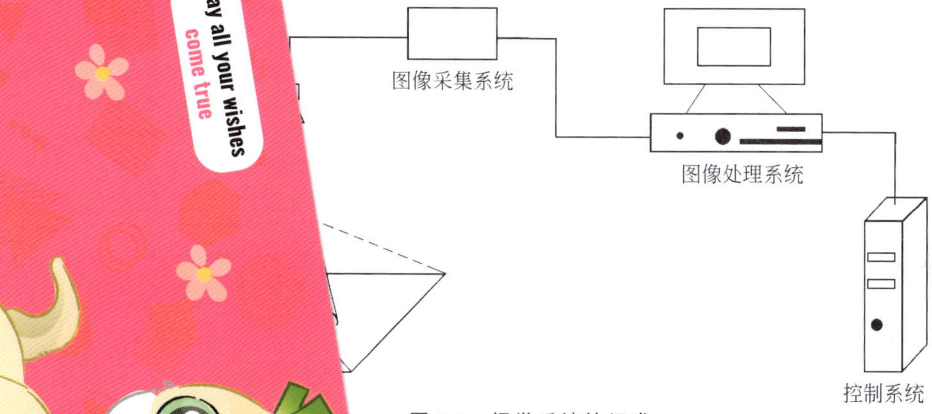

图 5.3　视觉系统的组成

……统的核心，不仅要控制整个系统中各个模块的正常运行，而且……输出。

……2　视觉成像基本原理

……透视投影模型，也称针孔成像模型。这种模型在数学上是……个 3×4 的投影矩阵 $\boldsymbol{M}$ 描述。中心透视投影模型假设物……个针孔投影在像平面上。该针孔称为光心或投影中心。……理。该模型主要由光心、像平面和光轴组成。其中，光心……u 等于光心到被测物体的距离。物点 P、光心 C 和对应……

……理可知，物点 P 到光轴的距离 X 与对应像点 p 到光轴……角形对应边之间的比例关系，即

$$\frac{X}{u}=\frac{x}{f} \tag{5.1}$$

在机器视觉应用中，空间物体表面某点的三维坐标与其在图像中对应点的坐标之间存

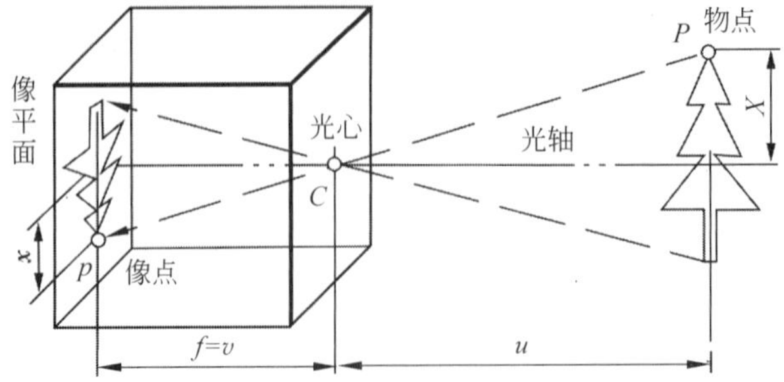

图 5.4 中心透视投影模型成像原理

在一定的关系，通过建立相机成像的几何模型便可确定这一关系，几何模型的参数就是相机参数。为此，先要建立相机常用坐标系，该坐标系包括相机坐标系、图像坐标系、像素坐标系和世界坐标系。相机坐标系、图像坐标系和像素坐标系如图 5.5 所示。

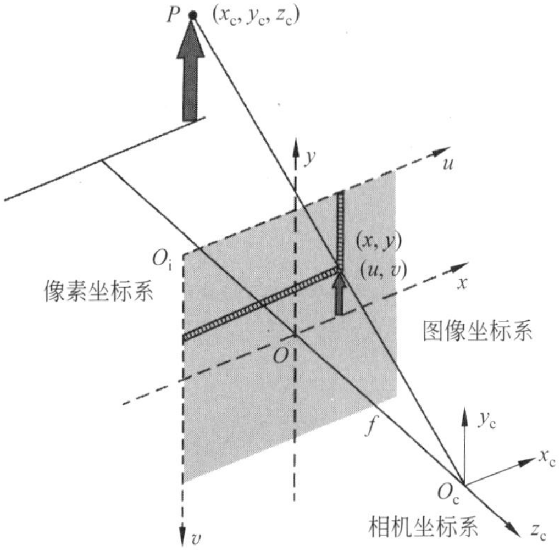

图 5.5 相机常用坐标系及成像

相机坐标系的原点 O_c 即相机光心，z_c 轴与相机光轴重合，且取摄像方向为正向，x_c 轴、y_c 轴分别与图像坐标系的 x 轴、y 轴平行。为了描述像素点在图像中的坐标，以成像平面的左上角顶点 O_i 为原点建立像素坐标系，u 轴和 v 轴分别平行于图像坐标系的 x 轴和 y 轴。每幅图像的存储形式是 $m\times n$ 的数组序列，其中的元素即像素，像素的坐标(u,v)表示该像点在像平面的行号和列号。像素坐标系以像素为单位。世界坐标系又称为全局坐标系，通常是将被测物体和相机作为一个整体考虑的坐标系。空间点 P 的位置通常用其在世界坐标系中的坐标(x,y,z)描述。

1. 相机坐标系与世界坐标系的关系

任意两个坐标系之间的相对关系都可以分解成一次绕坐标原点的旋转和一次平移。旋转可以有多种表达方式，如欧拉角、旋转向量、四元数等。下面采用欧拉角表示坐标系的旋转。设物点 $P(x,y,z)$在相机坐标系中的坐标为(x_c,y_c,z_c)，则可以用旋转矩阵和平移向量描述(x_c,y_c,z_c)与(x,y,z)之间的关系：

$$\begin{bmatrix}x_c\\y_c\\z_c\end{bmatrix}=\boldsymbol{R}\begin{bmatrix}x\\y\\z\end{bmatrix}+\boldsymbol{T}=\begin{bmatrix}r_0&r_1&r_2\\r_3&r_4&r_5\\r_6&r_7&r_8\end{bmatrix}\begin{bmatrix}x\\y\\z\end{bmatrix}+\begin{bmatrix}T_x\\T_y\\T_z\end{bmatrix} \tag{5.2}$$

式(5.2)可改写为

$$\begin{bmatrix}x_c\\y_c\\z_c\\1\end{bmatrix}=\begin{bmatrix}\boldsymbol{R}&\boldsymbol{T}\\\boldsymbol{0}&1\end{bmatrix}\begin{bmatrix}x\\y\\z\\1\end{bmatrix} \tag{5.3}$$

其中,$\boldsymbol{R}$ 称为旋转矩阵,它是一个 3×3 的单位正交阵,其中的元素 $r_0 \sim r_8$ 是旋转角(α_x,α_y,α_z)的三角函数组合,旋转角(α_x,α_y,α_z)定义为将世界坐标系变换到与相机坐标系姿态一致而分别绕 3 个坐标轴旋转的欧拉角。$\boldsymbol{T}=[T_x \quad T_y \quad T_z]^{\mathrm{T}}$,称为平移向量,是世界坐标系原点 O_w 在相机坐标系中的坐标,也就是将世界坐标系原点 O_w 移至相机坐标系原点 O_c 的平移量。经过旋转和平移,使得世界坐标系与相机坐标系重合,如图 5.6 所示。

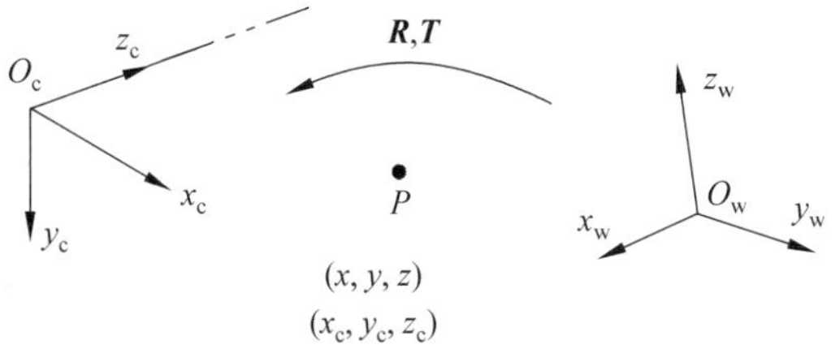

图 5.6 用旋转和平移描述世界坐标系与相机坐标系的关系

设世界坐标系绕 x_w 轴旋转 α_x 得到的旋转矩阵为 $\boldsymbol{R}_x$,绕 y_w 轴旋转 α_y 得到的旋转矩阵为 $\boldsymbol{R}_y$,绕 z_w 轴旋转 α_z 得到的旋转矩阵为 $\boldsymbol{R}_z$。根据坐标变换关系,$\boldsymbol{R}_x$、$\boldsymbol{R}_y$、$\boldsymbol{R}_z$ 分别为

$$\boldsymbol{R}_x=\begin{bmatrix}1&0&0\\0&\cos\alpha_x&-\sin\alpha_x\\0&\sin\alpha_x&\cos\alpha_x\end{bmatrix},\boldsymbol{R}_y=\begin{bmatrix}\cos\alpha_y&0&-\sin\alpha_y\\0&1&0\\\sin\alpha_y&0&\cos\alpha_y\end{bmatrix},\boldsymbol{R}_z=\begin{bmatrix}\cos\alpha_z&-\sin\alpha_z&0\\\sin\alpha_z&\cos\alpha_z&0\\0&0&1\end{bmatrix} \tag{5.4}$$

对于相对关系已经确定的两个坐标系,旋转矩阵 $\boldsymbol{R}$ 和平移向量 $\boldsymbol{T}$ 各元素的数值也是确定的。但是,如果规定世界坐标系按不同的旋转顺序依次绕各坐标轴旋转,会得到不同的旋转角数值和旋转矩阵表达形式。例如,在摄影测量中常用的让世界坐标系先绕 y_w 轴转 a_y,再绕当前的 x_w 轴转 a_x,最后绕当前的 z_w 轴转 a_z,则旋转矩阵 $\boldsymbol{R}$ 为

$$\boldsymbol{R}=\boldsymbol{R}_z\boldsymbol{R}_x\boldsymbol{R}_y \tag{5.5}$$

容易验证,旋转矩阵 $\boldsymbol{R}$ 是一个单位正交矩阵。交换式(5.5)中 $\boldsymbol{R}_x$、$\boldsymbol{R}_y$、$\boldsymbol{R}_z$ 的顺序,可以得到不同旋转顺序下旋转矩阵 $\boldsymbol{R}$ 的表达式。

2. 相机坐标系与图像坐标系的关系

如图 5.7 所示,相机坐标系与图像坐标系的关系可根据中心透视投影模型的基本关系式[式(5.1)]推导而得,像点 p 的图像坐标(x,y)与物点 P 的相机坐标系坐标(x_c,y_c,z_c)的关系为

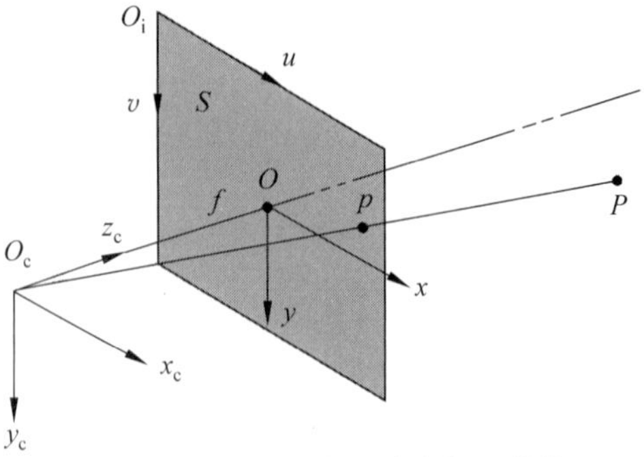

图 5.7　相机坐标系与图像坐标系的关系

$$\begin{cases} x = f\dfrac{x_c}{z_c} \\ y = f\dfrac{y_c}{z_c} \end{cases} \tag{5.6}$$

其中，f 为焦距。式(5.6)写成齐次坐标形式为

$$\boldsymbol{Z}_c\begin{bmatrix} x \\ y \\ 1 \end{bmatrix} = \begin{bmatrix} f & 0 & 0 & 0 \\ 0 & f & 0 & 0 \\ 0 & 0 & 1 & 0 \end{bmatrix}\begin{bmatrix} x_c \\ y_c \\ z_c \\ 1 \end{bmatrix} \tag{5.7}$$

3. 像素坐标系与图像坐标系的关系

假设图像中心的像素坐标为(u_0, v_0)，相机中的感光器件每个像素在 x 与 y 方向上的物理尺寸是 d_x、d_y，那么，图像坐标系的坐标(x, y)与像素坐标系的坐标(u, v)之间的关系可以表示为

$$\begin{cases} u = \dfrac{x}{d_x} + u_0 \\ v = \dfrac{y}{d_y} + v_0 \end{cases} \tag{5.8}$$

写成矩阵形式为

$$\begin{bmatrix} u \\ v \end{bmatrix} = \begin{bmatrix} \dfrac{1}{d_x} & 0 \\ 0 & \dfrac{1}{d_y} \end{bmatrix}\begin{bmatrix} x \\ y \end{bmatrix} + \begin{bmatrix} u_0 \\ v_0 \end{bmatrix} \tag{5.9}$$

写成齐次坐标形式为

$$\begin{bmatrix} u \\ v \\ 1 \end{bmatrix} = \begin{bmatrix} \dfrac{1}{d_x} & 0 & 0 \\ 0 & \dfrac{1}{d_y} & 0 \\ 0 & 0 & 0 \end{bmatrix}\begin{bmatrix} x \\ y \\ 0 \end{bmatrix} + \begin{bmatrix} u_0 \\ v_0 \\ 1 \end{bmatrix} = \begin{bmatrix} \dfrac{1}{d_x} & 0 & u_0 \\ 0 & \dfrac{1}{d_y} & v_0 \\ 0 & 0 & 1 \end{bmatrix}\begin{bmatrix} x \\ y \\ 1 \end{bmatrix} \tag{5.10}$$

上面介绍的是图像坐标系和像素坐标系均为直角坐标系的情况。但是，在大多数情况

下，像素坐标系两个坐标轴的夹角为 θ，那么

$$\begin{cases} u = \dfrac{x}{d_x} - \dfrac{y\cot\theta}{d_x} + u_0 \\ v = \dfrac{y}{d_y\sin\theta} + v_0 \end{cases} \tag{5.11}$$

写成齐次坐标形式为

$$\begin{bmatrix} u \\ v \\ 1 \end{bmatrix} = \begin{bmatrix} \dfrac{1}{d_x} & -\dfrac{\cot\theta}{d_x} & 0 \\ 0 & \dfrac{1}{d_y\sin\theta} & 0 \\ 0 & 0 & 0 \end{bmatrix} \begin{bmatrix} x \\ y \\ 0 \end{bmatrix} + \begin{bmatrix} u_0 \\ v_0 \\ 1 \end{bmatrix} = \begin{bmatrix} \dfrac{1}{d_x} & -\dfrac{\cot\theta}{d_x} & u_0 \\ 0 & \dfrac{1}{d_y\sin\theta} & v_0 \\ 0 & 0 & 1 \end{bmatrix} \begin{bmatrix} x \\ y \\ 1 \end{bmatrix} \tag{5.12}$$

4. 像素坐标系与世界坐标系的关系

通过前面几个步骤得到各个坐标系之间的转换关系，就可以进一步得出像素坐标系与世界坐标系的变换关系：

$$\begin{aligned} \boldsymbol{Z}_c \begin{bmatrix} u \\ v \\ 1 \end{bmatrix} &= \begin{bmatrix} \dfrac{1}{d_x} & -\dfrac{\cot\theta}{d_x} & u_0 \\ 0 & \dfrac{1}{d_y\sin\theta} & v_0 \\ 0 & 0 & 1 \end{bmatrix} \begin{bmatrix} f & 0 & 0 & 0 \\ 0 & f & 0 & 0 \\ 0 & 0 & 1 & 0 \end{bmatrix} \begin{bmatrix} \boldsymbol{R} & \boldsymbol{T} \\ 0 & 1 \end{bmatrix} \begin{bmatrix} x \\ y \\ z \\ 1 \end{bmatrix} \\ &= \begin{bmatrix} \dfrac{f}{d_x} & -\dfrac{f\cot\theta}{d_x} & u_0 & 0 \\ 0 & \dfrac{f}{d_y\sin\theta} & v_0 & 0 \\ 0 & 0 & 1 & 0 \end{bmatrix} \begin{bmatrix} \boldsymbol{R} & \boldsymbol{T} \\ 0 & 1 \end{bmatrix} \begin{bmatrix} x \\ y \\ z \\ 1 \end{bmatrix} \end{aligned} \tag{5.13}$$

定义一个 3×4 的矩阵 $\boldsymbol{M}$：

$$\boldsymbol{M} = \begin{bmatrix} f_x & f_x\cot\theta & u_0 & 0 \\ 0 & \dfrac{f_y}{\sin\theta} & v_0 & 0 \\ 0 & 0 & 1 & 0 \end{bmatrix} \begin{bmatrix} \boldsymbol{R} & \boldsymbol{T} \\ 0 & 1 \end{bmatrix} \tag{5.14}$$

其中，$f_x = f/d_x$，$f_y = f/d_y$，分别称为 x 轴和 y 轴上的归一化焦距。(u_0, v_0) 和归一化焦距 (f_x, f_y) 是相机的内参数，描述的是相机本身的特性；而平移向量 $\boldsymbol{T}$ 和旋转角、旋转矩阵 $\boldsymbol{R}$ 是相机的外参数，描述的是相机坐标系与世界坐标系的相对位置、姿态关系。在构成 $\boldsymbol{M}$ 矩阵的两个矩阵（即等号右边的两个矩阵）中，第一个矩阵由相机内参数组成，称为内参数矩阵；第二个矩阵由相机外参数组成，称为外参数矩阵。中心透视投影成像关系可用矩阵 $\boldsymbol{M}$ 描述：

$$\boldsymbol{Z}_c \begin{bmatrix} u \\ v \\ 1 \end{bmatrix} = \boldsymbol{M} \begin{bmatrix} x \\ y \\ z \\ 1 \end{bmatrix} \tag{5.15}$$

矩阵 $\boldsymbol{M}$ 描述了空间点到像素点的中心透视投影关系，称为投影矩阵。将矩阵 $\boldsymbol{M}$ 展开，就可以得到投影矩阵的各个元素：

$$\boldsymbol{M}=\begin{bmatrix} m_0 & m_1 & m_2 & m_3 \\ m_4 & m_5 & m_6 & m_7 \\ m_8 & m_9 & m_{10} & m_{11} \end{bmatrix} \tag{5.16}$$

由于 $\boldsymbol{Z}_c$ 是物点 P 到图像中心 C 的距离在光轴方向上的投影，因而 $\boldsymbol{Z}_c \neq 0$。将式(5.15)展开，得到用投影矩阵各元素描述的共线方程：

$$\begin{cases} u=\dfrac{m_0 x+m_1 y+m_2 z+m_3}{m_8 x+m_9 y+m_{10} z+m_{11}} \\ v=\dfrac{m_4 x+m_5 y+m_6 z+m_7}{m_8 x+m_9 y+m_{10} z+m_{11}} \end{cases} \tag{5.17}$$

中心透视投影模型中的共线方程和投影矩阵是摄影测量学中最基本、最重要的关系。几乎所有摄影测量的理论方法都是从这一点出发，并以此为基础的。

值得一提的是，中心透视投影模型是线性成像关系。但实际上，由于镜头设计非常复杂，并且加工水平有限，故实际的成像系统不可能严格地满足上述线性关系，会存在图像畸变。镜头造成的图像畸变可以分为两类：径向畸变和切向畸变。只有对图像进行校正，求得畸变参数后，才能进行下一步的解算。

5.3 视觉系统标定

在机器人系统中，视觉系统的标定是一个非常重要的环节，视觉系统标定结果的稳定性直接影响机器人视觉系统定位的稳定性和精度。视觉系统的标定方法分为相机标定和机器人手眼标定。相机标定是为了求出相机的实际参数并消除由镜头带来的图像畸变；机器人手眼标定是为了求出机器人与相机之间的位置关系，即机器人基坐标系与相机坐标系之间的位置关系。相机标定是机器人手眼标定的基础，一般来说，只有进行了准确的相机标定，才能获得准确的机器人手眼关系。

5.3.1 相机标定

投影矩阵 $\boldsymbol{M}$ 由相机的内参数矩阵和外参数矩阵构成。内参数主要包括相机固有的内部几何与光学参数，如主点坐标(图像中心坐标)、焦距、比例因子和镜头畸变参数等；外参数反映相机坐标系相对于某一世界坐标系的三维位置、姿态关系，如旋转矩阵及平移向量。在大多数条件下，这些参数必须通过实验与计算才能得到，这个求解参数的过程就称为相机标定。

相机标定技术的研究起源于图像测量学，虽然不同应用的侧重点不同，但是使用的计算方法基本相同。鉴于相机标定技术在理论和实践中的重要意义，很多学者对其进行了广泛的研究，并基于不同的出发点和思路取得了一系列成果。每个镜头的畸变是不同的，通过相机标定可以校正由镜头引起的畸变。另外，利用一些已知的条件，可以从经过标定的相机采集的图像中恢复目标物体在世界坐标系中的位置。本节先详细介绍基本的标定方法——基于标定板的视觉系统标定方法，再对相机标定的现状进行总结。

1. 基于标定板的视觉系统标定方法

基于标定板的视觉系统标定方法是应用最为广泛的一种相机标定方法。张正友等人将三维标定块简化为二维棋盘格标定板(图 5.8)，大大降低了标定物的加工要求，同时也不损失其标定精度。下面对基于标定板的相机标定方法进行介绍。

图 5.8　二维棋盘格标定板

5.2 节得到的相机模型[式(5.13)]可以改写为

$$\boldsymbol{Z}_{\mathrm{c}}\begin{bmatrix}u\\v\\1\end{bmatrix}=\begin{bmatrix}\dfrac{f}{d_x} & -\dfrac{f\cot\theta}{d_x} & u_0\\ 0 & \dfrac{f}{d_y\sin\theta} & v_0\\ 0 & 0 & 1\end{bmatrix}[\boldsymbol{R}\quad \boldsymbol{T}]\begin{bmatrix}x\\y\\z\\1\end{bmatrix} \tag{5.18}$$

将内参数矩阵由矩阵 $\boldsymbol{K}$ 描述：

$$\boldsymbol{K}=\begin{bmatrix}\dfrac{f}{d_x} & -\dfrac{f\cot\theta}{d_x} & u_0\\ 0 & \dfrac{f}{d_y\sin\theta} & v_0\\ 0 & 0 & 1\end{bmatrix}=\begin{bmatrix}\alpha & \gamma & u_0\\ 0 & \beta & v_0\\ 0 & 0 & 1\end{bmatrix} \tag{5.19}$$

则相机模型改写为

$$\boldsymbol{Z}_{\mathrm{c}}\begin{bmatrix}u\\v\\1\end{bmatrix}=\boldsymbol{K}\,[\boldsymbol{R}\quad \boldsymbol{T}]\begin{bmatrix}x\\y\\z\\1\end{bmatrix} \tag{5.20}$$

假设世界坐标系平面与标定板所在的平面重合，即 $z=0$，则式(5.20)可变为

$$\boldsymbol{Z}_{\mathrm{c}}\begin{bmatrix}u\\v\\1\end{bmatrix}=\boldsymbol{K}\,[\boldsymbol{R}_1\quad \boldsymbol{R}_2\quad \boldsymbol{R}_3\quad \boldsymbol{T}]\begin{bmatrix}x\\y\\0\\1\end{bmatrix}=\boldsymbol{K}\,[\boldsymbol{R}_1\quad \boldsymbol{R}_2\quad \boldsymbol{T}]\begin{bmatrix}x\\y\\1\end{bmatrix} \tag{5.21}$$

其中，$\boldsymbol{R}_i\,(i=1,2,3)$表示旋转矩阵 $\boldsymbol{R}$ 的第 i 列向量。定义单应性矩阵 $\boldsymbol{H}$ 为

$$H = K[R_1 \quad R_2 \quad T] = \begin{bmatrix} h_{11} & h_{12} & h_{13} \\ h_{21} & h_{22} & h_{23} \\ h_{31} & h_{32} & 1 \end{bmatrix} \tag{5.22}$$

则利用下面的约束条件可求解内参数矩阵 $\boldsymbol{K}$：

$$[\boldsymbol{h}_1 \quad \boldsymbol{h}_2 \quad \boldsymbol{h}_3] = \lambda \boldsymbol{K}[\boldsymbol{R}_1 \quad \boldsymbol{R}_2 \quad \boldsymbol{T}] \tag{5.23}$$

其中，λ 是任意标量。

由于 $\boldsymbol{R}$ 为单位正交矩阵，所以具有以下性质：

$$\boldsymbol{R}_1^{\mathrm{T}} \boldsymbol{R}_2 = 0 \tag{5.24}$$

$$\boldsymbol{R}_1^{\mathrm{T}} \boldsymbol{R}_1 = \boldsymbol{R}_2^{\mathrm{T}} \boldsymbol{R}_2 = 1 \tag{5.25}$$

利用式(5.23)～式(5.25)可以得到

$$\boldsymbol{h}_1^{\mathrm{T}} \boldsymbol{K}^{-\mathrm{T}} \boldsymbol{K}^{-1} \boldsymbol{h}_2 = 0 \tag{5.26}$$

$$\boldsymbol{h}_1^{\mathrm{T}} \boldsymbol{K}^{-\mathrm{T}} \boldsymbol{K}^{-1} \boldsymbol{h}_1 = \boldsymbol{h}_2^{\mathrm{T}} \boldsymbol{K}^{-\mathrm{T}} \boldsymbol{K}^{-1} \boldsymbol{h}_2 \tag{5.27}$$

$\boldsymbol{h}_1$ 和 $\boldsymbol{h}_2$ 是通过求解单应性矩阵 $\boldsymbol{H}$ 求出的，所以未知量只有矩阵 $\boldsymbol{K}$。拍摄 3 张不同标定平面的照片就可以得到 3 个不同的单应性矩阵 $\boldsymbol{H}$，在两个约束条件下可以产生 6 个方程，即可求解矩阵 $\boldsymbol{K}$ 中的 5 个未知量。

定义对称矩阵 $\boldsymbol{B}$ 为

$$\boldsymbol{B} = \boldsymbol{K}^{-\mathrm{T}} \boldsymbol{K}^{-1} = \begin{bmatrix} B_{11} & B_{12} & B_{13} \\ B_{21} & B_{22} & B_{23} \\ B_{31} & B_{32} & B_{33} \end{bmatrix}$$

$$= \begin{bmatrix} \dfrac{1}{\alpha^2} & -\dfrac{\gamma}{\alpha^2 \beta} & \dfrac{v_0 \gamma - u_0 \beta}{\alpha^2 \beta} \\ -\dfrac{\gamma}{\alpha^2 \beta} & \dfrac{\gamma^2}{\alpha^2 \beta^2} + \dfrac{1}{\beta^2} & -\dfrac{\gamma(v_0 \gamma - u_0 \beta)}{\alpha^2 \beta^2} - \dfrac{v_0}{\beta^2} \\ \dfrac{v_0 \gamma - u_0 \beta}{\alpha^2 \beta} & -\dfrac{\gamma(v_0 \gamma - u_0 \beta)}{\alpha^2 \beta^2} - \dfrac{v_0}{\beta^2} & \dfrac{(v_0 \gamma - u_0 \beta)^2}{\alpha^2 \beta^2} + \dfrac{v_0^2}{\beta^2} + 1 \end{bmatrix} \tag{5.28}$$

利用内参数矩阵可以求解外参数矩阵：

$$\begin{cases} \boldsymbol{R}_1 = \lambda \boldsymbol{K}^{-1} \boldsymbol{h}_1 \\ \boldsymbol{R}_2 = \lambda \boldsymbol{K}^{-1} \boldsymbol{h}_2 \\ \boldsymbol{R}_2 = \boldsymbol{R}_1 \boldsymbol{R}_2 \\ \boldsymbol{T} = \lambda \boldsymbol{K}^{-1} \boldsymbol{h}_3 \\ \lambda = \dfrac{1}{\| \boldsymbol{K}^{-1} \boldsymbol{h}_1 \|} = \dfrac{1}{\| \boldsymbol{K}^{-1} \boldsymbol{h}_2 \|} \end{cases} \tag{5.29}$$

2. 相机标定研究现状总结

由于不同的应用背景对相机标定技术提出了不同的要求，使得相机标定技术从多个角度发展出一系列不同思路的算法。例如，在视觉系统中，如果系统的任务只是对物体进行识别，那么物体本身各特征点间的相对位置精度就比这个物体相对于某个参考坐标系的绝对位置重要得多；如果系统的任务是物体的定位，那么物体相对于某个参考坐标系的相对位置就变得尤为重要。

根据是否需要标定物可以将相机标定的方法分为传统相机标定法、自标定法以及基于主动视觉的标定法。这种分类方法也对应着不同应用场合的要求。例如，传统相机标定法主要用于标定精度要求高、要求标定现场可放置参照物的场合；自标定法比较灵活，但标定精度有限；基于主动视觉的标定法要求相机能够做某些精确的运动。这也是目前使用最为广泛的分类方法。

1）传统相机标定法

传统相机标定法是指利用一个几何参数精确已知的标定物作为空间参照物，将参照物上的已知点坐标与该点在图像上的坐标建立对应关系，即相机模型，再通过优化算法计算出相机模型参数的过程。

传统相机标定法根据算法思路的不同又可以分为利用优化算法的标定法、利用透视变换矩阵的标定法、分步标定法、张正友标定法等。

（1）利用优化算法的标定法。这种标定方法是摄影测量学中的传统方法。该方法利用针孔相机模型的共面约束条件，将相机成像过程中的各种因素考虑进来，合理细致地设计一个复杂的相机模型。对于每一幅图像都利用了至少 17 个参数描述与其对应的三维空间的约束关系，这使得这一方法的计算量非常大，但同时也能取得很高的精度。

同属这种标定方法的还有直接线性变换法（Direct Linear Transformation，DLT），它是对摄影测量学中的传统方法的一种简化。直接线性变换法是在 1971 年由 Abdel-Aziz 和 Karara 提出的。这种方法给出了一组基本的线性约束方程以表示相机坐标系与三维空间坐标系的线性变换关系，因此，只需求解线性约束方程便可求得相机模型的参数，这是直接线性变换法最大的吸引力。由于直接线性变换法没有考虑成像过程中的非线性畸变问题，使得这种方法的标定精度有限。但是正是因为以上特点，使得直接线性变换法更符合计算机视觉应用问题的要求。

（2）利用透视变换矩阵的标定法。假设相机模型为针孔模型且不考虑相机镜头的非线性畸变，将相机透视变换矩阵中的元素作为未知数，通过给定的一组三维控制点和对应的图像点就可以线性求解透视变换矩阵中的各个元素。这种标定方法运算速度快，从而能够实现相机参数的实时计算。其缺点是精度不高，且在图像含有噪声的情况下求得的参数值不一定准确。另外，值得一提的是利用变换矩阵的标定法与直接线性变换法本质上是相同的，且透视变换矩阵与直接线性变换矩阵之间只差一个比例因子。

（3）分步标定法。所谓分步标定法是先利用直接线性变换法或透视变换矩阵法求解相机参数，然后再用求得的参数作为初始值并将畸变因素考虑进来，利用优化算法进一步推算相机参数。这种方法将相机的标定过程分步进行，因而叫作分步标定法。这种方法克服了传统优化算法中初始值给定不适合则很难得到正确的结果以及直接线性变换法或透视变换矩阵法未考虑非线性畸变而精度不高的缺点。

（4）张正友标定法。张正友标定法首先绘制一个具有精确定位点阵的模板，然后相机从 3 个或 3 个以上不同方位获得模板图像，最后通过确定图像和模板上的点的匹配关系计算出图像和模板之间的单应性矩阵，并线性求解相机内参数。这种标定方法既具有较好的鲁棒性，成本低廉，又不需昂贵的精致标定块，标定的精度比自标定高，是一种简便、灵活的标定方法。但是，由于该方法假定模板图像上的直线经透视投影后仍为直线，所以不适合广角镜畸变比较大的情况。

(5) 其他传统相机标定法。除了以上提到的经典传统相机标定法外，目前还有许多更具针对性的传统相机标定法。例如，在张正友标定法的基础上，有学者又提出了一种基于圆点的平面型相机标定法，该方法只需相机从 3 个不同方位拍摄一个含有若干条直径线的圆的图像，即可求解出全部相机内参数。这种方法的原理比较简单，摆脱了匹配问题，也无须知道任何物理度量。整个标定过程可以自动进行，适合非视觉专业人员使用。有学者进一步提出了平行圆标定法，该方法从平行圆的最小个数出发，计算圆环点图像，该方法简单不需要任何匹配，也不需要计算圆心，适用场合广泛，不仅可应用于平面的情形，还可应用于基于转盘的重构。

传统相机标定法的优点是可以使用任意的相机模型，标定精度也比较高。其缺点是标定过程复杂，计算量大，无法实现实时标定，且需要放置精密加工的标定参照物。基于以上特点，传统相机标定法适用于标定精度要求高，相机参数不经常发生变化的场合，而对无法放置标定块、要求实时标定等的场合则不适用。

2) 自标定法

自标定法(self-calibration)是无须放置标定参照物，仅利用相机在运动过程中环境图像与图像之间对应点的关系直接对相机进行标定的方法。自标定法是 20 世纪 90 年代中后期随着计算机视觉领域的兴起而迅速发展起来的重要研究方向之一。自标定法中相机采用的都是中心透视投影模型。已有的自标定法大致可分为直接求解 Kruppa 方程的自标定法、分层逐步自标定法、基于绝对二次曲面的自标定法及可变内参数相机的自标定法等。

(1) 直接求解 Kruppa 方程的自标定法。Faugeras、Luong、Maybank 等人提出的自标定法是一种直接求解 Kruppa 方程的方法。这种方法利用绝对二次曲线和极线几何变换的概念推导出 Kruppa 方程。基于 Kruppa 方程的方法无须对图像序列进行射影重建，只需在对应图像两两之间建立方程即可，这使得这种方法在某些很难将所有图像统一到一个一致的射影框架的场合比下面将介绍的分层逐步自标定法更具优势。但同时，由于推导 Kruppa 方程过程中隐含消掉了无穷远平面的 3 个未知数，故该方法无法保证无穷远平面在所有图像对确定的射影空间里的一致性，从而稳定性较差。

(2) 分层逐步自标定法。这种方法在近几年已成为自标定研究中的热点，并在实际应用中逐渐取代了直接求解 Kruppa 方程的自标定法。分层逐步自标定法首先对图像序列进行射影重建，再通过绝对二次曲线(或二次曲面)施加约束，定出仿射参数(即无穷远平面方程)和相机内参数。分层逐步自标定法的特点是在射影标定的基础上以某一幅图像为基准进行射影对齐，从而将未知数数量缩减，再通过非线性优化算法同时解出所有未知数。其不足之处在于非线性优化算法的初值只能通过预估得到，而不能保证其收敛性。由于射影重建时都是以某参考图像为基准的，所以，选取的参考图像不同，得到的标定结果也不同，这不满足一般情形下噪声均匀分布的假设。

(3) 基于绝对二次曲面的自标定法。一些学者将绝对二次曲面的概念引入自标定的研究中，这种标定方法与基于求解 Kruppa 方程的方法在本质上是一致的，都是利用了绝对二次曲线在欧几里得变换下的不变性，但在输入多幅图像并能得到一致射影重建的情形下，前者较后者更具有优势。与此相比，基于求解 Kruppa 方程的方法是在对应图像两两之间建立方程，在列方程过程中已将支持绝对二次曲线的无穷远平面参数消去，所以当输入更多的图像对时，不能保证该无穷远平面的一致性。

(4) 可变内参数相机的自标定法。以上讨论的自标定方法都是针对固定内参数相机的，而现在很多场合都需要使用可变内参数相机，如可缩放焦距等。因此，有学者提出可变内参数下自标定的概念。Pollefeys 等人给出了一种变焦距下自标定的方法，该方法通过控制相机保持焦距不变做一次纯平移的仿射标定，计算出初始焦距后再利用模约束在焦距变化时进行标定。Hartley 等人首先利用射影重建中的前后性和穷举法大大简化了可变内参数标定过程。Heyden 等人将可变内参数下自标定的条件进一步减弱，并证明了在相机任意一个内参数不变的条件下即可实现可变内参数下的自标定。Pollefeys 等人在此基础上进一步解决了可变内参数下的自标定问题，并给出了一种比较实用的基于优化的自标定方法。自标定由于仅需要建立图像对应点，所以标定方法灵活性强，应用范围广。自标定法的不足是鲁棒性差，这主要是由于自标定法无论以何种形式出现均是基于绝对二次曲线或绝对二次曲面的方法，需要求解多元非线性方程。自标定法主要应用于精度要求不高的场合，如通信、虚拟现实等领域。

3) 基于主动视觉的标定法

基于主动视觉的标定法是指在已知相机的某些运动信息(如平移或纯旋转运动等)的条件下标定相机的方法。

(1) 基于相机纯旋转的标定方法。Hartley 提出了通过控制相机绕光心做纯旋转运动的相机标定方法，可以线性求解相机的所有 5 个内参数。该方法的主要不足是要求相机做绕光心的纯旋转运动。由于在实际标定过程中人们事先并不知道相机光心的具体位置，所以在实际应用中很难做到控制相机做绕光心的旋转运动。不过，Hartley 通过实验表明，如果相机的平移量不大且场景较远时，该方法仍可以取得满意的标定结果。

(2) 基于三正交平移运动的标定方法。Ma 提出的基于三正交平移运动的标定方法是目前论述较为详细的基于主动视觉的标定方法。该方法的主要优点是可以线性求解相机的内参数。其主要不足有：①相机做三正交平移运动需要高精度的平台才能实现；②只有当模型参数 $s=0$ 时该方法才成立；③由于 x、y、z 系数矩阵的条件数一般很大，所以该方法对噪声比较敏感。

(3) 基于无穷远平面单应性矩阵的标定方法。吴福朝等人提出相机仅做一次平移运动和一次任意运动，则在该运动组下无穷远平面对应的单应性矩阵就可以线性唯一求解；当控制相机做一次平移运动和两次任意运动时，只要两次任意运动的旋转轴不相互平行，则相机就可以线性标定。基于无穷远平面单应性矩阵的标定方法是对设备要求低、理论非常完整的一种基于主动视觉的相机标定方法。该方法的唯一不足是在标定过程中把不同运动组看作相互独立的，而不是作为一个整体考虑。这在实际应用中可能会产生对局部噪声敏感的现象。

基于主动视觉的标定方法的主要优点是在标定过程中知道了一些相机的运动信息，所以一般来说相机的模型可以线性求解，因而算法的鲁棒性比较高。基于主动视觉的标定方法的研究焦点是在尽量减少对相机运动限制的同时仍能线性求解相机的模型参数。

从以上介绍可看出，相机标定已经发展出了非常多的方法。随着计算机视觉的飞速发展，其应用范围也在不断扩大，人们对标定方法提出了运算更快、精度更高、使用更灵活的要求。因此，研究者还在不断地探索新的、更适用于当前应用背景的标定方法。相机标定越来越多地与新兴技术相结合，甚至出现了免标定相机。随着相机标定研究的深入，机器视觉将在更多的领域得到更灵活的应用。

5.3.2 机器人手眼标定

完成对相机的内外参数标定后，为实现通过图像对机器人进行控制，还需要知道机器人末端执行器与相机的相对位姿，即相机坐标系与机器人坐标系之间的关系。这种关系的标定称为机器人手眼标定。机器人的手眼关系分两种情况：一种是相机与机器人末端执行器相对固定，称为眼在手上(eye-in-hand)，如图 5.9(a)所示；另一种是相机和机器人的基坐标系相对固定，称为眼在手旁(eye-to-hand)，如图 5.9(b)所示。对于相机固定在机器人末端的系统，手眼标定求取的是相机坐标系相对于机器人末端执行器坐标系的关系。对于相机和机器人基坐标系相对固定的系统，手眼标定求取的是相机坐标系相对于机器人基坐标系的关系。眼在手上和眼在手旁的标定原理是相同的，所以本节仅对眼在手上系统的标定进行介绍。

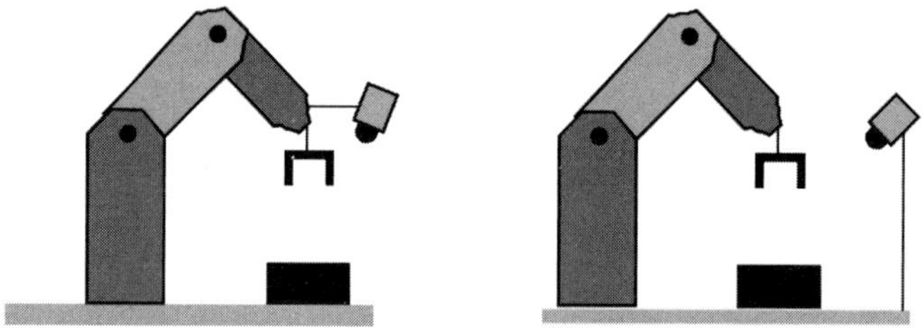

(a) 眼在手上　　(b) 眼在手旁

图 5.9　机器人手眼关系

1. 手眼标定基本原理

对于眼在手上系统，世界坐标系、机器人基坐标系、机器人末端执行器坐标系、相机坐标系和目标坐标系间的关系如图 5.10 所示。

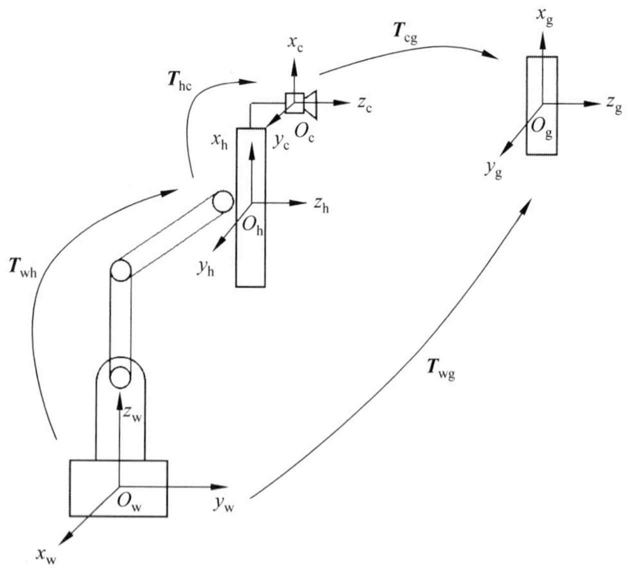

图 5.10　眼在手上系统 5 个坐标系间的关系

在图 5.10 中，世界坐标系与机器人基坐标系重合，表示为 $O_w x_w y_w z_w$；$O_h x_h y_h z_h$ 为机器人末端执行器坐标系；$O_c x_c y_c z_c$ 为相机坐标系；$O_g x_g y_g z_g$ 为目标坐标系。矩阵 $\boldsymbol{T}_{wh}$ 表示机器人基坐标系到机器人末端执行器坐标系的变换；$\boldsymbol{T}_{hc}$ 表示机器人末端执行器坐标系到相机坐标系的变换，即所求的手眼关系矩阵；$\boldsymbol{T}_{cg}$ 表示相机坐标系到目标坐标系的变换；$\boldsymbol{T}_{wg}$ 表示机器人基坐标系到目标坐标系的变换。

由坐标系之间的变换关系可知

$$\boldsymbol{T}_{wg} = \boldsymbol{T}_{wh} \boldsymbol{T}_{hc} \boldsymbol{T}_{cg} \tag{5.30}$$

其中，$\boldsymbol{T}_{cg}$ 可由相机外参数标定求得，$\boldsymbol{T}_{wh}$ 可由机器人控制器读取。

在目标固定的情况下，$\boldsymbol{T}_{wg}$ 和 $\boldsymbol{T}_{hc}$ 是不变的。改变机器人末端执行器的位姿，标定每一个位姿状态下相机相对于目标的外参数 $\boldsymbol{T}_{cg}$。$\boldsymbol{T}_{whi}$ 表示第 i 次运动时基坐标系到执行器坐标系间的变换，$\boldsymbol{T}_{cgi}$ 表示第 i 次运动时相机相对于目标的外参数，则

$$\boldsymbol{T}_{whi} \boldsymbol{T}_{hc} \boldsymbol{T}_{cgi} = \boldsymbol{T}_{wh(i-1)} \boldsymbol{T}_{hc} \boldsymbol{T}_{cg(i-1)} \tag{5.31}$$

根据式(5.31)进行变量代换、通用旋转变换等，即可通过两次及以上的机器人运动求出手眼关系矩阵 $\boldsymbol{T}_{hc}$。

对于眼在手上系统，其相机内参数及手眼关系是不变的，都需要采集标定板的图像，因此可以用同一组图像对内参数及手眼矩阵同时进行标定以提高效率。为提高精度，可控制机器人在不同方向上运动多次（一般不少于 9 次），分别采集标定板在多个相对位姿下的图像进行标定，其标定流程如图 5.11 所示。

2. 手眼标定技术发展现状

手眼标定的目的是估计相机坐标系和机器人坐标系之间的齐次变换矩阵。该问题可以用公式 $\boldsymbol{AX}=\boldsymbol{XB}$ 表示，其中 $\boldsymbol{A}$ 和 $\boldsymbol{B}$ 分别表示机器人和相机的位姿，$\boldsymbol{X}$ 是相机坐标系和机器人坐标系之间的齐次变换矩阵。

另外，从机器人基坐标系到世界坐标系的齐次变换的估计可以作为机器人-世界-手-眼(Robot-World-Hand-Eye，RWHE)标定问题解决方案的副产品，该问题可以用公式 $\boldsymbol{AX}=\boldsymbol{ZB}$ 表示，其中，$\boldsymbol{X}$ 是机器人基坐标系到世界坐标系的齐次变换矩阵，$\boldsymbol{Z}$ 是机器人末端执行器坐标系到相机坐标系的齐次变换矩阵。

1）分步法手眼标定

最早的手眼标定方法是分别求出旋转矩阵和平移向量，故称这种方法为分步法(separable solution)。1989 年，Shiu 等人提出了一种求解公式 $\boldsymbol{AX}=\boldsymbol{XB}$ 的封闭形式方法，按照旋转和平移的顺序，分别估计机器人末端到相机的旋转矩阵和平移向量。这种方法的缺点是对于每一帧新加入的图像，线性系统的误差都会加倍。1989 年，Tsai 等人使用了相同的观点解决手眼标定问题，该方法在不考虑图像和机器人位姿数量的情况下通过控制未知误差数量提升了标定数量。1994 年，Zhuang 等人采用四元数表示法求解了机器人从手到眼和从机器人基坐标系到世界坐标系的旋转变换，然后用线性最小二乘法计算了平移分量。2001 年，Hirsh 等人提出了在迭代过程中交替求解 $\boldsymbol{X}$ 和 $\boldsymbol{Z}$ 的分步法。该方法假设其中一个未知数在当时是伪已知的，并通过分布误差估计另一个未知数的最佳可能值。在这种情况下，假设 $\boldsymbol{Z}$ 是系统已知的，$\boldsymbol{X}$ 通过公式 $\boldsymbol{X}=\boldsymbol{ZBA}^{-1}$ 求出。同样，通过上一步求出的 $\boldsymbol{X}$ 可以对 $\boldsymbol{Z}$ 进行估计。这个过程一直持续到系统达到终止迭代估计的条件为止。2008 年，Liang 等

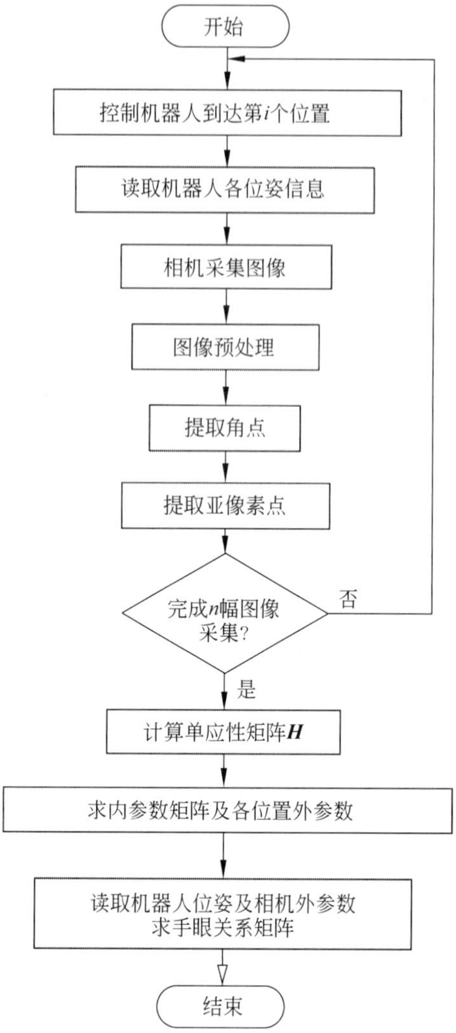

图 5.11　眼在手上系统标定流程

人通过对相对位姿的线性分解，提出了一种闭式解。该方法实现相对简单，但对测量数据中噪声的鲁棒性不强，并且在精度方面要求很高。2013 年，Shah 在 Li 等人提出的方法的基础上进行改进，提出了一种新的分步标定方法。Shah 提出使用克罗内克积(Kronecker product)解决手眼标定问题。该方法首先为未知的 $\boldsymbol{X}$ 求取旋转矩阵，然后计算平移向量。克罗内克积是估计该问题最优变换的一种有效方法。然而，得到的旋转矩阵可能不是正交的。为了解决这一问题，Shah 利用奇异值分解方法得到了标准正交旋转矩阵的最佳近似值。Shah 和 Li 等人的工作有很大的不同。Li 等人的方法在标准正交近似之前没有更新旋转变换的最优位姿，这增加了结果中出现错误的可能。与此相反，Shah 提出的方法基于旋转矩阵 $\boldsymbol{R}_x$ 和 $\boldsymbol{R}_z$ 的新近似值对平移向量进行了重新计算。

上述研究表明，分步法有一个较为明显的缺陷：位置误差过大。由于旋转和平移是依次独立计算的，因此旋转误差会传播到位置估计上。一般地，基于分步法的手眼标定在旋转上具有较高的精度，在位置上的精度较低。

2）同步法手眼标定

同步法手眼标定是指同时计算出旋转和平移。1991 年，Chen 提出旋转和平移是相互依存的量，不应分步单独加以估计。因此，基于螺旋理论，他提出了一种同时计算旋转量和平移量的手眼标定方法。在这项工作中，Chen 估计了一个刚性转换，将相机的螺旋轴与机器人的螺旋轴对齐。1995 年，Horaud 等人提出了一种基于非线性最小二乘法的手眼标定方法。利用代价函数约束优化方法求解正交旋转矩阵，该优化方法求解了大量以矩阵形式表示旋转的参数。仿真结果表明，非线性迭代方法在精度方面优于线性和封闭形式的求解。此后，许多研究选择了非线性代价函数最小化方法，因为这种方法更能容忍测量值中的非线性误差。2005 年，Shi 等人提出了使用四元数表示旋转，以加速求取迭代优化方法的解。2006 年，Strobl 等人提出了一种基于非线性优化的手眼标定自适应技术。该方法在代价函数最小化步骤中调整了分配给旋转和平移误差的权重。2011 年，Zhao 在旋转矩阵和四元数形式中引入克罗内克积，提出凸损失函数。该研究认为，在不指定初始点的情况下，通过线性优化可以得到全局解。这是使用基于 L_2 范数优化的一个优势。2016 年，Heller 等人提出了一种利用分支定界法（Branch and Bound，BnB）解决手眼标定问题的方法。该方法使用无穷范数求出极值约束下的代价函数的最小值，并求出全局优解。2017 年，Tabb 和 Yousef 从迭代优化的角度处理手眼标定问题，比较了各种目标函数的性能。该方法以 $\boldsymbol{AX}=\boldsymbol{ZB}$ 范式为研究对象，使用非线性优化器分别求解分步法和同步法的旋转和平移问题。

5.4　视觉测量方法

5.4.1　单目视觉测量方法

采用单个图像传感器，构成的是单目视觉传感系统，其结构简单，可实现对一维移动物体的测量，如生产线上物件的移动测量、目标运动状态的识别与测量等。它直接运用计算几何学中的仿射几何理论和射影几何理论，利用单幅图像所具有的场景信息实现场景中的几何尺度测量，多用于外形规则、测量范围较小和系统已知信息较多的情形。

但单目所能看清楚的只能是景物表面的二维信息，信息的蕴涵量极其有限，实现检测过程在很大程度上需要依靠某些先验知识，例如，对规则的被测物体几何形态的事前了解以及对不规则的被测物体背面形象先验知识的事先掌握等。

图 5.12 为一种基于 SIMATIC VS110 系列视觉传感器的自动视觉检测方案。视觉传感器获取传送带上的产品图像并进行处理，剔废装置的输入信号由视觉传感器根据图像处理的结果给出。当有不合格的目标（废品）被识别时，视觉传感器发出剔废脉冲信号，驱动剔废装置（如气泵或小继电器）剔除不合格的目标。当然，在生产线上要实现自动视觉检测，则视觉传感器的采集触发时机和处理速度必须和生产线上目标的运动速度结合起来，当安装在生产线上的光电触发装置发出触发脉冲信号时，必须确保目标图像进入相机预定视场，采集脉冲信号送至视觉传感器，触发采集子程序完成对当前视场内目标的采集。

5.4.2　双目视觉三维测量原理

为有效获取场景的深度信息、构建场景的三维结构，需要直接模拟人类视感结构的双目

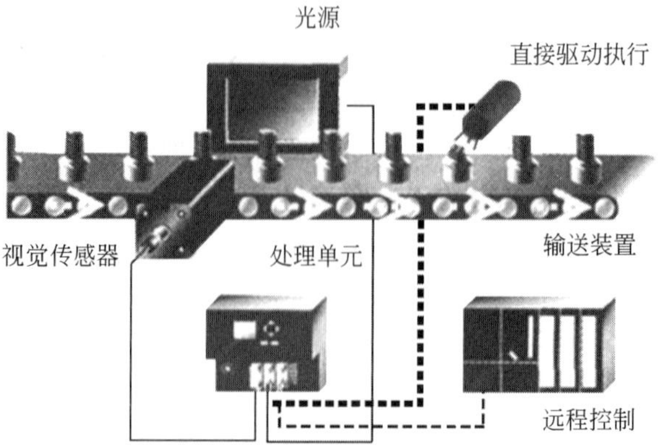

图 5.12　装配线上的产品质量自动视觉检测方案

视觉传感系统。将单目图像传感器进行移动也能够获得和多目视觉传感系统类似的效果，相当于从多个位置拍摄同一个物体，从而完成测量。

双目视觉传感系统是用两台性能相同、位置相对固定的图像传感器获取同一景物的两幅图像，通过计算空间点在两幅图像中的视差确定场景的深度信息，进而构建场景的三维结构。

双目视觉传感系统最简单的相机配置如图 5.13 所示。在水平方向平行地放置两台相同的相机，其中基线距离 B 等于两台相机的投影中心的距离，相机焦距为 f。前方空间内的特征点 $P(x_c, y_c, z_c)$，分别在“左眼”和“右眼”成像，它们的图像坐标分别为 $p_{left}=(x_{left}, y_{left})$，$p_{right}=(x_{right}, y_{right})$。

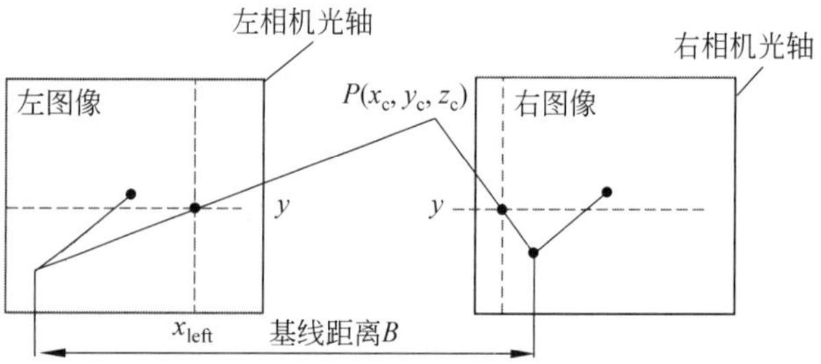

图 5.13　双目视觉传感系统最简单的相机配置

现有两台相机的图像在同一个平面上，则特征点 P 的图像坐标 y 坐标相同，即 $y_{left}=y_{right}=y$，则由几何关系得到

$$
\begin{aligned}
x_{left} &= f\frac{x_c}{z_c} \\
x_{right} &= f\frac{(x_c-B)}{z_c} \\
y &= f\frac{y_c}{z_c}
\end{aligned}
\tag{5.32}
$$

则视差为 Disparity$=x_{left}-x_{right}$，由此可计算出特征点 P 在相机坐标系下的三维坐标：

$$x_c=\frac{Bx_{\text{left}}}{\text{Disparity}}$$
$$y_c=\frac{By}{\text{Disparity}} \tag{5.33}$$
$$z_c=\frac{Bf}{\text{Disparity}}$$

因此，左相机图像平面上的任意一点只要能在右相机图像平面上找到对应的匹配点，就可以确定该点的三维坐标。这种方法是完全的点对点运算，图像平面上任意一点只要存在相应的匹配点就可以参与上述运算，从而获取其对应的三维坐标。

5.4.3　双目视觉三维测量数学模型

在分析了最简单的双目视觉测量原理的基础上，现在考虑一般情况，对于两台相机的摆放位置不做特别要求。如图 5.14 所示，左相机 $Oxyz$ 位于实际坐标系的原点处且无旋转，图像坐标系为 $O_lX_lY_l$，有效焦距为 f_l；右相机坐标系为 $O_rx_ry_rz_r$，图像坐标系为 $O_rX_rY_r$，有效焦距为 f_r。由相机透视变换模型有

$$\boldsymbol{s}_l\begin{bmatrix}x_l\\y_l\\1\end{bmatrix}=\begin{bmatrix}f_l&0&0\\0&f_l&0\\0&0&1\end{bmatrix}\begin{bmatrix}x\\y\\z\end{bmatrix} \tag{5.34}$$

$$\boldsymbol{s}_r\begin{bmatrix}x_r\\y_r\\1\end{bmatrix}=\begin{bmatrix}f_r&0&0\\0&f_r&0\\0&0&1\end{bmatrix}\begin{bmatrix}x_r\\y_r\\z_r\end{bmatrix} \tag{5.35}$$

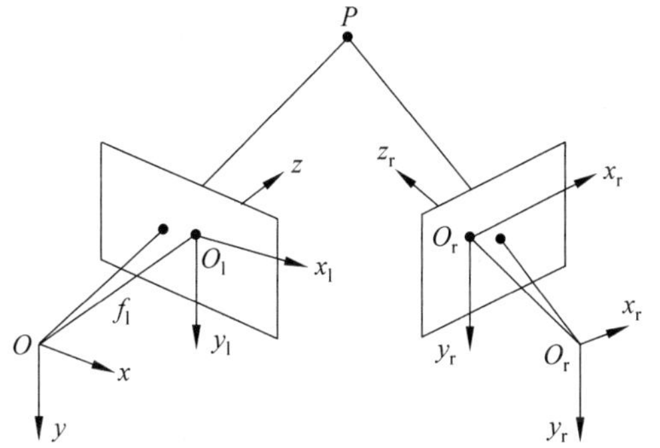

图 5.14　双目视觉测量中空间点三维重建

$Oxyz$ 坐标系与 $O_rx_ry_rz_r$ 坐标系之间的相互位置关系可通过空间转换矩阵 $\boldsymbol{M}_{lr}$ 表示为

$$\begin{bmatrix}x_r\\y_r\\z_r\end{bmatrix}=\boldsymbol{M}_{lr}\begin{bmatrix}x\\y\\z\\1\end{bmatrix}=\begin{bmatrix}r_1&r_2&r_3&t_x\\r_4&r_5&r_6&t_y\\r_7&r_8&r_9&t_z\end{bmatrix}\begin{bmatrix}x\\y\\z\\1\end{bmatrix},\boldsymbol{M}_{lr}=[\boldsymbol{R}\quad \boldsymbol{T}] \tag{5.36}$$

其中，$\boldsymbol{R}=\begin{bmatrix}r_1&r_2&r_3\\r_4&r_5&r_6\\r_7&r_8&r_9\end{bmatrix}$，$\boldsymbol{T}=\begin{bmatrix}t_x\\t_y\\t_z\end{bmatrix}$分别为 $Oxyz$ 坐标系与 $O_rx_ry_rz_r$ 坐标系之间的旋转矩阵

和原点之间的平移变换向量。由以上表达式可知，对于 Oxyz 坐标系中的空间点，两台相机图像平面点之间的对应关系为

$$\rho_r \begin{bmatrix} x_r \\ y_r \\ 1 \end{bmatrix} = \begin{bmatrix} f_r r_1 & f_r r_2 & f_r r_3 & f_r t_x \\ f_r r_4 & f_r r_5 & f_r r_6 & f_r t_y \\ r_7 & r_8 & r_9 & t_z \end{bmatrix} \begin{bmatrix} z x_1/f_1 \\ z y_1/f_1 \\ z \\ 1 \end{bmatrix} \tag{5.37}$$

于是空间点三维坐标可以表示为

$$\begin{aligned} x &= z x_1/f_1 \\ y &= z y_1/f_1 \\ z &= \frac{f_1(f_r t_x - x_r t_z)}{x_r(r_7 x_1 + r_8 y_1 + r_9 f_1) - f_r(r_1 x_1 + r_2 y_1 + r_3 f_1)} \\ &= \frac{f_1(f_r t_y - y_r t_z)}{y_r(r_7 x_1 + r_8 y_1 + r_9 f_1) - f_r(r_4 x_1 + r_5 y_1 + r_6 f_1)} \end{aligned} \tag{5.38}$$

因此，已知焦距 f_1、f_r 和空间点在左、右相机中的图像坐标，只要求出旋转矩阵 $\boldsymbol{R}$ 和平移向量 $\boldsymbol{T}$ 就可以得到被测物体点的三维空间坐标。

如果用投影矩阵表示，空间三维坐标可以由两台相机的投影模型表示，即

$$\begin{cases} \boldsymbol{s}_1 p_1 = \boldsymbol{M}_1 X_w \\ \boldsymbol{s}_r p_r = \boldsymbol{M}_r X_w \end{cases} \tag{5.39}$$

其中，p_1、p_r 分别为空间点在左、右相机中的图像坐标，$\boldsymbol{M}_1$、$\boldsymbol{M}_r$ 分别为左、右相机的投影矩阵，X_w 为空间点在世界坐标系中的三维坐标。实际上，双目视觉测量是匹配左右图像平面上的特征点并生成共轭对集合$\{(p_{1,i}, p_{r,i}), i=1,2,\cdots,n\}$的过程。每一个共轭对定义的两条射线相交于空间中的某一场景点。空间相交的问题就是找到相交点的三维空间坐标。

5.4.4 双目视觉测量系统精度分析

双目视觉测量利用两台相机模仿人眼的功能，利用空间点在两台相机图像平面上的透视成像点坐标求取空间点的三维坐标。为了分析双目视觉测量系统的结构参数对视觉测量精度的影响，建立如图 5.15 所示的精度分析模型。为了简化分析，设两台相机水平放置，双目视觉测量系统的坐标原点为其中一台相机的投影中心。相机的有效焦距为 f_1、f_2，光轴与 x 轴的夹角为 α_1、α_2；ω_1、ω_2 为小于摄像机的视场角的投影角。

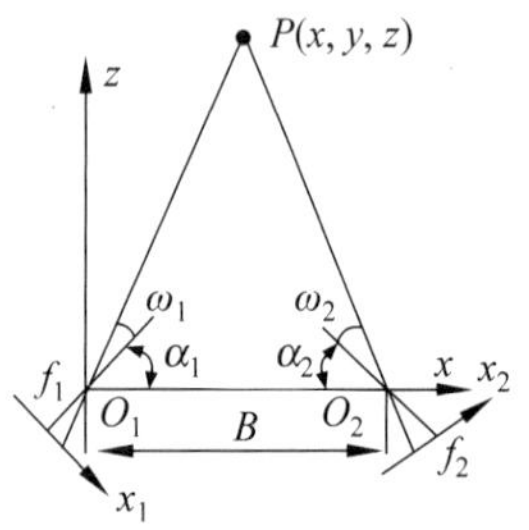

图 5.15 双目视觉测量系统精度分析模型

由几何关系得到 P 的三维坐标为

$$\begin{aligned} x &= \frac{B\cot(\omega_1 + \alpha_1)}{\cot(\omega_1 + \alpha_1) + \cot(\omega_2 + \alpha_2)} \\ y &= y_1 \frac{z\sin\omega_1}{f_1\sin(\omega_1 + \alpha_1)} = y_2 \frac{z\sin\omega_2}{f_2\sin(\omega_2 + \alpha_2)} \\ z &= \frac{B}{\cot(\omega_1 + \alpha_1) + \cot(\omega_2 + \alpha_2)} \end{aligned} \tag{5.40}$$

下面分析双目视觉测量系统的结构参数以及 P 点的位置对双目视觉测量系统精度的影响。由式(5.40)可知

$$\begin{cases}\dfrac{\partial x}{\partial x_1}=-\dfrac{z^2}{Bf_1}\dfrac{\cot(\omega_2+\alpha_2)}{\sin^2(\omega_1+\alpha_1)}\cos^2\omega_1\\[2ex]\dfrac{\partial x}{\partial x_2}=-\dfrac{z^2}{Bf_2}\dfrac{\cot(\omega_1+\alpha_1)}{\sin^2(\omega_2+\alpha_2)}\cos^2\omega_2\end{cases}\tag{5.41}$$

$$\begin{cases}\dfrac{\partial z}{\partial x_1}=\dfrac{z^2}{Bf_1}\dfrac{\cos^2\omega_1}{\sin^2(\omega_1+\alpha_1)}\\[2ex]\dfrac{\partial z}{\partial x_2}=\dfrac{z^2}{Bf_2}\dfrac{\cos^2\omega_2}{\sin^2(\omega_2+\alpha_2)}\end{cases}\tag{5.42}$$

$$\begin{cases}\dfrac{\partial y}{\partial x_1}=\dfrac{yz}{Bf_1}\dfrac{\cos^2\omega_1}{\sin^2(\omega_1+\alpha_1)}\\[2ex]\dfrac{\partial y}{\partial x_2}=\dfrac{yz}{Bf_2}\dfrac{\cos^2\omega_2}{\sin^2(\omega_2+\alpha_2)}\end{cases}\tag{5.43}$$

$$\begin{cases}\dfrac{\partial y}{\partial y_1}=\dfrac{z}{f_1}\dfrac{\sin\omega_1}{\sin(\omega_1+\alpha_1)}\\[2ex]\dfrac{\partial y}{\partial y_2}=\dfrac{z}{f_2}\dfrac{\sin\omega_2}{\sin(\omega_2+\alpha_2)}\end{cases}\tag{5.44}$$

设两台相机 x 方向的提取精度分别为 δx_1 和 δx_2，Y 方向的提取精度分别为 δy_1 和 δy_2，则 P 点的 x 方向的测量精度为

$$\Delta x=\sqrt{\left(\frac{\partial x}{\partial x_1}\delta x_1\right)^2+\left(\frac{\partial x}{\partial x_2}\delta x_2\right)^2}\tag{5.45}$$

P 点的 y 方向的测量精度为

$$\Delta y=\sqrt{\left(\frac{\partial y}{\partial x_1}\delta x_1\right)^2+\left(\frac{\partial y}{\partial x_2}\delta x_2\right)^2+\left(\frac{\partial y}{\partial y_1}\delta y_1\right)^2+\left(\frac{\partial y}{\partial y_2}\delta y_2\right)^2}\tag{5.46}$$

P 点的 z 方向的测量精度为

$$\Delta z=\sqrt{\left(\frac{\partial z}{\partial x_1}\delta x_1\right)^2+\left(\frac{\partial z}{\partial x_2}\delta x_2\right)^2}\tag{5.47}$$

P 点的总体测量精度为

$$\Delta xyz=\sqrt{(\Delta x)^2+(\Delta y)^2+(\Delta z)^2}\tag{5.48}$$

根据以上分析可以得出以下结论：

(1) 两台相机的有效焦距 f_1、f_2 越大，双目视觉测量系统的测量精度越高，即采用长焦距镜头容易获得高的测量精度。

(2) 双目视觉测量系统的基线距离 B 对测量精度的影响比较复杂。当 B 增大时，相应的测量角 $\alpha+\omega$ 变大，使得 B 对精度的影响是非线性的。

(3) 位于相机光轴上点的测量精度最低。因此，在此通过研究两台相机光轴的交点位置的视觉测量精度分析基线距离 B 对测量精度的影响。假定两台相机对称放置，设 $\alpha_1=\alpha_2=\alpha$，$\omega_1=\omega_2=0$，$k=B/z$，并令

$$e_1=\frac{z}{B}\frac{\cot\alpha}{\sin^2\alpha}=\frac{1}{2}+\frac{1}{8}k^2 \tag{5.49}$$

$$e_2=\frac{z}{B}\frac{1}{\sin^2\alpha}=\frac{1}{2}+\frac{1}{4}k \tag{5.50}$$

$$e_3=\sqrt{e_1^2+e_2^2} \tag{5.51}$$

则

$$\frac{\partial x}{\partial X}=-\frac{z}{f}e_1 \tag{5.52}$$

$$\frac{\partial y}{\partial X}=-\frac{y}{f}e_1 \tag{5.53}$$

$$\frac{\partial z}{\partial X}=\frac{z}{f}e_2 \tag{5.54}$$

由此看出，e_1 正比于 Δx 的大小，e_2 正比于 Δz 的大小，而 e_3 反映了 Δxyz 的大小。通常选取 k 值为 0.8～2.2 时系统的测量精度变化较小。因此，当系统工作距离较小时，$k=B/z$ 不是设计的重点，而 $k<0.5$ 时，$B=kz$ 变化对测量精度有较大的影响，此时设计重点应当放在系统的结构尺寸上。对于工作距离较大的系统，要求系统的基线距离必须也较大，但是基线距离的大小受到系统空间、体积、重量、成本和相机大小等因素制约。另外，在系统结构已经确定时，系统工作距离越大，测量精度越低。

5.4.5 双目视觉测量系统结构设计

为了从二维图像中获得被测物体特征点的三维坐标，双目视觉测量系统至少要从不同位置获取包含物体特征点的两幅图像。它的一般结构为交叉摆放的两台相机从不同角度观测同一被测物体，图 5.16 为双目视觉测量系统的结构。只要能够从不同位置或角度获取同一物体特征点的图像坐标，都可以由双目视觉测量原理求取三维空间坐标，事实上获取两幅图像并不一定需要两台相机，由一台相机通过运动在不同位置观测同一个静止的物体，或者由一台相机加上光学成像方式，都可以满足要求。以下介绍这些不同的双目视觉测量系统配置方式。

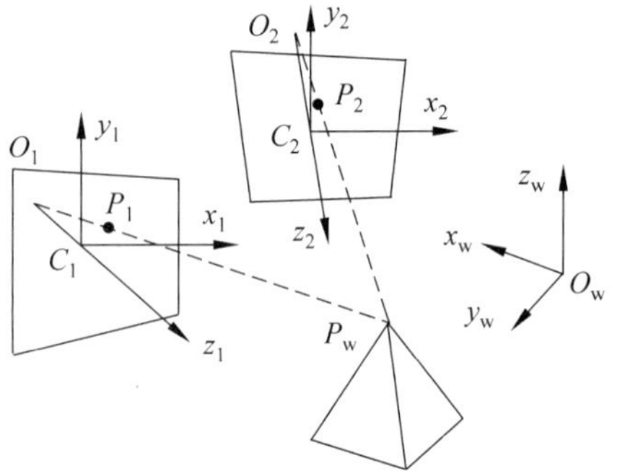

图 5.16　双目视觉测量系统的结构

1. 基于两台相机的双目视觉测量系统结构

一般采用两台相机组成双目视觉测量系统，利用视差原理实现三维测量。如图 5.16 所示，由两个观测点到被测点的连线在空间中有唯一的交点。传统的双目视觉测量系统的结构是：两台相机斜置于基座上，中间放线路板，照明灯放在中间前部。这种设计有许多不合理的地方。首先，由于基线距离是两台相机镜头中心的距离，因此实际的基线距离 B 比视觉系统的横向宽度 L 要小很多；其次，照明系统是固定的，对于某些测量对象不适用，如浅盲孔等；最后，线路板用螺丝固定在基座上，维修时需要拆下整个视觉测量系统，使得维修后重新标定不可避免。

在改进后的双目视觉测量系统中，两台相机反向放置，在相机前面各摆放一个平面反射镜，用来调整相机的测量角度，这种结构实际上是两台相机成像，在有限的空间内增大了系统基线距离 B 的值，而系统的体积并不发生显著变化。同时照明系统采用分体式设计，可以固定在系统外面任何位置，以任一角度为测量提供照明。同传统的设计相比，在系统横向尺寸保持不变的情况下，改进结构有更大的基线距离 B，能得到更高的测量精度，而且纵向尺寸大大缩短，整个系统的体积更小，重量更轻，便于固定。

2. 基于一台相机的双目视觉测量系统结构

当相机固定在一个运动导轨上时，可以位于导轨的两个不同位置，分别采集包含物体特征点的图像。相机仅仅沿着导轨确定的 x 方向移动，沿其他方向没有移动，也没有转动。因此，系统的基线距离 B 与相机的移动距离有关。如果相机事先移动的两个位置确定下来，则系统只需要一次标定，即可构成双目视觉测量系统；否则系统在各个移动位置必须重新标定。这种结构的特点是：采用一台相机降低了系统成本；根据相机的移动位置不同很容易构成不同基线距离的双目视觉测量系统，具有很大灵活性。然而，这种结构对相机的位置（尤其是移动前和移动后的固定位置）要求比较高，因为相机在两个位置的固定是在测量过程中进行的，因此测量速度不可能很快，对于要求在线测量的应用场合，这种结构显然不能满足要求。

另一种获取被测物体立体图像的方式是将光学成像系统和一台相机结合，组成单相机双目视觉测量系统。光学成像系统实际上是一些棱镜、平面反射镜或球面反射镜组成的具有折射兼反射功能的光学系统。国外许多学者都采用这种方式研制基于单相机的双目视觉测量系统。虽然这些学者所采用的光学元件的形状及配置各不相同，但其基本原理都是一样的，即使用多个光学元件利用一台相机组成两个或更多个图像，相对于被观测物体而言，相当于两个或多个相机从不同角度观测同一物体，因而具有与两台相机同样的功能。例如，可以采用两套对称平面反射镜和一台相机，从对称的两个角度同时采集物体同一特征点的两幅图像。这实际上相当于一台相机通过两套平面镜镜像出两台完全一样的虚拟相机，而包含物体特征点的两幅图像也相当于从两台虚拟相机采集到的。这相当于传统的两台相机组成的双目视觉测量系统从两个不同位置获取的被测物体的两幅图像，因此它具有双目视觉测量系统的功能。

事实上，镜像式双目视觉测量系统的结构可以做得很小，但可以获得很大的基线距离，从而提高测量精度。通过改变两组平面镜的摆放角度，就可以改变两台虚拟相机之间的距离，即使增大视觉测量系统的基线距离，也不会导致视觉测量系统的体积增大。两台虚拟相机是由同一个相机镜像产生的，因此采集图像的两台虚拟相机的参数完全一致，具有极好的对称性。另外，对物体特征点的三维测量只需一次采集就可以获得物体特征点的两幅图像，从而提高了测量速度。基于单相机镜像式双目视觉测量系统配置有以下缺点：由于一幅图像包括了反映被测物体的特征点的两幅虚拟图像，允许的图像视场减小了一半，因此视觉系统的测量范围至少减小了一半。同时，图像的中央是两幅虚拟图像的相交处，图像变得不可利用，而对一台相机而言，图像中央应该是成像质量最好并且受镜头畸变影响最小的地方。

通过以上分析，各种配置的双目视觉测量系统都存在各自的优缺点，因此，针对一个具体的测量对象，才能确定最好的视觉测量系统配置方式。对要求大测量范围和较高测量精度的场合，采用基于双相机的双目视觉测量系统比较合适；对测量范围要求较小，对视觉系统体积和重量要求严格，需要高速度实时测量对象的场合，基于光学成像的单相机双目视觉测量系统成为最佳选择。

5.4.6 极线几何与基本矩阵

极线几何讨论的是两台相机图像平面的关系，它不仅在双目视觉测量中对两幅图像的对应点匹配有着重要作用，而且在三维重建和运动分析中也具有广泛的应用。

在双目视觉测量系统中，数据是两台相机获得的图像，即左图像 I_l 与右图像 I_r，如图 5.17 所示。如果 p_l、p_r 是空间同一点 P 在两个图像上的投影点，称 p_l 与 p_r 互为对应点。对应点的寻找与极线几何密切相关。

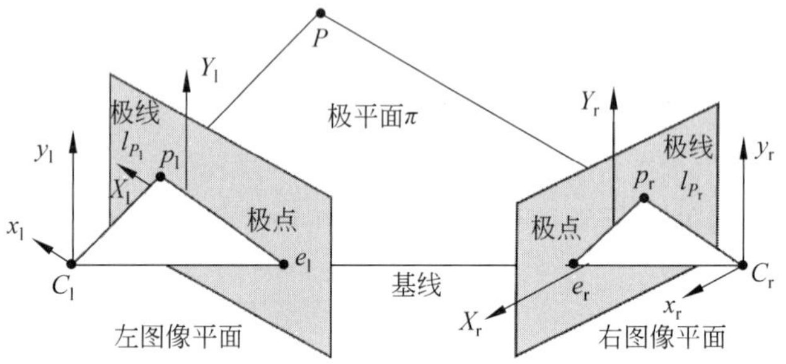

图 5.17 双目视觉测量中的极线几何关系

首先介绍极线几何的相关基本概念：

(1) 基线指左右两台相机光心的连线，即图 5.17 中的直线 C_lC_r。

(2) 极平面指由空间点 P 和两台相机光心决定的平面，即图 5.17 中的平面 π。

(3) 极点指基线与两台相机图像平面的交点，即图 5.17 中的 e_l、e_r。

(4) 极线指极平面与图像平面的交线，即图 5.17 中的直线 e_lp_l、e_rp_r。同一图像平面内所有极线交于极点。

(5) 极平面簇指由基线和空间任一点确定的一簇平面，如图 5.18 所示，所有的极平面相交于基线。

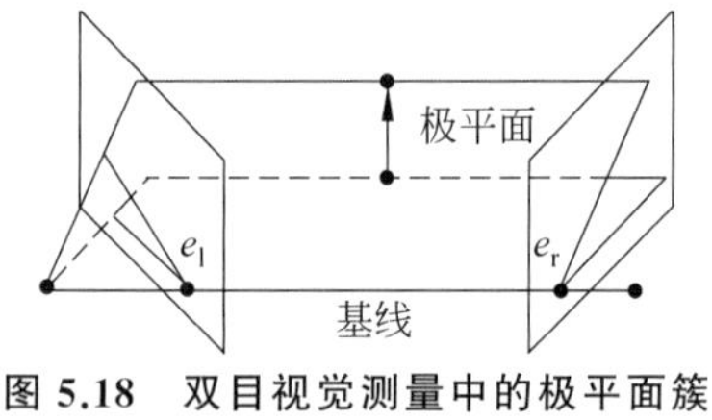

图 5.18 双目视觉测量中的极平面簇

在图 5.17 中，称直线 e_lp_l 为图像 I_l 上对应于 p_r 点的极线，直线 e_rp_r 为图像 I_r 上对应于 p_l 点的极线。如果已知 p_l 在图像 I_r 内的位置，则在图像 I_r 内 p_l 所对应的点必然位于它在图像 I_r 内的极线上，即 p_r 一定在直线 e_rp_r 上；反之亦然。这是双目视觉测量的一个重要特点，称为极线约束。另外，从极线约束只能知道 p_l 所对应的直线，而不知道它的对应点在直线上的具体位置，即极线约束是点与直线的对应，而不是点与点的对应。尽管如此，极线约束给出了对应点重要的约束条件，它将对应点匹配时的寻找范围从整幅图像缩小到一条直线，因此极大地提高了速度，对对应点匹配具有指导作用。下面给出一种在已知 $\boldsymbol{M}_l$ 与 $\boldsymbol{M}_r$ 投影矩阵的条件下求极线的方法。

将两台相机的投影方程[式(5.39)]写成

$$\begin{cases} s_l \boldsymbol{p}_l = \boldsymbol{M}_l \boldsymbol{X}_w = [\boldsymbol{M}_{ll} \quad \boldsymbol{m}_l] \boldsymbol{X}_w \\ s_r \boldsymbol{p}_r = \boldsymbol{M}_r \boldsymbol{X}_w = [\boldsymbol{M}_{rl} \quad \boldsymbol{m}_r] \boldsymbol{X}_w \end{cases} \tag{5.55}$$

其中，$\boldsymbol{X}_w$ 为空间某点 P 在世界坐标系下的齐次坐标；$\boldsymbol{p}_l$、$\boldsymbol{p}_r$ 是 P 点分别在左、右图像的图像齐次坐标。将 $\boldsymbol{M}_l$ 与 $\boldsymbol{M}_r$ 左边的 3×3 部分分别记为 $\boldsymbol{M}_{ll}$ 和 $\boldsymbol{M}_{rl}$，右边的 3×1 部分分别记为 $\boldsymbol{m}_l$ 与 $\boldsymbol{m}_r$。如果将 $\boldsymbol{X}_w$ 记为 $\boldsymbol{X}_w=[\boldsymbol{X}^T \quad 1]^T$，其中 $\boldsymbol{X}=[\bar{x}_w \quad \bar{y}_w \quad \bar{z}_w]^T$，则式(5.55)可写为

$$\begin{cases} s_l \boldsymbol{p}_l = \boldsymbol{M}_{ll} \boldsymbol{X} + \boldsymbol{m}_l \\ s_r \boldsymbol{p}_r = \boldsymbol{M}_{rl} \boldsymbol{X} + \boldsymbol{m}_r \end{cases} \tag{5.56}$$

将式(5.56)消去 $\boldsymbol{X}$ 可得

$$s_r \boldsymbol{p}_r - s_l \boldsymbol{M}_{rl} \boldsymbol{M}_{ll}^{-1} \boldsymbol{p}_l = \boldsymbol{m}_r - \boldsymbol{M}_{rl} \boldsymbol{M}_{ll}^{-1} \boldsymbol{m}_l \tag{5.57}$$

由于式(5.57)两边是三维向量，因此包含 3 个等式，用这些等式消去 $\boldsymbol{s}_l$ 和 $\boldsymbol{s}_r$ 之后，就可以得到一个与 $\boldsymbol{s}_l$ 和 $\boldsymbol{s}_r$ 都无关的 $\boldsymbol{p}_l$ 与 $\boldsymbol{p}_r$ 的关系，这就是极线约束。

为了使上述消去过程更加清晰，在此引入反对称矩阵：如果 $\boldsymbol{t}$ 为三维向量，$\boldsymbol{t}=[t_x \quad t_y \quad t_z]^T$，称下列矩阵为由 $\boldsymbol{t}$ 定义的反对称矩阵：

$$[t]_\times = \begin{bmatrix} 0 & -t_z & t_y \\ t_z & 0 & -t_x \\ -t_y & t_x & 0 \end{bmatrix} \tag{5.58}$$

由定义可知$[t]_\times = -([t]_\times)^T$，$[t]_\times$ 是一个不满秩的不可逆矩阵，且满足以下性质：(1)任意一个三维向量 $\boldsymbol{r}$ 与 $\boldsymbol{t}$ 的向量积为 $\boldsymbol{t}\times\boldsymbol{r}=[t]_\times\boldsymbol{r}$；任意一个满足$[t]_\times\boldsymbol{r}=0$ 的向量 $\boldsymbol{r}$ 与 $\boldsymbol{t}$ 只差一个常数因子，即 $\boldsymbol{r}=k\boldsymbol{t}$。

将式(5.57)右边的向量记为 $\boldsymbol{m}$，即

$$\boldsymbol{m} = \boldsymbol{m}_r - \boldsymbol{M}_{rl} \boldsymbol{M}_{ll}^{-1} \boldsymbol{m}_l \tag{5.59}$$

将由 m 定义的反对称矩阵记为$[m]_\times$，将$[m]_\times$ 左乘式(5.57)的两边，则由$[m]_\times \boldsymbol{m}=0$ 可得

$$[m]_\times (\boldsymbol{s}_r \boldsymbol{p}_r - \boldsymbol{s}_l \boldsymbol{M}_{rl} \boldsymbol{M}_{ll}^{-1} \boldsymbol{p}_l) = 0 \tag{5.60}$$

将式(5.60)两边除以 $\boldsymbol{s}_r$，并记 $\boldsymbol{s}=\boldsymbol{s}_l/\boldsymbol{s}_r$，可得

$$[m]_\times \boldsymbol{s} \boldsymbol{M}_{rl} \boldsymbol{M}_{ll}^{-1} \boldsymbol{p}_l = [m]_\times \boldsymbol{p}_r = \boldsymbol{m} \times \boldsymbol{p}_r \tag{5.61}$$

这表明向量 $\boldsymbol{m}$ 与 $\boldsymbol{p}_r$ 正交，再将 $\boldsymbol{p}_r^T$ 左乘式(5.61)的两边，并将所得结果的两边除以 $\boldsymbol{s}$，得到以下重要关系：

$$\boldsymbol{p}_r^T [m]_\times \boldsymbol{M}_{rl} \boldsymbol{M}_{ll}^{-1} \boldsymbol{p}_l = 0 \tag{5.62}$$

式(5.62)给出了 $\boldsymbol{p}_l$ 与 $\boldsymbol{p}_r$ 必须满足的关系。可以看出，在给定 $\boldsymbol{p}_l$ 的条件下，它是一个关于 $\boldsymbol{p}_r$ 的线性方程，即图像 I_r 上的极线方程；反之，在给定 $\boldsymbol{p}_r$ 的条件下，它是一个关于 $\boldsymbol{p}_l$ 的线性方程，即图像 I_l 上的极线方程。

令 $\boldsymbol{F}=[m]_\times \boldsymbol{M}_{rl} \boldsymbol{M}_{ll}^{-1}$，则式(5.62)可以写成 $\boldsymbol{p}_r^T \boldsymbol{F} \boldsymbol{p}_l = 0$，$\boldsymbol{F}$ 称为基本矩阵。基本矩阵是极线几何的一种代数表示，将极线约束采用基本矩阵以解析形式表示为

$$\boldsymbol{l}_{p_r} = \boldsymbol{F} \boldsymbol{p}_l \tag{5.63}$$

$$\boldsymbol{l}_{p_l} = \boldsymbol{F}^T \boldsymbol{p}_r \tag{5.64}$$

如果已知左右相机的内参数矩阵 $\boldsymbol{A}_l$、$\boldsymbol{A}_r$ 和两台相机之间的结构参数 $\boldsymbol{R}$、$\boldsymbol{T}$，则极平面方程又可以表示为

$$\boldsymbol{p}_{\mathrm{r}}^{\mathrm{T}}\boldsymbol{A}_{\mathrm{r}}^{-\mathrm{T}}\boldsymbol{S}\boldsymbol{R}\boldsymbol{A}_{\mathrm{l}}^{-1}\boldsymbol{p}_{\mathrm{l}}=0 \tag{5.65}$$

其中,$\boldsymbol{S}$ 为反对称矩阵,它由平移矢量定义为

$$\boldsymbol{S}=[t]_{\times}=\begin{bmatrix} 0 & -t_z & t_y \\ t_z & 0 & -t_x \\ -t_y & t_x & 0 \end{bmatrix}$$

因此,基本矩阵又可以表示为

$$\boldsymbol{F}=\boldsymbol{A}_{\mathrm{r}}^{-\mathrm{T}}\boldsymbol{S}\boldsymbol{R}\boldsymbol{A}_{\mathrm{l}}^{-1} \tag{5.66}$$

从式(5.66)可知,基本矩阵实际上包括双目视觉测量系统的所有参数,即两台相机内部参数 $\boldsymbol{A}_{\mathrm{l}}$、$\boldsymbol{A}_{\mathrm{r}}$ 和视觉系统的结构参数 $\boldsymbol{R}$、$\boldsymbol{t}$。这表明基本矩阵只与视觉测量系统的参数有关,与外部场景无关,是双目视觉测量系统内在的一种约束关系。$\boldsymbol{F}$ 在立体视觉与运动视觉中是一个很重要的矩阵。

当相机内部参数 $\boldsymbol{A}_{\mathrm{l}}$、$\boldsymbol{A}_{\mathrm{r}}$ 已知时,可以求得特征对应点的归一化图像坐标,式(5.66)可以写为

$$\hat{\boldsymbol{p}}_{\mathrm{r}}^{\mathrm{T}}\boldsymbol{R}\boldsymbol{S}\boldsymbol{p}_{\mathrm{l}}=0 \tag{5.67}$$

定义 $\boldsymbol{E}=\boldsymbol{R}\boldsymbol{S}$ 为本质矩阵,它只与双目视觉测量系统的结构参数有关。许多学者对基本矩阵 $\boldsymbol{F}$ 和本质矩阵 $\boldsymbol{E}$ 的性质及应用进行了深入研究。基本矩阵 $\boldsymbol{F}$ 是具有 7 个自由度、秩为 2 的齐次矩阵,它描述了两台相机的相对位置。基本矩阵 $\boldsymbol{F}$ 可以分解成只差一个矩阵因子的两台相机的投影矩阵,因此重建结果只差一个矩阵因子 $\boldsymbol{H}$。所以这种重建是在射影几何意义下的重建,计算出来的集合元素保持射影变换群下的不变量。由本质矩阵 $\boldsymbol{E}$ 可分解成两台相机位置的旋转矩阵 $\boldsymbol{R}$ 和带一个比例因子的平移矩阵 $\boldsymbol{t}$,因此在运动参数分析中具有重要作用。本质矩阵是具有 5 个自由度、秩为 2 的矩阵。

基本矩阵 $\boldsymbol{F}$ 的性质如下:

(1) 它是具有 7 个自由度、秩为 2 的齐次矩阵。

(2) 如果 $\boldsymbol{p}_{\mathrm{l}}$ 与 $\boldsymbol{p}_{\mathrm{r}}$ 为对应图像点,则满足 $\boldsymbol{p}_{\mathrm{r}}^{\mathrm{T}}\boldsymbol{F}\boldsymbol{p}_{\mathrm{l}}=0$。

(3) $\boldsymbol{l}_{p_{\mathrm{r}}}=\boldsymbol{F}\boldsymbol{p}_{\mathrm{l}}$ 为对应于 $\boldsymbol{p}_{\mathrm{l}}$ 的极线,$\boldsymbol{l}_{p_{\mathrm{l}}}=\boldsymbol{F}^{\mathrm{T}}\boldsymbol{p}_{\mathrm{r}}$ 为对应于 $\boldsymbol{p}_{\mathrm{r}}$ 的极线。

(4) 极点为 $\boldsymbol{F}\boldsymbol{e}_{\mathrm{l}}=\boldsymbol{F}^{\mathrm{T}}\boldsymbol{e}_{\mathrm{r}}=0$。

本质矩阵 $\boldsymbol{E}$ 的性质如下:

(1) 它是具有 5 个自由度、秩为 2 的矩阵。

(2) 有一个奇异值为 0,另外两个奇异值相等。

(3) $\boldsymbol{E}^{\mathrm{T}}\boldsymbol{t}=0$。

(4) $\boldsymbol{E}\boldsymbol{E}^{\mathrm{T}}$ 仅由平移来决定。

(5) $||\boldsymbol{E}||^2=2||\boldsymbol{t}||^2$。

双目视觉测量方法的原理较为简单,但视差的计算是其中最困难的一步工作,它涉及模型分析、相机标定、图像处理、特征选取及特征匹配等过程。特征匹配的本质就是给定一幅图像中的一点,寻找另一幅图像中的对应点。它是双目视觉测量中最关键的一步。根据匹配基元和方式的不同,立体匹配算法基本上可分为 3 类:基于区域的匹配、基于特征的匹配和基于相位的匹配。目前较为常用的是基于特征的角点匹配。

图 5.19 是一个基于双目视觉的移动机器人系统框架。该系统主要分为机器人视觉和

机器人控制两部分，两台相机采集环境信息并完成分析，以实现对机器人运动的控制。视觉系统通过带云台的两台相机左右眼协同实现运动目标的实时跟踪和三维测距。与单目视觉测量系统相比，双目视觉测量系统能够提供更准确的三维信息，三维信息的获得为机器人的控制提供了基础。

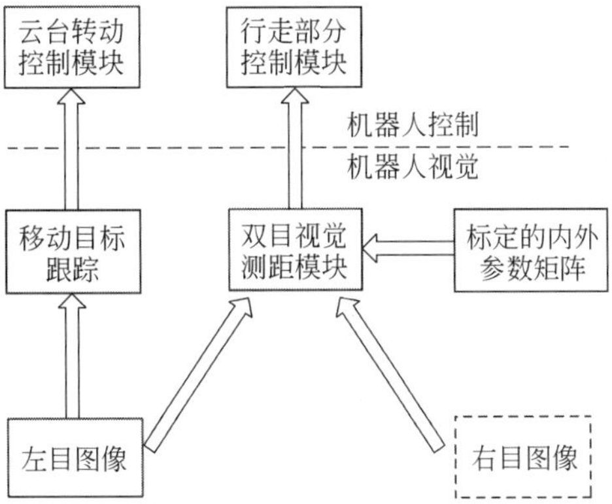

图 5.19　基于双目视觉的移动机器人系统框架

多台相机设置于多个视点或者由一台相机从多个视点观测三维对象的视觉传感系统称为多目视觉传感系统。生活中，人们对物体的多视角观察就是多目视觉传感系统的一个生动写照。昆虫进化出的复眼也具有多目视觉传感的特性。多目视觉传感系统能够在一定程度上弥补双目视觉传感系统的技术缺陷，获取更多的信息，增加了几何约束条件，减少了视觉测量中立体匹配的难度。但结构上的复杂性也引入了测量误差，降低了测量效率。

5.5　智能视觉感知技术基础

经典的智能视觉感知技术通常指对图像颜色、纹理、边缘信息等进行编码，并设计相应的算法实现对目标物体的检索和定位。经典的智能视觉感知技术主要用已知的检测物体外观在待检测图像中进行匹配或模拟人类视觉对不同颜色、边缘变化的信息进行归纳实现对目标物体的识别。本节将简要介绍视觉匹配和视觉显著性检测两种经典的智能视觉感知技术。

5.5.1　视觉匹配技术

视觉匹配技术分为模板匹配、形状匹配和图匹配 3 类。

1. 模板匹配

模板匹配是图像处理的重要方法之一，是一种非常直观也非常基本的模式识别方法。模板匹配的本质是将一幅已知的图像 $t(x,y)$（称为模板）放到另外一幅更大的图像 $f(x,y)$ 中搜寻，通过计算模板与大图像中指定位置截取的图像的相似度，确定与模板匹配的图像区域的位置 (i,j)，如图 5.20 所示。目前有许多种计算模型匹配度的算法，如相关法、误差法、二次匹配误差算法等。

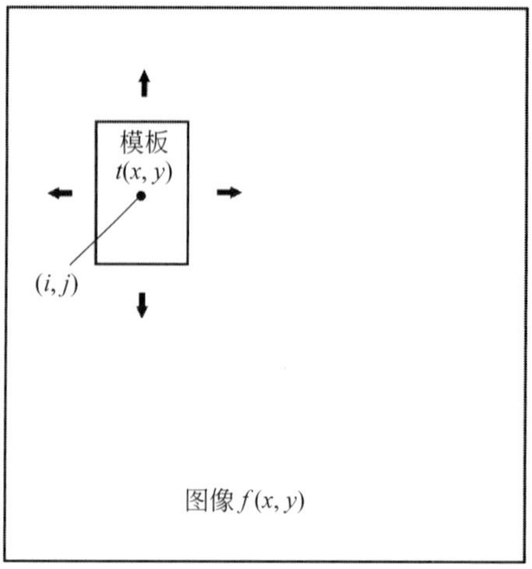

图 5.20 模板匹配操作示意

1）相关法

以 8 位灰度图像为例，模板 $T(m,n)$叠放在被搜索图 $S(W,H)$上并平移，模板覆盖被搜索图的那块区域叫子图，$S_{ij}(i,j)$为子图左下角在被搜索图 S 上的坐标，搜索范围为 $1\leqslant i\leqslant W-m$，$1\leqslant j\leqslant H-n$。为了衡量 T 和 S_{ij} 的相似性，定义系数

$$D(i,j)=\sum_{m=1}^{M}\sum_{n=1}^{N}[S_{ij}(m,n)-T(m,n)]^2 \tag{5.68}$$

其中，M、N 为模板的宽和高。

式(5.68)归一化后，得到模板匹配的相关系数：

$$R(i,j)=\frac{\sum_{m=1}^{M}\sum_{n=1}^{N}S_{ij}(m,n)\times T(m,n)}{\sqrt{\sum_{m=1}^{M}\sum_{n=1}^{N}[S_{ij}(m,n)]^2}\sqrt{\sum_{m=1}^{M}\sum_{n=1}^{N}[T(m,n)]^2}} \tag{5.69}$$

当模板和子图一样时，相关系数 $R(i,j)=1$。在被搜索图 S 中完成搜索后，找出 R 的最大值 $R_{\max}(i',j')$，其对应的子图 $S_{i'j'}$ 即为匹配目标。可以看到，相关法需要用模板在目标区域进行全局搜索。模板越大，匹配速度越慢；模板越小，匹配速度越快。

2）误差法

误差法衡量 T 和 S_{ij} 的误差，即

$$E(i,j)=\sum_{m=1}^{M}\sum_{n=1}^{N}|S_{ij}(m,n)-T(m,n)| \tag{5.70}$$

其中，$E(i,j)$取最小值处即为匹配目标。为提高计算速度，设定误差阈值 E_0，当 $E(i,j)>E_0$ 时便停止该点的计算，继续计算下一点。

3）二次匹配误差算法

二次匹配误差算法中的匹配分两次进行。

第一次匹配是粗略匹配。取模板的隔行隔列数据，例如 1/4 的模板数据，在被搜索图上进行隔行隔列扫描匹配，这样可以大幅度减少数据匹配量，提高匹配速度。第一次匹配时取误差阈值

$$E_0 = e_0 \times \frac{M+1}{2} \times \frac{N+1}{2}$$

其中，e_0 为各点平均的误差，M、N 为模板的长和宽。

在第一次匹配的基础上，再进行第二次匹配，即在第一次误差小点$(i_{\min}, j_{\min})$的邻域，即对角点为$(i_{\min}-1, j_{\min}-1)$、$(i_{\min}+1, j_{\min}+1)$的矩形内进行搜索匹配，得到最后结果。

模板匹配方法直接、简单，是后来很多匹配方法的基础。然而，模板匹配方法有较大的局限性，只允许对匹配目标进行平移操作，如果图像中的待匹配目标发生了旋转或大小发生了变化时，该方法即失效。另外，如果原图像中要匹配的目标只有部分可见，该方法也无法完成匹配。

2. 形状匹配

形状匹配就是在形状描述的基础上，依据一定的判定准则计算两个形状的相似度或者非相似度。两个形状的匹配结果用一个数值表示，称为形状相似度。形状相似度越大，表示两个形状越相似。非相似度也称为形状距离。与相似度相反，形状距离越小，两个形状越相似。虽然形状匹配方法对于形状轮廓明显的目标具有较好的效果，然而它与传统的模板匹配方法一样，在面对缩放问题和旋转问题时难以处理，同时对于一定程度的遮挡也难以应对。

采用形状进行匹配时应综合考虑以下两个问题：

(1) 形状常与目标特征相联系，边缘、轮廓甚至拓扑结构等形状特征被认为是更高层次的图像特征。要获取目标的有关形状参数，一般应先对图像进行分割、边缘求取等，所以形状特征会受图像相关处理算法精度的影响。

(2) 从不同视角和方法获取的图像形状可能会有很大差别。为准确进行形状匹配，应保证平移、尺度、旋转变换等的不变性。

在众多的目标形状匹配算法中，对轮廓的使用较为广泛。轮廓是由物体的一系列边界点形成的。在较大尺度下，轮廓能较可靠地被检测到，但边界的定位相对不准确；相反，在较小尺度下，轮廓检测的噪点增多，即边界点误检的比例增加，但物体或区域真正边界点的定位却比较准确。因此，可以结合两者的优点，即，首先在较大尺度下检测出真正的边界点，然后在较小尺度下对边界点进行更精确的定位。形状匹配方法通过构建匹配代价矩阵度量目标匹配位置。例如，对于由点集表示的图像区域轮廓 $P=\{p_i\}(i=1,2,\cdots,N_p)$和目标形状模板 $Q=\{q_i\}(i=1,2,\cdots,N_q)$，$P$ 和 Q 的匹配代价矩阵$\boldsymbol{C}(P,Q)$为

$$\boldsymbol{C}(P,Q)=\begin{bmatrix} C(p_1,q_1) & C(p_1,q_2) & \cdots & C(p_1,q_{N_q}) \\ C(p_2,q_1) & C(p_2,q_2) & \cdots & C(p_2,q_{N_q}) \\ \vdots & \vdots & \ddots & \vdots \\ C(p_{N_p},q_1) & C(p_{N_p},q_2) & \cdots & C(p_{N_p},q_{N_q}) \end{bmatrix} \tag{5.71}$$

形状之间的相似度可以转换为求 P 和 Q 的最小匹配代价问题，也可以转换为搜索问题，例如通过模板和目标局部区域特征的匹配使得误差小，这一类方法有动态规划、遗传算法等。总的来说，目标形状的描述是一个较为抽象的问题，目前还没有与人的感觉一致且被普遍接受的形状描述的确切数学定义。这是目前形状匹配方法在普适性上的缺陷。

3. 图匹配

图匹配是指在一定优化条件下寻找两个图顶点间的匹配关系。从算法的角度看，一般将图匹配分为精准图匹配（exact graph matching）与非精准图匹配（inexact graph matching）。精准图匹配是指图(或其一部分)之间满足严格的结构一致性，即匹配后图(或其一部分)的顶点标签、边的邻接关系及权重完全一致。非精准图匹配是指允许匹配后的图(或其一部分)存在一定的顶点标签、边的邻接关系及权重的误差，通过定义一种误差度量方式并使误差最小化来寻找最优的图(或其一部分)之间的对应关系。在计算机视觉应用中，由于存在物体形变、遮挡、视角变换、图像采集和传输过程中的噪声等客观原因，从图像中提取的图结构之间往往不可避免地存在差异，因此在这些任务中非精准图匹配算法的应用更为普遍。

虽然目前主流的非精准图匹配算法采用的目标函数的具体形式不同，但是总的来说都属于二次组合优化问题。求取其全局最优解仍然是典型的 NP 困难(NP-hard)问题，具有阶乘复杂度。出于效率的考虑，在大部分情况下并不直接求取全局最优解，而是采用近似算法求取一个较好的局部最优解。

假定已经从每一幅图像中抽取出一个权重图 $G=(V^G,E^G,L^G,W^G)$。其中，$V^G=\{1,2,\cdots,M\}$是顶点的集合，即物体中各个部分或者图像中提取出的特征点集；$E^G\in V^G\times V^G$ 是边的集合，即物体中各个部分或者特征点之间的邻接关系；$L^G\in\mathbf{R}^{d_1\times M}$ 是顶点标签的集合，用来描述每个顶点作为一个个体的外观特征，d_1 是外观描述子的维数，如果使用从每个特征点周围的小图像块中提取的 128 维 SIFT 直方图描述子作为该特征点的外观描述子，则有 $d_1=128$；$W^G=\mathbf{R}^{d_W\times|E^G|}$ 是边的权重集合，用来描述顶点间的结构关系，d_W 是权重的维数，或者称为结构描述子的维数，如果同时使用距离和方向作为结构描述子，则有 $d_W=2$。

给定两个权重图 G 和 $H=(V^H,E^H,L^H,W^H)$，规模分别为 M 和 N，图匹配就是寻找 V^G 和 V^H 之间的满足某种最优条件的对应关系，这种对应关系可以通过一个分配矩阵 $\boldsymbol{X}\in\{0,1\}^{M\times N}$ 表示。当 $X_{ia}=1$ 时，意味着将 G 中的顶点 i 分配给 H 中的顶点 a，$\sum_{i=1}^{M}X_{ia}=0$ 意味着 G 中没有一个顶点与 H 中的顶点 a 相对应。当进一步考虑一对一约束时，$\boldsymbol{X}$ 就成为一个偏置换矩阵，即

$$\boldsymbol{X}\in D_0=\left\{\boldsymbol{X}\,\middle|\,\sum_{i=1}^{M}X_{ia}\leqslant 1,\sum_{a=1}^{N}X_{ia}=1,X_{ia}=\{0,1\},\forall i,a\right\} \tag{5.72}$$

当 $M=N$ 时，$\boldsymbol{X}$ 退化为一个置换矩阵。

G 和 H 的相似矩阵 $\mathbf{A}$ 可以按照以下形式构建：

$$A_{ia,ib}=A_{(i-1)N+a,(j-1)N+b}=\begin{cases}S_V(L_i^G,L_a^H), & i=j,a=b\\ S_E(W_{ij}^G,W_{ab}^H), & i\neq j,a\neq b,i\text{ 和 }j\text{ 邻接},a\text{ 和 }b\text{ 邻接}\\ 0, & \text{其他}\end{cases} \tag{5.73}$$

其中，i、j 是 G 中的顶点；a、b 是 H 中的顶点；$S_V(L_i^G,L_a^H)$表示图 G 中的顶点 i 的标签与图 H 中的顶点 a 的标签之间的相似性度量；$S_E(W_{ij}^G,W_{ab}^H)$表示图 G 中的边 ij 的权重与图 H 中的边 ab 的权重之间的相似性度量。$S_V(L_i^G,L_a^H)$和 $S_E(W_{ij}^G,W_{ab}^H)$可以有多种灵活的定义

方式，例如采用高斯核函数的形式等。

构建相似矩阵时要同时考虑图结构，仅当两个图中相应的两条边都存在，即 i、j 邻接且 a、b 邻接时，才计算边 ij 与边 ab 的相似性，在这一点上，基于这样的相似矩阵的目标函数与基于邻接矩阵的目标函数也有区别。基于偏置换矩阵 $\boldsymbol{X}$ 和相似矩阵 $\boldsymbol{A}$，可以构建目标函数：

$$\boldsymbol{X}^* = \arg\max(\boldsymbol{x}^{\mathrm{T}}\boldsymbol{A}\boldsymbol{x}) \\ \text{s.t. } \boldsymbol{x} \in D_1 \tag{5.74}$$

其中，$\boldsymbol{x}$ 是 $\boldsymbol{X}$ 按行抽取的复制，并同时以此更新离散域 D_1，其定义为

$$D_1 = \{\boldsymbol{x} \mid (\mathbf{1}_M^{\mathrm{T}} \otimes \boldsymbol{I}_N)\boldsymbol{x} \leqslant \mathbf{1}_N, (\boldsymbol{I}_M \otimes \mathbf{1}_N^{\mathrm{T}})\boldsymbol{x} = \mathbf{1}_M, x_i = \{0,1\}, \forall i\} \tag{5.75}$$

其中，$\otimes$表示矩阵间的克罗内克积；$\mathbf{1}_M$、$\mathbf{1}_N$ 表示长度 M、N 全是 1 的列向量；$\boldsymbol{I}_M \in \mathbf{R}^{M \times M}$、$\boldsymbol{I}_N \in \mathbf{R}^{N \times N}$ 表示单位矩阵。

式(5.74)所示的目标函数的物理意义是：给定分配矩阵 $\boldsymbol{X}$ 的情况，最大化对应顶点相似性度量和对应边相似性度量的加权和。

在给出优化目标函数后，还要讨论基于邻接矩阵的目标函数和相似矩阵优化函数之间的区别和联系。实际上，在某些情况下，这两种目标函数是等价的。例如，在采用全连接图结构的情况下，当式(5.73)中采用最小二乘方式的相似性度量时，

$$S_E(W_{ij}^G, W_{ab}^H) = -(1-\alpha)\ \| W_{ij}^G - W_{ab}^H \|^2 \tag{5.76}$$

其中，α 为权重系数。

式(5.74)与以下基于邻接矩阵的目标函数等价：

$$\boldsymbol{X}^* = \arg\min(\| \boldsymbol{A}_G - \boldsymbol{X}\boldsymbol{A}_H\boldsymbol{X}^{\mathrm{T}} \|_{\mathrm{F}}^2) \\ \text{s.t. } \boldsymbol{x} \in D_1 \tag{5.77}$$

式(5.77)是一种广泛使用的基于邻接矩阵的目标函数，式中 $\|\cdot\|_{\mathrm{F}}^2$ 是矩阵的弗罗贝尼乌斯(Frobenius)范数，$\boldsymbol{A}_G$ 和 $\boldsymbol{A}_H$ 是分别与 G 和 H 相关联的邻接矩阵。

基于邻接矩阵的目标函数可以看成基于相似矩阵的目标函数的一个特例。与前者相比，基于相似矩阵的目标函数可以更灵活地定义相似性度量。另外，当图结构稀疏时，基于相似矩阵的目标函数往往具有更好的鲁棒性，其原因是它能直接计算两个图中的边之间的相似性。而形如式(5.77)的基于邻接矩阵的目标函数不可避免地需要引入实际存在的边与不存在的边(权重为0)的权重间的差异性，这在某种程度上引入了附加噪声，从而降低了模型的鲁棒性。

5.5.2 视觉显著性检测技术

视觉显著性是人类视觉的一个重要特点，即面对一个场景时，人类会自动地对感兴趣的区域进行处理而选择性地忽略不感兴趣的区域，人们感兴趣的区域被称为视觉显著性区域(visual saliency region)。视觉显著性检测(visual saliency detection)指通过智能算法模拟人的视觉特点，提取图像中的显著区域。

视觉显著性检测从红绿蓝黄颜色通道(RGBY)、亮度通道和纹理方位通道提取初级视觉特征，在多种尺度下使用中央-周边(center-surround)操作，产生体现显著性度量的特征图，将这些特征图合并得到最终的显著图(saliency map)后，利用生物学中赢者通吃(winner-take-all)的竞争机制得到图像中显著的空间位置，用来决定注意位置的选取，然后

采用返回抑制(inhibition of return)的方法完成注意焦点的转移。图 5.21 为视觉显著性检测的标准处理流程。

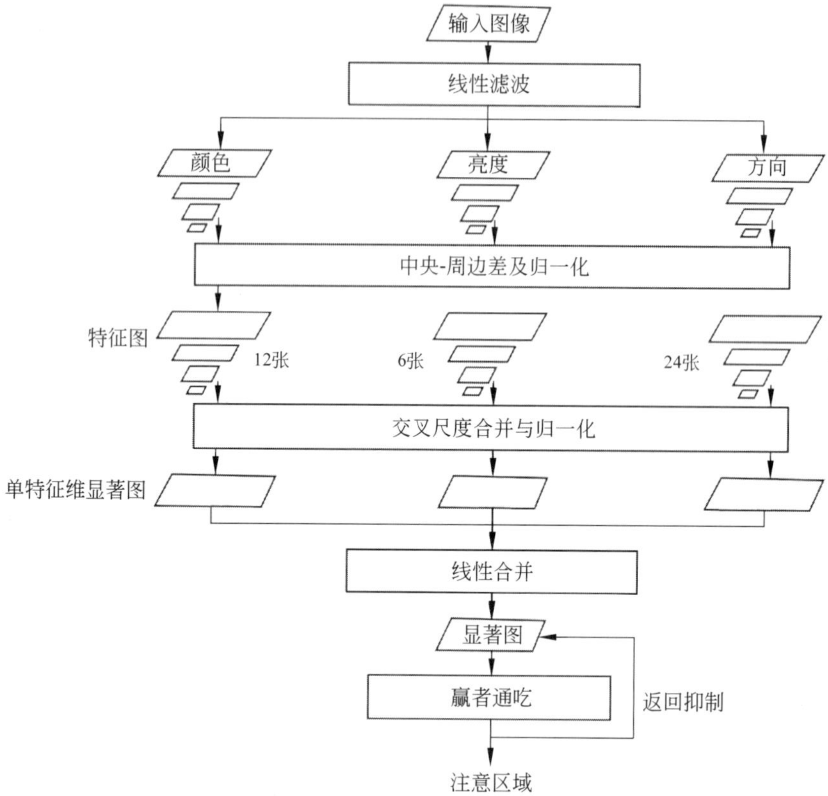

图 5.21　视觉显著性检测的标准处理流程

显著性算法 FT 是获取不同通道显著信息的关键，其思想是利用高斯差分(Difference of Guassian，DoG)滤波器作为带通滤波器提取颜色、亮度及方向上的特征。DoG 公式如下：

$$\mathrm{DoG}(x,y)=\frac{1}{2\pi}\left[\frac{1}{\sigma_1^2}\mathrm{e}^{\frac{1}{2\sigma_1^2}(x^2+y^2)}-\frac{1}{\sigma_2^2}\mathrm{e}^{\frac{1}{2\sigma_2^2}(x^2+y^2)}\right]=G(x,y,\sigma_1)-G(x,y,\sigma_2) \tag{5.78}$$

其中，σ_1 和 σ_2 是高斯分布的标准差。DoG 滤波器的通频带宽由 σ_1 和 σ_2 的比值决定。多个 DoG 滤波器叠加可由滤波器的标准差 σ 的比值 ρ 表示：

$$\sum_{n=0}^{N-1}\left[G(x,y,\rho^{n+1}\sigma)-G(x,y,\rho^{n}\sigma)\right]=G(x,y,\rho^{N}\sigma)-G(x,y,\sigma) \tag{5.79}$$

在计算显著图时，σ_1 和 σ_2 的取值决定 DoG 滤波器保留的图像中的频率范围。为了使 ρ 变大，令 σ_1 为无穷大，这将在截止直流频率的同时保留所有的其他频率。使用一个小的高斯核去除高频率的噪声以及纹理。将小的高斯核以二项滤波器代替。这样，视觉显著值的计算公式为

$$S_{\mathrm{FT}}(x,y)=\| I_{\mathrm{u}}(x,y)-I_{\mathrm{wh}}(x,y)\| \tag{5.80}$$

其中，I_{u} 是图像像素的平均值；I_{wh} 是对原图像进行的高斯模糊。

式(5.80)可以分别应用于不同的颜色空间，如灰度直方图、RGBY 颜色空间、Lab 颜色空间及 CIELab 颜色空间等，分别形成不同的视觉显著性检测效果。

视觉显著性检测模仿人类视觉的特点，具有不用预先学习、利于硬件加速实现的优点。然而，视觉显著性检测方法针对不同场景需要更换不同的颜色空间，才能取得最佳效果。因此，如何针对不同认知场景选取不同的检测算子比较依赖于经验。

经典的视觉感知技术由于其策略是对图像的颜色、纹理、边缘等直观信息进行分析，因此具有相对简单、容易实现的优点。其缺点在于，由于需要对图像进行显式的分析，故在图像变化较大时其普适性得不到良好保障。

5.5.3　基于机器学习的视觉感知方法

1. 集成学习

Boosting 也称为增强学习或提升法，是一种重要的集成学习技术，能够将预测精度仅比随机猜测精度略高的弱学习器增强为预测精度高的强学习器，这在直接构造强学习器非常困难的情况下为学习算法的设计提供了一种有效的新思路和新方法。作为一种元算法框架，Boosting 几乎可以应用于所有目前流行的机器学习算法以进一步加强原算法的预测精度，应用十分广泛，产生了极大的影响。

AdaBoost 是 Boosting 的代表，其核心思想则是针对同一个训练集训练不同的分类器（弱分类器），然后把这些分类器集合起来，构成一个更强的终分类器（强分类器）。其算法本身是通过改变数据分布实现的，它根据每次训练集中每个样本的分类是否正确以及上次的总体分类的准确率确定每个样本的权值。所有分类器都使用同一个训练集进行训练，第一次训练用 N 个训练样本得到第一个弱分类器 C_1 和相应的权重 W_1，使用 C_1 预测数据集中的样本，得到分类准确度，准确度越高，权重越大。将分错的样本和其他新数据构成新的 N 个训练样本，通过学习得到第二个弱分类器 C_2 和相应的权重 W_2，以此类推。在达到规定的迭代次数或者预取的误差率时，强分类器就构建完成了，并将弱分类器的加权投票结果作为强分类器的输出。

2. 局部二值模式

局部二值模式（Local Binary Pattern，LBP）是一种用来描述图像局部纹理特征的算子。它具有旋转不变性和灰度不变性等显著的优点。

最早提出的 LBP 算子定义为：在 3×3 的窗口内，以窗口中心像素为阈值，将相邻的 8 个像素的灰度值与其进行比较，若周围的某个像素值大于中心像素值，则该像素点的位置被标记为 1，否则被标记为 0。这样，3×3 邻域内的 8 个点经比较可产生 8 位二进制数（通常转换为十进制数，即 LBP 码，共 256 种），即得到该窗口中心像素点的 LBP 值，并用这个值反映该区域的纹理信息。

LBP 算子具有下面两种改进版本：

(1) CLBP 算子。基本的 LBP 算子最主要的缺陷在于它只覆盖了一个固定半径范围内的小区域，这显然不能满足不同尺寸和频率纹理的需要。为了适应不同尺寸的纹理特征，并达到灰度和旋转不变性的要求，将 3×3 邻域扩展到任意邻域，并用圆形邻域代替正方形邻域，改进后的 LBP 算子允许在半径为 R 的圆形邻域内有任意多个像素点，这样就得到了诸如半径为 R 的圆形区域内含有 P 个采样点的 CLBP 算子。

(2) ELBP 算子。在 ELBP 算子中，用椭圆形代替圆形。ELBP 算子的计算方法是将

ELBP 算子的值与位于椭圆上且椭圆中心为当前像素本身的周围值进行比较。

3. 特征点匹配方法

特征点是图像的一种重要特征。在一定程度上，特征点不会随着图像的平移、旋转、缩放、投影、仿射等变化而发生改变，所以作为一种鲁棒性较强的特征，特征点在图像领域具有很大的应用前景，如三维重建、运动跟踪、机载导航、目标识别等。常用的特征点包括 Harris 角点、Susan 角点、SIFT 角点等。

Harris 角点是一种常用的角点，其核心思想为：人眼对角点的识别通常是在一个局部的小区域或小窗口内完成的。在各个方向上移动这个窗口。如果窗口内图像的灰度发生了较大的变化，那么就认为在窗口内遇到了角点。如果这个特定的窗口在图像各个方向上移动时窗口内图像的灰度不发生变化或者变化较小，那么窗口内就不存在角点；如果窗口在某一个方向移动时窗口内图像的灰度发生了较大的变化，而在其他方向上不发生变化，那么窗口内的图像可能就是一条直线段。

Susan 角点算法是牛津大学的 Smith 等人于 1997 年提出的一种处理灰度图像的方法，它主要用来计算图像中的角点特征，在特征的表示上，Susan 角点的鲁棒性更好。

SIFT 角点是 Lowe 提出的基于 DoG 算子的特征检测描述方法，是目前图像领域应用较为普遍的特征点之一。SIFT 角点算法在图像的不变特征提取方面拥有优势，但并不完美，仍然存在实时性不高、有时特征点较少、对边缘光滑的目标无法准确提取特征点等缺点。

4. 方向梯度直方图

方向梯度直方图（Histogram of Oriented Gradient，HOG）的主要思想是：图像中目标的梯度或边缘的方向密度可以较好地描述目标的局部特征。图像中某点在水平方向上的梯度 G_x 与其在垂直方向上的梯度 G_y 可以表示为

$$G_x = f(i,j+1) - f(i,j-1) \tag{5.81}$$

$$G_y = f(i+1,j) - f(i-1,j) \tag{5.82}$$

在计算数字图像梯度时采用差分法计算：

$$\nabla f(x,y) = \sqrt{|\{[f(x,y)-f(x+1,y)]^2 + [f(x,y)-f(x,y+1)]^2\}|} \tag{5.83}$$

随后使用双过滤器在$[-1,0,1]$和$[-1,0,1]^{\mathrm{T}}$ 两个方向上进行卷积计算，得到图像梯度，引入正切角 θ：

$$\tan\theta = \frac{G_y}{G_x} \Rightarrow \theta = \arctan\frac{G_y}{G_x} \tag{5.84}$$

在 180°范围内将正切角分为 n 个空间，空间跨度为 $180°/n$，则方向的记录就是正切角进入的区间。HOG 算子的整体流程如图 5.22 所示，整个目标的窗口可以分为不同大小的由网格（cell）区域组成的块，更大的块被看作滑动窗口，通过滑动可以得到一些重复的网格和一些同一网格但不同块的梯度，对这些梯度进行归一化操作，逐步进行梯度计算等过程，最后组成复合的图片直方图向量。

由于 HOG 引入了边缘特征，所以能较好地描述局部的形状信息，通过使用向量化的位置和空间信息抵消部分平移、旋转的影响。此外，使用图像分块既可提高计算速度，也有利于表征局部像素关系。但是，HOG 也存在描述子冗长、无法进行实时检测、对噪点敏感的缺点。

5. 支持向量机

准确地说，支持向量机（Support Vector Machine，SVM）不属于视觉感知模型，其本质是一个分类模型。支持向量机的基本思想是在特征空间上找到最佳的分离超平面，使得训练集中的正负样本间隔大。支持向量机是用来解决二分类问题的有监督学习算法。在引入了核函数方法之后，支持向量机也可以用来解决非线性问题。通常支持向量机可分为下面 3 类：

（1）硬间隔支持向量机（也称线性可分支持向量机）。当训练数据线性可分时，可通过硬间隔最大化学得一个线性可分支持向量机。

（2）软间隔支持向量机。当训练数据近似线性可分时，可通过软间隔最大化学得一个线性支持向量机。

（3）非线性支持向量机。当训练数据线性不可分时，可通过引入核函数方法以及软间隔最大化学得一个非线性支持向量机。

支持向量机方法通过一个非线性映射把样本空间映射到一个高维乃至无穷维的特征空间（希尔伯特空间），使得在原来的样本空间中非线性可分的问题转换为在特征空间中的线性可分的问题。

在构造核函数后，验证其对输入空间内的任意格拉姆矩阵为半正定矩阵是比较困难的，通常的选择是使用现成的核函数，如多项式核、径向基函数核、拉普拉斯核等。

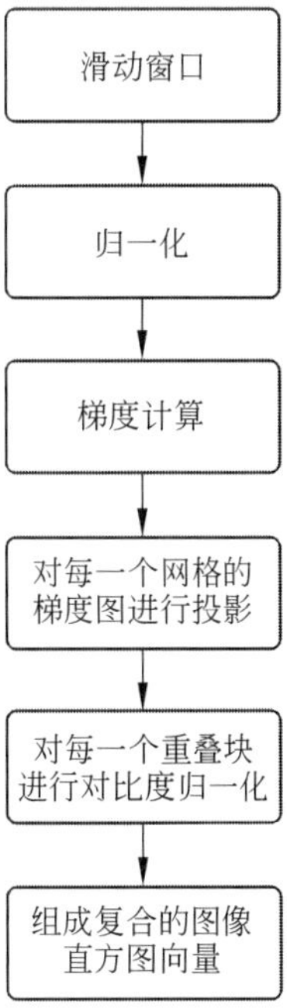

图 5.22　基于梯度滑动窗口的检测算法

5.5.4　基于深度学习的视觉感知方法

深度学习是机器学习的分支，它试图使用包含复杂结构或者由多重非线性变换构成的多个处理层对数据进行高层抽象。日本学者福岛邦彦在 1980 年提出的 Neocognitron 模型被认为是世界上早的卷积神经网络模型之一。此模型的隐含层由 S 层（simple layer，简单层）与 C 层（complex layer，复杂层）交替组合构成，两层的功能各不相同。其中，S 层的作用主要是在其感受野的范围内对图像内的目标进行特征提取，C 层则接收从 S 层中不同感受野返回的各个特征的值，此结构也为日后卷积神经网络（Convolutional Neural Network，CNN）的发展起到了示范作用。2006 年，深度学习理论被提出以后，深度卷积神经网络在视觉感知方面的能力逐渐得到广泛的关注。深度学习起源于神经网络，但现在已超越了这个框架，至今已有数种深度学习框架，如深度神经网络、卷积神经网络、深度置信网络、递归神经网络等，被应用于计算机视觉、语音识别、自然语言处理等领域，并获取了极好的效果。深度学习的目的在于建立可以模拟人脑进行分析学习的神经网络。它模仿人脑的机制解释数据，通过学习一种深层非线性网络结构即可实现对复杂函数的逼近，展现了良好的从大量无标注样本集中学习数据集本质特征的能力。深度学习能够获得可更好地表示数据的特征。同时，由于模型的层次深（通常有数层到数十层甚至上百层的隐含层节点），使得其具有好的表达能力，因此可用于大规模数据的学习。

1. 经典的视觉感知网络结构

图 5.23 所示为基本的 CNN 结构框架，也是早期 CNN 用于邮政数字分类时使用的模型，该网络也称为 Lenet-CNN，其采用卷积层与池化层交替设置，卷积层提取出特征，再进行组合，形成对图像描述更抽象的特征，最后将所有特征参数归一化到一维数组中形成全连接层，进行目标特征训练或检测。

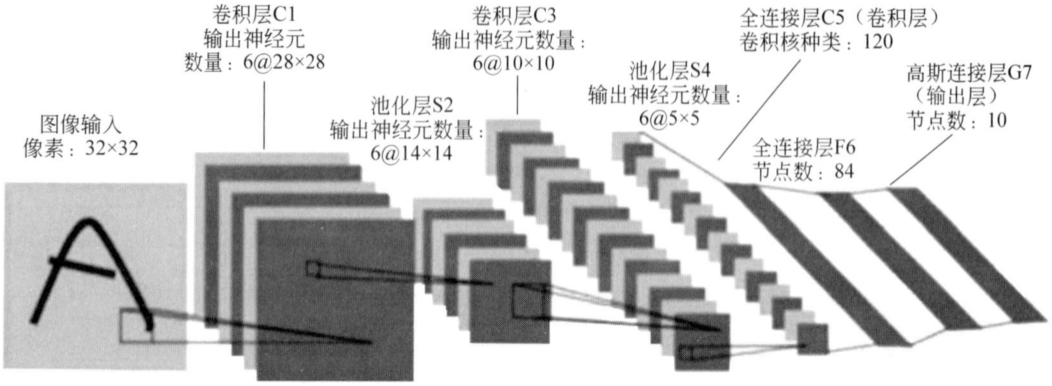

图 5.23　基本的 CNN 结构框架(Lenet-CNN)

图 5.23 所示的网络以像素为 32×32 的图像输入为例，字母类判别为输出。网络接收的特征图经过卷积层特征提取步骤后将被传递给池化层进行特征的选择与过滤，池化函数将特征图中某个点的值近似替代为按一定规则计算的变量。池化层的数学模型可以表示为

$$A_k^l(i,j)=\left[\sum_{x=1}^{f}\sum_{y=1}^{f}A_k^l\,(s_0 i+x,s_0 j+y)^p\right]^{1/p} \tag{5.85}$$

其中，f 为过滤器大小；s_0 为步幅；p 为预先设定的参数，$p=1$ 时即为平均池化，p 接近无穷时则为极大池化。池化层常用平均池化和极大池化，二者通过损失某些特征的方式加强局部的背景或者纹理特征。

基于 Lenet-CNN 结构，后来的学者根据不同任务建立了不同的 CNN 结构，除了网络层数的变化，CNN 结构的改进主要体现在激活函数、卷积核、池化方式、损失函数等的不同设计和使用方面。下面简要介绍几个基于 Lenet-CNN 结构改进的经典的 CNN 结构。

1) AlexNet 结构

2012 年，Krizhevsky 提出了 AlexNet 结构。其核心思想如下：

(1) AlexNet 使用 ReLU 激活函数代替 Sigmoid 函数，解决了在网络层次较深时出现的梯度弥散问题。

(2) 使用 Dropout 算法按照一定概率将网络神经元丢弃掉，在每次训练时丢弃的是不同的神经元，相当于每次都在训练不同的网络，避免了出现过拟合现象。

(3) 采用具有平滑能力的局部响应归一化(Local Response Normalization，LRN)计算层，对当前层的输出结果进行平滑处理，用于防止计算的过拟合。但后续更多的 CNN 的网络设计和实践者认为 LRN 的功能基本和 Dropout 算法重合。

AlexNet 的另一个标志是其采用 GPU 加速，使得深度学习的感知算法采用 GPU 加速训练和学习成为学术界和工业界的标准。

2）VGGNet 结构

2014 年，Simonyan 等学者在 AlexNet 网络结构的基础上提出了 VGGNet 结构。本质上，VGGNet 属于更深层的 AlexNet，其相较于后者，主要探索了 CNN 的深度与其性能的关系，通过堆叠 3×3 的小卷积核和 2×2 的池化，使得网络可以达到更大的卷积核（如 7×7 的卷积核）一样的感受野。此外，VGGNet 没有使用 LRN 结构。VGGNet 因为结构规整，卷积核较小，被后续 CNN 网络结构设计者广泛参考。

3）GoogLeNet 结构

在 VGGNet 被提出的同一年，GoogLeNet（Inception）结构也被提出。AlexNet、VGGNet 等结构都是通过增大网络的深度获得更好的训练效果，但是层数增加会带来一定的副作用，例如过拟合、梯度消失或梯度爆炸等问题。GoogLeNet 结构的提出从另一个角度更高效地利用了计算机资源，在相同计算量下能提取到更多的特征，从而提升训练效果。GoogLeNet 与 AlexNet 和 VGGNet 的显著不同在于其构建了一个 Inception 的结构。

Inception 的初期版本 Inception V1 是一个稀疏网络结构，但是能够产生稠密的数据，既能提升神经网络的表现，又能保证计算资源的使用效率。原始版本的 Inception V1 结构如图 5.24(a)所示，该结构将 CNN 中常用的卷积（1×1、3×3、5×5）、池化操作（3×3）堆在一起（卷积、池化后的尺寸相同，将通道相加），一方面增加了网络的宽度，另一方面也增加了网络对尺度的适应性。这样，网络卷积层中的网络能够提取输入的每一个细节信息，同时 5×5 的滤波器也能够覆盖大部分接收层的输入。

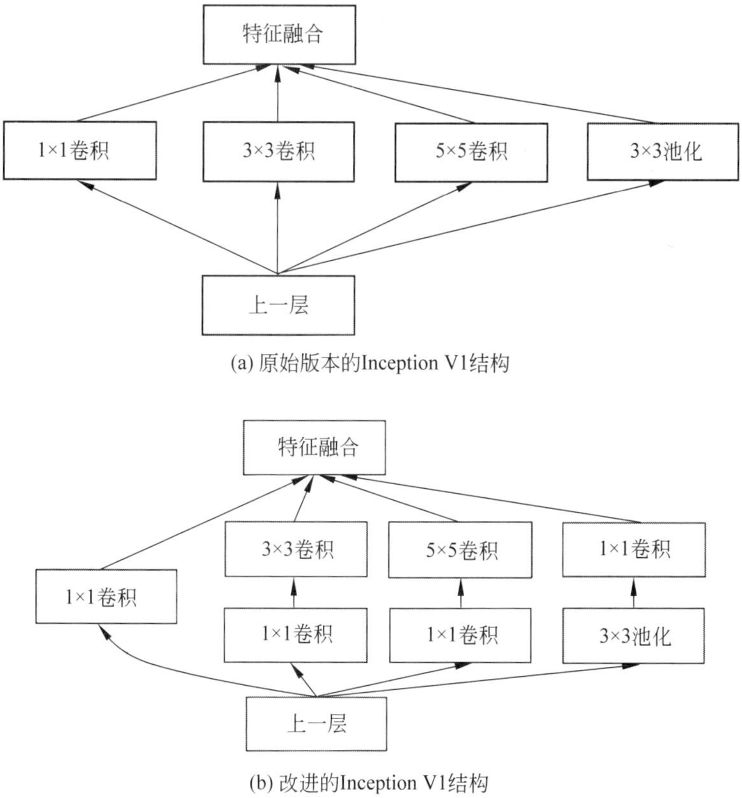

图 5.24　GoogLeNet 中的 Inception V1 结构

然而，在 Inception V1 的原始版本中，所有的卷积核都在上一层的所有输出数据上进行，5×5 的卷积核所需的计算量较大。为了避免这种情况，在 Inception V1 结构的 3×3 卷积前、5×5 卷积前、3×3 池化后分别加上了 1×1 卷积，以起到降低特征图厚度的作用，如图 5.24(b)所示。基于改进的 Inception V1 结构，多个 Inception 模块串联起来就形成了 GoogLeNet。

一般来说，使用 1×1 卷积可以整合各个通道的信息，同时可以增加或者减少卷积核的通道数。

4）ResNet 结构

CNN 不断加深，也使得模型准确率不断下降，但是这种准确率下降却不是由于过拟合现象造成的，为此何凯明等人提出了 ResNet(残差网络)。

ResNet 假定某段神经网络的输入为 x，期望神经网络输出的结果为 $H(x)$。如果把 x 传出作为初始的结果，那么此时需要学习的目标就是 $F(x)=H(x)-x$。在图 5.25 中，通过捷径连接(曲线)的方式把 x 传到输入作为初始结果，残差单元输出结果为 $H(x)=F(x)+x$，ResNet 改变了网络的学习目标，不是学习完整的输出，而是学习目标值 $H(x)$和 x 之间的差值，训练时主要的任务是将残差结果向 0 逼近。ResNet 的主要思想是去掉相同的主体部分来学习残差，突出网络中最小的变化。

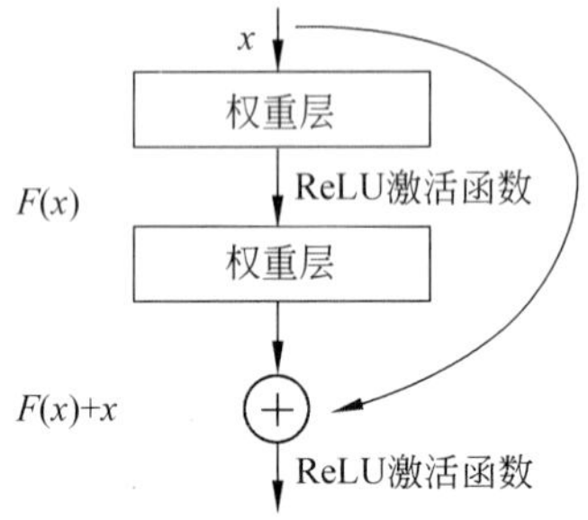

图 5.25　残差学习

ResNet 中的残差学习通过捷径连接实现，通过捷径将输入和输出进行一个逐元素(element-wise)的叠加。ResNet 中没有引入额外的参数和计算复杂度，所以这种方法不会增加网络的计算量，同时能够加快网络训练速度，减少训练时间。使用该结构还能够解决由于网络层数过深导致的模型退化问题。ResNet 的结构容易优化，它解决了增加网络深度带来的副作用(模型退化)，可以通过增加网络深度提高准确率，在图像分类、检测、定位等多种视觉感知任务中获得广泛应用。

5）MobileNet 结构

前述的几种典型网络因为存在网络结构深、模型大的情况，在某些实际应用场景(如移动应用或者嵌入式应用)中会出现内存和计算资源不足的问题。另外，实际应用场景往往还要求计算低延迟(或者说响应速度要快)，所以小而高效的 CNN 模型至关重要。在这一点上，目前主要有两个途径：一是将训练好的复杂模型压缩，得到小模型；二是直接设计小模型并进行训练。不管如何，它们的目的都是在保持模型性能的前提下缩减模型大小，同时提升模型速度。

MobileNet 结构在深度可分解卷积基础上，将标准卷积分解成一个逐深度卷积(depthwise convolution)和一个逐点卷积(pointwise convolution)，逐点卷积通常是 1×1 卷积。例如，一个标准卷积为 $a\times a\times c$，其中 a 是卷积大小，c 是卷积的通道数，MobileNet 将其一分为二：一个卷积是 $a\times a\times 1$，另一个卷积是 $1\times 1\times c$。简单地说，标准卷积同时完成了二维卷积计算和改变特征数量两件事，MobileNet 把这两件事分开处理。与其他流行的网络模型相比，这种分解表现出很强的性能，可以有效减少计算量，缩减模型大小。图 5.26 说明了标准卷积的分解过程。

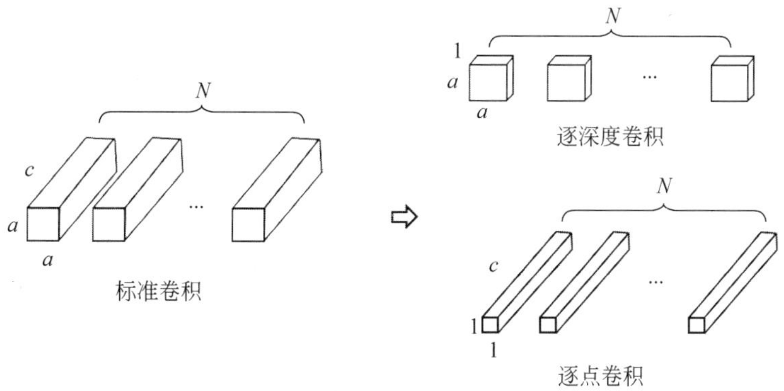

图 5.26　标准卷积的分解过程

MobileNet 使用深度可分离的卷积构建轻量级深层神经网络，通过引入两个全局超参数，在延迟度和准确度之间进行有效平衡。这两个超参数允许模型构建者根据问题的约束条件为其应用选择合适大小的模型。MobileNet 适用于广泛的应用场景，如物体检测、细粒度分类、人脸属性和大规模地理定位等。

2. 基于深度学习的目标感知

在视觉感知领域中，除了物体识别外，深度学习的另一个广泛应用为从图像或者视频序列中检测目标，这也是机器人甚至空间机器人视觉通道的一项基本功能。自从 2012 年开始，在 CNN 结构展示出其优秀的特征抽取能力后，基于深度卷积神经网络的目标检测在自然图像应用中取得了巨大突破。一系列具有突破性的深度学习检测算法不断出现，这些方法克服了传统的视觉感知技术检测单一、对目标旋转缩放的应对能力差的缺陷，使得机器人视觉感知技术取得明显突破。

1）R-CNN

R-CNN(Region-CNN)是第一个成功地将深度学习应用于目标检测的算法。其思路明确分为下面 3 个步骤：

(1) 采用一种选择性搜索(selective search)方法从图像中选出约 2000 个可能是目标的区域。

(2) 对于每个可能是目标的区域，用类似 AlexNet 的 CNN 结构提取特征。

(3) 用 K 个 SVM 作为分类器(每个目标类一个 SVM 分类器，K 为目标类个数)，使用 AlexNet 提取的特征作为输出，得到每个区域属于某一类的得分。

在 R-CNN 结构模型中，由于 CNN 的全连接层对于输入的图像尺寸有限制，所以所有选择性搜索候选区域的图像都必须经过变形转换后才能交由 CNN 模型进行特征提取，但是无论采用剪切(crop)还是采用变形(warp)的方式，都无法完整保留原始图像信息。同时，由于后续 R-CNN 需要针对每个选出的候选区域逐个进行特征提取和 SVM 分类计算，因此 R-CNN 存在训练计算慢、训练所需空间大的问题。

2）Fast R-CNN

为了解决 R-CNN 存在的问题，R-CNN 的提出者 Girshick 对 R-CNN 作了改进，提出了 Fast R-CNN。针对原来 R-CNN 中存在的候选区域的图像都必须经过变形转换后才能交由 CNN 模型进行特征提取的缺陷，作者采用空间金字塔池化网络(Spatial Pyramid Pooling

Network,SPP-Net)的思路,利用卷积后的特征图与原图在空间位置上存在的对应关系,仅仅对整幅图像进行一次卷积层特征提取,然后将候选区域在原图的位置映射到卷积层的特征图上,得到该候选区域的特征,最后将得到每个候选区域的卷积层特征输入全连接层进行后续操作。

在 SPP-Net 中,输入一幅任意尺寸的待测图像,用 CNN 可以提取卷积层特征(例如,VGG16 的卷积层为 Conv5_3,得到 512 幅特征图)。然后将不同大小的候选区域的坐标投影到特征图上,得到对应的窗口,将每个窗口划分为 4×4、2×2、1×1 的块,然后对每个块使用大池化采样。这样,无论窗口大小如何,经过 SPP 层之后都得到一个固定长度为(4×4+2×2+1)×512 维的特征向量,将这个特征向量作为全连接层的输入进行后续操作。这样就能保证只对图像提取一次卷积层特征,同时全连接层的输入维数固定。

3) Faster R-CNN

2015 年,在 Fast R-CNN 的基础上,Faster R-CNN 利用 RPN(Region Proposal Network,区域候选网络)网络提取候选区域,这比选择性搜索等方法提取的候选框更少,效率更高。RPN 中正式出现了锚框(anchor)的概念。锚框用于计算和判断所在的候选区域属于每个类别的概率和相对于真实目标的偏移量,通常每个锚框对应输入图像预测的 3 种尺度(如 128、256、512)、3 种长宽比(如 1∶1、1∶2、2∶1)的 9 个区域,即每个锚框可以产生 9 个候选区域。将其输入两个全连接层,即分类层和回归层,分别用于分类和包围框(bounding box)回归。最后根据候选区域得分高低,选取前 300 个候选区域,作为 Faster R-CNN 的输入进行目标检测。因为 Faster R-CNN 采用 RPN 替代选择性搜索机制,使得其网络结构真正成为端到端的结构,同时 RPN 相对于选择性搜索机制用时也更少。

4) YOLO 系列网络结构

前述的 R-CNN、Fast R-CNN、Faster R-CNN 属于两阶段目标检测算法。两阶段的意思是上述网络结构在后端需要分别处理候选区域的回归和候选区域目标类属归类问题。YOLO 系列算法将候选区域的回归和候选区域目标类属归类问题整合为回归问题,将两阶段目标检测算法变为一阶段目标检测算法。

YOLO 系列算法一开始就是完全端到端的目标检测和识别结构,一次性预测多个区域的位置和类别,其相对于 Faster R-CNN 具有更快的计算速度。YOLO 系列算法没有选择滑窗或提取候选区域的方式训练网络,而是直接使用整图训练模型。YOLO 系列算法利用多重 DarkNet 结构提取特征。DarkNet 吸取了 ResNet 的跳层连接方式,在 YOLO v3 将网络结构修改为全卷积网络,其间大量使用残差跳层连接。在 YOLO v1 和 YOLO v2 中,一般都使用尺寸为 2×2、步长为 2 的大池化或者平均池化进行降采样。但 YOLO v3 网络结构中使用的是步长为 2 的卷积进行降采样。YOLO 系列算法自 2016 年提出以来已经有多个版本,除去其一阶段目标检测算法这个特点外,YOLO 系列算法的改进主要在网络结构的细微调整上,例如,从 YOLO v1 到 YOLO v3 去掉了 Softmax 层,去掉了随机失活,去掉了池化,改为全卷积。YOLO 系列算法中的 YOLO v3 目前在目标检测上得到了较好的效果。

5) SSD(Single Shot MultiBox Detector)

Faster R-CNN 准确率较高,漏检率较低,但速度较慢。YOLO 系列算法速度快,但准确率和漏检率比 Faster R-CNN 略低。SSD 则综合了它们的优点。与 YOLO 的网络结构相比，SSD 的优点在小目标检测上比较明显。同时，SSD 生成的多尺度默认框有更高概率贴近真实数据候选框，所以更容易找到目标的位置。但 SSD 的候选区域数量比 YOLO v1 明显更多，所以训练和检测相对于 YOLO v1 更慢，尽管 SSD 的候选区域数量较多，但是 SSD 在候选区域后采用类别和位置统一回归的方法，不像 Faster R-CNN 那样要对类别逐一进行判断，因此比 Faster R-CNN 处理速度快。

5.5.5　面向小样本学习的视觉感知方法

从前面的介绍可以看到，深度学习模型在目标检测上取得了不错的成果。然而，深度学习需要大量的数据。针对机器人或者空间机器人的应用环境，很多样本难以大量获取。因此，如何构建小样本条件下的视觉感知模型是空间机器人的一个重要工作。小样本条件下的视觉感知问题指每个类只有一张或者几张样本。下面介绍几类经典的面向小样本学习的视觉感知方法。

1. 孪生神经网络

孪生神经网络（siamese network）的主要目标和思想是采用两个对称（相同或者类似）的网络，针对输入的两幅图像，判断其是否同类，本质上是一个二分类问题。孪生神经网络的特点就在于共享权值。在早期，孪生神经网络用于实现检索功能，判断信息之间的相似性，这些信息包含图像、文字等。

孪生神经网络的结构如图 5.27 所示，Net 1 和 Net 2 是两个结构相同且共享权重的深度神经网络，可以是 LSTM 或者 CNN 等。

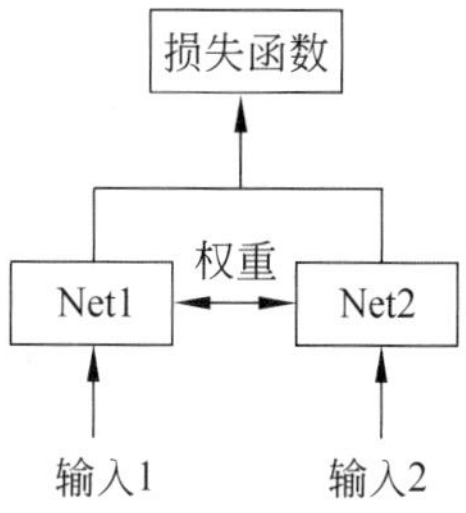

图 5.27　孪生神经网络的结构

用 CNN 计算两个网络输出的卷积特征向量之间的距离，距离越大，相似度越低。距离的计算为

$$D_w(x_1,x_2)=\|G_w(x_1)-G_w(x_2)\| \tag{5.86}$$

其中，x_1 和 x_2 是网络输入的两幅大小一样的图像；w 为网络训练好的权重；$G_w(x_i)(i=1,2)$ 为图像经过网络得到的向量；$D_w(x_1,x_2)$ 为两个网络输出的向量之间的欧几里得距离，用来评判两幅图像的相似度。CNN 在训练时，训练样本是成对的图像或者文字等，对相似的训练样本对用标签标记为真，对不相似的样本对用标签标记为假，通过对比损失函数沿梯度下降的方向不断训练，直至网络收敛，损失函数为

$$L(w)=\sum_{i=0}^{P}\left[(1-y)L_G(E_w(x_1,x_2)^i)+yL_I(E_w(x_1,x_2)^i)\right] \tag{5.87}$$

其中，y 表示 x_1、x_2 是否是同一类；P 为总样本数量；L_G 为样本对为同一类时的损失函数；L_I 为样本对为不同类时的损失函数。当样本对为同一类时，使 L_G 尽可能小；为不同类时，则使 L_I 尽可能大。

在早期孪生神经网络的基础上，SiamFC 结构在 2016 年被提出，用于目标跟踪。SiamFC 使用全卷积神经网络结构，并改变了孪生神经网络的两个输入。SiamFC 通过离线训练网络，在线上跟踪时预测下一帧目标图像的位置，无须在线更新模型。SiamFC 采用端到端的训练模式，在 ILSVRC15 数据集上取得了很好的跟踪效果，并且在跟踪速度方面超过了实时性要求。SiamFC 的框架如图 5.28 所示。

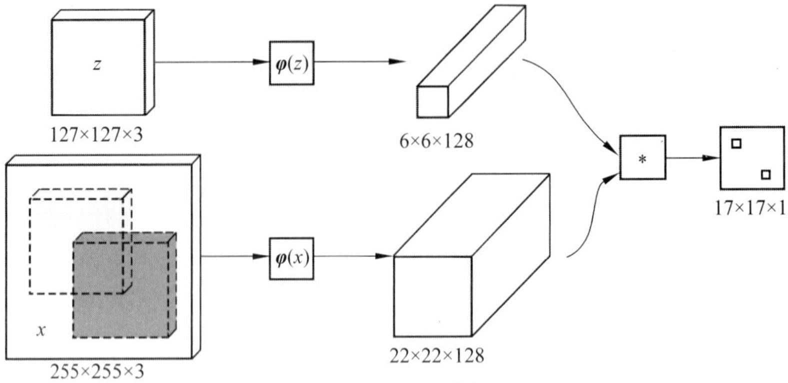

图 5.28 SiamFC 的框架

在图 5.28 中，z 为目标图像，x 是待搜索图像，x 和 z 的图像大小是不一样的。在跟踪时，z 为当前帧目标所在位置的图像，x 为下一帧待检测图像，以当前帧目标位置为中心，在下一帧图像上计算相应得分，得分越高，越有可能是目标的位置。最后通过计算得分大的位置与步长的乘积确定下一帧的目标位置。SiamFC 的相似度计算公式为

$$f(z,x)=\boldsymbol{\varphi}(z)\times\boldsymbol{\varphi}(x)+b_i \tag{5.88}$$

其中，$\boldsymbol{\varphi}(z)$为 z 图像经过网络得到的卷积特征向量；$\boldsymbol{\varphi}(x)$是 x 图像经过网络得到的卷积特征向量；b_i 为得分图上位置 i 的取值。

SiamFC 方法使用的是全卷积神经网络的结构，每一个卷积层后都有 ReLU 激活层，每一个线性层后都有 BN 层。全卷积神经网络不需要两个输入图像的尺寸相同，可以支持更大的图像输入。全卷积神经网络结果类似特征金字塔网络结构，都是自上而下的连接，并且可以直接匹配模板图像和候选图像，网络的输出就是需要的响应图。响应图中的点的值越高，对应位置就越可能是目标位置。SiamFC 训练时不考虑目标类别，使用判别的方法训练正负样本，其逻辑损失的定义为

$$l(y,v)=\log(1+\mathrm{e}^{-yv}) \tag{5.89}$$

其中，y 表示训练样本对的标签值，当训练样本对是正样本时为 1，反之则为 -1；v 为训练样本对的评价得分。SiamFC 在训练时计算所有候选位置的平均损失，其计算公式为

$$L(y,v)=\frac{1}{|D|}\sum_{u\in D}l(y[u],v[u]) \tag{5.90}$$

其中，D 为 SiamFC 输出的得分图，u 表示得分图中的位置。SiamFC 通过计算得到当前目标在下一帧图像上的相应得分图，根据相应得分图的值确定下一帧图像上的目标的位置，在相应得分图上得分越大的位置越有可能是目标的位置。SiamFC 采用端到端的模式，通过离线训练，在目标跟踪领域取得了较好的效果。

2. 零样本学习

零样本学习（Zero-Shot Learning，ZSL）是针对没有训练样本的类别进行分类的问题。对于 ZSL，传统的分类方法没有办法解决，因为传统方法需要给定大量有标注的训练数据，学习出一个分类器来标注测试集中的样本。

目前存在一种基于热点学习（hot learning）的改进的反向投影目标分类算法。该算法将

属性空间中的类别原型投影到视觉空间中，基于目标分类方法获得类别原型在视觉空间的表达。在测试时，首先将所有的类别原型投影到视觉空间中，得到在视觉空间的表达，然后找到离测试样本近的表达，就是样本所属的类别。

在传统的利用属性学习实现零样本图像分类的研究中并没有把类别与属性关联，后来有人提出了基于共享特征相对属性的零样本图像分类方法。该方法的模型将类别与属性放在同一层，通过共享的低维特征层同时学习类别分类器和属性分类器，以挖掘类别与属性之间的关系，并采用交替迭代的方式优化参数。实验结果表明，采用多任务学习的方法共同学习类别分类器和属性分类器，充分挖掘了类别与属性之间的关系，并得到了二者的共享特征，进而可将共享特征用于属性排序函数的学习以及零样本图像分类。该方法在自然图像和人脸数据集上均取得了较好的实验结果，可以提高属性排序精度以及零样本图像分类精度。

3. 迁移学习

在迁移学习中，将以前学习过的任务称为源任务，其领域称为源领域；将准备学习的新任务称为目标任务，其领域称为目标领域。迁移学习就是两个不同领域之间知识的迁移，因此领域和任务是迁移学习中的两个基本概念。下面给出两个概念的定义。

特征空间 X 和边缘概率密度 $P(x)$ 两部分组成领域 D。于是，当存在一个确切的领域时，可以表示为 $D=\{X,P(x)\}$，其中 $x\in X$。若源领域 D_s 与目标领域 D_t 有差异，那么 $X_s\neq X_t$ 或 $P(X_s)\neq P(X_t)$，那么它们对应的领域特征空间或边缘概率分布将有所差异。

任务 T 由领域的类别空间 Y 和函数预测模型 $f(\cdot)$ 构成，即 $T=\{Y,f(\cdot)\}$。其中，函数预测模型由已有预训练样本 $\{x_i,y_i\}$，$x_i\in X$，$y_i\in Y$ 学习得到，可以通过它对任务进行预测。从统计观点来看，函数预测模型可以表示为条件概率分布 $f(x)=Q(y|x)$。

在深度学习中，深度 CNN 在大型图像数据集上有着显著的实际应用效果，已经有众多学者对深度 CNN 模型各层特征做了大量的研究。目前常见的基于 CNN 的迁移学习是在大规模数据集(如 ImageNet)上通过训练学习到特征，并应用到新的目标任务上。具体做法就是在一个大型数据集上预训练一个深度 CNN 模型，然后替换这个模型的输出层或输出层前几层的全连接层，使用新的目标任务输出维度大小，再将替换的部分网络权重随机初始化，模型的其他权重与预训练好的权重保持一致，然后开始在目标数据集上进行微调训练。为了避免在再次训练时破坏模型抽取特征的能力，一般对原有的网络权重进行冻结处理，在再次进行训练时权重就不会被更新了。

在迁移学习任务中，数据通常分为源数据(source data)与目标数据(target data)。源数据是在训练前能够获取的大量数据，目标数据是能够获取的比较少的数据，源数据与目标数据之间具有一定的关联关系。源数据与目标数据都有标签。迁移学习通过源数据(大量样本)训练模型，然后使用少量的目标数据在实际任务上对网络进行微调。

将新的图像经过预训练好的卷积神经网络直接送到被替换的网络层的过程可以看作是对图像进行特征抽取的过程，提取的深度特征更加精简且表达能力更强。深度 CNN 具有优秀的自我学习能力，它能够完成在新目标任务上的迁移学习，因此可以使用迁移学习的方式解决某些领域样本量不够的问题。

5.5.6 视觉引导的机器人抓取技术

1. 基于深度学习的抓取技术

机器人抓取技术是机器人领域的研究重点方向之一。早期的抓取技术侧重于在已知三维模型的物体上搜索满足形封闭和力封闭等准则的接触点。随着视觉感知技术的发展，研究人员从图像中提取物体边缘或轮廓，然后在物体边缘或轮廓上规划满足稳定抓取条件的接触点，并引导机器人手指抓取物体。机器人抓取效率受轮廓提取的准确度、在轮廓上搜索抓取位置等的影响。近些年，随着深度学习技术的发展，利用深度神经网络（如 CNN）训练从图像到抓取构型的端到端策略，成为抓取领域的关注热点。基于深度神经网络的方法训练的端到端抓取策略抗干扰能力好，泛化能力强，是效果较为理想的方法。

深度神经网络可以建立从图像到抓取的映射，实现端到端的学习。目前基于深度学习的抓取技术主要有 3 类：一是基于滑动窗口的抓取构型检测，主要在整个图像上使用滑动分类器搜索可行的抓取构型；二是基于边界框的抓取构型检测，主要通过选择性搜索或者定位框提取可行的抓取构型；三是基于像素的抓取构型检测，主要使用全卷积神经网络模型预测每个像素的抓取构型。

全卷积神经网络的发展为直接从图像中搜索机器人的抓取构型提供了新的视角。为了降低网络的复杂度，提高抓取检测的实时性，本节引入了注意力机制。基于全卷积神经网络在图像像素上检测抓取构型的结构如图 5.29 所示，右侧矩形框标识了物体上可抓取的位置区域。注意力机制专注于输入图像的显著特征，便于提高预测的准确性和网络模型的灵敏性。

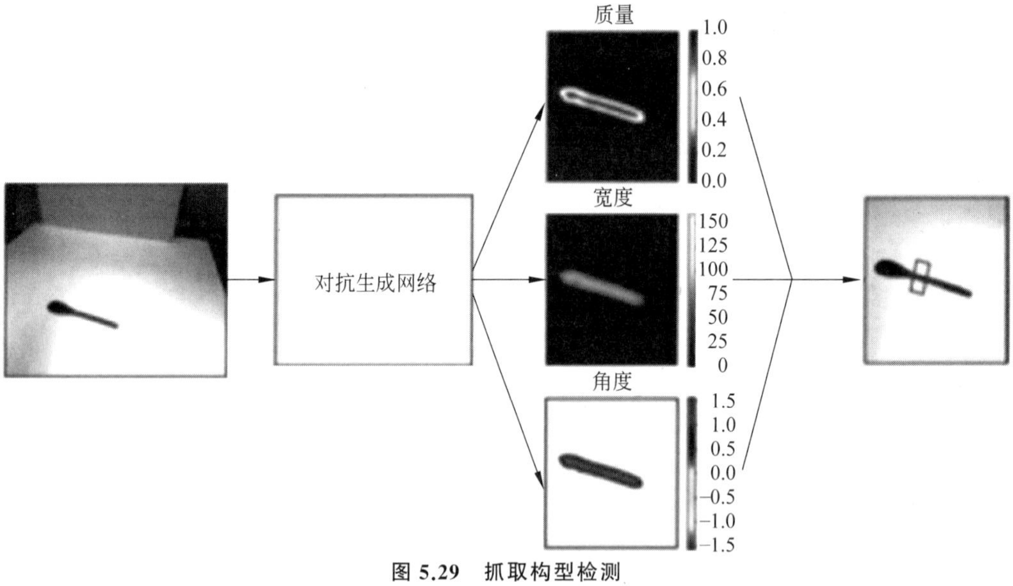

图 5.29 抓取构型检测

1）抓取模型定义

实际抓取系统如图 5.30 所示。输入 RGB 图像 $g=\{p,\theta,w,q\}$，其中，$p=(x,y,z)$ 为抓取中心的坐标，θ 是抓取时绕 z 轴的旋转角度；w 是抓手；q 表示抓取性能，即抓取成功的机会。g 可通过式(5.91)计算：

$$g = T_{rc}(T_{co}(\tilde{g})) \tag{5.91}$$

其中，T_{co} 代表将图像从像素坐标转换为相机坐标，T_{rc} 代表从相机坐标转换为机器人坐标。

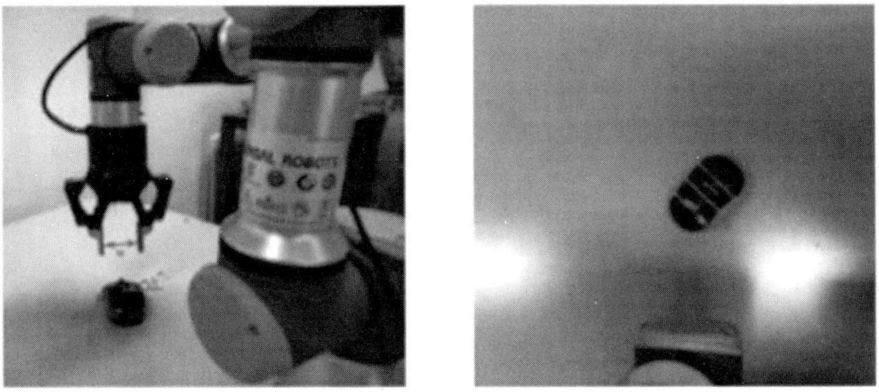

图 5.30 实际抓取系统

2）抓取网络结构

与传统机器人抓取方法相比，使用全卷积神经网络进行抓取检测对输入图片的尺寸没有要求，而且可以避免重复像素块引起的存储和重复卷积计算问题，使得检测效率更高。但是，如图5.31所示，无注意力机制的全卷积神经网络的抓取结果仍然不够精确，上采样结果模糊，对图像细节信息不敏感。

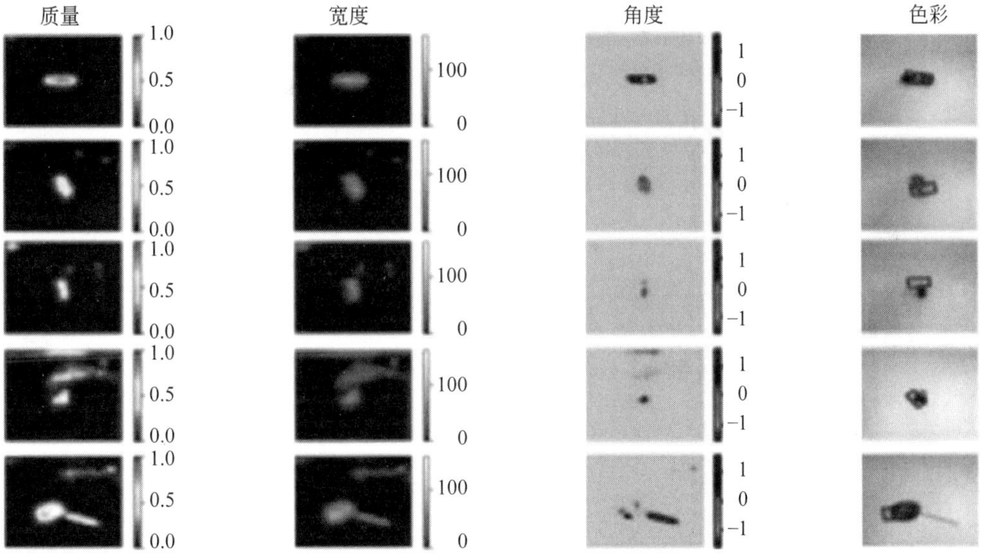

图 5.31 无注意力机制的全卷积神经网络的抓取结果

解决此问题有两种方式：一种方式是使用复杂的网络结构进行特征提取，如 ResNet、VGG 等，但网络训练需要学习较多参数，耗费时间长，难以满足实时性要求；另一种方式是将注意力机制引入网络模型中，提高特征表示能力。与没有注意力机制的结果图5.31相比，在图5.32中明显可以看出，生成对抗网络模型输出的3个特征图清晰而且预测准确。生成对抗网络的结构如图 5.33 所示，采用编码网络与解码网络的结构，其中编码网络由正向卷积层与最大池化层构成，解码网络由反向卷积层与正向卷积层构成，并使用了注意力机制。通过正向卷积层提取图像网络，捕获足够大的感知领域，并使用注意力机制抑制反向卷积层中相应的无关背景区域，提升了显著性，改善了网络的性能。反向卷积层用于特征复原。

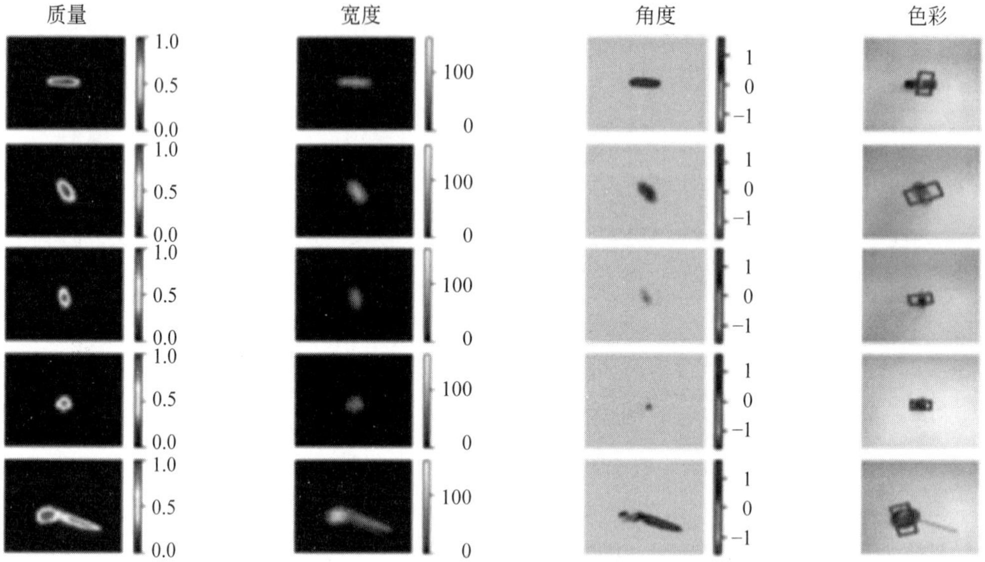

图 5.32　有注意力机制的生成对抗网络模型的抓取结果

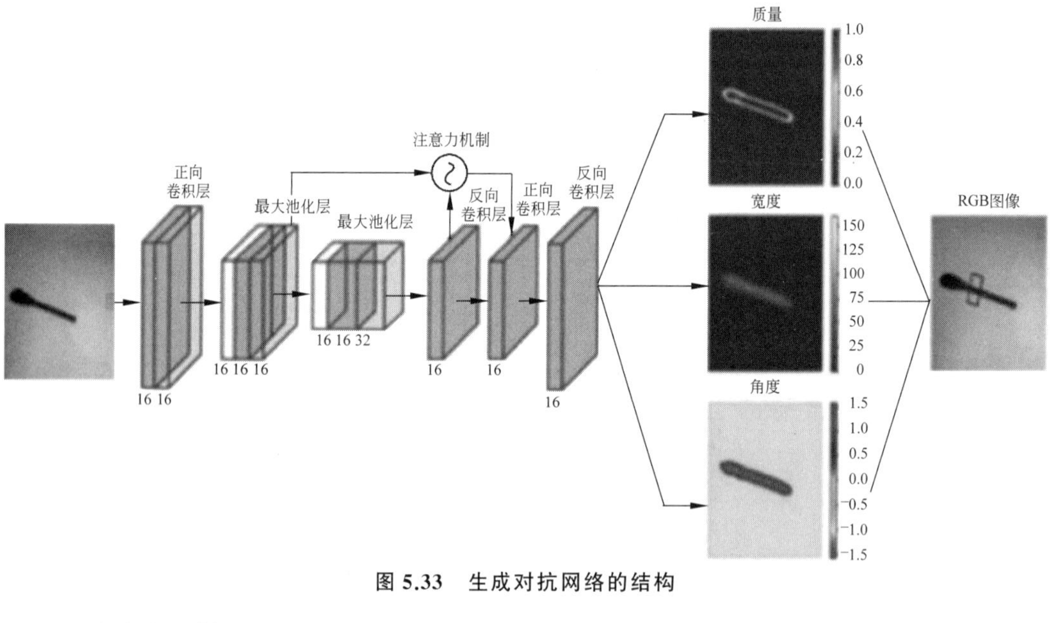

图 5.33　生成对抗网络的结构

3）注意力机制

注意力机制如图 5.34 所示。输入特征 f 由计算的注意力系数 α 进行调控。注意力系数 α 可通过式(5.92)计算：

$$\alpha = \sigma_2(\phi(\sigma_1(w_g(g) + w_x(f))) + b_\phi) \tag{5.92}$$

其中，σ_1 是 ReLU 函数，σ_2 是 Sigmoid 函数，ϕ 是卷积，f 是输入特征，g 是门控信号，$w_g(\cdot)$和 $w_x(\cdot)$是加权运算函数，b_ϕ 是偏置项。

注意力机制的输出特征 $\hat{f}$ 可以通过输入特征 f 和注意力系数 α 相乘得到：

$$\hat{f} = f\alpha \tag{5.93}$$

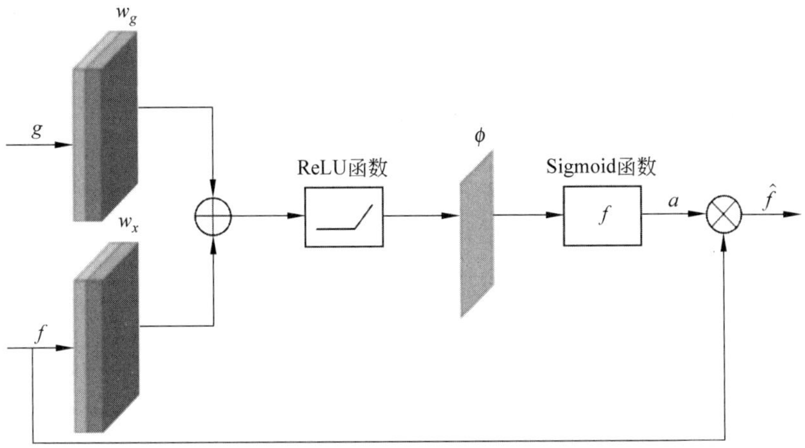

图 5.34　注意力机制

4）抓取评估

这里选用 Cornell 数据集作为实验数据集。该数据集有 885 幅图像，其中有 244 种不同种类的物体，每种物体有不同位姿的图像。数据集对每幅图像标记目标物体的抓取位置，共标记了 5110 个抓取矩形框和 2909 个不可用于抓取的矩形框。每幅图像都标记了多个抓取矩形框，适合逐像素的抓取表示。

Cornell 数据集有多个种类的物体，但数据量较小。为了评估完整的抓取图，用一个图像代表一种抓取，并使用随机裁剪、缩放和旋转的方法处理数据集，生成相关联的抓取图，使得每个 RGB 图像对应 3 个抓取特征图：质量图、宽度图和角度图。

(a) 质量(Quality)图。抓取质量 q 设置为 0～1。计算每个像素的抓取质量。抓取质量越高，抓取的成功率越高。

(b) 宽度(Width)图。计算 RGB 图像中每个像素的夹具的宽度。宽度值设置为 0～150。

(c) 角度(Angle)图。每个抓取矩形的角度范围为$\left[-\frac{\pi}{2},\frac{\pi}{2}\right]$，绕 z 轴真实抓取角度是$\left[-\frac{\pi}{2},\frac{\pi}{2}\right]$。模型预测出图像旋转坐标的抓取角度 $\tilde{\theta}$，就可以计算出旋转角度 θ。

在 Cornell 数据集上评估抓取检测结果时，有点度量和矩形度量两个指标。点度量预测的是抓取中心点到所有真实的抓取中心点的距离，若距离小于某个阈值，则被认为是成功抓取。然而，点度量并没有考虑到角度，因此还要使用矩形度量指标，当预测的抓取矩形框满足以下两个条件时，就被认为该抓取矩形框可用于抓取物体：

(a) 抓取角度与真实的抓取矩形框的抓取角度之差在 30°以内。

(b) 预测的抓取和真实抓取的杰卡德(Jaccard)系数大于 25%，杰卡德系数定义如下：

$$J(g,\hat{g})=\frac{g\cap\hat{g}}{g\cup\hat{g}} \tag{5.94}$$

其中，g 是预测的抓取矩形框面积；$\hat{g}$ 是真实的抓取矩形框面积。

2. 基于深度强化学习的抓取技术

基于 CNN 训练的端到端抓取策略抗干扰能力好，泛化能力强，效果较为理想。然而，端到端抓取策略需要网络模型对大量带有标签的数据进行长时间的训练，这种苛刻的条件在大部分情况下是不具备的，因此这种方法的普适性较差。与之相比，基于深度强化学习算法的抓取策略利用在线采集数据的方式进行训练，训练成本低，且泛化能力强，因此成为目前该领域新的研究热点。

1）状态表示

考虑到图像信息的丰富性，将图像作为高维状态信息输入深度学习网络。由于需要知道目标物体的高度信息，因此输入图像为 RGB-D 格式，包括了彩色信息和深度信息。由于采集彩色图像和深度图像的传感元件存在差异性（安装的位置不同，感光元件视野不同），因此采集得到的图像尺寸和视野不同。这会造成目标物体定位的失准。因此还要采用图对齐技术将彩色图像与深度图像对齐，保证两种图像拥有相同的尺寸和相同的视野。图像对齐技术本质上是把彩色相机和深度相机看成一个双目相机，通过相机的内外参数进行坐标转换，转移到同一坐标系下进行图像表示。对齐后的彩色图像不仅和深度图像具有相同的尺寸，且采集视野也相同。这种图像对齐的操作保证了后续对目标物体抓取的准确性。

2）动作表示

由于抓取包括“推”和“抓”两个动作，因此需要对两个动作采用不同的表示方式。对于“推”的动作，通过如下方式设计：首先计算出目标物体的位置信息(x,y,z)，然后将手爪闭合，移到物体的正上方，如若需要往某个方向推，则手爪往该方向的反方向平移 2cm，再往下平移后往目标方向推一定的距离。对于“抓”的动作，使用(x,y,z,r_z,θ)表示。其中，x、y、z 表示通过坐标转换后得到的目标物体的位置信息；r_z 表示目标物体的姿态信息；θ 表示手爪的状态，通常设置为 0 或 1。

3）奖励函数的设计

在一个复杂的抓取场景中，当多个物体混杂在一起时，物体之间如果没有给手爪留有足够的抓取空间，则会导致抓取任务的失败。为此，在多动作协同学习中，对于“推”的动作，希望执行该动作后可以改变物体的分布。例如，从堆叠变为散放。在实现过程中，通过计算“推”的动作执行前后图像像素的距离判断该动作是否改变了物体的分布。具体来说，先设定一个图像像素距离阈值 δ，“推”的动作执行后，如果图像像素的变化超过了该阈值，则认为“推”的动作执行成功。图像 P 和图像 Q 的像素距离可通过式(5.95)计算：

$$d=\sum_{i,j=1}^{N}(p_i-q_j)^2 \tag{5.95}$$

其中，p_i 和 $q_j(i,j=1,2,\cdots,N)$分别表示图像 P 和图像 Q 的像素值，N 表示图像的像素点个数。而推的动作的奖励函数为

$$r_{\mathrm{pt}}=\begin{cases}1, & d>\delta\\0, & \text{其他}\end{cases} \tag{5.96}$$

对于抓的动作，在一次抓取中不仅希望本次能够抓取成功，同时希望本次的抓取尝试能够为后续的抓取创造有利的条件，例如，改变了物体的分布情况，使物体更加分散等。

5.6　本章小结

机器人视觉感知技术主要依赖相机成像技术及图像处理技术的发展，因此本章主要以视觉成像原理和视觉系统标定原理为基础展开叙述，在理想条件下给出了单目/双目视觉测量方法和视觉匹配技术，重点叙述了双目视觉测量系统的相关知识，给出了相机实现视觉感知的基本过程。基于此介绍了一些典型的基于机器学习的视觉感知方法和一些经典的视觉感知网络结构，然后给出了几种基于深度学习的目标感知基本原理及其用法，最后简要叙述了一种基于视觉引导的机器人抓取技术应用场景。机器视觉技术和图像处理技术是目前机器人智能感知技术领域最活跃和最重要的方向，已经有了飞速发展和大量优秀成果。本章仅对相关的部分经典知识进行了基本的总结，以对初学者起到引领的作用。

习　题　5

1. 简述机器人视觉系统的组成、主要功能和工作流程。
2. 说明 CCD 相机和 CMOS 相机的特点和不同。
3. 利用哪些方法可以获得景物的深度信息，进而进行三维重建？
4. 机器人视觉系统在成像计算时涉及哪些坐标系？这些坐标系又是如何定义的？
5. 相机标定的意义是什么？有哪些经典标定方法？
6. 双目视觉测量主要包括哪些步骤和关键技术？
7. 描述图像特征的方法有哪些？为什么图像处理时需要提取特征？视觉匹配技术是什么？
8. 当前机器人视觉感知技术中的难点或瓶颈有哪些？
9. 通过例子简要说明强化学习和深度学习等人工智能技术是如何应用于机器人视觉系统中的。

第6章　估计理论基础

估计理论是传感器及其智能感知技术的重要组成部分。现代智能传感器系统中常常综合了硬件系统和软件系统，其中的软件系统中大都带有与数据处理算法相对应的计算机程序，这些算法中的一大类是实现参数或信号估计功能的算法，以保证传感器输出平稳的状态信息，便于后续环节使用。本章内容虽然理论性稍强，但是由于估计理论是机器人智能感知技术的核心理论之一，因此有必要重点阐述。

6.1　矩阵微分法

6.1.1　相对于数量的微分法

定义 6.1　对于 n 维向量函数 $\boldsymbol{a}(t)=[a_1(t)\quad a_2(t)\quad \cdots\quad a_n(t)]^{\mathrm{T}}$，定义它对变量 t 的导数为

$$\frac{\mathrm{d}\boldsymbol{a}(t)}{\mathrm{d}t}=\left[\frac{\mathrm{d}a_1(t)}{\mathrm{d}t}\quad \frac{\mathrm{d}a_2(t)}{\mathrm{d}t}\quad \cdots\quad \frac{\mathrm{d}a_n(t)}{\mathrm{d}t}\right]^{\mathrm{T}} \tag{6.1}$$

定义 6.2　对于 $n\times m$ 的矩阵函数

$$\boldsymbol{A}(t)=\begin{bmatrix} a_{11}(t) & \cdots & a_{1m}(t) \\ \vdots & \ddots & \vdots \\ a_{n1}(t) & \cdots & a_{nm}(t) \end{bmatrix}=[a_{ij}(t)]_{nm}$$

定义它对变量 t 的导数为

$$\frac{\mathrm{d}\boldsymbol{A}(t)}{\mathrm{d}t}=\begin{bmatrix} \frac{\mathrm{d}a_{11}(t)}{\mathrm{d}t} & \cdots & \frac{\mathrm{d}a_{1m}(t)}{\mathrm{d}t} \\ \vdots & \ddots & \vdots \\ \frac{\mathrm{d}a_{n1}(t)}{\mathrm{d}t} & \cdots & \frac{\mathrm{d}a_{nm}(t)}{\mathrm{d}t} \end{bmatrix}=\left[\frac{\mathrm{d}a_{ij}(t)}{\mathrm{d}t}\right]_{nm} \tag{6.2}$$

显然上述两个定义是一致的。当矩阵 $\boldsymbol{A}(t)$退化为向量 $\boldsymbol{a}(t)$时，定义 6.2 变为定义 6.1。换言之，矩阵（包括向量）函数对数量变量的导数等于它的各个元素的导数，结果是一个同阶矩阵。根据上述定义，以下不加证明地直接给出导数的运算公式。在下列公式中，$\boldsymbol{A}$ 和 $\boldsymbol{B}$ 都是变量 t 的矩阵函数，但它们也可以代表向量函数（当其列数为 1 时）或数量函数（当其行数和列数都为 1 时），其中 λ 是变量 t 的数量函数。

$$\frac{\mathrm{d}}{\mathrm{d}t}(\boldsymbol{A}\pm\boldsymbol{B})=\frac{\mathrm{d}\boldsymbol{A}}{\mathrm{d}t}\pm\frac{\mathrm{d}\boldsymbol{B}}{\mathrm{d}t} \tag{6.3}$$

$$\frac{\mathrm{d}}{\mathrm{d}t}(\lambda \boldsymbol{A})=\frac{\mathrm{d}\lambda}{\mathrm{d}t}\boldsymbol{A}+\lambda\frac{\mathrm{d}\boldsymbol{A}}{\mathrm{d}t} \tag{6.4}$$

$$\frac{\mathrm{d}}{\mathrm{d}t}(\boldsymbol{AB})=\frac{\mathrm{d}\boldsymbol{A}}{\mathrm{d}t}\boldsymbol{B}+\boldsymbol{A}\frac{\mathrm{d}\boldsymbol{B}}{\mathrm{d}t} \tag{6.5}$$

例 6.1　求 $\boldsymbol{X}^{\mathrm{T}}\boldsymbol{AX}$ 对 t 的导数，其中 $\boldsymbol{X}$ 是 t 的 n 维向量函数，$\boldsymbol{A}$ 是 n 阶对称常值矩阵。

解：利用式(6.5)可知

$$\frac{\mathrm{d}}{\mathrm{d}t}(\boldsymbol{X}^{\mathrm{T}}\boldsymbol{AX})=\frac{\mathrm{d}\boldsymbol{X}^{\mathrm{T}}}{\mathrm{d}t}\boldsymbol{AX}+\boldsymbol{X}^{\mathrm{T}}\frac{\mathrm{d}}{\mathrm{d}t}\boldsymbol{AX}=\frac{\mathrm{d}\boldsymbol{X}^{\mathrm{T}}}{\mathrm{d}t}\boldsymbol{AX}+\boldsymbol{X}^{\mathrm{T}}\left(\frac{\mathrm{d}\boldsymbol{A}}{\mathrm{d}t}\boldsymbol{X}+\boldsymbol{A}\frac{\mathrm{d}\boldsymbol{X}}{\mathrm{d}t}\right)=2\boldsymbol{X}^{\mathrm{T}}\boldsymbol{A}\dot{\boldsymbol{X}}$$

在最后一步推导中，$\dot{\boldsymbol{X}}^{\mathrm{T}}\boldsymbol{AX}$ 和 $\boldsymbol{X}^{\mathrm{T}}\boldsymbol{A}\dot{\boldsymbol{X}}$ 都是数量函数，且 $\boldsymbol{A}$ 为对称矩阵，因此 $\dot{\boldsymbol{X}}^{\mathrm{T}}\boldsymbol{AX}$ 和 $\boldsymbol{X}^{\mathrm{T}}\boldsymbol{A}\dot{\boldsymbol{X}}$ 等于自身的转置，即$[\dot{\boldsymbol{X}}^{\mathrm{T}}\boldsymbol{AX}]^{\mathrm{T}}=\boldsymbol{X}^{\mathrm{T}}\boldsymbol{A}\dot{\boldsymbol{X}}$。当 $\boldsymbol{A}$ 为单位矩阵时，此结果变为$\frac{\mathrm{d}\|\boldsymbol{X}\|^2}{\mathrm{d}t}=2\boldsymbol{X}^{\mathrm{T}}\dot{\boldsymbol{X}}=2\dot{\boldsymbol{X}}^{\mathrm{T}}\boldsymbol{X}$。

6.1.2　相对于向量的微分法

1. 数量函数的导数

设函数 $f(X)=f(x_1,x_2,\cdots,x_n)$ 是以向量 $\boldsymbol{X}$ 为自变量的数量函数，即以 n 个变量 x_i 为自变量的数量函数。

定义 6.3　将列向量$\begin{bmatrix}\frac{\partial f}{\partial x_1} & \frac{\partial f}{\partial x_2} & \cdots & \frac{\partial f}{\partial x_n}\end{bmatrix}^{\mathrm{T}}$称为数量函数 f 对列向量 $\boldsymbol{X}$ 的导数，记作

$$\frac{\mathrm{d}f}{\mathrm{d}\boldsymbol{X}}=\begin{bmatrix}\frac{\partial f}{\partial x_1} & \frac{\partial f}{\partial x_2} & \cdots & \frac{\partial f}{\partial x_n}\end{bmatrix}^{\mathrm{T}} \tag{6.6}$$

该导数习惯上称为函数 f 的梯度，它是三维空间中梯度概念的推广，可记作 $\mathrm{grad}f$ 或 ∇f。

例 6.2　求函数 $f(\boldsymbol{X})=\boldsymbol{X}^{\mathrm{T}}\boldsymbol{X}=x_1^2+x_2^2+\cdots+x_n^2$ 对 $\boldsymbol{X}$ 的导数。

解：根据定义 6.3 可知

$$\frac{\mathrm{d}f}{\mathrm{d}\boldsymbol{X}}=\begin{bmatrix}\frac{\partial f}{\partial x_1} & \frac{\partial f}{\partial x_2} & \cdots & \frac{\partial f}{\partial x_n}\end{bmatrix}^{\mathrm{T}}=[2x_1 \quad 2x_2 \quad \cdots \quad 2x_n]^{\mathrm{T}}=2\boldsymbol{X}$$

根据定义 6.3 还可得到以下运算公式：

$$\frac{\mathrm{d}}{\mathrm{d}\boldsymbol{X}}(f\pm g)=\frac{\mathrm{d}f}{\mathrm{d}\boldsymbol{X}}\pm\frac{\mathrm{d}g}{\mathrm{d}\boldsymbol{X}} \tag{6.7}$$

$$\frac{\mathrm{d}}{\mathrm{d}\boldsymbol{X}}(fg)=\frac{\mathrm{d}f}{\mathrm{d}\boldsymbol{X}}g+f\frac{\mathrm{d}g}{\mathrm{d}\boldsymbol{X}} \tag{6.8}$$

此外，还可以将函数 f 对行向量 $\boldsymbol{X}^{\mathrm{T}}$ 的导数定义为

$$\frac{\mathrm{d}f}{\mathrm{d}\boldsymbol{X}^{\mathrm{T}}}=\begin{bmatrix}\frac{\partial f}{\partial x_1} & \frac{\partial f}{\partial x_2} & \cdots & \frac{\partial f}{\partial x_n}\end{bmatrix}$$

2. 向量函数的导数

设函数 $\boldsymbol{a}(\boldsymbol{X})=[a_1(\boldsymbol{X}) \quad a_2(\boldsymbol{X}) \quad \cdots \quad a_m(\boldsymbol{X})]^{\mathrm{T}}$ 是 $\boldsymbol{X}$ 的 m 维列向量函数。

定义 6.4　将 $n\times m$ 的矩阵函数

$$\begin{bmatrix}\frac{\partial a_1}{\partial x_1} & \cdots & \frac{\partial a_m}{\partial x_1}\\ \vdots & \ddots & \vdots\\ \frac{\partial a_1}{\partial x_n} & \cdots & \frac{\partial a_m}{\partial x_n}\end{bmatrix}=\begin{bmatrix}\frac{\partial a_j}{\partial x_i}\end{bmatrix}_{nm} \tag{6.9}$$

称为 m 维行向量函数 $\boldsymbol{a}^{\mathrm{T}}(\boldsymbol{X})$ 对 n 维列向量 $\boldsymbol{X}$ 的导数，将 $m\times n$ 的矩阵函数

$$\begin{bmatrix} \dfrac{\partial a_1}{\partial x_1} & \cdots & \dfrac{\partial a_1}{\partial x_n} \\ \vdots & \ddots & \vdots \\ \dfrac{\partial a_m}{\partial x_1} & \cdots & \dfrac{\partial a_m}{\partial x_n} \end{bmatrix} = \left[\frac{\partial a_i}{\partial x_j}\right]_{mn} \tag{6.10}$$

称为 m 维列向量函数 $\boldsymbol{a}(X)$ 对 n 维行向量 $\boldsymbol{X}^{\mathrm{T}}$ 的导数，分别记作 $\dfrac{\mathrm{d}\boldsymbol{a}^{\mathrm{T}}(\boldsymbol{X})}{\mathrm{d}\boldsymbol{X}}$ 和 $\dfrac{\mathrm{d}\boldsymbol{a}(\boldsymbol{X})}{\mathrm{d}\boldsymbol{X}^{\mathrm{T}}}$。

根据定义 6.4 显然可知，导数矩阵的行数等于不加转置的向量的行数，列数等于加以转置的向量的列数。据此则有 $\dfrac{\mathrm{d}\boldsymbol{a}^{\mathrm{T}}}{\mathrm{d}\boldsymbol{X}} = \left(\dfrac{\mathrm{d}\boldsymbol{a}}{\mathrm{d}\boldsymbol{X}^{\mathrm{T}}}\right)^{\mathrm{T}}$。

根据定义 6.4 还可以推得以下运算公式。以下公式中 $\boldsymbol{a}(\boldsymbol{X})$ 和 $\boldsymbol{b}(\boldsymbol{X})$ 是 m 维列向量函数，$\lambda(\boldsymbol{X})$ 是数量函数。

$$\frac{\mathrm{d}}{\mathrm{d}\boldsymbol{X}}(\boldsymbol{a}^{\mathrm{T}} \pm \boldsymbol{b}^{\mathrm{T}}) = \frac{\mathrm{d}\boldsymbol{a}^{\mathrm{T}}}{\mathrm{d}\boldsymbol{X}} \pm \frac{\mathrm{d}\boldsymbol{b}^{\mathrm{T}}}{\mathrm{d}\boldsymbol{X}} \tag{6.11}$$

$$\frac{\mathrm{d}}{\mathrm{d}\boldsymbol{X}}(\lambda\boldsymbol{a}^{\mathrm{T}}) = \frac{\mathrm{d}\lambda}{\mathrm{d}\boldsymbol{X}}\boldsymbol{a}^{\mathrm{T}} + \lambda\frac{\mathrm{d}\boldsymbol{a}^{\mathrm{T}}}{\mathrm{d}\boldsymbol{X}} \tag{6.12}$$

$$\frac{\mathrm{d}}{\mathrm{d}\boldsymbol{X}}(\boldsymbol{a}^{\mathrm{T}}\boldsymbol{b}) = \frac{\mathrm{d}\boldsymbol{a}^{\mathrm{T}}}{\mathrm{d}\boldsymbol{X}}\boldsymbol{b} + \frac{\mathrm{d}\boldsymbol{b}^{\mathrm{T}}}{\mathrm{d}\boldsymbol{X}}\boldsymbol{a} \tag{6.13}$$

另外，根据定义 6.4 还可以直接验证两个有用的公式：

$$\frac{\mathrm{d}\boldsymbol{X}}{\mathrm{d}\boldsymbol{X}^{\mathrm{T}}} = \boldsymbol{I}, \quad \frac{\mathrm{d}\boldsymbol{X}^{\mathrm{T}}}{\mathrm{d}\boldsymbol{X}} = \boldsymbol{I} \tag{6.14}$$

其中，$\boldsymbol{I}$ 是 n 阶单位矩阵。

例 6.3 （1）求行向量 $\boldsymbol{X}^{\mathrm{T}}\boldsymbol{A}$ 对 $\boldsymbol{X}$ 的导数；（2）求列向量 $\boldsymbol{B}\boldsymbol{X}$ 对 $\boldsymbol{X}^{\mathrm{T}}$ 的导数。其中，$\boldsymbol{A}$ 和 $\boldsymbol{B}$ 是常数矩阵，但不一定是方阵。

解：

（1）设 $\boldsymbol{X}$ 为 n 维列向量，$\boldsymbol{A}$ 为 $n\times m$ 的矩阵，可以写成 $\boldsymbol{A}=[\boldsymbol{a}_1 \quad \boldsymbol{a}_2 \quad \cdots \quad \boldsymbol{a}_m]$，其中 $\boldsymbol{a}_i$ 是 n 维列向量。因此可将行向量 $\boldsymbol{X}^{\mathrm{T}}\boldsymbol{A}$ 表示为

$$\boldsymbol{X}^{\mathrm{T}}\boldsymbol{A} = [\boldsymbol{X}^{\mathrm{T}}\boldsymbol{a}_1 \quad \boldsymbol{X}^{\mathrm{T}}\boldsymbol{a}_2 \quad \cdots \quad \boldsymbol{X}^{\mathrm{T}}a_m]$$

根据定义 6.4 可知

$$\frac{\mathrm{d}}{\mathrm{d}\boldsymbol{X}}(\boldsymbol{X}^{\mathrm{T}}\boldsymbol{A}) = \left[\frac{\mathrm{d}}{\mathrm{d}\boldsymbol{X}}(\boldsymbol{X}^{\mathrm{T}}\boldsymbol{a}_1) \quad \frac{\mathrm{d}}{\mathrm{d}\boldsymbol{X}}(\boldsymbol{X}^{\mathrm{T}}\boldsymbol{a}_2) \quad \cdots \quad \frac{\mathrm{d}}{\mathrm{d}\boldsymbol{X}}(\boldsymbol{X}^{\mathrm{T}}\boldsymbol{a}_m)\right]$$

其中的每个列向量都可由式(6.13)计算得到：

$$\frac{\mathrm{d}}{\mathrm{d}\boldsymbol{X}}(\boldsymbol{X}^{\mathrm{T}}\boldsymbol{a}_i) = \frac{\mathrm{d}\boldsymbol{X}^{\mathrm{T}}}{\mathrm{d}\boldsymbol{X}}\boldsymbol{a}_i + \frac{\mathrm{d}\boldsymbol{a}_i^{\mathrm{T}}}{\mathrm{d}\boldsymbol{X}}\boldsymbol{X} = \boldsymbol{a}_i$$

因此有

$$\frac{\mathrm{d}}{\mathrm{d}\boldsymbol{X}}(\boldsymbol{X}^{\mathrm{T}}\boldsymbol{A}) = [\boldsymbol{a}_1 \quad \boldsymbol{a}_2 \quad \cdots \quad \boldsymbol{a}_m] = \boldsymbol{A}$$

（2）设 $\boldsymbol{B}$ 为 $m\times n$ 的矩阵，将它写为 $\boldsymbol{B}=[\boldsymbol{b}_1^{\mathrm{T}} \quad \boldsymbol{b}_2^{\mathrm{T}} \quad \cdots \quad \boldsymbol{b}_m^{\mathrm{T}}]^{\mathrm{T}}$，其中 $\boldsymbol{b}_i^{\mathrm{T}}$ 是 n 维行向量。

因此可将列向量 $\boldsymbol{BX}$ 表示为

$$\boldsymbol{BX}=[\boldsymbol{b}_1^{\mathrm{T}}\boldsymbol{X}\quad \boldsymbol{b}_2^{\mathrm{T}}\boldsymbol{X}\quad \cdots\quad \boldsymbol{b}_m^{\mathrm{T}}\boldsymbol{X}]^{\mathrm{T}}$$

根据定义 6.4 可知

$$\frac{\mathrm{d}}{\mathrm{d}\boldsymbol{X}^{\mathrm{T}}}(\boldsymbol{BX})=\left[\frac{\mathrm{d}}{\mathrm{d}\boldsymbol{X}^{\mathrm{T}}}(\boldsymbol{b}_1^{\mathrm{T}}\boldsymbol{X})\quad \frac{\mathrm{d}}{\mathrm{d}\boldsymbol{X}^{\mathrm{T}}}(\boldsymbol{b}_2^{\mathrm{T}}\boldsymbol{X})\quad \cdots\quad \frac{\mathrm{d}}{\mathrm{d}\boldsymbol{X}^{\mathrm{T}}}(\boldsymbol{b}_m^{\mathrm{T}}\boldsymbol{X})\right]^{\mathrm{T}}$$

其中的每个列向量都可由式(6.13)计算得到：

$$\frac{\mathrm{d}}{\mathrm{d}\boldsymbol{X}^{\mathrm{T}}}(\boldsymbol{b}_i^{\mathrm{T}}\boldsymbol{X})=\boldsymbol{X}^{\mathrm{T}}\frac{\mathrm{d}\boldsymbol{b}_i}{\mathrm{d}\boldsymbol{X}^{\mathrm{T}}}+\boldsymbol{b}_i^{\mathrm{T}}\frac{\mathrm{d}\boldsymbol{X}}{\mathrm{d}\boldsymbol{X}^{\mathrm{T}}}=\boldsymbol{b}_i^{\mathrm{T}}$$

因此有

$$\frac{\mathrm{d}}{\mathrm{d}\boldsymbol{X}^{\mathrm{T}}}(\boldsymbol{BX})=[\boldsymbol{b}_1^{\mathrm{T}}\quad \boldsymbol{b}_2^{\mathrm{T}}\quad \cdots\quad \boldsymbol{b}_m^{\mathrm{T}}]^{\mathrm{T}}=\boldsymbol{B}$$

从以上结果可以看出，在这种情况下，常值矩阵可以当成常数提出括号之外，再进行求导。

例 6.4　求二次型 $\boldsymbol{X}^{\mathrm{T}}\boldsymbol{AX}$ 对 $\boldsymbol{X}$ 的导数。

解：利用式(6.13)将列向量 $\boldsymbol{AX}$ 视为 $\boldsymbol{b}$，得到

$$\frac{\mathrm{d}}{\mathrm{d}\boldsymbol{X}}(\boldsymbol{X}^{\mathrm{T}}\boldsymbol{AX})=\frac{\mathrm{d}\boldsymbol{X}^{\mathrm{T}}}{\mathrm{d}\boldsymbol{X}}\boldsymbol{AX}+\frac{\mathrm{d}(\boldsymbol{AX})^{\mathrm{T}}}{\mathrm{d}\boldsymbol{X}}\boldsymbol{X}=\boldsymbol{AX}+\boldsymbol{A}^{\mathrm{T}}\boldsymbol{X}=(\boldsymbol{A}+\boldsymbol{A}^{\mathrm{T}})\boldsymbol{X}$$

它是一个列向量。当 $\boldsymbol{A}$ 为对称矩阵时，该式变为

$$\frac{\mathrm{d}}{\mathrm{d}\boldsymbol{X}}(\boldsymbol{X}^{\mathrm{T}}\boldsymbol{AX})=2\boldsymbol{AX}$$

同理，可得

$$\frac{\mathrm{d}}{\mathrm{d}\boldsymbol{X}^{\mathrm{T}}}(\boldsymbol{X}^{\mathrm{T}}\boldsymbol{AX})=\boldsymbol{X}^{\mathrm{T}}(\boldsymbol{A}^{\mathrm{T}}+\boldsymbol{A})$$

它是一个行向量。当 $\boldsymbol{A}$ 为对称矩阵时，该式变为

$$\frac{\mathrm{d}}{\mathrm{d}\boldsymbol{X}^{\mathrm{T}}}(\boldsymbol{X}^{\mathrm{T}}\boldsymbol{AX})=2\boldsymbol{X}^{\mathrm{T}}\boldsymbol{A}$$

因此，以上结果可视为数量函数 ax^2 导数公式的推广。

例 6.5　求数量函数 $\boldsymbol{p}^{\mathrm{T}}\boldsymbol{AX}$ 对 $\boldsymbol{X}$ 的导数。其中，$\boldsymbol{p}^{\mathrm{T}}$ 是 n 维行向量，$\boldsymbol{A}$ 是 n 阶矩阵，都是常量；$\boldsymbol{X}$ 是 n 维列向量。

解：因为 $\boldsymbol{p}^{\mathrm{T}}\boldsymbol{AX}$ 是数量函数，它等于自身的转置，即 $\boldsymbol{p}^{\mathrm{T}}\boldsymbol{AX}=\boldsymbol{X}^{\mathrm{T}}\boldsymbol{A}^{\mathrm{T}}\boldsymbol{p}$，考虑到 $\boldsymbol{A}^{\mathrm{T}}\boldsymbol{p}$ 是常量，可以提到导数符号以外，则有

$$\frac{\mathrm{d}}{\mathrm{d}\boldsymbol{X}}(\boldsymbol{p}^{\mathrm{T}}\boldsymbol{AX})=\boldsymbol{A}^{\mathrm{T}}\boldsymbol{p}$$

例 6.6　求方程 $\boldsymbol{AX}=\boldsymbol{b}$ 的最小范数解。其中，$\boldsymbol{A}$ 是 $m\times n$ 的常值矩阵，秩为 $m(m<n)$；$\boldsymbol{b}$ 为 m 维常值列向量。

解：这实际上是求数量函数 $f(\boldsymbol{X})=\boldsymbol{X}^{\mathrm{T}}\boldsymbol{X}$ 在条件 $\boldsymbol{AX}=\boldsymbol{b}$ 下的条件极小值。采用拉格朗日乘子法，作函数 $F(\boldsymbol{X})=\boldsymbol{X}^{\mathrm{T}}\boldsymbol{X}+\boldsymbol{p}^{\mathrm{T}}(\boldsymbol{AX}-\boldsymbol{b})$，其中 m 维行向量 $\boldsymbol{p}^{\mathrm{T}}$ 代表乘子，求该式对 $\boldsymbol{X}$ 的导数，并令结果等于 0，则有

$$\frac{\mathrm{d}F}{\mathrm{d}\boldsymbol{X}}=2\boldsymbol{X}+\boldsymbol{A}^{\mathrm{T}}\boldsymbol{p}=0$$

由此解出 $\boldsymbol{X}=-\frac{1}{2}\boldsymbol{A}^{\mathrm{T}}\boldsymbol{p}$。将它代入约束方程可得 $-\frac{1}{2}\boldsymbol{A}\boldsymbol{A}^{\mathrm{T}}\boldsymbol{p}=\boldsymbol{b}$，其中 $\boldsymbol{A}\boldsymbol{A}^{\mathrm{T}}$ 是 m 阶常值矩阵，根据给定条件可知其秩为 m，则其逆一定存在。因此有 $\boldsymbol{p}=-2(\boldsymbol{A}\boldsymbol{A}^{\mathrm{T}})^{-1}\boldsymbol{b}$。将其代入 $\boldsymbol{X}$ 的表达式可得 $\boldsymbol{X}=\boldsymbol{A}^{\mathrm{T}}(\boldsymbol{A}\boldsymbol{A}^{\mathrm{T}})^{-1}\boldsymbol{b}$，再由 $\frac{\mathrm{d}}{\mathrm{d}\boldsymbol{X}^{\mathrm{T}}}\frac{\mathrm{d}F}{\mathrm{d}\boldsymbol{X}}=\frac{\mathrm{d}^2F}{\mathrm{d}\boldsymbol{X}^2}=2\boldsymbol{I}>0$ 可知，得到的解一定是最小范数解。

需要指出，根据定义 6.4 还可以验证以下等式也成立：

$$\frac{\mathrm{d}\boldsymbol{a}^{\mathrm{T}}}{\mathrm{d}\boldsymbol{X}}=\begin{bmatrix}\frac{\mathrm{d}a_1}{\mathrm{d}\boldsymbol{X}} & \frac{\mathrm{d}a_2}{\mathrm{d}\boldsymbol{X}} & \cdots & \frac{\mathrm{d}a_m}{\mathrm{d}\boldsymbol{X}}\end{bmatrix}=\begin{bmatrix}\frac{\partial\boldsymbol{a}^{\mathrm{T}}}{\partial x_1}\\ \frac{\partial\boldsymbol{a}^{\mathrm{T}}}{\partial x_2}\\ \vdots\\ \frac{\partial\boldsymbol{a}^{\mathrm{T}}}{\partial x_n}\end{bmatrix}$$

$$\frac{\mathrm{d}\boldsymbol{a}}{\mathrm{d}\boldsymbol{X}^{\mathrm{T}}}=\begin{bmatrix}\frac{\mathrm{d}a_1}{\mathrm{d}\boldsymbol{X}^{\mathrm{T}}}\\ \frac{\mathrm{d}a_2}{\mathrm{d}\boldsymbol{X}^{\mathrm{T}}}\\ \vdots\\ \frac{\mathrm{d}a_m}{\mathrm{d}\boldsymbol{X}^{\mathrm{T}}}\end{bmatrix}=\begin{bmatrix}\frac{\partial\boldsymbol{a}}{\partial x_1} & \frac{\partial\boldsymbol{a}}{\partial x_2} & \cdots & \frac{\partial\boldsymbol{a}}{\partial x_n}\end{bmatrix}$$

3. 矩阵函数的导数

设函数 $\boldsymbol{A}(\boldsymbol{X})=\begin{bmatrix}a_{11}(\boldsymbol{X}) & \cdots & a_{1l}(\boldsymbol{X})\\ \vdots & \ddots & \vdots\\ a_{m1}(\boldsymbol{X}) & \cdots & a_{ml}(\boldsymbol{X})\end{bmatrix}$ 是 $m\times l$ 的矩阵函数，即其中的每个元素都是 $\boldsymbol{X}$ 的函数。

定义 6.5 $nm\times l$ 的矩阵函数

$$\begin{bmatrix}\frac{\partial\boldsymbol{A}(\boldsymbol{X})}{\partial x_1}\\ \frac{\partial\boldsymbol{A}(\boldsymbol{X})}{\partial x_2}\\ \vdots\\ \frac{\partial\boldsymbol{A}(\boldsymbol{X})}{\partial x_n}\end{bmatrix}$$

称为 $m\times l$ 矩阵函数 $\boldsymbol{A}(\boldsymbol{X})$ 对列向量 $\boldsymbol{X}$ 的导数。$m\times nl$ 的矩阵函数 $\begin{bmatrix}\frac{\partial\boldsymbol{A}(\boldsymbol{X})}{\partial x_1} & \frac{\partial\boldsymbol{A}(\boldsymbol{X})}{\partial x_2} & \cdots & \frac{\partial\boldsymbol{A}(\boldsymbol{X})}{\partial x_n}\end{bmatrix}$ 称为 $m\times l$ 的矩阵函数 $\boldsymbol{A}(\boldsymbol{X})$ 对行向量 $\boldsymbol{X}^{\mathrm{T}}$ 的导数。其中的每个分块矩阵是矩阵函数 $\boldsymbol{A}(\boldsymbol{X})$ 对变量 x_i 的导数矩阵，仍然是一个 $m\times l$ 的矩阵：

$$\left[\frac{\partial \boldsymbol{A}(\boldsymbol{X})}{\partial x_i}\right]=\begin{bmatrix}\dfrac{\partial a_{11}(\boldsymbol{X})}{\partial x_i} & \cdots & \dfrac{\partial a_{1l}(\boldsymbol{X})}{\partial x_i}\\ \vdots & \ddots & \vdots\\ \dfrac{\partial a_{m1}(\boldsymbol{X})}{\partial x_i} & \cdots & \dfrac{\partial a_{ml}(\boldsymbol{X})}{\partial x_i}\end{bmatrix}$$

将以上两种导数分别记为$\dfrac{\mathrm{d}\boldsymbol{A}}{\mathrm{d}\boldsymbol{X}}$和$\dfrac{\mathrm{d}\boldsymbol{A}}{\mathrm{d}\boldsymbol{X}^{\mathrm{T}}}$。一般这两种导数不存在互为转置的关系，即$\dfrac{\mathrm{d}\boldsymbol{A}}{\mathrm{d}\boldsymbol{X}}\neq\left[\dfrac{\mathrm{d}\boldsymbol{A}}{\mathrm{d}\boldsymbol{X}^{\mathrm{T}}}\right]^{\mathrm{T}}$，但有$\dfrac{\mathrm{d}\boldsymbol{A}^{\mathrm{T}}}{\mathrm{d}\boldsymbol{X}}=\left[\dfrac{\mathrm{d}\boldsymbol{A}}{\mathrm{d}\boldsymbol{X}^{\mathrm{T}}}\right]^{\mathrm{T}}$成立。不难看出，当$\boldsymbol{A}(\boldsymbol{X})$退化为向量时，定义 6.5 就与定义 6.4 相同了。进一步，若 $\boldsymbol{A}$ 和 $\boldsymbol{C}$ 都是 $p\times m$ 的矩阵，$\boldsymbol{B}$ 是 $m\times l$ 的矩阵，λ 是 $\boldsymbol{X}$ 的数量函数，则根据定义 6.5，以下运算等式也成立：

$$\frac{\mathrm{d}}{\mathrm{d}\boldsymbol{X}}(\boldsymbol{A}\pm\boldsymbol{C})=\frac{\mathrm{d}\boldsymbol{A}}{\mathrm{d}\boldsymbol{X}}\pm\frac{\mathrm{d}\boldsymbol{C}}{\mathrm{d}\boldsymbol{X}}\tag{6.15}$$

$$\frac{\mathrm{d}}{\mathrm{d}\boldsymbol{X}}(\lambda\boldsymbol{A})=\frac{\mathrm{d}\lambda}{\mathrm{d}\boldsymbol{X}}\boldsymbol{A}+\lambda\frac{\mathrm{d}\boldsymbol{A}}{\mathrm{d}\boldsymbol{X}}\tag{6.16}$$

$$\frac{\mathrm{d}}{\mathrm{d}\boldsymbol{X}}(\boldsymbol{A}\boldsymbol{B})=\frac{\mathrm{d}\boldsymbol{A}}{\mathrm{d}\boldsymbol{X}}\boldsymbol{B}+\boldsymbol{A}\frac{\mathrm{d}\boldsymbol{B}}{\mathrm{d}\boldsymbol{X}}\tag{6.17}$$

其中，$\dfrac{\mathrm{d}\lambda}{\mathrm{d}\boldsymbol{X}}\boldsymbol{A}=\left[\dfrac{\partial\lambda}{\partial x_1}\boldsymbol{A}\quad\dfrac{\partial\lambda}{\partial x_2}\boldsymbol{A}\quad\cdots\quad\dfrac{\partial\lambda}{\partial x_n}\boldsymbol{A}\right]^{\mathrm{T}}$中的每个分块都是 $p\times m$ 的矩阵，所以其本身是一个 $np\times m$ 的矩阵；$\boldsymbol{A}\dfrac{\mathrm{d}\boldsymbol{B}}{\mathrm{d}\boldsymbol{X}}=\left[\boldsymbol{A}\dfrac{\partial\boldsymbol{B}}{\partial x_1}\quad\boldsymbol{A}\dfrac{\partial\boldsymbol{B}}{\partial x_2}\quad\cdots\quad\boldsymbol{A}\dfrac{\partial\boldsymbol{B}}{\partial x_n}\right]^{\mathrm{T}}$中的每个分块都是 $p\times l$ 的矩阵，所以其本身是一个 $np\times l$ 的矩阵。

6.1.3　相对于矩阵的微分法

1. 数量函数的导数

设函数 $f=f(\boldsymbol{A})$是以 $p\times m$ 的矩阵$\boldsymbol{A}$ 的 $p\times m$ 个元素 a_{ij} 为自变量的数量函数，简称以矩阵 $\boldsymbol{A}$ 为自变量的数量函数。例如，函数 $f=a_{11}^2+2a_{12}a_{21}+5a_{12}a_{22}$ 就是以 $\boldsymbol{A}=\begin{bmatrix}a_{11} & a_{12}\\ a_{21} & a_{22}\end{bmatrix}$为自变量的函数。

定义 6.6　$p\times m$ 的矩阵

$$\begin{bmatrix}\dfrac{\partial f}{\partial a_{11}} & \cdots & \dfrac{\partial f}{\partial a_{1m}}\\ \vdots & \ddots & \vdots\\ \dfrac{\partial f}{\partial a_{p1}} & \cdots & \dfrac{\partial f}{\partial a_{pm}}\end{bmatrix}=\left[\frac{\partial f}{\partial a_{ij}}\right]_{pm}\tag{6.18}$$

称为数量函数 f 对矩阵 $\boldsymbol{A}$ 的导数，记作$\dfrac{\mathrm{d}f}{\mathrm{d}\boldsymbol{A}}$。

例 6.7　求 $f=\boldsymbol{X}^{\mathrm{T}}\boldsymbol{A}\boldsymbol{X}$ 对矩阵 $\boldsymbol{A}$ 的导数，其中向量 $\boldsymbol{X}$ 是定常的，$\boldsymbol{A}$ 是对称的。

解：先研究 $\boldsymbol{A}$ 为二阶矩阵的情况，这时数量函数为

$$f=\begin{bmatrix}x_1 & x_2\end{bmatrix}\begin{bmatrix}a_{11} & a_{12}\\ a_{21} & a_{22}\end{bmatrix}\begin{bmatrix}x_1\\ x_2\end{bmatrix}=x_1^2a_{11}+x_1x_2a_{12}+x_1x_2a_{21}+x_2^2a_{22}$$

根据定义 6.6 有

$$\frac{\mathrm{d}f}{\mathrm{d}\boldsymbol{A}}=\begin{bmatrix}\dfrac{\partial f}{\partial a_{11}} & \dfrac{\partial f}{\partial a_{12}}\\ \dfrac{\partial f}{\partial a_{21}} & \dfrac{\partial f}{\partial a_{22}}\end{bmatrix}=\begin{bmatrix}x_1^2 & x_1x_2\\ x_1x_2 & x_2^2\end{bmatrix}=\begin{bmatrix}x_1\\ x_2\end{bmatrix}\begin{bmatrix}x_1 & x_2\end{bmatrix}=\boldsymbol{X}\boldsymbol{X}^{\mathrm{T}}$$

对于一般情况，函数 $f=\boldsymbol{X}^{\mathrm{T}}\boldsymbol{A}\boldsymbol{X}=\sum_{i=1}^{n}\sum_{j=1}^{n}x_ix_ja_{ij}$，根据定义 6.6 直接可以算出$\dfrac{\mathrm{d}f}{\mathrm{d}\boldsymbol{A}}=\boldsymbol{X}\boldsymbol{X}^{\mathrm{T}}$。

2. 向量函数的导数

设函数 $\boldsymbol{Z}(\boldsymbol{A})=[Z_1(\boldsymbol{A}) \quad Z_2(\boldsymbol{A}) \quad \cdots \quad Z_n(\boldsymbol{A})]^{\mathrm{T}}$ 是以矩阵 $\boldsymbol{A}$ 为自变量的 n 维列向量函数。

定义 6.7 $np\times m$ 的矩阵

$$\begin{bmatrix}\dfrac{\partial \boldsymbol{Z}}{\partial a_{11}} & \cdots & \dfrac{\partial \boldsymbol{Z}}{\partial a_{1m}}\\ \vdots & \ddots & \vdots\\ \dfrac{\partial \boldsymbol{Z}}{\partial a_{p1}} & \cdots & \dfrac{\partial \boldsymbol{Z}}{\partial a_{pm}}\end{bmatrix}=\left[\frac{\partial \boldsymbol{Z}}{\partial a_{ij}}\right]_{pm} \tag{6.19}$$

称为列向量函数 $\boldsymbol{Z}(\boldsymbol{A})$对 $p\times m$ 的矩阵 $\boldsymbol{A}$ 的导数，记作$\dfrac{\mathrm{d}\boldsymbol{Z}}{\mathrm{d}\boldsymbol{A}}$。其中每个分块矩阵是 $n\times 1$ 的矩阵：

$$\frac{\partial \boldsymbol{Z}}{\partial a_{ij}}=\begin{bmatrix}\dfrac{\partial z_1}{\partial a_{ij}} & \dfrac{\partial z_2}{\partial a_{ij}} & \cdots & \dfrac{\partial z_n}{\partial a_{ij}}\end{bmatrix}^{\mathrm{T}} \tag{6.20}$$

同样还可以定义行向量函数 $\boldsymbol{Z}^{\mathrm{T}}(\boldsymbol{A})$对 $\boldsymbol{A}$ 的导数，它是 $p\times mn$ 的矩阵，记作$\dfrac{\mathrm{d}\boldsymbol{Z}^{\mathrm{T}}}{\mathrm{d}\boldsymbol{A}}$。

3. 矩阵函数的导数

设函数 $\boldsymbol{F}(\boldsymbol{A})=\begin{bmatrix}f_{11}(\boldsymbol{A}) & \cdots & f_{1l}(\boldsymbol{A})\\ \vdots & \ddots & \vdots\\ f_{n1}(\boldsymbol{A}) & \cdots & f_{nl}(\boldsymbol{A})\end{bmatrix}$是以 $p\times m$ 的矩阵 $\boldsymbol{A}$ 为自变量的 $n\times l$ 的矩阵函数。

定义 6.8 $np\times ml$ 的矩阵

$$\begin{bmatrix}\dfrac{\partial \boldsymbol{F}}{\partial a_{11}} & \cdots & \dfrac{\partial \boldsymbol{F}}{\partial a_{1m}}\\ \vdots & \ddots & \vdots\\ \dfrac{\partial \boldsymbol{F}}{\partial a_{p1}} & \cdots & \dfrac{\partial \boldsymbol{F}}{\partial a_{pm}}\end{bmatrix} \tag{6.21}$$

称为矩阵 $\boldsymbol{F}(\boldsymbol{A})$对矩阵 $\boldsymbol{A}$ 的导数，记作$\dfrac{\mathrm{d}\boldsymbol{F}}{\mathrm{d}\boldsymbol{A}}$。其中每个分块矩阵是 $n\times l$ 的矩阵：

$$\left[\frac{\partial \boldsymbol{F}}{\partial a_{ij}}\right]=\begin{bmatrix}\dfrac{\partial f_{11}}{\partial a_{ij}} & \cdots & \dfrac{\partial f_{1l}}{\partial a_{ij}}\\ \vdots & \ddots & \vdots \\ \dfrac{\partial f_{n1}}{\partial a_{ij}} & \cdots & \dfrac{\partial f_{nl}}{\partial a_{ij}}\end{bmatrix} \tag{6.22}$$

对矩阵求导的运算公式比较复杂，应该根据具体情况处理。若 $\boldsymbol{X}$ 是 n 维列向量，$\boldsymbol{Y}$ 是 m 维列向量，$\boldsymbol{A}$ 是 $n\times m$ 的矩阵，则根据定义 6.8，以下公式成立：

$$\frac{\partial \boldsymbol{X}^{\mathrm{T}}\boldsymbol{A}\boldsymbol{Y}}{\partial \boldsymbol{A}}=\boldsymbol{X}\boldsymbol{Y}^{\mathrm{T}} \tag{6.23}$$

$$\frac{\partial \boldsymbol{Y}^{\mathrm{T}}\boldsymbol{A}^{\mathrm{T}}\boldsymbol{A}\boldsymbol{Y}}{\partial \boldsymbol{A}}=2\boldsymbol{A}\boldsymbol{Y}\boldsymbol{Y}^{\mathrm{T}} \tag{6.24}$$

$$\frac{\partial (\boldsymbol{A}\boldsymbol{Y}-\boldsymbol{X})^{\mathrm{T}}(\boldsymbol{A}\boldsymbol{Y}-\boldsymbol{X})}{\partial \boldsymbol{A}}=2(\boldsymbol{A}\boldsymbol{Y}-\boldsymbol{X})\boldsymbol{Y}^{\mathrm{T}} \tag{6.25}$$

$$\frac{\partial \mathrm{Tr}\,((\boldsymbol{A}\boldsymbol{Y}-\boldsymbol{X})(\boldsymbol{A}\boldsymbol{Y}-\boldsymbol{X})^{\mathrm{T}})}{\partial \boldsymbol{A}}=2(\boldsymbol{A}\boldsymbol{Y}-\boldsymbol{X})\boldsymbol{Y}^{\mathrm{T}} \tag{6.26}$$

$$\frac{\partial \mathrm{Tr}\,(\boldsymbol{A}\boldsymbol{B})}{\partial \boldsymbol{A}}=\frac{\partial \mathrm{Tr}\,(\boldsymbol{B}\boldsymbol{A})}{\partial \boldsymbol{A}}=\frac{\partial \mathrm{Tr}\,(\boldsymbol{A}^{\mathrm{T}}\boldsymbol{B}^{\mathrm{T}})}{\partial \boldsymbol{A}}=\frac{\partial \mathrm{Tr}\,(\boldsymbol{B}^{\mathrm{T}}\boldsymbol{A}^{\mathrm{T}})}{\partial \boldsymbol{A}}=\boldsymbol{B}^{\mathrm{T}} \tag{6.27}$$

$$\frac{\partial \mathrm{Tr}\,(\boldsymbol{A}\boldsymbol{C}\boldsymbol{A}^{\mathrm{T}})}{\partial \boldsymbol{A}}=\boldsymbol{A}(\boldsymbol{C}+\boldsymbol{C}^{\mathrm{T}}),\frac{\partial \mathrm{Tr}\,(\boldsymbol{A}^{\mathrm{T}}\boldsymbol{C}\boldsymbol{A})}{\partial \boldsymbol{A}}=(\boldsymbol{C}+\boldsymbol{C}^{\mathrm{T}})\boldsymbol{A} \tag{6.28}$$

例 6.8　求函数 $f=(\boldsymbol{X}-\boldsymbol{a}-\boldsymbol{B}\boldsymbol{Z})^{\mathrm{T}}(\boldsymbol{X}-\boldsymbol{a}-\boldsymbol{B}\boldsymbol{Z})$ 对矩阵 $\boldsymbol{B}$ 的导数。

解：根据式(6.25)可知

$$\begin{aligned}\frac{\partial f}{\partial \boldsymbol{B}}&=\frac{\partial}{\partial \boldsymbol{B}}(\boldsymbol{X}-\boldsymbol{a}-\boldsymbol{B}\boldsymbol{Z})^{\mathrm{T}}(\boldsymbol{X}-\boldsymbol{a}-\boldsymbol{B}\boldsymbol{Z})=\frac{\partial}{\partial \boldsymbol{B}}(\boldsymbol{B}\boldsymbol{Z}+\boldsymbol{a}-\boldsymbol{X})^{\mathrm{T}}(\boldsymbol{B}\boldsymbol{Z}+\boldsymbol{a}-\boldsymbol{X})\\&=2(\boldsymbol{B}\boldsymbol{Z}+\boldsymbol{a}-\boldsymbol{X})\boldsymbol{Z}^{\mathrm{T}}=-2(\boldsymbol{X}-\boldsymbol{a}-\boldsymbol{B}\boldsymbol{Z})\boldsymbol{Z}^{\mathrm{T}}\end{aligned}$$

分析以上 8 个定义可知，定义 6.8 是最广义的，它包含了前面 7 个定义的结果，即前面 7 个定义均是定义 6.8 的特例。换言之，无论函数 F 和自变量 A 是数量、向量还是矩阵，F 对 A 的导数总是按照下述的两个步骤构成的：

(1) 将自变量 A 的元素换成函数 F 对各元素的导数，得到式(6.21)的矩阵。

(2) 对该矩阵的每个分块，例如$\dfrac{\partial F}{\partial a_{ij}}$，把其中的函数 F 的各元素换成该元素对 a_{ij} 的导数，得到式(6.22)的矩阵。

将以上两步结合起来就得到 F 对 A 的导数。

例如，矩阵函数 $\boldsymbol{F}=[f_{11}(\boldsymbol{A})\quad f_{12}(\boldsymbol{A})]$对 $\boldsymbol{A}=\begin{bmatrix}a_{11} & a_{12}\\ a_{21} & a_{22}\end{bmatrix}$的导数就可以按照以下两步得到：

(1) 将 $\boldsymbol{A}$ 的各元素换成 $\boldsymbol{F}$ 对该元素的导数，得到

$$\frac{\mathrm{d}\boldsymbol{F}}{\mathrm{d}\boldsymbol{A}}=\begin{bmatrix}\dfrac{\partial \boldsymbol{F}}{\partial a_{11}} & \dfrac{\partial \boldsymbol{F}}{\partial a_{12}}\\ \dfrac{\partial \boldsymbol{F}}{\partial a_{21}} & \dfrac{\partial \boldsymbol{F}}{\partial a_{22}}\end{bmatrix}$$

(2) 将其中的 $\boldsymbol{F}$ 的各元素换成该元素对 a_{ij} 的导数,则得到

$$\frac{\mathrm{d}\boldsymbol{F}}{\mathrm{d}\boldsymbol{A}}=\begin{bmatrix}\frac{\partial f_{11}}{\partial a_{11}} & \frac{\partial f_{12}}{\partial a_{11}} & \frac{\partial f_{11}}{\partial a_{12}} & \frac{\partial f_{12}}{\partial a_{12}} \\ \frac{\partial f_{11}}{\partial a_{21}} & \frac{\partial f_{12}}{\partial a_{21}} & \frac{\partial f_{11}}{\partial a_{22}} & \frac{\partial f_{12}}{\partial a_{22}}\end{bmatrix}$$

由此可知,导数 $\frac{\mathrm{d}\boldsymbol{F}}{\mathrm{d}\boldsymbol{A}}$ 的行数等于 $\boldsymbol{F}$ 和 $\boldsymbol{A}$ 的行数的乘积,列数等于 $\boldsymbol{F}$ 和 $\boldsymbol{A}$ 的列数的乘积。按此定义,n 维列向量对 n 维列向量的导数是 n^2 维的列向量。

从以上的讨论可知,相对于数量的微分法实际上是相对于向量的微分法的特殊情况。这一结论自然也适用于前面推导出的所有运算公式。还需要指出的是,以上的定义都是以分母为主的定义,这是目前的习惯方式。当然也可以采用以分子为主的定义,即在定义 $\boldsymbol{F}$ 对 $\boldsymbol{A}$ 的导数时原则上可以把上述两步交换次序。例如,把 $\boldsymbol{F}=[f_1 \quad f_2]$ 对 $\boldsymbol{A}=[a_1 \quad a_2]$ 的导数 $\frac{\mathrm{d}\boldsymbol{F}}{\mathrm{d}\boldsymbol{A}}$ 定义为 $\begin{bmatrix}\frac{\partial f_1}{\partial a_1} & \frac{\partial f_1}{\partial a_2} & \frac{\partial f_2}{\partial a_1} & \frac{\partial f_2}{\partial a_2}\end{bmatrix}$,而不是前面定义的 $\begin{bmatrix}\frac{\partial f_1}{\partial a_1} & \frac{\partial f_2}{\partial a_1} & \frac{\partial f_1}{\partial a_2} & \frac{\partial f_2}{\partial a_2}\end{bmatrix}$。但是,当 $\boldsymbol{F}$ 和 $\boldsymbol{A}$ 二者一个为列向量一个为行向量时,两种定义是相同的。

6.1.4 复合函数微分法

以下不加证明直接给出一些与估计理论相关的最常用的基本公式。其中,f 表示数量函数,$\boldsymbol{Z}$ 表示 l 维列向量函数,$\boldsymbol{Y}$ 表示 m 维列向量函数,$\boldsymbol{X}$ 表示 n 维列向量函数,t 表示数量变量。

1. 数量函数的公式

(1) 设 $f=f(\boldsymbol{Y}),\boldsymbol{Y}=\boldsymbol{Y}(t)$,则 $\frac{\mathrm{d}f}{\mathrm{d}t}=\frac{\mathrm{d}f}{\mathrm{d}\boldsymbol{Y}^{\mathrm{T}}}\frac{\mathrm{d}\boldsymbol{Y}}{\mathrm{d}t}=\frac{\mathrm{d}\boldsymbol{Y}^{\mathrm{T}}}{\mathrm{d}t}\frac{\mathrm{d}f}{\mathrm{d}\boldsymbol{Y}}$。

(2) 设 $f=f(\boldsymbol{Y}),\boldsymbol{Y}=\boldsymbol{Y}(\boldsymbol{X})$,则 $\frac{\mathrm{d}f}{\mathrm{d}\boldsymbol{X}}=\frac{\mathrm{d}\boldsymbol{Y}^{\mathrm{T}}}{\mathrm{d}\boldsymbol{X}}\frac{\mathrm{d}f}{\mathrm{d}\boldsymbol{Y}},\frac{\mathrm{d}f}{\mathrm{d}\boldsymbol{X}^{\mathrm{T}}}=\frac{\mathrm{d}f}{\mathrm{d}\boldsymbol{Y}^{\mathrm{T}}}\frac{\mathrm{d}\boldsymbol{Y}}{\mathrm{d}\boldsymbol{X}^{\mathrm{T}}}$。

(3) 设 $f=f(\boldsymbol{X},\boldsymbol{Y}),\boldsymbol{Y}=\boldsymbol{Y}(\boldsymbol{X})$,则 $\frac{\mathrm{d}f}{\mathrm{d}\boldsymbol{X}}=\frac{\partial f}{\partial \boldsymbol{X}}+\frac{\mathrm{d}\boldsymbol{Y}^{\mathrm{T}}}{\mathrm{d}\boldsymbol{X}}\frac{\partial f}{\partial \boldsymbol{Y}},\frac{\mathrm{d}f}{\mathrm{d}\boldsymbol{X}^{\mathrm{T}}}=\frac{\partial f}{\partial \boldsymbol{X}^{\mathrm{T}}}+\frac{\partial f}{\partial \boldsymbol{Y}^{\mathrm{T}}}\frac{\mathrm{d}\boldsymbol{Y}}{\mathrm{d}\boldsymbol{X}^{\mathrm{T}}}$。

例 6.9 求 $f=\boldsymbol{X}^{\mathrm{T}}\boldsymbol{A}\boldsymbol{X}$ 对 $\boldsymbol{X}$ 的导数。

解:令 $\boldsymbol{Y}=\boldsymbol{A}\boldsymbol{X}$,由于 $\frac{\mathrm{d}\boldsymbol{Y}^{\mathrm{T}}}{\mathrm{d}\boldsymbol{X}}=\frac{\mathrm{d}\boldsymbol{X}^{\mathrm{T}}}{\mathrm{d}\boldsymbol{X}}\boldsymbol{A}^{\mathrm{T}}=\boldsymbol{A}^{\mathrm{T}}$,则有

$$\frac{\mathrm{d}f}{\mathrm{d}\boldsymbol{X}}=\frac{\partial}{\partial \boldsymbol{X}}(\boldsymbol{X}^{\mathrm{T}}\boldsymbol{Y})+\frac{\mathrm{d}\boldsymbol{Y}^{\mathrm{T}}}{\mathrm{d}\boldsymbol{X}}\frac{\partial}{\partial \boldsymbol{Y}}(\boldsymbol{X}^{\mathrm{T}}\boldsymbol{Y})=\boldsymbol{Y}+\boldsymbol{A}^{\mathrm{T}}\boldsymbol{X}=(\boldsymbol{A}+\boldsymbol{A}^{\mathrm{T}})\boldsymbol{X}$$

例 6.10 求方程 $\boldsymbol{A}\boldsymbol{X}=\boldsymbol{b}$ 的最小二乘解,其中 $\boldsymbol{A}$ 为 $m\times n$ 的常值矩阵,其秩为 $n<m$。

解:这实际上是求数量函数 $f=(\boldsymbol{A}\boldsymbol{X}-\boldsymbol{b})^{\mathrm{T}}(\boldsymbol{A}\boldsymbol{X}-\boldsymbol{b})$ 的极小值。令 $\boldsymbol{Y}=\boldsymbol{A}\boldsymbol{X}-\boldsymbol{b}$,则由上面的公式和例 6.9 可得

$$\frac{\mathrm{d}f}{\mathrm{d}\boldsymbol{X}}=\frac{\mathrm{d}\boldsymbol{Y}^{\mathrm{T}}}{\mathrm{d}\boldsymbol{X}}\frac{\mathrm{d}f}{\mathrm{d}\boldsymbol{Y}}=\boldsymbol{A}^{\mathrm{T}}\cdot 2\boldsymbol{Y}=2\boldsymbol{A}^{\mathrm{T}}(\boldsymbol{A}\boldsymbol{X}-\boldsymbol{b})$$

令该式等于 0,可解出 $\boldsymbol{X}=(\boldsymbol{A}^{\mathrm{T}}\boldsymbol{A})^{-\mathrm{T}}\boldsymbol{A}^{\mathrm{T}}\boldsymbol{b}$。需要说明的是,由于矩阵 $\boldsymbol{A}$ 的秩为 n,n 阶矩阵 $\boldsymbol{A}^{\mathrm{T}}\boldsymbol{A}$ 的秩也为 n,所以其逆存在。又从 $\boldsymbol{A}^{\mathrm{T}}(\boldsymbol{A}\boldsymbol{X}-\boldsymbol{b})=0$ 不能推出 $\boldsymbol{A}\boldsymbol{X}-\boldsymbol{b}=0$,因为两个非零矩阵的积可能是 0,不能由此消去 $\boldsymbol{A}^{\mathrm{T}}$,这是与数量乘积不同的。

例 6.11　求函数 $f=(\boldsymbol{X}-\boldsymbol{a}-\boldsymbol{B}\boldsymbol{Z})^{\mathrm{T}}(\boldsymbol{X}-\boldsymbol{a}-\boldsymbol{B}\boldsymbol{Z})$对 n 维向量 $\boldsymbol{a}$ 的偏导数。

解：设 $\boldsymbol{Y}=\boldsymbol{X}-\boldsymbol{a}-\boldsymbol{B}\boldsymbol{Z}$，则根据$\dfrac{\mathrm{d}}{\mathrm{d}\boldsymbol{Y}}\boldsymbol{Y}^{\mathrm{T}}\boldsymbol{Y}=2\boldsymbol{Y}$ 和$\dfrac{\partial}{\partial \boldsymbol{a}}\boldsymbol{Y}^{\mathrm{T}}=\dfrac{\partial}{\partial \boldsymbol{a}}(\boldsymbol{X}-\boldsymbol{a}-\boldsymbol{B}\boldsymbol{Z})^{\mathrm{T}}=-\boldsymbol{I}$，再利用上面的公式可知最终导数为$\dfrac{\partial f}{\partial \boldsymbol{a}}=\dfrac{\partial \boldsymbol{Y}^{\mathrm{T}}}{\partial \boldsymbol{a}}\dfrac{\partial f}{\partial \boldsymbol{Y}}=-2(\boldsymbol{X}-\boldsymbol{a}-\boldsymbol{B}\boldsymbol{Z})$。

2. 向量函数的公式

(1) 设 $\boldsymbol{Z}=\boldsymbol{Z}(\boldsymbol{Y}),\boldsymbol{Y}=\boldsymbol{Y}(t)$，则$\dfrac{\mathrm{d}\boldsymbol{Z}}{\mathrm{d}t}=\dfrac{\mathrm{d}\boldsymbol{Z}}{\mathrm{d}\boldsymbol{Y}^{\mathrm{T}}}\dfrac{\mathrm{d}\boldsymbol{Y}}{\mathrm{d}t}$。

(2) 设 $\boldsymbol{Z}=\boldsymbol{Z}(\boldsymbol{Y}),\boldsymbol{Y}=\boldsymbol{Y}(\boldsymbol{X})$，则$\dfrac{\mathrm{d}\boldsymbol{Z}^{\mathrm{T}}}{\mathrm{d}\boldsymbol{X}}=\dfrac{\mathrm{d}\boldsymbol{Y}^{\mathrm{T}}}{\mathrm{d}\boldsymbol{X}}\dfrac{\mathrm{d}\boldsymbol{Z}^{\mathrm{T}}}{\mathrm{d}\boldsymbol{Y}},\dfrac{\mathrm{d}\boldsymbol{Z}}{\mathrm{d}\boldsymbol{X}^{\mathrm{T}}}=\dfrac{\mathrm{d}\boldsymbol{Z}}{\mathrm{d}\boldsymbol{Y}^{\mathrm{T}}}\dfrac{\mathrm{d}\boldsymbol{Y}}{\mathrm{d}\boldsymbol{X}^{\mathrm{T}}}$。

(3) 设 $\boldsymbol{Z}=\boldsymbol{Z}(\boldsymbol{X},\boldsymbol{Y}),\boldsymbol{Y}=\boldsymbol{Y}(\boldsymbol{X})$，则$\dfrac{\mathrm{d}\boldsymbol{Z}^{\mathrm{T}}}{\mathrm{d}\boldsymbol{X}}=\dfrac{\partial \boldsymbol{Z}^{\mathrm{T}}}{\partial \boldsymbol{X}}+\dfrac{\mathrm{d}\boldsymbol{Y}^{\mathrm{T}}}{\mathrm{d}\boldsymbol{X}}\dfrac{\partial \boldsymbol{Z}^{\mathrm{T}}}{\partial \boldsymbol{Y}},\dfrac{\mathrm{d}\boldsymbol{Z}}{\mathrm{d}\boldsymbol{X}^{\mathrm{T}}}=\dfrac{\partial \boldsymbol{Z}}{\partial \boldsymbol{X}^{\mathrm{T}}}+\dfrac{\partial \boldsymbol{Z}}{\partial \boldsymbol{Y}^{\mathrm{T}}}\dfrac{\mathrm{d}\boldsymbol{Y}}{\mathrm{d}\boldsymbol{X}^{\mathrm{T}}}$。

例 6.12　求向量函数 $\sin(\boldsymbol{C}^{\mathrm{T}}\boldsymbol{X})\cdot\boldsymbol{X}^{\mathrm{T}}$ 对 $\boldsymbol{X}$ 的导数，其中 $\boldsymbol{C}^{\mathrm{T}}$ 是常数行向量。

解：将 $\sin(\boldsymbol{C}^{\mathrm{T}}\boldsymbol{X})$视为 λ，可得$\dfrac{\mathrm{d}}{\mathrm{d}\boldsymbol{X}}[\sin(\boldsymbol{C}^{\mathrm{T}}\boldsymbol{X})\cdot\boldsymbol{X}^{\mathrm{T}}]=\dfrac{\mathrm{d}\sin(\boldsymbol{C}^{\mathrm{T}}\boldsymbol{X})}{\mathrm{d}\boldsymbol{X}}\boldsymbol{X}^{\mathrm{T}}+\sin(\boldsymbol{C}^{\mathrm{T}}\boldsymbol{X})\dfrac{\mathrm{d}\boldsymbol{X}^{\mathrm{T}}}{\mathrm{d}\boldsymbol{X}}$，将式中的 $\boldsymbol{C}^{\mathrm{T}}\boldsymbol{X}$ 视为一个数量变量，可得

$$\frac{\mathrm{d}\sin(\boldsymbol{C}^{\mathrm{T}}\boldsymbol{X})}{\mathrm{d}\boldsymbol{X}}=\frac{\mathrm{d}}{\mathrm{d}\boldsymbol{X}}(\boldsymbol{C}^{\mathrm{T}}\boldsymbol{X})\frac{\mathrm{d}}{\mathrm{d}(\boldsymbol{C}^{\mathrm{T}}\boldsymbol{X})}\sin(\boldsymbol{C}^{\mathrm{T}}\boldsymbol{X})=\boldsymbol{C}\cos(\boldsymbol{C}^{\mathrm{T}}\boldsymbol{X})$$

因此可得导数结果为

$$\frac{\mathrm{d}}{\mathrm{d}\boldsymbol{X}}[\sin(\boldsymbol{C}^{\mathrm{T}}\boldsymbol{X})\cdot\boldsymbol{X}^{\mathrm{T}}]=\boldsymbol{C}\cos(\boldsymbol{C}^{\mathrm{T}}\boldsymbol{X})\boldsymbol{X}^{\mathrm{T}}+\sin(\boldsymbol{C}^{\mathrm{T}}\boldsymbol{X})\boldsymbol{I}$$

例 6.13　求 $f=(\boldsymbol{A}\boldsymbol{X}-\boldsymbol{b})^{\mathrm{T}}\boldsymbol{R}(\boldsymbol{A}\boldsymbol{X}-\boldsymbol{b})$对 $\boldsymbol{X}$ 的导数。其中，$\boldsymbol{A}$ 是 $m\times n$ 的常值矩阵，$\boldsymbol{R}$ 是 $m\times m$ 的常值矩阵，$\boldsymbol{X}$ 和 $\boldsymbol{b}$ 分别是 n 维和 m 维列向量，且 $\boldsymbol{b}$ 是定常的。

解：设 $\boldsymbol{Y}=\boldsymbol{A}\boldsymbol{X}-\boldsymbol{b}$，可计算得到

$$\frac{\mathrm{d}\boldsymbol{Y}^{\mathrm{T}}}{\mathrm{d}\boldsymbol{X}}=\boldsymbol{A}^{\mathrm{T}},\quad \frac{\mathrm{d}f}{\mathrm{d}\boldsymbol{Y}}=(\boldsymbol{R}+\boldsymbol{R}^{\mathrm{T}})\boldsymbol{Y}$$

则

$$\frac{\mathrm{d}f}{\mathrm{d}\boldsymbol{X}}=\frac{\mathrm{d}\boldsymbol{Y}^{\mathrm{T}}}{\mathrm{d}\boldsymbol{X}}\frac{\mathrm{d}f}{\mathrm{d}\boldsymbol{Y}}=\boldsymbol{A}^{\mathrm{T}}(\boldsymbol{R}+\boldsymbol{R}^{\mathrm{T}})\boldsymbol{Y}=\boldsymbol{A}^{\mathrm{T}}(\boldsymbol{R}+\boldsymbol{R}^{\mathrm{T}})(\boldsymbol{A}\boldsymbol{X}-\boldsymbol{b})$$

令上式等于 0，则可解出

$$\boldsymbol{X}=[\boldsymbol{A}^{\mathrm{T}}(\boldsymbol{R}+\boldsymbol{R}^{\mathrm{T}})\boldsymbol{A}]^{-\mathrm{T}}\boldsymbol{A}^{\mathrm{T}}(\boldsymbol{R}+\boldsymbol{R}^{\mathrm{T}})\boldsymbol{b}$$

这就是使函数 f 取极小值的解。当 $\boldsymbol{R}$ 为对称矩阵时，上式化为

$$\boldsymbol{X}=(\boldsymbol{A}^{\mathrm{T}}\boldsymbol{R}\boldsymbol{A})^{-\mathrm{T}}\boldsymbol{A}^{\mathrm{T}}\boldsymbol{R}\boldsymbol{b}$$

6.2　最小二乘估计基础

6.2.1　数量的最小二乘估计

估计问题是指根据观测数据对随机量进行定量推断的问题，例如对飞行器飞行姿态的

估计、对机械臂关节转角的估计等。估计问题的最优解一般是难以得到的，但如果进行简化，假设被估计量是不随时间变化的参数，就可视为静态估计问题，进一步假设最优性是在均方误差意义下的，则可得到一些理论结果。通过传感器进行量测，必然会有误差或噪声，所以观测数据实际上是随机量。若视被估计量与观测数据的统计性质不同，则有各种各样的估计方法。

最小二乘估计是二百多年前由高斯提出的一种经典的估计方法，最初是针对标量未知数提出的。为了说明这个问题，以下给出一个例子。

例 6.14 测量两次水下深度，测量结果分别为 220m 和 210m，试估计水下深度的真实值。

解：最直接的方法是取测量的平均值，即(220m＋210m)/2＝215m 作为水下深度的估计值。该例子使用的估计方法就是最小二乘估计方法。以下给出最小二乘估计方法的定义。

假设对未知量 x 进行了 k 次测量，测量值是

$$z_i = h_i x + e_i \qquad i = 1, 2, \cdots, k \tag{6.29}$$

其中，h_i 是已知量，e_i 是第 i 次的测量误差。将所求的估计值记为 $\hat{x}$，则第 i 次测量值与相应的估计值之间的误差可表示为

$$\hat{e}_i = z_i - h_i \hat{x} \qquad i = 1, 2, \cdots, k \tag{6.30}$$

将 k 次误差的平方和记为

$$J(\hat{x}) = \sum_{i=1}^{k} (z_i - h_i \hat{x})^2 \tag{6.31}$$

能使 $J(\hat{x})$取极小值的估计值 $\hat{x}$ 就称为未知量 x 的最小二乘估计，记作 $\hat{x}_{\mathrm{LS}}$。使得 $\hat{x}_{\mathrm{LS}}$取极小值的准则就称为最小二乘准则。根据最小二乘准则求估计值的方法就称为最小二乘估计方法。

现在验证例 6.14 中得到的结果是最小二乘估计。由于 $h_i = 1$，而 $J(\hat{x}) = (220 - \hat{x})^2 + (210 - \hat{x})^2$，对其求导数并令导数为 0，则有 $-2(220 - \hat{x}) - 2(210 - \hat{x}) = 0$，解得 $\hat{x} = (220 + 210)/2 = 215\text{m}$。显然，这是 $J(\hat{x})$的极小值点。

由于对未知量 x 测量了 k 次，则可根据 k 次测量结果求 x 的最小二乘估计 $\hat{x}_{\mathrm{LS}}$。为此，采用向量矩阵形式，记

$$\boldsymbol{Z} = \begin{bmatrix} z_1 \\ z_2 \\ \vdots \\ z_k \end{bmatrix}, \quad \boldsymbol{H} = \begin{bmatrix} h_1 \\ h_2 \\ \vdots \\ h_k \end{bmatrix}, \quad \boldsymbol{e} = \begin{bmatrix} e_1 \\ e_2 \\ \vdots \\ e_k \end{bmatrix}$$

则可把式(6.29)和式(6.31)写为

$$\boldsymbol{Z} = \boldsymbol{H}\boldsymbol{x} + \boldsymbol{e} \tag{6.32}$$

$$J(\hat{x}) = (\boldsymbol{Z} - \boldsymbol{H}\hat{x})^{\mathrm{T}} (\boldsymbol{Z} - \boldsymbol{H}\hat{x}) \tag{6.33}$$

进一步求 $J(\hat{x})$的极小值，可得

$$\frac{\partial}{\partial \hat{x}} J(\hat{x}) = -2\boldsymbol{H}^{\mathrm{T}} (\boldsymbol{Z} - \boldsymbol{H}\hat{x}) \tag{6.34}$$

令式(6.34)等于 0，就得到最小二乘估计：

$$\hat{x}_{LS}=(\boldsymbol{H}^{T}\boldsymbol{H})^{-T}\boldsymbol{H}^{T}\boldsymbol{Z} \tag{6.35}$$

由于 $\boldsymbol{H}^{T}\boldsymbol{H}=h_1^2+h_2^2+\cdots+h_k^2>0$，所以 $\dfrac{\partial^2}{\partial^2\hat{x}}J(\hat{x})=2\boldsymbol{H}^{T}\boldsymbol{H}>0$，这表明 $\hat{x}_{LS}$ 是最小二乘估计。

例 6.15　对某一未知量 x 进行 n 次测量，测量值为 $z_1,z_2,\cdots,z_n$，求 x 的最小二乘估计。

解：这时的测量方程的向量形式为

$$\boldsymbol{Z}=\begin{bmatrix}z_1\\z_2\\\vdots\\z_k\end{bmatrix}=\begin{bmatrix}1\\1\\\vdots\\1\end{bmatrix}x+\begin{bmatrix}e_1\\e_2\\\vdots\\e_k\end{bmatrix}$$

因此 $\boldsymbol{H}=[1\quad 1\quad\cdots\quad 1]^{T}$，则由式(6.35)可得 $\hat{x}_{LS}=(\boldsymbol{H}^{T}\boldsymbol{H})^{-T}\boldsymbol{H}^{T}\boldsymbol{Z}=(z_1+z_2+\cdots+z_n)/n$，这是 n 次测量值的算术平均值，也是常用的估计值。

以下计算估计误差。由式(6.35)有

$$x-\hat{x}_{LS}=(\boldsymbol{H}^{T}\boldsymbol{H})^{-T}\boldsymbol{H}^{T}\boldsymbol{H}x-(\boldsymbol{H}^{T}\boldsymbol{H})^{-T}\boldsymbol{H}^{T}\boldsymbol{Z}=(\boldsymbol{H}^{T}\boldsymbol{H})^{-1}\boldsymbol{H}^{T}(\boldsymbol{H}x-\boldsymbol{Z})=-(\boldsymbol{H}^{T}\boldsymbol{H})^{-T}\boldsymbol{H}^{T}\boldsymbol{e} \tag{6.36}$$

若假设测量误差 $\boldsymbol{e}$ 的均值为 0，方差矩阵为 $\boldsymbol{R}$，即 $E[\boldsymbol{e}]=0,E(\boldsymbol{e}\boldsymbol{e}^{T})=\boldsymbol{R}$，则可以算出估计误差的均值：

$$E[x-\hat{x}_{LS}]=-(\boldsymbol{H}^{T}\boldsymbol{H})^{-T}\boldsymbol{H}^{T}E[\boldsymbol{e}]=0 \tag{6.37}$$

因此估计误差的均值为 0，即可称之为无偏估计。换言之，最小二乘估计满足测量误差均值为 0 的条件时属于无偏估计。

进一步，利用式(6.36)可以算出估计误差的方差：

$$E[(x-\hat{x}_{LS})(x-\hat{x}_{LS})^{T}]=E[(\boldsymbol{H}^{T}\boldsymbol{H})^{-T}\boldsymbol{H}^{T}\boldsymbol{e}\boldsymbol{e}^{T}\boldsymbol{H}(\boldsymbol{H}^{T}\boldsymbol{H})^{-1}]=(\boldsymbol{H}^{T}\boldsymbol{H})^{-T}\boldsymbol{H}^{T}\boldsymbol{R}\boldsymbol{H}(\boldsymbol{H}^{T}\boldsymbol{H})^{-1} \tag{6.38}$$

例 6.16　假设例 6.14 中测量方程为 $220=x+e_1$，$210=x+e_2$，其中测量误差的均值和方差矩阵分别为 $E[e_1]=E[e_2]=0$，$E\left[\begin{bmatrix}e_1\\e_2\end{bmatrix}[e_1\quad e_2]\right]=\begin{bmatrix}8^2&0\\0&4^2\end{bmatrix}$，求估计误差的方差。

解：将矩阵 $\boldsymbol{H}=\begin{bmatrix}1\\1\end{bmatrix}$ 和 $\boldsymbol{R}=\begin{bmatrix}8^2&0\\0&4^2\end{bmatrix}$ 代入式(6.38)，可得

$$E[(x-\hat{x}_{LS})(x-\hat{x}_{LS})^{T}]=\frac{1}{2}[1\quad 1]\begin{bmatrix}8^2&0\\0&4^2\end{bmatrix}\begin{bmatrix}1\\1\end{bmatrix}\frac{1}{2}=\frac{1}{4}(8^2+4^2)=20$$

借助该例可以说明两个问题。第一，该例中 $J(\hat{x})$ 的极小值是 $J(\hat{x}_{LS})=(220-215)^2+(210-215)^2=50$，它并不等于估计误差的方差，而且与测量误差的统计性质无关。第二，计算估计误差的方差时，必须利用测量误差的统计性质，在该例中是平均值和方差矩阵。估计误差的方差越小，表示估计值的置信度越高，而方差的大小既与测量误差的统计性质有关，也与采用的估计准则有关。

6.2.2　向量的最小二乘估计

假设被估计量 $\boldsymbol{X}$ 是 n 维向量。在此情况下，最小二乘估计的定义与 6.2.1 节一致，需要

修改的地方可以通过以下内容看出来,在此不再赘述。

若对 $\boldsymbol{X}$ 进行了 k 次测量,测量方程分别为

$$\begin{cases} \boldsymbol{Z}_1 = \boldsymbol{H}_1\boldsymbol{X} + e_1 \\ \boldsymbol{Z}_2 = \boldsymbol{H}_2\boldsymbol{X} + e_2 \\ \quad\vdots \\ \boldsymbol{Z}_k = \boldsymbol{H}_k\boldsymbol{X} + e_k \end{cases} \tag{6.39}$$

其中,第 i 次测量向量 $\boldsymbol{Z}_i$ 与同次的测量误差 e_i 有相同的维数,但各次测量向量的维数不一定是相同的,记 $\boldsymbol{Z}_i$ 的维数为 m_i,则第 i 次的测量矩阵 $\boldsymbol{H}_i$ 为一个 $m_i \times n$ 的矩阵。

将全部 k 次测量向量复合成一个维数为 $\sum_{i=1}^{k} m_i = M$ 的向量 $\boldsymbol{Z} = [\boldsymbol{Z}_1^{\mathrm{T}}, \boldsymbol{Z}_2^{\mathrm{T}}, \cdots, \boldsymbol{Z}_k^{\mathrm{T}}]^{\mathrm{T}}$,并相应地定义 $M \times n$ 的矩阵 $\boldsymbol{H}$ 和 $\boldsymbol{M}$ 维向量 $\boldsymbol{e}$ 分别为

$$\boldsymbol{H} = \begin{bmatrix} \boldsymbol{H}_1 \\ \boldsymbol{H}_2 \\ \vdots \\ \boldsymbol{H}_k \end{bmatrix}, \quad \boldsymbol{e} = \begin{bmatrix} e_1 \\ e_2 \\ \vdots \\ e_k \end{bmatrix}$$

因此可将式(6.39)写为一个方程:

$$\boldsymbol{Z} = \boldsymbol{H}\boldsymbol{X} + \boldsymbol{e} \tag{6.40}$$

而这时按照最小二乘准则得到的误差平方和为

$$J(\hat{\boldsymbol{X}}) = (\boldsymbol{Z} - \boldsymbol{H}\hat{\boldsymbol{X}})^{\mathrm{T}}(\boldsymbol{Z} - \boldsymbol{H}\hat{\boldsymbol{X}}) \tag{6.41}$$

将式(6.40)和式(6.41)与式(6.32)、式(6.33)比较可以看出,除了向量的维数不同以外,其余部分完全一致。因此,可以用类似 6.2.1 节的推导方法得到最小二乘估计向量:

$$\hat{\boldsymbol{X}}_{\mathrm{LS}} = (\boldsymbol{H}^{\mathrm{T}}\boldsymbol{H})^{-\mathrm{T}}\boldsymbol{H}^{\mathrm{T}}\boldsymbol{Z} \tag{6.42}$$

估计误差向量为

$$\tilde{\boldsymbol{X}} = \boldsymbol{X} - \hat{\boldsymbol{X}}_{\mathrm{LS}} = -(\boldsymbol{H}^{\mathrm{T}}\boldsymbol{H})^{-\mathrm{T}}\boldsymbol{H}^{\mathrm{T}}\boldsymbol{e} \tag{6.43}$$

假设 $\boldsymbol{e}$ 的均值和方差矩阵分别为 $E[\boldsymbol{e}]=0$ 和 $E[\boldsymbol{e}\boldsymbol{e}^{\mathrm{T}}]=\boldsymbol{R}$,则估计误差的均值为

$$E[\tilde{\boldsymbol{X}}] = E[\boldsymbol{X} - \hat{\boldsymbol{X}}_{\mathrm{LS}}] = -(\boldsymbol{H}^{\mathrm{T}}\boldsymbol{H})^{-\mathrm{T}}\boldsymbol{H}^{\mathrm{T}}E[\boldsymbol{e}] = 0 \tag{6.44}$$

所以这时的 $\hat{\boldsymbol{X}}_{\mathrm{LS}}$ 也是无偏估计,估计误差的方差矩阵为

$$E[\tilde{\boldsymbol{X}}\tilde{\boldsymbol{X}}^{\mathrm{T}}] = (\boldsymbol{H}^{\mathrm{T}}\boldsymbol{H})^{-\mathrm{T}}\boldsymbol{H}^{\mathrm{T}}\boldsymbol{R}\boldsymbol{H}(\boldsymbol{H}^{\mathrm{T}}\boldsymbol{H})^{-1} = 0 \tag{6.45}$$

将式(6.42)、式(6.43)、式(6.45)与式(6.35)、式(6.36)~式(6.38)进行比较可知,除了向量、矩阵的维数不同之外,其余部分完全一致。但有一点需要注意:当被估计量是数量时,$\boldsymbol{H}^{\mathrm{T}}\boldsymbol{H}$ 是一个大于 0 的数量,其逆必然存在;但当被估计量是向量时,$\boldsymbol{H}^{\mathrm{T}}\boldsymbol{H}$ 是一个 n 阶方阵,其逆不一定存在。在上述推导过程中都假设$(\boldsymbol{H}^{\mathrm{T}}\boldsymbol{H})^{-1}$一定存在,这相当于假设矩阵 $\boldsymbol{H}$ 的秩为 n,而 M 往往是大于 n 的。

例 6.17 根据对二维向量 $\boldsymbol{X}$ 的两次观测 $\boldsymbol{Z}_1 = \begin{bmatrix} 2 \\ 1 \end{bmatrix} = \begin{bmatrix} 1 & 1 \\ 0 & 1 \end{bmatrix}\boldsymbol{X} + e_1$,$z_2 = 4 = [1 \quad 2]\boldsymbol{X} + e_2$ 求 $\hat{\boldsymbol{X}}_{\mathrm{LS}}$。

解：记

$$\boldsymbol{Z}=\begin{bmatrix}\boldsymbol{Z}_1\\ z_2\end{bmatrix}=\begin{bmatrix}2\\1\\4\end{bmatrix},\quad \boldsymbol{H}=\begin{bmatrix}\boldsymbol{H}_1\\ \boldsymbol{H}_2\end{bmatrix}=\begin{bmatrix}1&1\\0&1\\1&2\end{bmatrix},\quad \boldsymbol{e}=\begin{bmatrix}e_1\\ e_2\end{bmatrix}$$

则可将两个观测方程复合为一个观测方程：

$$\boldsymbol{Z}=\begin{bmatrix}2\\1\\4\end{bmatrix}=\begin{bmatrix}1&1\\0&1\\1&2\end{bmatrix}\boldsymbol{X}+\boldsymbol{e}$$

此时矩阵 $\boldsymbol{H}$ 的秩为 2，与被估计量 $\boldsymbol{X}$ 的维数相等，则说明$(\boldsymbol{H}^{\mathrm{T}}\boldsymbol{H})^{-1}$存在。因此，利用式(6.42)可得最小二乘估计为

$$\hat{\boldsymbol{X}}_{\mathrm{LS}}=\left\{\begin{bmatrix}1&0&1\\1&1&2\end{bmatrix}\begin{bmatrix}1&1\\0&1\\1&2\end{bmatrix}\right\}^{-\mathrm{T}}\begin{bmatrix}1&0&1\\1&1&2\end{bmatrix}\begin{bmatrix}2\\1\\4\end{bmatrix}=\begin{bmatrix}2&3\\3&6\end{bmatrix}^{-1}\begin{bmatrix}6\\11\end{bmatrix}=\begin{bmatrix}1\\ \dfrac{4}{3}\end{bmatrix}$$

6.2.3　加权最小二乘估计

在 6.2.1 节和 6.2.2 节中，采用的估计准则[式(6.33)和式(6.41)]是对各次测量结果都同等看待的。这自然产生了一个问题，因为各次的观测误差不一定相同，采用这样的准则是否合理？例如，例 6.16 中第一次观测误差的方差是 8^2，第二次观测误差的方差是 4^2，显然第二次观测更加准确，理应更重视第二次观测结果。实际上，如果第二次观测误差的方差是 0，那么只需要利用第二次观测数据足以估计出 $\boldsymbol{X}$，根本不需要再进行计算了。以上采用的同等看待各次测量结果的准则显然与实际情况不符，必须加以改进。事实上，观测误差 e_i 的方差越小，在式(6.33)和式(6.41)中的相应项的加权因子就应该越大。

本节讨论加权之后的最小二乘准则，即

$$\boldsymbol{J}_{\mathrm{W}}(\hat{\boldsymbol{X}})=(\boldsymbol{Z}-\boldsymbol{H}\hat{\boldsymbol{X}})^{\mathrm{T}}\boldsymbol{W}(\boldsymbol{Z}-\boldsymbol{H}\hat{\boldsymbol{X}}) \tag{6.46}$$

达到最小值的最小二乘估计，其中 $\boldsymbol{W}$ 是一个适当选取的对称正定加权矩阵。当 $\boldsymbol{W}=\boldsymbol{I}$ 时，最小二乘准则 $\boldsymbol{J}_{\mathrm{W}}(\hat{\boldsymbol{X}})$就化为前述的准则 $\boldsymbol{J}(\hat{\boldsymbol{X}})$了。由于标量和向量的推导完全一样，此处在叙述时不加区别。

利用矩阵微分方法，对式(6.46)求导可得

$$\frac{\partial}{\partial\hat{\boldsymbol{X}}}\boldsymbol{J}_{\mathrm{W}}(\hat{\boldsymbol{X}})=-\boldsymbol{H}^{\mathrm{T}}(\boldsymbol{W}+\boldsymbol{W}^{\mathrm{T}})(\boldsymbol{Z}-\boldsymbol{H}\hat{\boldsymbol{X}})=-2\boldsymbol{H}^{\mathrm{T}}\boldsymbol{W}(\boldsymbol{Z}-\boldsymbol{H}\hat{\boldsymbol{X}}) \tag{6.47}$$

令式(6.47)等于 0，则得到 $\boldsymbol{X}$ 的加权最小二乘估计

$$\hat{\boldsymbol{X}}_{\mathrm{LSW}}=(\boldsymbol{H}^{\mathrm{T}}\boldsymbol{W}\boldsymbol{H})^{-\mathrm{T}}\boldsymbol{H}^{\mathrm{T}}\boldsymbol{W}\boldsymbol{Z} \tag{6.48}$$

由此可算出加权最小二乘估计的误差：

$$\widetilde{\boldsymbol{X}}=\boldsymbol{X}-\hat{\boldsymbol{X}}_{\mathrm{LSW}}=(\boldsymbol{H}^{\mathrm{T}}\boldsymbol{W}\boldsymbol{H})^{-\mathrm{T}}\boldsymbol{H}^{\mathrm{T}}\boldsymbol{W}(\boldsymbol{H}\boldsymbol{X}-\boldsymbol{Z})=-(\boldsymbol{H}^{\mathrm{T}}\boldsymbol{W}\boldsymbol{H})^{-\mathrm{T}}\boldsymbol{H}^{\mathrm{T}}\boldsymbol{W}\boldsymbol{e} \tag{6.49}$$

若测量误差 $\boldsymbol{e}$ 的均值为 0，即 $E[\boldsymbol{e}]=0$，则有

$$\boldsymbol{E}[\widetilde{\boldsymbol{X}}]=\boldsymbol{E}[\boldsymbol{X}-\hat{\boldsymbol{X}}_{\mathrm{LSW}}]=-(\boldsymbol{H}^{\mathrm{T}}\boldsymbol{W}\boldsymbol{H})^{-\mathrm{T}}\boldsymbol{H}^{\mathrm{T}}\boldsymbol{W}\boldsymbol{E}[\boldsymbol{e}]=0 \tag{6.50}$$

所以这时的 $\hat{\boldsymbol{X}}_{\mathrm{LSW}}$是无偏估计。若设 $\boldsymbol{e}$ 的方差矩阵为 $E[\boldsymbol{e}\boldsymbol{e}^{\mathrm{T}}]=\boldsymbol{R}$，则得估计误差的方差矩阵为

$$E[\widetilde{\boldsymbol{X}}\widetilde{\boldsymbol{X}}^{\mathrm{T}}]=(\boldsymbol{H}^{\mathrm{T}}\boldsymbol{W}\boldsymbol{H})^{-\mathrm{T}}\boldsymbol{H}^{\mathrm{T}}\boldsymbol{W}E[\boldsymbol{e}\boldsymbol{e}^{\mathrm{T}}]\boldsymbol{W}\boldsymbol{H}(\boldsymbol{H}^{\mathrm{T}}\boldsymbol{W}\boldsymbol{H})^{-1}=(\boldsymbol{H}^{\mathrm{T}}\boldsymbol{W}\boldsymbol{H})^{-\mathrm{T}}\boldsymbol{H}^{\mathrm{T}}\boldsymbol{W}\boldsymbol{R}\boldsymbol{W}\boldsymbol{H}(\boldsymbol{H}^{\mathrm{T}}\boldsymbol{W}\boldsymbol{H})^{-1} \tag{6.51}$$

式(6.51)中矩阵 $\boldsymbol{H}$ 和 $\boldsymbol{R}$ 都是已知的。如何选取加权矩阵 $\boldsymbol{W}$ 才能使式(6.51)取最小值？以下不加证明直接给出这一问题的答案。当 $\boldsymbol{W}=\boldsymbol{R}^{-1}$ 时，估计误差的方差矩阵达到最小值，这时式(6.48)和式(6.51)变为

$$\hat{\boldsymbol{X}}_{\mathrm{LSW}}=(\boldsymbol{H}^{\mathrm{T}}\boldsymbol{R}^{-1}\boldsymbol{H})^{-\mathrm{T}}\boldsymbol{H}^{\mathrm{T}}\boldsymbol{R}^{-1}\boldsymbol{Z},\quad E[\widetilde{\boldsymbol{X}}\widetilde{\boldsymbol{X}}^{\mathrm{T}}]=(\boldsymbol{H}^{\mathrm{T}}\boldsymbol{R}^{-1}\boldsymbol{H})^{-1} \tag{6.52}$$

需要说明的是 $\boldsymbol{W}=\boldsymbol{R}^{-1}$ 是合理的，特别当矩阵 $\boldsymbol{R}$ 为对角矩阵时更明显。它表示每一次加权因子与该次测量误差的方差成正比，这正是人们所期望的。

例 6.18 求例 6.16 的加权最小二乘估计，假设加权矩阵 $\boldsymbol{W}=\begin{bmatrix} w_1 & 0 \\ 0 & w_2 \end{bmatrix}$。

解：利用式(6.48)直接可得

$$\hat{\boldsymbol{X}}_{\mathrm{LSW}}=\left\{\begin{bmatrix}1 & 1\end{bmatrix}\begin{bmatrix} w_1 & 0 \\ 0 & w_2 \end{bmatrix}\begin{bmatrix}1\\1\end{bmatrix}\right\}^{-\mathrm{T}}\begin{bmatrix}1 & 1\end{bmatrix}\begin{bmatrix} w_1 & 0 \\ 0 & w_2 \end{bmatrix}\begin{bmatrix}220\\210\end{bmatrix}=\frac{1}{w_1+w_2}(220w_1+210w_2)$$

再由式(6.51)可得估计误差的方差矩阵为

$$\begin{aligned}E[\widetilde{\boldsymbol{X}}\widetilde{\boldsymbol{X}}^{\mathrm{T}}]&=\left\{\begin{bmatrix}1 & 1\end{bmatrix}\begin{bmatrix} w_1 & 0 \\ 0 & w_2 \end{bmatrix}\begin{bmatrix}1\\1\end{bmatrix}\right\}^{-\mathrm{T}}\begin{bmatrix}1 & 1\end{bmatrix}\begin{bmatrix} w_1 & 0 \\ 0 & w_2 \end{bmatrix}\begin{bmatrix} 8^2 & 0 \\ 0 & 4^2 \end{bmatrix}\begin{bmatrix} w_1 & 0 \\ 0 & w_2 \end{bmatrix}\begin{bmatrix}1\\1\end{bmatrix}\\&\quad\left\{\begin{bmatrix}1 & 1\end{bmatrix}\begin{bmatrix} w_1 & 0 \\ 0 & w_2 \end{bmatrix}\begin{bmatrix}1\\1\end{bmatrix}\right\}^{-1}\\&=\frac{8^2w_1^2+4^2w_2^2}{(w_1+w_2)^2}\end{aligned}$$

由此可以看出，误差的方差是 w_1 和 w_2 的函数。利用普通微分方法求它的极小值。令它的两个偏导数都等于 0 则可得到 $8^2w_1=4^2w_2$。因为加权矩阵乘除一个常数不会影响 $\boldsymbol{J}_{\mathrm{W}}(\hat{\boldsymbol{X}})$ 的极小值点，自然不会改变加权最小二乘估计 $\hat{\boldsymbol{X}}_{\mathrm{LSW}}$ 以及估计误差的方差矩阵 $E[\widetilde{\boldsymbol{X}}\widetilde{\boldsymbol{X}}^{\mathrm{T}}]$。因此，按照关系式 $8^2w_1=4^2w_2$，可取 $w_1=8^{-2}$，$w_2=4^{-2}$，即 $\boldsymbol{W}=\begin{bmatrix} 8^{-2} & 0 \\ 0 & 4^{-2} \end{bmatrix}=\boldsymbol{R}^{-1}$，这与理论推导结果是相符的。将 w_1 和 w_2 的值代入 $\hat{\boldsymbol{X}}_{\mathrm{LSW}}=\dfrac{220w_1+210w_2}{w_1+w_2}$ 中，可得 $\hat{\boldsymbol{X}}_{\mathrm{LSW}}=212$，且此时的估计误差方差为 $E[\widetilde{\boldsymbol{X}}\widetilde{\boldsymbol{X}}^{\mathrm{T}}]=\dfrac{64}{5}$。把它们同例 6.16 的结果进行比较可知，加权最小二乘估计优于不加权的最小二乘估计。

是否还可以再加以改进使得估计误差的方差矩阵更小一些？实际上，要想改进必须获得更多的先验信息，即对被估计量与测量的统计性质有更多的了解。先验信息越充分，改进的结果就越显著。

6.3 线性最小方差估计

在做最小二乘估计时对被估计量 $\boldsymbol{X}$ 与测量值 $\boldsymbol{Z}$ 的统计性质没有任何要求，现在假定被估计量与测量值的前两阶矩，即均值 $E[\boldsymbol{X}]$ 和 $E[\boldsymbol{Z}]$、方差矩阵 $\mathrm{Var}[\boldsymbol{X}]$ 和 $\mathrm{Var}[\boldsymbol{Z}]$ 及协方差

矩阵 $\mathrm{Cov}(\boldsymbol{X},\boldsymbol{Z})$都已知。在此情况下，充分利用这些统计知识对统计量的函数形式适当加以限制，就能得到很有意义的结果。

我们限定估计量是测量值 $\boldsymbol{Z}$ 的线性函数，并设估计量为

$$\hat{\boldsymbol{X}}(\boldsymbol{Z})=\boldsymbol{a}+\boldsymbol{B}\boldsymbol{Z} \tag{6.53}$$

这样形式的估计称为线性估计。它有便于计算的优点。前面介绍的最小二乘估计就是线性估计。设被估计量 $\boldsymbol{X}$ 的维数为 n，测量值 $\boldsymbol{Z}$ 的维数为 m，则可以将问题明确如下。

限定估计量 $\hat{\boldsymbol{X}}$ 是测量值 $\boldsymbol{Z}$ 的线性函数，即式(6.53)，其中 $\boldsymbol{a}$ 是待定的 n 维向量，$\boldsymbol{B}$ 是待定的 $n\times m$ 矩阵，而使均方误差矩阵

$$E[(\boldsymbol{X}-\hat{\boldsymbol{X}}(\boldsymbol{Z}))(\boldsymbol{X}-\hat{\boldsymbol{X}}(\boldsymbol{Z}))^{\mathrm{T}}]=E[(\boldsymbol{X}-\boldsymbol{a}-\boldsymbol{B}\boldsymbol{Z})(\boldsymbol{X}-\boldsymbol{a}-\boldsymbol{B}\boldsymbol{Z})^{\mathrm{T}}] \tag{6.54}$$

达到最小值的线性估计[式(6.53)]称为线性最小方差估计，记为 $\hat{\boldsymbol{X}}_{\mathrm{L}}$。线性最小方差估计也可以使用下述准则定义，即，使均方误差矩阵的迹(也就是各分量的均方误差之和)

$$\mathrm{Tr}\,E[(\boldsymbol{X}-\hat{\boldsymbol{X}}(\boldsymbol{Z}))(\boldsymbol{X}-\hat{\boldsymbol{X}}(\boldsymbol{Z}))^{\mathrm{T}}]=E[(\boldsymbol{X}-\boldsymbol{a}-\boldsymbol{B}\boldsymbol{Z})^{\mathrm{T}}(\boldsymbol{X}-\boldsymbol{a}-\boldsymbol{B}\boldsymbol{Z})] \tag{6.55}$$

达到最小值的线性估计式(6.53)称为线性最小方差估计。可以证明，按式(6.54)和按式(6.55)求出的线性估计[式(6.53)]是一致的。由于式(6.55)计算方便一些，所以以它作为依据。

为了便于理解，以下看一个较为直观的例子。

例 6.19　假设被估计量 x 和测量值 z 的联合概率分布如表 6.1 所示。求当 $z=1$ 时 x 的线性最小方差估计。

表 6.1　x 和 z 的联合概率分布

z	x			
	−3	**−2**	**2**	**3**
−1	$\frac{1}{4}$	$\frac{1}{4}$	0	0
1	0	0	$\frac{1}{4}$	$\frac{1}{4}$

解：设 x 的估计 $\hat{x}_{\mathrm{L}}$ 为 z 的线性函数 $\hat{x}_{\mathrm{L}}=a+bz$。根据表 6.1 给出的数据，分别令 $z=-1$、$x=-3,-2$ 以及 $z=1$、$x=2,3$，不难算出估计的均方误差为

$$\begin{aligned}E[(x-\hat{x}_{\mathrm{L}})^2]&=\frac{1}{4}[-3-(a-b)]^2+\frac{1}{4}[-2-(a-b)]^2+\\&\quad\frac{1}{4}[2-(a+b)]^2+\frac{1}{4}[3-(a+b)]^2\\&=\frac{13}{2}-5b+a^2+b^2\end{aligned}$$

现在需要确定常数 a 和 b 使得该式取最小值，经过简单计算就能知道，当 $a=0,b=\frac{5}{2}$时，该式取最小值。所以 x 的最小线性方差估计为 $\hat{x}_{\mathrm{L}}=\frac{5}{2}z$。当 $z=1$ 时有 $\hat{x}_{\mathrm{L}}=\frac{5}{2}$。

例 6.19 中的被估计量 x 是一个随机变量，计算比较简单。以下给出线性最小方差估计

的一般解,也就是给出使得式(6.55)取最小值的 n 维向量 $\boldsymbol{a}$ 和 $n\times m$ 矩阵 $\boldsymbol{B}$ 的一般表达式。

利用矩阵微分法对 $\boldsymbol{a}$ 求导,可得

$$\begin{aligned}\frac{\partial}{\partial \boldsymbol{a}}E[(\boldsymbol{X}-\boldsymbol{a}-\boldsymbol{BZ})^{\mathrm{T}}(\boldsymbol{X}-\boldsymbol{a}-\boldsymbol{BZ})]&=E\left[\frac{\partial}{\partial \boldsymbol{a}}(\boldsymbol{X}-\boldsymbol{a}-\boldsymbol{BZ})^{\mathrm{T}}(\boldsymbol{X}-\boldsymbol{a}-\boldsymbol{BZ})\right]\\&=-2E[\boldsymbol{X}-\boldsymbol{a}-\boldsymbol{BZ}]=2(\boldsymbol{a}+\boldsymbol{B}E[\boldsymbol{Z}]-E[\boldsymbol{X}])\end{aligned}$$

令该式等于 0,解出

$$\boldsymbol{a}=E[\boldsymbol{X}]-\boldsymbol{B}E[\boldsymbol{Z}] \tag{6.56}$$

再对矩阵 $\boldsymbol{B}$ 求导,可得

$$\begin{aligned}\frac{\partial}{\partial \boldsymbol{B}}E[(\boldsymbol{X}-\boldsymbol{a}-\boldsymbol{BZ})^{\mathrm{T}}(\boldsymbol{X}-\boldsymbol{a}-\boldsymbol{BZ})]&=E\left[\frac{\partial}{\partial \boldsymbol{B}}(\boldsymbol{X}-\boldsymbol{a}-\boldsymbol{BZ})^{\mathrm{T}}(\boldsymbol{X}-\boldsymbol{a}-\boldsymbol{BZ})\right]\\&=-2E[(\boldsymbol{X}-\boldsymbol{a}-\boldsymbol{BZ})\boldsymbol{Z}^{\mathrm{T}}]\\&=2(\boldsymbol{a}(E[\boldsymbol{Z}])^{\mathrm{T}}+\boldsymbol{B}E[\boldsymbol{ZZ}^{\mathrm{T}}]-E[\boldsymbol{XZ}^{\mathrm{T}}])\end{aligned}$$

令该式等于 0,并利用式(6.56)可得到

$$\boldsymbol{B}[E[\boldsymbol{ZZ}^{\mathrm{T}}]-E[\boldsymbol{Z}](E[\boldsymbol{Z}])^{\mathrm{T}}]-[E[\boldsymbol{XZ}^{\mathrm{T}}]-E[\boldsymbol{X}](E[\boldsymbol{Z}])^{\mathrm{T}}]=0$$

该式方括号内的项分别为 $\mathrm{Var}(\boldsymbol{Z})$ 和 $\mathrm{Cov}(\boldsymbol{X},\boldsymbol{Z})$,即 $\boldsymbol{B}\mathrm{Var}(\boldsymbol{Z})-\mathrm{Cov}(\boldsymbol{X},\boldsymbol{Z})=0$。由此解出

$$\boldsymbol{B}=\mathrm{Cov}(\boldsymbol{X},\boldsymbol{Z})[\mathrm{Var}(\boldsymbol{Z})]^{-1} \tag{6.57}$$

将其代入式(6.56)可得

$$\boldsymbol{a}=E[\boldsymbol{X}]-\mathrm{Cov}(\boldsymbol{X},\boldsymbol{Z})[\mathrm{Var}(\boldsymbol{Z})]^{-1}E[\boldsymbol{Z}] \tag{6.58}$$

再将式(6.57)和式(6.58)代入式(6.53),可得线性最小方差估计:

$$\hat{\boldsymbol{X}}_{\mathrm{L}}=E[\boldsymbol{X}]+\mathrm{Cov}(\boldsymbol{X},\boldsymbol{Z})[\mathrm{Var}(\boldsymbol{Z})]^{-1}(\boldsymbol{Z}-E[\boldsymbol{Z}]) \tag{6.59}$$

例 6.20 求例 6.19 的线性最小方差估计。

解:根据表 6.1 的数据可以求出

$$E[x]=\frac{1}{4}(2+3-2-3)=0$$

$$E[z]=\frac{1}{4}(1+1-1-1)=0$$

$$\mathrm{Var}(x)=\frac{1}{4}[2^2+3^2+(-2)^2+(-3)^2]=\frac{13}{2}$$

$$\mathrm{Var}(z)=\frac{1}{4}[1^2+1^2+(-1)^2+(-1)^2]=1$$

$$\mathrm{Cov}(x,z)=\frac{1}{4}[1\times 2+1\times 3+(-1)(-2)+(-1)(-3)]=\frac{5}{2}$$

被估计量 x 和测量值 z 都是标量,方差和协方差也都是标量。将以上结果代入式(6.59)可得线性最小方差估计 $\hat{x}_{\mathrm{L}}=\frac{5}{2}z$,当 $z=1$ 时 $\hat{x}_{\mathrm{L}}=\frac{5}{2}$。这与例 6.19 的结果是一致的。

比较例 6.19 和例 6.20 可知例 6.19 的算法更简单,但是在采用线性最小方差估计时,已知的统计只是被估计量 $\boldsymbol{X}$ 和测量值 $\boldsymbol{Z}$ 的一阶和二阶矩阵,它们的联合概率分布函数是不清楚的,无法采用例 6.19 的方法。当掌握的统计知识更多时,就能作出更好的估计。

现在讨论以下几个问题。

（1）线性最小方差估计是无偏估计。

由式(6.59)可得

$$E[\hat{\boldsymbol{X}}_{\mathrm{L}}]=E[\boldsymbol{X}]+\mathrm{Cov}(\boldsymbol{X},\boldsymbol{Z})[\mathrm{Var}(\boldsymbol{Z})]^{-1}(E[\boldsymbol{Z}]-E[\boldsymbol{Z}])=E[\boldsymbol{X}]$$

这表明估计误差 $\tilde{\boldsymbol{X}}=\boldsymbol{X}-\hat{\boldsymbol{X}}_{\mathrm{L}}$ 的均值为零向量，所以是无偏估计。这样均方误差矩阵就和估计误差的方差矩阵相等了。因此，以后可以把均方误差矩阵 $E[(\boldsymbol{X}-\hat{\boldsymbol{X}}_{\mathrm{L}})(\boldsymbol{X}-\hat{\boldsymbol{X}}_{\mathrm{L}})^{\mathrm{T}}]$称为误差的方差矩阵。

事实上，$\hat{\boldsymbol{X}}_{\mathrm{L}}$ 为无偏估计是显然的，因为式(6.53)可以改写为 $\boldsymbol{X}-\boldsymbol{BZ}=\boldsymbol{a}$，把 $\boldsymbol{X}-\boldsymbol{BZ}$ 看作一个随机向量。容易知道，当其估计值 $\boldsymbol{a}$ 等于其均值 $E[\boldsymbol{X}-\boldsymbol{BZ}]$时，各分量的均方误差之和[式(6.55)]将取最小值，具体证明过程如下：

$$\begin{aligned}&E[(\boldsymbol{X}-\boldsymbol{a}-\boldsymbol{BZ})^{\mathrm{T}}(\boldsymbol{X}-\boldsymbol{a}-\boldsymbol{BZ})]\\&=E[[(\boldsymbol{X}-E[\boldsymbol{X}])-\boldsymbol{B}(\boldsymbol{Z}-E[\boldsymbol{Z}])+(E[\boldsymbol{X}]-\boldsymbol{B}E[\boldsymbol{Z}]-\boldsymbol{a})]^{\mathrm{T}}\\&\quad[(\boldsymbol{X}-E[\boldsymbol{X}])-\boldsymbol{B}(\boldsymbol{Z}-E[\boldsymbol{Z}])+(E[\boldsymbol{X}]-\boldsymbol{B}E[\boldsymbol{Z}]-\boldsymbol{a})]]\\&=E[[(\boldsymbol{X}-E[\boldsymbol{X}])-\boldsymbol{B}(\boldsymbol{Z}-E[\boldsymbol{Z}])]^{\mathrm{T}}[(\boldsymbol{X}-E[\boldsymbol{X}])-\boldsymbol{B}(\boldsymbol{Z}-E[\boldsymbol{Z}])]]+\\&\quad[E[\boldsymbol{X}]-\boldsymbol{B}E[\boldsymbol{Z}]-\boldsymbol{a}]^{\mathrm{T}}[E[\boldsymbol{X}]-\boldsymbol{B}E[\boldsymbol{Z}]-\boldsymbol{a}]+\\&\quad2[E[\boldsymbol{X}]-\boldsymbol{B}E[\boldsymbol{Z}]-\boldsymbol{a}]^{\mathrm{T}}E[(\boldsymbol{X}-E[\boldsymbol{X}])-\boldsymbol{B}(\boldsymbol{Z}-E[\boldsymbol{Z}])]\end{aligned}$$

该式中的第一项与 $\boldsymbol{a}$ 无关，最后一项显然等于0，而第二项是非负的，为了求最小值，自然应令其为0，则可得到 $\boldsymbol{a}=E[\boldsymbol{X}]-\boldsymbol{B}E[\boldsymbol{Z}]=E[\boldsymbol{X}]-E[\boldsymbol{BZ}]$，这与式(6.56)一致。将此结果代入式(6.53)可得 $\boldsymbol{X}=E[\boldsymbol{X}]+\boldsymbol{B}(\boldsymbol{Z}-E[\boldsymbol{Z}])$，立即可知此估计结果是无偏估计。

进一步，利用方程 $\boldsymbol{X}=E[\boldsymbol{X}]+\boldsymbol{B}(\boldsymbol{Z}-E[\boldsymbol{Z}])$可以得到矩阵 $\boldsymbol{B}$ 的另一种求法。将方程移项后可得 $\boldsymbol{X}-E[\boldsymbol{X}]=\boldsymbol{B}(\boldsymbol{Z}-E[\boldsymbol{Z}])$，两边右乘以$(\boldsymbol{Z}-E[\boldsymbol{Z}])^{\mathrm{T}}$，并取均值可得 $\mathrm{Cov}(\boldsymbol{X},\boldsymbol{Z})=\boldsymbol{B}\mathrm{Var}(\boldsymbol{Z})$，故 $\boldsymbol{B}=\mathrm{Cov}(\boldsymbol{X},\boldsymbol{Z})[\mathrm{Var}(\boldsymbol{Z})]^{-1}$。这与式(6.57)一致。

（2）线性最小方差的估计误差的方差矩阵小于最小二乘估计的估计误差的方差矩阵。

由式(6.59)可知估计误差为

$$\tilde{\boldsymbol{X}}=\boldsymbol{X}-\hat{\boldsymbol{X}}_{\mathrm{L}}=(\boldsymbol{X}-E[\boldsymbol{X}])-\mathrm{Cov}(\boldsymbol{X},\boldsymbol{Z})[\mathrm{Var}(\boldsymbol{Z})]^{-1}(\boldsymbol{Z}-E[\boldsymbol{Z}])$$

由此可求出估计误差的方差矩阵：

$$\begin{aligned}&E[\tilde{\boldsymbol{X}}\tilde{\boldsymbol{X}}^{\mathrm{T}}]=E[[(\boldsymbol{X}-E[\boldsymbol{X}])-\mathrm{Cov}(\boldsymbol{X},\boldsymbol{Z})[\mathrm{Var}(\boldsymbol{Z})]^{-1}(\boldsymbol{Z}-E[\boldsymbol{Z}])]\\&\quad[(\boldsymbol{X}-E[\boldsymbol{X}])-\mathrm{Cov}(\boldsymbol{X},\boldsymbol{Z})[\mathrm{Var}(\boldsymbol{Z})]^{-1}(\boldsymbol{Z}-E[\boldsymbol{Z}])]^{\mathrm{T}}]\\&=E[[(\boldsymbol{X}-E[\boldsymbol{X}])-\mathrm{Cov}(\boldsymbol{X},\boldsymbol{Z})[\mathrm{Var}(\boldsymbol{Z})]^{-1}(\boldsymbol{Z}-E[\boldsymbol{Z}])]\\&\quad[(\boldsymbol{X}-E[\boldsymbol{X}])^{\mathrm{T}}-(\boldsymbol{Z}-E[\boldsymbol{Z}])^{\mathrm{T}}[\mathrm{Var}(\boldsymbol{Z})]^{-1}\mathrm{Cov}(\boldsymbol{Z},\boldsymbol{X})]]\\&=\mathrm{Var}(\boldsymbol{X})-\mathrm{Cov}(\boldsymbol{X},\boldsymbol{Z})[\mathrm{Var}(\boldsymbol{Z})]^{-1}\mathrm{Cov}(\boldsymbol{Z},\boldsymbol{X})-\mathrm{Cov}(\boldsymbol{X},\boldsymbol{Z})[\mathrm{Var}(\boldsymbol{Z})]^{-1}\mathrm{Cov}(\boldsymbol{Z},\boldsymbol{X})+\\&\quad\mathrm{Cov}(\boldsymbol{X},\boldsymbol{Z})[\mathrm{Var}(\boldsymbol{Z})]^{-1}[\mathrm{Var}(\boldsymbol{Z})][\mathrm{Var}(\boldsymbol{Z})]^{-1}\mathrm{Cov}(\boldsymbol{Z},\boldsymbol{X})\\&=\mathrm{Var}(\boldsymbol{X})-\mathrm{Cov}(\boldsymbol{X},\boldsymbol{Z})[\mathrm{Var}(\boldsymbol{Z})]^{-1}\mathrm{Cov}(\boldsymbol{Z},\boldsymbol{X})\end{aligned}$$

由于$[\mathrm{Var}(\boldsymbol{Z})]^{-1}$是正定矩阵，而上式右端第二项必是非负定矩阵，因此可知，线性最小方差估计优于以 $E[\boldsymbol{X}]$作为估计值的最小二乘估计，因为估计误差的方差矩阵减小了。以下进一步说明此结论。

设测量是线性的，即 $\boldsymbol{Z}=\boldsymbol{HX}+\boldsymbol{e}$，且 $E[\boldsymbol{X}]=\bar{\boldsymbol{X}}$，$\mathrm{Var}(\boldsymbol{X})=E[(\boldsymbol{X}-\bar{\boldsymbol{X}})(\boldsymbol{X}-\bar{\boldsymbol{X}})^{\mathrm{T}}]=\boldsymbol{P}$，

$E[\boldsymbol{e}]=0, E[\boldsymbol{e}\boldsymbol{e}^{\mathrm{T}}]=\mathrm{Var}(\boldsymbol{e})=\boldsymbol{R}, E[\boldsymbol{X}\boldsymbol{e}^{\mathrm{T}}]=0$。根据这些条件容易算出

$$E[\boldsymbol{Z}]=\boldsymbol{H}\bar{\boldsymbol{X}}$$

$$\mathrm{Var}(\boldsymbol{Z})=E[[\boldsymbol{H}(\boldsymbol{X}-\bar{\boldsymbol{X}})+\boldsymbol{e}][\boldsymbol{H}(\boldsymbol{X}-\bar{\boldsymbol{X}})+\boldsymbol{e}]^{\mathrm{T}}]=\boldsymbol{H}\boldsymbol{P}\boldsymbol{H}^{\mathrm{T}}+\boldsymbol{R}$$

$$\mathrm{Cov}(\boldsymbol{X},\boldsymbol{Z})=[\mathrm{Cov}(\boldsymbol{Z},\boldsymbol{X})]^{\mathrm{T}}=E[[\boldsymbol{X}-\bar{\boldsymbol{X}}][\boldsymbol{H}(\boldsymbol{X}-\bar{\boldsymbol{X}})+\boldsymbol{e}]^{\mathrm{T}}]=\boldsymbol{P}\boldsymbol{H}^{\mathrm{T}}$$

将以上结果代入式(6.59)可得

$$\hat{\boldsymbol{X}}_{\mathrm{L}}=\bar{\boldsymbol{X}}+\boldsymbol{P}\boldsymbol{H}^{\mathrm{T}}[\boldsymbol{H}\boldsymbol{P}\boldsymbol{H}^{\mathrm{T}}+\boldsymbol{R}]^{-1}(\boldsymbol{Z}-\boldsymbol{H}\bar{\boldsymbol{X}})$$

则估计误差的方差矩阵可写为

$$E[\tilde{\boldsymbol{X}}\tilde{\boldsymbol{X}}^{\mathrm{T}}]=\boldsymbol{P}-\boldsymbol{P}\boldsymbol{H}^{\mathrm{T}}(\boldsymbol{H}\boldsymbol{P}\boldsymbol{H}^{\mathrm{T}}+\boldsymbol{R})^{-1}\boldsymbol{H}\boldsymbol{P}=(\boldsymbol{P}^{-1}+\boldsymbol{H}^{\mathrm{T}}\boldsymbol{R}^{-1}\boldsymbol{H})^{-1}$$

其中用到了矩阵求逆公式

$$(\boldsymbol{P}^{-1}+\boldsymbol{H}^{\mathrm{T}}\boldsymbol{R}^{-1}\boldsymbol{H})^{-1}=\boldsymbol{P}-\boldsymbol{P}\boldsymbol{H}^{\mathrm{T}}(\boldsymbol{H}\boldsymbol{P}\boldsymbol{H}^{\mathrm{T}}+\boldsymbol{R})^{-1}\boldsymbol{H}\boldsymbol{P}$$

很容易证明

$$[\boldsymbol{P}-\boldsymbol{P}\boldsymbol{H}^{\mathrm{T}}(\boldsymbol{H}\boldsymbol{P}\boldsymbol{H}^{\mathrm{T}}+\boldsymbol{R})^{-1}\boldsymbol{H}\boldsymbol{P}](\boldsymbol{P}^{-1}+\boldsymbol{H}^{\mathrm{T}}\boldsymbol{R}^{-1}\boldsymbol{H})=\boldsymbol{I}$$

6.2 节已经证明,当加权矩阵 $\boldsymbol{W}=\boldsymbol{R}^{-1}$ 时,加权最小二乘估计的估计误差的方差矩阵最小,且等于 $(\boldsymbol{H}^{\mathrm{T}}\boldsymbol{R}^{-1}\boldsymbol{H})^{-1}$,将其与 $E[\tilde{\boldsymbol{X}}\tilde{\boldsymbol{X}}^{\mathrm{T}}]=(\boldsymbol{P}^{-1}+\boldsymbol{H}^{\mathrm{T}}\boldsymbol{R}^{-1}\boldsymbol{H})^{-1}$ 比较可知,最好的加权最小二乘估计也比不上线性最小方差估计。这是显然的,因为线性最小方差估计使用了更多的统计知识。

(3) 当被估计量与测量值 $\boldsymbol{Z}$ 不相关时,由于 $\mathrm{Cov}(\boldsymbol{X},\boldsymbol{Z})=0$,使得 $\hat{\boldsymbol{X}}_{\mathrm{L}}=E[\boldsymbol{X}]$。

显然,由于测量值 $\boldsymbol{Z}$ 与 $\boldsymbol{X}$ 不相关,则 $\boldsymbol{Z}$ 的值也与 $\boldsymbol{X}$ 的估计值无关。在这种情况下,使各分量均方误差之和取最小值的估计自然就是 $\boldsymbol{X}$ 的均值。当 $\boldsymbol{Z}$ 的维数与 $\boldsymbol{X}$ 相同,且相关程度较大,以致有 $\mathrm{Cov}(\boldsymbol{X},\boldsymbol{Z})[\mathrm{Var}(\boldsymbol{Z})]^{-1}\approx 1$ 时,从式(6.59)可知,$\boldsymbol{X}$ 的估计值就近似于测量值 $\boldsymbol{Z}$ 了,在极端情况下,当测量值 $\boldsymbol{Z}$ 就是被估计量 $\boldsymbol{X}$ 时(这一般是不可能发生的情况),由于 $E[\boldsymbol{Z}]=E[\boldsymbol{X}]$ 和 $\mathrm{Cov}(\boldsymbol{X},\boldsymbol{Z})[\mathrm{Var}(\boldsymbol{Z})]^{-1}=\boldsymbol{I}$ 使得 $\boldsymbol{X}$ 的估计值就等于测量值 $\boldsymbol{Z}$ 了,这是显然的结果。

6.4 最小方差估计

现在假设 $\boldsymbol{X}$ 和 $\boldsymbol{Z}$ 的联合概率密度 $p(x,z)$ 已知,这样 $\boldsymbol{X}$ 的概率密度 $p(x)$、$\boldsymbol{Z}$ 的概率密度 $p(z)$、在给定 $\boldsymbol{X}=x$ 的条件下 $\boldsymbol{Z}$ 的条件概率密度 $p(z|x)$ 和在给定 $\boldsymbol{Z}=z$ 的条件下 $\boldsymbol{X}$ 的条件概率密度 $p(x|z)$ 也都是已知的。显然,这时应该能得到比线性最小方差估计更优越的估计结果了。

已知被估计量 $\boldsymbol{X}$ 与测量值 $\boldsymbol{Z}$ 的联合概率密度 $p(x,z)$,在此情况下使得各分量均方误差之和

$$E[[\boldsymbol{X}-\hat{\boldsymbol{X}}(\boldsymbol{Z})]^{\mathrm{T}}[\boldsymbol{X}-\hat{\boldsymbol{X}}(\boldsymbol{Z})]]=\mathrm{Tr}\,E[[\boldsymbol{X}-\hat{\boldsymbol{X}}(\boldsymbol{Z})][\boldsymbol{X}-\hat{\boldsymbol{X}}(\boldsymbol{Z})]^{\mathrm{T}}] \tag{6.60}$$

取最小值的估计 $\hat{\boldsymbol{X}}$ 称为最小方差估计,将其记为 $\hat{\boldsymbol{X}}_{\mathrm{V}}$。

同线性最小方差估计相比,方差最小估计需要的统计知识更多,但去掉了估计量必须是测量值 $\boldsymbol{Z}$ 的线性函数的限制。仍假设 $\boldsymbol{X}$ 的维数为 n,$\boldsymbol{Z}$ 的维数为 m,这时存在定理 6.1。

定理 6.1　最小方差估计 $\hat{\boldsymbol{X}}_{\mathrm{V}}(\boldsymbol{Z})$等于 $\boldsymbol{X}$ 的条件均值,即

$$\hat{\boldsymbol{X}}_{\mathrm{V}}(\boldsymbol{Z})=E(\boldsymbol{X} \mid \boldsymbol{Z}) \tag{6.61}$$

它是测量值 $\boldsymbol{Z}$ 的函数。

证明：将式(6.60)写成积分形式为

$$\begin{aligned}&E[[\boldsymbol{X}-\hat{\boldsymbol{X}}(\boldsymbol{Z})]^{\mathrm{T}}[\boldsymbol{X}-\hat{\boldsymbol{X}}(\boldsymbol{Z})]]\\&=\int_{-\infty}^{\infty}\int_{-\infty}^{\infty}[x-\hat{x}(\boldsymbol{Z})]^{\mathrm{T}}[x-\hat{x}(\boldsymbol{Z})]p(x,z)\mathrm{d}x\mathrm{d}z\\&=\int_{-\infty}^{\infty}\left[\int_{-\infty}^{\infty}[x-\hat{x}(\boldsymbol{Z})]^{\mathrm{T}}[x-\hat{x}(\boldsymbol{Z})]p(x \mid z)\mathrm{d}x\right]p_2(z)\mathrm{d}z\end{aligned} \tag{6.62}$$

式(6.62)对任何估计量 $\hat{x}(\boldsymbol{Z})$都成立。当前的任务是要选一个估计量 $\hat{\boldsymbol{X}}_{\mathrm{V}}$ 使得式(6.62)取最小值。事实上,对于给定的测量值 $\boldsymbol{Z}$ 而言,使式(6.62) 取最小值等价于确定 $\hat{x}(\boldsymbol{Z})$ 使$\int_{-\infty}^{\infty}[x-\hat{x}(\boldsymbol{Z})]^{\mathrm{T}}[x-\hat{x}(\boldsymbol{Z})]p(x \mid z)\mathrm{d}x$ 取最小值,求该式对 $\hat{x}(\boldsymbol{Z})$ 的导数可得$\int_{-\infty}^{\infty}\frac{\partial}{\partial\hat{x}(\boldsymbol{Z})}[x-\hat{x}(\boldsymbol{Z})]^{\mathrm{T}}[x-\hat{x}(\boldsymbol{Z})]p(x \mid z)\mathrm{d}x=-2\int_{-\infty}^{\infty}[x-\hat{x}(\boldsymbol{Z})]p(x \mid z)\mathrm{d}x$,令该式等于0,对于给定的测量而言,$\hat{x}(\boldsymbol{Z})$ 是 $\boldsymbol{X}$ 的确定估计量,可以提到积分号之外,并简记为 $\hat{\boldsymbol{X}}_{\mathrm{V}}$,则得到$\hat{\boldsymbol{X}}_{\mathrm{V}}(\boldsymbol{Z})\int_{-\infty}^{\infty}p(x \mid z)\mathrm{d}x=\int_{-\infty}^{\infty}xp(x \mid z)\mathrm{d}x$,根据该式和式(6.62)可得 $\hat{\boldsymbol{X}}_{\mathrm{V}}(\boldsymbol{Z})=E(\boldsymbol{X} \mid \boldsymbol{Z})$。证毕。

例 6.21　求例 6.19 的最小方差估计。

解：利用式(6.61)可知

$$\hat{\boldsymbol{X}}_{\mathrm{V}}=E(\boldsymbol{X} \mid \boldsymbol{Z})=\begin{cases}-5/2, & z=-1\\5/2, & z=1\end{cases}$$

则此时最小方差估计等于线性最小方差估计。

例 6.22　已知被估计量 x 与测量值 z 的联合概率分布如表 6.2 所示,求 x 的最小方差估计和线性最小方差估计。

表 6.2　x 和 z 的联合概率分布表

z	x					
	−1	**0**	**0**	**1**	**1**	**2**
−1	$\frac{1}{10}$	$\frac{2}{10}$	0	0	0	0
0	0	0	$\frac{1}{10}$	$\frac{3}{10}$	0	0
1	0	0	0	0	$\frac{1}{10}$	$\frac{2}{10}$

解：由式(6.61)可得最小方差估计为

$$\hat{\boldsymbol{X}}_V = E(x \mid z) = \begin{cases} -1/3, & z=-1 \\ 3/4, & z=0 \\ 5/3, & z=1 \end{cases}$$

则估计误差的方差为

$$E[(x-\hat{x}_V)^2] = \frac{1}{10}\left(\frac{2}{3}\right)^2 + \frac{2}{10}\left(\frac{1}{3}\right)^2 + \frac{1}{10}\left(\frac{3}{4}\right)^2 + \frac{3}{10}\left(\frac{1}{4}\right)^2 + \frac{1}{10}\left(\frac{2}{3}\right)^2 + \frac{2}{10}\left(\frac{1}{3}\right)^2 = \frac{5}{24}$$

为了求线性最小方差估计,需要先求 x 和 z 的前两阶矩。由表 6.2 可得

$$E[x] = \frac{1}{10}(-1) + \frac{3}{10}(1) + \frac{1}{10}(1) + \frac{2}{10}(2) = \frac{7}{10}$$

$$E[z] = \left(\frac{1}{10}+\frac{2}{10}\right)(-1) + \left(\frac{1}{10}+\frac{2}{10}\right)(1) = 0$$

$$\mathrm{Var}(x) = \frac{1}{10}\left(\frac{17}{10}\right)^2 + \frac{2}{10}\left(\frac{7}{10}\right)^2 + \frac{1}{10}\left(\frac{7}{10}\right)^2 + \frac{3}{10}\left(\frac{3}{10}\right)^2 + \frac{1}{10}\left(\frac{3}{10}\right)^2 + \frac{2}{10}\left(\frac{13}{10}\right)^2 = \frac{81}{100}$$

$$\mathrm{Var}(z) = \left(\frac{1}{10}+\frac{2}{10}\right)(-1)^2 + \left(\frac{1}{10}+\frac{2}{10}\right)(1)^2 = \frac{3}{5}$$

$$\mathrm{Cov}(x,z) = \frac{1}{10}\left(-\frac{17}{10}\right)(-1) + \frac{2}{10}\left(-\frac{7}{10}\right)(-1) + \frac{1}{10}\left(\frac{3}{10}\right) + \frac{2}{10}\left(\frac{13}{10}\right) = \frac{3}{5}$$

利用式(6.59)得到线性最小方差估计:

$$\hat{x}_L = E[x] + \mathrm{Cov}(x,z)[\mathrm{Var}(z)]^{-1}(z-E[z]) = \frac{7}{10} + z = \begin{cases} -3/10, & z=-1 \\ 7/10, & z=0 \\ 17/10, & z=1 \end{cases}$$

这时估计误差的方差由公式 $E[\widetilde{\boldsymbol{X}}\widetilde{\boldsymbol{X}}^{\mathrm{T}}] = \mathrm{Var}(\boldsymbol{X}) - \mathrm{Cov}(\boldsymbol{X},\boldsymbol{Z})[\mathrm{Var}(\boldsymbol{Z})]^{-1}\mathrm{Cov}(\boldsymbol{Z},\boldsymbol{X})$ 可知:

$$E[(x-\hat{x}_L)^2] = \mathrm{Var}(x) - \mathrm{Cov}(x,z)[\mathrm{Var}(z)]^{-1}\mathrm{Cov}(z,x) = \frac{81}{100} - \frac{3}{5} = \frac{21}{100}$$

这和直接计算 $E[(x-\hat{x}_L)^2] = \frac{1}{10}\left(\frac{7}{10}\right)^2 + \frac{2}{10}\left(\frac{3}{10}\right)^2 + \frac{1}{10}\left(\frac{7}{10}\right)^2 + \frac{3}{10}\left(\frac{3}{10}\right)^2 + \frac{1}{10}\left(\frac{7}{10}\right)^2 + \frac{2}{10}\left(\frac{3}{10}\right)^2 = \frac{21}{100}$ 的结果是一致的。

从此例可以看出最小方差估计优于线性最小方差估计。前者估计误差的方差要小一些,这是一般的结论。同时,$\hat{X}_L$ 和 $\hat{X}_V$ 都是无偏估计,但它们不必是相同的。

$E[\boldsymbol{X}|\boldsymbol{Z}]$与 $E[\boldsymbol{X}|\boldsymbol{Z}=z]$是有区别的,前者是一个函数,后者是前者在给定测量值下的数值。

现在说明下列几个问题。

(1) 最小方差估计是无偏估计。由式(6.61)可得

$$\begin{aligned} E[\hat{\boldsymbol{X}}_V(\boldsymbol{Z})] &= \int_{-\infty}^{\infty} E[\boldsymbol{X} \mid z] p_2(z)\mathrm{d}z = \int_{-\infty}^{\infty}\left[\int_{-\infty}^{\infty} x p(x \mid z)\mathrm{d}x\right] p_2(z)\mathrm{d}z \\ &= \int_{-\infty}^{\infty} x\left[\int_{-\infty}^{\infty} p(x,z)\mathrm{d}z\right]\mathrm{d}x = \int_{-\infty}^{\infty} x p_1(x)\mathrm{d}x = E[X] \end{aligned}$$

这表明最小方差估计是无偏估计。就例 6.22 来说,有 $E[\hat{x}_V] = -\frac{1}{3}\times\frac{3}{10} + \frac{3}{4}\times\frac{2}{5} + \frac{5}{3}\times\frac{3}{10} =$

$E[x]=\frac{7}{10}$，与上述结论是相符的。

(2) 最小方差估计的估计误差的方差矩阵一般小于线性最小方差估计的估计误差的方差矩阵。比较可知，线性最小方差估计是在限定估计量为测量值 $\boldsymbol{Z}$ 的线性函数条件下使各分量的均方误差之和取最小值，而最小方差估计是在对估计量不加限制条件下使各分量的均方误差之和取最小值。自然后者不会大于前者，最多相等。由于各分量均方误差之和取最小值的准则与均方误差矩阵取最小值的准则是等价的，又由于估计是无偏的，均方误差矩阵成为估计误差的方差矩阵，这就得到了上述结论。下面求最小方差估计的估计误差的方差矩阵，利用式(6.61)可得

$$E[[\boldsymbol{X}-\hat{\boldsymbol{X}}_{\mathrm{V}}(\boldsymbol{Z})][\boldsymbol{X}-\hat{\boldsymbol{X}}_{\mathrm{V}}(\boldsymbol{Z})]^{\mathrm{T}}]=\mathrm{Var}[\boldsymbol{X}-\hat{\boldsymbol{X}}_{\mathrm{V}}(\boldsymbol{Z})]$$
$$=\int_{-\infty}^{\infty}\left[\int_{-\infty}^{\infty}[X-E[\boldsymbol{X}\mid z]][\boldsymbol{X}-E[\boldsymbol{X}\mid z]]^{\mathrm{T}}p(x\mid z)\mathrm{d}x\right]p_2(z)\mathrm{d}z$$
$$=\int_{-\infty}^{\infty}\mathrm{Var}(\boldsymbol{X}\mid z)p_2(z)\mathrm{d}z$$

(3) 当 $\boldsymbol{X}$ 与 $\boldsymbol{Z}$ 是联合正态分布时，$\boldsymbol{X}$ 的最小方差估计 $\hat{\boldsymbol{X}}_{\mathrm{V}}$(即条件均值 $E[\boldsymbol{X}|\boldsymbol{Z}]$)是 $\boldsymbol{Z}$ 的线性函数，因而最小方差估计在此情况下与线性最小方差估计两者是一致的。

(4) 作为特殊情况，当 $\boldsymbol{X}$ 与 $\boldsymbol{Z}$ 相互独立时，由于 $E[\boldsymbol{X}|\boldsymbol{Z}]=E[\boldsymbol{X}]$，则当无其他测量数据时，随机向量的均值就是它的最小方差估计；而当有测量数据时，条件均值成为最小方差估计，这是均值就是最小方差估计的扩展。

从以上内容可以看出，从最小二乘估计、线性最小方差估计到最小方差估计，随着统计知识的增多，估计结果也逐步得到改善。

6.5　递推最小二乘估计

首先回顾最小二乘估计。假设对被估计量 $\boldsymbol{X}$ 进行了 k 次测量，测量方程为

$$Z_i=H_iX+e_i,\quad i=1,2,\cdots,k \tag{6.63}$$

为了强调测量的次数为 k，采用以下记号：

$$\boldsymbol{Z}_{(k)}=\begin{bmatrix}Z_1\\Z_2\\\vdots\\Z_k\end{bmatrix},\quad \boldsymbol{H}_{(k)}=\begin{bmatrix}H_1\\H_2\\\vdots\\H_k\end{bmatrix},\quad \boldsymbol{E}_{(k)}=\begin{bmatrix}e_1\\e_2\\\vdots\\e_k\end{bmatrix}$$

进而将式(6.63)写为 $\boldsymbol{Z}_{(k)}=\boldsymbol{H}_{(k)}\boldsymbol{X}+\boldsymbol{E}_{(k)}$。由 6.2 节可知，$\boldsymbol{X}$ 的最小二乘估计为

$$\hat{\boldsymbol{X}}_{\mathrm{LS}(k)}=(\boldsymbol{H}_{(k)}^{\mathrm{T}}\boldsymbol{H}_{(k)})^{-1}\boldsymbol{H}_{(k)}^{\mathrm{T}}\boldsymbol{Z}_{(k)} \tag{6.64}$$

现在假定在 k 次测量之后又进行了另外一次测量：

$$Z_{k+1}=H_{k+1}X+e_{k+1} \tag{6.65}$$

若把此新的测量加到之前的测量向量中，就得到复合测量方程：

$$\boldsymbol{Z}_{(k+1)}=\boldsymbol{H}_{(k+1)}\boldsymbol{X}+\boldsymbol{E}_{(k+1)} \tag{6.66}$$

其中：

$$\boldsymbol{Z}_{(k+1)}=\begin{bmatrix} Z_1 \\ \vdots \\ Z_k \\ Z_{k+1} \end{bmatrix}=\begin{bmatrix} \boldsymbol{Z}_{(k)} \\ Z_{k+1} \end{bmatrix},\quad \boldsymbol{H}_{(k+1)}=\begin{bmatrix} H_1 \\ \vdots \\ H_k \\ H_{k+1} \end{bmatrix}=\begin{bmatrix} \boldsymbol{H}_{(k)} \\ Z_{k+1} \end{bmatrix},\quad \boldsymbol{E}_{(k+1)}=\begin{bmatrix} e_1 \\ \vdots \\ e_k \\ e_{k+1} \end{bmatrix}$$

同理，根据 $k+1$ 次测量得到的新的估计量为

$$\hat{\boldsymbol{X}}_{\mathrm{LS}(k+1)}=(\boldsymbol{H}_{(k+1)}^{\mathrm{T}}\boldsymbol{H}_{(k+1)})^{-1}\boldsymbol{H}_{(k+1)}^{\mathrm{T}}\boldsymbol{Z}_{(k+1)} \tag{6.67}$$

例 6.23 根据前两次测量 $z_1=3=[1\quad 1]\boldsymbol{X}+e_1$，$z_2=1=[0\quad -1]\boldsymbol{X}+e_2$ 及第三次测量 $z_3=4=[1\quad 3]\boldsymbol{X}+e_3$，分别求未知二维向量 $\boldsymbol{X}$ 的最小二乘估计。

解：在本例中显然有

$$\boldsymbol{Z}_{(2)}=\begin{bmatrix} 3 \\ 1 \end{bmatrix},\quad \boldsymbol{H}_{(2)}=\begin{bmatrix} 1 & 1 \\ 0 & -1 \end{bmatrix}$$

代入式(6.64)可得

$$\hat{\boldsymbol{X}}_{\mathrm{LS}(2)}=\left\{\begin{bmatrix} 1 & 0 \\ 1 & -1 \end{bmatrix}\begin{bmatrix} 1 & 1 \\ 0 & -1 \end{bmatrix}\right\}^{-1}\begin{bmatrix} 1 & 0 \\ 1 & -1 \end{bmatrix}\begin{bmatrix} 3 \\ 1 \end{bmatrix}=\begin{bmatrix} 1 & 1 \\ 1 & 2 \end{bmatrix}^{-1}\begin{bmatrix} 3 \\ 2 \end{bmatrix}=\begin{bmatrix} 4 \\ -1 \end{bmatrix}$$

而

$$\boldsymbol{Z}_{(3)}=\begin{bmatrix} 3 \\ 1 \\ 4 \end{bmatrix},\quad \boldsymbol{H}_{(3)}=\begin{bmatrix} 1 & 1 \\ 0 & -1 \\ 1 & 3 \end{bmatrix}$$

代入式(6.67)可得

$$\hat{\boldsymbol{X}}_{\mathrm{LS}(3)}=\left\{\begin{bmatrix} 1 & 0 & 1 \\ 1 & -1 & 3 \end{bmatrix}\begin{bmatrix} 1 & 1 \\ 0 & -1 \\ 1 & 3 \end{bmatrix}\right\}^{-1}\begin{bmatrix} 1 & 0 & 1 \\ 1 & -1 & 3 \end{bmatrix}\begin{bmatrix} 3 \\ 1 \\ 4 \end{bmatrix}=\begin{bmatrix} 2 & 4 \\ 4 & 11 \end{bmatrix}^{-1}\begin{bmatrix} 7 \\ 14 \end{bmatrix}=\begin{bmatrix} \frac{7}{2} \\ 0 \end{bmatrix}$$

从例 6.23 可以看出，增加一次新的测量后，若直接利用式(6.67)计算，则还需要重新求矩阵 $\boldsymbol{H}_{(k+1)}^{\mathrm{T}}\boldsymbol{H}_{(k+1)}$ 的逆，这是很麻烦的。此外，这种算法必须将全部数据保存下来，如果测量维数高并且数据多，那么就要占用计算机的大量内存单元。如何解决这个问题呢？比较例 6.23 中 $\hat{\boldsymbol{X}}_{\mathrm{LS}(2)}$ 和 $\hat{\boldsymbol{X}}_{\mathrm{LS}(3)}$ 可知，利用矩阵的分块乘法可以导出一组递推公式。

为了方便叙述，定义 $P_k=(\boldsymbol{H}_{(k)}^{\mathrm{T}}\boldsymbol{H}_{(k)})^{-1}$ 或 $P_k^{-1}=\boldsymbol{H}_{(k)}^{\mathrm{T}}\boldsymbol{H}_{(k)}$，则式(6.64)可写为 $\hat{\boldsymbol{X}}_{\mathrm{LS}(k)}=P_k\boldsymbol{H}_{(k)}^{\mathrm{T}}\boldsymbol{Z}_{(k)}$，而由式(6.67)有 $\hat{\boldsymbol{X}}_{\mathrm{LS}(k+1)}=P_{k+1}\boldsymbol{H}_{(k+1)}^{\mathrm{T}}\boldsymbol{Z}_{(k+1)}$，其中

$$\begin{aligned} P_{k+1}&=(\boldsymbol{H}_{(k+1)}^{\mathrm{T}}\boldsymbol{H}_{(k+1)})^{-1}=\left\{\begin{bmatrix} \boldsymbol{H}_{(k)} \\ H_{k+1} \end{bmatrix}^{\mathrm{T}}\begin{bmatrix} \boldsymbol{H}_{(k)} \\ H_{k+1} \end{bmatrix}\right\}^{-1}=(\boldsymbol{H}_{(k)}^{\mathrm{T}}\boldsymbol{H}_{(k)}+H_{k+1}H_{k+1})^{-1} \\ &=(P_k^{-1}+H_{k+1}H_{k+1})^{-1} \end{aligned}$$

利用矩阵求逆公式可得

$$P_{k+1}=P_k-P_kH_{k+1}(H_{k+1}P_kH_{k+1}+I)^{-1}H_{k+1}P_k$$

将其代入 $\hat{\boldsymbol{X}}_{\mathrm{LS}(k+1)}=P_{k+1}\boldsymbol{H}_{(k+1)}^{\mathrm{T}}\boldsymbol{Z}_{(k+1)}$ 可得

$$\hat{\boldsymbol{X}}_{\mathrm{LS}(k+1)}=[P_k-P_kH_{k+1}(H_{k+1}P_kH_{k+1}+I)^{-1}H_{k+1}P_k]\boldsymbol{H}_{(k+1)}^{\mathrm{T}}\boldsymbol{Z}_{(k+1)} \tag{6.68}$$

通常利用式(6.68)可以减少计算量，被估计量 $\boldsymbol{X}$ 的维数为 n，则 P_k（自然也包括 P_k^{-1}）是一个 $n\times n$ 矩阵（假定测量次数 k 足够大，H_k 的行数不小于 n），而利用式(6.64)或式(6.67)求估计量就需要计算一个 $n\times n$ 矩阵的逆矩阵。但是，矩阵 $H_{k+1}P_kH_{k+1}^{\mathrm{T}}+\boldsymbol{I}$ 是一个 $m\times m$ 矩阵，其中 m 是第 $k+1$ 次测量 Z_{k+1} 的维数，它往往小于 n，计算低阶的逆矩阵当然简单多了。特别是当 Z_{k+1} 为标量时矩阵 $H_{k+1}P_kH_{k+1}^{\mathrm{T}}+\boldsymbol{I}$ 也是标量，求逆就变成简单的除法了。

例 6.24　利用式(6.68)求例 6.23 中的 $\hat{\boldsymbol{X}}_{\mathrm{LS}(3)}$。

解：由例 6.23 可知

$$\boldsymbol{P}_2=\begin{bmatrix}2 & -1\\ -1 & 1\end{bmatrix},\quad \boldsymbol{H}_3=[1\quad 3],\quad \boldsymbol{H}_{(3)}=\begin{bmatrix}1 & 1\\ 0 & -1\\ 1 & 3\end{bmatrix},\quad \boldsymbol{Z}_{(3)}=\begin{bmatrix}3\\ 1\\ 4\end{bmatrix}$$

代入式(6.68)可知

$$\hat{\boldsymbol{X}}_{\mathrm{LS}(3)}=\left\{\begin{bmatrix}2 & -1\\ -1 & 1\end{bmatrix}-\begin{bmatrix}2 & -1\\ -1 & 1\end{bmatrix}\begin{bmatrix}1\\ 3\end{bmatrix}\left([1\quad 3]\begin{bmatrix}2 & -1\\ -1 & 1\end{bmatrix}\begin{bmatrix}1\\ 3\end{bmatrix}+1\right)^{-1}[1\quad 3]\begin{bmatrix}2 & -1\\ -1 & 1\end{bmatrix}\right\}$$

$$\begin{bmatrix}1 & 0 & 1\\ 1 & -1 & 3\end{bmatrix}\begin{bmatrix}3\\ 1\\ 4\end{bmatrix}$$

$$=\left\{\begin{bmatrix}2 & -1\\ -1 & 1\end{bmatrix}-\frac{1}{6}\begin{bmatrix}1 & -2\\ -2 & 4\end{bmatrix}\right\}\begin{bmatrix}7\\ 14\end{bmatrix}=\begin{bmatrix}\frac{7}{2}\\ 0\end{bmatrix}$$

这与例 6.23 的结果是一致的。

从例 6.24 可见，有可能更好地利用第 k 步的数据和第 $k+1$ 次测量求第 $k+1$ 步的估计。由 $\hat{\boldsymbol{X}}_{\mathrm{LS}(k+1)}=P_{k+1}\boldsymbol{H}_{(k+1)}^{\mathrm{T}}\boldsymbol{Z}_{(k+1)}$ 可得

$$\hat{\boldsymbol{X}}_{\mathrm{LS}(k+1)}=P_{k+1}\boldsymbol{H}_{(k+1)}^{\mathrm{T}}\boldsymbol{Z}_{(k+1)}=P_{k+1}\begin{bmatrix}\boldsymbol{H}_{(k)}\\ H_{k+1}\end{bmatrix}^{\mathrm{T}}\begin{bmatrix}\boldsymbol{Z}_{(k)}\\ Z_{k+1}\end{bmatrix}=P_{k+1}(\boldsymbol{H}_{(k)}^{\mathrm{T}}\boldsymbol{Z}_{(k)}+H_{k+1}Z_{k+1})\tag{6.69}$$

上式右端第一项可由 $\hat{\boldsymbol{X}}_{\mathrm{LS}(k)}=P_k\boldsymbol{H}_{(k)}^{\mathrm{T}}\boldsymbol{Z}_{(k)}$ 得到 $P_{k+1}\boldsymbol{H}_{(k)}^{\mathrm{T}}\boldsymbol{Z}_{(k)}=P_{k+1}P_k^{-1}\hat{\boldsymbol{X}}_{\mathrm{LS}(k)}$，由 $P_{k+1}=(P_k^{-1}+H_{k+1}H_{k+1})^{-1}$ 可解出 $P_k^{-1}=P_{k+1}^{-1}-H_{k+1}H_{k+1}$，将其代入 $P_{k+1}\boldsymbol{H}_{(k)}^{\mathrm{T}}\boldsymbol{Z}_{(k)}=P_{k+1}P_k^{-1}\hat{\boldsymbol{X}}_{\mathrm{LS}(k)}$ 可得

$$P_{k+1}\boldsymbol{H}_{(k)}^{\mathrm{T}}\boldsymbol{Z}_{(k)}=P_{k+1}(P_{k+1}^{-1}-H_{k+1}H_{k+1})\hat{\boldsymbol{X}}_{\mathrm{LS}(k)}=\hat{\boldsymbol{X}}_{\mathrm{LS}(k)}-P_{k+1}H_{k+1}H_{k+1}\hat{\boldsymbol{X}}_{\mathrm{LS}(k)}$$

将该式代入式(6.69)并经过整理可得

$$\hat{\boldsymbol{X}}_{\mathrm{LS}(k+1)}=\hat{\boldsymbol{X}}_{\mathrm{LS}(k)}+P_{k+1}H_{k+1}(Z_{k+1}-H_{k+1}\hat{\boldsymbol{X}}_{\mathrm{LS}(k)})\tag{6.70}$$

这就是所需的递推公式，而 P_{k+1} 可用

$$P_{k+1}=P_k-P_kH_{k+1}(H_{k+1}P_kH_{k+1}+I)^{-1}H_{k+1}P_k\tag{6.71}$$

计算。因此式(6.70)和式(6.71)共同组成了递推最小二乘估计公式。

例 6.25　利用递推公式求例 6.23 中的 $\hat{\boldsymbol{X}}_{\mathrm{LS}(3)}$。

解：由式(6.71)可得

$$P_3=\begin{bmatrix}2 & -1\\ -1 & 1\end{bmatrix}-\begin{bmatrix}2 & -1\\ -1 & 1\end{bmatrix}\begin{bmatrix}1\\ 3\end{bmatrix}\left([1\quad 3]\begin{bmatrix}2 & -1\\ -1 & 1\end{bmatrix}\begin{bmatrix}1\\ 3\end{bmatrix}\right)^{-1}$$

$$[1\quad 3]\begin{bmatrix}2 & -1\\-1 & 1\end{bmatrix}=\frac{1}{6}\begin{bmatrix}11 & -4\\-4 & 2\end{bmatrix}$$

将其代入式(6.70)可得

$$\hat{\boldsymbol{X}}_{\mathrm{LS}(3)}=\begin{bmatrix}4\\-1\end{bmatrix}+\frac{1}{6}\begin{bmatrix}11 & -4\\-4 & 2\end{bmatrix}\begin{bmatrix}1\\3\end{bmatrix}\left(4-[1\quad 3]\begin{bmatrix}4\\-1\end{bmatrix}\right)=\begin{bmatrix}4\\-1\end{bmatrix}+\frac{1}{6}\begin{bmatrix}-3\\6\end{bmatrix}=\begin{bmatrix}\frac{7}{2}\\0\end{bmatrix}$$

这与例 6.23 和例 6.24 的结果一致。

针对上述递推公式,还需要说明以下几点。

(1) 从式(6.70)可知,新估计 $\hat{\boldsymbol{X}}_{\mathrm{LS}(k+1)}$ 是由旧估计 $\hat{\boldsymbol{X}}_{\mathrm{LS}(k)}$ 加上校正项构成的,而校正项又是与新测量值 Z_{k+1} 同按照旧估计 $\hat{\boldsymbol{X}}_{\mathrm{LS}(k)}$ 得出的计算值 $H_{k+1}\hat{\boldsymbol{X}}_{\mathrm{LS}(k)}$ 之差成正比的,这样就相当于具有反馈的性质了。当新测量值与计算值不相符时,就进行校正,组成递推的关系式。

(2) 在利用式(6.70)和式(6.71)进行递推计算时,需要一组初始值 $\hat{\boldsymbol{X}}_{\mathrm{LS}(0)}$ 和 $\boldsymbol{P}_{(0)}$。设计者可以利用 $\hat{\boldsymbol{X}}_{\mathrm{LS}(k)}=P_k\boldsymbol{H}_{(k)}^{\mathrm{T}}\boldsymbol{Z}_{(k)}$ 和 $P_k=(\boldsymbol{H}_{(k)}^{\mathrm{T}}\boldsymbol{H}_{(k)})^{-1}$ 计算出一组初始值,但这需要计算逆矩阵。有时也可以根据历史数据选择一组初始值。如果没有任何历史数据可供参考,那么通常的做法是直接令 $\hat{\boldsymbol{X}}_{\mathrm{LS}(0)}=0$ 和 $\boldsymbol{P}_{(0)}=C^2\boldsymbol{I}$,$C^2\to\infty$,其中 C 是一个数。可以证明,只要 C^2 足够大,经过相当多次递推之后,这种初始值的影响就逐渐消失了,因而能得到满意的估计值。之所以如此,正是由于式(6.70)具有反馈补偿的性质。

例 6.26 对未知数 x 进行了 6 次测量,测量结果如下:

$$[3\quad 5\quad 4\quad 15\quad 11\quad 13]^{\mathrm{T}}=[2\quad 2\quad 2\quad 4\quad 4\quad 4]^{\mathrm{T}}x$$

用递推公式求 x 的估计值。

解:设初始值 $\hat{x}_0=0$,$P_0=\infty$。在这种情况下,利用式(6.70)和式(6.71)就可以依次求出各次估计值。估计结果如表 6.3 所示。

表 6.3 例 6.26 的估计结果

i	0	1	2	3	4	5	6
P_i	∞	$\frac{1}{4}$	$\frac{1}{8}$	$\frac{1}{12}$	$\frac{1}{28}$	$\frac{1}{44}$	$\frac{1}{60}$
$\hat{x}_i$	0	$\frac{3}{2}$	2	2	3	$\frac{32}{11}$	3

从表 6.3 可以看出,P_i 是逐渐减小的,即反馈作用是逐渐减弱的,这是正常的情况。

递推估计是很重要的概念,它是 6.6 节讨论卡尔曼滤波理论的基础。

6.6 卡尔曼滤波理论基础

6.6.1 预备知识

所谓滤波,一般是指把污染信号里的噪声尽可能地消除,从中分离出所需的信号。本节中介绍的滤波是由带有噪声的状态方程和观测方程推断系统的状态信号,所以本质上也是一种估计。但是与前面介绍的估计方法不同的是,本节中的被估计量,即系统的状态量,是随着时间变化的。前面解决的估计问题可称为参数估计，而本节则称为状态估计。

由于军事上的原因，在第二次世界大战期间，维纳提出的滤波方法得到了广泛应用。其不足之处在于：必须用到全部的历史观测数据，存储量和计算量都非常大；当获得新的观测数据时，没有合适的递推算法；很难用于解决非平稳过程的滤波问题。为了克服上述缺点，在 20 世纪 60 年代初，卡尔曼和布西等人发展了一种递推滤波方法，即现在的卡尔曼滤波技术。在不到 20 年的时间里，卡尔曼滤波技术就在宇航及军事领域展示出强大威力，得到不断发展。但是，这种滤波方法涉及的数学知识较深，难以被工程人员理解。鉴于此，以下将遵循诺顿等人的思路，采用较为初等的方法得出卡尔曼滤波方程组，虽然推导步骤冗长，但对理解问题的本质有一定的帮助。

现在要对一个变量 X 进行估计。假设已经得到了这个变量的两个独立无偏估计 $\hat{X}_1$ 和 $\hat{X}_2$，它们的准确度不必相同，即 $X-\hat{X}_1$ 和 $X-\hat{X}_2$ 的均方误差可以有大有小。目标是根据这两个独立的估计构成一个新的加权估计 $\hat{X}$，使得 $X-\hat{X}$ 有最小的均方误差。以下先介绍单维的情况，再介绍多维的情况。

1. 单维的情况

设 x_1 和 x_2 是变量 x 的两个独立无偏估计，误差的方差分别为 σ_1^2 和 σ_2^2。现在利用这两个估计构成一个新的估计，但限定为线性估计，即

$$\hat{x}=(1-w)x_1+wx_2 \tag{6.72}$$

其中，w 是加权因子，取 $w=0$ 表示只相信估计 x_1，取 $w=0.5$ 表示对两个估计同等看待，取 $w=1$ 表示只相信估计 x_2。现在的问题就是要确定 w 的值，使得估计误差有最小的方差。换言之，最小方差仍然是估计的准则。需要指出的是，由于本节讨论的估计都是无偏估计，均方误差同误差的方差含义一样，可以不加区别。下面求估计误差 $x-\hat{x}$ 的方差，记为 σ^2，则由式(6.72)可得

$$\begin{aligned}E[(x-\hat{x})^2]&=E[[(1-w)(x-x_1)+w(x-x_2)]^2]\\&=E[(1-w)^2(x-x_1)^2+w^2(x-x_2)^2+\\&\quad 2w(1-w)(x-x_1)(x-x_2)]\end{aligned} \tag{6.73}$$

因为 x_1 和 x_2 是独立估计，自然 $x-x_1$ 与 $x-x_2$ 无关，又因为估计都是无偏的，所以

$$E[(x-x_1)(x-x_2)]=0 \tag{6.74}$$

将其代入式(6.73)后，式(6.73)变为

$$\sigma^2=(1-w)^2\sigma_1^2+w^2\sigma_2^2 \tag{6.75}$$

为了求 σ^2 的极值，取它对 w 的导数

$$\frac{\mathrm{d}\sigma^2}{\mathrm{d}w}=-2(1-w)\sigma_1^2+2w\sigma_2^2$$

令其等于 0，可解出加权因子的最优值：

$$\hat{w}=\frac{\sigma_1^2}{\sigma_1^2+\sigma_2^2} \tag{6.76}$$

或

$$1-\hat{w}=\frac{\sigma_2^2}{\sigma_1^2+\sigma_2^2} \tag{6.77}$$

由此可知，各个估计 x_i 的加权因子与各估计的方差 σ_i^2 成反比。

将式(6.76)代入式(6.72)，得出线性最小方差估计：

$$\hat{x}=\frac{\sigma_2^2 x_1+\sigma_1^2 x_2}{\sigma_1^2+\sigma_2^2} \tag{6.78}$$

代入式(6.75)，可给出 $x-\hat{x}$ 的方差：

$$\hat{\sigma}^2=\frac{\sigma_1^2\sigma_2^2}{\sigma_1^2+\sigma_2^2} \tag{6.79}$$

式(6.78)和式(6.79)很容易变为以下形式：

$$\hat{x}=x_1+\hat{w}(x_2-x_1) \tag{6.80}$$

$$\hat{\sigma}^2=(1-\hat{w})\sigma_1^2 \tag{6.81}$$

这种递推的形式含义是很明显的，设 x_1 是未知变量 x 原有的估计，在得到另一估计 x_2 后，就应根据差值 x_2-x_1 改正原有的估计。为了得到最小方差估计，乘以按式(6.76)确定的加权因子。从式(6.81)可以看出，改正后的估计 $\hat{x}$ 与原有估计 x_1 相比误差的方差减小了。

例 6.27 对同一电压，用精度不同的表测量两次。前一次测量值为 10V，误差的方差为 2；后一次测量值为 11V，误差的方差为 1。根据最小方差准则估计电压的值。

解：由式(6.76)，加权因子为

$$\hat{w}=\frac{\sigma_1^2}{\sigma_1^2+\sigma_2^2}=\frac{2}{3}$$

代入式(6.80)，得到电压的最小方差估计：

$$\hat{x}=x_1+\hat{w}(x_2-x_1)=10\,\frac{2}{3}\mathrm{V}$$

这时估计误差的方差为

$$\hat{\sigma}^2=(1-\hat{w})\sigma_1^2=\frac{2}{3}$$

它小于任意一次测量误差的方差。

2. 多维的情况

设 $\boldsymbol{X}_1$ 和 $\boldsymbol{X}_2$ 是未知向量 $\boldsymbol{X}$ 的两个独立无偏估计，它们都是 n 维的，其估计误差的方差矩阵分别记作 $\boldsymbol{Q}$ 和 $\boldsymbol{R}$，即

$$\begin{aligned}\boldsymbol{Q}&=E[(\boldsymbol{X}-\boldsymbol{X}_1)(\boldsymbol{X}-\boldsymbol{X}_1)^{\mathrm{T}}]\\\boldsymbol{R}&=E[(\boldsymbol{X}-\boldsymbol{X}_2)(\boldsymbol{X}-\boldsymbol{X}_2)^{\mathrm{T}}]\end{aligned} \tag{6.82}$$

仅考虑线性估计，则基于估计 $\boldsymbol{X}_1$ 和 $\boldsymbol{X}_2$ 的最优估计，假设取下列形式：

$$\hat{\boldsymbol{X}}=(\boldsymbol{I}-\boldsymbol{W})\boldsymbol{X}_1+\boldsymbol{W}\boldsymbol{X}_2=\boldsymbol{X}_1+\boldsymbol{W}(\boldsymbol{X}_2-\boldsymbol{X}_1) \tag{6.83}$$

以下需要确定加权矩阵 $\boldsymbol{W}$ 使得估计误差 $\boldsymbol{X}-\hat{\boldsymbol{X}}$ 的方差矩阵最小，或者其各分量的方差之和最小。

由式(6.83)可得

$$\boldsymbol{X}-\hat{\boldsymbol{X}}=(\boldsymbol{I}-\boldsymbol{W})(\boldsymbol{X}-\boldsymbol{X}_1)+\boldsymbol{W}(\boldsymbol{X}-\boldsymbol{X}_2)$$

因此有

$$
\begin{aligned}
E[(\boldsymbol{X}-\hat{\boldsymbol{X}})(\boldsymbol{X}-\hat{\boldsymbol{X}})^{\mathrm{T}}] &= E[[(\boldsymbol{I}-\boldsymbol{W})(\boldsymbol{X}-\boldsymbol{X}_1)+\boldsymbol{W}(\boldsymbol{X}-\boldsymbol{X}_2)][(\boldsymbol{I}-\boldsymbol{W})(\boldsymbol{X}-\boldsymbol{X}_1)+\boldsymbol{W}(\boldsymbol{X}-\boldsymbol{X}_2)]^{\mathrm{T}}] \\
&= (\boldsymbol{I}-\boldsymbol{W})E[(\boldsymbol{X}-\boldsymbol{X}_1)(\boldsymbol{X}-\boldsymbol{X}_1)^{\mathrm{T}}](\boldsymbol{I}-\boldsymbol{W})^{\mathrm{T}}+\boldsymbol{W}E[(\boldsymbol{X}-\boldsymbol{X}_2)(\boldsymbol{X}-\boldsymbol{X}_2)^{\mathrm{T}}]\boldsymbol{W}^{\mathrm{T}} \\
&= (\boldsymbol{I}-\boldsymbol{W})\boldsymbol{Q}(\boldsymbol{I}-\boldsymbol{W})^{\mathrm{T}}+\boldsymbol{W}\boldsymbol{R}\boldsymbol{W}^{\mathrm{T}}
\end{aligned} \tag{6.84}
$$

其中利用了 $\boldsymbol{X}_1$ 和 $\boldsymbol{X}_2$ 是独立无偏估计的性质，因而 $E[(\boldsymbol{X}-\boldsymbol{X}_1)(\boldsymbol{X}-\boldsymbol{X}_2)^{\mathrm{T}}]=E[(\boldsymbol{X}-\boldsymbol{X}_2)(\boldsymbol{X}-\boldsymbol{X}_1)^{\mathrm{T}}]=0$。将式(6.84)的左端简记为 $\boldsymbol{P}$，右端展开得到

$$
\boldsymbol{P}=\boldsymbol{Q}-\boldsymbol{W}\boldsymbol{Q}-\boldsymbol{Q}\boldsymbol{W}^{\mathrm{T}}+\boldsymbol{W}(\boldsymbol{Q}+\boldsymbol{R})\boldsymbol{W}^{\mathrm{T}} \tag{6.85}
$$

下面要做的就是选择加权矩阵 $\boldsymbol{W}$ 使得估计误差 $\boldsymbol{X}-\hat{\boldsymbol{X}}$ 的各分量的方差之和取最小值，即

$$
\mathrm{Tr}\,\boldsymbol{P}=\mathrm{Tr}\,[\boldsymbol{Q}-\boldsymbol{W}\boldsymbol{Q}-\boldsymbol{Q}\boldsymbol{W}^{\mathrm{T}}+\boldsymbol{W}(\boldsymbol{Q}+\boldsymbol{R})\boldsymbol{W}^{\mathrm{T}}] \tag{6.86}
$$

取最小值。

采用矩阵微分法，利用矩阵微分公式

$$
\frac{\partial \mathrm{Tr}\,\boldsymbol{W}\boldsymbol{Q}}{\partial \boldsymbol{W}}=\frac{\partial \mathrm{Tr}\,\boldsymbol{Q}^{\mathrm{T}}\boldsymbol{W}^{\mathrm{T}}}{\partial \boldsymbol{W}}=\boldsymbol{Q}^{\mathrm{T}},\quad \frac{\partial \mathrm{Tr}\,\boldsymbol{W}(\boldsymbol{Q}+\boldsymbol{R})\boldsymbol{W}^{\mathrm{T}}}{\partial \boldsymbol{W}}=\boldsymbol{W}(\boldsymbol{Q}+\boldsymbol{R}+\boldsymbol{Q}^{\mathrm{T}}+\boldsymbol{R}^{\mathrm{T}})
$$

并考虑到矩阵 $\boldsymbol{Q}$ 和 $\boldsymbol{R}$ 都是对称矩阵，因而 $\boldsymbol{Q}^{\mathrm{T}}=\boldsymbol{Q}$，$\boldsymbol{R}^{\mathrm{T}}=\boldsymbol{R}$，便得到

$$
\begin{aligned}
\frac{\partial \mathrm{Tr}\,\boldsymbol{P}}{\partial \boldsymbol{W}} &= \frac{\partial}{\partial \boldsymbol{W}}\mathrm{Tr}\,[\boldsymbol{Q}-\boldsymbol{W}\boldsymbol{Q}-\boldsymbol{Q}\boldsymbol{W}^{\mathrm{T}}+\boldsymbol{W}(\boldsymbol{Q}+\boldsymbol{R})\boldsymbol{W}^{\mathrm{T}}]=-\boldsymbol{Q}-\boldsymbol{Q}+2\boldsymbol{W}(\boldsymbol{Q}+\boldsymbol{R}) \\
&= -2\boldsymbol{Q}+2\boldsymbol{W}(\boldsymbol{Q}+\boldsymbol{R})
\end{aligned} \tag{6.87}
$$

令式(6.87)等于 0，可得 $\boldsymbol{W}(\boldsymbol{Q}+\boldsymbol{R})=\boldsymbol{Q}$。由此便得到使 $\hat{\boldsymbol{X}}$ 为线性最小方差估计的加权矩阵：

$$
\hat{\boldsymbol{W}}=\boldsymbol{Q}(\boldsymbol{Q}+\boldsymbol{R})^{-1}=(\boldsymbol{Q}^{-1}+\boldsymbol{R}^{-1})^{-1}\boldsymbol{R}^{-1} \tag{6.88}
$$

将其代入式(6.83)，可得线性最小方差估计

$$
\hat{\boldsymbol{X}}=\boldsymbol{X}_1+\boldsymbol{Q}(\boldsymbol{Q}+\boldsymbol{R})^{-1}(\boldsymbol{X}_2-\boldsymbol{X}_1) \tag{6.89}
$$

将其代入式(6.85)，可得估计误差 $\boldsymbol{X}-\hat{\boldsymbol{X}}$ 的最小方差矩阵：

$$
\hat{\boldsymbol{P}}=(\boldsymbol{I}-\hat{\boldsymbol{W}})\boldsymbol{Q}=\boldsymbol{Q}(\boldsymbol{Q}+\boldsymbol{R})^{-1}\boldsymbol{R}=(\boldsymbol{Q}^{-1}+\boldsymbol{R}^{-1})^{-1}=\hat{\boldsymbol{W}}\boldsymbol{R} \tag{6.90}
$$

例 6.28　对二维向量 $\boldsymbol{X}$ 进行了两次测量，结果是

$$
\boldsymbol{X}_1=\begin{bmatrix}\frac{5}{2}\\ \frac{5}{2}\end{bmatrix},\quad \boldsymbol{Q}=\begin{bmatrix}3 & 0\\ 0 & 3\end{bmatrix};\quad \boldsymbol{X}_2=\begin{bmatrix}2\\ 3\end{bmatrix},\quad \boldsymbol{R}=\begin{bmatrix}2 & 1\\ 1 & 2\end{bmatrix}
$$

根据这两次观测求 $\boldsymbol{X}$ 的线性最小方差估计。

解：利用式(6.88)有

$$
\hat{\boldsymbol{W}}=\boldsymbol{Q}(\boldsymbol{Q}+\boldsymbol{R})^{-1}=\begin{bmatrix}3 & 0\\ 0 & 3\end{bmatrix}\begin{bmatrix}5 & 1\\ 1 & 5\end{bmatrix}^{-1}=\frac{1}{8}\begin{bmatrix}5 & -1\\ -1 & 5\end{bmatrix}
$$

代入式(6.83)，可得 $\boldsymbol{X}$ 的线性最小方差估计：

$$
\hat{\boldsymbol{X}}=\begin{bmatrix}\frac{5}{2}\\ \frac{5}{2}\end{bmatrix}+\frac{1}{8}\begin{bmatrix}5 & -1\\ -1 & 5\end{bmatrix}\left\{\begin{bmatrix}2\\ 3\end{bmatrix}-\begin{bmatrix}\frac{5}{2}\\ \frac{5}{2}\end{bmatrix}\right\}=\frac{1}{8}\begin{bmatrix}17\\ 23\end{bmatrix}
$$

其估计误差的方差矩阵根据式(6.90)为

$$\hat{\boldsymbol{P}}=\hat{\boldsymbol{W}}\boldsymbol{R}=\frac{1}{8}\begin{bmatrix}5 & -1\\ -1 & 5\end{bmatrix}\begin{bmatrix}2 & 1\\ 1 & 2\end{bmatrix}=\frac{1}{8}\begin{bmatrix}9 & 3\\ 3 & 9\end{bmatrix}$$

在以上介绍中两个估计 $\boldsymbol{X}_1$ 和 $\boldsymbol{X}_2$ 是同维的，但是在滤波问题中遇到的情况多属于 $\boldsymbol{X}_1$ 和 $\boldsymbol{X}_2$ 维数不同的情况。下面介绍这种情况。

3. 维数不同的情况

设 $\boldsymbol{X}_1$ 和 $\boldsymbol{Z}_2$ 是 n 维未知向量 $\boldsymbol{X}$ 的两个独立无偏估计。$\boldsymbol{X}_1$ 与 $\boldsymbol{X}$ 的维数相同，误差的方差矩阵为 $\boldsymbol{Q}$；$\boldsymbol{Z}_2$ 的维数是 m，误差的方差矩阵为 $\boldsymbol{R}$。现在要根据估计 $\boldsymbol{X}_1$ 和 $\boldsymbol{Z}_2$ 确定 $\boldsymbol{X}$ 的线性最小方差估计。这时，可以假设

$$\boldsymbol{Z}_2=\boldsymbol{H}\boldsymbol{X}_2 \tag{6.91}$$

其中，$\boldsymbol{H}$ 是一个确定的常值矩阵，而 $\boldsymbol{X}_2$ 可以认为是 $\boldsymbol{X}$ 的一个同维估计。以下会看到这正是要讨论的实际情况。

将式(6.83)中的加权矩阵 $\boldsymbol{W}$ 对应于式(6.91)写成

$$\boldsymbol{W}=\boldsymbol{K}\boldsymbol{H} \tag{6.92}$$

则得到

$$\hat{\boldsymbol{X}}=\boldsymbol{X}_1+\boldsymbol{K}\boldsymbol{H}(\boldsymbol{X}_2-\boldsymbol{X}_1)=(\boldsymbol{I}-\boldsymbol{K}\boldsymbol{H})\boldsymbol{X}_1+\boldsymbol{K}\boldsymbol{Z}_2 \tag{6.93}$$

其中，$\boldsymbol{K}$ 是待定的矩阵，目的是使 $\hat{\boldsymbol{X}}$ 为线性最小方差估计。因为 $\boldsymbol{X}=(\boldsymbol{I}-\boldsymbol{K}\boldsymbol{H})\boldsymbol{X}+\boldsymbol{K}\boldsymbol{H}\boldsymbol{X}$，则将其与式(6.93)相减可得

$$\boldsymbol{X}-\hat{\boldsymbol{X}}=(\boldsymbol{I}-\boldsymbol{K}\boldsymbol{H})(\boldsymbol{X}-\boldsymbol{X}_1)+\boldsymbol{K}(\boldsymbol{Z}-\boldsymbol{Z}_2) \tag{6.94}$$

进一步根据式(6.91)和式(6.94)可得误差的方差矩阵：

$$\begin{aligned}E[(\boldsymbol{X}-\hat{\boldsymbol{X}})(\boldsymbol{X}-\hat{\boldsymbol{X}})^{\mathrm{T}}]&=E[[(\boldsymbol{I}-\boldsymbol{K}\boldsymbol{H})(\boldsymbol{X}-\boldsymbol{X}_1)+\boldsymbol{K}(\boldsymbol{Z}-\boldsymbol{Z}_2)]\\&\quad[(\boldsymbol{I}-\boldsymbol{K}\boldsymbol{H})(\boldsymbol{X}-\boldsymbol{X}_1)+\boldsymbol{K}(\boldsymbol{Z}-\boldsymbol{Z}_2)]^{\mathrm{T}}]\\&=(\boldsymbol{I}-\boldsymbol{K}\boldsymbol{H})E[(\boldsymbol{X}-\boldsymbol{X}_1)(\boldsymbol{X}-\boldsymbol{X}_1)^{\mathrm{T}}](\boldsymbol{I}-\boldsymbol{K}\boldsymbol{H})^{\mathrm{T}}+\\&\quad\boldsymbol{K}E[(\boldsymbol{Z}-\boldsymbol{Z}_2)(\boldsymbol{Z}-\boldsymbol{Z}_2)^{\mathrm{T}}]\boldsymbol{K}^{\mathrm{T}}\\&=(\boldsymbol{I}-\boldsymbol{K}\boldsymbol{H})\boldsymbol{Q}(\boldsymbol{I}-\boldsymbol{K}\boldsymbol{H})^{\mathrm{T}}+\boldsymbol{K}\boldsymbol{R}\boldsymbol{K}^{\mathrm{T}}\end{aligned} \tag{6.95}$$

简记式(6.95)左端的方差矩阵为 $\boldsymbol{P}$，并将右端展开可得

$$\boldsymbol{P}=\boldsymbol{Q}-\boldsymbol{K}\boldsymbol{H}\boldsymbol{Q}-\boldsymbol{Q}\boldsymbol{H}^{\mathrm{T}}\boldsymbol{K}^{\mathrm{T}}+\boldsymbol{K}\boldsymbol{H}\boldsymbol{Q}\boldsymbol{H}^{\mathrm{T}}\boldsymbol{K}^{\mathrm{T}}+\boldsymbol{K}\boldsymbol{R}\boldsymbol{K}^{\mathrm{T}}$$

进一步可知

$$\frac{\partial \operatorname{Tr}\boldsymbol{P}}{\partial \boldsymbol{K}}=-\boldsymbol{Q}\boldsymbol{H}^{\mathrm{T}}-\boldsymbol{Q}\boldsymbol{H}^{\mathrm{T}}+2\boldsymbol{K}\boldsymbol{H}\boldsymbol{Q}\boldsymbol{H}^{\mathrm{T}}+2\boldsymbol{K}\boldsymbol{R}$$

令该式等于 0，可得

$$\boldsymbol{K}=\boldsymbol{Q}\boldsymbol{H}^{\mathrm{T}}(\boldsymbol{H}\boldsymbol{Q}\boldsymbol{H}^{\mathrm{T}}+\boldsymbol{R})^{-1} \tag{6.96}$$

这就是所求的矩阵。将它代入式(6.93)，就得到线性最小方差估计：

$$\hat{\boldsymbol{X}}=\boldsymbol{X}_1+\boldsymbol{Q}\boldsymbol{H}^{\mathrm{T}}(\boldsymbol{H}\boldsymbol{Q}\boldsymbol{H}^{\mathrm{T}}+\boldsymbol{R})^{-1}\boldsymbol{H}(\boldsymbol{X}_2-\boldsymbol{X}_1)=\boldsymbol{X}_1+\boldsymbol{Q}\boldsymbol{H}^{\mathrm{T}}(\boldsymbol{H}\boldsymbol{Q}\boldsymbol{H}^{\mathrm{T}}+\boldsymbol{R})^{-1}(\boldsymbol{Z}_2-\boldsymbol{H}\boldsymbol{X}_1) \tag{6.97}$$

这一结果和式(6.80)的含义和形式一致。现在把式(6.96)代入式(6.95)，求误差的方差矩阵 $\boldsymbol{P}$，为此需要用到下列矩阵等式：

$$QH^{T}(HQH^{T}+R)^{-1}=(Q^{-1}+H^{T}R^{-1}H)^{-1}H^{T}R^{-1} \tag{6.98}$$

式(6.98)可分为两步证明。首先,根据矩阵乘法,容易验证

$$(Q^{-1}+H^{T}R^{-1}H)QH^{T}=H^{T}R^{-1}(HQH^{T}+R)$$

再用矩阵$(Q^{-1}+H^{T}R^{-1}H)^{-1}$左乘该式两端,然后再用$(HQH^{T}+R)^{-1}$右乘该式两端,就得到式(6.98)。

利用式(6.98)可将式(6.96)改写为

$$K=(Q^{-1}+H^{T}R^{-1}H)^{-1}H^{T}R^{-1} \tag{6.99}$$

将式(6.99)代入式(6.95)得

$$\begin{aligned}P=&[I-(Q^{-1}+H^{T}R^{-1}H)^{-1}H^{T}R^{-1}H]Q[I-(Q^{-1}+H^{T}R^{-1}H)^{-1}H^{T}R^{-1}H]^{T}+\\&(Q^{-1}+H^{T}R^{-1}H)^{-1}H^{T}R^{-1}RR^{-1}H(Q^{-1}+H^{T}R^{-1}H)^{-T}\end{aligned} \tag{6.100}$$

由于$I-(Q^{-1}+H^{T}R^{-1}H)^{-1}H^{T}R^{-1}H=(Q^{-1}+H^{T}R^{-1}H)^{-1}(Q^{-1}+H^{T}R^{-1}H-H^{T}R^{-1}H)=(Q^{-1}+H^{T}R^{-1}H)^{-1}Q^{-1}$,利用该结果,则式(6.100)变为

$$\begin{aligned}P=&(Q^{-1}+H^{T}R^{-1}H)^{-1}Q^{-1}QQ^{-1}(Q^{-1}+H^{T}R^{-1}H)^{-T}+\\&(Q^{-1}+H^{T}R^{-1}H)^{-1}H^{T}R^{-1}H(Q^{-1}+H^{T}R^{-1}H)^{-T}\\=&(Q^{-1}+H^{T}R^{-1}H)^{-T}=(Q^{-1}+H^{T}R^{-1}H)^{-1}\end{aligned} \tag{6.101}$$

进一步,利用矩阵求逆公式$(Q^{-1}+H^{T}R^{-1}H)^{-1}=Q-QH^{T}(HQH^{T}+R)^{-1}HQ$和式(6.96)又可将式(6.101)写成

$$P=Q-KHQ=(I-KH)Q \tag{6.102}$$

现在将上述结果概述如下:设X_1和$Z_2=HX_2$是未知向量X的两个独立无偏估计,其误差的方差矩阵分别为Q和R,则X根据X_1和Z_2得出的线性最小方差估计是

$$\hat{X}=X_1+K(Z_2-HX_1) \tag{6.103}$$

其中矩阵

$$K=QH^{T}(HQH^{T}+R)^{-1}=(Q^{-1}+H^{T}R^{-1}H)^{-1}H^{T}R^{-1} \tag{6.104}$$

而这时误差的方差矩阵为

$$P=(Q^{-1}+H^{T}R^{-1}H)^{-1}=Q-KHQ=(I-KH)Q \tag{6.105}$$

这一结果是非常重要的。式(6.103)和式(6.104)实际上可以用作递推公式:原有估计为X_1,当得到另一估计Z_2时,就用式(6.103)进行校正,其中第二项代表校正项,它与两个估计的差Z_2-HX_1成正比,加权矩阵K与两个估计的误差的方差矩阵Q和R有关。此外,从式(6.105)还能看到,经过校正后误差的方差矩阵比起Q时减小了。在以上讨论中,要求两个估计X_1和X_2是独立的,其实只要它们的协方差矩阵满足$E[(X-X_1)(X-X_2)^{T}]=0$就能应用本节的结论。

6.6.2 离散系统卡尔曼滤波

从牛顿力学的观点看,只要系统的初始状态和运动方程一旦确定,那么系统在任何时刻的未来状态都是能够精确地加以预报的。事实远非如此,那不过是理想的情况而已。事实上,客观世界总存在干扰或噪声,因此任何一个实际系统总包括两部分,一部分是确定的,另一部分是随机的。换言之,一个物理系统的状态无论是过去、现在或者未来都具有某种统计的性质,是不能精确知道的。这自然出现一个问题,即如何根据已有数据对系统的过去、现

在或者未来的状态得出满意的估计。

假设对未知量 X 在离散时刻 $1,2,\cdots,j$ 进行了 j 次观测，观测结果记为 $Z(1),Z(2),\cdots,Z(j)$。为易于理解，可以把它们设想为在第 1 秒到第 j 秒的观测，另外未知量 X 和观测 $Z(i)$ 不一定是同维的，通常 $Z(i)$ 的维数比 X 的低一些。利用这 j 个观测就可以对未知量 X 在 k 时刻的状态 $X(k)$ 进行估计。将这个估计值记为 $\hat{X}(k|j)$，显然它是上述 j 个观测的某一函数：

$$\hat{X}(k \mid j)=\Psi_k[Z(i),i=1,2,\cdots,j] \tag{6.106}$$

选择不同的最优准则或最优指函数，Ψ_k 将取不同的形式。这里共有 3 种情况：

(1) 当 $k>j$ 时称为预测问题，即根据过去的观测对未来的状态进行预测。预测问题又称为外推问题。

(2) 当 $k=j$ 时称为滤波问题，即根据过去直到现在的观测估计现在的状态。

(3) 当 $k<j$ 时称为平滑问题，即根据过去和现在的观测估计过去的状态。平滑问题又称为内插问题。

以下仅讨论滤波问题，相对而言在这 3 个问题中它不是很难的，而且用处较广。最优准则仍然是使均方误差矩阵取最小值。由于在本节中得到的估计都是无偏估计，均方误差矩阵就是误差的方差矩阵。换言之，最优准则是使误差的方差矩阵取最小值，符合这一准则的估计称为最优估计。

1. 系统的数学模型

设系统的状态方程为

$$\boldsymbol{X}_k=\boldsymbol{\Phi}_{k|k-1}\boldsymbol{X}_{k-1}+\boldsymbol{W}_{k-1},\quad \boldsymbol{X}(t_0)=\boldsymbol{X}_0 \tag{6.107}$$

其中，$\boldsymbol{X}_k$ 是指系统在时刻 t_k 的 n 维状态向量；$\boldsymbol{\Phi}_{k|k-1}$ 是指系统从时刻 t_{k-1} 到时刻 t_k 的 $n\times n$ 状态转移矩阵，简称状态转移矩阵，它是可逆的；$\boldsymbol{W}_{k-1}$ 表示 n 维随机向量序列 $\{\boldsymbol{W}_k\}$ 中对应于时刻 t_{k-1} 的 n 维随机向量，统称为输入(或动态、模型)噪声。

设系统的观测方程为

$$\boldsymbol{Z}_k=\boldsymbol{H}_k\boldsymbol{X}_k+\boldsymbol{V}_k \tag{6.108}$$

其中，$\boldsymbol{Z}_k$ 表示在时刻 t_k 获得的 m 维观测数据；$\boldsymbol{H}_k$ 表示系统在时刻 t_k 的 $m\times n$ 维观测矩阵，简称观测矩阵；$\boldsymbol{V}_k$ 表示 m 维随机向量序列 $\{\boldsymbol{V}_k\}$ 中对应时刻 t_k 的 m 维随机向量，统称为观测噪声。

容易看出，上述的 $\boldsymbol{W}_k$ 和 $\boldsymbol{V}_k$ 代表系统的随机部分。若要得到有意义的结果，需要对 $\boldsymbol{W}_k$ 和 $\boldsymbol{V}_k$ 的统计性质有相应的了解。统计性质不同，问题的难易程度及其答案就因之而异。关于 $\boldsymbol{W}_k$ 和 $\boldsymbol{V}_k$ 的统计性质，最简单而又最基本的模型是假定它们为零均值的白噪声序列，即

$$E[\boldsymbol{W}_k]=0,\quad E[\boldsymbol{V}_k]=0 \tag{6.109}$$

$$E[\boldsymbol{W}_k\boldsymbol{W}_j^{\mathrm{T}}]=Q_k\delta_{kj},\quad E[\boldsymbol{V}_k\boldsymbol{V}_k^{\mathrm{T}}]=R_k\delta_{kj} \tag{6.110}$$

其中，δ_{kj} 是克罗内克(Kronecker)函数，根据其定义，

$$\delta_{kj}=\begin{cases}1, & k=j\\ 0, & k\neq j\end{cases}$$

由此从式(6.110)可知任意两个不同时刻的噪声都是不相关的，这就是白噪声的含义。此

外，还可以假定输入噪声$\{\boldsymbol{W}_k\}$与观测噪声$\{\boldsymbol{V}_k\}$互不相关，即对所有的 k 和 j 都满足

$$E[\boldsymbol{W}_k\boldsymbol{V}_j^{\mathrm{T}}]=0 \tag{6.111}$$

又因为系统的初始状态 $\boldsymbol{X}_0$ 与$\{\boldsymbol{W}_k\}$和$\{\boldsymbol{V}_k\}$也互不相关，即

$$E[\boldsymbol{X}_0\boldsymbol{W}_k^{\mathrm{T}}]=0,\quad E[\boldsymbol{X}_0\boldsymbol{V}_k^{\mathrm{T}}]=0 \tag{6.112}$$

且其均值和方差矩阵分别为

$$E[\boldsymbol{X}_0]=\bar{\boldsymbol{X}}_0,\quad E[(\boldsymbol{X}_0-\bar{\boldsymbol{X}}_0)(\boldsymbol{X}_0-\bar{\boldsymbol{X}}_0)^{\mathrm{T}}]=\boldsymbol{P}_0 \tag{6.113}$$

综上所述，本节研究的系统的数学模型如下。

n 维状态方程和 m 维观测方程分别为

$$\boldsymbol{X}_k=\boldsymbol{\Phi}_{k|k-1}\boldsymbol{X}_{k-1}+\boldsymbol{W}_{k-1},\quad \boldsymbol{X}(t_0)=\boldsymbol{X}_0 \tag{6.114}$$

$$\boldsymbol{Z}_k=\boldsymbol{H}_k\boldsymbol{X}_k+\boldsymbol{V}_k,\quad k\geqslant 1 \tag{6.115}$$

输入噪声$\{\boldsymbol{W}_k\}$和观测噪声$\{\boldsymbol{V}_k\}$的统计特性为

$$E[\boldsymbol{W}_k]=0,\quad \mathrm{Cov}(\boldsymbol{W}_k,\boldsymbol{W}_j)=E[\boldsymbol{W}_k\boldsymbol{W}_j^{\mathrm{T}}]=\boldsymbol{Q}_k\delta_{kj} \tag{6.116}$$

$$E[\boldsymbol{V}_k]=0,\quad \mathrm{Cov}(\boldsymbol{V}_k,\boldsymbol{V}_j)=E[\boldsymbol{V}_k\boldsymbol{V}_j^{\mathrm{T}}]=\boldsymbol{R}_k\delta_{kj} \tag{6.117}$$

$$\mathrm{Cov}(\boldsymbol{W}_k,\boldsymbol{V}_j)=E[\boldsymbol{W}_k\boldsymbol{V}_j^{\mathrm{T}}]=0 \tag{6.118}$$

系统初始状态的统计特性为

$$E[\boldsymbol{X}_0]=\bar{\boldsymbol{X}}_0,\quad \mathrm{Var}(\boldsymbol{X}_0)=E[(\boldsymbol{X}_0-\bar{\boldsymbol{X}}_0)(\boldsymbol{X}_0-\bar{\boldsymbol{X}}_0)^{\mathrm{T}}]=\boldsymbol{P}_0 \tag{6.119}$$

$$\mathrm{Cov}(\boldsymbol{X}_0,\boldsymbol{W}_k)=E[\boldsymbol{X}_0\boldsymbol{W}_k^{\mathrm{T}}]=0 \tag{6.120}$$

$$\mathrm{Cov}(\boldsymbol{X}_0,\boldsymbol{V}_k)=E[\boldsymbol{X}_0\boldsymbol{V}_k^{\mathrm{T}}]=0 \tag{6.121}$$

2. 卡尔曼滤波递推公式

根据以上准备知识，可以证明定理(6.2)。

定理 6.2 在式(6.116)～式(6.121)表明的假设条件下，式(6.114)和式(6.115)的状态 $\boldsymbol{X}_k$ 的最优线性滤波 $\hat{\boldsymbol{X}}_k$ 可用式(6.122)递推计算：

$$\hat{\boldsymbol{X}}_k=\boldsymbol{\Phi}_{k|k-1}\hat{\boldsymbol{X}}_{k-1}+\boldsymbol{K}_k(\boldsymbol{Z}_k-\boldsymbol{H}_k\boldsymbol{\Phi}_{k|k-1}\hat{\boldsymbol{X}}_{k-1}),\quad \hat{\boldsymbol{X}}_0=\bar{\boldsymbol{X}}_0 \tag{6.122}$$

其中

$$\boldsymbol{K}_k=\boldsymbol{P}_{k|k-1}\boldsymbol{H}_k^{\mathrm{T}}(\boldsymbol{H}_k\boldsymbol{P}_{k|k-1}\boldsymbol{H}_k^{\mathrm{T}}+\boldsymbol{R}_k)^{-1}=(\boldsymbol{P}_{k|k-1}^{-1}+\boldsymbol{H}_k^{\mathrm{T}}\boldsymbol{R}_k^{-1}\boldsymbol{H}_k)^{-1}\boldsymbol{H}_k^{\mathrm{T}}\boldsymbol{R}_k^{-1}=\boldsymbol{P}_k\boldsymbol{H}_k^{\mathrm{T}}\boldsymbol{R}_k^{-1} \tag{6.123}$$

$$\boldsymbol{P}_{k|k-1}=E[\widetilde{\boldsymbol{X}}_{k|k-1}\widetilde{\boldsymbol{X}}_{k|k-1}^{\mathrm{T}}]=\boldsymbol{\Phi}_{k|k-1}\boldsymbol{P}_{k-1}\boldsymbol{\Phi}_{k|k-1}^{\mathrm{T}}+\boldsymbol{Q}_{k-1} \tag{6.124}$$

$$\begin{aligned}\boldsymbol{P}_k&=E[\widetilde{\boldsymbol{X}}_k\widetilde{\boldsymbol{X}}_k^{\mathrm{T}}]=(\boldsymbol{I}-\boldsymbol{K}_k\boldsymbol{H}_k)\boldsymbol{P}_{k|k-1}(\boldsymbol{I}-\boldsymbol{K}_k\boldsymbol{H}_k)^{\mathrm{T}}+\boldsymbol{K}_k\boldsymbol{R}_k\boldsymbol{K}_k^{\mathrm{T}}=(\boldsymbol{P}_{k|k-1}^{-1}+\boldsymbol{H}_k^{\mathrm{T}}\boldsymbol{R}_k^{-1}\boldsymbol{H}_k)^{-1}\\&=(\boldsymbol{I}-\boldsymbol{K}_k\boldsymbol{H}_k)\boldsymbol{P}_{k|k-1}\\\boldsymbol{P}_0&=\mathrm{Var}(\boldsymbol{X}_0)\end{aligned} \tag{6.125}$$

且 $\widetilde{\boldsymbol{X}}_{k|k-1}=\boldsymbol{X}_k-\hat{\boldsymbol{X}}_{k|k-1}=\boldsymbol{X}_k-\boldsymbol{\Phi}_{k|k-1}\hat{\boldsymbol{X}}_{k-1}$，$\widetilde{\boldsymbol{X}}_k=\boldsymbol{X}_k-\hat{\boldsymbol{X}}_k$。

定理 6.2 是在 1960 年首先由卡尔曼证明的。由式(6.122)～式(6.125)所描述的递推滤波算法就是卡尔曼滤波算法，其中式(6.122)被称为滤波方程，式(6.123)被称为增益方程，式(6.124)被称为预报误差(先验)方差方程，式(6.125)被称为滤波误差(后验)方差方程。

证明：

（1）已知估计。假设系统在时刻 t_{k-1} 的状态 $\boldsymbol{X}_{k-1}$ 的估计 $\hat{\boldsymbol{X}}_{k-1}$ 是已知的，误差的方差矩阵记为

$$\boldsymbol{P}_{k-1}=E[(\boldsymbol{X}_{k-1}-\hat{\boldsymbol{X}}_{k-1})(\boldsymbol{X}_{k-1}-\hat{\boldsymbol{X}}_{k-1})^{\mathrm{T}}] \tag{6.126}$$

例如，当 $k-1=0$ 时，由给定条件可知

$$\hat{\boldsymbol{X}}_0=\bar{\boldsymbol{X}}_0,\quad \boldsymbol{P}_0=P \tag{6.127}$$

（2）一步预报。有了第 $k-1$ 步的估计 $\hat{\boldsymbol{X}}_{k-1}$，加上状态方程[式(6.114)]，就可以对状态 $\boldsymbol{X}_k$ 作出初步估计了。将 $\hat{\boldsymbol{X}}_{k-1}$ 代入式(6.114)可得

$$\boldsymbol{X}_k=\boldsymbol{\Phi}_{k|k-1}\hat{\boldsymbol{X}}_{k-1}+\boldsymbol{W}_{k-1},\quad \boldsymbol{X}(t_0)=\boldsymbol{X}_0 \tag{6.128}$$

由前面的知识可知，随机向量在无其他测量数据时，其最小方差估计就是它的均值，则求式(6.128)的均值可得

$$E[\boldsymbol{X}_k]=E[\boldsymbol{\Phi}_{k|k-1}\hat{\boldsymbol{X}}_{k-1}+\boldsymbol{W}_{k-1}] \tag{6.129}$$

因为 $\hat{\boldsymbol{X}}_{k-1}$ 是确定的估计值，而根据假定 $\boldsymbol{W}_k$ 的均值为 0，可得 $E[\boldsymbol{X}_k]=\boldsymbol{\Phi}_{k|k-1}\hat{\boldsymbol{X}}_{k-1}$。需要强调，此时的估计只是根据已有估计 $\hat{\boldsymbol{X}}_{k-1}$ 和状态方程[式(6.114)]而得到的，因此将其记为 $\hat{\boldsymbol{X}}_{k|k-1}$，即

$$\hat{\boldsymbol{X}}_{k|k-1}=\boldsymbol{\Phi}_{k|k-1}\hat{\boldsymbol{X}}_{k-1} \tag{6.130}$$

并称为最优一步预报估计，它还不是待求的对 $\boldsymbol{X}_k$ 的最后估计。现在还需要计算该估计的误差的方差矩阵，记估计误差为

$$\tilde{\boldsymbol{X}}_{k|k-1}=\boldsymbol{X}_k-\hat{\boldsymbol{X}}_{k|k-1} \tag{6.131}$$

并将式(6.114)和式(6.130)两边相减，可得 $\tilde{\boldsymbol{X}}_{k|k-1}=\boldsymbol{\Phi}_{k|k-1}(\boldsymbol{X}_{k-1}-\hat{\boldsymbol{X}}_{k-1})+\boldsymbol{W}_{k-1}$，因此

$$E[\tilde{\boldsymbol{X}}_{k|k-1}\boldsymbol{X}_{k|k-1}^{\mathrm{T}}]=E[[\boldsymbol{\Phi}_{k|k-1}(\boldsymbol{X}_{k-1}-\hat{\boldsymbol{X}}_{k-1})+\boldsymbol{W}_{k-1}][\boldsymbol{\Phi}_{k|k-1}(\boldsymbol{X}_{k-1}-\hat{\boldsymbol{X}}_{k-1})+\boldsymbol{W}_{k-1}]^{\mathrm{T}}] \tag{6.132}$$

根据给定条件式(6.116)和式(6.121)，并利用状态方程的递推解法可以证明 $\boldsymbol{X}_{k-1}$ 与 $\boldsymbol{W}_{k-1}$ 是互不相关的，即 $E[(\boldsymbol{X}_{k-1}-\hat{\boldsymbol{X}}_{k-1})\boldsymbol{W}_{k-1}^{\mathrm{T}}]=E[\boldsymbol{W}_{k-1}(\boldsymbol{X}_{k-1}-\hat{\boldsymbol{X}}_{k-1})^{\mathrm{T}}]=0$。据此并利用式(6.116)和式(6.126)，则式(6.132)可化为 $E[\tilde{\boldsymbol{X}}_{k|k-1}\boldsymbol{X}_{k|k-1}^{\mathrm{T}}]=\boldsymbol{\Phi}_{k|k-1}\boldsymbol{P}_{k-1}\boldsymbol{\Phi}_{k|k-1}^{\mathrm{T}}+\boldsymbol{Q}_{k-1}$，将该式左端记为 $\boldsymbol{P}_{k|k-1}$，则有

$$\boldsymbol{P}_{k|k-1}=\boldsymbol{\Phi}_{k|k-1}\boldsymbol{P}_{k-1}\boldsymbol{\Phi}_{k|k-1}^{\mathrm{T}}+\boldsymbol{Q}_{k-1} \tag{6.133}$$

（3）观测估计。通过观测得到观测方程

$$\boldsymbol{Z}_k=\boldsymbol{H}_k\boldsymbol{X}_k+\boldsymbol{V}_k \tag{6.134}$$

这时可以把 $\boldsymbol{Z}_k$ 视为对状态 $\boldsymbol{X}_k$ 的另一个估计[式(6.91)]，其误差方差矩阵根据给定条件式(6.117)应为

$$E[(\boldsymbol{Z}_k-\boldsymbol{H}_k\boldsymbol{X}_k)(\boldsymbol{Z}_k-\boldsymbol{H}_k\boldsymbol{X}_k)^{\mathrm{T}}]=E[\boldsymbol{V}_k\boldsymbol{V}_k^{\mathrm{T}}]=\boldsymbol{R}_k \tag{6.135}$$

总之，从估计 $\hat{\boldsymbol{X}}_{k-1}$ 出发，分别通过系统的状态方程和观测方程得出关于状态 $\boldsymbol{X}_k$ 的两个估计 $\hat{\boldsymbol{X}}_{k|k-1}$ 和 $\boldsymbol{Z}_k$ 及其误差的方差矩阵 $\boldsymbol{P}_{k|k-1}$ 和 $\boldsymbol{R}_k$。下一步就是要根据这两个估计构造

$\boldsymbol{X}_k$ 的最优线性估计。

根据给定条件式(6.121)可以证明

$$E[(\boldsymbol{X}_k-\boldsymbol{\Phi}_{k|k-1}\hat{\boldsymbol{X}}_{k-1})(\boldsymbol{X}_k-\boldsymbol{\Phi}_{k|k-1}\hat{\boldsymbol{X}}_{k-1})^{\mathrm{T}}]=E[(\boldsymbol{X}_k-\boldsymbol{\Phi}_{k|k-1}\hat{\boldsymbol{X}}_{k-1})\boldsymbol{V}_k^{\mathrm{T}}]$$
$$=E[(\boldsymbol{X}_k-\boldsymbol{\Phi}_{k|k-1}\hat{\boldsymbol{X}}_{k-1})]E[\boldsymbol{V}_k^{\mathrm{T}}]=0$$

即 $\boldsymbol{X}_k$ 的两个估计 $\boldsymbol{\Phi}_{k|k-1}\hat{\boldsymbol{X}}_{k-1}$ 和 $\boldsymbol{Z}_k$ 满足要求。因此，只要注意到下列的对应关系：$\boldsymbol{P}_{k|k-1}\sim\boldsymbol{Q}$、$\boldsymbol{H}_k\sim\boldsymbol{H}$、$\boldsymbol{R}_k\sim\boldsymbol{R}$、$\boldsymbol{\Phi}_{k|k-1}\hat{\boldsymbol{X}}_{k-1}\sim\boldsymbol{X}_1$、$\boldsymbol{Z}_k\sim\boldsymbol{Z}_2$，再利用式(6.97)就得到最优线性滤波[式(6.122)]，其中初始值是给定的；利用式(6.96)就得到式(6.123)；利用式(6.95)就得到式(6.125)，其中初始值是给定的；再加上式(6.133)，就完成了对定理 6.2 的证明。至于 $\boldsymbol{K}_k$ 和 $\boldsymbol{P}_k$ 的另外两种形式，根据 6.6.1 节的结果都是易于证明的。

3. 关于卡尔曼滤波的说明

关于卡尔曼滤波，有以下 4 点说明。

(1) 式(6.122)表示从第 $k-1$ 步出发，根据系统的状态方程和第 k 步的观测方程，就可以做出第 k 步状态 $\boldsymbol{X}_k$ 的最优线性滤波 $\hat{\boldsymbol{X}}_k$。既然开始的估计值 $\bar{\boldsymbol{X}}_0$ 是已知的，就可以依次做出以后各步的估计，即 $\hat{\boldsymbol{X}}_1,\hat{\boldsymbol{X}}_2,\cdots,\hat{\boldsymbol{X}}_k,\cdots$。换言之，卡尔曼滤波具有递推性质。

(2) 利用式(6.130)，式(6.122)又可以写为

$$\hat{\boldsymbol{X}}_k=\hat{\boldsymbol{X}}_{k|k-1}+\boldsymbol{K}_k(\boldsymbol{Z}_k-\boldsymbol{H}_k\hat{\boldsymbol{X}}_{k|k-1}),\quad \hat{\boldsymbol{X}}_0=\bar{\boldsymbol{X}}_0 \tag{6.136}$$

其中，右端第一项 $\hat{\boldsymbol{X}}_{k|k-1}$ 是 $\hat{\boldsymbol{X}}_k$ 的一个初步估计，即最优一步预报估计；第二项括号内的表达式表示第 k 次观测 $\boldsymbol{Z}_k$ 与其预报值 $\hat{\boldsymbol{Z}}_{k|k-1}=\boldsymbol{H}_k\hat{\boldsymbol{X}}_{k|k-1}$ 之差，将其记作

$$\tilde{\boldsymbol{Z}}_{k|k-1}=\boldsymbol{Z}_k-\hat{\boldsymbol{Z}}_{k|k-1}=\boldsymbol{Z}_k-\boldsymbol{H}_k\hat{\boldsymbol{X}}_{k|k-1}$$

并称为第 k 次观测中的新信息。如果它等于 0，那么这次观测就没有带来任何新信息，一步预报 $\hat{\boldsymbol{X}}_{k|k-1}$ 就是 $\boldsymbol{X}_k$ 的最优估计；如果它不等于 0，那么就表示第 k 次观测 $\boldsymbol{Z}_k$ 中还包含由 $\hat{\boldsymbol{Z}}_{k|k-1}$ 表现出来的前 $k-1$ 次观测中所没有的新信息，因为 $\hat{\boldsymbol{Z}}_{k|k-1}$ 是根据前 $k-1$ 次观测利用递推关系得到的。

(3) 从式(6.136)可以看出，最优线性滤波具有反馈校正的性质，其中第一项 $\hat{\boldsymbol{X}}_{k|k-1}$ 是原有的一步预报值，第二项是与第 k 次观测的新信息成正比的校正项。比例矩阵 $\boldsymbol{K}_k$ 称为卡尔曼滤波增益矩阵。从直观上可以推断，如果一步预报 $\hat{\boldsymbol{X}}_{k|k-1}$ 很准确，或者 $\boldsymbol{P}_{k|k-1}$ 很小，那么观测 $\boldsymbol{Z}_k$ 的意义就很小，因此增益矩阵 $\boldsymbol{K}_k$ 就不会太大。这从式(6.123)中可以直接看出。极端地说，若 $\boldsymbol{P}_{k|k-1}=0$，则 $\hat{\boldsymbol{X}}_{k|k-1}$ 就是 $\boldsymbol{X}_k$ 的准确值，自然应该有 $\boldsymbol{K}_k=0$，即根本无须校正。如果观测 $\boldsymbol{Z}_k$ 很准确，即 $\boldsymbol{R}_k$ 很小，那么观测 $\boldsymbol{Z}_k$ 就很重要，因此增益矩阵 $\boldsymbol{K}_k$ 就要大一些。这从式(6.123)就可以直接看出。极端地说，如果 $\boldsymbol{R}_k$ 趋近于 0，以至于 $\boldsymbol{P}_{k|k-1}^{-1}$ 和 $\boldsymbol{R}_k^{-1}$ 相比可以忽略不计时，则由式(6.123)可得

$$\boldsymbol{K}_k\rightarrow(\boldsymbol{H}_k^{\mathrm{T}}\boldsymbol{R}_k^{-1}\boldsymbol{H}_k)^{-1}\boldsymbol{H}_k^{\mathrm{T}}\boldsymbol{R}_k^{-1}$$

将其代入式(6.122)可得

$$\hat{\boldsymbol{X}}_k=(\boldsymbol{H}_k^{\mathrm{T}}\boldsymbol{R}_k^{-1}\boldsymbol{H}_k)^{-1}\boldsymbol{H}_k^{\mathrm{T}}\boldsymbol{R}_k^{-1}\boldsymbol{Z}_k$$

这和加权最小二乘估计结果完全一致，原因在于 $\boldsymbol{R}_k\to 0$ 表明观测 $\boldsymbol{Z}_k$ 没有误差，只要根据观测方程 $\boldsymbol{Z}_k=\boldsymbol{H}_k\boldsymbol{X}_k+\boldsymbol{V}_k$ 求出 $\boldsymbol{X}_k$ 的加权最小二乘估计就行了。这时加权最小二乘估计与线性最小方差估计的含义是相同的。综合以上讨论可知，$\boldsymbol{K}_k$ 与 $\boldsymbol{P}_{k|k-1}$ 成正比而与 $\boldsymbol{R}_k$ 成反比。由于 $\boldsymbol{P}_{k|k-1}$ 的大小随 $\boldsymbol{Q}_{k-1}$ 而增减，所以可以更直观地说：输入噪声越强，增益矩阵 $\boldsymbol{K}_k$ 越大，这表示应该看重观测；观测噪声越强，增益矩阵越小，这表示应该看重原有估计。

(4) 最优线性滤波是无偏估计，因为线性最小方差估计必定是无偏估计。

例 6.29 考虑定常系统 $x_k=2x_{k-1}+W_k$，$Z_k=x_k+V_k$，其中 $P_0=10$，$E[W_k]=0$，$E[W_k^2]=4$，$E[V_k]=0$，$E[V_k^2]=8$。

解：在此情况下，式(6.123)～式(6.125)变为

$$P_{k|k-1}=4P_{k-1}+4$$

$$K_k=\frac{4P_{k-1}+4}{4P_{k-1}+4+8}=\frac{P_{k-1}+1}{P_{k-1}+3}$$

$$P_k=\frac{8(P_{k-1}+1)}{P_{k-1}+3}=8K_k$$

利用上列各式及 P_0 的值，相继可以算出 k 为任何正整数时 $P_{k|k-1}$、K_k 以及 P_k 的值。开始 4 步的计算结果如表 6.4 所示。

表 6.4 卡尔曼滤波器的递推值($k=0,1,\cdots,4$)

k	$P_{k\mid k-1}$	K_k	P_k
0			10
1	44	0.85	6.8
2	31.2	0.8	6.4
3	29.6	0.79	6.32
4	29.4	0.786	6.29

下面求 P_k 的稳态值。在 $P_k=\dfrac{8(P_{k-1}+1)}{P_{k-1}+3}$ 中，令 $P_k=P_{k-1}=\bar{P}$，就得到 $\bar{P}^2-5\bar{P}-8=0$，此方程的解为 $\bar{P}=\dfrac{5\pm\sqrt{5^2+32}}{2}=6.28$ 或 -1.28。因为 $\bar{P}$ 为方差，不能小于 0，因此取 $\bar{P}=6.28$，与表 6.4 中的数据对比可知，P_4 已经与稳态值 $\bar{P}$ 很近似了，即进行 4 次观测与递推计算之后，在一定的准确度内就可以认为滤波达到稳态了。这意味着，滤波方程 $\hat{x}_k=2\hat{x}_{k-1}+0.785(Z_k-2\hat{x}_{k-1})$ 当 $k\geqslant 4$ 时已经处于稳定状态了。显然此式对于计算 $k\geqslant 4$ 的滤波值是十分方便的。

例 6.30 考虑二阶系统 $\boldsymbol{X}_k=\begin{bmatrix}1 & 1\\0 & 1\end{bmatrix}\boldsymbol{X}_{k-1}+\boldsymbol{W}_{k-1}$，$\boldsymbol{X}_k=\begin{bmatrix}x_{1k}\\x_{2k}\end{bmatrix}$，其输入噪声的均值为 0，方差矩阵为 $\boldsymbol{Q}_{k-1}=\begin{bmatrix}0 & 0\\0 & 1\end{bmatrix}$，观测方程 $Z_k=x_{1k}+\boldsymbol{V}_k$ 是一维的，观测噪声的均值为 0，方差为

$R_k=2+(-1)^k$，这意味着 k 为偶数时的观测噪声比 k 为奇数时的强一些。假设初始状态的方差矩阵为 $\boldsymbol{P}_0=\begin{bmatrix}10 & 0\\ 0 & 10\end{bmatrix}$，求在稳态下的滤波方程。

解：由式(6.124)可计算出

$$\boldsymbol{P}_{1|0}=\begin{bmatrix}1 & 1\\ 0 & 1\end{bmatrix}\begin{bmatrix}10 & 0\\ 0 & 10\end{bmatrix}\begin{bmatrix}1 & 0\\ 1 & 1\end{bmatrix}+\begin{bmatrix}0 & 0\\ 0 & 1\end{bmatrix}=\begin{bmatrix}20 & 10\\ 10 & 11\end{bmatrix}$$

由式(6.123)和 $\boldsymbol{H}=[1\quad 0]$ 可计算出

$$\boldsymbol{K}_1=\begin{bmatrix}20 & 10\\ 10 & 11\end{bmatrix}\begin{bmatrix}1\\ 0\end{bmatrix}\left([1\quad 0]\begin{bmatrix}20 & 10\\ 10 & 11\end{bmatrix}\begin{bmatrix}1\\ 0\end{bmatrix}+2+(-1)\right)^{-1}=\frac{1}{21}\begin{bmatrix}20\\ 10\end{bmatrix}=\begin{bmatrix}0.95\\ 0.48\end{bmatrix}$$

再由式(6.125)可计算出

$$\boldsymbol{P}_1=\left(\begin{bmatrix}1 & 0\\ 0 & 1\end{bmatrix}-\frac{1}{21}\begin{bmatrix}20\\ 10\end{bmatrix}[1\quad 0]\right)\begin{bmatrix}20 & 10\\ 10 & 11\end{bmatrix}=\frac{1}{21}\begin{bmatrix}20 & 10\\ 10 & 131\end{bmatrix}=\begin{bmatrix}0.95 & 0.48\\ 0.48 & 6.24\end{bmatrix}$$

开始5步的计算结果如表6.5所示。

表6.5　卡尔曼滤波器的递推值(k=0,1,…,5)

k	$\boldsymbol{P}_{k\mid k-1}$	$\boldsymbol{K}_k$	$\boldsymbol{P}_k$
0			$\begin{bmatrix}10 & 0\\ 0 & 10\end{bmatrix}$
1	$\begin{bmatrix}20 & 10\\ 10 & 11\end{bmatrix}$	$\begin{bmatrix}0.95\\ 0.45\end{bmatrix}$	$\begin{bmatrix}0.95 & 0.48\\ 0.48 & 6.24\end{bmatrix}$
2	$\begin{bmatrix}8.14 & 6.71\\ 6.71 & 7.24\end{bmatrix}$	$\begin{bmatrix}0.73\\ 0.6\end{bmatrix}$	$\begin{bmatrix}2.19 & 1.82\\ 1.82 & 3.21\end{bmatrix}$
3	$\begin{bmatrix}9.05 & 5\\ 5 & 4.21\end{bmatrix}$	$\begin{bmatrix}0.9\\ 0.5\end{bmatrix}$	$\begin{bmatrix}0.9 & 0.5\\ 0.5 & 1.7\end{bmatrix}$
4	$\begin{bmatrix}3.6 & 2.2\\ 2.2 & 2.7\end{bmatrix}$	$\begin{bmatrix}0.55\\ 0.33\end{bmatrix}$	$\begin{bmatrix}1.62 & 1\\ 1 & 2\end{bmatrix}$
5	$\begin{bmatrix}5.62 & 3\\ 3 & 2\end{bmatrix}$	$\begin{bmatrix}0.85\\ 0.45\end{bmatrix}$	$\begin{bmatrix}0.85 & 0.45\\ 0.45 & 0.63\end{bmatrix}$

由表6.5中的数据递推计算可知：

(1) k 为奇数时比 k 为偶数时增益矩阵的元素偏大，这是我们期望的结果，因为 k 为奇数时，从给定条件可以看出观测噪声比较弱，观测比较可靠，所以增益矩阵的元素应该偏大。基于同样的原因，当 k 为奇数时误差的方差矩阵 $\boldsymbol{P}_k$ 的元素偏小。

(2) 当 $k\geqslant 4$ 时，滤波增益矩阵 $\boldsymbol{K}_k$ 就近似地达到周期性的稳态解。因此，可以认为以下滤波方程就是所求方程：

$$\hat{\boldsymbol{X}}_k=\begin{bmatrix}1 & 1\\ 0 & 1\end{bmatrix}\hat{\boldsymbol{X}}_{k-1}+\begin{bmatrix}0.55\\ 0.33\end{bmatrix}(\boldsymbol{Z}_k-[1\quad 0]\hat{\boldsymbol{X}}_{k-1}),\quad k=4,6,8,\cdots$$

$$\hat{\boldsymbol{X}}_k=\begin{bmatrix}1 & 1\\ 0 & 1\end{bmatrix}\hat{\boldsymbol{X}}_{k-1}+\begin{bmatrix}0.85\\ 0.45\end{bmatrix}(\boldsymbol{Z}_k-[1\quad 0]\hat{\boldsymbol{X}}_{k-1}),\quad k=5,7,9,\cdots$$

6.6.3 一般线性离散系统的滤波

考虑如下的状态方程和观测方程所描述的系统：

$$\boldsymbol{X}_k = \boldsymbol{\Phi}_{k|k-1}\boldsymbol{X}_{k-1} + \boldsymbol{B}_{k-1}\boldsymbol{u}_{k-1} + \boldsymbol{\Gamma}_{k-1}\boldsymbol{W}_{k-1} \tag{6.137}$$

$$\boldsymbol{Z}_k = \boldsymbol{H}_k\boldsymbol{X}_k + \boldsymbol{V}_1 \tag{6.138}$$

其中，$\boldsymbol{u}_{k-1}$是外加的 p 维控制输入，并非随机向量；$\boldsymbol{B}_{k-1}$是 $n\times p$ 常数矩阵；$\boldsymbol{W}_{k-1}$是 l 维输入噪声，$\boldsymbol{\Gamma}_{k-1}$是 $n\times l$ 常矩阵；其余各项的含义与 6.6.2 节相同。

在以下将讨论的情况中，作如下假设：

(1) 噪声是零均值的，即 $E[\boldsymbol{W}_k]=0, E[\boldsymbol{V}_k]=0$。

(2) 噪声都是白色的，即 $E[\boldsymbol{W}_k\boldsymbol{W}_j^{\mathrm{T}}]=\boldsymbol{Q}_k\delta_{kj}, E[\boldsymbol{V}_k\boldsymbol{V}_j^{\mathrm{T}}]=\boldsymbol{R}_k\delta_{kj}$。

(3) 上述两种噪声在同一时刻可以是相关的，其协方差矩阵为 $E[\boldsymbol{W}_k\boldsymbol{V}_j^{\mathrm{T}}]=\boldsymbol{S}_k\delta_{kj}$。

(4) 系统的初始状态 $\boldsymbol{X}_0$ 与上述噪声是不相关的，即 $E[\boldsymbol{X}_0\boldsymbol{W}_k^{\mathrm{T}}]=0, E[\boldsymbol{X}_0\boldsymbol{V}_k^{\mathrm{T}}]=0$，且其均值和方差矩阵为 $E[\boldsymbol{X}_0]=\bar{\boldsymbol{X}}_0, E[(\boldsymbol{X}_0-\bar{\boldsymbol{X}}_0)(\boldsymbol{X}_0-\bar{\boldsymbol{X}}_0)^{\mathrm{T}}]=\boldsymbol{P}_0$。

可以证明，在以上假设条件下，对式(6.137)和式(6.138)给出的系统而言存在定理 6.3。

定理 6.3 在满足假定条件(1)～(4)的情况下，由式(6.137)和式(6.138)给出的系统的最优线性滤波方程为

$$\hat{\boldsymbol{X}}_k = \hat{\boldsymbol{X}}_{k|k-1} + \boldsymbol{K}_k(\boldsymbol{Z}_k - \boldsymbol{H}_k\hat{\boldsymbol{X}}_{k|k-1})$$

最优一步预报方程为

$$\hat{\boldsymbol{X}}_{k|k-1} = \boldsymbol{\Phi}_{k|k-1}\hat{\boldsymbol{X}}_{k-1} + \boldsymbol{B}_{k-1}\boldsymbol{u}_{k-1} + \boldsymbol{J}_{k-1}(\boldsymbol{Z}_{k-1} - \boldsymbol{H}_{k-1}\hat{\boldsymbol{X}}_{k-1})$$

其中初始滤波为 $\hat{\boldsymbol{X}}_0$，且 $\boldsymbol{J}_{k-1}=\boldsymbol{\Gamma}_{k-1}S_{k-1}\boldsymbol{R}_{k-1}^{-1}$；增益方程为

$$\boldsymbol{K}_k = \boldsymbol{P}_{k|k-1}\boldsymbol{H}_k^{\mathrm{T}}(\boldsymbol{H}_k\boldsymbol{P}_{k|k-1}\boldsymbol{H}_k^{\mathrm{T}} + \boldsymbol{R}_k)^{-1}$$

预报误差方差方程为

$$\boldsymbol{P}_{k|k-1} = (\boldsymbol{\Phi}_{k|k-1} - \boldsymbol{J}_{k-1}\boldsymbol{H}_{k-1})\boldsymbol{P}_{k-1}(\boldsymbol{\Phi}_{k|k-1} - \boldsymbol{J}_{k-1}\boldsymbol{H}_{k-1})^{\mathrm{T}} + \boldsymbol{\Gamma}_{k-1}\boldsymbol{Q}_{k-1}\boldsymbol{\Gamma}_{k-1}^{\mathrm{T}} - \boldsymbol{J}_{k-1}\boldsymbol{R}_{k-1}\boldsymbol{J}_{k-1}^{\mathrm{T}}$$

滤波误差方差方程为

$$\boldsymbol{P}_k = (\boldsymbol{I} - \boldsymbol{K}_k\boldsymbol{H}_k)\boldsymbol{P}_{k|k-1}$$

其初始值为 $\boldsymbol{P}_0$。

定理 6.3 显然是定理 6.2 的推广。它的证明比较复杂，在此不再引述，但有以下几点需要说明：

(1) 作为特例，若有 $S_k=0, u_k=0, \boldsymbol{\Gamma}_k=I$，则定理 6.3 变为定理 6.2，这是很容易验证的结论。

(2) 若有 $S_k=0, u_k=0$，则除了定理 6.2 中的 $\boldsymbol{Q}_{k-1}$ 换成定理 6.3 中的 $\boldsymbol{\Gamma}_{k-1}\boldsymbol{Q}_{k-1}\boldsymbol{\Gamma}_{k-1}^{\mathrm{T}}$ 之外，两个定理的其余部分完全一样，证明也一样。

(3) 若有 $S_k=0$，则定理 6.3 的证明仍可仿照定理 6.2 的证明给出，不再赘述。

6.6.4 连续系统的卡尔曼滤波

连续系统的卡尔曼滤波问题阐述比较困难，严格的阐述涉及随机微分方程理论，这就超出了本书的范围。事实上，多数文献也包括卡尔曼的原作对此问题的论证都是不够严格的。

下面采用的叙述方法就是卡尔曼首先用以推导最优滤波方程的方法。为便于理解，此处适当简化，因此只具有形式推证的作用。这种方法的实质在于利用极限法从离散系统的结果推出连续系统的结果。

1. 系统的数学模型

考虑系统由下列状态方程和观测方程定义：

$$\dot{\boldsymbol{X}}(t)=\boldsymbol{A}(t)\boldsymbol{X}(t)+\boldsymbol{W}(t) \tag{6.139}$$

$$\boldsymbol{Z}(t)=\boldsymbol{H}(t)\boldsymbol{X}(t)+\boldsymbol{V}(t) \tag{6.140}$$

其中，$\boldsymbol{X}(t)$和$\boldsymbol{Z}(t)$分别是n维状态向量和m维观测向量，$\boldsymbol{W}(t)$和$\boldsymbol{V}(t)$分别是n维输入噪声和m维观测噪声向量，$\boldsymbol{A}(t)$和$\boldsymbol{H}(t)$分别是连续的$n\times n$矩阵和$m\times n$矩阵。

以下仅讨论简单而典型的情况，作如下假设：

(1) 随机过程$\{\boldsymbol{W}(t)\}$和$\{\boldsymbol{V}(t)\}$都是零均值白噪声过程，其协方差矩阵分别为

$$\mathrm{Cov}\{\boldsymbol{W}(t),\boldsymbol{W}(\tau)\}=E[\boldsymbol{W}(t)\boldsymbol{W}(\tau)^{\mathrm{T}}]=\boldsymbol{Q}(t)\delta(t-\tau) \tag{6.141}$$

$$\mathrm{Cov}\{\boldsymbol{V}(t),\boldsymbol{V}(\tau)\}=E[\boldsymbol{V}(t)\boldsymbol{V}(\tau)^{\mathrm{T}}]=\boldsymbol{R}(t)\delta(t-\tau) \tag{6.142}$$

其中，δ函数的定义是

$$\delta(t)=\begin{cases}0, & t\neq 0\\ \infty, & t=0\end{cases}$$

且$\int_{-\infty}^{\infty}\delta(t)\mathrm{d}t=1$，常称为狄拉克$\delta$函数；$n\times n$矩阵$\boldsymbol{Q}(t)$是连续非负定的；$m\times m$矩阵$\boldsymbol{R}(t)$是连续正定的。

(2) 输入噪声随机过程与观测噪声随机过程是互不相关的，即

$$E[\boldsymbol{W}(t)\boldsymbol{V}(\tau)^{\mathrm{T}}]=0 \tag{6.143}$$

(3) 系统初始状态$\boldsymbol{X}(0)$的均值和方差矩阵分别为

$$E[\boldsymbol{X}(0)]=\bar{\boldsymbol{X}}(0),\quad \mathrm{Var}(\boldsymbol{X}(0))=E[(\boldsymbol{X}(0)-\bar{\boldsymbol{X}}(0))(\boldsymbol{X}(0)-\bar{\boldsymbol{X}}(0))^{\mathrm{T}}]=\boldsymbol{P}_0 \tag{6.144}$$

且和上述两个随机过程都不相关，即

$$E[\boldsymbol{X}(0)\boldsymbol{W}(t)^{\mathrm{T}}]=0,\quad E[\boldsymbol{X}(0)\boldsymbol{V}(t)^{\mathrm{T}}]=0 \tag{6.145}$$

目前的问题是，当观测$\{\boldsymbol{Z}(\tau),0\leqslant\tau\leqslant t\}$给定时，确定式(6.139)和式(6.140)给出的系统的最优线性滤波。

2. 卡尔曼滤波公式

对于该系统，当满足上述3个假设条件时，有定理6.4。

定理6.4　存在下列3个方程：

(1) 系统的最优线性滤波方程为

$$\dot{\hat{\boldsymbol{X}}}(t)=\boldsymbol{A}(t)\hat{\boldsymbol{X}}(t)+\boldsymbol{K}(t)[\boldsymbol{Z}(t)-\boldsymbol{H}(t)\hat{\boldsymbol{X}}(t)] \tag{6.146}$$

其初始值为$\hat{\boldsymbol{X}}(0)=\bar{\boldsymbol{X}}(0)$。

(2) 增益方程为

$$\boldsymbol{K}(t)=\boldsymbol{P}(t\mid t)\boldsymbol{H}^{\mathrm{T}}(t)\boldsymbol{R}^{-1}(t) \tag{6.147}$$

其中，增益矩阵$\boldsymbol{K}(t)$是$n\times m$矩阵；$\boldsymbol{P}(t|t)$是滤波误差$\tilde{\boldsymbol{X}}(t)=\boldsymbol{X}(t)-\hat{\boldsymbol{X}}(t)$的方差矩阵，是

$n \times n$ 矩阵。

(3) 方差矩阵 $\boldsymbol{P}(t|t)$是矩阵微分方程

$$\dot{\boldsymbol{P}} = \boldsymbol{AP} + \boldsymbol{PA}^{\mathrm{T}} - \boldsymbol{PH}^{\mathrm{T}}\boldsymbol{R}^{-1}\boldsymbol{HP} + \boldsymbol{Q} \tag{6.148}$$

的解，初始条件是 $\boldsymbol{P}(0) = \mathrm{Var}(\boldsymbol{X}(0)) = \boldsymbol{P}_0$。式(6.148)常称为方差方程。

3. 预备知识

在给出定理 6.4 的证明之前需要说明两个问题。

第一个问题是连续方程与离散化方程之间的关系。

假设有方程

$$\dot{\boldsymbol{X}} = \boldsymbol{A}(t)\boldsymbol{X} + \boldsymbol{W}(t) \tag{6.149}$$

现在求它的离散化方程。为便于叙述，在以下的讨论中，高阶无穷小项就不写出了。根据导数的定义，由式(6.149)可得

$$\boldsymbol{X}(t + \Delta t) - \boldsymbol{X}(t) = \boldsymbol{A}(t)\Delta t\boldsymbol{X}(t) + \boldsymbol{W}(t)\Delta t$$

或者

$$\boldsymbol{X}(t + \Delta t) = [\boldsymbol{I} + \boldsymbol{A}(t)\Delta t]\boldsymbol{X}(t) + \boldsymbol{W}(t)\Delta t \tag{6.150}$$

如果记 $\boldsymbol{X}(t) = \boldsymbol{X}_{k-1}$，$\boldsymbol{X}(t+\Delta t) = \boldsymbol{X}_k$，$[\boldsymbol{I} + \boldsymbol{A}(t)\Delta t] = \boldsymbol{\Phi}_{k|k-1}$，$\boldsymbol{W}(t)\Delta t = \boldsymbol{W}_{k-1}$，则式(6.150)可化为

$$\boldsymbol{X}_k = \boldsymbol{\Phi}_{k|k-1}\boldsymbol{X}_{k-1} + \boldsymbol{W}_{k-1} \tag{6.151}$$

这就是式(6.149)的离散化方程。两者的关系式已经由上面的变量关系表示出来。显然，这样的离散化是近似的，Δt 越小，离散化程度越高。

观测方程根据类似推理可以离散化为 $\boldsymbol{Z}(t+\Delta t) = \boldsymbol{H}(t+\Delta t)\boldsymbol{X}(t+\Delta t) + \boldsymbol{V}(t+\Delta t)$，即 $\boldsymbol{Z}_k = \boldsymbol{H}_k\boldsymbol{X}_k + \boldsymbol{V}_k$，其中，$\boldsymbol{Z}_k = \boldsymbol{Z}(t+\Delta t)$，$\boldsymbol{H}_k = \boldsymbol{H}(t+\Delta t)$，$\boldsymbol{V}_k = \boldsymbol{V}(t+\Delta t)$。

第二个问题是随机过程$\{\boldsymbol{W}(t)\}$与随机序列$\{\boldsymbol{W}_k\}$之间的关系。

为了获得对零均值白噪声过程的直观理解，进而说明$\{\boldsymbol{W}(t)\}$与$\{\boldsymbol{W}_k\}$的关系，先介绍布朗运动，即花粉在静止的液面上的运动。液体分子的运动是毫无规则的，花粉受到液体分子的冲击也将作毫无规则的运动。为简便起见，只考虑花粉沿某一固定方向的无规则运动。换言之，即一维的布朗运动。将花粉理想化为一个质点，设此质点的初始位置在坐标原点，即 $x(0) = 0$，那么根据运动的完全无规则性，质点在任一时刻的位置 $x(t)$是随机变量，而且有 $E[x(t)] = 0$。该式的含义是：质点在任何时刻向左与向右运动的机会是均等的，因此位移的均值为 0。

布朗运动有两个性质与定理 6.4 的证明有关。

首先，容易想到，对于任何 $t_4 > t_3 \geqslant t_2 > t_1 \geqslant 0$ 的时刻而言，位移 $x(t_4, t_3) = x(t_4) - x(t_3)$和 $x(t_2, t_1) = x(t_2) - x(t_1)$都是均值为 0 的随机变量，而且两者是独立的。自然有 $E[x(t_4, t_3)x(t_2, t_1)] = 0$。根据以上叙述可知，一维布朗运动的质点在各相继时间区间上的位移构成一个白噪声随机序列。进一步，质点在各相继时间区间上的平均速度 $W(t_i)$构成一个白噪声序列。若取极限情况，可以认为质点在每一时刻 t 的速度就构成一个白噪声随机过程，因此有 $E[W(t)W(\tau)] = 0, t \neq \tau$。

其次，对于一维布朗运动而言，有 $E[(x(t+T) - x(t))^2] = C^2 T$，其中 C 是一个正常

数。该式的含义是，质点在任何一段时间上的位移的方差必与该段时间成正比。现在要以方程 $E[(x(t+T)-x(t))^2]=C^2T$ 为根据进行工程化。为简单起见，取 $C=1$，把 T 这段时间上的位移的标准差(即方差的平方根)称为 T 这段时间的位移，并记为 $x(T)$，这与电工学中常用的以电压的有效值刻画交变电压是类似的。这样，由方程 $E[(x(t+T)-x(t))^2]=C^2T$ 可得 $x(T)=\sqrt{T}$ 或者 $x(\Delta t)=\sqrt{\Delta t}$，这表示质点在 Δt 时间内的位移等于这段时间的平方根。例如，1s 的位移为 1，10^{-2}s 的位移为 10^{-1}，10^{-4}s 的位移为 10^{-2}，等等。众所周知，若质点的速度为常数，则在 Δt 时间的位移应与 Δt 成正比，现与 $\sqrt{\Delta t}$ 成正比，表示质点的速度是递减的。将公式 $x(\Delta t)=\sqrt{\Delta t}$ 两边同时除以 Δt，可得 $x(\Delta t)/\Delta t=1/\sqrt{\Delta t}$，该式左端的物理意义是平均速度，将它记为 $W(t+\xi\Delta t)$，即 $W(t+\xi\Delta t)=1/\sqrt{\Delta t}$，$0\leqslant\xi\leqslant 1$，该式表示在 Δt 这段时间内的平均速度与这段时间的平方根成反比。例如，1s 的平均速度为 1，10^{-2}s 的平均速度为 10，10^{-4}s 的平均速度为 10^2，等等。由此可知，质点的平均速度是由无穷大开始随时间而递减的。令 $\Delta t\to 0$，则由方程 $W(t+\xi\Delta t)=1/\sqrt{\Delta t}$ 可知 $W(t)=\delta^{\frac{1}{2}}(t)$，该式右端函数的定义是

$$\delta^{\frac{1}{2}}(t)=\begin{cases}0, & t\neq 0\\ \infty, & t=0\end{cases},\quad \int_{-\infty}^{\infty}\left[\delta^{\frac{1}{2}}(t)\right]^2\mathrm{d}t=1$$

根据定义，它就是 δ 函数的平方根，即 $\left[\delta^{\frac{1}{2}}(t)\right]^2=\delta(t)$。由方程 $W(t)=\delta^{\frac{1}{2}}(t)$ 可知，质点在 $t=0$(质点每次受液体分子冲击的瞬间都可看作 $t=0$)时的速度是无穷大的。$W(t+\xi\Delta t)=1/\sqrt{\Delta t}$ 所表示的平均随机速度在各相继的时间区间上是两两独立的。若取极限情况，可以认为质点在各时刻的随机速度是相互独立的，从而根据方程 $W(t)=\delta^{\frac{1}{2}}(t)$ 有 $W(t)W(\tau)=\delta(t-\tau)$，或写为 $E[W(t)W(\tau)]=\delta(t-\tau)$。这表明一维布朗运动在极限情况下的随机速度构成一个白噪声随机过程。具体如下：

(1) 质点受液体分子的碰撞而运动，向左运动与向右运动的机会是均等的，所以其位移和速度都是随机量，且均值为 0。

(2) 相继两次碰撞以致任何两次碰撞之间的运动(即质点的位移)与速度是相互无关的。

(3) 每次碰撞一发生，质点便获得无穷大的速度，然后随时间按 $1/\sqrt{\Delta t}$ 的规律而递减，尽管速度为无穷大，但在 Δt 时间内的位移仍因 $\Delta t\cdot(1/\sqrt{\Delta t})=\sqrt{\Delta t}$ 而与 $\sqrt{\Delta t}$ 成正比。

(4) 设想每两次碰撞的间隔时间为 $\Delta t\to 0$，这就变为质点在任何瞬间的速度都是无穷大，可正可负，任何两个瞬间的速度都是不相关的。即，纵然某一时刻的质点速度是正的，但下一瞬间质点的速度可正可负，且机会是均等的。

概括而言，质点在任何瞬间都以无穷大的速度运动且任何瞬间都在毫无规则地改变运动的方向，这就是白噪声随机过程的一个模型。实际中当然不是这样，这只是一个极限情况而已。根据相同推理，可以把方程 $E[W(t)W(\tau)]=\delta(t-\tau)$ 一般化为 $E[\boldsymbol{W}(t)\boldsymbol{W}(\tau)]=q(t)\delta(t-\tau)$。将以上讨论推广到多维情形就不难理解，$E[\boldsymbol{W}(t)\boldsymbol{W}(\tau)]=q(t)\delta(t-\tau)$ 应该为 $E[\boldsymbol{W}(t)\boldsymbol{W}(\tau)^{\mathrm{T}}]=\boldsymbol{Q}(t)\delta(t-\tau)$。这实际上就是式(6.140)。以上所述只有工程意义，并不严谨，但是得到的结论有助于给出定理 6.4 的证明。

4. 定理 6.4 的证明

下面根据布朗运动的结论，找出上述随机噪声的方差矩阵之间的关系。从方程 $\boldsymbol{W}(t)\Delta t=\boldsymbol{W}_{k-1}$ 可以看出，如果把 $\boldsymbol{W}(t)$ 理解为随机速度，那么 $\boldsymbol{W}_{k-1}$ 就可以理解为随机位移，而其中 $\boldsymbol{W}(t)\Delta t=\boldsymbol{W}_{k-1}$ 较准确的写法应该是 $\boldsymbol{W}(t+\xi\Delta t)\Delta t=\boldsymbol{W}_{k-1}$，因此有 $E[\boldsymbol{W}(t+\xi\Delta t)\boldsymbol{W}(t+\xi\Delta t)^{\mathrm{T}}]\Delta t^2=E[\boldsymbol{W}_{k-1}\boldsymbol{W}_{k-1}^{\mathrm{T}}]$，进一步利用方程 $\boldsymbol{W}(t+\xi\Delta t)=1/\sqrt{\Delta t}$ 和 $E[\boldsymbol{W}(t)\boldsymbol{W}(\tau)^{\mathrm{T}}]=\boldsymbol{Q}(t)\delta(t-\tau)$ 和给定条件，可得 $\boldsymbol{Q}(t+\xi\Delta t)\Delta t=\boldsymbol{Q}_{k-1}$。因为 $\boldsymbol{Q}(t)$ 是连续的，略去 Δt 的高阶无穷小，可将其写为 $\boldsymbol{Q}(t)\Delta t=\boldsymbol{Q}_{k-1}$。根据同样的推理，由方程 $\boldsymbol{V}(t+\Delta t)=\boldsymbol{V}_k$ 和给定条件可得 $\boldsymbol{R}(t)/\Delta t=\boldsymbol{R}_k$ 或 $\boldsymbol{R}(t)=\boldsymbol{R}_k\Delta t$。

以下证明的思想是通过离散系统的滤波公式取极限得到连续系统的滤波公式。具体做法如下所述。

1）最优线性滤波方程

已知 6.6.2 节中的滤波方程[式(6.122)]为

$$\hat{\boldsymbol{X}}_k=\boldsymbol{\Phi}_{k|k-1}\hat{\boldsymbol{X}}_{k-1}+\boldsymbol{K}_k(\boldsymbol{Z}_k-\boldsymbol{H}_k\boldsymbol{\Phi}_{k|k-1}\hat{\boldsymbol{X}}_{k-1})$$

利用关系式 $[\boldsymbol{I}+\boldsymbol{A}(t)\Delta t]=\boldsymbol{\Phi}_{k|k-1}$、$\boldsymbol{Z}(t+\Delta t)=\boldsymbol{Z}_k$、$\boldsymbol{H}(t+\Delta t)=\boldsymbol{H}_k$，可将滤波方程改写为

$$\hat{\boldsymbol{X}}(t+\Delta t)=[\boldsymbol{I}+\boldsymbol{A}(t)\Delta t]\hat{\boldsymbol{X}}(t)+\boldsymbol{K}_k(t+\Delta t)[\boldsymbol{Z}(t+\Delta t)-\boldsymbol{H}(t+\Delta t)[\boldsymbol{I}+\boldsymbol{A}(t)\Delta t]\hat{\boldsymbol{X}}(t)]$$

稍加整理得到

$$\frac{\hat{\boldsymbol{X}}(t+\Delta t)-\hat{\boldsymbol{X}}(t)}{\Delta t}=\boldsymbol{A}(t)\hat{\boldsymbol{X}}(t)+\frac{\boldsymbol{K}_k(t+\Delta t)}{\Delta t}[\boldsymbol{Z}(t+\Delta t)-\boldsymbol{H}(t+\Delta t)(\hat{\boldsymbol{X}}(t)-\boldsymbol{A}(t)\hat{\boldsymbol{X}}(t)\Delta t)]$$

取极限，令上式中的 $\Delta t\to 0$ 并记 $\lim_{\Delta t\to 0}\dfrac{\boldsymbol{K}_k(t+\Delta t)}{\Delta t}=\boldsymbol{K}(t)$，则得到定理 6.4 中的最优线性滤波方程：

$$\dot{\hat{\boldsymbol{X}}}=\boldsymbol{A}(t)\hat{\boldsymbol{X}}(t)+\boldsymbol{K}(t)[\boldsymbol{Z}(t)-\boldsymbol{H}(t)\hat{\boldsymbol{X}}(t)] \tag{6.152}$$

2）增益方程

现在求极限 $\lim_{\Delta t\to 0}\dfrac{\boldsymbol{K}_k(t+\Delta t)}{\Delta t}=\boldsymbol{K}(t)$。由 6.6.2 节中的增益方程[式(6.123)]有

$$\frac{\boldsymbol{K}_k}{\Delta t}=\frac{1}{\Delta t}\boldsymbol{P}_{k|k-1}\boldsymbol{H}_k^{\mathrm{T}}(\boldsymbol{H}_k\boldsymbol{P}_{k|k-1}\boldsymbol{H}_k^{\mathrm{T}}+\boldsymbol{R}_k)^{-1}$$

根据离散化关系式可将上式写作

$$\begin{aligned}\frac{\boldsymbol{K}_k(t+\Delta t)}{\Delta t}&=\frac{1}{\Delta t}\boldsymbol{P}(t+\Delta t\mid t)\boldsymbol{H}(t+\Delta t)^{\mathrm{T}}[\boldsymbol{H}(t+\Delta t)\boldsymbol{P}(t+\Delta t\mid t)\boldsymbol{H}(t+\Delta t)^{\mathrm{T}}+\boldsymbol{R}_k]^{-1}\\&=\boldsymbol{P}(t+\Delta t\mid t)\boldsymbol{H}(t+\Delta t)^{\mathrm{T}}[\boldsymbol{H}(t+\Delta t)\boldsymbol{P}(t+\Delta t\mid t)\boldsymbol{H}(t+\Delta t)^{\mathrm{T}}\Delta t+\boldsymbol{R}_k\Delta t]^{-1}\end{aligned} \tag{6.153}$$

而由式(6.124)可知

$$\boldsymbol{P}(t+\Delta t\mid t)=[\boldsymbol{I}+\boldsymbol{A}(t)\Delta t]\boldsymbol{P}(t\mid t)[\boldsymbol{I}+\boldsymbol{A}(t)\Delta t]^{\mathrm{T}}+\boldsymbol{Q}_{k-1} \tag{6.154}$$

再借助方程 $\boldsymbol{Q}_{k-1}=\boldsymbol{Q}(t)\Delta t$，在式(6.154)两边令 $\Delta t\to 0$，取极限可得

$$\lim_{\Delta t\to 0}\boldsymbol{P}(t+\Delta t\mid t)=\boldsymbol{P}(t\mid t) \tag{6.155}$$

利用式(6.155)和等式 $\boldsymbol{R}(t)=R_k\Delta t$，由式(6.153)可得

$$\lim_{\Delta t\to 0}\frac{\boldsymbol{K}(t+\Delta t)}{\Delta t}=\boldsymbol{P}(t\mid t)\boldsymbol{H}^{\mathrm{T}}(t)\boldsymbol{R}^{-1}(t) \tag{6.156}$$

或

$$\boldsymbol{K}(t)=\boldsymbol{P}(t\mid t)\boldsymbol{H}^{\mathrm{T}}(t)\boldsymbol{R}^{-1}(t) \tag{6.157}$$

这就是定理 6.4 中的增益方程[式(6.147)]。

3) 方差方程

现在考虑误差的方差矩阵。由式(6.125)，即 $\boldsymbol{P}_k=\boldsymbol{P}_{k|k-1}-\boldsymbol{K}_k\boldsymbol{H}_k\boldsymbol{P}_{k|k-1}$，可写出

$$\boldsymbol{P}(t+\Delta t\mid t+\Delta t)=\boldsymbol{P}(t+\Delta t\mid t)-\boldsymbol{K}(t+\Delta t)\boldsymbol{H}(t+\Delta t)\boldsymbol{P}(t+\Delta t\mid t)$$

利用式(6.154)，并稍加整理，略去无穷小项，可得

$$\frac{\boldsymbol{P}(t+\Delta t\mid t+\Delta t)}{\Delta t}=\boldsymbol{A}(t)\boldsymbol{P}(t\mid t)+\boldsymbol{P}(t\mid t)\boldsymbol{A}^{\mathrm{T}}(t)+\frac{\boldsymbol{Q}_{k-1}}{\Delta t}-\frac{\boldsymbol{K}(t+\Delta t)}{\Delta t}\boldsymbol{H}(t+\Delta t)\boldsymbol{P}(t+\Delta t\mid t)$$

并令 $\Delta t\to 0$，借助方程 $\boldsymbol{Q}_{k-1}=\boldsymbol{Q}(t)\Delta t$、式(6.155)和式(6.156)可得

$$\dot{\boldsymbol{P}}(t\mid t)=\boldsymbol{A}(t)\boldsymbol{P}(t\mid t)+\boldsymbol{P}(t\mid t)\boldsymbol{A}^{\mathrm{T}}(t)+\boldsymbol{Q}(t)-\boldsymbol{P}(t\mid t)\boldsymbol{H}^{\mathrm{T}}(t)\boldsymbol{R}^{-1}(t)\boldsymbol{H}(t)\boldsymbol{P}(t\mid t)$$

或简写为

$$\dot{\boldsymbol{P}}=\boldsymbol{AP}+\boldsymbol{PA}^{\mathrm{T}}-\boldsymbol{PH}^{\mathrm{T}}\boldsymbol{R}^{-1}\boldsymbol{HP}+\boldsymbol{Q} \tag{6.158}$$

这就是定理 6.4 中的方差方程[式(6.148)]。再根据给定条件，式(6.152)和式(6.158)的初始条件显然是

$$\hat{\boldsymbol{X}}(0)=\bar{\boldsymbol{X}}(0),\quad \boldsymbol{P}(0)=\boldsymbol{P}_0 \tag{6.159}$$

定理 6.4 证毕。

从开始就提到过，上述证明是形式上的。为了帮助理解滤波的意义。以下给出两个例子。

例 6.31　设一维系统的状态方程和观测方程分别为

$$\dot{x}(t)=0 \tag{6.160}$$

$$z(t)=x(t)+v(t) \tag{6.161}$$

初始状态 $x(0)$的均值和方差为 $E[x(0)]=x_0$，$E[(x(0)-x_0)^2]=P_0=5$；观测噪声 $v(t)$是零均值白噪声过程，其方差参数为 $R(t)=2$，求 x 的最优线性滤波。

解：对照系统模型可知 $A=0$，$H(t)=1$，$W(t)=0$，$Q(t)=0$，$R(t)=2$，代入式(6.158)可知 $\dot{P}=-\frac{1}{2}P$，$P(0)=5$，此方程的解为 $P=\frac{10}{5t+2}$。将其代入增益方程，可得 $K=\frac{5}{5t+2}$，再将该式代入滤波方程，可得 $\dot{\hat{x}}(t)=\frac{5}{5t+2}[z(t)-\hat{x}(t)]$。

从例 6.31 可以看出以下几点：

(1) 从式(6.160)可知 $x(t)=c$，c 为常数。这表明，若能准确地知道初值 $x(0)$，则 $x(t)$就唯一地确定了。换言之，如果有 $P_0=0$，则 $x(t)=x(0)$。同时，满足初始条件 $P_0=0$ 的方程 $\dot{P}=-\frac{1}{2}P$ 的解为 $P(t)=0$。由此又有 $K(t)=0$，因而滤波方程变为 $\dot{\hat{x}}(t)=0$，它满足初

始估计值 $x(0)$ 的解自然也是 $\hat{x}(t)=x(0)$。

(2) 若 $x(0)$ 的方差不为 0，它的准确值不知道，但观测误差为 0，这意味着 $R(t)=0$，直观地看，在此情况下应该有 $x(t)=z(t)$。同时，在此情况下增益 $K(t)=P(t)H(t)R^{1}(t)\rightarrow\infty$，不难由方程 $\dot{\hat{x}}(t)=K(t)[z(t)-\hat{x}(t)]$ 的极限情况推出 $z(t)-\hat{x}(t)=0$，这与直观结论是一致的。

(3) 对例 6.31 而言，其实际情况是通过不断地观测估计一个随机变量的值，就像通过测量估计信号的值一样。若观测没有误差，观测值就是真实值。现在虽然有误差，但由于是零均值的，所以观测值必然围绕真实值上下波动。不难想到，观测时间越长，观测数据的累积结果受误差的影响就越小。因此，对例 6.31 而言，凭直观推理应该是，当观测时间很长时，估计值要等于观测的积分平均值。同时，从滤波方程 $\dot{\hat{x}}(t)=\dfrac{5}{5t+2}[z(t)-\hat{x}(t)]$ 可知，当 t 很大时，该式可近似写成 $\dot{\hat{x}}(t)=\dfrac{1}{t}[z(t)-\hat{x}(t)]$ 或者 $\dot{\hat{x}}+\dfrac{\hat{x}}{t}=\dfrac{z(t)}{t}$，这是一个一阶线性微分方程，利用其通解公式可得

$$\hat{x}(t)=\mathrm{e}^{\int\frac{\mathrm{d}t}{t}}\left[c+\int\frac{z(t)}{t}\mathrm{e}^{\int\frac{\mathrm{d}t}{t}}\mathrm{d}t\right]=\frac{1}{t}\left[c+\int z(t)\mathrm{d}t\right]$$

当 t 很大时，上式可写为 $\hat{x}(t)=\dfrac{1}{t}\int z(t)\mathrm{d}t$。这和直观推理结果是相符的。

例 6.32 假设传输的信号是由一阶微分方程 $\dot{x}=-ax+w(t),t\geqslant 0$ 所描述的随机过程的样本函数。其中，$a>0,E[x(0)]=0,E[x^2(0)]=\sigma_0^2$，且 $w(t)$ 是零均值白噪声，方差为 $E[w(t)w(\tau)]=\sigma_1^2\delta(t-\tau)$。假设接收到的信号是 $z(t)=x(t)+v(t)$，其中 $v(t)$ 是零均值白噪声，方差为 $E[v(t)v(\tau)]=\sigma_2^2\delta(t-\tau)$，且 $x(0)$、$w(t)$、$v(t)$ 三者是各不相关的。需要解决的问题是确定接收器的特性，使收到的信号噪声最小。这里噪声最小的含义就是滤波误差 $\tilde{x}(t)=x(t)-\hat{x}(t)$ 的方差最小。

解：该问题可使用定理 6.4 求解，这时有 $A(t)=-a,H(t)=1,P_0=\sigma_0^2,Q(t)=\sigma_1^2,R(t)=\sigma_2^2$，将它们代入式(6.158)，可得

$$\dot{P}=-2aP-\frac{1}{\sigma_2^2}P^2+\sigma_1^2,P(0)=\sigma_0^2$$

为求解此方程，可先分离变量，得到

$$\frac{\mathrm{d}P}{P^2+2a\sigma_2^2P-\sigma_1^2\sigma_2^2}=-\frac{\mathrm{d}t}{\sigma_2^2}$$

记方程 $P^2+2a\sigma_2^2P-\sigma_1^2\sigma_2^2=0$ 的两个根为 ρ_1 和 ρ_2，因此有

$$\frac{\mathrm{d}P}{(P-\rho_1)(P-\rho_2)}=\frac{1}{\rho_1-\rho_2}\left[\frac{\mathrm{d}P}{P-\rho_1}-\frac{\mathrm{d}P}{P-\rho_2}\right]=-\frac{\mathrm{d}t}{\sigma_2^2}$$

因为 $\rho_1-\rho_2=2\sigma_2^2\sqrt{a^2+\dfrac{\sigma_1^2}{\sigma_2^2}}$，所以

$$\frac{\mathrm{d}P}{P-\rho_1}-\frac{\mathrm{d}P}{P-\rho_2}=-2\sqrt{a^2+\frac{\sigma_1^2}{\sigma_2^2}}\mathrm{d}t$$

对该式两边积分，稍加整理，并记 $\mu=\sqrt{a^2+\frac{\sigma_1^2}{\sigma_2^2}}$ 就得到

$$\frac{P(t)-\rho_1}{P(t)-\rho_2}=\alpha\mathrm{e}^{-2\mu t}$$

其中，α 是积分常数。代入初始条件 $P(0)=\sigma_0^2$，可解出 $\alpha=\frac{\sigma_0^2-\rho_1}{\sigma_0^2-\rho_2}$，利用该结果可以解出估计误差的方差为 $P(t)=\frac{\rho_1-\rho_2\alpha\mathrm{e}^{-2\mu t}}{1-\alpha\mathrm{e}^{-2\mu t}}$，再由增益方程可得增益为 $K(t)=\frac{P(t)}{\sigma_2^2}$。由滤波方程可知

$$\dot{\hat{x}}(t)=-a\hat{x}(t)+\frac{P(t)}{\sigma_2^2}[z(t)-\hat{x}(t)]$$

从上述过程不难看出，当 t 足够大时有

$$P(t)\rightarrow\rho_1=\left[-a+\sqrt{a^2+\frac{\sigma_1^2}{\sigma_2^2}}\right]\sigma_2^2$$

$$K(t)\rightarrow\frac{\rho_1}{\sigma_2^2}=-a+\sqrt{a^2+\frac{\sigma_1^2}{\sigma_2^2}}$$

因此，在稳定状态下，最优接收器是一个常系数线性系统

$$\dot{\hat{x}}(t)=-a\hat{x}(t)+\frac{\rho_1}{\sigma_2^2}z(t)+\left[a-\sqrt{a^2+\frac{\sigma_1^2}{\sigma_2^2}}\right]\hat{x}(t)$$

或者 $\dot{\hat{x}}=-\mu\hat{x}+\frac{\rho_1}{\sigma_2^2}z(t)$

从估计误差的方差 $P(t)$ 的表达式可知，最优接收器存在固有的精确度限制，它由 ρ_1 的值决定。例如，会有以下 3 种特殊情况发生：

(1) 若 $a^2\gg\sigma_1^2/\sigma_2^2$，则 $\rho_1=\left[-a+\sqrt{a^2+\frac{\sigma_1^2}{\sigma_2^2}}\right]\sigma_2^2\approx\frac{\sigma_1^2}{2a^2}\ll\sigma_2^2$。

(2) 若 $a^2\approx\sigma_1^2/\sigma_2^2$，则 $\rho_1\approx0.414\sigma_1\sigma_2$。

(3) 若 $a^2\ll\sigma_1^2/\sigma_2^2$，则 $\rho_1\approx\sigma_1\sigma_2$。

6.7　本章小结

本章首先介绍了估计理论中涉及的矩阵微分相关数学基础。然后以最小二乘估计为起点，逐步阐述了参数估计理论的相关基础知识，主要给出了线性最小方差估计算法、一般最小方差估计算法、递推最小二乘估计算法。最后介绍了信息融合方面的重要技术基础知识，即卡尔曼滤波技术，其中重点叙述了离散系统的卡尔曼滤波算法，还介绍了连续系统的卡尔曼滤波算法等知识。这些知识非常经典，可以帮助读者掌握滤波基础知识，为后续信息融合算法的学习打下坚实基础。

习 题 6

1. 简述传感器信息融合的目的和优点。

2. 传感器信息可以在哪些层次上进行融合？各有什么特点？

3. 传感器信息融合可能涉及哪些算法？

4. 对机器人与障碍物之间的距离进行了 5 次测量，测量结果中，两次是 0.52m，两次是 0.50m，一次是 0.51m，求距离测量的最小二乘估计结果。

5. 某传感器被放置在一维空间原点。该传感器具有随机时变偏差 b_k。已知 b_k 由以下模型控制

$$b_k - ab_{k-1} = n_k$$

其中，n_k 为白噪声且 $n_k \sim N(0,\sigma_w^2)$。a 和 σ_w^2 是已知常数，且 $-1<a<1$。在时刻 k 处的测量值为 y_k，且满足

$$y_k = r_0 - b_k + v_k$$

其中，r_0 为常量，v_k 为白噪声且 $v_k \sim N(0,\sigma_v^2)$。

(1) 将在时刻 k 处同时估计位置和偏差(r_0, b_k)的问题表述为以下标准卡尔曼滤波问题：

$$x_k = Ax_{k-1} + w_{k-1}$$

$$y_k = Hx_k + v_k$$

求此时的 A、H 和 $\mathrm{cov}\{w_k\}$。

(2) 根据 A、H 和 $\mathrm{cov}\{w_k\}$，确定 $P_{k+1/k}$ 和 $P_{k/k-1}$ 的关系。

6. 对于用下列方程表示的估计问题：

$$x_k = x_{k-1} + w_{k-1}$$

$$z_k = x_k + v_k$$

其中，w_k 为过程噪声且满足 $w_k \sim N(0,30)$，v_k 为测量噪声且满足 $v_k \sim N(0,20)$，k 代表时刻。初始时刻的协方差 $P_0=150$。

(1) 当 $k=1,2,3,4$ 时，分别计算 P_k、$P_{k/k-1}$、K_k 的值。

(2) 计算 P_∞(稳态值)。

第7章 多传感器信息融合技术基础

多传感器信息融合涉及检测技术、信号处理、通信、模式识别、决策论、不确定性理论、估计理论、最优化理论、计算机科学、人工智能和神经网络等诸多学科，在智能机器人系统、地球资源监测、天气预报、交通管理及军事目标的分类与跟踪等方面有着广泛的应用。本章主要介绍多传感器信息融合的基本概念和几种实现算法，并介绍多源图像融合概念和部分算法。

7.1 多传感器信息融合技术概述

7.1.1 多传感器信息融合的层次

多传感器信息融合能有效地提高系统的性能，关键在于该技术融合了精确的和非精确的信息，特别是在信息具有不确定性和变化未知的情况下，多传感器融合系统相较于单传感器数据处理方式具有明显优势。单传感器信号处理是对传感器信息的一种低水平模仿，不能像多传感器系统那样有效地利用多传感器资源。多传感器融合系统可以更大程度地获得被探测目标和环境的信息量。多传感器融合系统与经典信号处理方法之间存在本质区别，其关键在于多传感器信息具有更复杂的形式，而且可以在不同的信息抽象层次上出现。这些信息抽象层次包括像素层、特征层和决策层。对应信息抽象的3个层次，多传感器信息融合也分为3个层次，即像素级融合、特征级融合和决策级融合。

1. 像素级融合

像素级融合原理如图7.1所示，是直接在原始数据层上进行的融合，在各种传感器的原始测报预处理之前就进行数据综合和分析。像素级融合是最低层次的融合，例如，成像传感器中通过对包含若干像素的模糊图像进行图像处理和模式识别来确认目标属性的过程就属于像素级融合。这种融合的主要优点是能保持尽可能多的现场数据，提供其他融合层次所不能提供的更丰富、精确、可靠的信息，有利于图像的进一步分析、处理与理解（如场景分析/监视、图像分割、特征提取、目标识别、图像恢复等）。像素级融合可能提供最优决策和识别性能，通常用于多源图像复合、图像分析和理解。

在进行像素级融合之前，必须对参与融合的各图像进行精确的配准，其配准精度一般应达到像素级，这也是像素级融合的局限性。此外，像素级融合处理的信息量大，所以处理的时间长，实时性差，代价高；由于是低层次的融合，要求在融合时有较高的纠错处理能力，以处理传感器原始信息的不确定性、不完全性和不稳定性，通信的信息量大，导致抗干扰能力差。

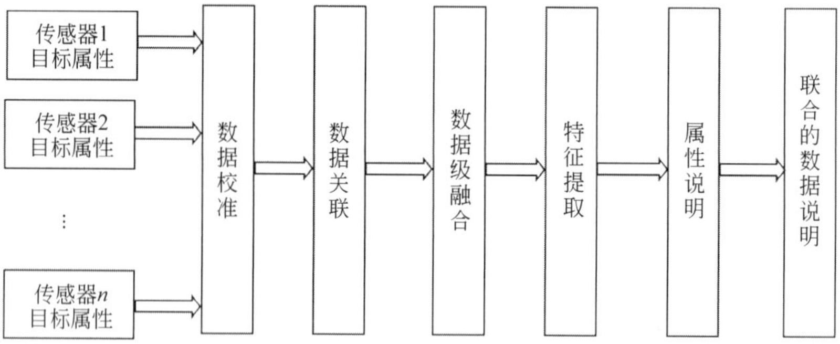

图 7.1　像素级融合原理

像素级融合的主要方法有 Brovey 变换、HIS 变换、YIQ 变换、PCA 变换、高通滤波法、线性加权法以及小波变换融合算法等。图 7.2 给出了像素级融合的例子。图 7.2(a)为坦克前部被烟雾遮挡的图像，图像中坦克前部由于被烟雾遮挡，几乎无法辨认，但图像中坦克后部比较清楚。图 7.2(b)为坦克后部被烟雾遮挡的图像，图像中坦克后部由于被烟雾遮挡，几乎无法辨认，但图像中坦克前部比较清楚。图 7.2(c)为采用像素级融合得到的图像，可以看到图像中的坦克清晰可辨。

(a) 坦克前部被烟雾遮挡

(b) 坦克后部被烟雾遮挡

(c) 像素级融合后的图像

图 7.2　烟雾遮挡图像的像素级融合

2. 特征级融合

特征级融合属于中间层次，其原理如图 7.3 所示。特征级融合先对来自各传感器的原始信息进行特征提取(特征可以是目标的边缘、方向、速度等)，然后对特征信息进行综合分析和处理。一般来说，提取的特征信息应是像素信息的充分统计量，然后按特征信息对多传感器数据进行分类、汇集和综合。若传感器获得的数据是图像数据，则特征从图像像素信息中抽象提取出来，典型的特征信息有线型、边缘、纹理、光谱、相似亮度区域、相似景深区域等，然后实现多源图像特征融合及分类。特征级融合的优点在于实现了可观的信息压缩，有利于实时处理，并且由于提取的特征直接与决策分析有关，融合结果能最大限度地给出决策分析所需的特征信息。特征级融合可分为两大类，即目标特性融合和目标状态数据融合。

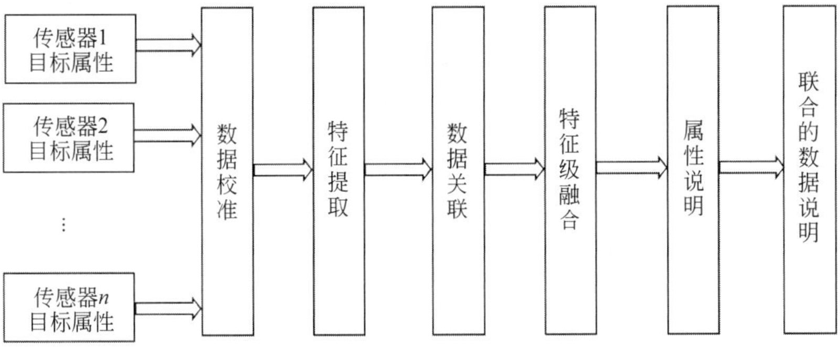

图 7.3　特征级融合原理

(1) 目标特性融合即特征层联合识别，具体的融合方法仍是模式识别的相应技术，只是在融合前必须先对特征进行相关处理，对特征向量进行分类，使之成为有意义的组合，例如遥感领域的遥感地表图像分类。

(2) 目标状态数据融合主要用于多传感器目标跟踪领域。融合系统首先对传感器数据进行预处理，完成数据校准，然后实现与参数相关的状态向量估计。

特征级融合适用于能够从原始信息中总结出一定的特点或规律的问题，概念很宽泛且可以灵活使用，因此特征级融合应用最为广泛。目前，特征级融合方法主要有 Dempster-Shafer(D-S)推理法、聚类分析法、贝叶斯估计法、熵法、加权平均法、表决法以及神经网络法等。

3. 决策级融合

决策级融合是在最高级进行的信息融合，直接针对具体决策目标，其结果为指挥控制决策提供依据。在这一层次的融合过程中，每个传感器首先处理各自接收到的信息，分别建立对同一目标的初判和结论，然后对来自各传感器的决策进行相关处理，最后进行决策级的融合处理，获得最终的联合判决。

决策级融合主要有如下特点：

(1) 能在一个或多个传感器失效或出错的情况下继续工作，有良好的兼容性。

(2) 系统对信息传输带宽要求较低，通信量小，抗干扰能力强。

(3) 对传感器的依赖性小，传感器既可以是同质的，也可以是异质的。

(4) 具有很高的灵活性。

(5) 能有效地反映环境或目标各个侧面的不同类型信息。

(6) 融合中心处理代价低。

(7) 需要对判决前的原传感器信息进行预处理，以获得各自的判定结果，故预处理代价高。

目前，决策级融合方法主要有贝叶斯估计法、专家系统、神经网络法、模糊集理论、可靠性理论以及逻辑模板法等，其原理如图 7.4 所示。多种逻辑推理方法、统计方法、信息论方法等都可用于决策级融合，如贝叶斯推理、D-S 推理、表决法、聚类分析、模糊集合论、神经网络、信息熵法等。

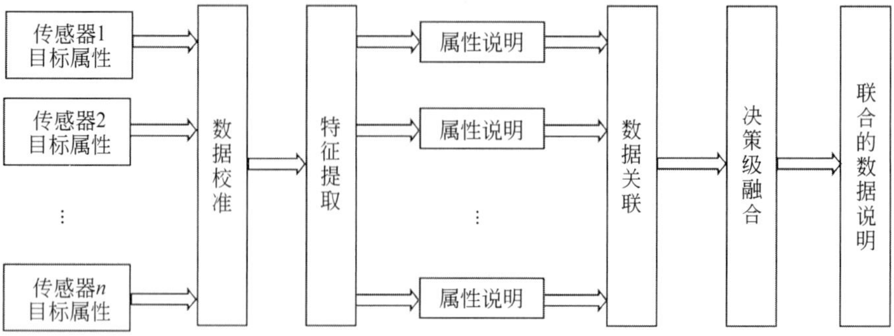

图 7.4 决策级融合原理

像素级融合能够保留更多的原始信息,但处理信息量大,原始信息的不确定性、不完全性和不稳定性对融合结果干扰明显;决策级融合处理信息量小,但要求每个信号源必须具有独立决策的能力,协同与互补性差。相比之下,特征级融合的性能比较全面,适当的特征处理在保留关键信息的同时滤掉次要的信息,在降低复杂度的同时,可以使观测对象的规律变得明显。另外,特征的提取策略通常会融入人类经验,因此能够在信息不完备的情况下获得清晰的边界和状态。灵活是特征级融合的明显优势之一,3 个层次的融合中只有特征是模糊词,特征级融合根据特征的抽象程度不同可以在多层面进行,选择算法的范围更广,在各领域中应用得最多。表 7.1 给出了 3 个融合层次的对比。

表 7.1 3 个融合层次的对比

比 较 项	像素级融合	特征级融合	决策级融合
处理信息量	最大	中等	最小
信息量损失	最小	中等	最大
抗扰性能	最差	中等	最好
融合性能	最好	中等	最差

7.1.2 多传感器信息融合的功能模型

模型设计是多传感器信息融合的关键步骤。信息融合模型主要包括功能模型、结构模型和数学模型。其中,功能模型是从融合过程的视角描述信息融合系统及其子系统的主要作用、数据库的作用以及系统工作时各组成部分之间的相互作用关系。

1. JDL 功能模型

在多传感器信息融合系统的功能模型中,JDL 模型及其演化版本占有十分重要的地位,是目前信息融合领域使用最为广泛、认可度最高的一类模型,JDL 模型在军事应用中具有其他模型不可替代的作用。1984 年,美国国防部成立了联合指挥实验室(Joint Directors of Laboratories,JDL),该实验室的数据融合工作小组(JDL/DFS)提出了 JDL 信息融合功能模型,经过逐步改进和推广使用,该模型已成为美国国防信息融合系统的事实标准。最初的 JDL 模型(1987—1991 年)包括目标优化、态势估计、威胁估计和过程优化 4 个主要功能模块,其结构如图 7.5 所示。其实还有一个模块,为级别 0,即信息预处理模块。

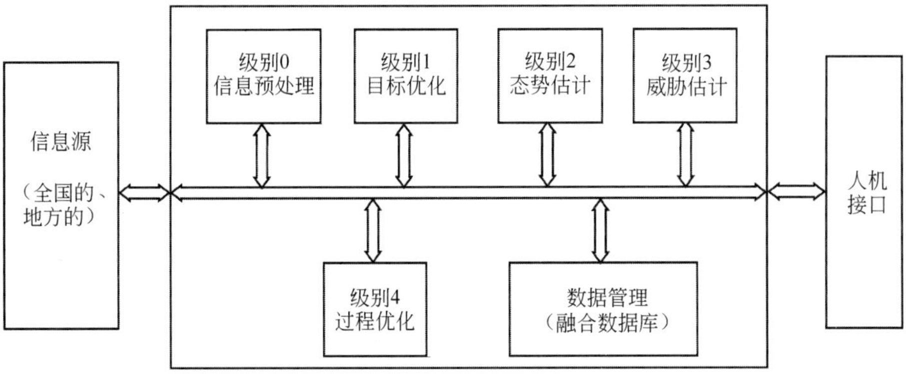

图 7.5　JDL 模型结构

JDL 模型各功能模块对信息融合的信号处理过程如下。

(1) 信息源(source of information)。作为输入的信息源可能是同一站(平台)探测装置(传感器)、不同站(平台)探测装置(传感器)或作为参考的其他数据来源。

(2) 人机接口(human computer interface)。允许用户输入命令、信息需求、人工评估结果等,还可以将融合结果以用户习惯接受的形式显示给用户。

(3) 信息预处理(information preprocessing)。根据观测的时间、报告位置、传感器类型、信息属性和特征分类、选择和归并数据,并将其传送到最合适的单元。通过对各类数据的预处理可以有效减少数据融合系统的负荷。

(4) 目标优化(object refinement)。通过整合目标的位置、参数等信息获得对于单个目标更加详尽的认识。具体完成以下 4 个基本功能：将来自不同传感器的数据转变为同一坐标系下的统一单位数据;估计并预测目标的位置、速度及其他的属性;将数据分配给目标,以便整个系统进行统计估计;精练关于目标实体的估计或进行分类。

(5) 态势估计(situation estimation)。联系单个实体和事件所处的环境进一步考虑它们之间的相互关系,单个实体被聚合成有意义的战斗单位或武器系统。另外,态势估计还着眼于一些相关信息(如物理上的接近程度、通信关系、时间关系等)以确定聚合体的意义。这种分析是根据当时的地形信息、周围媒体信息、天气情况及其他一些情况做出的。态势估计最后会给出一个对于传感器数据的解释。

(6) 威胁估计(threat estimation)。根据当前战场态势对于敌方的威胁程度、我方和敌方的脆弱性以及战斗机会做出推断。威胁估计是非常困难的,因为它不仅要推算出可能的战斗结果,而且要根据敌方原则、训练程度、政治环境及当前地形估计出敌方的意图。威胁估计主要集中在意图、致命性以及机会上。

(7) 过程优化(process refinement)。主要完成以下几个功能：监测数据融合处理性能,以提供关于实时控制和长期性能的信息;确认为了提高数据融合性能还需要的信息;确定为了收集有用的信息对传感器的特殊要求;分配并指挥探测器(传感器)以实现任务目标。

(8) 数据管理(data management)。数据融合系统离不开数据库的支持,数据管理功能负责对数据融合中的数据库进行管理、数据保护,提供对数据的修复、存取、排序、压缩、查询和数据加密等功能。

事实上，上述各组成部分都可再分解为若干子模块，细化的 JDL 模型结构如图 7.6 所示。第一级处理可分解为四种功能模块：数据对准，数据关联，位置估计、运动特征估计、属性估计以及目标身份估计。目标的位置、运动特征以及属性的估计功能还可分解为系统模型、最优算法和基本的处理方法。JDL 模型除了应用于军事领域以外，目前在民用领域也得到广泛应用。

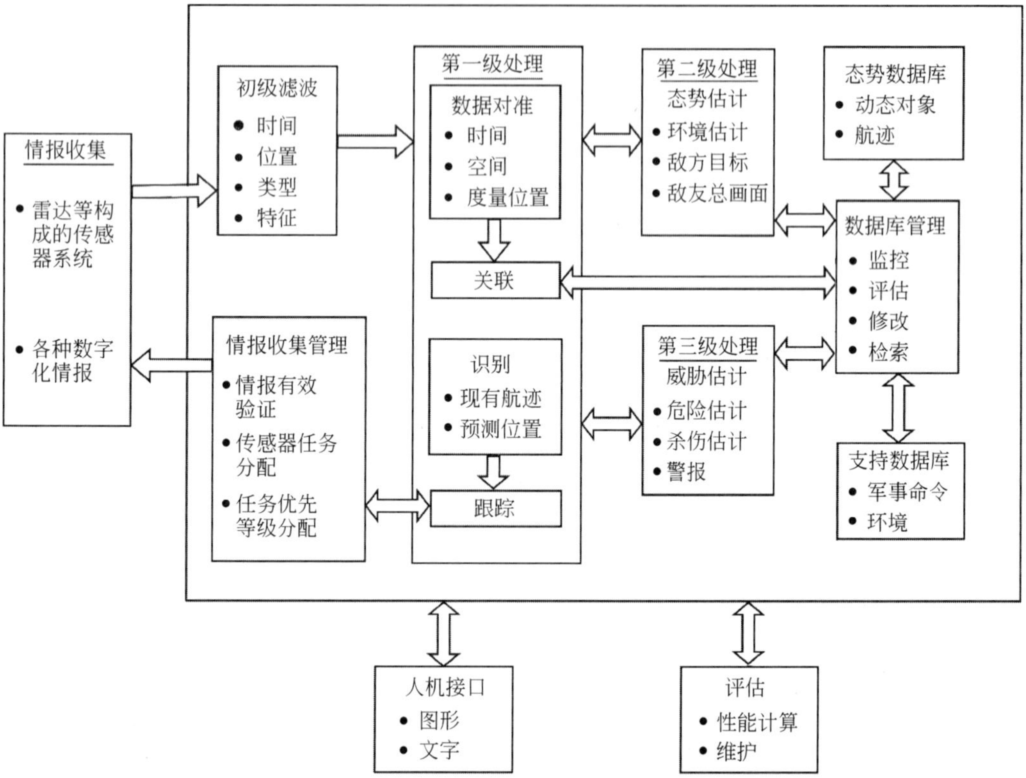

图 7.6　细化的 JDL 模型结构

2. White 模型

White 模型根据数据处理的层次关系把数据融合分为以下 3 级：

（1）融合位置和属性估计。

（2）敌我军事态势估计。

（3）敌我兵力威胁估计。

White 模型可进一步细化为 5 级，即检测级融合、位置级融合、目标识别级融合、态势估计与威胁估计。White 模型结构如图 7.7 所示。

1）检测级融合

检测级融合是直接在多传感器分布检测系统中检测判决或者在原始信号层上进行的融合。在经典的传感器中，所有的局部传感器将检测到的原始观测信号全部直接传送到中心处理器，然后利用经典的统计推断理论设计的算法完成最优目标检测任务。在多传感器分布检测系统中，每一个传感器对获得的观测先进行一定的预处理，然后将压缩的信息传送给其他传感器，最后在某一中心汇总和融合这些信息，产生全部的检测判决。信息融合采用两

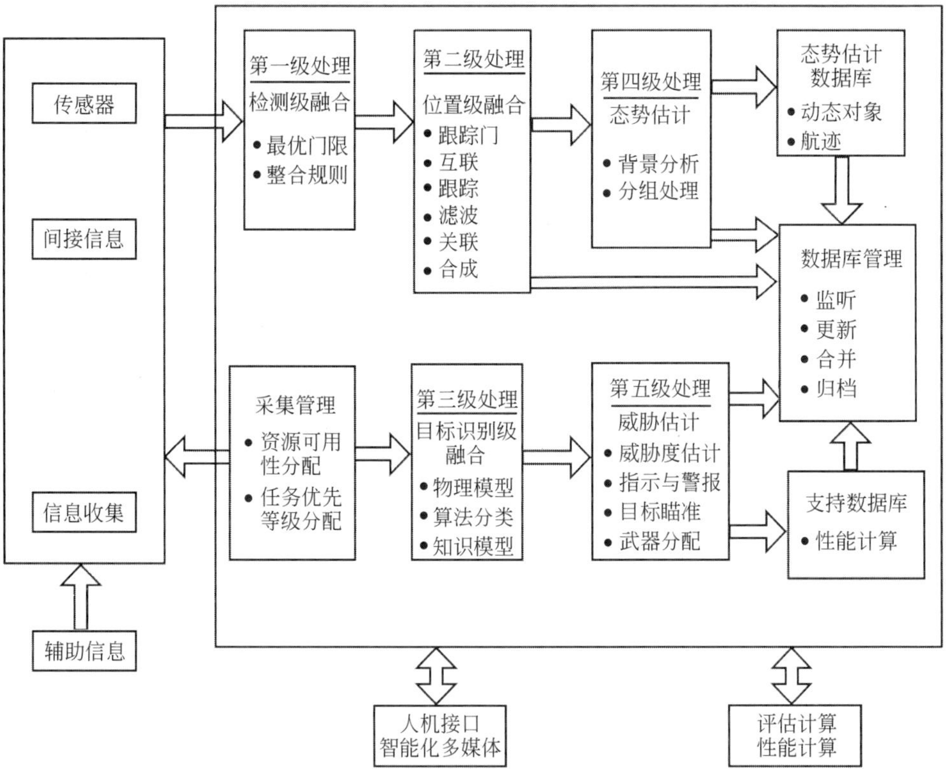

图 7.7　White 模型结构

种处理形式：一种是硬判决融合，即融合中心处理 0、1 形式的局部判决；另一种是软判决融合，中心除了处理判决信息外，还要处理来自局部节点的统计量。在多传感器分布检测系统中，对信息的压缩性预处理降低了通信的带宽。采用分布式多传感器信息融合可以降低对单个传感器的性能要求和造价。而且，分散的信号处理方式可以增加计算容量，在利用高速通信网的条件下可以完成非常复杂的算法。

2）位置级融合

位置级融合是直接在传感器的观测报告或者测量点迹和传感器的状态估计上进行的融合，属于中间层次，是跟踪级的融合，也是最重要的融合。在多传感器分布检测系统中，多传感器首先完成单传感器的多目标跟踪与状态估计，即完成时间上的信息融合；接下来各个传感器把获得的目标信息送到融合中心，在融合中心完成数据格式的统一，进行关联处理；最后对来自同一目标的信息进行融合。

3）目标识别级融合

目标识别也称为属性分类或者身份估计。用于目标识别的技术主要有模板法、聚类分类、自适应神经网络和基于知识的识别实体身份的技术。目标识别层的信息融合有三种方法，即决策级融合、特征级融合和像素级融合。在决策级融合方法中，每个传感器都完成变换，以便获得独立的身份估计，然后再对来自各个传感器的属性分类进行融合。特征级融合中，每个传感器观测一个目标并完成特征提取，从而获得每个传感器的特征向量，然后融合这些特征向量，产生身份估计。在像素级融合中，对来自同等量级的传感器原始数据直接进行融合，并基于融合的传感器数据进行特征提取和身份估计。

4）态势估计

态势估计是对战场上的战斗力量分配情况的评价过程。对于态势估计目前尚无完整的定义，它具有以下几个特点：态势估计是分层假设描述和评估处理的结果，每个备选假设都有一个不确定性关联值；认为不确定性最小的假设是最差的；态势估计用认为最好的态势评定的当前值描述；态势估计是一个动态的、按时序处理的过程，其结果水平将会随着时间的增长而提高。

5）威胁估计

同态势估计一样，威胁估计的定义同样存在着差异。通常，威胁估计是通过将对方的威胁能力以及它们的企图进行量化实现的。目前对这类问题的算法主要有多样本假设检验、经典推理、模糊集理论、模板技术、品质因数法、专家系统技术、黑板模型和基于对策论与决策论的评估方法等。

3. 其他功能模型

1）多传感器集成融合模型

基于多传感器集成的通用信息融合模型是把不同信息源的数据以分层递阶的形式在各个融合中心处理。该模型明确指出了多传感器集成和融合的不同，认为多传感器集成是利用多个传感器信息协助完成某一特定任务，而多传感器融合指的是在多传感器集成过程中需要进行传感器数据组合的任意环节。

2）情报环模型

情报环(intelligence cycle)模型用一个环状结构描述信息融合的整个过程，包括情报收集、整理、评估和分发 4 个阶段。情报收集阶段主要是收集传感器的探测信息和人工获取的原始情报；情报整理阶段对所获得的信息进行分析、对比和相关处理；情报评估阶段进一步将经过整理后的情报信息加以融合和分析，并在情报分发阶段将融合后的信息传递给用户，以便作进一步的行动决策和调整下一步的情报收集工作。

3）基于行为知识的信息融合模型

基于行为知识的信息融合模型是一个按顺序融合的结构框架，如图 7.8 所示。它将传感器获得的原始信息经特征提取、校准、关联处理后，在属性级进行融合，通过数据分析和聚类技术，利用行为规则集合信息表示系统最终的融合输出。

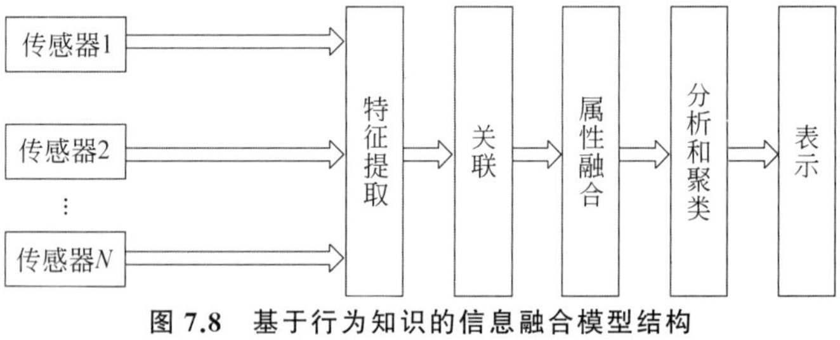

图 7.8　基于行为知识的信息融合模型结构

4）瀑布模型

瀑布模型是另一个递阶形式的信息融合功能模型，其在信息融合领域的应用也比较多。数据流是从信号级向决策级流动的，传感器系统可以通过决策模块产生的控制反馈作用调整自身的工作模式、布局等。

瀑布模型由以下 3 个层次组成：

在第一个层次中，原始数据经过处理和适当变换后实现对环境的描述。为了达到这个目的，需要建立传感器和被探测现象的模型。这些模型可以由实验分析得到，或按某些物理规律确定。

第二个层次由特征提取和模式处理两部分组成，目的是得到某种形式的推理表示，通常是符号级表示。该层次的输出是具有一定置信概率的状态估计。

第三个层次实现目标和事件的关联，并根据收集到的信息、数据库内容和各种情报，形成决策和可能采取的行动。

5）Boyd 控制回路模型

Boyd 控制回路模型分为观测（Observe）、定向（Orient）、决策（Decide）和行动（Act）4 个阶段，因此该模型也常被称为 OODA 模型。观测阶段大体与 JDL 模型中的第 0 级对应，具有情报环模型中情报搜集阶段的部分功能。定向阶段包括了 JDL 模型中第 1、2、3 级的功能，也包括了情报环模型中情报搜集和整理阶段的功能。决策阶段相当于 JDL 模型的第 4 级和情报环模型的情报分发阶段。行动阶段考虑的是决策结果对客观世界的作用，在模型中形成闭环。

6）扩展 OODA 模型

图 7.9 是加拿大的洛克西德马丁公司（LMC）开发的一种信息融合系统模型——扩展 OODA 模型。该模型已经在加拿大哈利法克斯导弹护卫舰上使用。

扩展 OODA 模型可以处理并发、可能相互影响的信息之间的融合。用于决策的信息融合系统可分解为一组有具体含义的高级功能集合，这些功能按照构成 OODA 模型的观测、定向、决策和行动 4 个阶段进行检测评估，每个功能还可以依照 OODA 的各个阶段进一步分解和评估。图 7.9 中标出的节点表示各个功能与各个阶段的相关性，例如，功能 A 和 N 在每个阶段都有分解和评估，而功能 B 只与观测和定向阶段有关。

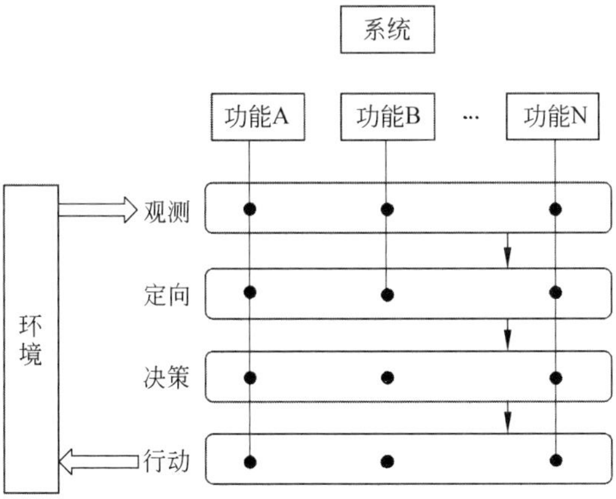

图 7.9　扩展 OODA 模型

扩展 OODA 模型的环境模块只在观测阶段给各个功能模块提供输入信息，在行动阶段接收各个功能模块的输出信息。此外，观测、定向和决策阶段的功能仅直接按顺序影响各自下一阶段的功能;行动阶段不仅影响环境,而且直接影响扩展 OODA 模型中其他各个阶段的功能。

7.1.3 多传感器信息融合的结构模型

结构模型主要从信息流的角度说明信息融合系统的工作方式以及系统与外部环境的信息交互过程。从传感器系统的信息流通形式和综合处理层次角度,把多传感器信息融合结构分为 3 种,即分布式融合、集中式融合、混合式融合。

1. 分布式融合

分布式融合也称自主式融合、后传感器处理融合,是传感器级的数据融合结构,其原理如图 7.10 所示。在分布式结构中,每个传感器的检测报告在进入融合中心前先由本身的数据处理器进行优化处理,然后把处理后的信息送到融合中心,融合中心根据各传感器信息完成数据关联和数据融合,形成全局估计。分布式融合不仅具有局部独立跟踪能力,而且具有全局监视和评估特征的能力。在对同一个目标不容易产生虚警时,采用分布式数据融合结构是对目标进行检测和分类的最好方法。

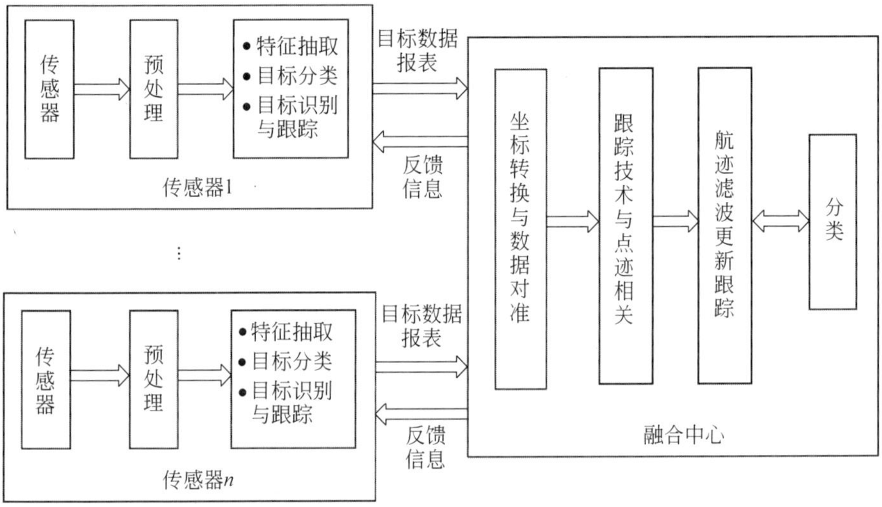

图 7.10 分布式融合原理

在分布式信息融合结构中,融合中心处理的数据不是原始数据,而是向量数据或融合后的数据,有效地压缩了数据量,降低了各传感器与融合中心之间的通信负荷。但是,压缩或融合后的数据会丢失某些有用信息,因此状态向量融合不如数据级融合精确。

2. 集中式融合

集中式融合也称前传感器处理融合,属于中央级数据融合,其原理如图 7.11 所示。

各传感器将检测到的量测数据经最小程度处理(滤波处理和基线估计等)后传送到融合中心,在那里进行数据对准、数据关联、预测和综合跟踪。这种结构最大的优点是信息损失小。但是,这种结构数据互联较困难,且必须具备大容量,计算负担重,系统的生存能力也较差。

分布式融合、集中式融合的比较如表 7.2 所示。

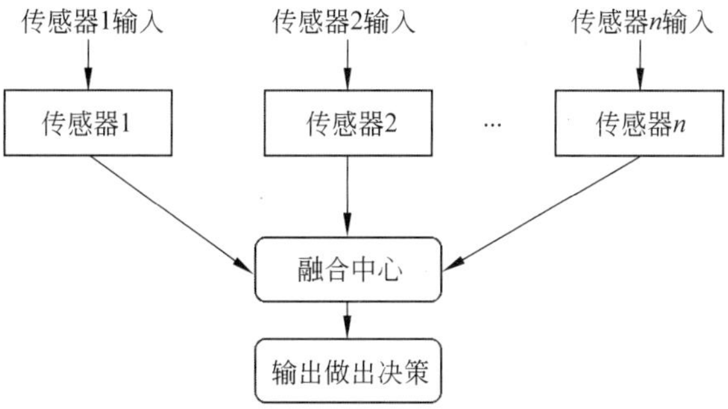

图 7.11　集中式融合原理

表 7.2　分布式融合、集中式融合的比较

体系结构	分布式融合	集中式融合
优点	① 处理元素被分配到每个传感器，处理性能增强。 ② 已有的平台数据总线(低速)可频繁使用。 ③ 问题分解比较容易。 ④ 新传感器的增补或老传感器的修正对系统的软硬件影响较小	① 中央处理器可获得所有数据。 ② 融合处理精度高。 ③ 可处理较少量的标准化元素。 ④ 平台传感器位置选择所受限制较小。 ⑤ 处理器环境较易控制。 ⑥ 所有处理元素置于通用的可接收位置。 ⑦ 软件更新比较容易
缺点	① 送入中心处理器的数据有限，将削弱传感器数据融合的有效性。 ② 在恶劣环境下，某些传感器探测性能降低，将会影响到处理器元素的选择，并增加开销。 ③ 传感器位置选择有更多限制。 ④ 大量的处理元素会降低维修性，使逻辑支持负担加重，开销增大	① 要求专用的数据总线。 ② 接收的数据量大。 ③ 硬件更新或增补比较困难。 ④ 所有处理资源置于一地，易被摧毁。 ⑤ 问题分解困难(故障排除困难)。 ⑥ 软件升机和维护比较困难，一个传感器的改变将会影响代码的许多部分

3. 混合式融合

混合式融合指既有分布式融合结构，又有集中式融合结构，同时传输探测报告和经局部节点处理后的航迹信息。它保留了集中式和分布式的优点，但在通信和计算上要付出昂贵的代价。

混合式融合原理如图 7.12 所示，在此结构中，增加各传感器信号处理算法作为中央级数据融合的补充，反过来，中央级数据融合又作为传感器级数据融合的输入。混合式融合的这种结构可以实现使用传感器的量测数据达到中央级数据融合的跟踪效果，另外也可以融合多条航迹，这些航迹类似传感器级数据融合结构中各传感器所提供的航迹。最终航迹是在中央级处理器中形成的，它融合了各传感器级的航迹和中央级的航迹。如果各传感器的量测信号不能做到完全独立，可以使用混合式融合结构进行目标属性的分类，此时经过最低程度处理过的数据直接送到中央级处理器中使用某种算法进行融合，实现对传感器视野里的目标进行检测和分类。混合式融合结构的不足是加大了数据处理的复杂程度，且需要提高数据的传输率。

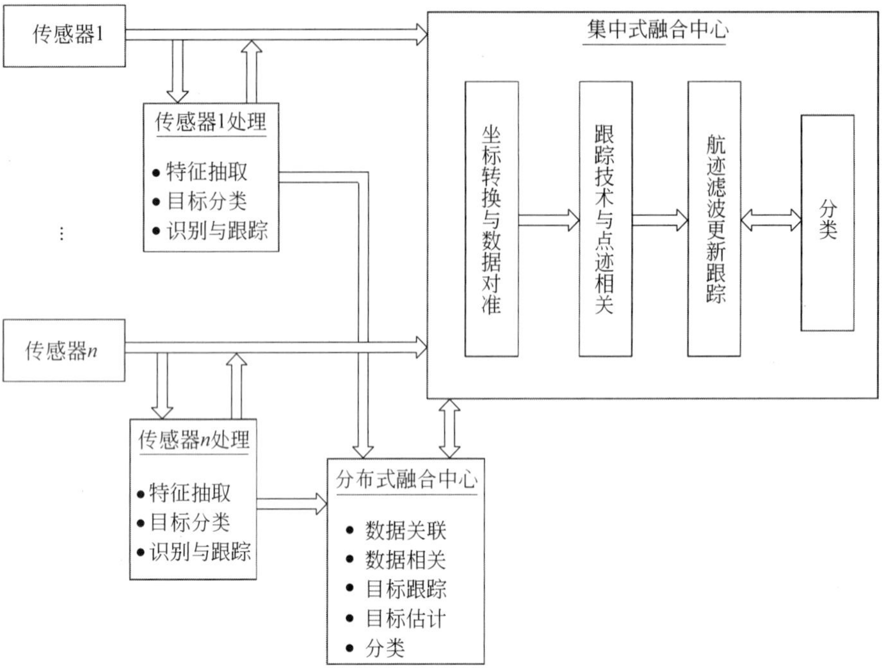

图 7.12 混合式融合原理

根据融合处理的数据的种类，数据融合系统还可分为时间融合、空间融合和时空融合3种。时间融合指同一传感器对目标在不同时间的量测值进行融合处理；空间融合指在同一时刻对不同传感器的量测值进行融合处理；时空融合指在一段时间内对不同传感器的测量值不断地进行融合处理。

事实上，对于给定的数据融合应用工程，无法给出唯一的最优结构。在实际操作中选择哪种结构，必须综合考虑系统计算负荷、通信带宽、描述的准确性、传感器的性能以及系统资金耗费等因素。

7.1.4 多传感器信息融合的过程和算法

1. 多传感器信息融合的过程

多传感器信息融合的过程通常以如下3种方式出现：

(1) 同一平台上的几个探测器(传感器)的信息融合。

(2) 把一个探测器(传感器)平台上获取的信息传给另一个探测器(传感器)平台。

(3) 将两个或多个部署在不同地方的探测器所采集和处理的跟踪文件融合起来。

图 7.13 给出了数据融合过程。

数据融合过程具体如下。

1) 检测

传感器扫描监视区域。每扫描一次，就报告在该区域中检测到的所有目标。每个传感器独立地进行检测和判断，且一检测到目标信息，就将各种测量参数(目标特性参数和状态参数)报告给融合过程。

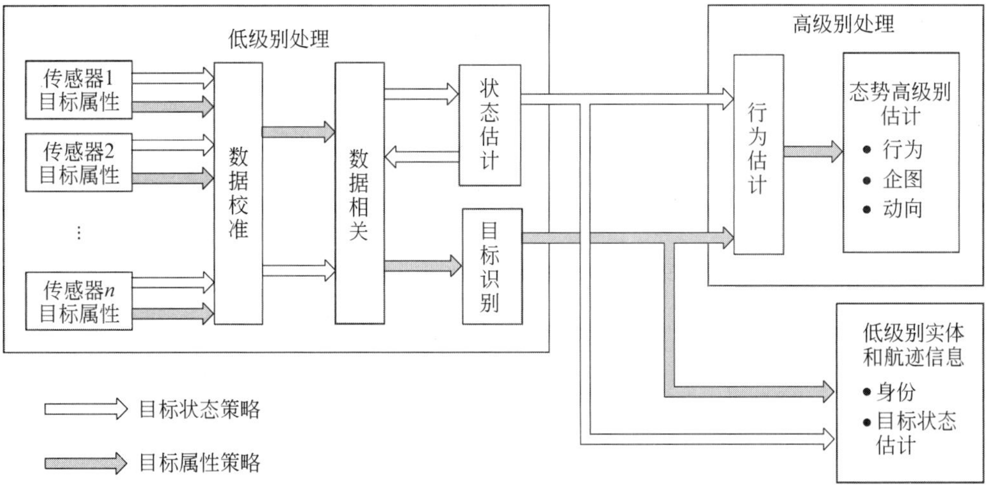

图7.13　数据融合过程

2）数据校准

数据校准的作用是统一各个传感器的时间和空间参数点。若各传感器在时间和空间上是独立、异步工作的，则必须事先进行时间和空间上的校准，即进行时间转换和坐标转换，以形成统一的时间和空间参数点。

3）数据相关（关联）

数据相关的作用是判别不同时间和空间的数据是否来自同一个目标。每次扫描结束时，数据相关单元将收集到的传感器的新报告与其他传感器的新报告以及该传感器过去的报告进行相关处理。利用多传感器数据对目标进行估计，首先要求这些数据来自同一个目标。可以得出 s 个传感器在 n 个时刻的观测值的数据集合为

$$Z=\{Z_j, j=1,2,\cdots,s\} \tag{7.1}$$

$$Z_j=\{Z_{ji}(k), i=1,2,\cdots,m, k=1,2,\cdots,n\} \tag{7.2}$$

其中，Z_j 为第 j 个传感器观测值的集合，Z_{ji} 为第 j 个传感器在 k 时刻对 i 个目标的观测值，m 为监视区域内的目标个数。

无论是时间融合还是空间融合，都必须先进行相关处理，以判别属于同一目标的数据。在数据相关的基础上，将收集到的每个传感器新报告指派给以下任意一个假设：

（1）一个新目标探测集，即建立迄今尚未探测到的新目标的报告。

（2）一个已存在的目标集，即根据以前探测到的目标标识报告的来源。

（3）一个虚警，即假定传感器探测不形成一个实际目标，并根据进一步的分析删除该报告。

4）状态估计

状态估计又称目标跟踪。每次扫描到来时将新数据集与原有的数据集（以前扫描得到的数据集）进行融合，根据传感器的观测值估计目标参数（如位置、速度等），并利用这个估计预测下一次扫描中目标的位置，预测值反馈给随后的扫描，以便进行相关处理，状态估计单元的输出是目标的状态估计，如状态向量航迹等。

5）目标识别

目标识别又称属性分类或身份估计。目标识别被看作对目标属性的估计，即根据不同

传感器测得的目标特征形成一个 N 维的特征向量,其中每一维代表目标的一个独立特征。若预先知道目标有 m 类以及每类目标的特征,则可比较实测特征向量与已知类别的特征,从而确定目标的类别。

6）行为估计

行为估计是指将所有目标的数据集(目标状态和类型)与先前确定的可能态势的行为模式相比较,以确定哪种行为模式与监视区域内所有目标的状态最匹配。行为模式是指抽象模式,如敌人的目标企图可分为侦察、攻击、异常等。行为估计单元的输出是态势评定、威胁估计以及动向、目标企图等。

从图 7.13 给出的功能模型可以看出,相关、识别和估计处理功能贯穿整个数据融合过程,是融合系统的基本功能。但是要注意,运用这些功能的顺序对融合系统的体系结构、处理特点以及性能影响颇大。

2. 多传感器信息融合的算法

近年来,多传感器信息融合技术已经成为智能控制与系统领域的一个重要方向,无论是在军事领域还是在民用领域都受到了广泛的关注,它涉及多个学科,是新一代智能信息技术的核心技术之一。多传感器信息融合的实质是不确定信息的处理,融合方法则是实现不确定信息处理的方法。作为多传感器信息融合系统的研究热点之一,融合方法一直受到人们的重视,并且取得了一系列成果。多传感器信息融合算法涉及检测技术、信号处理、通信、模式识别、决策论、不确定性理论、估计理论、最优化理论、计算机科学、人工智能和神经网络等诸多学科,其中涉及检测、分类与识别的多传感器信息融合算法分类如图 7.14 所示。

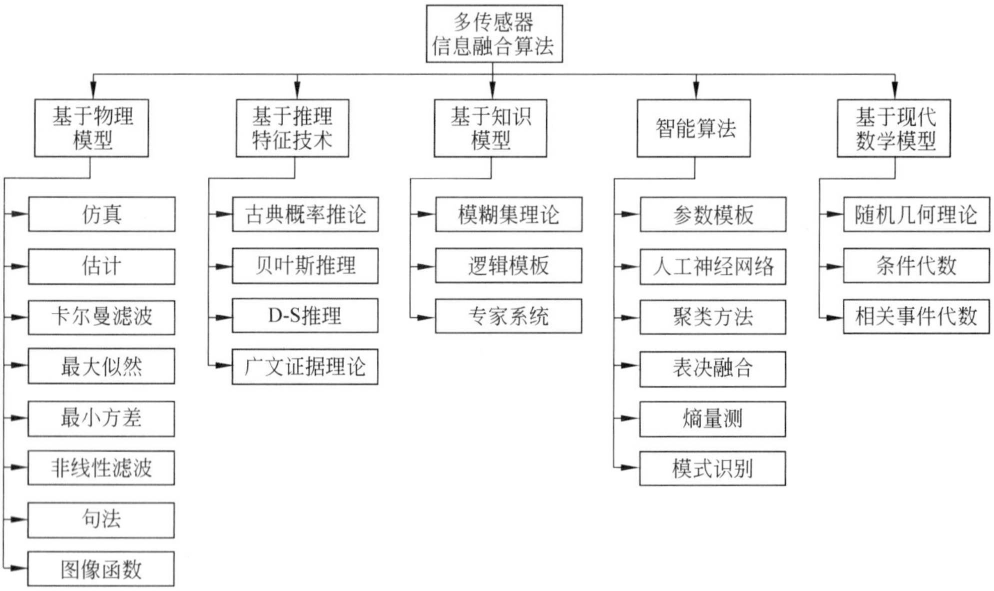

图 7.14　多传感器信息融合算法分类

7.1.5　多传感器信息融合存在的问题

目前传感器性能有了很大的提高,传感器反映的信号形式也呈现出多样化的特点,同时计算机处理能力,尤其是并行处理和分布式处理能力日趋强大,这为大量信息的处理和融合提供了必要的条件。然而,随着信息科学的进步,多传感器信息融合所面临的理论和应用问题更加复杂。当前多传感器信息融合研究方面存在的问题主要表现在以下几方面:

(1) 信息的不确定性。当前信息融合系统应用的环境比较复杂,在信息的获取、处理、描述和融合过程中存在许多不确定因素,从而导致最终的融合结果与真实情形有很大差别。针对不同类问题的较大差异,不确定性融合至今尚无普适的原理和技术。

(2) 异类多传感器信息融合。异类多传感器信息融合由于具有时间不同步、维度不一致、平台介质多元等特点,因而具有非常大的不确定性。在异类多传感器信息融合中,如何利用各传感器信息进行航迹起始,如何综合利用位置、动态及特征和属性参数改善目标跟踪性能,如何合理利用互补信息改善对目标的识别,以及如何实现检测跟踪的联合优化,都是需要进一步研究和解决的问题。

(3) 大特征差异信息融合。对于在信息尺度/粒度、信息相容/相悖、完整/不完整测量、时序/非时序测量、可观测性强/弱等特征上具有较大差异的多传感器信息融合问题,由于缺乏成熟的理论体系,现阶段不能被很好解决。

(4) 复杂电磁环境下微弱目标信号检测。电磁频谱是当前战争空间的重要一维,在大量电磁信号和干扰情况下,传感器的探测性能受到极大的影响。此时,单一传感器已无法及时、连续获取微弱目标信号,必须依靠多频段、多介质传感器探测信号的融合,才能尽早检测和识别目标,保证充足的预警时间。关于复杂电磁环境下微弱目标信号的检测问题,目前尚无有效的方法,这也是当前第 0 级融合的关键问题之一。

(5) 非线性估计和滤波。这些问题虽已经有很多年的研究历史,也取得了很多研究成果,但远未得到彻底解决,未触及核心,还有许多方面需要深入研究,如多传感器多目标跟踪、机动目标跟踪、混合系统滤波等。

(6) 高层次信息融合。现有研究绝大多数都局限于 JDL 模型中的第 1 层,关于高层次信息融合的研究很少。从根本上说,高层次信息融合还没有形成一套比较完整的理论体系,这严重阻碍了信息融合的发展和应用。为了信息融合的进一步发展,这方面的研究必须大力推行。

(7) 图像融合以及图像与非图像信息的融合。图像融合在目标追踪、遥感机器人视觉、智能制造系统、医学图像处理等领域有着非常广泛的应用潜力。多介质(红外、光电、多光谱、SAR 等)图像以及非图像(雷达回波信号、声音和振动频谱以及态势图像等)信息的融合技术,在隐蔽探测、目标检测、目标识别以及目标跟踪、火力打击控制、打击效果评估和指挥决策等作战应用中具有重要价值。该技术在多平台图像配准、多介质图像特征关联、多粒度(多分辨率)图像稀疏变换、多源图像目标融合检测与识别等研究方向上仍处于起步阶段,还需要进一步深化研究工作。

(8) 联合战场态势的时空一致性。联合作战时,为实现系统的协同作战能力,保证一致性,各节点之间必须在时间和空间上对同一态势或态势要素的状态、属性保持一致性。这是第 2 级融合重点研究的问题,目前尚无完善的理论和方法。

7.2 多传感器信息融合的概率统计方法

7.2.1 传感器建模

1. 观测模型

假设一个传感器对某个几何特征进行观测，它获得的应该是特征向量 $\boldsymbol{P}$ 的某个实例 $\boldsymbol{Z}$，因此可以用条件概率分布函数 $f_g(\boldsymbol{Z}|\boldsymbol{P})$来描述这种观测过程，它表示在有关 $\boldsymbol{P}$ 的所有先验信息都已知的情况下观测到 $\boldsymbol{Z}$ 的似然性(概率)，因此这个分布就是观测模型。

由于函数 $f(\cdot|P)$的准确形式在实际应用中很难得到，为此通常假设它服从高斯分布或均匀分布。一些学者采用一些标准的分布和一个表示误差或错误因素的未知概率分布一起近似地表示传感器的观测。这种表示必须保证传感器根据此模型做出的决策对误差的各种概率分布来说是稳定的，否则就应确定一个标准的噪声分布。传感器观测的这种表示形式称为整体误差模型，它的一般形式如下：

$$P_\varepsilon(F_0)=\{F \mid F=(1-\varepsilon)F_0+\varepsilon H, H \in M\} \tag{7.3}$$

这种模型由一组分布函数(记为 F)的集合描述，F 等于标准分布 F_0 加上另一个概率值 H 与 ε 的积。式(7.3)中的第二个概率值 H 通常被认为是未知的，它反映了某些意外的观测值对传感器整个观测值的分布区域造成的影响。

采用整体误差模型可在决策过程中实现对传感器观测的聚类处理，并在聚类过程中对那些处于分布区域外围的观测值进行恰当地处理。如果式(7.3)中的 F_0 有有限矩，则聚类过程将趋于高斯观测模型。

观测模型的一项功能是不必通过分析传感器可能做出的反应就能正确地估计传感器特性，这就要求决策过程对于各个传感器观测而言是稳定的，并能根据有关传感器特性的不太多的信息得出有效的结论。

2. 相关模型

传感器的观测模型主要依赖传感器本身的物理特性。但是在多传感器系统中，单个传感器的观测必然受到其他传感器的影响。为了能正确描述传感器信息间的动态特性，可以用一组条件概率建立传感器相关模型。

在相关模型中，以第 i 个传感器的信息结构为例，可以用一个概率分布函数解释传感器的相关模型：

$$\eta_i^\delta(\delta)=\eta_i(\delta_1(Z_1),\delta_2(Z_2),\cdots,\delta_n(Z_n)) \tag{7.4}$$

这个函数表示其他所有传感器以被观测特征的概率分布函数形式传递给第 i 个传感器的先验信息，对相关模型的这种解释具有统计学意义。根据贝叶斯规则，特征的联合密度函数能够用条件观测模型乘以先验信息表示，即

$$f_i(Z,P)=f_i(Z \mid P)f_i(P) \tag{7.5}$$

另外，对传感器相关模型的这种解释方法从直观上说也是易于理解的：传给第 i 个传感器的其他传感器的观测为传感器 i 提供了先验信息。一般来说，分布函数 $f_\delta(\cdot)$的内部结构应该能够描述构成第 i 个传感器信息结构的所有传感器信息间的相关性，这种相关性不但要表示传感器之间信息传递的序列，而且要描述各种观测信息以互补、协作或竞争形式综

合起来提供对环境目标全面描述的方法。

3. 状态模型

现代的许多传感器都可以通过调整它们的内部状态、改变它们所处的位置达到改变观测特性的目的。为了充分利用传感器的这种可变性，建立一个能表示传感器观测与传感器状态、位置之间关系的状态模型是必要的，它可以提供灵活的传感器控制策略，以便传感器对环境中的目标动态地进行观测和定位。

在传感器的状态模型建立之后，就要利用状态模型实现对传感器的控制。可以把传感器的观测(以均值、方差等描述)看作传感器空间位置和状态的函数，则当系统需要描述有关目标某一方面特征的信息时，利用观测特征与传感器状态的相关关系即可预先确定传感器状态的理论值 X，并根据 X 的值调整传感器的实际状态，传感器就能检测到符合要求的观测数据。

7.2.2　传感器建模不确定性分析

不确定度是测试计量领域的重要概念，是一个表征测量值的分散性，与测量结果相联系的参数。在传感器的动态校准中通常涉及动态校准不确定度的研究。不确定度是对测量误差的定量表示，评定传感器动态校准的不确定度，动态校准数据才具有意义，此时实验数据才可以用来动态建模。传感器动态校准的不确定度与模型的不确定度息息相关。由于客观存在的噪声干扰而不可能得到测试系统的真实输出，任何算法也得不到传感器系统的真实动态数学模型，通过单次动态校准数据建立的模型必然存在偏差。为了提高准确率，有必要对传感器最优的动态数学模型进行估计，并给出模型的不确定度范围。近年来，对传感器动态校准不确定度的研究已经逐步走向成熟，对传感器的模型不确定度的研究还处于初步探索阶段。随着研究的深入，传感器动态特性模型的不确定度评定方法也会逐渐完善。

7.2.3　标量随机变量的概率与统计特性

1. 离散型随机变量数学期望

定义 7.1　设 X 是离散型随机变量，其分布律为 $P(X=X_i)=p_i(i=1,2,3,\cdots)$，如果级数 $\sum_{i=1}^{\infty} x_i p_i$ 绝对收敛，则称

$$E(X)=\sum_{i=1}^{\infty} x_i p_i \tag{7.6}$$

为离散型随机变量 X 的数学期望，也称为期望或均值。

定义 7.1 中要求级数 $\sum_{i=1}^{\infty} x_i p_i$ 绝对收敛，是为了保证数学期望的唯一性。若级数 $\sum_{i=1}^{\infty} x_i p_i$ 条件收敛，级数 $\sum_{i=1}^{\infty} x_i p_i$ 改变项的次序后，其和不唯一。只有当级数 $\sum_{i=1}^{\infty} x_i p_i$ 绝对收敛时，改变项的顺序才不影响和的唯一性，即绝对收敛级数具有可交换性。

2. 方差和标准差

定义 7.2　设 X 是一个随机变量，如果 $E\{[X-E(X)]^2\}$ 存在，则称

$$D(X)=E\{[X-E(X)]^2\} \tag{7.7}$$

为随机变量 X 的方差。称方差 $D(X)$ 的算术平方根 $\sigma_X=\sqrt{D(X)}$ 为随机变量 X 的标准差。

随机变量 X 和 Y 的协方差为

$$\mathrm{Cov}(X,Y)=E\{[X-E(X)][Y-E(Y)]\}$$

实际中常用计算公式为

$$\mathrm{Cov}(X,Y)=E(XY)-E(X)E(Y)$$

协方差考察了随机变量之间协同变化的关系，但在使用中存在量纲的问题。为了避免这样的情形发生，将随机变量标准化：

$$X^*=\frac{X-E(X)}{\sqrt{D(X)}},\quad Y^*=\frac{Y-E(Y)}{\sqrt{D(Y)}}$$

再求协方差 $\mathrm{Cov}(X^*,Y^*)$，这就是随机变量 X 和 Y 的相关系数，又称标准化协方差。

3. 相关系数

定义 7.3 设 (X,Y) 是二维随机变量，如果 $\mathrm{Cov}(X,Y)$ 存在，且 $D(X)>0, D(Y)>0$，则称

$$\rho(X,Y)=\frac{\mathrm{Cov}(X,Y)}{\sqrt{D(X)}\sqrt{D(Y)}} \tag{7.8}$$

为随机变量 X 和 Y 的相关系数，也记作 ρ_{XY}。二维正态分布的参数 ρ 恰好是 X 和 Y 的相关系数。

4. 随机变量不相关

定义 7.4 若随机变量 X 和 Y 不相关，$\rho(X,Y)=0$，通常认为 X 和 Y 之间不存在线性关系，但并不能排除 X 和 Y 之间可能存在其他关系；若 $\rho(X,Y)=0$，则随机变量 X 和 Y 不相关。

若随机变量 X 和 Y 独立，则必有 $\rho(X,Y)=0$，因而 X 和 Y 不相关；若随机变量 X 和 Y 不相关，则仅仅是两者不存在线性关系，然而可能存在其他关系，如 $X^2+Y^2=1$，X 和 Y 不独立。显然，不相关是一个比独立弱的概念。

7.2.4 线性回归

1. 线性回归模型

线性模型严格来说不是一种模型，它实际上代表了一类统计模型，具体包括线性回归模型、方差分析模型、协方差分析模型和方差分量模型等。管理、医学、经济、农业、工业、气象、工程技术等领域的许多现象都可以近似描述成统计模型，所以线性模型是在现代统计学中应用最广泛的一种模型。以下主要考察线性回归模型的参数估计问题。

在现实中存在着许多问题满足这样一种关系：两个变量 X 和 Y 存在依赖关系。不妨说，当已知 X 时，可以知道关于 Y 的部分信息。通常用体重与身高的例子说明这种依赖关系。如果用 X 表示某人的身高，用 Y 表示其体重，直观地看，当 X 越大时 Y 也倾向于越大，但是不能严格地由 X 确定 Y。又如，城市生活用电量 Y 与气温 X 有很大关系。在春秋季节温度适中，用电量相对较少；而在夏天和冬天，居民为了降温或者保暖会增加空调和电暖气等家用电器的使用频率，故而用电量会大幅上涨。上述变量间的这种关系称为相关关系，而回归模型就是研究相关关系的工具。

在上述例子中，通常将 Y 称为响应变量或者因变量，把 X 称为预报变量或者自变量。假设 Y 的值由两部分组成。一部分是与 X 相关的部分，不妨记为 $f(X)$。这个函数关系在很多情况下可以看作近似线性的，即

$$f(X)=\beta_0+\beta_1 X \tag{7.9}$$

这里的 β_0 和 β_1 是未知参数。另一部分由许多其他没有考虑到的因素决定，被看作随机误差，记为 e。随机误差有正有负，可以假定其均值为 0，即 $E(e)=0$。于是可得下述模型：

$$Y=\beta_0+\beta_1 X+e \tag{7.10}$$

在上述模型中，如果省略 e，它就是一个普通的直线方程。因此，称上述模型为线性回归方程。其中，常数项 β_0 为截距；β_1 为斜率，也可以称为回归系数。在实际的应用问题中，β_0 和 β_1 都是未知的，因此需要通过观测到的数据进行估计。假如有 n 组观测数据 (x_i,y_i)，$i=1,2,\cdots,n$。如果 Y 与 X 有回归关系[式(7.10)]，则这些 (x_i,y_i) 应该满足

$$y_i=\beta_0+\beta_1 x_i+e_i,\quad i=1,2,\cdots,n \tag{7.11}$$

基于式(7.11)，可以应用适当的统计方法求得 β_0 和 β_1 的估计值 $\hat{\beta}_0$ 和 $\hat{\beta}_1$，在下面会提及具体的方法。求得估计值后代入式(7.10)，省略误差项 e，可以得到

$$\hat{Y}=\hat{\beta}_0+\hat{\beta}_1 X \tag{7.12}$$

称之为经验回归方程。“经验”两字表示这个回归方程是根据 n 次观测数据 (x_i,y_i)，$i=1,2,\cdots,n$ 而得到的。在实际问题中，往往有很多与因变量有关的因素，因此需要考虑含有多个自变量的回归问题。假设已知响应变量 Y 和 $p-1$ 个自变量 $X_1,X_2,\cdots,X_{p-1}$ 存在如下关系：

$$Y=\beta_0+\beta_1 X_1+\beta_2 X_2+\cdots+\beta_{p-1}X_{p-1}+e \tag{7.13}$$

则称之为多元线性回归模型。其中，β_0 为常数项，$\beta_1,\beta_2,\cdots,\beta_{p-1}$ 为回归系数，e 为随机误差。

2. 最小二乘法

在研究线性回归模型参数估计问题时，最小二乘法是最普遍的方法，并且统计性质的研究也有很好的结果。

含有 $p-1$ 个自变量的线性回归模型的一般形式为式(7.13)，如果进行了 n 次观察，则会得到 n 组数据 $(y_i,x_{i1},x_{i2},\cdots,x_{i,p-1})$，$i=1,2,\cdots,n$，它们满足

$$y_i=\beta_0+\beta_1 x_{i1}+\beta_2 x_{i2}+\cdots+\beta_{p-1}x_{i,p-1}+e_i,\quad i=1,2,\cdots,n \tag{7.14}$$

通常为了方便，会把上述关系用矩阵的形式表示：

$$\boldsymbol{y}=\begin{bmatrix} y_1\\ y_2\\ \vdots\\ y_n\end{bmatrix},\quad \boldsymbol{X}=\begin{bmatrix} 1 & x_{11} & x_{12} & \cdots & x_{1,p-1}\\ 1 & x_{21} & x_{22} & \cdots & x_{2,p-1}\\ \vdots & \vdots & \vdots & \ddots & \vdots\\ 1 & x_{n1} & x_{n2} & \cdots & x_{n,p-1}\end{bmatrix},\quad \boldsymbol{\beta}=\begin{bmatrix} \beta_0\\ \beta_1\\ \vdots\\ \beta_{p-1}\end{bmatrix},\quad \boldsymbol{e}=\begin{bmatrix} e_1\\ e_2\\ \vdots\\ e_n\end{bmatrix} \tag{7.15}$$

关于矩阵 $\boldsymbol{X}$ 和误差变量 $\boldsymbol{e}$ 假设满足关系 $\mathrm{rank}(\boldsymbol{X})=p$，$e_i(i=1,2,\cdots,n)$ 互不相关，均值为 0，且具有相同的方差，则可以把上述线性回归模型记作

$$\boldsymbol{y}=\boldsymbol{X\beta}+\boldsymbol{e},\quad E(\boldsymbol{e})=0,\quad \mathrm{Cov}(\boldsymbol{e})=\sigma^2\boldsymbol{I} \tag{7.16}$$

这里称 β_0 为常数项，$\beta=(\beta_0,\beta_1,\beta_2,\cdots,\beta_{p-1})$ 为回归系数。

最小二乘法的基本思想是序列的真值应该能够使误差向量 $\boldsymbol{e}=\boldsymbol{y}-\boldsymbol{X\beta}$ 达到最小，也就

是需要使它的模的平方

$$Q(\boldsymbol{\beta})=\|\boldsymbol{y}-\boldsymbol{X\beta}\|^2=(\boldsymbol{y}-\boldsymbol{X\beta})^{\mathrm{T}}(\boldsymbol{y}-\boldsymbol{X\beta}) \tag{7.17}$$

达到最小。因此,通过求满足 $Q(\boldsymbol{\beta})$ 最小的 $\boldsymbol{\beta}$ 作为 $\boldsymbol{\beta}$ 的估计。

首先,$Q(\boldsymbol{\beta})$ 可以展开为

$$Q(\boldsymbol{\beta})=\boldsymbol{y}^{\mathrm{T}}\boldsymbol{y}-2\boldsymbol{y}^{\mathrm{T}}\boldsymbol{X\beta}+\boldsymbol{\beta}^{\mathrm{T}}\boldsymbol{X}^{\mathrm{T}}\boldsymbol{X\beta} \tag{7.18}$$

其次,利用矩阵微分公式

$$\frac{\partial \boldsymbol{y}^{\mathrm{T}}\boldsymbol{X\beta}}{\partial \boldsymbol{\beta}}=\boldsymbol{X}^{\mathrm{T}}\boldsymbol{y}$$

$$\frac{\partial \boldsymbol{\beta}^{\mathrm{T}}\boldsymbol{X}^{\mathrm{T}}\boldsymbol{X\beta}}{\partial \boldsymbol{\beta}}=2\boldsymbol{X}^{\mathrm{T}}\boldsymbol{X\beta}$$

$$\frac{\partial Q(\boldsymbol{\beta})}{\partial \boldsymbol{\beta}}=-2\boldsymbol{X}^{\mathrm{T}}\boldsymbol{y}+2\boldsymbol{X}^{\mathrm{T}}\boldsymbol{X\beta} \tag{7.19}$$

最后,令式(7.19)为 0,可得

$$\boldsymbol{X}^{\mathrm{T}}\boldsymbol{X\beta}=\boldsymbol{X}^{\mathrm{T}}\boldsymbol{y} \tag{7.20}$$

称式(7.20)为正则方程。作为特殊的线性回归模型,因为 $\mathrm{rank}(\boldsymbol{X})=p$,所以 $\boldsymbol{X}^{\mathrm{T}}\boldsymbol{X}$ 可逆,可以直接求得上述正则方程的解,进一步可得线性回归模型[式(7.13)]的最小二乘估计:

$$\hat{\boldsymbol{\beta}}_{\mathrm{OLS}}=(\boldsymbol{X}^{\mathrm{T}}\boldsymbol{X})^{-1}\boldsymbol{X}^{\mathrm{T}}\boldsymbol{y} \tag{7.21}$$

并且有 $E(\hat{\boldsymbol{\beta}}_{\mathrm{OLS}})=\boldsymbol{\beta}$,即 $\hat{\boldsymbol{\beta}}_{\mathrm{OLS}}$ 为参数 $\boldsymbol{\beta}$ 的无偏估计。除此之外,还可以借助得到的回归系数的最小二乘估计进一步得出误差变量方差的最小二乘估计:

$$\hat{\sigma}^2_{\mathrm{OLS}}=\frac{S_n(\hat{\boldsymbol{\beta}}_{\mathrm{OLS}})}{n}=\frac{\sum_{i=1}^{n}(y_i-\boldsymbol{x}_i^{\mathrm{T}}\hat{\boldsymbol{\beta}}_{\mathrm{OLS}})^2}{n} \tag{7.22}$$

其中,$\boldsymbol{x}_i=[1,x_{i1},x_{i2},\cdots,x_{i,p-1}]^{\mathrm{T}}$。

7.2.5 线性滤波

由卡尔曼于 1960 年提出的卡尔曼滤波是一种线性最小均方误差估计。它根据前一个估计值和最近一个观测数据估计信号的当前值,用状态方程和递推方法进行估计,其解以估计值(通常是状态变量的估计值)的形式给出。历史上,复杂的计算曾是其被广泛应用的障碍。随着现代微处理器技术的发展,卡尔曼滤波的计算要求与复杂性已不再是其应用的障碍,因此它越来越受到重视。在通信、雷达、自动控制等领域中,从被噪声污染的信号中恢复信号的波形或估计其状态都可以采用卡尔曼滤波。例如,航天飞行器轨道的估计、雷达目标跟踪、生产过程自动化、天气预报等有波形或状态的估计问题,均可应用卡尔曼滤波理论处理。

1. 单传感器卡尔曼滤波

考虑一个由向量差分方程描述的离散时间线性系统,该系统受加性高斯白噪声的影响。系统的状态方程为

$$\boldsymbol{x}_k=\boldsymbol{F}_{k-1}\boldsymbol{x}_{k-1}+\boldsymbol{G}_{k-1}\boldsymbol{w}_{k-1} \tag{7.23}$$

其中,$\boldsymbol{x}_k$ 为状态向量;$\boldsymbol{F}_k$ 为状态转移矩阵;$\boldsymbol{G}_k$ 为噪声矩阵;$\boldsymbol{w}_k$ 为零均值高斯过程白噪声序

列，其协方差为 $E[\boldsymbol{w}_k\boldsymbol{w}_j^{\mathrm{T}}]=\boldsymbol{Q}_k\delta_{kj}$。

系统的量测方程为

$$\boldsymbol{z}_k=\boldsymbol{H}_k\boldsymbol{x}_k+\boldsymbol{v}_k \tag{7.24}$$

其中，$\boldsymbol{z}_k$ 为观测向量；$\boldsymbol{v}_k$ 为零均值高斯测量白噪声序列，其协方差为 $E[\boldsymbol{v}_k\boldsymbol{v}_j^{\mathrm{T}}]=\boldsymbol{R}_k\delta_{kj}$。

矩阵 $\boldsymbol{F}_k$、$\boldsymbol{G}_k$、$\boldsymbol{H}_k$、$\boldsymbol{Q}_k$ 和 $\boldsymbol{R}_k$ 假定为已知并可能是时变的。换言之，系统可能是时变的，噪声也可能是非平稳随机噪声，初始状态 $\boldsymbol{x}_0$ 为未知的高斯分布随机变量，假定其均值及方差已知，过程噪声与测量噪声序列及初始状态假定是彼此不相关的。这些假定在卡尔曼滤波算法中被称为线性高斯假定。

设 $\hat{\boldsymbol{x}}_{k|j}$ 为基于延续到 j 时刻的观测量对 k 时刻状态的估计值，$\boldsymbol{P}_{k|j}$ 为状态的估计协方差矩阵。在卡尔曼滤波算法中，只要给定初值 $\hat{\boldsymbol{x}}_{0|0}$ 和 $\boldsymbol{P}_{0|0}$，根据 k 时刻的观测值 $\boldsymbol{z}_k$，就可以递推计算得 k 时刻的状态估计 $\hat{\boldsymbol{x}}_{k|k}$ 及其协方差矩阵 $\boldsymbol{P}_{k|k}$。主要步骤和基本方程如下：

(1) 初始条件：

$$\hat{\boldsymbol{x}}_{0|0}=E(\boldsymbol{x}_0) \tag{7.25}$$

$$\boldsymbol{P}_0=E[(\boldsymbol{x}_0-\hat{\boldsymbol{x}}_{0|0})(\boldsymbol{x}_0-\hat{\boldsymbol{x}}_{0|0})^{\mathrm{T}}] \tag{7.26}$$

(2) 一步预测和预测的误差协方差矩阵分别是

$$\hat{\boldsymbol{x}}_{k|k-1}=\boldsymbol{F}_{k-1}\hat{\boldsymbol{x}}_{k-1|k-1} \tag{7.27}$$

$$\boldsymbol{P}_{k|k-1}=\boldsymbol{F}_{k-1}\boldsymbol{P}_{k-1|k-1}\boldsymbol{F}_{k-1}^{\mathrm{T}}+\boldsymbol{G}_{k-1}\boldsymbol{Q}_{k-1}\boldsymbol{G}_{k-1}^{\mathrm{T}} \tag{7.28}$$

(3) 获取新的观测量 $\boldsymbol{z}_k$ 后，滤波更新和相应的滤波误差协方差矩阵分别是

$$\hat{\boldsymbol{x}}_{k|k}=\hat{\boldsymbol{x}}_{k|k-1}+\boldsymbol{K}_k(\boldsymbol{z}_k-\boldsymbol{H}_k\hat{\boldsymbol{x}}_{k|k-1}) \tag{7.29}$$

$$\boldsymbol{P}_{k|k}=\boldsymbol{P}_{k|k-1}-\boldsymbol{P}_{k|k-1}\boldsymbol{H}_k^{\mathrm{T}}(\boldsymbol{H}_k\boldsymbol{P}_{k|k-1}\boldsymbol{H}_k^{\mathrm{T}}+\boldsymbol{R}_k)^{-1}\boldsymbol{H}_k\boldsymbol{P}_{k|k-1} \tag{7.30}$$

而 k 时刻的卡尔曼增益矩阵为

$$\boldsymbol{K}_k=\boldsymbol{P}_{k|k-1}\boldsymbol{H}_k^{\mathrm{T}}(\boldsymbol{H}_k\boldsymbol{P}_{k|k-1}\boldsymbol{H}_k^{\mathrm{T}}+\boldsymbol{R}_k)^{-1} \tag{7.31}$$

一个系统状态估计周期包括以下两部分：

(1) 状态及测量预测。

(2) 状态更新。

计算状态更新需要系统滤波增益，而系统滤波增益来自协方差的计算过程。协方差计算过程与系统状态及测量是不相关的，因而它不需要实时计算。直观地看，系统滤波增益与系统状态预测协方差成正比，与系统信息协方差成反比。从而有以下结论：

(1) 系统的状态预测量不精确(较大的协方差)而测量精确(较小的协方差)时，系统滤波增益较大。

(2) 系统的状态预测量精确(较小的协方差)而测量不精确(较大的协方差)时，系统滤波增益较小。

大的滤波增益表明系统状态更新量对测量的响应较快，而小的滤波增益表明其对测量的响应较慢。

在上述对卡尔曼滤波算法的介绍中，如果在滤波初始时刻对被估计量的统计特性缺乏了解，则只能盲目选择滤波初值，此时 $\boldsymbol{P}_{0|0}$ 要选得很大；若采用 $\boldsymbol{P}_{k|k}^{-1}=\boldsymbol{P}_{k|k-1}^{-1}+\boldsymbol{H}_k^{\mathrm{T}}\boldsymbol{R}_k^{-1}\boldsymbol{H}_k$，则很容易快速收敛。逆矩阵 $\boldsymbol{P}_{k|k}^{-1}$ 和 $\boldsymbol{P}_{k|k-1}^{-1}$ 即称为信息矩阵，采用信息矩阵表示的滤波方程称为

信息方程。

(1) 一步预测信息矩阵为

$$\boldsymbol{P}_{k|k-1}^{-1}=(\boldsymbol{F}_{k-1}\boldsymbol{P}_{k-1|k-1}\boldsymbol{F}_{k-1}^{\mathrm{T}}+\boldsymbol{G}_{k-1}\boldsymbol{Q}_{k-1}\boldsymbol{G}_{k})^{-1} \tag{7.32}$$

(2) 滤波信息矩阵为

$$\boldsymbol{P}_{k|k}^{-1}=\boldsymbol{P}_{k|k-1}^{-1}+\boldsymbol{H}_{k}^{\mathrm{T}}\boldsymbol{R}_{k}^{-1}\boldsymbol{H}_{k} \tag{7.33}$$

(3) 卡尔曼增益的信息矩阵表达式为

$$\boldsymbol{K}_{k}=\boldsymbol{P}_{k|k}\boldsymbol{H}_{k}^{\mathrm{T}}\boldsymbol{R}_{k}^{-1} \tag{7.34}$$

卡尔曼滤波理论是贝叶斯估计理论对一类状态估计问题的解决方法。就前面所作的关于系统初始状态变量 $\boldsymbol{x}_0$ 及系统噪声序列的高斯假定而言,卡尔曼滤波器是最优的最小均方误差估计器。假如上述的随机变量不是高斯随机变量,而仅知道它们的前二阶矩(均值及协方差),则卡尔曼滤波器是最好的线性状态估计器,即线性最小均方误差估计器。它由于具有模型简单、数据存储量小的特点,特别适用于计算机应用,被广泛应用于航天、航空、航海、系统工程、通信、工业过程控制、遥感等多个领域。

在系统建模过程中,受模型简化、噪声统计特性不准确、对实际系统初始状态的统计特性建模不准、实际系统的参数发生变动等诸多因素的影响,使得系统模型往往存在一定的不确定性。卡尔曼滤波对于模型不确定性的鲁棒性很差,会导致状态估计不准甚至发散。另外,在应用卡尔曼滤波算法时,除了尽可能精确描述动态方程外,还有一个重要的问题是如何选取 $\boldsymbol{Q}(k)$,选取结果会直接影响滤波精度,当动态模型不精确时,这种影响更大。选取 $\boldsymbol{Q}(k)$的一个基本原则是将其大小与动态模型的精度相匹配。

2. 集中式融合结构

在集中式结构下,融合中心可以得到所有传感器传送来的原始数据,数据量最大、最完整,所以往往可以提供最优的融合性能,可以作为各种分布式和混合式融合算法性能比较的参照。

在多传感器信息融合中,系统的状态方程可以表示为

$$\boldsymbol{x}_{k+1}=\boldsymbol{F}_{k}\boldsymbol{x}_{k}+\boldsymbol{G}_{k}\boldsymbol{w}_{k} \tag{7.35}$$

其中,$\boldsymbol{x}_k\in\mathbf{R}^n$ 是 k 时刻的状态向量,$\boldsymbol{F}_k\in\mathbf{R}^{n\times n}$ 是系统的转移状态矩阵,$\boldsymbol{G}_k\in\mathbf{R}^{n\times r}$ 是过程分布噪声矩阵。假设 $\boldsymbol{w}_k\in\mathbf{R}^r$ 是均值为零的白噪声序列,目标运动初始状态 $\boldsymbol{x}_0$ 是均值为 $\bar{\boldsymbol{x}}_0$、协方差矩阵为 $\boldsymbol{P}_0$ 的随机向量,且 $E[\boldsymbol{w}_k\boldsymbol{w}_j^{\mathrm{T}}]=\boldsymbol{Q}_k\delta_{kj}$。

假设有 N 个传感器对上面描述的目标独立地进行量测,相应的量测方程为

$$\boldsymbol{z}_{k+1}^{i}=\boldsymbol{H}_{k+1}^{i}x_{k+1}+\boldsymbol{v}_{k+1}^{i},\quad i=1,2,\cdots,N \tag{7.36}$$

其中,$\boldsymbol{z}_{k+1}^{i}\in\mathbf{R}^m$ 是第 i 个传感器在 $k+1$ 时刻的量测值;$\boldsymbol{H}_{k+1}^{i}\in\mathbf{R}^{m\times n}$ 是第 i 个传感器在 $k+1$ 时刻的量测矩阵;$v_{k+1}^{i}\in\mathbf{R}^m$ 是第 i 个传感器在 $k+1$ 时刻的量测噪声,假设其为均值为零的白噪声序列,且 $E[\boldsymbol{v}_k\boldsymbol{v}_j^{\mathrm{T}}]=\boldsymbol{R}_k\delta_{kj}$。另外,假设各传感器在同一时刻的量测噪声不相关,各传感器在不同时刻的量测噪声也不相关。常见的集中式融合算法有并行滤波和序贯滤波。

1) 并行滤波

在并行滤波(量测扩维)结构的集中式融合算法中,一般令

$$\begin{cases}\boldsymbol{z}_{k+1}=[(\boldsymbol{z}_{k+1}^{1})^{\mathrm{T}},(\boldsymbol{z}_{k+1}^{2})^{\mathrm{T}},\cdots,(\boldsymbol{z}_{k+1}^{N})^{\mathrm{T}}]^{\mathrm{T}}\\ \boldsymbol{H}_{k+1}=[(\boldsymbol{H}_{k+1}^{1})^{\mathrm{T}},(\boldsymbol{H}_{k+1}^{2})^{\mathrm{T}},\cdots,(\boldsymbol{H}_{k+1}^{N})^{\mathrm{T}}]^{\mathrm{T}}\\ \boldsymbol{v}_{k+1}=[(\boldsymbol{v}_{k+1}^{1})^{\mathrm{T}},(\boldsymbol{v}_{k+1}^{2})^{\mathrm{T}},\cdots,(\boldsymbol{v}_{k+1}^{N})^{\mathrm{T}}]^{\mathrm{T}}\end{cases} \tag{7.37}$$

则融合中心相对于接收到的所有传感器量测的伪(广义)量测方程可以表示为

$$\boldsymbol{z}_{k+1}=\boldsymbol{H}_{k+1}\boldsymbol{x}_{k+1}+\boldsymbol{v}_{k+1} \tag{7.38}$$

假设已知融合中心在 k 时刻对于目标状态的融合估计为 $\hat{\boldsymbol{x}}_{k|k}$,相应的误差协方差矩阵为 $\boldsymbol{P}_{k|k}$,则融合中心相对于所有传感器量测的集中式融合过程的卡尔曼滤波器可以表示为

$$\begin{cases}\hat{\boldsymbol{x}}_{k+1|k}=\boldsymbol{F}_k\hat{\boldsymbol{x}}_{k|k}\\ \boldsymbol{P}_{k+1|k}=\boldsymbol{F}_k\boldsymbol{P}_k\boldsymbol{F}_k^{\mathrm{T}}+\boldsymbol{G}_k\boldsymbol{Q}_k\boldsymbol{G}_k^{\mathrm{T}}\end{cases}$$
$$\begin{cases}\hat{\boldsymbol{x}}_{k+1|k+1}=\hat{\boldsymbol{x}}_{k+1|k}+\boldsymbol{K}_{k+1}(\boldsymbol{z}_{k+1}-\boldsymbol{H}_{k+1}\hat{\boldsymbol{x}}_{k+1|k})\\ \boldsymbol{K}_{k+1}=\boldsymbol{P}_{k+1|k}\boldsymbol{H}_{k+1}^{\mathrm{T}}\boldsymbol{R}_{k+1}^{-1}\\ \boldsymbol{P}_{k+1|k+1}^{-1}=\boldsymbol{P}_{k+1|k}^{-1}+\boldsymbol{H}_{k+1}^{\mathrm{T}}\boldsymbol{R}_{k+1}^{-1}\boldsymbol{H}_{k+1}\end{cases} \tag{7.39}$$

其中

$$\boldsymbol{R}_{k+1}^{-1}=\mathrm{diag}[(\boldsymbol{R}_{k+1}^{1})^{-1},(\boldsymbol{R}_{k+1}^{2})^{-1},\cdots,(\boldsymbol{R}_{k+1}^{N})^{-1}] \tag{7.40}$$

$$\boldsymbol{K}_{k+1}=\boldsymbol{P}_{k+1|k+1}[(\boldsymbol{H}_{k+1}^{1})^{\mathrm{T}}(\boldsymbol{R}_{k+1}^{1})^{-1},(\boldsymbol{H}_{k+1}^{2})^{\mathrm{T}}(\boldsymbol{R}_{k+1}^{2})^{-1},\cdots,(\boldsymbol{H}_{k+1}^{N})^{\mathrm{T}}(\boldsymbol{R}_{k+1}^{N})^{-1}] \tag{7.41}$$

则状态更新方程可以写成

$$\hat{\boldsymbol{x}}_{k+1|k+1}=\hat{\boldsymbol{x}}_{k+1|k}+\boldsymbol{P}_{k+1|k+1}\sum_{i=1}^{N}(\boldsymbol{H}_{k+1}^{i})^{\mathrm{T}}(\boldsymbol{R}_{k+1}^{i})^{-1}(\boldsymbol{z}_{k+1}^{i}-\boldsymbol{H}_{k+1}^{i}\hat{\boldsymbol{x}}_{k+1|k}) \tag{7.42}$$

误差协方差矩阵的逆矩阵为

$$\boldsymbol{P}_{k+1|k+1}^{-1}=\boldsymbol{P}_{k+1|k}^{-1}+\sum_{i=1}^{N}(\boldsymbol{H}_{k+1}^{i})^{\mathrm{T}}(\boldsymbol{R}_{k+1}^{i})^{-1}\boldsymbol{H}_{k+1}^{i} \tag{7.43}$$

2) 序贯滤波

由于各个传感器在同一时刻的量测噪声互不相关,所以融合中心可以按照传感器的序号 1 到 N 对融合中心的目标状态估计值进行序贯更新,其中传感器 1 的量测对于融合中心状态估计值的更新为

$$\begin{cases}\hat{\boldsymbol{x}}_{k+1|k+1}^{1\sim1}=\hat{\boldsymbol{x}}_{k+1|k}+\boldsymbol{K}_{k+1}^{1\sim1}(\boldsymbol{z}_{k+1}^{1}-\boldsymbol{H}_{k+1}^{1}\hat{\boldsymbol{x}}_{k+1|k})\\ \boldsymbol{K}_{k+1}^{1\sim1}=\boldsymbol{P}_{k+1|k+1}^{1\sim1}(\boldsymbol{H}_{k+1}^{1})^{\mathrm{T}}(\boldsymbol{R}_{k+1}^{1})^{-1}\\ (\boldsymbol{P}_{k+1|k+1}^{1\sim1})^{-1}=\boldsymbol{P}_{k+1|k}^{-1}+(\boldsymbol{H}_{k+1}^{1})^{\mathrm{T}}(\boldsymbol{R}_{k+1}^{1})^{-1}\boldsymbol{H}_{k+1}^{1}\end{cases} \tag{7.44}$$

传感器 $1\sim i$ 的量测对于融合中心状态估计值的更新为

$$\begin{cases}\hat{\boldsymbol{x}}_{k+1|k+1}^{1\sim i}=\hat{\boldsymbol{x}}_{k+1|k+1}^{1\sim i-1}+\boldsymbol{K}_{k+1}^{1\sim i}(\boldsymbol{z}_{k+1}^{i}-\boldsymbol{H}_{k+1}^{i}\hat{\boldsymbol{x}}_{k+1|k+1}^{1\sim i-1})\\ \boldsymbol{K}_{k+1}^{1\sim i}=\boldsymbol{P}_{k+1|k+1}^{1\sim i}(\boldsymbol{H}_{k+1}^{i})^{\mathrm{T}}(\boldsymbol{R}_{k+1}^{i})^{-1}\\ (\boldsymbol{P}_{k+1|k+1}^{1\sim i})^{-1}=(\boldsymbol{P}_{k+1|k+1}^{1\sim i-1})^{-1}+(\boldsymbol{H}_{k+1}^{i})^{\mathrm{T}}(\boldsymbol{R}_{k+1}^{i})^{-1}\boldsymbol{H}_{k+1}^{i}\end{cases} \tag{7.45}$$

融合中心的最终状态估计是

$$\begin{cases}\hat{\boldsymbol{x}}_{k+1|k+1}=\hat{\boldsymbol{x}}_{k+1|k+1}^{1\sim N}\\ \boldsymbol{P}_{k+1|k+1}=\boldsymbol{P}_{k+1|k+1}^{1\sim N}\end{cases} \tag{7.46}$$

已经证明,序贯滤波结构的集中式融合结果与并行滤波结构的集中式融合结果具有相同的估计精度。

3. 分布式融合结构

分布式融合也称为传感器级融合或自主式融合。在这种结构中,每个传感器都有自己的处理器,能够进行一些预处理,并把中间结果送到中心节点进行融合处理。由于各传感器

都具有自己的局部处理器，能够形成局部航迹，融合中心主要对各局部航迹进行融合，所以这种融合方法通常也称为航迹融合。这种结构因对信道容量要求低、系统生命力强、在工程上易于实现而得到很高重视，并成为信息融合研究的重点。分布式航迹融合系统根据其通信方式不同又可分为无反馈分层融合结构和有反馈分层融合结构两类。

1）无反馈分层融合结构

在无反馈分层融合结构中，各传感器节点把各自的局部估计全部传送到中心节点以形成全局估计，这是最常见的分布式融合结构。

下面讨论不带反馈（全局信息不会反馈到局部估计器），但是存在中心估计器的分布式估计融合问题。假定有 N 个同步的传感器对同一目标进行分布式跟踪，目标运动的状态方程和各传感器的量测方程一般可以表示为

$$\begin{cases}\boldsymbol{x}_{k+1}=\boldsymbol{F}_k\boldsymbol{x}_k+\boldsymbol{w}_k\\ \boldsymbol{z}_k^i=\boldsymbol{H}_k^i\boldsymbol{x}_k+\boldsymbol{v}_k^i, \quad i=1,2,\cdots,N\end{cases} \tag{7.47}$$

其中，$\boldsymbol{F}_k\in\mathbf{R}^{n\times n}$，$\boldsymbol{x}_k$，$\boldsymbol{\omega}_k\in\mathbf{R}^n$，$\boldsymbol{H}_k^i\in\mathbf{R}^{m\times n}$，$\boldsymbol{z}_k^i$，$\boldsymbol{v}_k^i\in\mathbf{R}^m$；过程噪声 $\boldsymbol{w}_k$ 是均值为零的白噪声序列，其协方差矩阵为 Q_k；量测噪声 $\boldsymbol{v}_k^i$ 也是均值为零的白噪声序列，其协方差矩阵为 $\boldsymbol{R}_k$。同时假定各传感器的量测噪声互不相关，过程噪声和量测噪声也互不相关。令

$$\begin{cases}\boldsymbol{z}_k=[(\boldsymbol{z}_k^1)^{\mathrm{T}},(\boldsymbol{z}_k^2)^{\mathrm{T}},\cdots,(\boldsymbol{z}_k^N)^{\mathrm{T}}]^{\mathrm{T}}\\ \boldsymbol{H}_k=[(\boldsymbol{H}_k^1)^{\mathrm{T}},(\boldsymbol{H}_k^2)^{\mathrm{T}},\cdots,(\boldsymbol{H}_k^N)^{\mathrm{T}}]^{\mathrm{T}}\\ \boldsymbol{v}_k=[(\boldsymbol{v}_k^1)^{\mathrm{T}},(\boldsymbol{v}_k^2)^{\mathrm{T}},\cdots,(\boldsymbol{v}_k^N)^{\mathrm{T}}]^{\mathrm{T}}\end{cases} \tag{7.48}$$

则融合中心广义的量测方程可以表示为

$$\boldsymbol{z}_k=\boldsymbol{H}_k\boldsymbol{x}_k+\boldsymbol{v}_k \tag{7.49}$$

广义量测噪声 $\boldsymbol{v}_k$ 的统计特性为

$$\begin{cases}E(\boldsymbol{v}_k)=0\\ \mathrm{Cov}(\boldsymbol{v}_k,\boldsymbol{v}_k)=\boldsymbol{R}_k=\mathrm{diag}(\boldsymbol{R}_k^1,\boldsymbol{R}_k^2,\cdots,\boldsymbol{R}_k^N)\\ E(\boldsymbol{w}_k\boldsymbol{v}_k^{\mathrm{T}})=0\end{cases} \tag{7.50}$$

采用信息形式的卡尔曼滤波器，则传感器 i 在 k 时刻的更新方程为

$$\begin{cases}\hat{\boldsymbol{x}}_{k|k}^i=\hat{\boldsymbol{x}}_{k|k-1}^i+\boldsymbol{P}_{k|k}^i(\boldsymbol{H}_k^i)^{\mathrm{T}}(\boldsymbol{R}_k^i)^{-1}(\boldsymbol{z}_k^i-\boldsymbol{H}_k^i\hat{\boldsymbol{x}}_{k|k-1}^i)\\ (\boldsymbol{P}_{k|k}^i)^{-1}=(\boldsymbol{P}_{k|k-1}^i)^{-1}+(\boldsymbol{H}_k^i)^{\mathrm{T}}(\boldsymbol{R}_k^i)^{-1}\boldsymbol{H}_k^i\end{cases} \tag{7.51}$$

类似地，可得融合中心在 k 时刻的中心式航迹估计和相应的误差协方差矩阵分别为

$$\begin{cases}\hat{\boldsymbol{x}}_{k|k}=\hat{\boldsymbol{x}}_{k|k-1}+\boldsymbol{P}_{k|k}\boldsymbol{H}_k^{\mathrm{T}}\boldsymbol{R}_k^{-1}(\boldsymbol{z}_k-\boldsymbol{H}_k\hat{\boldsymbol{x}}_{k|k-1})\\ \boldsymbol{P}_{k|k}^{-1}=\boldsymbol{P}_{k|k-1}^{-1}+\boldsymbol{H}_k^{\mathrm{T}}\boldsymbol{R}_k^{-1}\boldsymbol{H}_k\end{cases} \tag{7.52}$$

下面对式(7.52)进行变形，使它能够用到局部信息和中心预测进行表达。也就是说，中心估计器将不使用量测获取全局估计，而仅仅联合局部估计。

$$\begin{aligned}(\boldsymbol{P}_{k|k}^i)^{-1}\hat{\boldsymbol{x}}_{k|k}^i&=[(\boldsymbol{P}_{k|k-1}^i)^{-1}+(\boldsymbol{H}_k^i)^{\mathrm{T}}(\boldsymbol{R}_k^i)^{-1}\boldsymbol{H}_k^i]\hat{\boldsymbol{x}}_{k|k-1}^i+\\ &\quad(\boldsymbol{P}_{k|k}^i)^{-1}\boldsymbol{P}_{k|k}^i(\boldsymbol{H}_k^i)^{\mathrm{T}}(\boldsymbol{R}_k^i)^{-1}(\boldsymbol{z}_k^i-\boldsymbol{H}_k^i\hat{\boldsymbol{x}}_{k|k-1}^i)\\ &=(\boldsymbol{P}_{k|k-1}^i)^{-1}\hat{\boldsymbol{x}}_{k|k-1}^i+(\boldsymbol{H}_k^i)^{\mathrm{T}}(\boldsymbol{R}_k^i)^{-1}\boldsymbol{z}_k^i\end{aligned} \tag{7.53}$$

这样就有

$$(\boldsymbol{H}_k^i)^{\mathrm{T}}(\boldsymbol{R}_k^i)^{-1}\boldsymbol{z}_k^i=(\boldsymbol{P}_{k|k}^i)^{-1}\hat{\boldsymbol{x}}_{k|k}^i-(\boldsymbol{P}_{k|k-1}^i)^{-1}\hat{\boldsymbol{x}}_{k|k-1}^i \tag{7.54}$$

式(7.54)下面将要用来消除中心估计器更新方程中的量测，则中心估计器的状态更新式可以重写为

$$\begin{cases}\hat{\boldsymbol{x}}_{k|k}=\hat{\boldsymbol{x}}_{k|k-1}+\boldsymbol{P}_{k|k}\sum_{i=1}^{N}(\boldsymbol{H}_k^i)^{\mathrm{T}}(\boldsymbol{R}_k^i)^{-1}(\boldsymbol{z}_k^i-\boldsymbol{H}_k^i\hat{\boldsymbol{x}}_{k|k-1})\\ \boldsymbol{P}_{k|k}^{-1}=\boldsymbol{P}_{k|k-1}^{-1}+\sum_{i=1}^{N}(\boldsymbol{H}_k^i)^{\mathrm{T}}(\boldsymbol{R}_k^i)^{-1}\boldsymbol{H}_k^i\end{cases}\tag{7.55}$$

对式(7.55)第一式乘以第二式，整理后可得

$$\boldsymbol{P}_{k|k}^{-1}\hat{\boldsymbol{x}}_{k|k}=\boldsymbol{P}_{k|k-1}^{-1}\hat{\boldsymbol{x}}_{k|k-1}+\sum_{i=1}^{N}(\boldsymbol{H}_k^i)^{\mathrm{T}}(\boldsymbol{R}_k^i)^{-1}\boldsymbol{z}_k^i\tag{7.56}$$

可得全局最优融合方程为和中心估计器的协方差更新方程为

$$\begin{aligned}&\boldsymbol{P}_{k|k}^{-1}\hat{\boldsymbol{x}}_{k|k}=\boldsymbol{P}_{k|k-1}^{-1}\hat{\boldsymbol{x}}_{k|k-1}+\sum_{i=1}^{N}\left[(\boldsymbol{P}_{k|k}^i)^{-1}\hat{\boldsymbol{x}}_{k|k}^i-(\boldsymbol{P}_{k|k-1}^i)^{-1}\hat{\boldsymbol{x}}_{k|k-1}^i\right]\\&\boldsymbol{P}_{k|k}^{-1}=\boldsymbol{P}_{k|k-1}^{-1}\sum_{i=1}^{N}\left[(\boldsymbol{P}_{k|k}^i)^{-1}-(\boldsymbol{P}_{k|k-1}^i)^{-1}\right]\end{aligned}\tag{7.57}$$

由以上推导过程可知，该融合算法完全是量测扩维的中心式融合算法通过矩阵变换得到的，所以也是全局最优的。

2）有反馈分层融合结构

在有反馈分层融合结构中，中心节点的全局估计可以反馈到各局部节点，它的容错性较高。

假定融合中心向局部传感器存在反馈，那么在每次完成融合过程后，融合中心就将自己最新的航迹估计结果传送给各局部传感器。这样一来，各局部传感器的一步预测则要修改为

$$\begin{cases}\hat{\boldsymbol{x}}_{k|k-1}^i=\boldsymbol{F}_{k-1}\hat{\boldsymbol{x}}_{k-1|k-1}=\hat{\boldsymbol{x}}_{k|k-1}\\ \boldsymbol{P}_{k|k-1}^i=\boldsymbol{P}_{k|k-1}\end{cases}\tag{7.58}$$

由此可得带反馈的航迹融合结果和相应的误差协方差矩阵：

$$\begin{aligned}\boldsymbol{P}_{k|k}^{-1}\hat{\boldsymbol{x}}_{k|k}&=\boldsymbol{P}_{k|k-1}^{-1}\hat{\boldsymbol{x}}_{k|k-1}+\sum_{i=1}^{N}\left[(\boldsymbol{P}_{k|k}^i)^{-1}\hat{\boldsymbol{x}}_{k|k}^i-(\boldsymbol{P}_{k|k-1}^i)^{-1}\hat{\boldsymbol{x}}_{k|k-1}^i\right]\\&=\sum_{i=1}^{N}(\boldsymbol{P}_{k|k}^i)^{-1}\hat{\boldsymbol{x}}_{k|k}^i-(N-1)\boldsymbol{P}_{k|k-1}^{-1}\hat{\boldsymbol{x}}_{k|k-1}\\ \boldsymbol{P}_{k|k}^{-1}&=\boldsymbol{P}_{k|k-1}^{-1}+\sum_{i=1}^{N}\left[(\boldsymbol{P}_{k|k}^i)^{-1}-\boldsymbol{P}_{k|k-1}^{-1}\right]=\sum_{i=1}^{N}(\boldsymbol{P}_{k|k}^i)^{-1}-(N-1)\boldsymbol{P}_{k|k-1}^{-1}\end{aligned}\tag{7.59}$$

当检测出某个局部节点的估计结果很差时，不必把它排斥于系统之外，可以利用全局结果修改局部节点的状态。这样既改善了局部节点的信息，又可继续利用该节点的信息。这种结构并不能改善融合系统的性能，但可提高局部估计的精度。

7.2.6　非线性滤波

卡尔曼滤波要求系统状态方程和量测方程都是线性的，但实际应用中的系统大多是非线性的，导致卡尔曼滤波算法无法应用。针对非线性模型，目前已经提出了许多种非线性滤波算法，主要包括扩展卡尔曼滤波(Extended Kalman Filter，EKF)、无迹卡尔曼滤波(Unscented Kalman Filter，UKF)、容积卡尔曼滤波(Cubature Kalman Filter，CKF)和粒

子滤波(Particle Filter，PF)。

1. 扩展卡尔曼滤波

扩展卡尔曼滤波是基于线性化思想的滤波方法。对非线性函数进行一阶泰勒级数展开，得到近似的观测矩阵和状态矩阵，再利用标准卡尔曼的框架进行滤波。考虑下面更为一般的离散非线性系统的方程：

$$\boldsymbol{x}_k = f(\boldsymbol{x}_{k-1}, \boldsymbol{u}_{k-1}, \boldsymbol{w}_{k-1}) \tag{7.60}$$

$$\boldsymbol{z}_k = h(\boldsymbol{x}_k, \boldsymbol{v}_k) \tag{7.61}$$

在点 $\boldsymbol{x}_{k-1} = \hat{\boldsymbol{x}}_{k-1|k-1}$ 和 $\boldsymbol{w}_{k-1} = 0$ 处，对 $f(\cdot)$ 进行一阶泰勒级数展开，得到

$$\boldsymbol{x}_k \approx f(\hat{\boldsymbol{x}}_{k-1|k-1}, \boldsymbol{u}_{k-1}, 0) + \frac{\partial f}{\partial \boldsymbol{x}}\bigg|_{\hat{x}_{k-1|k-1}} (\boldsymbol{x}_{k-1} - \hat{\boldsymbol{x}}_{k-1|k-1}) + \frac{\partial f}{\partial \boldsymbol{w}}\bigg|_{\hat{x}_{k-1|k-1}} \boldsymbol{w}_{k-1} \tag{7.62}$$

定义雅可比矩阵

$$\boldsymbol{F}_{k-1} = \frac{\partial f}{\partial \boldsymbol{x}}\bigg|_{\hat{x}_{k-1|k-1}} \tag{7.63}$$

$$\boldsymbol{L} = \frac{\partial f}{\partial \boldsymbol{w}}\bigg|_{\hat{x}_{k-1|k-1}} \tag{7.64}$$

则状态方程可以写为

$$\begin{aligned}
\boldsymbol{x}_k &\approx f(\hat{\boldsymbol{x}}_{k-1|k-1}, \boldsymbol{u}_{k-1}, 0) + \boldsymbol{F}_{k-1}(\boldsymbol{x}_{k-1} - \hat{\boldsymbol{x}}_{k-1|k-1}) + \boldsymbol{L}_{k-1}\boldsymbol{w}_{k-1} \\
&= \boldsymbol{F}_{k-1}\boldsymbol{x}_{k-1} + [f(\hat{\boldsymbol{x}}_{k-1|k-1}, \boldsymbol{u}_{k-1}, 0) - \boldsymbol{F}_{k-1}\hat{\boldsymbol{x}}_{k-1|k-1}] + \boldsymbol{L}_{k-1}\boldsymbol{w}_{k-1} \\
&= \boldsymbol{F}_{k-1}\boldsymbol{x}_{k-1} + \tilde{\boldsymbol{u}}_{k-1} + \tilde{\boldsymbol{w}}_{k-1}
\end{aligned} \tag{7.65}$$

其中，$\tilde{\boldsymbol{u}}_{k-1} = f(\hat{\boldsymbol{x}}_{k-1|k-1}, \boldsymbol{u}_{k-1}, 0) - \boldsymbol{F}_{k-1}\hat{\boldsymbol{x}}_{k-1|k-1}$，$\tilde{\boldsymbol{w}}_{k-1} = \boldsymbol{L}_{k-1}\boldsymbol{w}_{k-1}$ 且 $\tilde{\boldsymbol{w}}_{k-1} \sim N(0, \boldsymbol{L}_{k-1}\boldsymbol{Q}_{k-1}\boldsymbol{L}_{k-1}^{\mathrm{T}})$。

在点 $\boldsymbol{x}_k = \hat{\boldsymbol{x}}_{k|k-1}$ 和 $\boldsymbol{v}_k = 0$ 处，对 $h(\cdot)$ 进行一阶泰勒级数展开，得到

$$\boldsymbol{z}_k \approx h(\hat{\boldsymbol{x}}_{k|k-1}, 0) + \frac{\partial h}{\partial \boldsymbol{x}}\bigg|_{\hat{x}_{k|k-1}} (\boldsymbol{x}_k - \hat{\boldsymbol{x}}_{k|k-1}) + \frac{\partial h}{\partial \boldsymbol{v}}\bigg|_{\hat{x}_{k|k-1}} \boldsymbol{v}_k \tag{7.66}$$

定义雅可比矩阵

$$\boldsymbol{H}_k = \frac{\partial h}{\partial \boldsymbol{x}}\bigg|_{\hat{x}_{k|k-1}} \tag{7.67}$$

$$\boldsymbol{M}_k = \frac{\partial h}{\partial \boldsymbol{v}}\bigg|_{\hat{x}_{k|k-1}} \tag{7.68}$$

则量测方程可以写为

$$\begin{aligned}
\boldsymbol{z}_k &\approx h(\hat{\boldsymbol{x}}_{k|k-1}, 0) + \boldsymbol{H}_k(\boldsymbol{x}_k - \hat{\boldsymbol{x}}_{k|k-1}) + \boldsymbol{M}_k\boldsymbol{v}_k \\
&= \boldsymbol{H}_k\boldsymbol{x}_k + [h(\hat{\boldsymbol{x}}_{k|k-1}, 0) - \boldsymbol{H}_k\hat{\boldsymbol{x}}_{k|k-1}] + \boldsymbol{M}_k\boldsymbol{v}_k \\
&= \boldsymbol{H}_k\boldsymbol{x}_k + \tilde{\boldsymbol{z}}_k + \tilde{\boldsymbol{v}}_k
\end{aligned} \tag{7.69}$$

其中，$\tilde{\boldsymbol{z}}_k = h(\hat{\boldsymbol{x}}_{k|k-1}, 0) - \boldsymbol{H}_k\hat{\boldsymbol{x}}_{k|k-1}$，$\tilde{\boldsymbol{v}}_k = \boldsymbol{M}_k\boldsymbol{v}_k$ 且 $\tilde{\boldsymbol{v}}_k \sim N(0, \boldsymbol{M}_k\boldsymbol{R}_k\boldsymbol{M}_k^{\mathrm{T}})$。

通过以上流程，得到近似的状态方程和量测方程，然后按照标准卡尔曼框架进行滤波，则 EKF 实现步骤可以总结如下。

初始化滤波器：

$$\hat{\boldsymbol{x}}_{0|0} = E(\boldsymbol{x}_0) \tag{7.70}$$

$$\boldsymbol{P}_0 = E[(\boldsymbol{x}_0 - \hat{\boldsymbol{x}}_{0|0})(\boldsymbol{x}_0 - \hat{\boldsymbol{x}}_{0|0})^{\mathrm{T}}] \tag{7.71}$$

(1) 时间更新。

① 计算 $k-1$ 时刻的偏微分矩阵 $\boldsymbol{F}_{k-1}$ 和 $\boldsymbol{L}_{k-1}$。

② 计算状态的一步预测 $\hat{\boldsymbol{x}}_{k|k-1}$:

$$\hat{\boldsymbol{x}}_{k|k-1} = f(\hat{\boldsymbol{x}}_{k-1|k-1}, \boldsymbol{u}_{k-1}, 0) \tag{7.72}$$

③ 计算误差协方差矩阵的预测值 $\boldsymbol{P}_{k|k-1}$:

$$\boldsymbol{P}_{k|k-1} = \boldsymbol{F}_{k-1}\boldsymbol{P}_{k-1|k-1}\boldsymbol{F}_{k-1}^{\mathrm{T}} + \boldsymbol{L}_{k-1}\boldsymbol{Q}_{k-1}\boldsymbol{L}_{k-1}^{\mathrm{T}} \tag{7.73}$$

(2) 量测更新。

① 计算偏微分矩阵 H_k 和 M_k。

② 更新状态估计值:

$$\boldsymbol{K}_k = \boldsymbol{P}_{k|k-1}\boldsymbol{H}_k^{\mathrm{T}}(\boldsymbol{H}_k\boldsymbol{P}_{k|k-1}\boldsymbol{H}_k^{\mathrm{T}} + \boldsymbol{M}_k\boldsymbol{R}_k\boldsymbol{M}_k)^{-1} \tag{7.74}$$

$$\hat{\boldsymbol{x}}_{k|k} = \hat{\boldsymbol{x}}_{k|k-1} + \boldsymbol{K}_k(\boldsymbol{z}_k - h(\hat{\boldsymbol{x}}_{k|k-1}, 0)) \tag{7.75}$$

③ 更新误差协方差矩阵:

$$\boldsymbol{P}_{k|k} = (\boldsymbol{I} - \boldsymbol{K}_k\boldsymbol{H}_k)\boldsymbol{P}_{k|k-1} \tag{7.76}$$

2. 无迹卡尔曼滤波

与扩展卡尔曼滤波通过一阶线性化近似非线性函数不同,无迹卡尔曼滤波通过对Sigma点的非线性传播求取状态均值和协方差,从而逼近概率密度分布。Sigma点的采样方法影响无迹变换(Unscented Transformation,UT)效果,目前较为常用的策略是比例修正的对称采样。根据状态变量 $\boldsymbol{x}_k \in \mathbf{R}^n$ 的均值 $\bar{\boldsymbol{x}}$ 和协方差矩阵 $\boldsymbol{P}_x$,可以获得用来近似概率分布的 $2n+1$ 个Sigma点,即

$$\begin{cases} \boldsymbol{\chi}_0 = \bar{\boldsymbol{x}} \\ \boldsymbol{\chi}_i = \bar{\boldsymbol{x}} + (\sqrt{(n+\lambda)\boldsymbol{P}_x})_i, i = 1, 2, \cdots, n \\ \boldsymbol{\chi}_i = \bar{\boldsymbol{x}} - (\sqrt{(n+\lambda)\boldsymbol{P}_x})_i, i = n+1, n+2, \cdots, 2n \end{cases} \tag{7.77}$$

其中,$\lambda = \alpha^2(n+\kappa) - n$,$\kappa$ 为待选参数。κ 为调节因子。当状态的维数 $n \geqslant 3$ 时,κ 取0;当状态的维数 $n < 3$ 时,κ 取 $3-n$。α 是比例因子,一般是一个较小的正实数,典型的取值区间为 $10^{-4} \leqslant \alpha \leqslant 1$。根号表示Cholesky分解,$(\sqrt{(n+\lambda)\boldsymbol{P}_x})_i$ 是 $(n+\lambda)\boldsymbol{P}_x$ 平方根矩阵的第 i 列或第 i 行。

对应的加权系数计算如下:

$$W_i^{\mathrm{m}} = \begin{cases} \dfrac{\lambda}{n+\lambda}, & i = 0 \\ \dfrac{\lambda}{2(n+\lambda)}, & i = 1, 2, \cdots, 2n \end{cases} \tag{7.78}$$

$$W_i^{\mathrm{c}} = \begin{cases} \dfrac{\lambda}{n+\lambda} + 1 - \alpha^2 + \beta, & i = 0 \\ \dfrac{\lambda}{2(n+\lambda)}, & i = 1, 2, \cdots, 2n \end{cases} \tag{7.79}$$

其中,W_i^{m} 是期望的加权系数,W_i^{c} 是协方差矩阵的加权系数。此外,若变量满足高斯分布,参数 $\beta = 2$;若为其他分布,则需依据实验效果进行调节。

基于比例修正的对称采样策略的无迹卡尔曼滤波算法的实现过程可以总结如下。

初始化滤波器：

$$\begin{aligned}\hat{\boldsymbol{x}}_{0|0} &= E(\boldsymbol{x}_0) \\ \boldsymbol{P}_0 &= E[(\boldsymbol{x}_0 - \hat{\boldsymbol{x}}_{0|0})(\boldsymbol{x}_0 - \hat{\boldsymbol{x}}_{0|0})^{\mathrm{T}}]\end{aligned} \tag{7.80}$$

(1) 时间更新。

已知 $k-1$ 时刻的状态估计 $\hat{\boldsymbol{x}}_{k-1|k-1}$ 和协方差矩阵 $\boldsymbol{P}_{k-1|k-1}$，得到 $2n+1$ 个 Sigma 点：

$$\begin{cases}\boldsymbol{\chi}_{0,k-1|k-1} = \hat{\boldsymbol{x}}_{k-1|k-1} \\ \boldsymbol{\chi}_{i,k-1|k-1} = \hat{\boldsymbol{x}}_{k-1|k-1} + (\sqrt{(n+\lambda)\boldsymbol{P}_{k-1|k-1}})_i, & i=1,2,\cdots,n \\ \boldsymbol{\chi}_{i,k-1|k-1} = \hat{\boldsymbol{x}}_{k-1|k-1} - (\sqrt{(n+\lambda)\boldsymbol{P}_{k-1|k-1}})_i, & i=n+1,n+2,\cdots,2n\end{cases} \tag{7.81}$$

使用状态方程对 Sigma 点进行传递：

$$\boldsymbol{\chi}^*_{i,k|k-1} = f(\boldsymbol{\chi}_{i,k-1|k-1}) \tag{7.82}$$

得到状态的一步预测：

$$\hat{\boldsymbol{x}}_{k|k-1} = \sum_{i=0}^{2n} W_i^{\mathrm{m}} \boldsymbol{\chi}^*_{i,k|k-1} \tag{7.83}$$

协方差矩阵为

$$\boldsymbol{P}_{k|k-1} = \sum_{i=0}^{2n} W_i^{\mathrm{c}} [\boldsymbol{\chi}^*_{i,k|k-1} - \hat{\boldsymbol{x}}_{k|k-1}][\boldsymbol{\chi}^*_{i,k|k-1} - \hat{\boldsymbol{x}}_{k|k-1}]^{\mathrm{T}} + \boldsymbol{Q}_k \tag{7.84}$$

(2) 量测更新。

根据时间更新得到的一步预测值，产生新的 Sigma 点集。

$$\begin{cases}\boldsymbol{\chi}_{0,k-1} = \hat{\boldsymbol{x}}_{k|k-1} \\ \boldsymbol{\chi}_{i,k|k-1} = \hat{\boldsymbol{x}}_{k|k-1} + (\sqrt{(n+\lambda)\boldsymbol{P}_{k|k-1}})_i, & i=1,2,\cdots,n \\ \boldsymbol{\chi}_{i,k|k-1} = \hat{\boldsymbol{x}}_{k|k-1} - (\sqrt{(n+\lambda)\boldsymbol{P}_{k|k-1}})_i, & i=n+1,n+2,\cdots,2n\end{cases} \tag{7.85}$$

按照实际需要，有时可以略去这一步骤，转而用时间更新中已经产生的 Sigma 点代替，以达到减小计算负担的目的，但会损失一定的滤波精度。

利用量测方程对新的 Sigma 点进行传播，得到测量的一步预测及其协方差矩阵，同时计算互协方差矩阵：

$$\boldsymbol{Z}_{i,k|k-1} = h(\boldsymbol{\chi}_{i,k|k-1}) \tag{7.86}$$

$$\hat{\boldsymbol{z}}_{k|k-1} = \sum_{i=0}^{2n} W_i^{\mathrm{m}} \boldsymbol{Z}_{i,k|k-1} \tag{7.87}$$

$$\boldsymbol{P}_{zz,k|k-1} = \sum_{i=0}^{2n} W_i^{\mathrm{c}} [\boldsymbol{Z}_{i,k|k-1} - \hat{\boldsymbol{z}}_{k|k-1}][\boldsymbol{Z}_{i,k|k-1} - \hat{\boldsymbol{z}}_{k|k-1}]^{\mathrm{T}} + \boldsymbol{R}_k \tag{7.88}$$

$$\boldsymbol{P}_{xz,k|k-1} = \sum_{i=0}^{2n} W_i^{\mathrm{c}} [\boldsymbol{\chi}_{i,k|k-1} - \hat{\boldsymbol{x}}_{k|k-1}][\boldsymbol{Z}_{i,k|k-1} - \hat{\boldsymbol{z}}_{k|k-1}]^{\mathrm{T}} \tag{7.89}$$

得到卡尔曼增益：

$$\boldsymbol{K}_k = \boldsymbol{P}_{xz,k|k-1}(\boldsymbol{P}_{zz,k|k-1})^{-1} \tag{7.90}$$

更新状态估计值：

$$\hat{\boldsymbol{x}}_{k|k} = \hat{\boldsymbol{x}}_{k|k-1} + \boldsymbol{K}_k(\boldsymbol{z}_k - \hat{\boldsymbol{z}}_{k|k-1}) \tag{7.91}$$

更新误差协方差矩阵：

$$\boldsymbol{P}_{k|k} = \boldsymbol{P}_{k|k-1} - \boldsymbol{K}_k \boldsymbol{P}_{zz,k|k-1} \boldsymbol{K}_k^{\mathrm{T}} \tag{7.92}$$

3. 容积卡尔曼滤波

容积卡尔曼滤波是近些年提出的一种非线性高斯滤波算法，它通过球面-积分原则，对高斯积分进行近似计算。其创新之处在于利用三阶球面径向容积规则，采样 $2n$ 个权重相同的容积点，近似求解高斯加权积分。下面是 CKF 算法的递推步骤。

初始化滤波器：

$$\begin{aligned} &\hat{\boldsymbol{x}}_{0|0} = E(\boldsymbol{x}_0) \\ &\boldsymbol{P}_0 = E[(\boldsymbol{x}_0 - \hat{\boldsymbol{x}}_{0|0})(\boldsymbol{x}_0 - \hat{\boldsymbol{x}}_{0|0})^{\mathrm{T}}] \end{aligned} \tag{7.93}$$

(1) 时间更新。

已知 $k-1$ 时刻的状态估计 $\hat{\boldsymbol{x}}_{k-1|k-1}$ 和协方差矩阵 $\boldsymbol{P}_{k-1|k-1}$，对误差协方差矩阵 $\boldsymbol{P}_{k-1|k-1}$ 作 Cholesky 分解：

$$\boldsymbol{P}_{k-1|k-1} = \boldsymbol{S}_{k-1|k-1} \boldsymbol{S}_{k-1|k-1}^{\mathrm{T}} \tag{7.94}$$

计算容积点（$i=1,2,\cdots,m, m=2n$）：

$$\boldsymbol{\chi}_{i,k-1|k-1} = \boldsymbol{S}_{k-1|k-1} \xi_i + \hat{\boldsymbol{x}}_{k-1|k-1} \tag{7.95}$$

其中，$\xi_i = \sqrt{\dfrac{m}{2}}[1]_i$，$[1]_i$ 表示集合[1]的第 i 列。例如，对于二维的非线性系统（$n=2$），则

$$[1] = \{(1,0)^{\mathrm{T}}, (0,1)^{\mathrm{T}}, (-1,0)^{\mathrm{T}}, (0,-1)^{\mathrm{T}}\}$$

利用状态方程传播容积点：

$$\boldsymbol{\chi}_{i,k|k-1}^{*} = f(\boldsymbol{\chi}_{i,k-1|k-1}, \boldsymbol{u}_{k-1}) \tag{7.96}$$

计算 k 时刻的状态预测值：

$$\hat{\boldsymbol{x}}_{k|k-1} = \frac{1}{m}\sum_{i=1}^{m} \boldsymbol{\chi}_{i,k|k-1}^{*} \tag{7.97}$$

计算 k 时刻的状态预测误差协方差矩阵：

$$\boldsymbol{P}_{k|k-1} = \frac{1}{m}\sum_{i=1}^{m} \boldsymbol{\chi}_{i,k|k-1}^{*} \boldsymbol{\chi}_{i,k|k-1}^{*,\mathrm{T}} - \hat{\boldsymbol{x}}_{k|k-1} \hat{\boldsymbol{x}}_{k|k-1}^{\mathrm{T}} + \boldsymbol{Q}_k \tag{7.98}$$

(2) 量测更新。

对 $P_{k|k-1}$ 作 Cholesky 分解：

$$\boldsymbol{P}_{k|k-1} = \boldsymbol{S}_{k|k-1} \boldsymbol{S}_{k|k-1}^{\mathrm{T}} \tag{7.99}$$

计算容积点（$i=1,2,\cdots,m, m=2n$）：

$$\boldsymbol{\chi}_{i,k|k-1} = \boldsymbol{S}_{k|k-1} \xi_i + \hat{\boldsymbol{x}}_{k|k-1} \tag{7.100}$$

利用量测方程传播容积点：

$$\boldsymbol{Z}_{i,k|k-1} = h(\boldsymbol{\chi}_{i,k|k-1}, \boldsymbol{u}_k) \tag{7.101}$$

计算 k 时刻预测值：

$$\hat{\boldsymbol{z}}_{k|k-1} = \frac{1}{m}\sum_{i=1}^{m} \boldsymbol{Z}_{i,k|k-1} \tag{7.102}$$

计算 k 时刻量测协方差矩阵：

$$\boldsymbol{P}_{zz,k|k-1} = \frac{1}{m}\sum_{i=1}^{m} \boldsymbol{Z}_{i,k|k-1} \boldsymbol{Z}_{i,k|k-1}^{\mathrm{T}} - \hat{\boldsymbol{z}}_{k|k-1} \hat{\boldsymbol{z}}_{k|k-1}^{\mathrm{T}} + \boldsymbol{R}_k \tag{7.103}$$

计算 k 时刻互协方差矩阵：

$$\boldsymbol{P}_{xz,k|k-1}=\frac{1}{m}\sum_{i=1}^{m}\boldsymbol{\chi}_{i,k|k-1}\boldsymbol{Z}_{i,k|k-1}^{\mathrm{T}}-\hat{\boldsymbol{x}}_{k|k-1}\hat{\boldsymbol{z}}_{k|k-1}^{\mathrm{T}} \tag{7.104}$$

计算 k 时刻卡尔曼增益：

$$\boldsymbol{K}_k=\boldsymbol{P}_{xz,k|k-1}(\boldsymbol{P}_{zz,k|k-1})^{-1} \tag{7.105}$$

计算 k 时刻状态估计值：

$$\hat{\boldsymbol{x}}_{k|k}=\hat{\boldsymbol{x}}_{k|k-1}+\boldsymbol{K}_k(\boldsymbol{z}_k-\hat{\boldsymbol{z}}_{k|k-1}) \tag{7.106}$$

计算 k 时刻状态误差协方差矩阵估计值：

$$\boldsymbol{P}_{k|k}=\boldsymbol{P}_{k|k-1}-\boldsymbol{K}_k\boldsymbol{P}_{zz,k|k-1}\boldsymbol{K}_k^{\mathrm{T}} \tag{7.107}$$

根据以上递推步骤不难看出，CKF 只需计算出容积点，然后直接利用非线性方程进行传播，结构简单，便于实现，无须计算雅可比矩阵，计算量小，能够较好地处理非线性系统状态估计问题。

4. 粒子滤波

最优非线性贝叶斯估计由于涉及积分运算，一般很难得到解析解，为此产生了大量的次优算法。它们基本可分为矩匹配和密度估计两类。前者假定密度函数近似高斯分布，从而前二阶矩可完全表示其统计特性，通过求解期望和协方差进行非线性滤波；后者直接对密度函数进行估计，适用性更广，但计算量较大。密度估计有两种常用方法：一种是基于栅格(grid)数值积分的方法；另一种是基于蒙特卡洛积分的方法。前者的计算量随状态维数和时间指数增长；后者通过对密度函数随机采样克服了这一问题，然而仍存在计算量过大及粒子湮灭等问题。1993 年，Gordon 等提出了重采样算法，开启了基于序贯蒙特卡洛积分的粒子滤波的研究热潮。目前，粒子滤波已经成为一种重要的非高斯非线性估计的重要方法，在机器人视觉、自主导航和目标跟踪的状态估计等领域有着广泛的应用。下面简要介绍蒙特卡洛积分及粒子滤波。

1）蒙特卡洛积分及重要度采样

蒙特卡洛积分的核心思想是：将被积函数 $g(x)$分解为一个概率密度函数 $p(x)$与另一个函数 $f(x)$之积，于是积分问题等价于求 $f(x)$的期望，对连续状态空间进行随机采样，使其满足 $p(x)$分布，用 $f(x)$的样本均值近似其期望，进而近似 $g(x)$的积分。

很多时候，n_x 维状态变量 x 的概率密度函数 $p(x)$并不是一个常见分布，直接按照该分布采样不易实现。实际中常采用重要度采样方法，寻找一个与 $p(x)$相似的容易采样的概率密度函数 $q(x)$，并满足 $p(x)>0\Rightarrow q(x)>0$，$x\in\mathbf{R}^{n_x}$，于是

$$I=\int_{\mathbf{R}^{n_x}}g(x)\mathrm{d}x=\int_{\mathbf{R}^{n_x}}f(x)p(x)\mathrm{d}x=\int_{\mathbf{R}^{n_x}}f(x)\frac{p(x)}{q(x)}q(x)\mathrm{d}x=E\left[f(x)\frac{p(x)}{q(x)}\right] \tag{7.108}$$

按照 $q(x)$的分布对状态空间进行随机采样，得到粒子集$\{x^{(i)}\}_{i=1}^{N_s}$，期望近似为如下样本均值：

$$E\left[f(x)\frac{p(x)}{q(x)}\right]\approx I_{N_s}=\frac{1}{N_s}\sum_{i=1}^{N_s}f(x^{(i)})\frac{p(x^{(i)})}{q(x^{(i)})}=\frac{1}{N_s}\sum_{i=1}^{N_s}f(x^{(i)})\bar{\omega}^{(i)} \tag{7.109}$$

其中，$\bar{\omega}^{(i)}=p(x^{(i)})/q(x^{(i)})$是样本的重要度权重。$q(x)$被称为重要度函数。归一化权

重，得

$$\omega^{(i)}=\frac{\dfrac{\bar{\omega}^{(i)}}{N_s}}{\sum_{i=1}^{N_s}\dfrac{\bar{\omega}^{(i)}}{N_s}}=\frac{\bar{\omega}_s^{(i)}}{\sum_{i=1}^{N_s}\bar{\omega}^{(i)}} \tag{7.110}$$

则 $p(x)$ 可用加权粒子集的 Dirac-delta 函数之和近似为

$$p(x)\approx\sum_{i=1}^{N_s}\omega^{(i)}\delta(x-x^{(i)}) \tag{7.111}$$

以上就是蒙特卡洛积分及重要度采样的基本思想。在粒子滤波中，$p(x)$ 代表的是后验概率密度函数。

2）粒子滤波

记 $X_k=\{x_0,x_1,\cdots,x_k\}$，$Z_k=\{z_0,z_1,\cdots,z_k\}$，则称 $p(X_k|Z_k)$ 为联合后验概率密度，$p(\boldsymbol{x}_k|Z_k)$ 为边缘后验概率密度，$\{X_k^{(i)},\omega_k^{(i)}\}_{i=1}^{N_s}$ 为满足 $p(X_k|Z_k)$ 分布的加权粒子集，其中 $\{X_k^{(i)}\}_{i=1}^{N_s}$ 是从重要度函数 $q(X_k|Z_k)$ 上得到的样本，忽略归一化因子，等号变为正比号，$\{\omega_k^{(i)}\}_{i=1}^{N_s}$ 满足 $\omega_k^{(i)}\propto\dfrac{p(X_k^{(i)}|Z_k)}{q(X_k^{(i)}|Z_k)}$，由贝叶斯公式联合后验概率展开为

$$\begin{aligned}p(X_k\mid Z_k)&\propto p(\boldsymbol{z}_k\mid X_k,Z_{k-1})p(\boldsymbol{x}_k\mid X_{k-1},Z_{k-1})p(X_{k-1}\mid Z_{k-1})\\&=p(\boldsymbol{z}_k\mid \boldsymbol{x}_k)p(\boldsymbol{x}_k\mid \boldsymbol{x}_{k-1})p(X_{k-1}\mid Z_{k-1})\end{aligned} \tag{7.112}$$

将联合重要度函数分解为

$$q(X_k\mid Z_k)=q(\boldsymbol{x}_k\mid X_{k-1},Z_{k-1})q(X_{k-1}\mid Z_{k-1}) \tag{7.113}$$

整理得

$$\omega_k^{(i)}\propto\frac{p(\boldsymbol{z}_k\mid \boldsymbol{x}_k^{(i)})p(\boldsymbol{x}_k^{(i)}\mid \boldsymbol{x}_{k-1}^{(i)})p(X_{k-1}^{(i)}\mid Z_{k-1})}{q(\boldsymbol{x}_k^{(i)}\mid X_{k-1}^{(i)},Z_k)q(X_{k-1}^{(i)}\mid Z_{k-1})}=\omega_{k-1}^{(i)}\frac{p(\boldsymbol{z}_k\mid \boldsymbol{x}_k^{(i)})p(\boldsymbol{x}_k^{(i)}\mid \boldsymbol{x}_{k-1}^{(i)})}{q(\boldsymbol{x}_k^{(i)}\mid X_{k-1}^{(i)},Z_k)} \tag{7.114}$$

函数 $q(\boldsymbol{x}_k|X_{k-1}^{(i)},Z_k)$ 的选择对于粒子滤波而言是核心问题之一，其最优解在多数情况下并不容易直接采样，一种常用的次优方法是令 $q(\boldsymbol{x}_k|X_{k-1}^{(i)},Z_k)=p(\boldsymbol{x}_k|\boldsymbol{x}_{k-1}^{(i)})$，得

$$\omega_k^{(i)}\propto\omega_{k-1}^{(i)}p(\boldsymbol{z}_k\mid \boldsymbol{x}_k^{(i)}) \tag{7.115}$$

当选择状态转移先验概率密度 $p(\boldsymbol{x}_k|\boldsymbol{x}_{k-1})$ 为重要度函数时，其分布要比似然函数 $p(\boldsymbol{z}_k|\boldsymbol{x}_k)$ 宽得多，这会导致只有很少的粒子被赋予较高的权重，从而容易产生粒子退化或湮灭问题。解决这一问题的有效方法是重采样算法，其原理类似遗传算法，将权重较大的粒子复制多份，而将权重较小的粒子复制较少的份数甚至剔除，然后对新粒子赋予相等的权重。重采样算法的步骤如下：

（1）将[0,1]区间划分为 N_s 个子区间，第 i 个子区间的起始端点值记为 $c^{(i)}$，满足 $c^{(0)}=0$，$c^{(i)}=c^{(i-1)}+\omega_k^{(j)}$。

（2）在[0,1]区间产生一个均匀分布随机数 r，寻找第 j 个子区间，使得 $c^{(j-1)}\leqslant r\leqslant c^{(j)}$。

（3）选择 $\boldsymbol{x}_k^{(j)}$ 为新粒子 $\boldsymbol{x}_k^{(i^*)}$，重复步骤(2) N_s 次，得新粒子集 $\{\boldsymbol{x}_k^{(i^*)}\}_{i^*=1}^{N_s}$。

重采样环节增加了粒子滤波的计算复杂度，最优实现的复杂度为 $O(N_s\lg N_s)$，为此可采用一些简化方法，最简单的方法是根据权重等比复制粒子份数，即 $n(\boldsymbol{x}_k^{(i)})=\mathrm{int}(N_s\omega_k^{(i)})$，

其中，$n(\boldsymbol{x}_k^{(i)})$表示粒子 $\boldsymbol{x}_k^{(i)}$ 在新粒子集中被复制的份数，int 表示某种取整函数。根据是否每一次递推时都执行重采样，粒子滤波可分为序贯重要度采样(Sequential Importance Sampling，SIS)和采样重要度重采样(Sampling Importance Resampling，SIR)两类。SIR 和 SIS 的区别仅在于每一次递推中是否一定实现重采样环节。

第 k 时刻边缘后验概率密度近似为

$$p(\boldsymbol{x}_k \mid Z_k) \approx \sum_{i=1}^{N_s} \omega_k^{(i)} \delta(\boldsymbol{x}_k - \boldsymbol{x}_k^{(i)}) \tag{7.116}$$

在最小均方差意义下，第 k 时刻状态估计及协方差矩阵为

$$\hat{\boldsymbol{x}}_{k|k} = \int_{\mathbf{R}^{n_x}} \boldsymbol{x}_k p(\boldsymbol{x}_k \mid Z_k) \mathrm{d}\boldsymbol{x}_k \approx \sum_{i=1}^{N_s} \omega_k^{(i)} \boldsymbol{x}_k^{(i)} \tag{7.117}$$

$$\boldsymbol{P}_{k|k} = \int_{\mathbf{R}^{n_x}} (\boldsymbol{x}_k - \hat{\boldsymbol{x}}_{k|k})(\boldsymbol{x}_k - \hat{\boldsymbol{x}}_{k|k})^{\mathrm{T}} p(\boldsymbol{x}_k \mid Z_k) \mathrm{d}\boldsymbol{x}_k \approx \sum_{i=1}^{N_s} \omega_k^{(i)} (\boldsymbol{x}_k^{(i)} - \hat{\boldsymbol{x}}_{k|k})(\boldsymbol{x}_k^{(i)} - \hat{\boldsymbol{x}}_{k|k})^{\mathrm{T}} \tag{7.118}$$

在最基本的 SIR 和 SIS 基础上，根据重要度函数及重采样方法等的不同选择，粒子滤波还衍生出很多改进方法，如规范粒子滤波、辅助粒子滤波、高斯和粒子滤波、平滑粒子滤波等，这里不再一一介绍。无论哪种粒子滤波方法，为了很好地逼近概率密度函数，都需要大量的粒子，计算和存储需求对很多实际应用而言仍是一个重要问题。如何在满足估计性能的前提下提高实时性，是粒子滤波研究的一个关键问题。

7.3 多传感器信息融合的推理学习方法

7.3.1 贝叶斯推理

贝叶斯推理根据观测空间的先验知识实现对观测空间中目标的识别。它的名称来源于英国牧师托马斯·贝叶斯(Thomas Bayes)。他于 1760 年去世，而他撰写的一篇论文一直到 1763 年才被发表，其中包含的一个公式就是今天众所周知的贝叶斯公式。贝叶斯定理解决了使用经典推理方法难以求解的一些问题。

1. 贝叶斯公式

设概率事件 $A \in F$、$B \in F$，F 为事件域，则在事件 B 发生的条件下，事件 A 发生的条件概率 $P(A|B)$为

$$P(A \mid B) = \frac{P(AB)}{P(B)} \tag{7.119}$$

其中，$P(B)$为事件 B 发生的概率，假定为正值；$P(AB)$为事件 A 和 B 同时发生的概率。

在贝叶斯推理中，在给定证据 A 的情况下，事件 B_i 发生的概率表示如下：

$$P(B_i \mid A) = \frac{P(AB_i)}{P(A)} \tag{7.120}$$

若 $B_1, B_2, \cdots, B_n$ 的并集为整个事件空间，则对任一 $A \in F$，若 $P(A)>0$，有

$$P(B_i \mid A) = \frac{P(A \mid B_i)P(B_i)}{\sum_{j=1}^{n} P(A \mid B_i)P(B_i)} \tag{7.121}$$

式(7.121)即贝叶斯推理公式。其中,$P(B_i)$表示根据已有数据分析所得事件 B_i 发生的先验概率,有 $\sum_{j=1}^{n}P(B_i)=1$;$P(B_i|A)$表示给定证据 A 的情况下事件 B_i 发生的后验概率;$P(A|B_i)$表示假设事件 B_i 的似然函数。

贝叶斯推理之所以比经典方法好,是因为它能够在给出证据的情况下直接确定假设为真的概率,同时允许使用假设确实为真的似然性的先验知识,允许使用主观概率作为假设的先验概率和给出假设条件下的证据概率。它不需要概率密度函数的先验知识,能够迅速实现推理运算。

2. 基于贝叶斯公式的信息融合过程

假设有 n 个传感器用于获取未知目标的参数数据,每一个传感器基于传感器观测和特定的传感器分类算法提供一个关于目标身份的说明(关于目标身份的一个假设)。设 O_1, O_2,…,O_m 为所有可能的 m 个目标,D_i 表示第 i 个传感器关于目标身份的说明,O_1,O_2,…,O_m 实际上构成了观测空间的互不相容的穷举假设,则由式(7.120)和式(7.121)可知,当贝叶斯推理用于身份信息的融合时可以采用图7.15所示的处理过程。

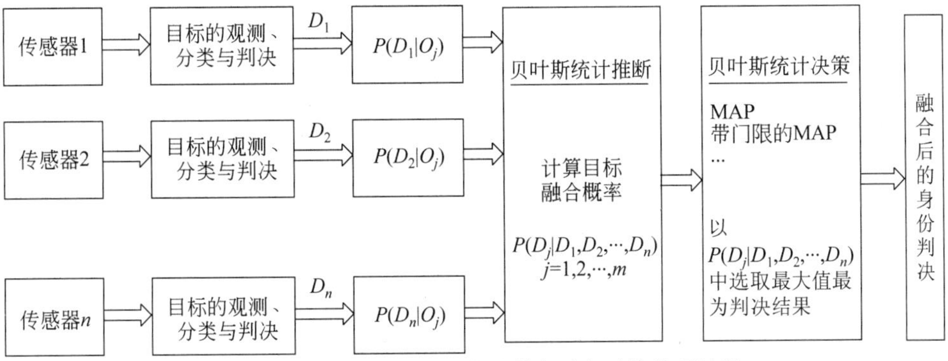

图7.15　贝叶斯推理用于身份信息融合时的处理过程

由图7.15可以看出,贝叶斯融合身份信息识别算法的主要步骤如下:

(1) 将每个传感器关于目标的观测转化为目标身份的分类与说明 $D_1,D_2,\cdots,D_n$。

(2) 计算每个传感器关于目标身份的说明(或判决)的不确定性,即 $P(D_i|O_j)$,$i=1,2,\cdots,n$,$j=1,2,\cdots,m$。

(3) 计算目标身份的融合概率:

$$P(O_i \mid D_1,D_2,\cdots,D_n)=\frac{P(D_1,D_2,\cdots,D_n \mid O_i)P(O_i)}{P(D_1,D_2,\cdots,D_n)} \tag{7.122}$$

若 $D_1,D_2,\cdots,D_n$ 相互独立,则

$$P(D_1,D_2,\cdots,D_n \mid O_i)=P(D_1 \mid O_i)P(D_2 \mid O_i)\cdots P(D_n \mid O_i) \tag{7.123}$$

通过上述过程可以最后确定物体的身份信息。贝叶斯推理提供了一种把来自各传感器对某一物体的身份判决结合起来的方法,最后形成了新的能够改善判决精度的联合身份判决。

Hall雷达系统采用两个传感器,一个是敌我身份识别(Identification, Friend, Foe, Neutral,IFFN)传感器,另一个是电子支援措施(Electronic Support Measures,ESM)传感

器，通过贝叶斯推理判决飞机属性。

设目标有 m 种可能机型，分别用 $O_1, O_2, \cdots, O_m$ 表示，先验概率 $P_{\mathrm{IFFN}}(x \mid O_j)$ 已知，x 表示友(Friend)、敌(Foe)、中立(Neutral)3 种状态。

对于 IFFN 传感器的观测 z，根据全概率公式，有

$$\begin{aligned} P_{\mathrm{IFFN}}(z \mid O_j) = & P_{\mathrm{IFFN}}(z \mid \mathrm{Friend}) P_{\mathrm{IFFN}}(\mathrm{Friend} \mid O_j) + \\ & P_{\mathrm{IFFN}}(z \mid \mathrm{Foe}) P_{\mathrm{IFFN}}(\mathrm{Foe} \mid O_j) + \\ & P_{\mathrm{IFFN}}(z \mid \mathrm{Neutral}) P_{\mathrm{IFFN}}(\mathrm{Neutral} \mid O_j) \end{aligned} \tag{7.124}$$

其中，$j = 1, 2, \cdots, m$。

ESM 传感器能在机型上识别飞机属性，有

$$P(z \mid O_j) = \frac{P_{\mathrm{ESM}}(O_j \mid z) P(z)}{\sum_{j=1}^{m} P_{\mathrm{ESM}}(O_j \mid z) P(z)} \tag{7.125}$$

基于 IFFN 传感器和 ESM 传感器信息融合的似然公式为

$$P(z \mid O_j) = P_{\mathrm{IFFN}}(z \mid O_j) P_{\mathrm{ESM}}(z \mid O_j) \tag{7.126}$$

则有

$$P(\mathrm{Friend} \mid z) = \sum_{j=1}^{m} P(O_j \mid z) P(\mathrm{Friend} \mid O_j) \tag{7.127}$$

$$P(\mathrm{Foe} \mid z) = \sum_{j=1}^{m} P(O_j \mid z) P(\mathrm{Foe} \mid O_j) \tag{7.128}$$

$$P(\mathrm{Neutral} \mid z) = \sum_{j=1}^{m} P(O_j \mid z) P(\mathrm{Neutral} \mid O_j) \tag{7.129}$$

运用贝叶斯推理中的条件概率公式进行推理，结果比较令人满意。首先，当出现某一证据时，贝叶斯推理能给出确定的计算假设事件在此证据发生的条件下发生的概率，而经典概率推理能给出的只是在发生某一假设事件的条件下某一观测能够对某一目标或事件有贡献的概率；其次，贝叶斯公式能够嵌入一些先验知识，如假设事件的似然函数等；最后，当没有经验数据可以利用时，贝叶斯推理可以用主观概率代替假设事件的先验概率和似然函数，但是这种处理方式的输出性能只能接近采用先验知识输入时的性能。

因此，贝叶斯推理解决了经典概率推理遇到的一些困难问题，但是贝叶斯推理首先需要定义先验概率和似然函数。当出现多个假设事件和各事件条件相关时，贝叶斯推理也变得复杂起来。同时，这种推理方法还要求各假设事件互斥，而且也不能处理 Dempster-Shafer 证据推理方法所能处理的带有不确定性的那类问题。

7.3.2 Dempster-Shafer 证据推理

由于 Dempster 和 Shafer 对贝叶斯理论进行了推广，因此这种方法后来便由他们的名字命名，称作 Dempster-Shafer 证据推理方法，简称 D-S 方法。Dempster 于 20 世纪 60 年代初首先提出了构造不确定性推理模型的一般框架，建立了命题和集合之间的一一对应关系，把命题不确定问题转化为集合不确定问题。后来，他的学生 Shafer 扩展了他的研究成果，用信任度和似真度重新解释了该理论，最终确立了处理不确定信息的证据理论。与概率推理

和贝叶斯推理等其他理论相比，Dempster-Shafer 证据推理在不确定性的度量上更为灵活，推理机制更加简洁，尤其对于未知信息的处理更接近人的思维习惯。Dempster-Shafer 证据推理作为贝叶斯推理的扩充，能捕捉、融合来自多传感器的信息，在不确定性决策等领域得到了广泛的应用。

1. Dempster-Shafer 算法基础

定义 7.5　设函数 $M: 2^{\Omega} \rightarrow [0,1]$，且满足

$$M(\varnothing)=0$$
$$\sum_{A \subseteq \Omega} M(A)=1 \tag{7.130}$$

则称 M 是 2^{Ω} 上的概率分配函数。$M(A)$称为 A 的基本概率数，表示对 A 的精确信任。

定义 7.6　命题的信任函数 Bel：$2^{\Omega} \rightarrow [0,1]$，且

$$\operatorname{Bel}(A)=\sum_{B \leqslant A} M(B) \quad (\text{对所有的 } A \subseteq \Omega) \tag{7.131}$$

Bel 函数也称为下限函数，表示对 A 的全部信任。

定义 7.7　似然函数 Pl：$2^{\Omega} \rightarrow [0,1]$，且

$$\operatorname{Pl}(A)=1-\operatorname{Bel}(A) \quad (\text{对所有的 } A \subseteq \Omega) \tag{7.132}$$

Pl 函数也称为上限函数或不可驳斥函数，表示对 A 非假的信任程度(表示对 A 似乎可能成立的不确定性度量)。

容易证明，信任函数和似然函教有如下关系：

$$\operatorname{Pl}(A) \geqslant \operatorname{Bel}(A) \quad (\text{对所有的 } A \subseteq \Omega) \tag{7.133}$$

A 的不确定性表示为

$$\mu(A)=\operatorname{Pl}(A)-\operatorname{Bel}(A) \tag{7.134}$$

[Pl(A)，Bel(A)]为信任区间，它反映了关于 A 的许多重要信息。基于 Dempster-Shafer 证据推理理论对 A 的不确定性的描述如图 7.16 所示。

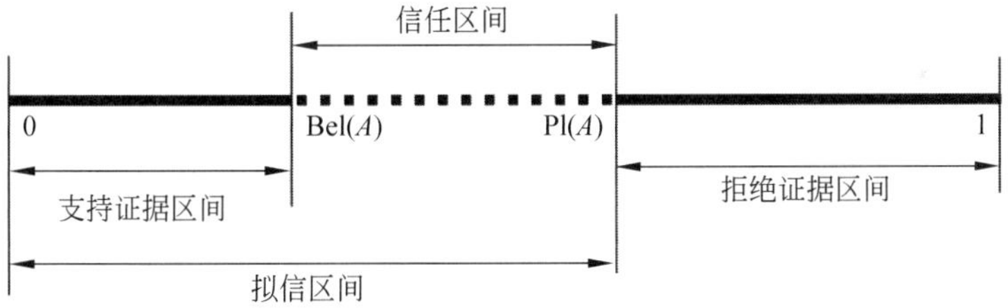

图 7.16　对 A 的不确定性的描述

定义 7.8　设 M_1 和 M_2 是 N 上的两个概率分配函数，则其正交和 $M=M_1+M_2$ 定义为

$$M(\varnothing)=0$$
$$M(A)=c^{-1} \sum_{x \cap y=A} M_1(x) M_2(y) \quad (A \neq \varnothing) \tag{7.135}$$

其中，

$$c=1-\sum_{x \cap y=A} M_1(x) M_2(y)=\sum_{x \cap y \neq A} M_1(x) M_2(y) \tag{7.136}$$

如果 $c \neq 0$，则正交和 M 也是一个概率分配函数；如果 $c=0$，则不存在正交和 M，M_1 和 M_2 矛盾。

多个概率分配函数的正交和 $M=M_1+M_2+\cdots+M_n$ 定义为

$$M(\varnothing)=0$$
$$M(A)=c^{-1}\sum_{\cap A_i=A}\prod_{1\leqslant i\leqslant n}M_i(A_i)\quad(A\neq\varnothing)\tag{7.137}$$

其中

$$c=1-\sum_{\cap A_i=\varnothing}\prod_{1\leqslant i\leqslant n}M_i(A_i)=\sum_{\cap A_i\neq\varnothing}\prod_{1\leqslant i\leqslant n}M_i(A_i)\tag{7.138}$$

2. Dempster-Shafer 证据推理结构和数据融合过程

1）Dempster-Shafer 证据推理结构

任何一个完整的推理系统都需要用几个不同推理级保持精确的可信度。Dempster-Shafer 证据推理结构自上而下分为 3 级，如图 7.17 所示。

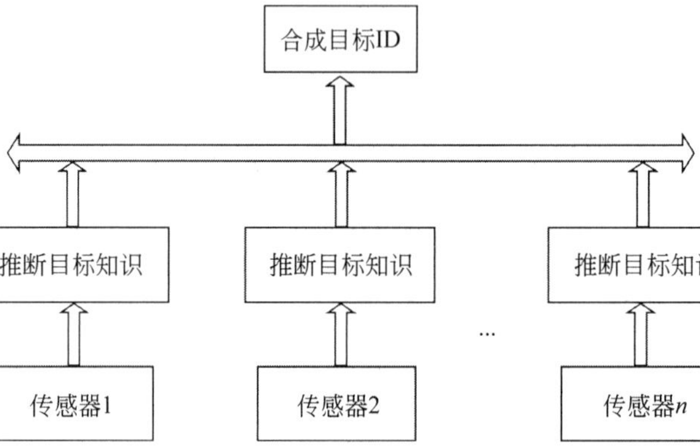

图 7.17 Dempster-Shafer 证据推理结构

第一级是合成，它把来自几个独立传感器的报告合成为一个总的输出(ID)。

第二级是推断，由它获取传感器报告并进行推断，将传感器报告扩展成目标报告。推断的基础是传感器报告以某种可信度在逻辑上会产生可信的某些目标报告。例如，一个传感器报告的目标拥有某种类型的雷达，那么在逻辑上就会推断出舰船或飞机是拥有这种雷达的目标之一。

第三级是更新，因各种传感器一般都有随机误差，所以，来自同一传感器且在时间上充分独立的一组连续报告将比任何单一报告都可靠。这样，在进行推断和多传感器合成之前要先更新传感器级的信息。

2）数据融合过程

应用 Dempster-Shafer 证据推理的数据融合过程如图 7.18 所示。首先计算各个证据的概率分配函数 M_i、信任函数 Bel_i、似然函数 Pl_i，然后用 Dempster-Shafer 规则计算所有证据联合作用下的概率分配函数、信任函数和似然函数，最后根据一定的决策规则选择联合作用下支持度最大的假设。

3. Dempster-Shafer 规则

Dempster-Shafer 规则可以融合来自多个传感器或信号源的相容命题对应的概率分配值，从而得到这些相容命题的交集（合取）命题所对应的概率分配值。所谓相容命题是指命题之间有交集存在。下面用一个四目标二传感器的例子说明如何运用 Dempster-Shafer 规则进行融合。

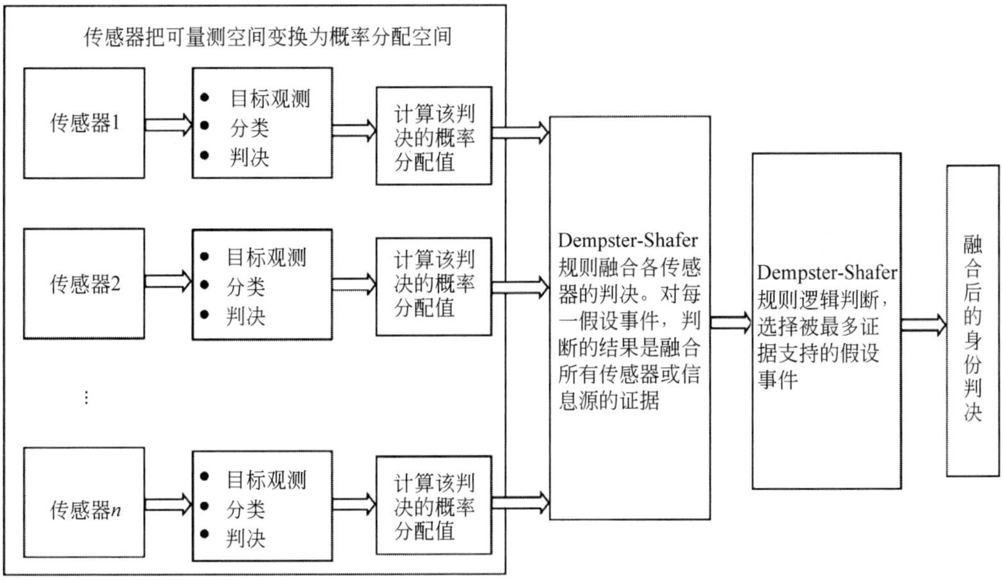

图 7.18　应用 Dempster-Shafer 证据推理的数据融合过程

假设存在 4 个目标：我方歼击机、轰炸机分别为 q_1、q_2，敌方歼击机、轰炸机分别为 q_3、q_4。传感器 A 和 B 对目标类型的直接概率分配为

$$m_A = \begin{bmatrix} m_A(q_1 \cup q_3) = 0.6 \\ m_A(\Theta) = 0.4 \end{bmatrix} \tag{7.139}$$

$$m_B = \begin{bmatrix} m_B(q_3 \cup q_4) = 0.7 \\ m_A(\Theta) = 0.3 \end{bmatrix} \tag{7.140}$$

其中，$m_A(\Theta)$表示传感器 A 在判断目标属于我方时由未知所引起的不确定性；$m_B(\Theta)$表示传感器 B 在判断目标属于敌方时由未知所引起的不确定性。

Dempster-Shafer 规则如表 7.3 所示，它是一个矩阵，该矩阵中的每个元素为融合后命题的概率分配值，矩阵的第一列和第一行为被融合的命题的概率分配值。

表 7.3　Dempster-Shafer 规则

A 中命题的概率值	**B 中命题的概率值**	
	$\boldsymbol{m_B(q_3 \cup q_4) = 0.7}$	$\boldsymbol{m_B(\Theta) = 0.3}$
$m_A(\Theta) = 0.4$	$m(q_3 \cup q_4) = 0.28$	$m(\Theta) = 0.12$
$m_A(q_1 \cup q_3) = 0.6$	$m(q_3) = 0.42$	$m(q_1 \cup q_3) = 0.18$

矩阵左上角元素所代表的命题 $q_3 \cup q_4$ 就是传感器 A 中的命题 Θ 和传感器 B 中的命题 $q_3 \cup q_4$ 的交，即目标属于敌方歼击机或轰炸机，与这个交命题对应的概率分配值为

$$m(q_3 \cup q_4) = m_A(\Theta)m_B(q_3 \cup q_4) = 0.4 \times 0.7 = 0.28 \tag{7.141}$$

矩阵第 1 行第 2 列元素所代表的命题 Θ 是传感器 A 中的命题 Θ 和传感器 B 中的命题 Θ 的交命题，与这个交命题对应的概率分配值为

$$m(\Theta) = m_A(\Theta)m_B(\Theta) = 0.4 \times 0.3 = 0.12 \tag{7.142}$$

矩阵第 2 行第 1 列元素所代表的命题 q_3 是传感器 A 中的命题 $q_1 \cup q_3$ 和传感器 B 中的命题 $q_3 \cup q_4$ 的交命题，也就是目标是敌方歼击机，与这个交命题对应的概率分配值为

$$m(q_3) = m_A(q_1 \cup q_3) m_B(q_3 \cup q_4) = 0.6 \times 0.7 = 0.42 \tag{7.143}$$

在融合后的矩阵中，命题 q_3 所对应的概率分配值 $m(q_3)$ 最高，所以也常常把它作为来自传感器 A 和传感器 B 的证据融合输出结果。

矩阵右下角元素所代表的命题 $q_1 \cup q_3$ 是传感器 A 中的命题 $q_1 \cup q_3$ 和传感器 B 中的命题 Θ 的交命题，与这个交命题对应的概率分配值为

$$m(q_1 \cup q_3) = m_A(q_1 \cup q_3) m_B(\Theta) = 0.6 \times 0.3 = 0.18 \tag{7.144}$$

如果遇到交命题是空集的情况，那么该交命题所对应的概率分配值应设为 0，其他非空的交命题所对应的概率分配值应同乘以线性放大因子 K，使得它们的和为 1。设交命题 c 的概率分配值为

$$m(c) = K \sum_{a_i \cap b_j = c} [m_A(a_i) m_B(b_j)] \tag{7.145}$$

则

$$K^{-1} = \sum_{a_i \cap b_j = \varnothing} [m_A(a_i) m_B(b_j)] \tag{7.146}$$

如果 $K^{-1} = 0$，说明 m_A 和 m_B 是完全矛盾的，此时不可能用 Dempster-Shafer 规则融合两个传感器的完全矛盾的信息。

设传感器 C 对目标类型的直接概率分配为

$$m_C = \begin{bmatrix} m_C(q_2 \cup q_4) = 0.5 \\ m_C(\Theta) = 0.5 \end{bmatrix} \tag{7.147}$$

同样，运用 Dempster-Shafer 规则融合传感器 A 和 C 的信息，结果如表 7.4 所示。

表 7.4　交命题出现空集时的 Dempster-Shafer 规则

A 中命题的概率值	C 中命题的概率值	
	$m_C(q_2 \cup q_4) = 0.5$	$m_C(\Theta) = 0.5$
$m_A(\Theta) = 0.4$	$m(q_2 \cup q_4) = 0.2$	$m(\Theta) = 0.2$
$m_A(q_1 \cup q_3) = 0.6$	$m(\varnothing) = 0.3$	$m(q_1 \cup q_3) = 0.3$

矩阵第 2 行第 1 列元素对应的命题为空集，设其概率分配值为 0，重新分配非空集的概率分配值的线性放大因子 K 采用下式计算：

$$K^{-1} = 1 - m(\varnothing) = 1 - 0.3 = 0.7 \tag{7.148}$$

则 $K = 1.429$。

对应的概率分配值如表 7.5 所示。

表 7.5　排除非空集时的 Dempster-Shafer 规则

A 中命题的概率值	C 中命题的概率值	
	$m_C(q_2 \cup q_4) = 0.5$	$m_C(\Theta) = 0.5$
$m_A(\Theta) = 0.4$	$m(q_2 \cup q_4) = 0.286$	$m(\Theta) = 0.286$
$m_A(q_1 \cup q_3) = 0.6$	0	$m(q_1 \cup q_3) = 0.429$

当有 3 个或多个传感器信息融合时，可以多次使用 Dempster-Shafer 规则。方法是把前两个传感器融合后的交命题及对应的概率分配值作为新矩阵的第一列，而第三个传感器的命题及对应的概率分配值作为新矩阵的第一行，然后用前面讨论的类似方法进行融合。

7.3.3 联合 Dempster-Shafer 证据推理和神经网络的信息融合方法

神经网络由于具有分布式存储和并行处理方式、自组织和自学习的功能以及容错性强和鲁棒性强等优点，因而在模式识别领域得到了越来越广泛的应用。目前用于模式识别的神经网络模型有很多种，这里采用 BP 网络。用神经网络进行模式识别时，要求有足够丰富且正交完备的训练样本集，否则系统性可能会变差，降低系统的识别准确率。对于空间点目标的识别问题，由于在目前条件下难以得到足够丰富且正交完备的实测训练样本集，在实际应用中难以训练出在各种条件下均能得到较高识别率的网络。然而，用神经网络识别点目标时，要求仅得到传感器一次报告就能有效识别目标，因此对于网络性能的要求很高。当识别样本图像的质量较差（特别是由偶然误差引起的）时，神经网络容易产生误识。

因此，可以考虑利用信息融合的方法将多传感器分别提供的报告所含信息有效地融合，以提高对目标的识别率。Dempster-Shafer 证据推理理论是目前用于信息融合的主要方法之一，对于空间点目标的识别问题，由于单帧图像提供的信息较少，而且不可避免地存在着误差的影响，仅靠传感器的一次报告提供的信息识别点目标难以保证能够得到较好的效果。证据理论方法能将传感器多次报告提供的关于该点目标的信息不断融合，以达到对该点目标的有效识别，从而能够排除仅使用单帧图像时由于信息较少不足以判断或存在较大偶然误差所带来的不利影响，提高系统的识别率。

但是，用 Dempster-Shafer 证据推理理论识别点目标时，必须构造出合理的关于点目标的证据结合模型，这要求综合有关领域专家的知识和经验，事实上这一点并不容易做到。由于神经网络事先已经经过了大量样本的学习，其对点目标识别的输出结果并不亚于领域专家的判断，因此，如果把神经网络的每次输出作为一条证据，用 Dempster-Shafer 证据推理理论把由此得到的证据不断结合，这种把神经网络与 Dempster-Shafer 证据推理理论结合的方法综合了神经网络与 Dempster-Shafer 证据推理理论的优点，必然能得到比神经网络更好的识别效果。

系统先由一个三层 BP 网络初步识别模式并形成证据，再用 Dempster-Shafer 证据推理理论方法进行证据结合以识别目标。BP（Back Propagation，反向传播）网络是由 Rumelhart 和 McClelland 等人于 1986 年提出的概念，是一种按照误差反向传播算法训练的多层前馈神经网络，是应用最广泛的神经网络模型之一。Dempster-Shafer 证据推理理论是由 Dempster 首先提出，由 Shafer 进一步发展起来的一种不精确推理方法，它能够处理由不确知引起的不确定性。

例如，定义辨别框架 $\Omega=\{T,D\}$，其中，T 为目标，D 为诱饵。定义基本概率分配（Basic Probability Assignment，BPA）：

$$m(T)=y'_1,\quad m(D)=y'_2$$

对于 12 个输入的点对模式（对应 12 个输入节点的 BP 网络），$m(T)$表示点对中点 1 为目标而点 2 为诱饵的 BPA 值，$m(D)$则表示点对中点 2 为目标而点 1 为诱饵的 BPA 值；对于

6个输入的单点模式(对应6个输入节点的BP网络),$m(T)$表示该点为目标的BPA值,$m(D)$则表示该点为诱饵的BPA值。

由于T和D不可再分,因此相应的信任函数为

$$\mathrm{Bel}(T)=\sum m(A)=m(T),\quad \mathrm{Bel}(D)=\sum m(B)=m(D)$$

根据证据的结合规则(此时取$n=2$),就可以把BP网络传来的证据一次次地结合起来。当信任函数达到一定的门限时,即输出结果;否则,不足以判断,继续观察。

7.3.4 基于Dempster-Shafer证据推理的多传感器信息融合的道路车辆跟踪

1. 概述

准确地跟踪车前多个车辆(目标)的状态,及时估计行车的危险程度,是车辆行驶辅助安全系统的一个主要任务。利用车载传感器(如毫米波雷达、激光雷达等)对车前目标跟踪时,需要将已知的目标与新测目标进行关联,即将已知目标与新测(感知)目标进行匹配,一般是利用马尔可夫距离进行判断,但通常会存在一定的不确定性,例如,同时有多个可能的关联对象(矛盾状态),或者目标出现或目标消失等,妥善处理这种不确定性是目标跟踪系统的主要任务和难点。

近年来,Dempster-Shafer证据推理理论作为一种不确定性推理方法受到越来越多的关注。该理论是目前用于信息融合的主要方法之一,在已经公开的美国国防部的研究报告中也发现了采用该理论方法进行特征级融合的系统。关于该理论推理方法的研究和应用主要在一般目标的识别上,有些工作也探讨了将该理论推理方法用于跟踪移动目标的可行性。例如,Chao等人利用该理论开发了基于知识的移动目标检测器,可以区分雷达信号中的特征参数;Puente则比较了贝叶斯方法和Dempster-Shafer证据推理方法在机器人碰撞及危险检测中的应用。证据理论不仅比传统概率论能更好地把握问题的未知性和不确定性,而且不需要使用先验信息,提供了一个非常有用的合成公式,能够融合多个证据源提供的证据。

在目标跟踪领域,Dempster-Shafer证据推理理论在目标状态的一致性估计、多属性数据关联、移动机器人多传感器数据融合等方面得到了一定的应用,并取得了一定的效果。该理论在交通系统中的应用始于Harris和Read的自主车辆导航研究,这些自主车辆利用集成智能传感器确定车辆的状态和外部行驶环境的状态。在车辆安全方面,Rombaut和Gruyer等利用该理论和模糊逻辑对各种传感器的数据进行处理,重构智能车辆的动态环境,以便扩展目标跟踪的时域特性,提高环境感知的可靠性。

为了有效地处理车载传感器数据的不精确性和不确定性,将证据决策理论用于道路车辆多目标跟踪中的数据关联过程,通过计算量测与已知目标之间的信度值的大小,根据信度函数最大的原则确定量测与航迹之间的关系,以提高数据关联的效率。利用信度函数值能够量化目标跟踪问题中的可靠性和可信度。同时,这种方法还能有效地处理目标的消失和新航迹的生成问题(即该方法能同时实现航迹管理和量测与航迹之间的分配)。在关联数据结构下,使用Dempster-Shafer证据推理理论融合信息时,计算量随着量测维数的增大和递推步数的增加而以指数级增长,易出现计算组合爆炸的问题。通过设置一定的限制条件可以有效地控制计算量的增加。

2. 车载传感器数据关联的 Dempster-Shafer 证据推理理论实现

1) 框架的定义

为了利用 Dempster-Shafer 证据推理理论解决数据关联问题，首先必须建立辨识框架 Θ，框架的建立没有一定的规则。Shafer 曾指出：Θ 的选取依赖于我们的知识，依赖于我们的认识水平，依赖于我们所知道的和想要知道的。

辨识框架一般由一组穷举的对象组成，对象之间互不相容($H_i \cap H_j = \varnothing, \forall i \neq j$)，且为有限个($H_j \in \Theta$)，即 $\Theta = \{H_1, H_2, \cdots, H_n\}, n \in \mathbf{N}$。在不同的处理框架内，辨识框架有不同的表示方法，可以得到不同的结果。目前的应用主要集中在闭环境(closed world)和开环境(open world)两个辨识框架内进行处理。

(1) 闭环境辨识框架内的处理。

在闭环境内，辨识框架由所有可以预知的命题(或假设)构成，如图 7.19(a)所示，要识别的目标等就是框架的假设之一。闭环境的内容是已知的，保证了辨识框架的穷举(exhaustive)特性。目前大多数应用都在闭环境内进行，即要识别的目标类型等都是已知的、固定不变的。但是，这种处理方式也存在不足，当有预先不知道的目标或状态出现时就会有问题，从而导致决策错误，即这种方式只能处理命题(或假设)已知的状况，不适应有新命题(或新假)设存在的场合。

(2) 开环境辨识框架内的处理。

为了克服闭环境辨识框架处理的不足，Smets 提出了开环境辨识框架处理的概念，如图 7.19(b)所示，此时辨识框架由所有可能的假设(命题)组成，它们满足两两互斥的条件，但不一定满足穷举的条件。当有新的目标或状态出现时，利用分配给空集的 mass 函数(基本可信度分配)表示专业对识别这种目标或状态等的无能。在这种框架内，不需要进行归一化处理，并且分配给空集的 mass 函数一直保留到合成结束。

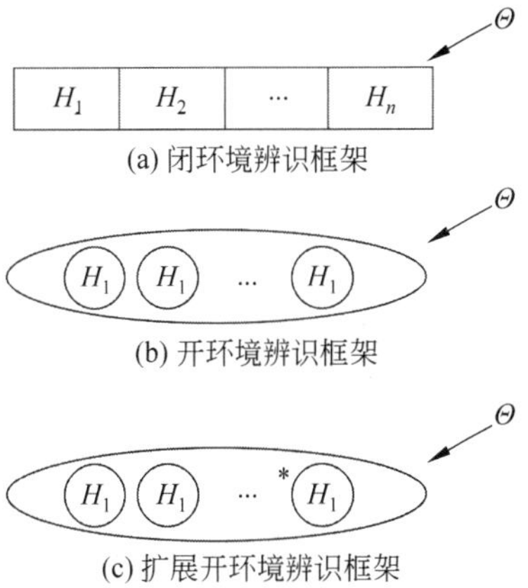

图 7.19　辨识框架的建立

分配给空集的 mass 函数的值表示一个广义的冲突，它可能是错误的识别模型或错误的专家空集可以看作一个要求解问题的可能解，但是具有一定的含糊性。

(3) 扩展开环境内的处理。

闭环境辨识框架是基于穷举的约束条件所建立的，这种约束对于很多问题是过强的，包括数据融合、目标跟踪、目标分类等；虽然这些问题可以在开环境辨识框架内得到部分解决，即根据分配给空集的 mass 函数可以得到部分解，但是根据分配给空集的 mass 函数值无法区别是真正的冲突还是有新假设产生。

在数据融合、目标跟踪、目标分类等过程中，目标的数目和类型等是不确定的，为了能够利用 Dempster-Shafer 证据推理理论解决这类问题，在开环境辨识框架和闭环境辨识框架的基础上，引入一个新的辨识框架，即扩展开环境辨识框架。在该框架内引入一个假设“$*$”，它表示没有在辨识框架内建模的所有假设(即除已知假设以外的其他假设)，如图 7.19(c)所示。在这种情况下，辨识框架始终保证是穷举的，但是假设“$*$”允许考虑其他类型的目标或状态，分配给空集的 mass 函数与在闭环境辨识框架中的作用类似，真正表示专家之间的冲突，这种冲突来自每个专家的初始 mass 函数分配。

尽管各个专家不能直接给出假设"$*$"上的 mass 函数，但是，根据关系式 $m(*)=m(\bar{H}_1\cap\bar{H}_2\cap\cdots\cap\bar{H}_n)$可以综合各个专家的意见，得到关于假设"$*$"的 mass 函数。即这种处理方法可以得到关于新目标或新状态的 mass 函数，从而为处理目标数目变化的情况提供可能。

2）辨识框架的建立

Dempster-Shafer 证据推理理论进行多源信息处理时的一个重要缺陷就是组合爆炸问题。当多个数据源关联时，随着量测维数的增大和递推步数的增加，需要大量的组合计算，从而导致计算量剧增。为了在数据关联中避免这种现象的产生，提高算法的实时性，引入一个限制条件，即在某一时刻，一个量测最多只能与一个航迹（已知目标）相关联；并且一个已知目标也最多只能与一个量测（新测目标）相关联。这样就可以有效地控制计算量的大小，防止组合爆炸问题的产生。

辨识框架的建立原则如下：

假设在某个时刻检测到车前有一个目标，为了将它与已知的 3 个目标相关联，定义辨识框架为 $\Theta=\{Y_1,Y_2,Y_3,*\}$，其中 Y_j 表示命题"量测 X 源于目标 j"。同时，为了保证空间的完备性，增加一个假设"$*$"，表示没有量测与已知的任何目标关联。其可能的状态有

$$2^{\Theta}=\begin{Bmatrix}\varnothing,*,Y_1,Y_2,Y_3,Y_1\cup Y_2,Y_1\cup Y_3,Y_2\cup Y_3,Y_1\cup Y_2\cup Y_3\\ Y_1\cup *,Y_2\cup *,Y_3\cup *,Y_1\cup Y_2\cup *,Y_1\cup Y_3\cup *,Y_2\cup Y_3\cup *,\Theta\end{Bmatrix}\tag{7.149}$$

$$2^{\Theta}=\begin{Bmatrix}\varnothing,*,Y_1,Y_2,Y_3,\bar{Y}_1,\bar{Y}_2,\bar{Y}_3,Y_1\cup Y_2,Y_2\cup Y_3\\ Y_1\cup Y_3,Y_1\cup Y_2\cup Y_3,Y_1\cup *,Y_2\cup *,Y_3\cup *,\Theta\end{Bmatrix}\tag{7.150}$$

mass 函数的定义如下：

（1）$m_{i,j}(Y_j)$表示命题"量测 X_i 源于目标 j"的 mass 函数。

（2）$m_{i,j}(\bar{Y}_j)$表示命题"量测 X_i 不源于目标 j"的 mass 函数。

（3）$m_{i,j}(\Theta)$表示命题"不知道量测 X_i 是否源于目标 j"的 mass 函数。

（4）$m_{i,\cdot}(*)$表示命题"量测 X_i 不与任何已知目标有关系"的 mass 函数。

在上述定义中，第一个下标 i 表示量测（新测目标），第二个下标 j 表示已知的目标，"·"表示所有的已知目标。

量测 i 与目标 j 之间可以确定的 mass 函数分别是 $m_{i,j}(Y_j)$、$m_{i,j}(\bar{Y}_j)$、$m_{i,j}(\Theta)$，且满足条件

$$m_{i,j}(Y_j)+m_{i,j}(\bar{Y}_j)+m_{i,j}(\Theta)=1\tag{7.151}$$

即量测 i 源于目标 j、不源于目标 j 以及不能确定它们之间关系的 mass 函数之和为 1，这也与对问题的一般认识相同。

3）公式描述

如果 Bel_1 和 Bel_2 是同一辨识框架 Θ 上的两个信度函数，m_1 和 m_2 分别是其对应的 mass 函数，那么，根据 mass 函数合成的 Dempster-Shafer 法则，利用递接合成的方式，就可以得到N 个证据源合成时的结果。设

$$\Theta = \{Y_1, Y_2, \cdots, Y_n, *\} \tag{7.152}$$

则经过统一化后的各项表达式为

$$\widetilde{m}_{i,\cdot}(Y_j) = K_{i,\cdot} m_{i,j}(Y_j) \prod_{k=1,2,\cdots,n-1} [1 - m_{i,k}(Y_k)] \tag{7.153}$$

$$\widetilde{m}_{i,\cdot}(*) = K_{i,\cdot} \prod_{j=1,2,\cdots,n} m_{i,j}(\bar{Y}_j) \tag{7.154}$$

$$\widetilde{m}_{i,\cdot}(\Theta) = K_{i,\cdot} \left\{ \prod_{j=1,2,\cdots,n} [1 - m_{i,k}(Y_k)] - \prod_{j=1,2,\cdots,n} m_{i,j}(\bar{Y}_j) \right\} \tag{7.155}$$

归一化系数为

$$K_{i,\cdot} = \frac{1}{\prod\limits_{j=1,2,\cdots,n} [1 - m_{i,j}(Y_j)] \left[1 + \sum\limits_{j=1}^{n} \dfrac{m_{i,j}(Y_j)}{1 - m_{i,j}(Y_j)} \right]} \tag{7.156}$$

此外，量测与航迹的关联也可以看作航迹与量测的关联，即关联是双向的。为了提高关联的可靠性，有必要充分利用证据所提供的各种信息进行决策，所以可以将量测与航迹之间的关系互换，再进行一次合成计算，以提高决策的可靠性。

这样，就可以得到另一组关系式（$m_{i,j}(X_i)$根据 $m_{i,j}(Y_j)$得到）：

$$\widetilde{m}_{\cdot,j}(X_i) = K_{\cdot,j} m_{i,j}(X_i) \prod_{\substack{k=1,2,\cdots,n \\ k \neq i}} [1 - m_{i,k}(X_k)] \tag{7.157}$$

$$\widetilde{m}_{\cdot,j}(*) = K_{\cdot,j} \prod_{k=1,2,\cdots,n} m_{i,j}(\bar{X}_i) \tag{7.158}$$

$$\widetilde{m}_{\cdot,j}(\Theta) = K_{\cdot,j} \prod_{j=1,2,\cdots,n} [1 - m_{i,k}(X_k)] - \prod_{i=1,2,\cdots,n} m_{i,j}(\bar{X}_i) \tag{7.159}$$

经过两次合成可以得到两个矩阵，再通过对应证据的结合，得到最终的决策矩阵，最后根据决策规则就可以可靠地确定量测与航迹之间的关系。

4）数据产生

基于证据合成数据关联方法的一个难点就是初始证据的产生，即 mass 函数的产生。Shafer 也曾指出：在证据推理理论中，证据指的不是实证据，而是我们的经验和知识的一部分，是我们对该问题所做的观察和研究的结果。为了利用证据理论解决目标匹配（数据关联）问题，得到需要的 mass 函数，采取两步实现的方法，首先计算已知目标（预测值）与新测目标之间的相似度指数 ζ，通过变换得到一个虚拟距离量；然后根据选定的函数模型，得到有关的 mass 函数。

希望 mass 函数的值在[0,1]区间内，并且 0 对应两个目标不完全相似的情况，1 对应两个目标完全相同的情况，同时考虑信息源的可靠性，得到如下的计算公式：

$$d_{i,j} = \pi\zeta/2 \tag{7.160}$$

$$m_{i,j}(Y_j) = \alpha_0 \sin d_{i,j} \tag{7.161}$$

$$m_{i,j}(\bar{Y}_j) = \alpha_0 (1 - \sin d_{i,j}) \tag{7.162}$$

$$m_{i,j}(\Theta_{i,j}) = 1 - \alpha_0 \tag{7.163}$$

其中，$d_{i,j}$是相似性的距离表示，利用它将相似度指数与 mass 函数的生成模型相联系；系数 α_0 表示传感器信息的可靠性。

$m_{i,j}(Y_j)$表示量测目标 i 与已知目标 j 之间一致的程度，$m_{i,j}(\bar{Y}_j)$表示量测目标 i 与已知目标 j 之间不一致的程度，$m_{i,j}(\Theta_{i,j})$则表示不知道量测目标 i 与已知目标 j 之间是否一致的程度，即产生的 mass 函数具有信度函数的特性，并且反映了辨识框架内每个假设的初始信度。根据上述定义可以确定第 i 个新测目标(量测)X_i 与 c 个已知目标之间的 mass 函数。

5）计算步骤

根据上述思路，利用证据合成方法实现数据关联的步骤如下：

(1) 根据给定的概率密度函数，计算量测向量 $\boldsymbol{X}$ 与航迹向量 $\boldsymbol{Y}$ 之间的信度矩阵 $\boldsymbol{M}^{\text{cr}}_{i,\cdot}$。

(2) 根据给定的概率密度函数，计算航迹向量 $\boldsymbol{Y}$ 与量测向量 $\boldsymbol{X}$ 之间的信度矩阵 $\boldsymbol{M}^{\text{cr}}_{\cdot,j}$。

(3) 确定决策矩阵 $\boldsymbol{M}^{\text{cr}}_{i,j}$。量测向量 $\boldsymbol{X}$ 与航迹向量 $\boldsymbol{Y}$ 的关联也可以看作是航迹向量 $\boldsymbol{Y}$ 与量测向量 $\boldsymbol{X}$ 的关联，矩阵 $\boldsymbol{M}^{\text{cr}}_{i,\cdot}$ 和 $\boldsymbol{M}^{\text{cr}}_{\cdot,j}$ 分别描述航迹(已知目标)$\boldsymbol{Y}$ 与量测 $\boldsymbol{X}$(感知目标)之间的关系(隶属度)。只有当两个矩阵的决策一致时，决策才有效；否则，决策无效。所以，根据这两个矩阵，可以得到决策矩阵 $\boldsymbol{M}^{\text{cr}}_{i,j}$。

7.4 基于知识模型的多传感器信息融合方法

7.4.1 基于模糊逻辑推理的信息融合方法

1. 模糊逻辑推理概述

如前所述，数据融合系统是一个庞大的信息处理系统，它汇集了各种信息，以取得对观察对象更加精确的估计和更加确定的推理。其中的各类信息除具有较强的时实性、多源性和分布性外，还有一个显著的特性就是不确定性(模糊性)。关于不确定性的研究已有很长的历史，但是人们一直着重从随机性的角度研究不确定性问题，因此概率和统计学方法便成了电子信息系统中处理不确定性的基本方法，并已逐渐发展为一门具有普遍意义的学科。但是统计处理方法也有其局限性，在很多问题中，人的思维和控制作用具有不同于随机性的不确定性，即模糊性。为了寻找一种处理模糊信息的工具，一种描述和加工模糊信息的数学方法——模糊数学应运而生。1965 年，著名控制论专家 L.A.Zadeh 发表了开创性论文 *Fuzzy Sets*，提出了模糊集的概念，给出了定量表示法，用来描述模糊性的现象和事物，它量化一个概念或属性内在不精确性的程度。概率论则用于量化一个精确的概念或属性不知道的程度。多年来，模糊数学从理论上逐步完善，应用日益广泛，涉及聚类分析、图象处理、模式识别、自动控制、人工智能、地质地震、医学、航空航天、气象、企业管理和经济社会等很多领域，取得了众多成果。

事实上，模糊信息处理方法已开始应用到数据融合领域，其优势如下：

(1) 模糊集理论提供了一种有效表述不确定性和不精确性信息的方法，从而可以对数据融合问题中的大量不确定性数据建立相应的数学模型。

(2) 模糊集理论和神经网络一样，可以数字化地处理知识，但不同于神经网络的黑箱概念，它以类似人的思维方式构造知识，因此具有运算清晰和容易理解的优势。

2. 模糊集理论基础

1）基本理论

在模糊系统中有三大基本元素，即模糊集、隶属度函数和产生式规则。每个模糊集都包含了表征系统的输入变量或输出变量的取值，而这些取值又都不精确。如温度变量可分成 5 个模糊集，即“冷”“凉”“微温”“暖和”和“热”。每个模糊集都有一个隶属度函数，它的几何形状代表了这个模糊集的边界。每个变量的特定值在模糊集里都有自己的隶属度，这个隶属度被限制在 0、1 之间。0 代表这个变量的值不在这个模糊集中，而 1 代表这个变量的值完全属于这个模糊集。中间的隶属度用 0～1 的数表示，具体的值由定义这个模糊集的人给出。一个变量的值可以分属于多个不同的模糊集。对于一个给定的温度值，有时可能属于“暖和”这个模糊集，而有时也可能属于“热”这个模糊集。这样，模糊集里面的每个元素都被一个有序数对定义，数对的前一个数是变量的值，而后一个数表示变量的值属于该模糊集的隶属度。

钟形曲线最早用来定义隶属度函数，但是由于计算比较复杂，其最后效果却和三角形或梯形隶属度函数相差无几，所以现在钟形隶属度函数在大多数情况下被三角形或梯形隶属度函数所替代。三角形或梯形隶属度函数的底边的宽作为设计的一个参数，需谨慎选择以满足系统整体的性能要求。利用一些启发式的知识，Kosko 提出，相邻两个模糊集的重叠面积通常应占总面积的 25%。过大的重叠面积会导致模糊集里面的变量过于模糊，而过小的重叠面积会导致系统类似二值控制，表现出严重的振荡。

产生式规则，即 IF-THEN 这种逻辑表达式反映了人类的一种知识形式。在人工智能领域中，IF-THEN 表达形式是整个专家系统中不可缺少的一部分。专家系统依赖二值逻辑和概率论进行推理，推理时主要使用产生式规则。而模糊逻辑把模糊性融入了产生式规则中，因为模糊集本身能反映语言的不精确性，比如“矮”“不是很快”以及“暖和”等。多条产生式规则并行处理，共同对控制系统的输出产生影响。使用模糊集的逻辑处理过程就是大家熟知的模糊逻辑。

2）运算规则

模糊集的演算以一系列命题为依据，从而可以通过各种模糊演算从不精确的输入中找出输出或结论中的不精确。主要的模糊集演算规则有如下几个。

设 A、B 为两个模糊集，X 为目标 x 的集合。

（1）$A=B$ 当且仅当对所有的 x 有

$$\mu_A(x)=\mu_B(x) \tag{7.164}$$

（2）$\bar{A}$ 当且仅当对所有的 x 有

$$\mu_{\bar{A}}(x)=1-\mu_A(x) \tag{7.165}$$

（3）$B\subseteq A$ 当且仅当对所有的 x 有

$$\mu_B(x)\leqslant\mu_A(x) \tag{7.166}$$

（4）$A\cup B$ 表示 x 属于 A 或 B 的程度，是各个隶属度函数中的最大值，即

$$\mu_{A\cup B}(x)=\max_x[\mu_A(x),\mu_B(x)] \tag{7.167}$$

（5）$A\cap B$ 表示 x 属于 A 与 B 的程度，是各个隶属度函数中的最小值，即

$$\mu_{A\cap B}(x)=\min_x[\mu_A(x),\mu_B(x)] \tag{7.168}$$

（6）$A\circ B$ 设用 $\mu_A(x,y)$ 描述 X 和 Y，$\mu_B(y,z)$ 描述 Y 和 Z，则描述 X 和 Z 的关系用合成模糊集 $A\circ B$，其隶属度函数为

$$\mu_{A\circ B}(x)=\max_{y}\{\min_{x}[\mu_A(x,y),\mu_B(y,z)]\} \tag{7.169}$$

模糊逻辑是一种多值逻辑，隶属度是一种数据真值的不精确表示，多传感器数据融合中存在的不确定性可直接用模糊逻辑表示，然后运用多值逻辑推理，根据演算规则对各传感器提供的数据进行合并，实现数据融合。

经过多年的努力，已出现了许多成熟的自学习方法，从而为模糊系统的建立、参数调整、规则的修改等方面的自适应化提供了有效途径，也为利用模糊信息处理解决各类实际问题打下了良好的基础。模糊集理论提供了大量的各类融合算子和各种决策规则，为解决数据融合问题创造了良好的数学条件。

7.4.2 逻辑模板法

逻辑模板法根据物理模型直接计算实体的某些特征（时域、频域或小波域的数据或图），与预先存储的目标特征（目标特征文件）或根据观测数据进行预测的物理模型的特征进行比较。比较过程涉及计算预测数据和实测数据的关联，如果相关系数超过预先规定的阈值，则认为两者存在匹配关系。

逻辑模板法已成功地用于多传感器数据融合，尤其是检测和态势估计，近年来也在目标识别中获得应用。所谓逻辑模板，实际上是一种匹配概念，即将一个预先确定的模式（或模板）与多传感器的观测数据进行匹配，确定条件是否满足，从而进行推理。图 7.20 给出了一个普通逻辑模板。

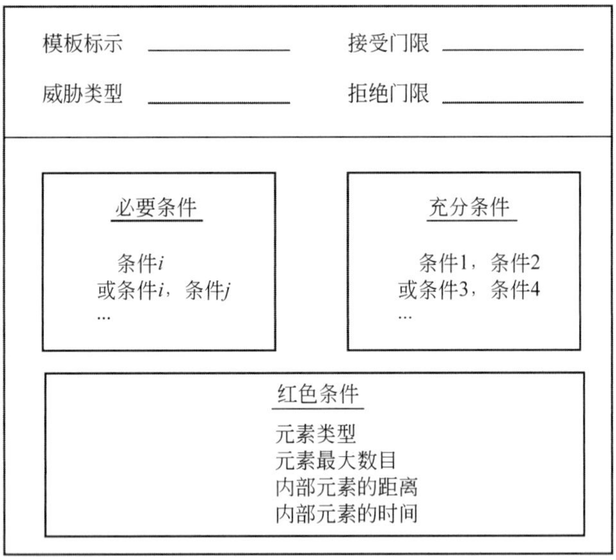

图 7.20 普通逻辑模板

将模式匹配的概念推广到复杂模式情况，模式中可以包含逻辑条件、模糊概念、观测数据以及用来定义一个模式的逻辑关系中的不确定性等，使模板成为一种表示与逻辑关系进行匹配的综合参数模式方法。例如，一个模板可以把目标的脉冲重复区间的观测值与一个先验门限进行比较，并能够确定观测到的目标和其他可能的实体在时间上和空间上的关系。

模板算法对多传感器的观测数据与预先规定的条件进行匹配，以确定每个观测结果是否能提供识别某个观测目标的证据，模板处理的输入是一个或多个传感器的观测数据，其中可包含时间周期中的有参或无参数据，瞬时变化可以包含在这些结构中。模板处理的输出是关于多传感器观测是否匹配一个预定模板的说明，也可以包含对象间联系的可信度或概率。

在各种不同的应用中，模板需要该应用领域的特定信息，因此一个普通模板要用例证说明(图 7.20 中的红色条件)。某些类型的信息对所有模板来说都是类似的，而与具体应用领域无关，如接受门限、拒绝门限、威胁类型、必要条件、充分条件、描述或构成目标的分量等。其中，接受门限和拒绝门限是用户指定的数字或逻辑准则，可用于模板自动处理；威胁类型描述战术威胁的类别；必要条件和充分条件预先描述需要的观测、逻辑关系和数据模式等，作为自动处理中的一个候选项。

7.4.3　专家系统

利用人工智能技术解决数据融合领域的有关问题的主要内容之一是专家系统在数据融合技术中的应用；同人工智能技术的另一前沿方向——模式识别一样，专家系统在数据融合技术中的应用研究起步也较晚，想要严格规定或者描述专家系统如何用于解决数据融合问题仍然具有一定的难度。表 7.6 为专家系统求解问题的基本类型。

表 7.6　专家系统求解问题的基本类型

基本类型	求解的问题
解释	根据获得的数据对现象或情况做出解释
预测	在给定条件下突出可能的结果
规划	设计一系列动作
控制	控制整个系统行为
监督	比较观察到的现象和期望的结果

图 7.21 为采用专家系统的数据融合系统在双(多)基地雷达以及雷达网中的应用结构。当双(多)基地雷达网用于目标跟踪、定位时，数据处理的目标非常明确(如获得最优的位置估计)，应该采用精确解法。但是，当数据处理的目标是对战场态势和威胁进行估计时，涉及许多不同性质的因素并且强烈依赖各种战略、战役目标的需要，难以用一种数学模型准确地描述，因此求解策略很大程度上是一种创造性工作，要给出一个正规的而且正确的方法是困难的。

专家系统是具有解决特定问题所需的专门领域知识的计算机程序系统，也称基于知识的系统，主要用于模仿人类专家的思维活动，通过推理与判断求解问题。专家系统主要由两部分组成：一个是称为知识库的知识集合，它包含待处理问题领域的知识，通常由数据库管理系统组织和实现；另一个是称为推理机的程序模块，它包含一般问题求解过程所用的推理方法和控制策略的知识，通常由具体的程序实现。专家系统适用于缺乏合适算法求解问题而往往又能采用领域专家经验求解问题的场合，因此运用专家系统求解数据融合领域中的态势估计和威胁估计问题是适宜的。

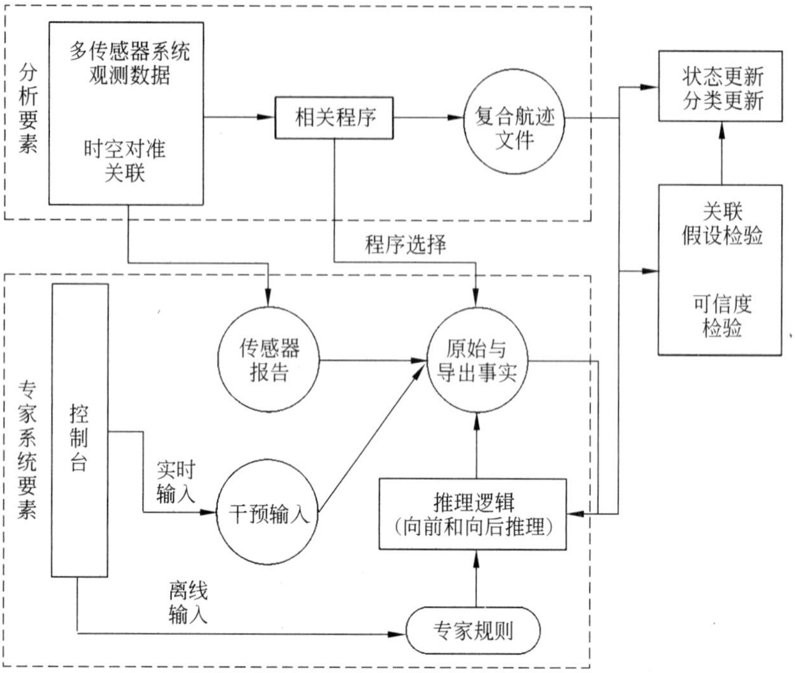

图 7.21 采用专家系统的数据融合系统在双（多）基地雷达以及雷达网中的应用结构

采用专家系统的数据融合系统的优点是能模拟专业分析人员的行为，使用解释特性，分类保存专业知识，具有间接训练的功能；缺点是构成复杂、困难，难以达到或接近实时的性能，不确定性表示方法需要复杂的管理技术，常常需要专门的计算设备和开发人员。

以雷达网跟踪各类空中目标为例，依据对敌方目标识别的结论，估计其威力（杀伤力），给出危险程度和杀伤力的估计和警报，专家系统求解态势估计和威胁估计的内容分解如表 7.7 和表 7.8 所示。关于知识库和推理机的设计都是在这样的前提下进行的。知识库是针对某一（或某些）领域问题求解的需要，采取某种（或若干）知识表示方式在计算机存储器中存储、组织、管理和使用的互相联系的知识片的集合。知识库中知识的层次由低至高是事实、规则和策略。其中，规则是控制事实的知识，而策略则是控制规则的知识，所以常被认为是规则的规则。推理机是专家系统中实现基于知识推理的部件。知识的选择称为推理控制，它决定推理的效果和效率。推理控制策略主要是数据驱动的控制（正向推理）、目标驱动的控制（反向推理）和混合控制 3 种情形。关于知识库和推理机的设计应遵循专家系统设计的核心思想，叙述简洁，设计完整。

表 7.7 专家系统求解态势估计的内容分解

对　象	专家系统求解问题的简要描述
目标	管理监视区域内各种目标的属性（运动学参数、类别等），解释局部态势，预测可能事件
环境	管理监视区域内环境的属性（地形、水文、气象等），解释各种可能事件的过程
态势画面	管理敌、友、邻 3 种视图及其切换，监督战场态势并预测发展趋势

表 7.8　专家系统求解威胁估计的内容分解

对　象	专家系统求解问题的简要描述
危险估计	预测各种可能事件出现的程度和严重性，确定发生的时间、动机和相关变化
杀伤估计	具体计算各种可能事件的发生及其后果，为规划己方行动提供量化的分析
意图与警报	分类管理各种可能的企图、危险及后果等并示警

1. 知识库设计

知识库主要由方法库（规则或者策略）、运行库和辅助库构成。其中，方法库主要是规则的集合，而运行库、辅助库则属于事实的集合，运行库是随着时间变化的信息集合。如果考虑对各种威胁的具体决策过程，需要建立明确的策略类型的数据库。各种数据库之间的数据流结构和时序关系是相互关联的，可以认为策略隐含在这些数据库中。知识库的具体内容见表 7.9。

表 7.9　知识库的具体内容

组成部分	具 体 库	内　　容	使 用 说 明
方法库	目标识别方法库	各种目标识别算法的集合	根据目标运行库的分类属性和目标类型辅助库的相关信息，为危险估计运行库提供求解目标类型
	数据关联方法库	检测、关联与跟踪算法的集合，包括各种多目标跟踪算法	根据目标运行库的航迹信息，为目标运行库提供求解下一时刻目标航迹、分类属性等信息
	杀伤力估计方法库	计算各种类型目标杀伤力的方法集合	根据目标类型辅助库的相关信息和危险估计运行库的可能事件信息，为危险估计运行库提供求解杀伤力的办法
	可能事件方法库	求解可能事件概率的算法集合	根据目标类型辅助库、行为模板辅助库和目标运行库的相关信息，为危险估计运行库提供求解可能事件概率的方法
	警报管理方法库	按照优先级管理思想，求解某时刻的警报序列的算法集合	根据危险估计运行库的相关信息，为警报运行库提供求解当前时刻的警报
运行库	目标运行库	存储目标的当前状态、下一时刻的预测状态以及分类属性等信息	为危险估计运行库、数据关联方法库提供必要的信息
	视图运行库	存储各时刻与三方视图相关的信息	实现三方视图
	危险估计运行库	存储各种可能事件的攻击对象、保卫对象、发生概率、目标类型、杀伤力估计、保卫对象最短反应时间和当前执行跟踪任务的雷达等信息	为警报运行库提供需重点防范的保卫目标、杀伤力估计、剩余反应时间、自卫手段等信息
	警报运行库	存储危险估计报告	为规划运行库可能采取的措施提供必要的信息
	规划运行库	存储各种可能措施以及相应的警报信息	提供处理警报的各种可能措施所需要的信息

续表

组成部分	具体库	内　容	使用说明
辅助库	目标类型辅助库	存储目标的类型、一般作战任务、杀伤特性、机动特性等信息	为杀伤力估计方法库提供各种可能事件所对应的杀伤特性，其结果是危险估计运行库中杀伤力估计信息
	行为模板辅助库	存储目标类型与保卫对象之间各种可能的关系	联合目标类型辅助库、目标运行库为危险估计运行库提供各种可能事件
	雷达网辅助库	存储各雷达的重要工作性能指标、位置以及可以调动的武力情况	为规划运行库可能采取的措施提供必要的信息
	保卫目标辅助库	存储需要保卫的对象的类型、位置、重要性等信息	为杀伤力估计方法库提供各种可能事件的保卫目标所对应的相关信息，其结果是危险估计运行库中的杀伤力估计信息
	环境辅助库	存储环境信息	为规划运行库可能采取的措施提供必要的信息

2. 推理机设计

正向推理是由原始数据（事实知识）出发向结论方向的推理，即所谓事实（或数据）驱动方式。其推理过程为：系统根据用户提供的原始信息，在知识库中寻找能与之匹配的规则，将该知识块的结论部分作为中间结果，利用这个中间结果继续与知识库中的规则匹配，直到得出最终结论。

针对前面说明的设计目标，系统推理过程见表7.10，它给出了一些具体处理所对应的推理过程。其中，引用库是指某处理过程需要用到的相关信息来自哪个知识库，更新库是指该处理过程产生的新的相关信息存入哪个知识库，事实所对应的相关信息是已经存在于某个知识库的信息，规则所对应的相关信息是求解的结果。

表7.10　系统推理过程

过　程	推理要求	引用库	相关信息	更新库
求解目标类型	事实	目标运行库	航迹、分类属性	
	规则	目标识别方法库	目标类型	危险估计运行库
求解可能事件	事实	行为模板辅助库	可能事件	
	事实	目标类型辅助库	目标类型	
	事实	目标运行库	航迹、分类属性	
	事实	可能事件方法库	可能事件及概率	危险估计运行库
求解杀伤力	事实	目标类型辅助库	目标类型、杀伤特性	
	事实	危险估计运行库	可能事件	
	规则	杀伤力估计方法库	危险程度	危险估计运行库

续表

过　　程	推理要求	引　用　库	相关信息	更　新　库
更新警报过程	事实	危险估计运行库	可能事件及其危险程度	
	事实	警报运行库	警报	
	规则	警报管理方法库	警报	警报运行库

一个复杂问题的求解过程是表 7.10 所示的各种简单推理过程的有机组合。显然,整个专家系统的推理设计核心就是某个时刻某个目标涉及的具体问题的求解。在此基础上,针对某个时刻每个目标使用该核心求解办法,在系统时刻前进一步时,由数据关联方法库给出每个目标当前时刻的航迹和分类属性等信息,由此构成循环过程。

7.5　多传感器智能信息融合方法

智能信息融合方法能把参数数据转换或映射到识别空间中,即识别空间中的相似是通过观测空间中参数的相似来反映的。在智能信息融合方法中可以采用的技术包括人工神经网络、表决融合、聚类算法、参数模板匹配、熵量测技术、品质因数、模式识别、专家系统以及相关量测等。本节只介绍前两种技术。

7.5.1　人工神经网络

1. 人工神经网络概述

人工神经网络(简称神经网络)又被称为连接模型(connections model)或者并行处理模型(parallel processing model),是由大量的简单元件——神经元广泛连接而成的,它是在现代神经科学研究的基础上提出的,反映了人脑的基本特征。但它并不是人脑的真实描写,而只是它的某种抽象、简化和模拟。神经网络的信息处理是由神经元的相互作用实现的,知识和信息的存储表现为神经元互连间分布式的物理联系,神经网络的学习和识别取决于各神经元连接权值的动态演化过程。

神经网络具有以下特性:

(1) 并行处理和分布式存储。神经网络具有高度的并行结构和并行实现能力,有较好的抗故障能力和较快的总体处理能力,特别适于实时控制和动态控制。神经网络的全部能力来自神经网络中的连接。当一个神经网络学习了某条信息之后,这条信息不像在传统计算机中那样被存放在某一处,而是被分散存储在神经网络的每一个连接上。连接既是神经网络的运算器的组成部分,又是它的信息存储器。连接的数目越多,神经网络的计算能力和存储能力也就越强。信息的分布式存储使神经网络具有容错性和较强的抗干扰性,而信息的分布式存储为神经网络的大规模并行处理能力提供了强有力的支持。

(2) 非线性映射。神经网络具有固有的非线性特性,这一特性给非线性识别与处理问题带来新的希望。

(3) 通过训练进行学习。神经网络通过研究系统过去的数据进行训练,一个经过适当训练的神经网络具有归纳全部数据的能力。因此,神经网络能够解决数学模型或描述规则难以处理的控制过程问题。神经网络能够根据外部环境的变化修正自身的组织体系与结构,形成一种动态的进化机制,从而不断地积累和修改知识,及时修正问题求解策略。这使得神经网络特别适合处理某类知识,尤其是不精确的知识。神经网络可以从数据中自动地获取知识,逐步把新知识结合到其网络结构所表现的映射函数中,并执行逻辑的假设检验。因而任何一种神经网络模型均能表现出一定的智能。

(4) 适应性和信息融合能力。神经网络能够适应在线运行,并能同时进行定量和定性的操作。神经网络的强适应性和信息融合能力使其可以同时接收大量不同的信号,解决输入信息间的互补和冗余问题,并实现信息融合处理。这些特性特别适于复杂、大规模融合和多变量系统的跟踪与识别。

2. 用神经网络进行信息融合

信息融合基于智能化的思想,在结构上与神经网络具有极强的相似性。它的一个很重要的原型就是人的大脑,它要实现的功能也就是模仿大脑对来自多方面信息的综合处理能力,与神经网络的思路相当接近,因此神经网络方法在信息融合中具有先天的优势。

由于信息融合在结构上与神经网络的相似性,因此可以充分发挥神经网络的结构优势。传感器或者信息处理单元互相影响、互相制约的关系体现了信息融合系统是一个有机的整体,而不是多种信息的罗列和简单的算术加减关系。

神经网络在信息融合领域越来越受到重视。Ruck 等采用多层感知器融合多传感器的信息进行目标的识别,结果表明采用多层感知器融合结构可以提高分类器的泛化能力和分类成功率。Loonis 利用神经网络融合来自不同参数空间的信息,取得了良好的效果。多神经网络用于模式识别也是信息融合的一种形式,Shimshoni 在地震波的识别研究中提出用 ICM(Intergrated Classification Machine,集成分类机)组合多个神经网络的决策结果,证明多神经网络的组合可以用于复杂高维信号的分类。

多传感器信息融合的神经网络有如下特点:

(1) 具有统一的内部知识表示形式,通过学习方法可以对神经网络获得的传感信息进行融合,获得相关网络的参数(如连接矩阵、节点偏移向量等),并且可将知识规则转换成数字形式,便于建立知识库,利用外部环境的信息,实现知识自动获取及进行联想推理。

(2) 能够将不确定环境的复杂关系经过学习推理融合为系统能理解的准确信号。

(3) 神经网络的大规模并行信息处理能力使得信息处理速度得到提高。

3. BP 神经网络模型

神经网络有很多模型,目前应用最广且基本思想最直观、最易理解的是多层前馈神经网络及误差反向传播(error back-propagation)学习算法。按这一学习算法进行训练的多层前馈神经网络简称为 BP 神经网络,典型的 BP 神经网络是三层前馈神经网络,即输入层、隐含层(中间层)和输出层,各层之间实行全连接。BP 神经网络结构如图 7.22 所示。

BP 神经网络的学习由 4 个过程组成:一是输入模式从输入层经过中间层向输出层的模式正向传播过程;二是由模式正向传播与误差反向传播反复交替进行的网络记忆训练过程;三是网络趋向收敛,即网络的全局误差趋向最小值的学习收敛过程。归结起来为模式正向传播、误差反向传播的记忆训练和学习收敛的过程。

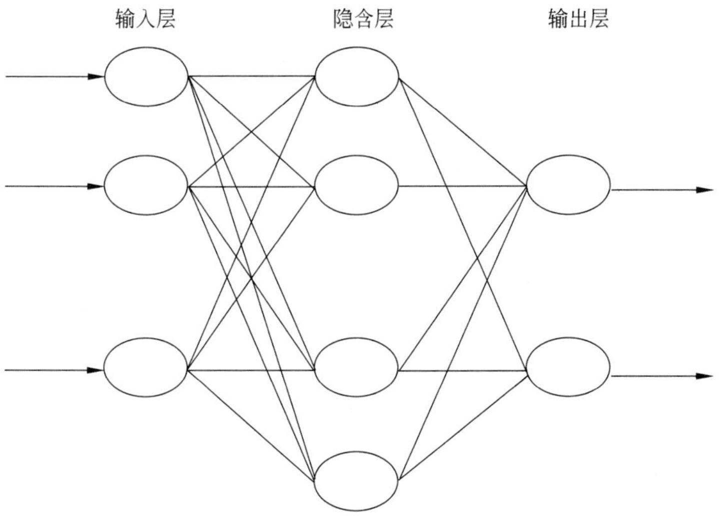

图 7.22　BP 神经网络结构

模式正向传播从输入模式提供给网络的输入层开始。根据提供的输入模式向量，首先计算隐含层各单元的输入，然后计算隐含层各单元的输出，得到输出层各单元的输入，最后计算输出层各单元的输出。

误差反向传播是指计算输出层的校正误差，再传递隐含层的校正误差，并据此调整各连接单元权值。

记忆训练是反复学习的过程，也就是根据期望输出与 BP 神经网络实际输出的误差调整连接权的过程。而期望输出实际上是对输入模式分类的一种表示，是人为设定的。随着模式正向传播与误差反向传播过程的反复交替进行，BP 神经网络的实际输出逐渐向各自所对应的期望输出接近。对于典型的 BP 神经网络，一组训练模式一般要经过数百次甚至上千次的学习，才能使网络收敛。

学习收敛过程使 BP 神经网络的全局误差趋向最小值。

7.5.2　表决融合

对具有分布式结构的数据融合一般采用表决融合。各传感器将检测到的信息处理成逻辑值，作为局部处理结果送入融合中心，由融合中心按一定的布尔逻辑准则进行表决融合，得到关于目标的综合判决。

1. 融合准则

融合准则如下：

(1)“或”准则。融合结果是输入变量的逻辑“或”的运算结果。该准则一般不会漏检目标，但易受杂波干扰和诱骗。在目标检测系统中，若以 A、B、C 分别表示传感器 A、B、C 的检测结果，用 Y 表示融合中心的融合结果，用＋表示逻辑“或”运算，则“或”准则可表示为以下逻辑表达式：

$$Y = A + B + C \tag{7.170}$$

(2)“与”准则。融合结果是输入变量的逻辑“与”的运算结果。它的抗杂波干扰和诱骗

能力很强，但容易漏检目标。在目标检测系统中，目标存在的认定条件必须是每个传感器都同时认定目标存在。“与”准则可表示为

$$Y = ABC \tag{7.171}$$

(3)“与或”准则。融合结果是输入变量分组相“与”，再将“与”的结果相“或”的运算结果。这一准则对目标存在的确认需经过全部传感器中的部分传感器的确认，当然包括全部传感器都确认的情况。例如，在三传感器系统中，若认为两个以上传感器认定目标存在，即可最终认定目标存在。“与或”准则可表示为

$$Y = AB + BC + AC \tag{7.172}$$

2. 融合表决器

1）置信水平

对于目标检测类传感器，一般可用探测信噪比描述检测置信水平。信噪比越高，置信水平越高。考虑到表决融合对于输入量应为逻辑值的要求，可以针对每种传感器，按信噪比划分若干等级作为相应的置信水平等级。例如，传感器 A 可以划分为 3 个置信水平等级，记为 A_1、A_2、A_3。置信等级可以相交，也可以不相交。

2）检测模式

根据设定的各传感器置信水平，确定检测到目标存在的各传感器置信水平等级的组合模式，称之为检测模式。

设传感器 A、B、C 分别有如下相交的置信水平等级：

$$A_1 \supset A_2 \supset A_3, \quad B_1 \supset B_2 \supset B_3, \quad C_1 \supset C_2 \tag{7.173}$$

当 3 个传感器都检测到目标时，即使三者都是在低置信水平下检测到目标，也认定目标存在，即当 3 个传感器分别在 A_1、B_1、C_1 的置信水平下检测到目标时，即可认定目标存在，记这种检测模式为 $A_1B_1C_1$。在更高的置信水平下的三传感器检测模式，如 $A_2B_1C_2$、$A_3B_2C_2$ 模式，更可认定目标存在。因此，有效的三传感器检测模式只要给出一个即可，这就是 $A_1B_1C_1$ 模式。

当有两个传感器检测到目标时，则必须有较高的置信水平，才能认定目标存在。同三传感器模式相比，由于检测到目标的传感器数量减少，因此对置信水平的要求提高。

当只有一个传感器检测到目标时，即使置信水平高，也被认为是杂波干扰或诱骗，不予认定。

3）检测率

运用各传感器的测量信息计算各自的检测率，然后根据融合准则计算整个系统的检测率。

7.6 多源图像融合

7.6.1 多源图像融合概述

1. 多源图像融合

图像融合就是对不同来源的同一对象的图像数据进行空间配准，然后采用一定的算法将各图像数据中所含的信息优势或互补性有机地结合起来，产生新图像数据的信息技术。

这种新数据能够较全面地描述被研究对象，同单信息源相比，能减少或抑制对感知对象或环境的解释中可能存在的多义性、不完全性、不确定性和误差，最大限度地利用各种信息源提供的信息。图像融合的一般模型如图 7.23 所示。

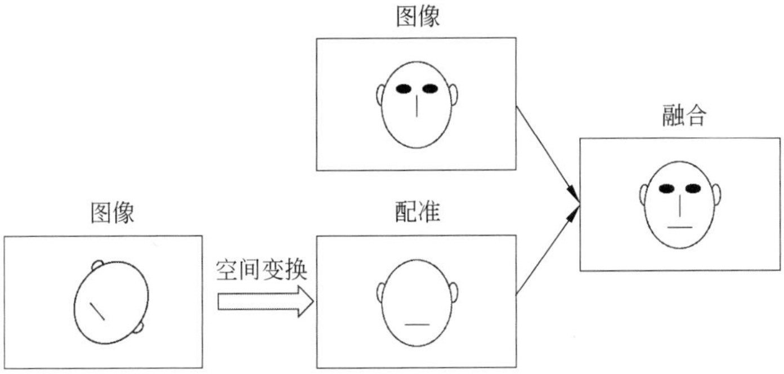

图 7.23　图像融合的一般模型

研究表明，融合图像能更好地解释和描述感知对象或环境，提高对图像的信息分析和提取能力。多源遥感图像融合广泛应用于地质、农业、测绘与军事等方面。

多源图像融合采用特定的算法，把工作于不同波长范围、具有不同成像机理的图像传感器在同一场景、同一时刻的多个成像信息融合成一个新图像，从而使融合的图像可信度更高，更清晰，可理解性更好，更符合人的视觉特点，更适合进行计算机检测、分类、识别、理解等处理。总的来说，多源图像融合主要有以下作用：

(1) 扩展系统的空间和时间覆盖率，提高系统的作用范围和全天候工作能力。

(2) 增强系统的抗干扰性和识别伪装能力，并提升系统的生存能力。

(3) 改善系统的探测性能，降低获取信息的不确定性。

(4) 提高系统的可靠性和可信度。

(5) 提高图像的空间分辨率和数据位数，增强图像信息的可视性。

对于各种多源图像融合系统而言，由于具体用途不同，对系统的要求也不尽相同。但是，有 3 个基本的准则是所有的多源图像融合系统都应遵循的：

(1) 融合后的图像应该尽可能地保留源图像（原始输入图像）中的显著特征，如边缘信息、纹理信息等。

(2) 融合过程中不应该引进任何与源图像无关的信息或者不一致的信息。

(3) 源图像中的不合理信息应该在融合后的图像中得到抑制或消除，这些不合理的信息包括噪声和配准误差。

2. 图像融合的层次

图像融合处理能够在图像信息表征的不同层次上进行。一般将多源图像融合由低到高分为像素级融合、特征级融合和决策级融合 3 个层次，如图 7.24 所示。

像素级融合首先对源图像进行预处理和空间配准，然后对处理后的图像采用适当的算法进行融合，得到融合图像并进行显示和相关后续处理。像素级融合最大限度地保留了源图像的信息，在多源图像融合的 3 个层次中精度最高，同时它也是特征级融合和决策级融合的基础。像素级融合的缺点是处理的数据量较大，实时性差。

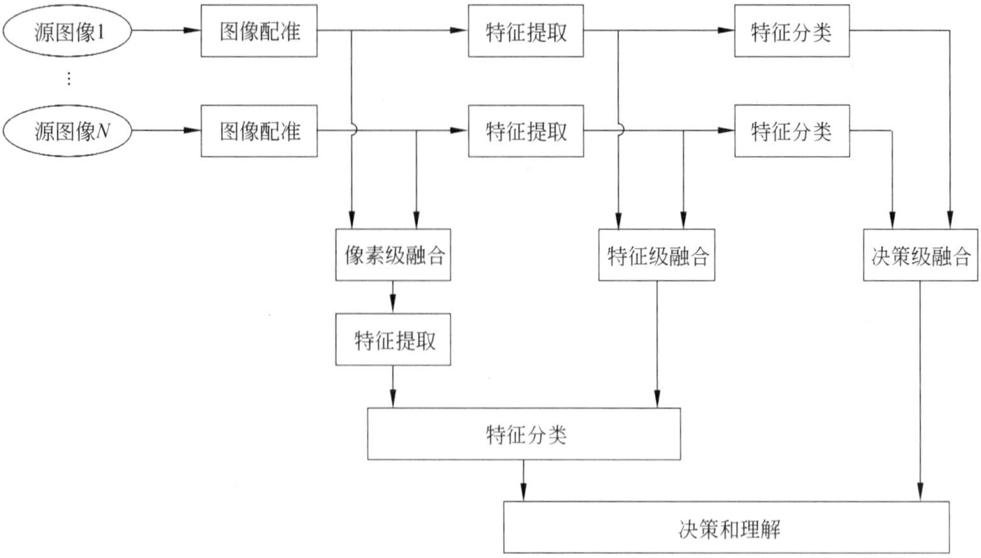

图 7.24　图像融合的 3 个层次

特征级融合是一种中等水平的融合。特征级融合先对各图像数据进行特征提取，产生特征向量；然后对这些特征向量进行融合；最后利用融合特征向量进行属性说明。其优点是实现了可观的信息压缩，有利于实时处理，并且提供的特征直接与决策分析相关。缺点是精度比像素级融合低。

决策级融合是一种高水平的融合。决策级融合首先对每一数据进行属性说明，然后对结果加以融合，得到目标或环境的融合属性说明。决策级融合的优点是具有良好的容错性和开放性，处理时间较短。

目前，应用最广泛的就是像素级融合，它也是使用难度最大的一种融合方式。3 个层次的图像融合并不是相互独立的，在同一个应用系统中，可能存在多个层次的图像融合。

3. 常见的图像融合类型

1）可见光与红外图像融合

可见光图像虽然具有丰富的细节信息和色彩，但在恶劣的气候条件下对大气的穿透能力较差，在夜间的成像能力更差。红外线具有较强的穿透能力。在红外波段，物体不同的反射特性和发射特性都可以较好地表现出来，即使在夜间形成的红外图像仍然能够显示出景物的轮廓，但其成像的空间分辨率较低。如果对可见光图像和红外图像进行有机融合，则可以消除因光线、大气、物体遮挡等引起的影像模糊和消失，可有效地提高对目标的探测和辨识能力。

2）多光谱图像与全色图像融合

多光谱图像含有较丰富的光谱信息，但其空间细节的表达能力较差。全色图像一般具有较高的空间分辨率，但其包含的光谱信息十分有限。如果将两者进行有机融合，就可以得到同时保持了多光谱图像光谱特征和全色图像较强的空间细节表现能力的融合图像，从而更有利于分类、识别、定位等后续工作的开展。

3）CT 图像与 MRI 图像融合

各种医学成像方法的临床应用使得医学诊断和治疗技术取得了很大的进展。同时，将各种成像技术得到的信息进行互补，已成为临床诊疗及生物医学研究的有力武器。其中，常见的CT图像为X光断层成像，可提供人体的骨骼信息；MRI图像为磁共振图像，可提供人体的软组织、血管等信息。通过将CT图像和MRI图像融合，在有骨骼的地方选择CT属性，在有软组织的地方选择MRI属性，有利于制订手术计划。

7.6.2　图像融合的主要步骤

目前，国内外已有大量图像融合技术的研究报道。无论应用何种技术方法，图像融合必须遵循的基本原则是两幅或多幅图像上对应的每一点都应对位准确，有机实现图像配准。由于研究对象、目的不同，图像融合方法也多种多样，其主要步骤归纳如下：

(1) 预处理。对获取的两种图像数据进行去噪、增强等处理，统一数据格式、图像大小和分辨率。对序列断层图像作三维重建和显示，根据目标特点建立数学模型。

(2) 图像配准。使两幅待融合的图像对应点或对应区域在空间中对准。

(3) 融合图像创建。配准后的两种模式的图像在同一坐标系下将各自的有用信息融合，表达成一幅新的图像。

7.6.3　图像配准概述

图像配准(image registration)是指同一目标的两幅(或者两幅以上)图像在空间中对准。图像配准应用十分广泛，如航空航天技术、地理信息系统、图像镶嵌、图像融合、目标识别、医学图像分析、机器人视觉、虚拟现实等。图像配准涉及许多相关知识领域，如图像预处理、图像采样、图像分割、特征提取等，并且将计算机视觉、多维信号处理和数值计算方法等紧密地结合在一起。

图像配准可分为半自动配准和全自动配准。半自动配准是以人机交互的方式提取特征，如角点等，然后利用计算机对图像进行特征匹配、变换和重采样。全自动配准是直接利用计算机完成图像配准工作，不需要用户参与，其大致可分为基于灰度的全自动图像配准和基于特征的全自动图像配准。

基于灰度的全自动图像配准方法具有精度高的优点。但是，它也存在如下缺点：对图像的灰度变化比较敏感，尤其是非线性的光照变化，将大大降低算法的性能；计算的复杂度高；对目标的旋转、形变以及遮挡比较敏感。

基于特征的全自动图像配准方法有两个重要环节：特征提取和特征匹配。可以提取的特征包括点、线与区域。特征区域一般采用互相关度度量，但互相关度的旋转处理比较困难，尤其对于图像之间存在部分图像重叠的情况。最小二乘匹配算法和全局匹配的松弛算法能够取得比较理想的结果。小波变换、神经网络和遗传算法等新的数学方法的应用进一步提高了图像配准的精度和运算速度。基于特征的全自动图像配准方法可以克服基于灰度的全自动图像配准方法的缺点，从而在图像配准领域得到广泛的应用。其优点主要体现在3方面：一是图像的特征点比图像的像素点少很多，因此大大减少了匹配过程的计算量；二是特征点的匹配量值对位置的变化比较敏感，可以大大提高匹配的精确程度；三是特征点的提取过程可以减少噪声的影响，对灰度的变化、图像形变以及遮挡等都有较好的适应能力。

图像配准可定义成两幅相邻图像之间的空间变换和灰度变换，即先将一幅图像的像素坐标 $X=(x,y)$ 映射到一个新坐标系中的坐标 $X'=(x',y')$，再对其像素进行重采样。图像配准要求相邻图像之间有一部分在逻辑上是相同的，即相邻图像有一部分反映了同一目标区域，这一点是实现图像配准的基本条件。如果确定了相邻图像代表同一场景目标的所有像素之间的坐标关系，采用相应的处理算法，即可实现图像配准。

假设两幅图像 $f:\Omega_f \to Q_f \subset \mathbf{R}$ 和 $g:\Omega_g \to Q_g \subset \mathbf{R}$，其中 Ω_f 和 Ω_g 是图像 f 和 g 的定义域，Q_f 和 Q_g 是它们的值域。不失一般性，假定图像 f 为参考图像，则图像 f 和 g 之间的配准就变成了 g 经过空间变换和灰度变换与 f 匹配的过程。

如果 S 和 I 分别表示图像的空间变换和灰度变换，g' 表示图像 g 经过变换后的图像，则有

$$g'(q)=I[g(S(p,\alpha_S)),\alpha_I] \tag{7.174}$$

其中，$p\in\Omega_g$，$q\in\Omega_f$ 且 $q=S(p,\alpha_S)$，α_S 和 α_I 分别表示空间变换和灰度变换的参数集合。记 α 为图像变换中所有参数组成的集合，即 $\alpha=\alpha_S\cup\alpha_I$。

设向量 g' 和 f 为

$$g'=(g'(q):q\in\Omega_f)^{\mathrm{T}} \tag{7.175}$$

$$f=(f(q):q\in\Omega_f)^{\mathrm{T}} \tag{7.176}$$

则它们之间的相似度函数 Θ 可以表示为

$$\Theta(\alpha)=\Gamma(g',f) \tag{7.177}$$

其中，$\Gamma(\cdot,\cdot)$ 表示两幅图像的相似性度量（如距离度量）。一般来说，空间变换和灰度变换是非线性变换。

空间变换一般要求两幅图像具有相同的分辨率。以高分辨率图像为参考图像，先对高分辨率图像进行抽样，使其分辨率与待配准图像的分辨率保持一致；再进行空间变换和灰度变换；最后对配准后的图像进行插值，使其分辨率与参考图像的分辨率保持一致。

在图像配准中，首先根据参考图像与待配准图像相对应的点特征求解两幅图像之间的变换参数；然后对待配准图像进行相应的空间变换，使两幅图像处于同一坐标系下；最后通过灰度变换对空间变换后的待配准图像灰度值进行重新赋值，即重采样。

图像变换就是寻找一种坐标变换模型，建立一幅图像的坐标 (x,y) 与另一幅图像的坐标 (x',y') 的变换关系。在图像配准中，常用到刚体变换、仿射变换、投影变换和非线性变换 4 种坐标变换模型。

假定图像 f 为参考图像，图像 g 为待配准图像，对图像 g 的坐标进行空间变换 $T:(x,y)\to(i,j)$，得到点阵 g_T。假设空间变换 T 是可逆的，其逆变换为 T^{-1}。对于点阵 g_T 的坐标点 (i,j)，其原像 $(x,y)=T^{-1}(i,j)$ 不一定是整数。重采样就是利用图像 g 中与 $T^{-1}(i,j)$ 最邻近的像素点的灰度，使用逼近的方法得到点阵 g_T 的坐标点 (i,j) 的灰度 $g_T(i,j)$，从而得到最终的配准图像。重采样的方法主要有双线性插值法、双三次卷积法与最邻近像元法。

在图像配准中，由于视角畸变和特征不一致性，从粗匹配阶段到细匹配阶段都会出现误匹配，需要剔除这些误匹配。为此，需要选取和确定相应的相似性测度。对相似性测度影响最大的点很可能是不正确的匹配，应首先予以剔除。再用剩下的匹配点计算图像变换参数。这个剔除过程一直继续到相似性测度不超过预先设置的阈值为止。这样就克服了图像灰度

等级不一致引起的困难，解决了特征不一致的问题。常用的相似性测度分为 3 种：距离测度、相似度和概率测度。其中距离测度包括均方根误差、差绝对值和和马尔可夫距离。

（1）均方根误差。两幅图像匹配的均方根误差是指灰度向量 $\boldsymbol{x}$ 与向量 $\boldsymbol{y}$ 之差的模平方根，即

$$S=\sqrt{|x_1-y_1|^2+|x_2-y_2|^2+\cdots+|x_N-y_N|^2}=\sqrt{\sum_{i=1}^{N}|x_i-y_i|^2} \tag{7.178}$$

S 是 N 维空间点 $\boldsymbol{x}$ 和点 $\boldsymbol{y}$ 的距离。

（2）差绝对值和。两幅图像匹配的差绝对值和（sum of absolute difference）是指灰度向量 $\boldsymbol{x}$ 与向量 $\boldsymbol{y}$ 之差各分量的绝对值之和，即

$$S=|x_1-y_1|+|x_2-y_2|+\cdots+|x_N-y_N|=\sum_{i=1}^{N}|x_i-y_i| \tag{7.179}$$

与差绝对值和类似的还有平均差绝对值和：

$$S=\frac{1}{N}\sum_{i=1}^{N}|x_i-y_i| \tag{7.180}$$

（3）马尔可夫距离：

$$d_{\mathrm{M}}(\boldsymbol{x},\boldsymbol{y})=(\boldsymbol{x}-\boldsymbol{y})^{\mathrm{T}}\sum_{\boldsymbol{y}}^{-1}(\boldsymbol{x}-\boldsymbol{y}) \tag{7.181}$$

其中，假设基准模板 $\boldsymbol{y}$ 是具有协方差矩阵 $\boldsymbol{\Sigma}_y$ 的正态分布。马尔可夫距离测度考虑了基准模板特征的离散程度，其获得的分类能力要优先于前两种距离测度。

定义相似度 $S(\boldsymbol{x},\boldsymbol{y})$ 为

$$S(\boldsymbol{x},\boldsymbol{y})=\frac{\boldsymbol{x}^{\mathrm{T}}\boldsymbol{y}}{\|\boldsymbol{x}\|\cdot\|\boldsymbol{y}\|} \tag{7.182}$$

其中，$\|\boldsymbol{x}\|=(\boldsymbol{x}^{\mathrm{T}}\boldsymbol{x})^{1/2}$，$\|\boldsymbol{y}\|=(\boldsymbol{y}^{\mathrm{T}}\boldsymbol{y})^{1/2}$。$S(\boldsymbol{x},\boldsymbol{y})$ 表示模板与待匹配图像间的相似程度，$S(\boldsymbol{x},\boldsymbol{y})$ 越大，表示模板与待匹配图像越相似。相似度其实就是两个向量间的归一化相关系数。在此基础上，又可以定义归一化标准相关系数：

$$S(\boldsymbol{x},\boldsymbol{y})=\frac{(\boldsymbol{x}-\bar{\boldsymbol{x}})^{\mathrm{T}}(\boldsymbol{y}-\bar{\boldsymbol{y}})}{\|\boldsymbol{x}-\bar{\boldsymbol{x}}\|\cdot\|\boldsymbol{y}-\bar{\boldsymbol{y}}\|} \tag{7.183}$$

其中，$\bar{\boldsymbol{x}}$ 和 $\bar{\boldsymbol{y}}$ 分别表示向量 $\boldsymbol{x}$ 与 $\boldsymbol{y}$ 的均值。

7.6.4 图像融合典型方法

迄今为止，数据融合方法主要是在像素级和特征级进行的。常用的方法有加权平均融合法、基于 HIS 色彩映射的融合法、基于 PCA 的融合法、多尺度分解融合法（包括基于金字塔分解的融合法、基于小波变换的融合法）、基于余弦变换的融合法等。下面简要介绍其中的几种方法。

1. 加权平均融合法

加权平均融合法是最直接、最简单的图像融合方法，其基本原理是对输入的图像进行线性加权计算，然后融合成为一幅新的图像。加权平均融合法内存占用量小，实时性高，并且可以抑制源图像中的噪声。该方法的难点在于权值的确定，同时，在多数应用场合，加权平

均融合法降低了图像的对比度，并在一定程度上使图像中的边缘、轮廓变得模糊。

2. 基于 HIS 色彩映射的融合法

基于 HIS 色彩映射的融合法在多源图像融合中应用比较广泛，例如，对一幅三波段低分辨率图像与一幅单波段高分辨率图像进行融合处理，这种方法将三波段低分辨率数据通过色彩映射变换到 HIS 空间，同时将单波段高分辨率图像进行对比度拉伸，以使其灰度的均值与方差和 HIS 空间中亮度分量图像一致，然后将拉伸过的高分辨率图像作为新的亮度分量代入 HIS 空间，反变换到原始空间中。这样获得的高分辨率彩色图像既具有较高空间分辨率，同时又具有与影像相同的色调和饱和度，有利于目视解译和计算机识别。

3. 基于 PCA 的融合法

基于 PCA 的融合法又称为主成分分析法。与 HIS 变换法类似，它将低分辨率的图像(3 个波段或更多)作为输入分量进行主成分分析，而将高分辨率图像拉伸，使其具有与第一主成分相同的均值和方差，然后用拉伸后的高分辨率图像代替主成分分析的第一分量进行逆变换。这样，融合图像中的目标细部特征更加清晰，光谱信息更加丰富。

4. 多尺度分解融合法

多尺度分解的主要思想是：首先将待融合图像经过多尺度分解，得到多尺度分解系数，其代表的是源图像的特征分量；然后按照融合规则对多尺度分解系数进行融合处理；最后再经过逆变换得到融合后的图像，其基本原理如图 7.25 所示。

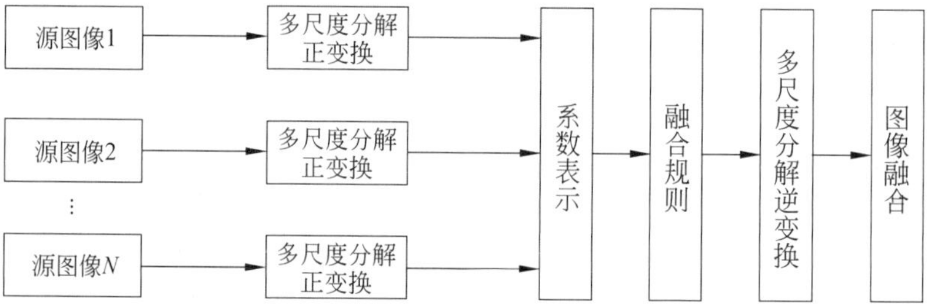

图 7.25　多尺度分解融合法的基本原理

多尺度分解的图像融合算法属于变换域算法，主要包含基于金字塔分解的融合法、基于小波变换的融合法。与简单的图像融合算法相比，基于金字塔分解的融合法能够有针对性地在不同的空间分辨率上突出源图像的重要特征信息及细节信息，获得较好的融合效果。但该方法也存在一定的不足：分解后的各层之间存在冗余，对高频信息依赖性强。基于金字塔分解的融合法主要包括 LP 变换、对比度金字塔变换、梯度金字塔变换、形态学金字塔变换和比率低通金字塔变换等。基于小波变换的融合法继承了基于金字塔分解的融合法的优点，小波的非冗余性使其分解后图像的数据量不会增加，其方向性又使获得的图像视觉效果更好。

7.6.5　图像融合规则

图像融合规则主要有两大类：基于像素的图像融合规则和基于区域的图像融合规则。

基于像素的图像融合规则是：根据分解后图像对应位置像素的灰度值，确定融合图像分解层上该位置像素的灰度值，具体规则包括灰度值取大、灰度值取小以及灰度值加权平均

(平均是加权平均的特殊情况)。

实际上,绝大多数基于空域以及基于变换域的图像融合方法都可采用这种融合规则。只不过由于变换域的融合处理是在非空域或多尺度、多分辨率下分层进行的,不同分解层可采用的融合规则不同,这样其融合处理结果相比于简单的图像融合方法能获得更好的融合效果。基于像素的图像融合规则简单,易实现,运算速度快。但是,它在融合处理时存在图像边缘、细节信息的不稳定性以及各像素之间的相关性,导致融合后的图像缺乏一致性,因此其融合规则有待改进。

基于区域的图像融合规则能获得视觉特性更佳、细节更丰富的融合效果。其基本思想是:在对图像分解后的系数表示进行融合处理时,不仅考虑某一像素的值,而且考虑相邻像素的值(通常采用固定大小的窗口衡量)。基于区域的图像融合规则主要包括基于区域梯度的规则、基于区域方差的规则、基于区域能量的规则以及基于区域距离的规则。

7.6.6 图像融合效果评价

图像融合的一个重要步骤是对融合的效果进行评价。当前在图像融合的领域中缺乏对融合效果系统全面的评价,而主要依靠观察者的主观感觉。理想的图像融合过程既有对新信息的摄入,也有对原有有用信息的保留,图像融合效果评价应该包括创新性和继承性。因此需要寻找一种可以客观评价图像融合效果的方法,从而为不同的应用选择不同的图像融合方法提供依据。

1. 主观评价方法

主观评价方法是由观察者直接用肉眼对融合图像的质量进行评估,根据人的主观感觉和统计结果对图像质量的优劣做出评判。例如,可以让观察者对不同融合方法得到的融合图像中的特定目标进行识别,测量出识别时间并统计出识别的正确率等,从而判断图像融合方法性能的优劣和融合图像质量的好坏。主观评价方法具有简单、直观的优点,对明显的图像信息可以进行快捷、方便的评价,在一些特定应用中是十分可行的。例如,在美国国防部高级研究计划局资助的先进夜视系统开发计划中,研究者就使用主观评价方法比较两种假彩色图像融合方法的优劣。由于这个系统是用来提高飞行员的夜视能力的,所以主观评价方法是一种适当的选择。

主观评价方法可以用于判断融合图像是否配准,如果配准得不好,那么图像就会出现重影,反过来通过图像融合也可以检查配准精度;可通过直接比较图像差异判断光谱是否扭曲和空间信息的传递性能以及是否丢失了重要信息;可以判断融合图像纹理及色彩信息是否一致,融合图像整体色彩是否与天然色彩保持一致,例如,居民点图像是否明亮突出,水体图像是否呈现蓝色,植物图像是否呈现绿色;可以判断融合图像整体亮度、色彩反差是否合适,是否有蒙雾或马赛克等现象出现,清晰度是否降低,图像边缘是否清楚,等等。所以主观评价方法是最简单、最常用的方法,通过它对图像上的田地边界、道路、居民区轮廓、机场跑道边缘进行比较,可以直观地得到图像在空间分辨率、清晰度等方面的差异。而且由于人眼对色彩具有强烈的感知能力,使得该方法对光谱特征的评价是任何其他方法所无法比拟的。该方法的主观性比较强,人眼对融合图像的感觉很大程度上决定了遥感图像的质量。融合图像质量评价离不开视觉评价,这是必不可少的。但是,因为人的视觉对图像中的各种变化并不都是很敏感，图像的视觉质量在很大程度上取决于观察者，具有主观性、不全面性。因此，该方法需要与客观的定量评价标准相结合，进行综合评价，即对融合图像质量在主观的目视评价基础上进行客观评价。不同图像融合以后，目视评价可以作为一种最简单、最直接的评价方法。其优点在于可以直接根据图像融合前后的对比做出评价。其缺点是主观性较强。

2. 客观评价方法

下面简要介绍常用的客观评价方法的定义与物理含义。

1）均值与方差

$$\mu=\frac{1}{n}\sum_{i=1}^{n}x_i \tag{7.184}$$

$$\sigma^2=\frac{1}{n-1}\sum_{i=1}^{n}(x_i-\mu)^2 \tag{7.185}$$

以上两式中的 n 表示图像总的像素个数，x_i 为第 i 个像素的灰度值。均值的意义是亮度的平均值，如果亮度适中（灰度值在 128 附近），那么图像的视觉效果良好。方差反映的是灰度值相对于均值的分散情况，方差值越大，表明图像的灰度范围越趋于分散，图像的信息量也越大。

2）信息熵

1984 年，现代信息论创始人香农将平均信息量定义为熵，公式为

$$H(x)=-\sum_{i=1}^{n}p_i\log_2 p_i \tag{7.186}$$

信息熵是衡量图像信息丰富程度的一个重要指标，信息熵的大小反映了图像携带信息的多少。融合图像的信息熵越大，说明融合图像所含的信息越丰富，融合效果越好。

3）清晰度

图像的清晰度用梯度衡量，图像的梯度由式(7.187)确定：

$$\bar{g}=\frac{1}{n}\sum\sqrt{(\Delta I_x^2+\Delta I_y^2)/2} \tag{7.187}$$

其中，ΔI_x 与 ΔI_y 分别为 x 与 y 方向上的差分，n 为图像的大小。$\bar{g}$ 越大，表明图像的清晰度越高。

4）光谱扭曲程度

图像光谱扭曲程度直接反映了多光谱图像的光谱失真程度，公式为

$$D=\frac{1}{n}\sum_i\sum_j|V'_{ij}-V_{ij}| \tag{7.188}$$

其中，n 为图像的像素个数，V'_{ij}、V_{ij} 分别为融合图像和源图像中(i,j)点的灰度值。

5）偏差指数

偏差指数用来比较融合图像和原始多光谱图像偏离的程度，公式为

$$D'=\frac{1}{MN}\sum_{i=1}^{M}\sum_{j=1}^{N}\frac{|I(i,j)-I'(i,j)|}{I(i,j)} \tag{7.189}$$

其中，I 和 I' 分别为融合前后(i,j)点的强度值，M、N 分别为图像的行数和列数。

6）相关系数

相关系数可以用来度量两幅图像的相关程度，公式为

$$C=\frac{\sum_{i,j}[(f_{i,j}-\mu_f)\times(g_{i,j}-\mu_g)]}{\sqrt{\sum_{i,j}[(f_{i,j}-\mu_f)^2]}\times\sqrt{\sum_{i,j}[(g_{i,j}-\mu_g)^2]}}\tag{7.190}$$

其中，$f_{i,j}$ 和 $g_{i,j}$ 分别为(i,j)点的灰度值，μ_f 和 μ_g 为两幅图像的平均灰度值。通过融合前后图像的相关系数可以看出源图像的光谱信息和空间信息的改变程度，C 值越大，差异越小，则融合方法从源图像中提取的信息越多。

7.6.7　加权平均图像融合方法基本原理

加权平均图像融合方法是将两幅输入图像 $g_1(i,j)$ 和 $g_2(i,j)$ 各自乘以一个权系数，融合成新的图像 $F(i,j)$。

$$F(i,j)=ag_1(i,j)+(1-a)g_2(i,j)\tag{7.191}$$

其中，a 为权重因子，且 $0\leqslant a\leqslant 1$，可以根据需要调节 a 的大小。该算法实现简单，其困难在于如何选择权重系数才能达到最佳的视觉效果。

7.6.8　基于主成分分析的图像融合方法

1. PCA 变换的基本原理

在实际应用中经常会遇到研究多个变量的问题，而且在多数情况下，多个变量之间常常存在一定的相关性。由于变量个数较多，再加上变量之间的相关性，势必增加分析问题的复杂性。如何将多个变量综合为少数几个代表性变量，既能够代表原始变量的绝大多数信息，又互不相关，并且在新的综合变量基础上可以进一步统计分析？这时就需要进行主成分分析。

主成分分析采取数学降维的方法，找出几个综合变量代替原来众多的变量，使这些综合变量尽可能代表原来变量的信息量，而且彼此互不相关。这种把多个变量化为少数几个互相无关的综合变量的统计分析方法就称为主成分分析。

主成分分析所要做的就是设法将原来具有一定相关性的众多变量重新组合为一组新的相互无关的综合变量。通常，数学上的处理方法就是将原来的变量进行线性组合，成为新的综合变量，但是这种组合如果不加以限制，则可以有很多，应该如何选择呢？如果将选取的第一个线性组合(即第一个综合变量)记为 F_1，自然希望它尽可能多地反映原来变量的信息，这里信息用方差测量，即 $\mathrm{var}(F_1)$越大表示 F_1 包含的信息越多。在所有的线性组合中选取的 F_1 应该是方差最大的，因此称 F_1 为第一主成分。如果第一主成分不足以代表原来 p 个变量的信息，再考虑选取 F_2，即第二个线性组合。为了有效地反映原来变量的信息，F_1 中已有的信息就不需要再出现在 F_2 中，用数学语言表达，就是要求 $\mathrm{Cov}(F_1,F_2)=0$，称 F_2 为第二主成分。以此类推，可以构造出第三、第四……第 p 主成分。

观测 p 个变量 $x_1,x_2,\cdots,x_p$，n 个样本的数据组成的矩阵为

$$\boldsymbol{X}=\begin{bmatrix}x_{11} & x_{12} & \cdots & x_{1p}\\ x_{21} & x_{22} & \cdots & x_{2p}\\ \vdots & \vdots & \ddots & \vdots\\ x_{n1} & x_{n2} & \cdots & x_{np}\end{bmatrix}=[\boldsymbol{x}_1,\boldsymbol{x}_2,\cdots,\boldsymbol{x}_p]\tag{7.192}$$

其中

$$\boldsymbol{x}_j=\begin{bmatrix}x_{1j}\\x_{2j}\\\vdots\\x_{nj}\end{bmatrix},\quad j=1,2,\cdots,p \tag{7.193}$$

主成分分析就是将 p 个观测变量综合成为 p 个新的变量(综合变量),即

$$\begin{cases}F_1=a_{11}x_1+a_{12}x_2+\cdots+a_{1p}x_p\\F_2=a_{21}x_1+a_{22}x_2+\cdots+a_{2p}x_p\\\quad\quad\vdots\\F_p=a_{p1}x_1+a_{p2}x_2+\cdots+a_{pp}x_p\end{cases} \tag{7.194}$$

简写为

$$F_j=\alpha_{j1}x_1+\alpha_{j2}x_2+\cdots+\alpha_{jp}x_p,\quad j=1,2,\cdots,p \tag{7.195}$$

要求模型满足以下条件:

(1) F_i、F_j 互不相关($i\neq j,i,j=1,2,\cdots,p$)。

(2) F_1 的方差大于 F_2 的方差,F_2 的方差大于 F_3 的方差,以此类推。

(3) $a_{k1}^2+a_{k2}^2+\cdots+a_{kp}^2=1,k=1,2,\cdots,p$。

于是,称 F_1 为第一主成分,F_2 为第二主成分,以此类推,F_p 为第 p 主成分。这里 a_{ij} 称为主成分系数。

上述模型可用矩阵表示为

$$\boldsymbol{F}=\boldsymbol{AX} \tag{7.196}$$

其中

$$\boldsymbol{F}=\begin{bmatrix}F_1\\F_2\\\vdots\\F_p\end{bmatrix},\quad \boldsymbol{X}=\begin{bmatrix}x_1\\x_2\\\vdots\\x_p\end{bmatrix} \tag{7.197}$$

$$\boldsymbol{A}=\begin{bmatrix}a_{11}&a_{12}&\cdots&a_{1p}\\a_{21}&a_{22}&\cdots&a_{2p}\\\vdots&\vdots&\ddots&\vdots\\a_{p1}&a_{p2}&\cdots&a_{pp}\end{bmatrix}=\begin{bmatrix}\boldsymbol{a}_1\\\boldsymbol{a}_2\\\boldsymbol{a}_3\\\boldsymbol{a}_4\end{bmatrix} \tag{7.198}$$

2. 主成分分析的计算步骤

样本观测数据矩阵为

$$\boldsymbol{X}=\begin{bmatrix}x_{11}&x_{12}&\cdots&x_{1p}\\x_{21}&x_{22}&\cdots&x_{2p}\\\vdots&\vdots&\ddots&\vdots\\x_{n1}&x_{n2}&\cdots&x_{np}\end{bmatrix} \tag{7.199}$$

第一步:对原始数据进行标准化处理。

$$x_{ij}^*=\frac{x_{ij}-\bar{x}_j}{\sqrt{\mathrm{var}(x_j)}}\quad(i=1,2,\cdots,n,j=1,2,\cdots,p) \tag{7.200}$$

其中

$$\bar{x}=\frac{1}{n}\sum_{i=1}^{n}x_{ij},\quad \mathrm{var}(x_j)=\frac{1}{n-1}\sum_{i=1}^{n}(x_{ij}-\bar{x}_j)^2 \tag{7.201}$$

第二步：计算样本相关系数矩阵。

$$\boldsymbol{R}=\begin{bmatrix} r_{11} & r_{12} & \cdots & r_{1p} \\ r_{21} & r_{22} & \cdots & r_{2p} \\ \vdots & \vdots & \ddots & \vdots \\ r_{p1} & r_{p2} & \cdots & r_{pp} \end{bmatrix} \tag{7.202}$$

为了方便，假定原始数据标准化后仍用 $\boldsymbol{X}$ 表示，则经标准化处理后的数据的相关系数为

$$r_{ij}=\frac{1}{n-1}\sum_{i=1}^{n}x_{ii}x_{tj}\quad (i,j=1,2,\cdots,p) \tag{7.203}$$

第三步：用雅可比方法求相关系数矩阵 $\boldsymbol{R}$ 的 p 个特征值($\lambda_1,\lambda_2,\cdots,\lambda_p$)和相应的特征向量 $\boldsymbol{a}_i=(a_{i1},a_{i2},\cdots,a_{ip}),i=1,2,\cdots,p$。

第四步：选择重要的主成分，并写出主成分表达式。主成分分析可以得到 p 个主成分，但是，由于各个主成分的方差是递减的，包含的信息量也是递减的，所以实际分析时，一般不是选取 p 个主成分，而是根据各个主成分累积贡献率的大小选取前 k 个主成分。这里贡献率就是指某个主成分的方差占全部方差的比重，也就是某个特征值占全部特征值之和的比重：

$$贡献率=\frac{\lambda_i}{\sum_{i=1}^{p}\lambda_i} \tag{7.204}$$

贡献率越大，说明该主成分所包含的原始变量的信息越多。主成分个数 k 的选取主要根据主成分的累积贡献率决定，即一般要求累积贡献率达到 85%以上，这样才能保证综合变量能包括原始变量的绝大多数信息。

另外，在实际应用中，选择了重要的主成分后，还要注意主成分实际含义的解释。主成分分析中一个很关键的问题是如何给主成分赋予新的意义，给出合理的解释。一般而言，这个解释是根据主成分表达式的系数结合定性分析给出的。主成分是原来变量的线性组合，在这个线性组合中，各变量的系数有大有小，有正有负，有的大小相当，因而不能简单地认为这个主成分是某个原变量的属性的作用。在线性组合中，一个变量系数的绝对值大，表明该主成分主要综合了绝对值大的变量；有几个变量系数大小相当时，表明该主成分大致均衡地综合了这几个变量。各变量综合在一起应赋予怎样的实际意义，要结合实际问题和专业知识给出恰当的解释，才能达到深入分析的目的。

第五步：计算主成分得分。根据标准化的原始数据，将各个样本分别代入主成分表达式，就可以得到各主成分下的各个样本的新数据，即主成分得分。具体形式如下：

$$\begin{bmatrix} F_{11} & F_{12} & \cdots & F_{1k} \\ F_{21} & F_{22} & \cdots & F_{2k} \\ \vdots & \vdots & \ddots & \vdots \\ F_{n1} & F_{n2} & \cdots & F_{nk} \end{bmatrix} \tag{7.205}$$

第六步：依据主成分得分的数据，可以进行进一步的统计分析。其中，常见的应用有主成分回归、变量子集合的选择、综合评价等。

3. 基于主成分分析的图像融合的核心思想

完成主成分分析后，原始数据中的显著特征将主要集中于变换后数据的第一主成分中。主成分分析中涉及协方差矩阵及其特征值(向量)的计算，其对应的逆变换可将数据变换回原数据空间。基于主成分分析的图像融合主要用于提高图像的空间分辨率，常见的用法是：首先对低空间分辨率多波段图像进行主成分分析，然后用高分辨率图像代替低分辨率图像经过主成分分析后的第一主成分，最后经过主成分分析逆变换获得融合图像。

7.6.9 基于金字塔分解的图像融合

1. 图像金字塔

在数字图像处理领域，多分辨率金字塔化是图像多尺度表示的主要形式。图像处理中的金字塔算法最早是由 Burt 和 Adelson 提出的，是一种多尺度、多分辨率的方法。图像金字塔化一般包括两个步骤：

(1) 图像经过一个低通滤波器进行平滑。

(2) 对这个平滑图像进行抽样，一般抽样比例在水平和垂直方向上都为 1/2，从而得到一系列尺寸缩小、分辨率降低的图像。

将得到的依次缩小的图像按顺序排列，看上去很像金字塔，这便是这种多尺度、多分辨率图像处理方法名称的由来。图像金字塔的构建过程如图 7.26 所示。

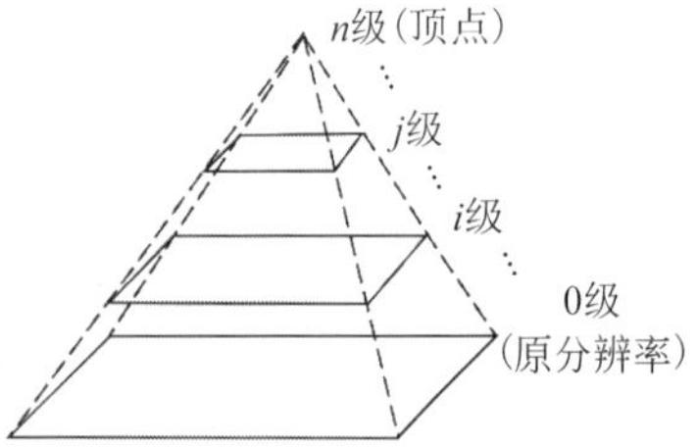

(a) 图像金字塔结构

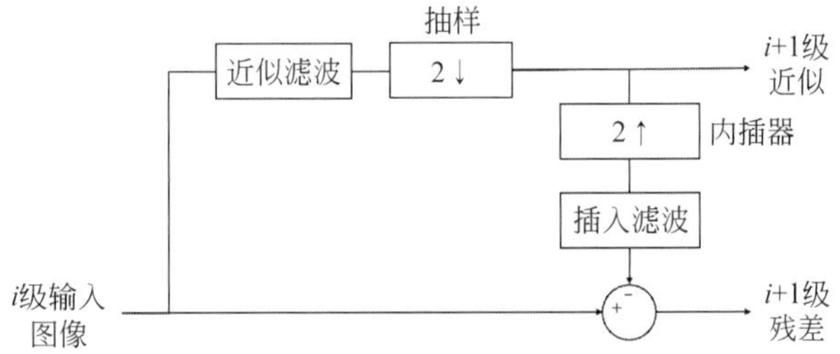

(b) 建立图像金字塔的方框图

图 7.26 图像金字塔的构建过程

2. 基于拉普拉斯金字塔变换的图像融合

Burt 和 Adelson 于 1983 年提出了拉普拉斯金字塔变换算法，并将其应用于图像处理中。这种算法分解的子图像的空间分辨率不同，高分辨率(尺寸较小)的放在下层，低分辨率(尺寸较大)的放在上层，这样就构成了图像金字塔，其中，下层主要用于分析细节，上层主要用于分析较大的物体。它是一种多尺度、多分辨率的方法，与简单图像融合算法相比，融合效果更好，应用场景更广。

拉普拉斯金字塔分解的目的是将源图像分别分解到不同的空间频带上，融合过程是在各空间频带上分别进行的，这样就可以针对不同分解层的不同空间频带上的特征与细节采用不同的融合算子，以达到突出特定空间频带上的特征与细节的目的，即有可能将来自不同图像的特征与细节融合在一起。

以 A、B 表示源图像，F 为融合图像，基于拉普拉斯金字塔变换的图像融合基本步骤如下：

(1) 对源图像进行拉普拉斯分解，建立每个图像的拉普拉斯金字塔。

(2) 对各分解层按照融合规则分别进行融合处理，分解层不同，采用的融合算子也可以不同，以便得到融合图像的拉普拉斯金字塔。

(3) 再对其进行逆变换(图像重构)，得到融合图像。

基于拉普拉斯金字塔变换的图像融合过程如图 7.27 所示。其中，LPA 代表 Laplacian Pyramid Approximation，指的是拉普拉斯金字塔中的近似图像层，用于表示图像的低频信息；LF 代表 Laplacian Fusion，是指在拉普拉斯金字塔中进行的融合过程，即通过合成不同图像的拉普拉斯金字塔层生成最终的融合图像。

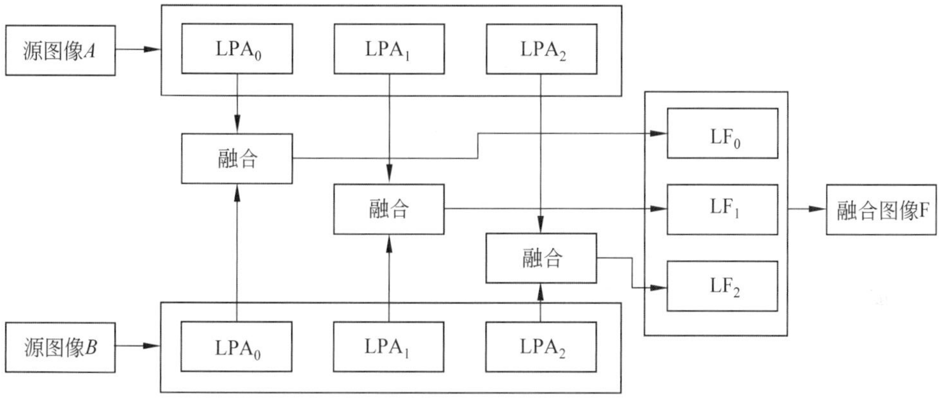

图 7.27　基于拉普拉斯金字塔变换的图像融合过程

7.6.10　基于 HIS 变换的遥感图像融合

1. 进行遥感图像融合的必要性

随着现代卫星遥感技术的发展，由各种卫星传感器对地观测获取的多传感器、多时相、多分辨率、多频段的遥感图像数据越来越多，为自然资源调查、环境监测、国土整治和灾害防治等提供了丰富而又宝贵的资料。遥感图像处理是指通过遥感技术获取图像并进行处理和应用的过程。由于从中获取的数据量非常大，数据种类繁多并且多元化，促使人们找到一种方法使数据得到整合。而图像融合就是一种综合多源图像信息的图像处理技术，其目的是将多源图像数据中所含的优势信息和互补信息有机地结合起来，产生新的图像数据，以最大限度地利用各种信息源提供的信息，增强图像理解的可靠性。

选用低空间分辨率的 TM 图像和高空间分辨率的 SPOT 图像进行图像融合的目的在于：SPOT 图像的空间分辨率比较高，其空间纹理信息优于 TM 图像；而 TM 图像虽然空间分辨率不高，但是具有丰富的光谱信息。通过图像融合技术，不但可以实现两者的优势互补，还能降低设备开发成本。

2. HIS 变换的基本原理

在计算机内定量处理色彩时通常采用 RGB 表色系统。但在视觉上定性地描述色彩时，采用 HIS 显色系统更为直观。它用色调(Hue)、亮度(Intensity)以及饱和度(Saurtion)表示颜色。为了实现两个色彩空间之间的转换，必须建立 RGB 空间和 HIS 空间的关系模型。RGB 空间和 HIS 空间相互转化的处理过程称为 HIS 变换，利用 HIS 变换可以实现多源遥感图像的信息融合。HIS 模型用 H、I、S 3 个参数描述色彩特性。其中，H 表示色彩的波长，称为色调；I 与色彩信息无关，称为亮度或强度；S 表示色彩的深浅，称为饱和度。HIS 色彩模型反映了人的视觉对色彩的感觉。

为了图像处理的目的，有时需要对 RGB 和 HIS 这两种色彩空间进行变换，因为有些处理在某个色彩空间中可能更方便。由于 HIS 空间中光谱信息主要体现在色调和饱和度上，强度的改变对光谱信息影响较小，而对于高空间分辨率图像和多光谱图像的融合，希望在保留光谱信息的前提下提高多光谱图像的细节表现力，因此更适合在 HIS 空间中处理。通常将 RGB 空间到 HIS 空间的变换称为 HIS 正变换，而将 HIS 空间到 RGB 空间的变换称为反变换。要理解图像融合过程中出现的颜色失真，有必要介绍两个必不可少而且很重要的变换公式。

1）线性正变换

正变换公式：

$$\begin{bmatrix} I \\ v_1 \\ v_2 \end{bmatrix} = \begin{bmatrix} \frac{1}{3} & \frac{1}{3} & \frac{1}{3} \\ -\frac{\sqrt{2}}{6} & -\frac{\sqrt{2}}{6} & -\frac{2\sqrt{2}}{6} \\ \frac{1}{\sqrt{2}} & \frac{1}{\sqrt{2}} & 0 \end{bmatrix} \begin{bmatrix} R \\ G \\ B \end{bmatrix} \tag{7.206}$$

逆变换公式：

$$\begin{bmatrix} R \\ G \\ B \end{bmatrix} = \begin{bmatrix} 1 & -\frac{1}{\sqrt{2}} & \frac{1}{\sqrt{2}} \\ 1 & -\frac{1}{\sqrt{2}} & -\frac{1}{\sqrt{2}} \\ 1 & \sqrt{2} & 0 \end{bmatrix} \begin{bmatrix} I \\ v_1 \\ v_2 \end{bmatrix} \tag{7.207}$$

其中，变量 v_1 和 v_2 对应笛卡儿坐标系中的 x 轴和 y 轴，而亮度 I 对应 z 轴。那么色调 H 和饱和度 S 可以表示为

$$H = \arctan \frac{v_2}{v_1} \tag{7.208}$$

$$S = \sqrt{v_1^2 + v_2^2} \tag{7.209}$$

2）非线性变换

任何 3 个[0,1]区间的 R、G、B 值都可以用下面的正变换公式得到对应的 H、I、S 分量。

$$H = \begin{cases} \theta, & G \geqslant B \\ 2\pi - \theta, & G < B \end{cases} \tag{7.210}$$

其中，

$$\theta = \arccos \frac{[(R-G)+(R-B)]/2}{[(R-G)^2+(R-B)(G-B)]^{1/2}} \tag{7.211}$$

$$I=(R+G+B)/3 \tag{7.212}$$

$$S=1-\frac{3}{R+G+B}[\min(R,G,B)] \tag{7.213}$$

如果 H、I、S 和 R、G、B 的值都在[0,1]区间内，则逆变换公式需要根据点落在色环的哪个扇区选用不同的转换公式。

当 $0°\leqslant H<120°$ 时：

$$\begin{aligned} R&=\frac{I}{\sqrt{3}}\left(1+\frac{S\cos(H)}{\cos(60°-H)}\right) \\ B&=\frac{I}{\sqrt{3}}(1-S) \\ G&=\sqrt{3}I-G-B \end{aligned} \tag{7.214}$$

当 $120°\leqslant H<240°$ 时：

$$\begin{aligned} G&=\frac{I}{\sqrt{3}}\left(1+\frac{S\cos(H-120°)}{\cos(180°-H)}\right) \\ R&=\frac{I}{\sqrt{3}}(1-S) \\ B&=\sqrt{3}I-R-G \end{aligned} \tag{7.215}$$

当 $240°\leqslant H<360°$ 时：

$$\begin{aligned} B&=\frac{I}{\sqrt{3}}\left(1+\frac{S\cos(H-240°)}{\cos(300°-H)}\right) \\ G&=\frac{I}{\sqrt{3}}(1-S) \\ R&=\sqrt{3}I-G-B \end{aligned} \tag{7.216}$$

RGB 空间和 HIS 空间的变换公式有很多种形式，这些变换公式的基本思想是类似的。只要一种变换方法能够保证变换以后的色调 H 是一个角度，饱和度 S 和亮度 I 相互独立，且变换可逆，那么这种变换方法就是可行的。

3. 基于 HIS 变换的遥感图像融合的基本原理

HIS 变换首先将 RGB 空间的 3 个波段的 TM 图像转换为 HIS 空间的 3 个量，然后将 SPOT 图像进行对比度拉伸，使它和亮度分量 I 有相同的均值和方差，最后用拉伸后的 SPOT 图像代替亮度分量 I，利用它和色度 H、饱和度 S 进行 HIS 逆变换，得到融合图像。具体算法步骤如下：

(1) 按式(7.217)进行计算：

$$\begin{bmatrix} I \\ v_1 \\ v_2 \end{bmatrix}=\begin{bmatrix} \frac{1}{3} & \frac{1}{3} & \frac{1}{3} \\ -\frac{\sqrt{2}}{6} & -\frac{\sqrt{2}}{6} & \frac{2\sqrt{2}}{6} \\ \frac{1}{\sqrt{2}} & \frac{1}{\sqrt{2}} & 0 \end{bmatrix}\begin{bmatrix} R \\ G \\ B \end{bmatrix} \tag{7.217}$$

(2) 用配准后的 SPOT 图像(I')代替 I 分量。

(3) 分量替换后如式(7.218)所示。

$$\begin{bmatrix} R' \\ G' \\ B' \end{bmatrix} = \begin{bmatrix} 1 & -\frac{1}{\sqrt{2}} & \frac{1}{\sqrt{2}} \\ 1 & -\frac{1}{\sqrt{2}} & -\frac{1}{\sqrt{2}} \\ 1 & \sqrt{2} & 0 \end{bmatrix} \begin{bmatrix} I' \\ v_1 \\ v_2 \end{bmatrix} \tag{7.218}$$

基于 HIS 变换的遥感图像融合法作为一种常用的方法,融合的图像不仅在空间分辨率和清晰度上比原多光谱图像有相当大的提高,并且较大程度上保留了多光谱图像的光谱特征。因而判读和量测能力都有很大提高,有利于改善判读、分类和制图精度等,对于城区资源调查和视觉分析尤其适用。但由于高空间分辨率图像与低分辨率多光谱图像获取时光照条件(气候、季节、时间等)、成像特征(光谱范围、光谱敏感性等)、地形起伏和地物变换等因素的影响,全色图像与明度图像不可能完全相关,融合后的图像光谱特性的扭曲是可察觉的,且基于 HIS 变换的遥感图像融合法只能同时对 3 个波段的多光谱图像与高空间分辨率图像进行融合。

7.6.11 基于小波变换的图像融合

小波分析(wavelet analysis)是 20 世纪 80 年代中期发展起来的一门数学理论和方法,它是由法国科学家 Grossman 和 Morlet 在进行地震信号分析时提出的,随后迅速发展。1985 年,Meyer 证明了一维情形下小波函数的存在性,并做了深入的理论研究。Mallat 基于多分辨率分析的思想,提出了对小波应用起重要作用的 Mallat 算法,它在小波分析中的地位相当于快速傅里叶变换在经典傅里叶变换中的地位。小波分析理论的重要性及应用的广泛性引起了科技界的高度重视,小波分析的出现被认为是傅里叶分析的突破性进展。科研工作者在逼近论、微分方程、模式识别、计算机视觉、图像处理、非线性科学等方面使用小波分析也取得了许多突破性进展。

小波变换的基本思想类似傅里叶变换,即用信号在一簇基函数形成空间上的投影表征该信号。经典的傅里叶变换把信号按正弦基展开,将任意函数表示为具有不同频率的谐波函数的线性叠加,能较好地描述信号的频率特性;但它在时域上无任何分辨率,不能作局部分析,这在理论和应用上都限制了傅里叶变换的发展。为了克服这一缺陷,Gabor 提出了加窗傅里叶变换——Gabor 变换,它通过引入一个时间局部化窗函数改进了傅里叶变换的不足,但其窗口大小和形状都是固定的,没有从根本上消除傅里叶变换的缺陷。而小波变换在时域和频域同时具有良好的局部化性能,有一个灵活可变的时间-频率窗口。与傅里叶变换、Gabor 变换相比,小波变换能更有效地从信号中提取信息,通过伸缩和平移等运算功能对函数或信号进行多尺度分析(multiscale analysis),解决了傅里叶变换不能解决的许多问题,因而,小波变换被誉为“数学显微镜”,它是信号处理发展史上里程碑式的进展。

小波分析的应用是与小波分析的理论研究紧密地结合在一起的。现在,它已经在科技信息产业取得了令人瞩目的成就。从数学角度看,信号与图像处理可以统一看作信号处理(图像可以看作二维信号),在小波分析的许多应用中,都可以归结为信号处理问题。现在,对于性质不随时间改变的稳定信号，处理的理想工具仍然是傅里叶分析。但是在实际应用中的绝大多数信号是非稳定的，而适用于处理非稳定信号的工具就是小波分析。

由于小波分析可以将信号或图像分层按小波基展开，可以根据图像信号的性质和事先给定的处理要求展开到特定的级数，这样不仅可以有效地控制计算量，满足实时处理的需要，而且可以方便地实现累进传输编码。同时，小波变换具有放大、缩小和平移的"数学显微镜"的功能，能够很方便地产生各种分辨率的图像，从而适用于不用分辨率图像的I/O设备和不同传输速率的通信系统。

由于小波分析具有以上优点，所以在运动图像压缩标准MPEG4中，视觉纹理模式是基于零高度树的小波算法实现的。该模式在非常宽的比特率范围内具有很高的编码效率，除了具有很高的压缩效率之外，它还提供了空间和质量的可缩放性，可对应任何形状目标编码。

综上所述，由于小波变换克服了傅里叶变换的许多弱点，不仅可以用于图像压缩，还可以用于很多其他领域，如信号分析、静态图像识别、计算机视觉、声音压缩与合成、视频图像分析、CT成像、地震勘探和分形力学等。

1. 连续小波变换

基本小波又称为小波母函数，是一个具有特殊性质的实值函数，其振荡快速衰减，且在数学上满足积分为0的条件，即

$$\int_{-\infty}^{+\infty} \psi(x)\mathrm{d}x = 0 \tag{7.219}$$

并且，它的频谱满足条件

$$C_{\psi} = \int_{-\infty}^{+\infty} \frac{|\psi(s)|^2}{s}\mathrm{d}s < 0 \tag{7.220}$$

即基本小波在频域也具有好的衰减性质。

一组小波基函数可由基本小波伸缩和平移产生：

$$\psi_{a,b}(x) = \frac{1}{\sqrt{a}}\psi\left(\frac{x-b}{a}\right) \tag{7.221}$$

其中，a 为伸缩因子，b 为平移因子。

连续小波变换也称为积分小波变换，定义为

$$W_f(a,b) = \langle f, \psi_{a,b}(x)\rangle = \int_{-\infty}^{+\infty} f(x)\psi_{a,b}(x)\mathrm{d}t = \frac{1}{\sqrt{a}}\int_{-\infty}^{+\infty} f(x)\psi_{a,b}\left(\frac{x-b}{a}\right)\mathrm{d}x \tag{7.222}$$

可以证明，若采用的小波满足允许条件，则连续小波变换存在逆变换，其逆变换公式为

$$f(x) = \frac{1}{C_{\psi}}\int_{0}^{+\infty}\int_{-\infty}^{+\infty} W_f(a,b)\psi_{a,b}(x)\mathrm{d}b\,\frac{\mathrm{d}a}{a^2} \tag{7.223}$$

与一维信号相对应，二维连续小波基函数定义为

$$\psi_{ab_xb_y}(x,y) = \frac{1}{|a|}\psi\left(\frac{x-b_x}{a}, \frac{y-b_y}{a}\right) \tag{7.224}$$

二维连续小波变换为

$$W_f(a,b_x,b_y) = \int_{-\infty}^{+\infty}\int_{-\infty}^{+\infty} f(x,y)\psi_{ab_xb_y}(x,y)\mathrm{d}x\mathrm{d}y \tag{7.225}$$

其逆变换为

$$f(x,y)=\frac{1}{C_\psi}\int_0^{+\infty}\int_{-\infty}^{+\infty}\int_{-\infty}^{+\infty}W_f(a,b_x,b_y)\psi_{ab_xb_y}(x,y)\mathrm{d}b_x\mathrm{d}b_y\frac{\mathrm{d}a}{a^3} \tag{7.226}$$

2. 离散小波变换

在数值计算中,需要对小波变换的伸缩因子、平移因子进行离散化,一般采用如下的离散化方式。

令伸缩因子 $a=a_0^m, b=ka_0^m b_0$(其中 $a>1, b\neq 0, m, n$ 为整数),小波基函数为

$$h_{mn}(x)=\frac{1}{\sqrt{a_0^m}}h\left(\frac{1}{a_0^m}x-nb\right) \tag{7.227}$$

适当选择 h、a_0、b_0 使 $h_{mn}(x)$ 构成规范正交基。通常采用 $a_0=2$、$b_0=1$ 构成离散二进制小波。例如,在平方可积函数空间 $L^2(\mathbf{R})$ 中,最典型的规范正交基是 Haar 基,取 $a_0=2$、$b_0=1$ 时,小波函数族为

$$h_{mn}(x)=\frac{1}{\sqrt{2^m}}h\left(\frac{1}{2^m}x-n\right) \tag{7.228}$$

1) 多分辨率分析

基本小波通过伸缩构成一组基函数。在大尺度上,膨胀的基函数搜索大的特征;而在较小的尺度上,它们则寻找细节信息。

2) 快速小波变换算法

利用双带子带编码迭代,自底向上建立小波变换。首先按照低半带和高半带进行子带编码,然后对低半带再一次进行子带编码,得到一个 $N/2$ 点的高半带信号和对应于区间 $[0,s_N]$ 的第一个和第二个 1/4 带的两个 $N/4$ 点的子带信号。连续进行上述过程,每一步都保留高半带信号并进一步对低半带信号编码,直到得到一个仅有一个点的低半带信号为止。这样,小波变换系数就是这个低半带信号再加上全部用于子带编码的高半带信号。最前面的 $N/2$ 个系数来自 $F(s)$ 的高半带,接下来 $N/4$ 个点来自第二个 1/4 带,以此类推。图 7.28 为离散小波变换算法的处理流程。

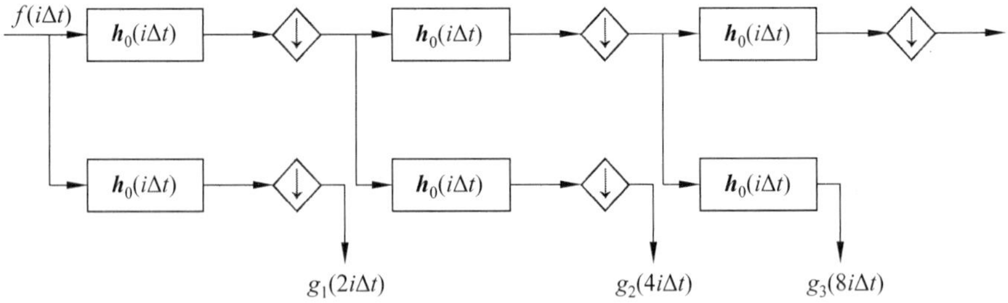

图 7.28 离散小波变换算法的处理流程

上述算法也被称为快速小波变换(Fast Wavelet Transform,FWT)算法,又因其形状而被称为 Mallat 鱼骨形算法,其逆变换算法如图 7.29 所示。

3) 离散小波变换的设计

根据子带编码重构公式,在频率域上有

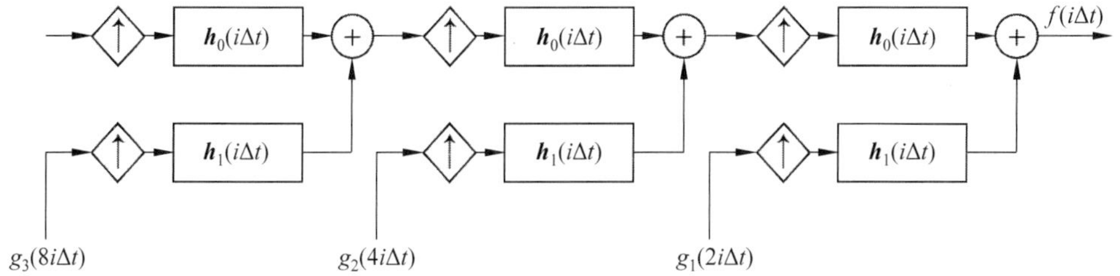

图 7.29　离散小波逆变换算法

$$
\begin{aligned}
F(s) &= 2\left[\frac{1}{2}G_0(s)H_0(s) + \frac{1}{2}G_1(s)H_1(s)\right] \\
&= F(s)H_0(s)H_0(s) + F(s)H_1(s)H_1(s) \\
&= F(s)(H_0^2(s) + H_1^2(s))
\end{aligned} \tag{7.229}
$$

所以双通道子带编码的两个滤波器必须满足以下条件：

$$
H_0^2(s) + H_1^2(s) = 1,\quad 0 \leqslant |s| \leqslant s_N \tag{7.230}
$$

假设 $H_0^2(s)$是小波变换中使用的具有平滑边缘的低通滤波传递函数，则相应的 $H_1(s)$需按式(7.231)给出：

$$
H_1^2(s) = 1 - H_0^2(s) \tag{7.231}
$$

可见，设计一个离散小波变换的任务就是精心挑选低通滤波器。符合这一条件的离散低通滤波器脉冲响应 $\boldsymbol{h}_0(s)$称为尺度向量，由它产生一个有关的函数称为尺度函数。尺度向量和尺度函数彼此互相确定。例如，由尺度向量 $\boldsymbol{h}_0(k)$得到尺度函数的定义如下：

$$
\Phi(t) = \sum_k \boldsymbol{h}_0(k)\Phi(2t - k) \tag{7.232}
$$

它可以通过自身半尺度复制后的加权和构造。另外，它也能用带尺度的矩形脉冲函数卷积 $\boldsymbol{h}_0(k)$后再利用数值计算方法得到：

$$
\Phi(t) = \lim_{i\to\infty}\eta_i(x) \tag{7.233}
$$

其中

$$
\eta_i(x) = \sqrt{2}\sum_n \boldsymbol{h}_0(n)\eta_{i-1}(2x - n) \tag{7.234}
$$

相反，由尺度函数开始，在它满足单位平移下正交归一条件时，尺度向量的计算方法如下：

$$
\begin{aligned}
&\langle \Phi(t - m), \Phi(t - n)\rangle = \delta_{m,n} \\
&\Phi_{j,k}(t) = 2^{j/2}\Phi(2^j t - k)\quad j = 0,1,2,\cdots,k = 0,1,\cdots,2^{j-1} \\
&h_0(k) = \langle \Phi_{1,0}(t), \Phi_{0,k}(t)\rangle
\end{aligned} \tag{7.235}
$$

4）二维离散小波变换

为了将一维离散小波变换推广到二维，只考虑尺度函数是可分离的情况，即

$$
\Phi(x,y) = \Phi(x)\Phi(y) \tag{7.236}
$$

其中，$\Phi(x)$是一维尺度函数，其相应的小波是 $\psi(x)$。下列 3 个二维基本小波是建立二维小波变换的基础：

$$\begin{aligned}\psi^1(x,y)&=\Phi(x)\psi(y)\\ \psi^2(x,y)&=\Phi(y)\psi(x)\\ \psi^3(x,y)&=\psi(x)\psi(y)\end{aligned} \tag{7.237}$$

它们构成二维平方可积函数空间 $L^2(\mathbf{R}^2)$ 的正交归一基：

$$\psi^1_{j,m,n}(x,y)=2^j\psi^1(x-2^jm,y-2^jn) \tag{7.238}$$

其中，$j\geqslant 0$，$l=1,2,3$，j、l、m、n 都为整数。

从一幅 $N\times N$ 的图像 $f^j(x,y)$ 开始，其中上标 j 指示尺度，并且 N 是 2 的幂。对于 $j=0$，尺度 $2^j=2^0=1$，也就是源图像的尺度。j 值的每一次增大都使尺度加倍，而使分辨率减半。在变换的每一层，图像都被分解为 4 个 1/4 大小的图像，它们都是由源图像与一个小波基图像的内积经过在行和列方向进行 2 倍间隔抽样生成的。对于第一层($j=1$)，可写成

$$\begin{aligned}f^0_2(m,n)&=\langle f_1(x,y),\Phi(x-2m,y-2n)\rangle\\ f^1_2(m,n)&=\langle f_1(x,y),\psi^1(x-2m,y-2n)\rangle\\ f^2_2(m,n)&=\langle f_1(x,y),\psi^2(x-2m,y-2n)\rangle\\ f^3_2(m,n)&=\langle f_1(x,y),\psi^3(x-2m,y-2n)\rangle\end{aligned} \tag{7.239}$$

后续的层次($j>1$)以此类推，形成如图 7.30 的形式。

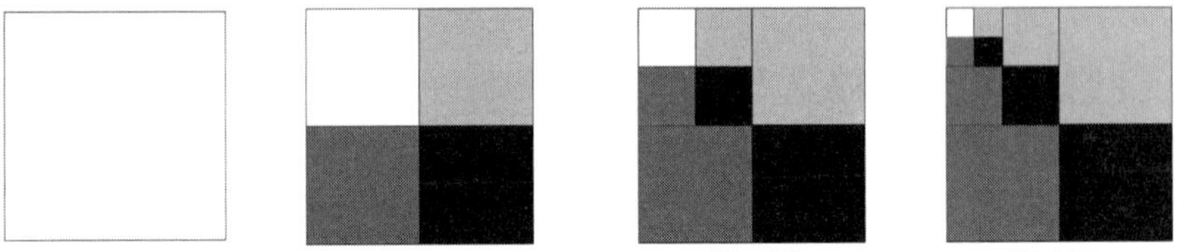

图 7.30　二维离散小波变换

若将内积改写成卷积形式，则有

$$\begin{aligned}f^0_{2^{j+1}}(m,n)&=[f^0_{2^j}(x,y)*\Phi(-x,-y)](2m,2n)\\ f^1_{2^{j+1}}(m,n)&=[f^0_{2^j}(x,y)*\psi^1(-x,-y)](2m,2n)\\ f^2_{2^{j+1}}(m,n)&=[f^0_{2^j}(x,y)*\psi^2(-x,-y)](2m,2n)\\ f^3_{2^{j+1}}(m,n)&=[f^0_{2^j}(x,y)*\psi^3(-x,-y)](2m,2n)\end{aligned} \tag{7.240}$$

因为尺度函数和小波函数都是可分离的，所以每个卷积都可分解成行和列的一维卷积。例如，在第一层，首先用 $\boldsymbol{h}_0(-x)$ 和 $\boldsymbol{h}_1(-x)$ 分别与图像 $f(x,y)$ 的每行作卷积，并丢弃奇数列(以最左列为第 0 行)。接着这个$(N\times N)/2$ 矩阵的每列再和 $\boldsymbol{h}_0(-x)$ 和 $\boldsymbol{h}_1(-x)$ 作卷积，丢弃奇数行(以最上行为第 0 行)。结果就是该层变换所要求的 4 个$(N/2)\times(N/2)$的数组，如图 7.31 所示。

二维离散小波逆变换与上述过程相似。在每一层，通过在每一列的左边插入一列 0 对前一层的 4 个矩阵增频采样；接着用 $\boldsymbol{h}_0(x)$ 和 $\boldsymbol{h}_1(x)$ 卷积各行，再成对地把这几个 $N/2\times N$ 的矩阵加起来；然后通过在每行上面插入一行 0 将刚才所得的两个矩阵增频采样为 $N\times N$ 的矩阵；再用 $\boldsymbol{h}_0(x)$ 和 $\boldsymbol{h}_1(x)$ 与这两个矩阵的每列卷积，这两个矩阵的和就是这一层重建的结果。图 7.32 为二维离散小波变换图像重建的过程。

3. 基于小波变换的图像融合步骤

小波变换本质上是一种高通滤波，采用不同的小波基，就会产生不同的滤波效果。小波

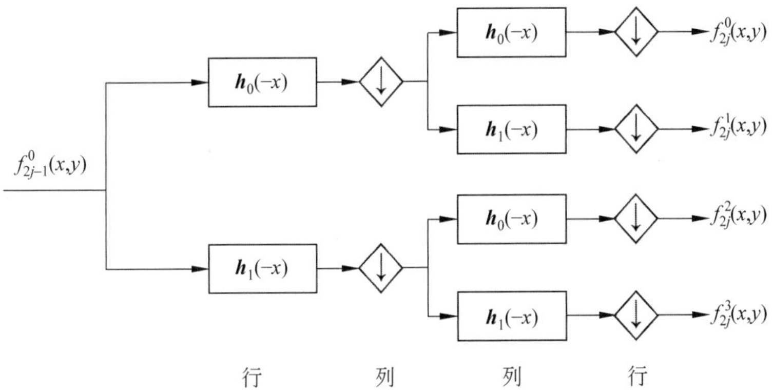

图 7.31　二维离散小波变换图像分解的过程

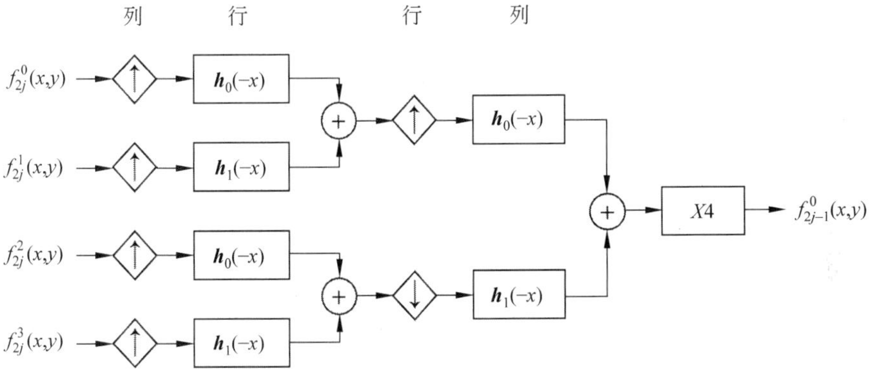

图 7.32　二维离散小波变换图像重建的过程

变换可将源图像分解成一系列具有不同空间分辨率和频域特性的子图像，针对不同频带子图像的小波系数进行组合，形成融合图像的小波系数。

基于小波变换的图像融合步骤如下：

(1) 分解。对每幅图像分别进行小波变换，得到每幅图像在不同分辨率下不同频带上的小波系数。

(2) 融合。针对小波分解系数的特性，对各个不同分辨率上的小波分解得到的频率分量，采用不同的融合方案和融合算子分别进行融合处理。

(3) 逆变换。对融合后的系数进行小波逆变换，得到融合图像。

基于小波变换的图像融合流程如图 7.33 所示。从图 7.33 可以看出，设计合理的融合规则是获得高品质融合图像的关键。小波变换应用于图像融合的优势在于可以将图像分解到不同的频域，在不同的频域运用不同的融合规则，得到融合图像的多分辨率分析，从而在融合图像中保留源图像在不同频域的显著特征。

基于小波变换的图像融合规则分为以下两部分。

(1) 低频系数融合规则。

通过小波分解得到的低频系数都是正的变换值，反映的是源图像在该分辨率上的概貌。低频系数的融合规则可有多种方法：既可以取源图像对应系数的均值，也可以取较大值，这要根据具体的图像和目的确定。

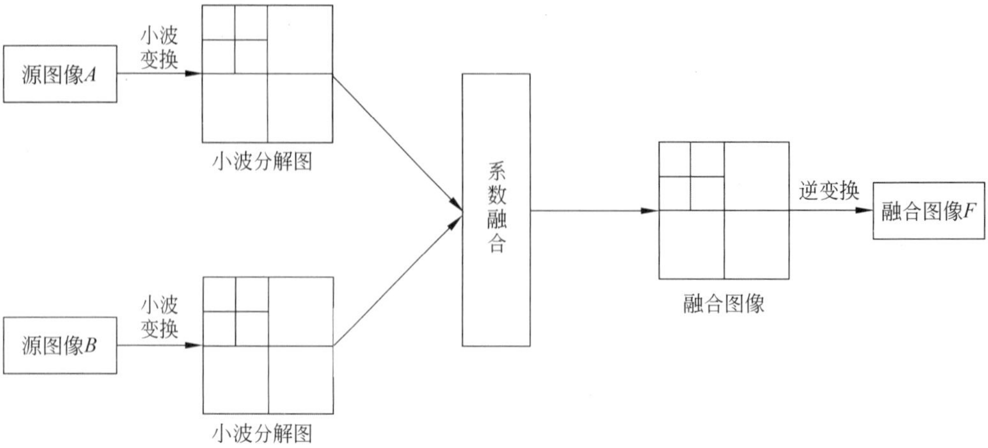

图 7.33　基于小波变换的图像融合流程

（2）高频系数融合规则。

通过小波分解得到的 3 个高频子带都包含了一些在 0 附近的变换值。在这些子带中，较大的变换值对应着亮度急剧变化的点，也就是图像中的显著特征点，如边缘、亮线及区域轮廓。这些细节信息也反映了局部的视觉敏感对比度，应该进行特殊的选择。

高频子带常用的图像融合规则有 3 类，即基于像素的融合规则、基于窗口的融合规则和基于区域的融合规则，如图 7.34 所示。

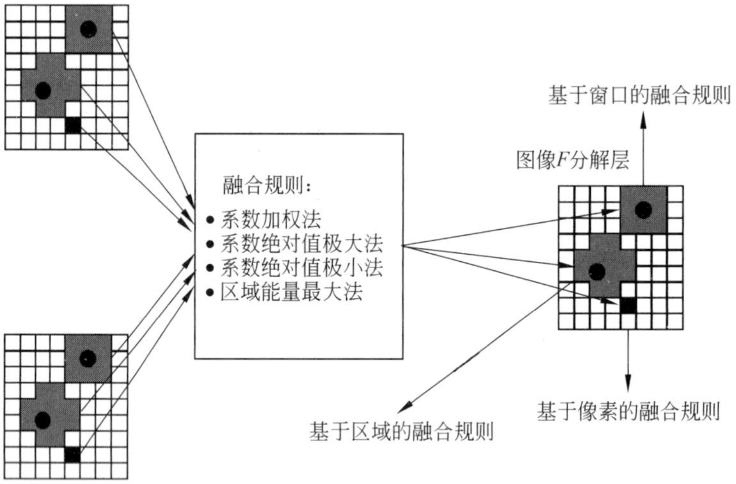

图 7.34　高频子带常用的图像融合规则

基于像素的融合规则是逐个考虑源图像相应位置的小波系数，要求原始图像是经过严格对准处理的。因为基于像素的选择方法具有其片面性，其融合效果有待改善。基于窗口的融合规则，是对第一类方法的改进。由于相邻像素往往有相关性，该方法以像素为中心，取一个 $M \times N$ 的窗口，综合考虑区域特征以确定融合图像相应位置的小波系数。该类方法的融合效果好，但是也相应地增加了运算量和运算时间。窗口是规则的，而实际上图像中相似的像素往往具有不规则性。为了解决这个问题，近年来又提出了基于区域的融合规则。

该类方法常常利用模糊聚类寻找具有相似性的像素集。

下面介绍几种小波分解系数的融合规则。

（1）小波分解系数加权法：

$$C_J(F,p)=aC_J(A,p)+(1-a)C_J(B,p),\quad 0\leqslant a\leqslant 1 \tag{7.241}$$

其中，$C_J(A,p)$、$C_J(B,p)$、$C_J(F,p)$分别表示源图像 A、B 和融合图像 F 在 J 层小波分解时 P 点的系数，下同。

（2）小波分解系数绝对值极大法：

$$C_J(F,p)=\begin{cases}C_J(A,p), & |C_J(A,p)|\geqslant|C_J(B,p)|\\ C_J(B,p), & |C_J(A,p)|<|C_J(B,p)|\end{cases} \tag{7.242}$$

（3）小波分解系数绝对值极小法：

$$C_J(F,p)=\begin{cases}C_J(A,p), & |C_J(A,p)|\leqslant|C_J(B,p)|\\ C_J(B,p), & |C_J(A,p)|>|C_J(B,p)|\end{cases} \tag{7.243}$$

（4）区域能量最大法。在 J 层小波分解的情况下，局部区域 Q 的能量定义为

$$E(A,p)=\sum_{q\in Q}\omega(q)C_J^2(A,q) \tag{7.244}$$

其中，$\omega(q)$表示权值，q 点离 p 点越近，权值越大，且 Q 是 p 的一个邻域。同理可得 $E(B,p)$。区域能量最大法的数学表达式为

$$C_J(F,p)=\begin{cases}C_J(A,p), E(A,p)\geqslant E(B,p)\\ C_J(B,p), E(A,p)<E(B,p)\end{cases} \tag{7.245}$$

7.6.12 基于二维离散余弦变换的多聚焦图像融合

多聚焦图像存在聚焦区域和离焦区域，其特点是同一幅图像中聚焦区域清晰，而离焦区域模糊。多聚焦图像融合是将场景相同但镜头聚焦目标不同的多幅图像融合为多个目标都清晰的一幅图像。

基于二维离散余弦变换的多聚焦图像融合的基本原理如下。

对于一幅输入图像 $x(m,n)$，将其分成 $N\times N$ 块，可以通过式(7.246)对分块后的图像进行二维离散余弦变换：

$$d(k,l)=\frac{2\alpha(k)\alpha(l)}{N}\sum_{m=0}^{N-1}\sum_{n=0}^{N-1}x(m,n)\cos\frac{(2m+1)\pi k}{2N}\cos\frac{(2n+1)\pi k}{2N} \tag{7.246}$$

其中，$k,l=0,1,\cdots,N-1$；当 $k=0$ 时 $\alpha(k)=\dfrac{1}{\sqrt{2}}$，当 $k\neq 0$ 时 $\alpha(k)=1$；二维离散余弦逆变换为

$$x(m,n)=\sum_{k=0}^{N-1}\sum_{l=0}^{N-1}\frac{2\alpha(k)\alpha(l)}{N}d(k,l)\cos\frac{(2m+1)\pi k}{2N}\cos\frac{(2n+1)\pi k}{2N} \tag{7.247}$$

其中，$m,n=0,1,\cdots,N-1$。

在式(7.246)中，$d(0,0)$是直流系数，$d(k,l)$是每一块的交流系数，归一化的交流系数为

$$\hat{d}(k,l)=\frac{d(k,l)}{N} \tag{7.248}$$

每一块的均值μ和σ^2可通过式(7.249)、式(7.250)进行计算：

$$\mu=\frac{1}{N^2}\sum_{m=0}^{N-1}\sum_{n=0}^{N-1}x(m,n) \tag{7.249}$$

$$\sigma^2=\frac{1}{N^2}\sum_{m=0}^{N-1}\sum_{n=0}^{N-1}x^2(m,n)-\mu^2 \tag{7.250}$$

在计算σ^2的过程中，

$$\mu^2\simeq\hat{d}(0,0) \tag{7.251}$$

$$\begin{aligned}
&\sum_{m=0}^{N-1}\sum_{n=0}^{N-1}x^2(m,n)\\
&=\sum_{m=0}^{N-1}\sum_{n=0}^{N-1}x(m,n)x(m,n)\\
&=\sum_{m=0}^{N-1}\sum_{n=0}^{N-1}x(m,n)\left\{\sum_{k=0}^{N-1}\sum_{l=0}^{N-1}\frac{2\alpha(k)\alpha(l)}{N}d(k,l)\cos\frac{(2m+1)\pi k}{2N}\cos\frac{(2n+1)\pi k}{2N}\right\}\\
&=\sum_{k=0}^{N-1}\sum_{l=0}^{N-1}\frac{2\alpha(k)\alpha(l)}{N}d(k,l)\sum_{m=0}^{N-1}\sum_{n=0}^{N-1}x(m,n)\cos\frac{(2m+1)\pi k}{2N}\cos\frac{(2n+1)\pi k}{2N}\\
&=\sum_{k=0}^{N-1}\sum_{l=0}^{N-1}\frac{2\alpha(k)\alpha(l)}{N}d(k,l)\frac{Nd(k,l)}{2\alpha(k)\alpha(l)}\\
&=\sum_{k=0}^{N-1}\sum_{l=0}^{N-1}d(k,l)d(k,l)
\end{aligned} \tag{7.252}$$

通过上述推导可知

$$\sum_{m=0}^{N-1}\sum_{n=0}^{N-1}x^2(m,n)=\sum_{k=0}^{N-1}\sum_{l=0}^{N-1}d^2(k,l) \tag{7.253}$$

将式(7.251)、式(7.253)代入式(7.250)，可得

$$\sigma^2=\sum_{k=0}^{N-1}\sum_{l=0}^{N-1}\frac{d^2(k,l)}{N^2}-\hat{d}(0,0) \tag{7.254}$$

由式(7.254)可知，直流分量可由归一化的交流分量计算得出。

在多聚焦图像中，聚焦区域信息量大，每一块的方差也大。因此，将方差作为图像融合的判别准则。

为减少噪声的影响，引入一致性判别准则：若某一像素Q的周围像素均来自图像B，而该像素来自图像A，则将Q称为孤点。对孤点Q的处理策略是：对其重新取值，将其值取自图像B(与周围像素来自同一图像)。

在经过上述分析后，可以总结出基于二维离散余弦变换的多聚焦图像融合的步骤：

(1) 将输入的两幅源图像进行分块。

(2) 对每一块图像分别进行二维离散余弦变换。

(3) 根据式(7.254)，求出每一块图像的方差。

(4) 将方差的大小作为一个融合准则，取方差大的像素作为融合图像的对应像素。

(5) 采用一致性判别准则去除孤点。

7.7 本章小结

多传感器信息融合是一项被广泛应用的技术，它能够有效地提高系统的性能。在层次方面，多传感器信息融合可分为像素级、特征级和决策级。模型设计是多传感器信息融合的关键步骤，它包括功能模型、结构模型和数学模型。本章首先介绍了一些多传感器信息融合的功能模型和结构模型，并介绍了实现多传感器信息融合的一般过程，总结了常用算法和目前存在的一些问题。然后介绍了实现多传感器信息融合的几种主要方法。最后介绍了多源图像融合方法。

习　题　7

1. 简述传感器信息融合的分类及各自的特点。

2. 简述信息融合的研究热点及发展趋势。

3. 多传感器信息融合的推理学习方法主要分为哪几类？各自有什么特点？

4. 简述多传感器信息融合的意义、需要解决的关键问题及主要应用领域。

5. 用两台仪器对未知标量 x 各测量一次，量测值分别为 z_1 和 z_2，测量误差的均值均为零，方差分别为 r 和 $4r$。试求 x 的最小二乘估计，并计算估计的均方误差。

6. 已知常数 x 的测量值中有一零均值的白噪声误差，离散测量噪声的方差为 r_0，试用 Kalman 滤波方法估计 x。

第8章　智能感知技术在机器人系统中的应用

8.1　移动机器人智能感知

8.1.1　移动机器人常用传感器概述

移动机器人的各种传感器相当于人的手、眼、耳和鼻等器官，有助于识别自身的运动状态和环境状况。在这些信息的帮助下，控制器可以发出相应的指令，使移动机器人完成所需的动作。以下为移动机器人常用传感器的介绍。

1. 视觉传感器

视觉传感技术近年来发展较快。目前在三维重建、人脸识别、多机联合等领域应用已经非常成熟。视觉传感器采集的图像由处理器进行处理，提取出对特定任务有用的信息。视觉传感器主要包括各种相机，如 RGB 相机、多光谱相机和深度相机。相机中的光敏元件通常是 CCD 或者 CMOS，都是利用光电效应原理将光信息转换成电信号，再转换为数字信号。不同类型的相机有不同的原理，可以提供不同的信息。RGB 相机是人们日常生活中使用最多的一种相机，其原理是通过红、绿、蓝 3 种颜色及其组合获取各种可见颜色。多光谱相机能够获取不同波段的图像，包括可见光和不可见光波，因此可以获得一些 RGB 相机无法提供的信息。深度相机则将距离信息加入二维图像，实现了立体成像。

视觉传感器因其成本低、信息丰富、使用方便等优点而广受欢迎。然而，视觉传感器的数据处理是复杂和耗时的。虽然许多研究者提出了几种算法，但其适用性和灵活性还不是很令人满意。

2. 触觉传感器

和人类通过触觉感知一样，机器人也需要触觉对环境进行感知。因此，触觉传感器就成为机器人智能化的必备元件，它使机器人具备了触觉感知的能力。

根据原理的不同，触觉传感器主要有 4 种：压电式、压阻式、电容式和光学式。压电式触觉传感器基于压电效应原理，即在外界力的作用下，压电材料表面因形变会产生电压。它频率响应好，测量范围大，但分辨率不是很理想。压阻式触觉传感器基于压阻效应原理，即施加外力时会产生自身电阻的变化。它测量范围大，鲁棒性好，但是迟滞效应较大。电容式触觉传感器利用电容的变化测量接触力。它的空间分辨率高，功耗低，但抗干扰能力差。光学式触觉传感器靠检测光的参数变化间接感知外界的接触信息。其优点是抗干扰能力强，具有很高的空间分辨率。

虽然触觉传感器越来越受到关注，但其在多功能性和适应性等方面目前还不尽如人意。

它们的发展依赖相关领域各种技术的进步，如材料技术、电子技术、相关算法等。要使其达到等同于人类触觉感知的水平，还需要更深入的研究。

3. 激光传感器

激光发明于 20 世纪，因为其在单色性、方向性和亮度方面都有出色的性能，因此被广泛应用于各种场合。激光传感器主要由测量电路、激光器和光电探测器等组成。激光器分为 4 类：固体激光器、液体激光器、气体激光器和半导体激光器。激光传感器主要用于对距离、速度和振动等物理参数的测量，常见的有激光测距仪、激光位移传感器、激光扫描仪、激光跟踪器等。激光测距的基本原理主要有 3 种：飞行时间（Time Of Fly，TOF）法、三角测量法和光学干涉法。TOF 是指从发射激光到接收到反射光的总时间。在激光测距仪中，由于光速太高，测距精度取决于飞行时间的测量精度上。三角测量法利用三角形理论和三角函数计算物体之间的距离，激光位移传感器就是基于这种方法实现短距离测量的。两束相位不同的光束叠加后形成明暗条纹的现象被称为光的干涉。此原理被用于激光跟踪器中，可以测量装有反射镜的目标的移动距离。

激光传感器能够遥感测量，测量速度和精度都令人满意。但是，激光波长容易受温度、大气压力和空气湿度变化的影响。当上述参数发生变化时，需要进行补偿，测量才能达到更高精度。

4. 编码器

编码器将角位移或角速度转换为电脉冲或数字量。编码器根据检测原理可分为光电编码器、磁性编码器、电感式编码器和电容式编码器。光电编码器是其中最常用的，它将光信号转变为电信号。根据码盘的校准方式，光电编码器分为增量式和绝对式两种。增量式光电编码器的输出是一系列方波脉冲，旋转角度可以通过记录脉冲的数量计算出来，但是需要一个参考位置作为轴的零点绝对位置。绝对式光电编码器轴上的每个位置都对应唯一的二进制数字量，因此可以直接得到绝对位置。

编码器因其结构紧凑、使用寿命长、使用方便、技术成熟等优点而被广泛应用。编码器的分辨率取决于编码盘上刻度线的数量。更多的刻度线能够识别更小的角度，从而产生更高的分辨率，当然成本也会更高。

5. 其他传感器

除上述 4 种传感器外，在工业机器人中还部署了一些传感器以实现多种功能，如接近传感器、惯性传感器、扭矩传感器、声波传感器、磁传感器、超声波传感器等。

接近传感器能够检测到物体是否接近，并输出相应的开关信号。接近传感器根据操作原理可分为电容式、电感式和光电式 3 种。电容式接近传感器利用检测电极的电容变化引起的电路状态变化感知接近的物体。电感式接近传感器基于电磁感应原理，它的传感元件是检测线圈，当金属物体靠近检测线圈时，其电感量会发生变化。光电式接近传感器通常由发光二极管和光电探测器件组成，当物体接近时，光电二极管发出的光被反射到光电探测器件上，通过检测电路产生相应的输出信号。

惯性传感器包括加速度计、陀螺仪和磁强计。惯性传感器被广泛用于测量运动物体的运动参数，如加速度、角速度和方位角。通常，三者的组合被称为惯性测量单元（Inertial Measurement Unit，IMU）。

惯性传感器的测量原理是航迹推算(Dead Reckoning,DR),它利用积分的方法计算物体的运动量。惯性传感器的精度在短时间内是令人满意的,但是长时间漂移误差较大。

扭矩传感器主要用于测量施加在机械轴上的扭矩,常见的类型有感应式和电阻应变式。其结构通常由扭力杆和线圈、电阻应变片等检测元件组成。通过检测元件参数的变化,将扭矩引起的扭杆扭转变形转换为电信号,实现扭矩测量。

声波传感器能够把声波转换成电信号。其中装有电容驻极体传声器,声波会引起传声器中驻极体膜的振动,产生微弱的电压变化,然后对电压进行后续处理。

磁传感器主要用于检测磁场强度,其原理是霍尔效应。霍尔效应是指当电流流过导体时会产生一个垂直于磁场和电流方向的电场,从而在导体表面产生电位差的现象。

超声波传感器常用于探测障碍物,根据从发射超声波到探测回波的时间估计物体的距离范围。

8.1.2 移动机器人惯性导航系统

惯性导航系统(Inertia Navigation System,INS)利用陀螺仪和加速度计同时测量机器人运动的角速度和线加速度,通过导航计算机实时解算移动机器人的三维姿态、速度及位置等导航信息。与其他导航系统相比,INS 具有信息全面、完全自主、无源且不受时间、地点及人为因素干扰等重要特点。在最近几次高技术局部战争中,在具有强磁干扰的极端环境下,仅有 INS 能够持续、稳定地正常工作,进一步凸显了 INS 在武器装备中的不可替代性。除了军事用途以外,INS 在民用领域也有大量的应用,如无人机、机器人、石油钻井、智能交通及医疗设备等。

在现代以及可以预见的未来高科技战场上,复杂的战场环境迫切需要微型机器人等小型侦察设备或者战术武器,这种需求促进了 INS 向低成本、轻小型以及低功耗等方向发展。对于侦察设备或战术武器等装备而言,高精度不是这些装备所追求的目标,中低精度 INS 成为首选。在实际应用中,低精度 INS 通常应用于民用领域,而中等精度 INS 则常用于武器装备。

惯性器件是 INS 的核心部件,主要包括陀螺仪和加速度计。不同类型的惯性器件都是基于惯性原理设计的。在工作机理和结构特征上的差异化,使得不同类型的惯性器件能够适用于不同类型的应用需求。

陀螺仪主要包括静电陀螺、三浮陀螺、激光陀螺、光纤陀螺、MEMS 陀螺以及半球谐振陀螺。加速度计主要包括摆式积分陀螺加速度计、挠性摆式加速度计、石英振梁加速度计、MEMS 加速度计以及原子加速度计。

MEMS 陀螺和 MEMS 加速度计统称为 MEMS 传感器,采用 MEMS 技术研制的陀螺和加速度计具有体积小、可靠性高、成本低以及易于批量生产等优点,具有重大的战略意义,非常适用于构建轻小型 INS。

随着 MEMS 传感器的性能逐步提高,基于 MEMS 的 INS 也具有了轻小型、低功耗以及低成本等优点,应用范围大为拓展。与此同时,军用领域和民用领域对 INS 的极大需求成为基于 MEMS 的 INS 的发展动力。随着集成电路工艺、微电子技术以及纳米技术等技术的不断发展,未来轻小型 INS 的发展方向为:在同一微小芯片中,集成微小惯性测量单元,实现传感器与处理器一体封装，构成芯片级的超小型 INS。今后轻小型 INS 的研究方向可以归纳为以下几点：

(1) 不断挑战精度极限。新原理、新工艺、新结构不断涌现，不断提高 MEMS 传感器精度。有专家认为，将有可能研发出 NEMS(Nano-Electro-Mechanical System，纳机电系统)、光学 NEMS 甚至是生物 NEMS。从机电角度看，可以将 MEMS 视为微机电技术的发展。MEMS 传感器的尺寸属于毫米级，本质上还是基于宏观尺寸下的物理基础；然而，NEMS 属于纳米级，会产生一些新的效应，例如尺度效应、表面效应等。

(2) 组合导航系统研究。为了满足导航系统工作时间和精度的要求，组合导航系统是未来的发展方向，组合算法和组合方式是未来的研究热点。我国北斗卫星导航系统组网成功，将会大力促进北斗与 INS 组合的组合导航系统研究。

(3) 进一步拓展应用范围。轻小型、微小型甚至超小型的芯片级 INS 和组合导航系统主要应用于微型飞行器、微型机器人等领域，也可应用于小型飞行器、小型卫星等领域，并将在战术级导航领域中发挥不可或缺的作用。

8.1.3　移动机器人卫星导航系统

1. 航迹推算定位

航迹推算是一种使用极为广泛的定位手段。航迹推算仅仅需要知道移动机器人本身位移变化就可以实现对其位置和方向的估计，而不需要外部信息，短期内可以实现高精度定位。利用航迹推算定位的思想是：在测量出单位时间内移动机器人走过的距离和在这段时间内移动机器人航向的变化后，对这些数据进行数学积分运算，进而求出移动机器人行进的距离和航向的变化，这样就可以求出移动机器人的位置以及姿态。通常使用加速度传感器测出加速度，积分后获得速度和位移；通过陀螺仪，积分后可以求出角速度和航向变化。航迹推算的最大优点就是不需要其他辅助的外部信息，依照本身就可以实现定位。但是，随时间的增加，前期微小的定位误差在经过积分计算之后可以无限增大。因为航迹推算的误差会随着时间累积，所以不适用于长时间的精确定位。

通常能够把移动机器人在地球表面的运动近似看成在地平面的二维运动。为了表示机器人不同时刻的位置相对关系和方便计算，就需要建立机器人地理坐标系。若采用东北天坐标系，则移动机器人的位置就可以由经度方向(东向)、维度方向(北向)位置坐标(x,y)描述。如果给定移动机器人在坐标系下的初始位置和所有时刻的位移，那么就可以通过在初始位置上加位移向量的方法求出任意时刻的机器人的位置和姿态，这就是移动机器人航迹推算定位的基本原理。

2. GPS 定位

全球定位系统(Global Positioning System，GPS)是目前应用最广泛、最成熟的卫星导航系统，几乎垄断了卫星导航市场。GPS 卫星轨道采用近圆形且高度达两万余千米的中地球轨道。GPS 主要由空间段、地面段和用户段 3 部分构成。GPS 标称卫星星座由 24 颗卫星组成，均匀分布在 6 个轨道平面上，但是每个轨道平面上的 4 颗卫星呈不均匀分布。24 颗卫星中只有 21 颗为工作卫星，另外 3 颗为备用卫星。轨道倾角(轨道平面相对于赤道面的夹角)标称为 55°。6 个升交点等间隔配置，即各轨道平面的升交点的赤经相差 60°，相邻轨道对应的卫星升交角距相差 30°(东面的超前)。这种空间配置好处在于可以达到卫星观测的最佳可视性,使得当某颗卫星发生故障时对整个系统的影响最小,保证系统工作的稳定性。这种空间配置的另一个好处就是确保在全球任意地点和任意时刻至少同时观测到 4 颗卫星,特别是在高纬度地区,有一些冗余的卫星可供观测。地面段主要由一个主控站(Master Control Station,MCS)、6 个监测站(Monitor Station,MS)和 4 个注入站(Ground Antenna,GA)组成。用户段主要为 GPS 接收机,其基本功能是接收 GPS 卫星信号、解调导航电文、实现距离测量、执行导航结算,为用户提供定时、定位和测速服务。

GPS 经过 20 多年的研究与实验,在 1994 年全面建成。GPS 的使用方法非常简单,用户只需拥有一台 GPS 接收机即可使用其提供的免费服务,当然授权服务是要付费的。GPS 信号中提供了民用用户使用的 C/A 码和仅供授权用户使用的 P 码两种测距码。其中 C/A 码是免费的,无须授权,定位精度是 10m 左右;P 码一般服务于军事等高精度需求的地方。在 2000 年之前,原本美国在民用信号中人为地加入选择性误差,即 SA(Selective Availability,选择可用性)政策,这样就使民用信号的精度受到很大的影响,定位误差可达到上百米,这样做的目的是防止敌对势力对卫星信号的干扰。2000 年以后,美国撤销了 SA 政策,才有了今天 GPS 的高精度定位。

GPS 拥有如下优点:全球地面连续覆盖;精度高,功能多,可以提供三维位置、三维速度和时间信息,可以满足军事的要求;全天候工作,一般不受外界环境的影响;抗干扰性强,保密性好;使用低频信号,穿透性强,隐蔽性好,在实际生活中得到了广泛应用。

8.1.4 移动机器人视觉导航系统

利用单目视觉(monocular vision)系统实时监测本车与前方障碍物的距离则可以为移动机器人提供输入参数,相机拍摄到的场景图像是三维空间的场景在二维空间的投影,而在利用机器视觉对道路情况进行识别的过程中,则需要一种逆的求解过程,即从二维图像还原成路面图像。这个过程就是道路深度信息的获取。目前单目视觉系统一般采用对应点标定法获取图像的深度信息,对应点标定法是指通过不同坐标系中对应点的对应坐标求解坐标系的转换关系。但对应点标定法在标定过程中由于受器材限制,仍无法做到十分精确地记录一个点在世界坐标系和图像坐标系中的对应坐标。如果其坐标不够精确,那么得到的转换矩阵的精确度也会受到制约,坐标转换结果的精度也会因此而波动。由于对应点标定法对于相机的标定是在相机的各个角度及高度已经确定的情况下进行的,当相机的任何一个参数发生变化时,都要重新进行标定,以得到在该种具体情况下的转换矩阵,所以该方法仅适用于位置固定的相机的情况。而对于应用在智能汽车上的相机来说,由于汽车行驶过程中会有颠簸,致使相机的参数发生变化,所以该方法的适用性受到了极大限制。

几何关系推导法较好地解决了对应点标定法的不足。它是根据相机投影模型,通过几何推导得到路面坐标系和图像坐标系之间的关系。基于几何关系推导法,有学者提出了利用单目视觉监测本车与前方障碍物之间距离的实时测距算法。然而,试验分析表明相机的俯仰角对基于几何关系推导算法的精度有很大的影响,因此有学者又提出了利用道路边界平行约束条件实时计算相机的动态俯仰角的几何关系推导算法,其可以获取较为准确的道路深度信息。通过静态实车试验和动态实车试验验证了该算法的准确性和实时性。

根据小孔成像模型，可以将单目视觉系统简化为相机投影模型，如图 8.1 所示。

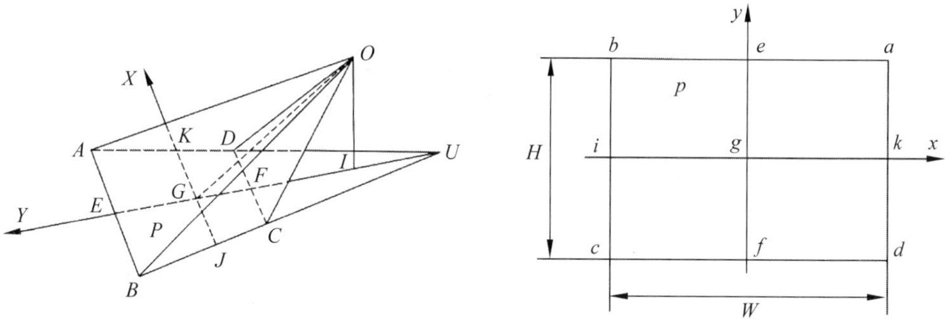

图 8.1　相机投影模型

在图 8.1 中，平面 ABU 代表路平面，$ABCD$ 为相机拍摄到的路平面上的梯形区域，O 点为相机镜头中心点，OG 为相机光轴，G 点为相机光轴和路平面的交点（同时也是视野梯形的对角线交点），I 点为 O 点在路平面上的垂直投影。在路平面坐标系中，将 G 点定义为坐标系原点，车辆前进方向定义为 Y 轴方向。G、A、B、C、D 各点在像平面内的对应点如图 8.1 右侧子图所示，a、b、c、d 为像平面矩形的 4 个端点，H 和 W 分别为像平面的高和宽。定义图像矩形的中点 g 为像平面坐标系的原点，y 轴代表汽车前进方向。

取路平面上的一点 P，其在路平面坐标系中的坐标为 (X_P, Y_P)。P 点在像平面内的对应点为 p，其在像平面坐标系的坐标为 (x_p, y_p)。

利用几何关系可以推导出如下路平面坐标与像平面坐标之间的对应关系：

$$\begin{cases} Y_P = hk_1 y_p \dfrac{1+k_2^2}{1-k_2 k_1 y_p} \\ X_P = \dfrac{\mathrm{UG}+Y_P}{\mathrm{UG}k_3 x_p k_4} \\ y_p = \dfrac{Y_P/k_1}{h+hk_2^2+Y_P k_2} \\ x_p = \dfrac{\mathrm{UG}X_P}{k_3 k_4(\mathrm{UG}+Y_P)} \end{cases} \tag{8.1}$$

其中，

$$\begin{cases} k_1 = 2\tan\alpha_0/H \\ k_2 = \tan\gamma_0 \\ k_3 = h/\cos\gamma_0 \\ k_4 = 2W\tan\beta_0 \\ \mathrm{UG} = \dfrac{h[\tan\gamma_0 - \tan(\gamma_0-\alpha_0)]\cos(\gamma_0-\alpha_0)}{\cos(\gamma_0-\alpha_0)-\cos\gamma_0} \end{cases} \tag{8.2}$$

式(8.1)的前两式为像平面坐标到路平面坐标的映射关系，后两式为路平面坐标到像平面坐标的逆映射关系。在式(8.2)中，H 为图像的高，W 为图像的宽，h 为相机的安装高度，α_0 为相机镜头的水平视野角，β_0 为相机镜头的垂直视野角，γ_0 为相机的俯仰角。

8.1.5 移动机器人激光雷达/红外定位系统

随着科学技术的进步和社会的发展，自动控制设备和智能化设备在人们的生产生活中得到越来越广泛的应用。激光雷达就类似人们的眼睛，特别是在自动设备运动过程中对周围物体的感知显得尤为重要。近年来，随着激光雷达技术的逐渐成熟和设备生产工艺的优化，该技术也越来越多地应用于自动驾驶技术、自动机器人等民用领域。为了适应功能的需求，把机械式激光雷达和全向轮底盘结合，设计出基于激光雷达定位系统的全自主移动机器人平台。该平台可以和各种各样的其他设备相结合以达到预期的应用目的。

激光探测及测距系统简称激光雷达。近年来，激光雷达技术在医疗设备领域也崭露头角。例如，在2019年新型冠状病毒防疫过程中，为了避免医护人员感染，有的国家的医疗机构使用自动机器人实现医疗人员和患者之间的物资运输。根据不同种类的激光雷达的不同特性，其应用的行业也有所不同。依据激光雷达的线数可分为多线激光雷达和单线激光雷达。对于雷达性能要求不高的服务机器人多采用单线激光雷达，例如餐厅服务机器人、医疗机构内部使用的物流机器人等。单线激光雷达因为是单频点工作，为了取得周围360°的物体位置信息，不得不增加一个机械旋转机构并提高扫描频率，通过机械旋转速度和扫描频率匹配来获取外部信息。自动驾驶技术中多采用多线激光雷达。

8.1.6 基于卡尔曼滤波的运动体姿态估计方法

最优估计是在一定准则下使信号的估计达到最优。在20世纪40年代，为了解决火力控制系统精确跟踪问题，维纳提出了维纳滤波理论。但是维纳滤波计算烦琐。卡尔曼于20世纪60年代提出卡尔曼滤波理论，它选取的准则是使状态量的误差方差最小，所以是最小误差方差估计。卡尔曼滤波最大的好处是采用递推形式实时地计算出结果。最初提出的卡尔曼滤波只适用于线性系统，扩展卡尔曼滤波则可以推广到非线性的状态方程中。本节介绍的方法基于扩展卡尔曼滤波进行建模分析，整个滤波器的设计根据卡尔曼滤波的算法框架分为预测更新和量测更新两部分。

本节以一般运动体为例简要介绍基于卡尔曼滤波技术的姿态估计方法。考虑到运动体的姿态动力学模型是非线性的，故应用针对非线性问题提出的扩展卡尔曼滤波方法对运动体的姿态进行估计。系统结构如图8.2所示。其中，$\boldsymbol{w}_{\mathrm{g}}$ 表示陀螺仪真实输出的角速率向量，用于运动体姿态角解算；$\boldsymbol{a}_{\mathrm{b}}$ 表示加速度计真实输出的线加速度向量，用于解算运动体位置信息；$\boldsymbol{m}_{\mathrm{b}}$ 表示磁力计真实输出的磁场强度向量，用于提供运动体相对地磁北极的航向角信息；$\boldsymbol{q}$ 表示滤波后的姿态四元数；QEKF表示基于四元数的扩展卡尔曼滤波器。通过对三轴

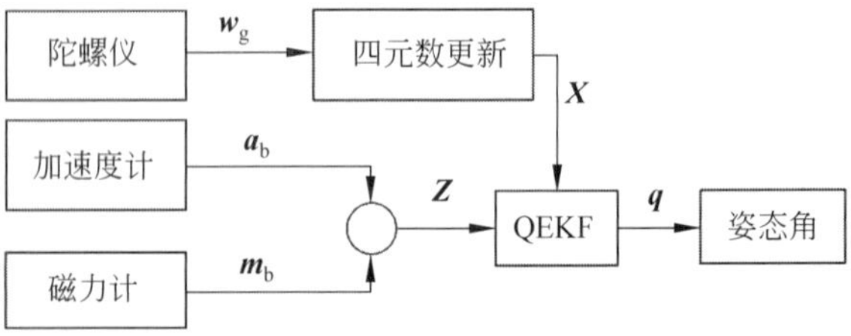

图8.2 运动体姿态估计系统结构

陀螺仪、三轴加速度计和三轴磁力计输出的原始数据进行融合，估计出较精准的姿态，从而给控制器提供精确、可靠的状态数据，使得运动体能够以更加稳定的姿态执行并顺利完成任务。

滤波器的状态方程与测量方程为

$$\begin{cases}\dot{\boldsymbol{X}}(t)=f(\boldsymbol{X},t)+\boldsymbol{W}\\ \boldsymbol{Z}(t)=h(\boldsymbol{X},t)+\boldsymbol{V}\end{cases} \tag{8.3}$$

雅可比线性化和离散化后表示为

$$\begin{cases}\boldsymbol{X}(k+1)=\boldsymbol{F}\boldsymbol{X}(k)+\boldsymbol{W}\\ \boldsymbol{Z}(k)=\boldsymbol{H}\boldsymbol{X}(k)+\boldsymbol{V}\end{cases} \tag{8.4}$$

其中，状态 $\boldsymbol{X}=[q_0,q_1,q_2,q_3]^{\mathrm{T}}$ 为运动体姿态四元数；由于采用加速度计输出 a 和磁力计输出 m 的数据纠正运动体的姿态，所以 $\boldsymbol{Z}=[a,m]^{\mathrm{T}}$；$\boldsymbol{W}$ 和 $\boldsymbol{V}$ 分别是状态噪声和测量噪声，均是服从高斯分布的白噪声，即 $\boldsymbol{W}\sim N(0,\boldsymbol{Q})$、$\boldsymbol{V}\sim(0,\boldsymbol{R})$，$\boldsymbol{Q}$ 和 $\boldsymbol{R}$ 是 $\boldsymbol{W}$ 和 $\boldsymbol{V}$ 的协方差，且

$$\begin{cases}\boldsymbol{W}=\eta_{\mathrm{g}}\\ \boldsymbol{V}=\mathrm{diag}\{\eta_{\mathrm{a}},\eta_{\mathrm{m}}\}\end{cases} \tag{8.5}$$

其中，η_{g}、η_{a} 和 η_{m} 分别表示陀螺仪、加速度计和磁力计的随机漂移误差。

$\boldsymbol{F}$ 和 $\boldsymbol{H}$ 分别是连续时间函数 $f(\boldsymbol{X},t)$ 和 $h(\boldsymbol{X},t)$ 离散化的雅可比矩阵：

$$\begin{cases}\boldsymbol{F}=\boldsymbol{I}+\dfrac{\partial f}{\partial \boldsymbol{X}}\Delta T=\varphi(k)\\ \boldsymbol{H}=\dfrac{\partial h}{\partial \boldsymbol{X}},h(\boldsymbol{X},t)=\boldsymbol{R}_n^b\boldsymbol{I}_{2\times 2}[a_n,\tilde{\boldsymbol{m}}_n]^{\mathrm{T}}\end{cases} \tag{8.6}$$

其中，$\tilde{\boldsymbol{m}}_n=[0,\sqrt{m_{nx}^2+m_{ny}^2},m_{nz}]^{\mathrm{T}}$ 是忽略地球东西方向磁场后根据坐标系得到的 m 的修正值，且

$$\boldsymbol{m}_n=\boldsymbol{R}_n^b\boldsymbol{m}_b=[m_{nx}m_{ny},m_{nz}]^{\mathrm{T}} \tag{8.7}$$

扩展卡尔曼滤波数据融合算法流程如下。

第一步，进行状态和协方差预测：

$$\begin{cases}\hat{\boldsymbol{X}}(k+1)=\boldsymbol{F}\boldsymbol{X}(k)\\ \hat{\boldsymbol{P}}(k+1)=\boldsymbol{F}\boldsymbol{P}(k)\boldsymbol{F}^{\mathrm{T}}+\boldsymbol{Q}\end{cases} \tag{8.8}$$

其中，$\boldsymbol{P}(k)$ 是第 k 时刻状态 $\boldsymbol{X}$ 的协方差矩阵，$\hat{\boldsymbol{X}}(k+1)$ 是第 $k+1$ 时刻状态 $\boldsymbol{X}$ 的先验估计值。

第二步，进行状态和协方差更新：

$$\begin{cases}\boldsymbol{K}(k+1)=\hat{\boldsymbol{P}}(k+1)\boldsymbol{H}^{\mathrm{T}}[\boldsymbol{H}\hat{\boldsymbol{P}}(k+1)\boldsymbol{H}^{\mathrm{T}}+\boldsymbol{R}]\\ \boldsymbol{X}(k+1)=\hat{\boldsymbol{X}}(k+1)+\boldsymbol{K}(k+1)[\boldsymbol{Z}(k)-\boldsymbol{H}\boldsymbol{X}(k)]\\ \boldsymbol{P}(k+1)=[\boldsymbol{I}-\boldsymbol{K}(k+1)\boldsymbol{H}]\hat{\boldsymbol{P}}(k+1)\end{cases} \tag{8.9}$$

其中，$\boldsymbol{K}$ 是卡尔曼增益，$\boldsymbol{I}$ 是单位矩阵。

8.1.7　移动机器人的多传感器信息融合方法

随着移动机器人拥有越来越强的感知能力和信息处理能力，使它也具有越来越多的功

能并且可以完成不同的任务。移动机器人的感知能力类似人体的感官系统。人为了准确地感知事物，必须多个器官相互配合，才能完整地感知整个环境的信息。移动机器人也需要多个或多种传感器才能更完整地感知环境。多传感器信息融合技术是移动机器人感知环境方法研究的难点。

1. 多传感器信息融合技术

多传感器信息融合是一种信息处理方法，旨在解决在系统中使用多个或多种传感器的问题。通过集成多类同构传感器的冗余信息或异构传感器的互补信息，可以更准确地评估观察对象，从而做出正确的判断和决策。与单个传感器相比，多传感器信息融合可提高系统的检测性能，扩大时空覆盖范围，提高系统的可靠性、可维护性、容错性和鲁棒性。

20 世纪 70 年代初，美国国防部资助研发了声呐信号处理系统，该系统对多个连续的声呐信号进行融合处理，进而检测出目标的位置。该系统的发明具有重要的意义，标志着多传感器信息融合作为一门独立的技术登上历史舞台，此后，多传感器信息融合受到专家学者的青睐。

2. 多传感器信息融合原理

多传感器信息融合的基本原理是：充分利用多传感器资源，通过合理控制和使用多传感器及其观测信息，按照一定的标准，将多传感器的冗余或互补信息在空间或时间上进行组合，从而获得一致的信息、被测物体的解释或描述。

具体原理如下：

(1) N 种不同类型的传感器收集观测目标的数据。

(2) 对传感器输出数据(离散或连续时间函数数据、输出向量、成像数据或直接属性描述)进行变换，以提取表示观测数据的特征向量 $\boldsymbol{Y}_i$。

(3) 通过模式识别对特征向量 $\boldsymbol{Y}_i$ 进行处理，以完成对每个传感器的描述。

(4) 将每个传感器的目标描述数据按照同一目标进行分组，即关联。

(5) 融合算法用于合成每个目标的传感器数据，以获得对目标的一致解释和描述。

多传感器信息融合流程如图 8.3 所示，主要包括 5 个步骤：数据采集、数据转换、数据校验、信息分类和融合处理。

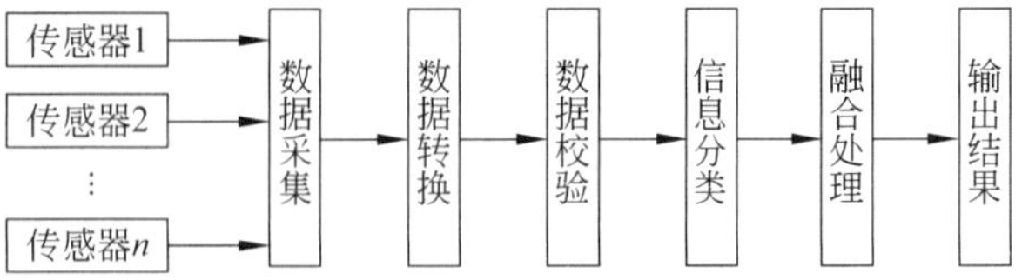

图 8.3　多传感器信息融合流程

3. 多传感器信息融合的层次

多传感器信息融合按信息处理的抽象程度在结构上主要划分为 3 个层次：数据层融合、特征层融合和决策层融合。

数据层融合是最低层次的融合。传感器测量的原始数据尚未经处理，因此该融合具有最大限度地保留原始数据详细信息的能力。但是，该层次计算量大，抗干扰能力差，传感器的性能和状态对这种数据融合有很大的影响。

特征层融合是中间层次的融合，具体过程是从传感器测量的原始数据中提取特征，保留有效信息，消除噪声和冗余信息，然后对这些特征进行分类和匹配，以使这些特征可以一对一地对应于相应的传感器和被观察物体。该层次同时考虑了数据层融合和决策层融合，因此在抗干扰和细节保存方面取得了良好的效果。

决策层融合是最高层次的融合，具体过程是在检测到每个传感器的数据之后得出一致的最优值。决策层融合方法灵活性高，对传感器性能的依赖性较小，抗干扰能力强。但是，该层次会造成严重的信息丢失，无法获取详细信息，融合前需要进行大量的数据预处理。

4. 多传感器信息融合方法

由于传感器信息在融合过程中将以不同种形式表现出来，从而增加了多传感器信息融合的复杂性和多样性，因此多传感器信息融合的研究必须涉及许多基础理论。常用的多传感器信息融合方法如下：

(1) 贝叶斯估计。该方法通过最大似然估计函数剔除传感器中无用和偏差大的观测数据，然后进行信息融合。

(2) 模糊理论。通过模糊集合和模糊隶属度将传感器信息中的不确定性转换到[0,1]区间，适用于系统不确定性建模，并且常常和神经网络结合。模糊理论的缺点在于会损失系统的精度。

(3) Dempster-Shafer 证据推理。它是不确定推理方法的一种。首先得到各个传感器的信任函数，然后通过 Dempster-Shafer 组合原则对这些数据进行融合，并据此判断目标特征和决策。Dempster-Shafer 证据推理很好地结合了主观不确定信息。

(4) 卡尔曼滤波理论。它是一种递推式的最优估计理论，通过建立测量和估计方程实现递推式计算。一般卡尔曼滤波用在数据融合较低层面上，直接对传感器信号进行处理，可以有效去除干扰信息。

(5) 神经网络理论。它是当前应用十分广泛和流行的理论，通过建立仿人神经结构的网络，实现数据的非线性映射能力，尤其在融合系统没有函数模型的情况下，它通过测试数据的大量训练得到网络结构和映射关系，并具有良好的自适应性，十分适合复杂多传感器数据融合的场景。

5. 多传感器信息融合在移动机器人领域的应用

多传感器信息融合已经广泛应用在移动机器人领域。通过大量实验证明，采用单一传感器的移动机器人和采用多传感器的移动机器人在感知外部环境的能力方面相差很大。

1979 年，由法国 LASS 实验室研制的移动机器人 HILARE 成为第一个将多传感器信息融合技术用于检测复杂环境信息的移动机器人。该机器人配备了视觉传感器、超声波传感器和激光雷达，可感应环境信息。它采用了多级决策系统，包括世界模型、推理规则和每个级别的特定算法。

1997 年，由美国航空航天局开发的火星探测机器人 Sojourner 降落在火星上。该机器人采用扩展的卡尔曼滤波器，并且融合了视觉传感器、速度传感器、加速度传感器、里程表和航向传感器的信息。它可以在未知的环境中自动导航和移动，并可以在不同位置收集和分析土壤。

2007 年，北京理工大学的“汇童”仿人机器人融合了力觉、视觉以及平衡觉等，不仅能够在不确定环境中稳定运行，还可以实现打乒乓球等智能活动。

2018 年,北京建筑大学采用激光测距仪和里程表的数据融合形式,通过扩展卡尔曼滤波算法对两种传感器测得的距离数据进行融合计算,校正里程表数据,可以减少里程表测量过程中的累积误差,获得移动机器人在运动过程中的精确位置信息。

8.1.8 提高移动机器人导航精度的方法

1. 机器人导航技术背景

除工业机器人外,几乎所有智能机器人都离不开行走,所以机器人导航技术是智能机器人的核心技术之一。针对机器人导航技术的研究不断地更新。自主定位和导航是智能机器人研究领域的一项核心技术,地图构建、自主定位和路径规划等是需要解决的关键问题,也就是机器人"我在哪里""我要去哪里""怎样到达"3 个问题。机器人需要通过传感器感知环境的信息,获取环境数据,并结合自身的状态最终做出适合环境和目标的决策。其中,机器人定位问题是最基本的问题,只有解决了定位问题,才有可能解决"去哪里""怎样到达"的问题。

2. 机器人导航方式概述

机器人在利用导航技术获取周边环境信息以确定行走方向或所在位置时,需综合利用科学算法,得出数据模型并形成指令,才能规划最优路径。目前机器人常用的定位导航方式有电磁导航、惯性导航、视觉导航和激光导航等。

1) 电磁导航

电磁导航是最早被研发的机器人导航技术。技术人员在机器人预设路线上设置多条电线,机器人在运行中接收电流频率,通过感应线圈感知行走指令。经过多年尝试,科研人员认定该方法准确率高且运用简单。但前期铺设电线需要很多人力、物力,因此该方法的成本较高。

2) 惯性导航

惯性导航也是较为常见的机器人导航技术。惯性导航主要通过自身携带的陀螺仪进行机器人行动方向的检测,并以此完成对机器人的导航。不同于电磁导航的较高成本,惯性导航的成本较低,这也使得惯性导航在我国当下移动机器人中有较为广泛的应用。不过,由于这一技术只能满足移动机器人短时间的移动需要,因此其应用范围较为有限。

3) 视觉导航

视觉导航是常用的机器人导航技术,其特点是探测信号范围广,信息获取准确度高。研究人员在移动机器人头部安装巡航影像系统,其内部含有传感器辨识系统、图像辨别系统和路径规划技术等。视觉导航采用 CCD 传感器,它是集信息划分、整理、读取为一体的综合传感器。当机器人进行路径规划时,CCD 传感器会将传输至系统元件的电荷转移至影像系统内的二维传感器进行合成,通过系统扫描对数据进行量化建模,形成指令。

4) 激光导航

激光雷达+SLAM(Simultaneous Localization And Mapping,即时定位与地图构建)技术的激光导航主要通过对目标物发射激光信号,再根据从物体反射信号的时间差计算这段距离,然后再根据发射激光的角度确定物体和发射器之间的角度,从而得出物体与发射器的相对位置。目前激光导航技术已成为主流的机器人导航方案。激光雷达具有指向性强的特点,使得导航的精度得到有效保障,能很好地适应室内环境。

5)其他导航技术

移动机器人除以上定位导航技术外,红外线定位导航、超声波定位导航、GPS定位导航等也是比较常用的自主定位导航技术。

3. 激光导航技术原理及现状

激光导航的工作原理是通过激光获取环境信息,测量激光从发出到接收的时间,计算出自身与前方障碍物的距离,通过算法的处理,得出环境模型,在不断的扫描测距中获得定位和行走路线。

激光导航作为移动机器人技术中的后起之秀,因为成本高昂而发展较慢。随着低成本激光雷达的研发,激光导航的性能将更加优异,激光雷达具有高精度、高分辨率的优势,在地图的精度和定位上更精准。在机器人上安装激光雷达,搭载SLAM的核心算法,可以让移动机器人快速感受全局环境,实现快速建图以及实时定位,从而实现智能导航和路径规划,完全摆脱人工的辅助。

4. IMU技术原理及现状

惯性测量单元(IMU)是测量物体三轴姿态角(或角速率)以及加速度的装置。一般一个IMU内装有三轴陀螺仪和3个方向的加速度计,可以测量物体在三维空间中的角速度和加速度,并以此解算出物体的姿态。为了提高可靠性,还可以为每个轴配备更多的传感器。一般而言,IMU要安装在被测物体的重心上。

值得注意的是,IMU提供的是一个相对的定位信息,它的作用是测量物体相对于起点的运动路线,所以它并不能提供物体的具体位置信息,而且惯性导航随着时间变化会不断积累误差,所以这种方法在移动机器人导航中往往不单独使用,而是和其他技术一起进行信息融合,由其他的绝对定位技术提供校正信息,而由IMU提供连续的定位和起到对其他位置的平滑作用。目前,IMU正在向高性能、小体积、低成本的方向不断进步。

5. 定位算法技术现状

目前的室内智能机器人普遍使用激光测距传感器进行定位,位姿信息可以使用二维扫描匹配算法获得,其中最典型的是迭代最近点(Iterative Closest point,ICP)算法。

对于两组激光点云数据(参考点云和待匹配点云),标准的ICP算法分为4步:

(1)对于待匹配点云,搜索每个点在参考点云中的最近点,形成对应点集。

(2)求解配准变换,使所有对应点对的距离平方和最小。

(3)对待匹配点云应用该配准变换。

(4)重复以上步骤,直至计算结果收敛到设定精度或达到设定的迭代次数为止。

该方法在理论上可收敛到一个局部极值,但在实际应用过程中,由于激光传感器自身的离散测量特性,所有对应点之间的关联都是近似的,这样ICP算法的收敛速度和精度无法得到保证。因此,基于该算法延伸出了多种改进方法。例如变种PL-ICP(Point to Line ICP,点与线匹配迭代最近点)等扫描匹配算法也获得广泛应用,它具有二阶收敛性,且可在有限步数中收敛。但是,该方法对于高速旋转运动的鲁棒性较弱。由于该缺点的存在,机器人在使用该方法的过程中经常在旋转速度较高时匹配无法收敛,从而丢失定位,无法实现正常的导航功能。

6. 多传感器融合在移动机器人导航中的应用

现阶段，移动机器人无轨导航主要依靠激光雷达和摄像头等类型的光学传感器。传感器扫描空间的形状，通过计算得到移动机器人的位置，这就是即时定位与地图构建(SLAM)技术。这类传感器在使用中扫描周围环境后测得的位姿信息存在误差，周围环境也存在随时变化的可能，导致在需要精确定位的区域，移动机器人的定位精度较低。在某些需要精确定位的特殊位置，SLAM 算法的定位精度不能满足要求，此时需要采取额外措施实现精确定位的要求。

多传感器信息融合技术是智能移动机器人的关键技术之一。多传感器信息融合技术能够有效地利用多传感器信息，克服信息的不完备性和不确定性，能够更加准确、全面地认识和描述被测对象，从而做出正确的判断与决策，解决单一传感器定位精度不足的问题。

8.2 飞行机器人智能感知

目前，飞行机器人技术发展十分迅速，飞行性能也正在逐步完善，并朝着微型化、智能化的方向发展。飞行机器人质量轻、成本低、体积小，能够在复杂多变的环境中灵活飞行，在生活和生产中发挥着至关重要的作用。在其智能化进程中，智能感知是非常重要的技术，只有感知和测量出周围环境，才能使飞行机器人的飞行更加稳定、精准。感知所使用的基础元件是传感器，灵敏、精确的传感器可以更好地估计出运动状态，提高飞行机器人导航精度。

8.2.1 飞行机器人的传感器标定和测量模型

1. 三轴加速度计

当物体具有很大的加速度时，物体及其所承载的仪器设备均受到能产生同样大的加速度的力，即受到动载荷。想要知道动载荷，就要测出加速度。加速度计就是一种能够测量运载体线加速度的仪表，由检测质量、支承、电位器、弹簧、阻尼器和壳体组成。加速度计按实现方式可分为压电式、电容式及热感应式 3 种，按输入轴数目可分为单轴、双轴和三轴 3 种。

三轴加速度计用来测量空间加速度，即测量物体在空间中速度变化的快慢。三轴加速度计与单轴、双轴加速度计在测量原理上没有差别，它们的主要差别在于测量的维度不同。三轴加速度计的优点在于可以在预先不知道物体运动方向的情况下测量加速度信号，能够全面、准确地反映物体的运动性质，体积小，重量轻，因此被作为惯性导航系统的基本组成元件，广泛应用于航空领域。

1) 标定

三轴加速度计的常见指标有量程、分辨率、零偏、零偏稳定性、零偏重复性、刻度系数、刻度系数的非线性度、交叉耦合系数、带宽、温度等。其误差的产生来源于多方面因素，主要包括量化噪声、加速度随机游走、角速率随机游走、零偏不稳定性噪声、速率斜坡、零偏重复性等。通常情况下，需要对三轴加速度计的刻度系数矩阵和零偏进行标定。

对三轴加速度计进行标定时需要使用转台，以重力场作为参考，求解其刻度系数矩阵和零偏。常采用六面法对三轴加速度计进行标定，即依次将 3 个加速度计朝天和朝地放置，并采集静止状态下 3 个加速度计的输出，以重力加速度为参考基准值，将不同位置 3 个加速度计的输出值和相应的重力加速度向量代入三轴加速度计标定模型。

常用的三轴加速度计标定模型为

$$\begin{bmatrix} W_x \\ W_y \\ W_z \end{bmatrix} = \begin{bmatrix} W_{x0} \\ W_{y0} \\ W_{z0} \end{bmatrix} + \begin{bmatrix} K_x & K_{xy} & K_{xz} \\ K_{yx} & K_y & K_{yz} \\ K_{zx} & K_{zy} & K_z \end{bmatrix} \begin{bmatrix} w_x \\ w_y \\ w_z \end{bmatrix} \tag{8.10}$$

式中，$\begin{bmatrix} W_x \\ W_y \\ W_z \end{bmatrix}$为加速度计的输出值；$\begin{bmatrix} W_{x0} \\ W_{y0} \\ W_{z0} \end{bmatrix}$为加速度计的零偏；$\begin{bmatrix} K_x & K_{xy} & K_{xz} \\ K_{yx} & K_y & K_{yz} \\ K_{zx} & K_{zy} & K_z \end{bmatrix}$为刻度系数矩阵，包含了3个轴的刻度系数和6个交叉耦合系数；$\begin{bmatrix} w_x \\ w_y \\ w_z \end{bmatrix}$为标定基准值，一般取重力加速度。使用最小二乘法即可计算加速度计的刻度系数矩阵和零偏，完成加速度计标定。

除了常用的六面法以外，还有其他方法可以对三轴加速度计进行标定，如基于卡尔曼滤波的标定、基于多位置的快速自标定等。

2）测量模型

加速度计中的检测质量受支承的约束只能沿一条轴线移动，这个轴常称为输入轴或敏感轴。当仪表壳体随着运载体沿输入轴方向做加速运动时，根据牛顿定律，具有一定惯性的检测质量会保持其原来的运动状态不变，因此它与壳体之间将产生相对运动，使弹簧变形，于是检测质量在弹簧力的作用下随之加速运动。当弹簧力与检测质量加速运动时产生的惯性力相平衡时，检测质量与壳体之间便不再有相对运动，这时弹簧的变形反映被测加速度的大小。电位器作为位移传感元件把加速度信号转换为电信号，最后通过模数转换器转换为数字信号，从而测出加速度的大小。三轴加速度计的实现原理与单轴加速度计类似，是将空间加速度在 X、Y、Z 3个输入轴上进行分解，这样，三轴加速度计就可以变成3个单轴加速度计进行测量。本质上，三轴加速度计是一个三自由度的振荡系统，需要采用阻尼器改善系统的动态品质。

2. 三轴陀螺仪

物体在运动的过程中需要对自身的运动状态和方向进行判断，陀螺仪就是一种具备这种功能的常用设备。陀螺仪主要由陀螺转子、内外框架和附件组成。通常采用同步电机、磁滞电机、三相交流电机等拖动方法使陀螺转子绕自转轴高速旋转；内外框架一般都是环形，可以使陀螺自转轴获得所需的角转动自由度；附件一般包括力矩马达、信号传感器等。和加速度计类似，陀螺仪按实现方式可分为压电式、电容式及热感应式3种，按功能特点可分为激光陀螺仪、MEMS陀螺仪、光纤陀螺仪等，按输入轴数目可分为单轴、三轴和多轴陀螺仪。

陀螺仪测量的物理量是偏转、倾斜时的转动角速度，然后判别物体的运动状态，为运动指定方向。三轴陀螺仪可以同时测定6个方向的位置、移动轨迹和加速度，而单轴陀螺仪只能测量一个方向的量，因此一个三轴陀螺仪就能替代3个单轴陀螺仪。三轴陀螺仪相对于3个单轴陀螺仪而言，体积小，重量轻，结构简单，可靠性好，有更广泛的用途。

1）标定

三轴陀螺仪和三轴加速度计都是惯性导航和惯性制导系统的基本测量元件，有许多相似之处，常见的指标值也都类似。对三轴陀螺仪进行标定时需要使用转台。标定的参数一般有刻度系数矩阵和零偏。刻度系数是指陀螺的输出物理量与输入角速率的比值。零偏是指当输入角速率为0时陀螺仪的输出值。若对MEMS陀螺仪这一类受温度影响较大的器件进行标定，则需要考虑实际的应用场景，因为其刻度系数和零偏会随着温度的变化而发生改变，所以要对温度的影响进行合理的补偿。

对三轴陀螺仪进行标定时，将其固定安装在转台上，依次让陀螺仪的一个轴与转台的转轴平行，其余两个轴与转台的转轴垂直，让转台按照设定的转速旋转，得到转台在不同角速率下旋转时3个轴的采样输出值，同时记录转台的实际转速作为标定时的基准值。在解算过程中，为了降低数据采集过程中噪声的影响，可以计算在各个角速率下陀螺仪输出的均值，将计算的各个均值与转台的实际转速代入式(8.10)中，用最小二乘法即可求得三轴陀螺仪的零偏和刻度系数矩阵，完成陀螺的标定。在标定过程中，可以将陀螺仪先开机几分钟，待输出的数据达到稳定后，再采集数据进行标定。在采集数据的过程中，应在转台转速稳定后同时采集并保存3个轴的输出值。

2）测量模型

陀螺仪的陀螺装置由陀螺部分和电源部分组成。其工作原理是：高速回转体的动量矩敏感壳体会相对于惯性空间绕正交于自转轴的一个或两个轴进行角运动。因此，在不加外力时，惯性空间任意固定点的系统的全角运动量不变，且绕任意轴旋转的角运动量变化率都等于使该轴旋转的转矩。根据这个性质可知，高速旋转的物体的旋转轴对于改变其方向的外力作用有趋向于垂直方向的倾向，而且旋转物体在横向倾斜时重力会向增加倾斜的方向作用，而轴则向垂直方向运动，这种现象也称为岁差运动。

3. 三轴磁力计

磁力计也叫地磁计、磁感器，主要用于测试磁场的强度和方向，定位设备的方位，其原理跟指南针原理类似，可以测量出当前设备与东南西北4个方向的夹角。三轴磁力计由各向异性磁阻材料、电极、氧化物沟槽几部分组成。由于磁感应强度是向量，具有大小和方向，所以只测量磁感应强度大小的磁力计称为标量磁力计，而能够测量特定方向磁场大小的磁力计称为向量磁力计。常见的标量磁强计有质子旋进磁力计、Overhauser磁力计、碱金属光泵磁力计等，常见的向量磁力计有磁通门磁力计、磁阻磁力计等。

三轴磁力计有许多优势，例如输出具有连续性、误差不累积、成本低、性能好。在导航系统中，三轴磁力计是用于姿态估计的关键性辅助传感器，广泛应用于低成本飞行机器人的组合导航系统中。

1）标定

三轴磁力计的误差主要来源于内部误差、安装误差和罗差。内部误差主要包括零位误差、静态灵敏度误差和正交误差等。安装误差是由于磁力计安装于载体上时没有实现磁力计坐标系与载体坐标系相互重合产生的。因为铁磁材料本身的特性会对外界磁场产生影响，因此当它出现在磁力计周围时必然会对其产生影响，进而引起误差，这种误差称为罗差。在实际使用中，三轴磁力计都会存在未对准、灵敏度不一致和零偏等误差，导致测量值误差过大。因此，必须对三轴磁力计进行标定，才能将其用于组合导航系统中。

通常情况下，现有的三轴磁力计标定方法大都首先对采样数据进行归一化，然后利用样本数据求解参数。除此之外，也有通用性和有效性更好的基于模值估计的三轴磁力计标定方法，这是一种改进的标定方法。首先将磁力计所处位置的磁场向量的模作为误差模型参数，然后对其进行估计算法设计，接着利用两步标定方法进行参数初值的选取，最后用 Levenberg-Marquardt 方法进行磁力计标定算法设计。这种标定方法对类似的三轴传感器具有通用性，不依赖传感器的观测向量，同时能够对所观测向量的模值进行精确的估计，可以标定三轴磁力计的零位误差、静态灵敏度误差和安装误差，标定过程简便，适用性广。

2）测量模型

磁力计内部采用各向异性磁致电阻材料检测空间中磁感应强度的大小。这种具有晶体结构的合金材料对外界的磁场很敏感，磁场的强弱变化会导致各向异性磁致电阻自身阻值发生变化。当有外界磁场时，各向异性磁致电阻的主磁域方向就会发生变化，而不再是初始的方向，因此磁场方向和电流方向的夹角也会发生变化。对于各向异性磁致电阻材料来说，夹角的变化会引起各向异性磁致电阻自身阻值的变化，并且呈线性关系。利用电桥检测各向异性磁致电阻阻值的变化。这样，在没有外界磁场时，电桥的输出为 0；而在有外界磁场时，电桥的输出为一个微小的电压，由此可以测量出磁场的方向和大小并将其量化。

4. 超声波测距仪

振动在弹性介质内的传播称为波动，简称波。频率为 $20\sim2\times10^4$ Hz 的波可以被人耳听到，称为声波；频率低于 20Hz 的波称为次声波；频率高于 2×10^4 Hz 的波称为超声波；频率为 $3\times10^8\sim3\times10^{11}$ Hz 的波称为微波。

超声波在液体、固体中衰减很小，穿透能力强，特别是在不透光的固体中，超声波能穿透几十米的厚度。但当超声波由一种介质入射到另一种介质时，由于在两种介质中传播速度不同，在两种介质交界面（称为相界面）上会产生反射、折射和波形转换等现象。利用超声波的这些性质可以制作敏感器件。

能够产生超声波、接收超声波并且以超声波作为检测距离的手段的装置就是超声波测距仪。超声波测距仪利用探头发射和接收超声波，发射探头发出的超声波脉冲在介质中传播到相界面，经过反射后返回接收探头。由于声源与目标的距离和声波在声源与目标之间往返传播需要的时间成正比，所以可以通过测量声波往返的时间求出声源与目标的距离。

超声波测距仪探头常用的材料是双面压电晶体或压电陶瓷，这种探头被统称为压电式超声波探头，是利用压电材料的压电效应工作的。在压电晶体上加有大小和方向不断变化的变流电压时，就会使压电晶体产生机械变形，这种机械变形的大小与外加电压的大小成正比，方向一致。压电晶体上加有一定频率的交流电压时，也会产生同频率的机械振动，这种机械振动推动空气等介质，便会发出声波。压电效应具有可逆性，逆压电效应是将高频电脉冲转换成高频机械振动，以产生超声波，形成发射探头。正压电效应是将高频机械振动转换成高频电脉冲，可以接收超声波信号，形成接收探头。由于压电晶体有一个固有的谐振频率，即中心频率。在发射声波时，加在其上面的交变电压频率要与其中心频率相同；在接收超声波时，作用在其上面的超声机械波的频率也要与其中心频率相同。这样，探头才能有较高的灵敏度。

1）标定

一般而言，最常用的测距仪标定方法就是使用已标定测距仪对待标定测距仪进行标定。

对已标定测距仪的选择需要根据待标定测距仪的测量精度而定，其基本原则是已标定测距仪的精度一定要高于待标定测距仪一个量级。对于超声波测距仪而言，使用激光测距仪就可以进行标定。

2）测量模型

超声波测距仪主要由超声波发射器、超声波接收器、定时电路、控制电路、锥形辐射喇叭、金属网及金属壳组成。首先超声波发射器发出脉冲式超声波，然后关闭发射器的同时打开超声波接收器。该脉冲到达物体表面后返回接收器，定时电路测出从发射器发射到接收器接收的总时间。超声波测距仪有两种工作模式，即对置模式和回波模式。在对置模式下，接收器放置在发射器对面；在回波模式下，接收器和发射器集成在一起。如果接收器在其工作范围内或声波被靠近传感器的物体表面反射，则接收器就会检测出声波，并会产生相应的信号；否则，接收器就接收不到声波，也就不会产生信号。设时间为 T，声波的速度为 v，被测距离为 L，若为对置模式，则

$$L = vT \tag{8.11}$$

若为回波模式，则

$$L = \frac{1}{2}vT \tag{8.12}$$

超声波的传播速度等于其波长和频率之积，即 $v = f\lambda$，只要波长和频率不变，速度就为常数。但在真实的测量环境中存在一些不确定性。例如，声波在空气中的传播速度受温度影响很大，和湿度也有一定关系。随着环境温度和湿度的变化，波速就会发生变化，测出的距离就会产生误差；在复杂环境中，例如拐角处可能会产生镜面反射，导致接收器无法接收到回波，便无法得到距离。

5. 气压计

气压计是可以测量大气压强的仪器，通过对大气压强的测量，可以测出飞行机器人当前的飞行高度。除此之外，气压计还可以预测天气的变化，气压高时天气晴朗，气压降低时将有风雨天气出现。气压计根据结构的不同可以分为水银气压计及无液气压计，都是依据托里拆利实验原理制作的。

1）标定

由于气压计的准确性容易受到温度和湿度等一些不确定性的影响，为了确保气压计能够准确地测出气压值，需要经常对其进行标定。为了能够测量飞行机器人相对于参照地的实际飞行高度，需要把参考地的气压数字输入气压计，基于参考地的气压进行校准，才能准确测量出相对飞行高度。通常以海平面的气压值作为参考气压值，这样测出的高度即为相对于海平面的绝对高度。

2）测量模型

水银气压计的测量模型是以托里拆利实验为基础的，可以把大气压用水银柱的高度体现出来。最常见的无液气压计是金属盒气压计。它的主要部分是波纹状表面的真空金属盒。为了不使金属盒被大气压所压扁，用弹性钢片向外拉着它。大气压增大，盒盖就凹进去一些；大气压减小，弹性钢片就把盒盖拉起来一些。盒盖的变化通过传动机构传给指针，使指针偏转。从指针下面刻度盘上的读数可知大气压的值。它使用方便，便于携带，但测量结

果不够准确。若在无液气压计的刻度盘上标出高度值,那么它就变成了航空用的高度计。

6. 二维激光测距仪

激光诞生于 20 世纪 60 年代初。与普通光相比,激光具有方向性好、亮度高、颜色极纯、相干性好等特点。激光是定向传播的,光束的发散度极小,发射角比较小,且发光光谱很纯,单色性好,是比较严格的平行光束。激光是大量光子集中在一个极小的空间内向一个固定的方向射出形成的,光子能量密度很高,所以激光的亮度极高。经过 60 多年的研究,激光技术在社会生活许多方面得到应用。例如,在军事领域,激光技术主要用于测距、制导、侦察和通信;在医学领域,激光技术已成为临床治疗的有效手段;在工农业生产方面,激光技术可用于工业材料加工及种子优化改良。

激光测距仪是利用调制激光的某个参数实现对目标的距离测量的仪器。激光测距仪按照测距方法分为相位法测距仪和脉冲法测距仪,按照维度分为一维激光测距仪、二维激光测距仪和三维激光测距仪。一维激光测距仪用于距离测量、定位。二维激光测距仪用于轮廓测量、定位、区域监控等领域。三维激光测距仪用于三维轮廓测量、三维空间定位等领域。激光测距仪重量轻,体积小,操作简单,速度快而准确,其误差仅为其他光学测距仪的五分之一到数百分之一。

二维激光测距仪由激光发射器、接收器、钟频振荡器及距离计数器等组成,可以通过发射和接收激光并进行计时计算出距离。二维激光测距仪还能用来对人造卫星进行跟踪测距、测量飞机飞行高度、对目标进行瞄准测距以及进行地形测绘勘察等。

1）标定

在对二维激光测距仪的标定中,可以采用最小解外参数法对位姿进行标定。具体方法如下:运用最小二乘法把激光测距仪内观测向量、系数矩阵中包含误差的元素重新构成未知向量,将最小解当作位姿标定初值,让数据转换成目标坐标信息;创建相机透视投影模型,引入透镜的径向畸变和切向畸变,利用标定板把激光束简化为单点激光,采用主成分分析法优化各点到直线的垂直距离,减少点到直线的投影误差,获得准确的二维激光测距仪位姿标定结果。这种标定方法速度快,准确性高,鲁棒性好,实用性强。

二维激光测距仪阵列可以选取特殊物体进行标定,其中墙体是最有利的。在二维激光测距仪采集的数据中很容易找到墙体的数据,它的数据是一条排成直线的激光点,从而依据二维激光测距仪在平面标定板上形成的点云数据,通过最小二乘法进行直线拟合,求出其平移向量,便完成了标定。也可以基于虚拟二面体进行多个二维激光测距仪阵列标定。首先标定两组二维激光测距仪,计算两组二维激光测距仪之间的空间变换关系,据此完成全部的二维激光测距仪的标定。

2）测量模型

脉冲式激光测距仪在工作时向目标发射一束或一系列短暂的脉冲激光束,由光电元件接收目标反射的激光束,计时器测定激光束从发射到接收的时间,计算出从观测者到目标的距离。相位法激光测距仪利用检测发射光和反射光在空间中传播时发生的相位差检测距离。测距原理基本可以归结为测量光往返目标所需时间,然后通过光速和大气折射系数计算出距离。需要注意,测量相位并不是测量激光的相位,而是测量调制在激光上的信号的相位。在对物体平面进行测量时,物体平面必须与光线垂直,这样光反射回来的信号强度才足够大；否则返回信号过于微弱，将无法得到精确距离。

7. 全球定位系统

全球定位系统(GPS)是一个中距离圆形轨道卫星高精度导航与定位系统。该系统由24颗卫星组成，分布在6个轨道面上，卫星距地面约两万千米，绕地球一周时间约12h。因此在地球表面任何地区、任何时候都可以至少同步接收4颗以上卫星的信号。GPS不断向地面发送导航电文，地面上任何接收者只需根据4颗卫星的导航电文，就可以算出当前的三维位置，从而实现全球、全天候、三维位置、三维速度的信号接收和实时定位导航。

GPS拥有许多优点：使用低频信号，即使天候不佳也能保持足够的信号穿透性；全球覆盖；三维定速定时精度高；快速，省时，高效率，应用广泛，多功能；可移动定位；不同于双星定位系统，使用过程中接收机不需要发出任何信号，增强了隐蔽性，提高了军事应用效能。

1）标定

为了精密测量GPS卫星C/A信号发射通道时延，可以采用数字信号处理技术进行标定。对GPS卫星输出的C/A导航信号和时间保持系统的Z计数脉冲进行双通道同步采样，在数字域完成C/A信号预处理后，进行多速率数字信号处理，获取C/A信号中伪随机码起始点；结合Z计数脉冲信号样本数据的处理结果，计算得到C/A信号发射通道的绝对时延。采样率为10GHz时算法标定结果的不确定度低于0.2ns。

首先，对C/A信号采样数据进行数字下变频，得到中频载波调制的C/A信号。在保证抽取后的各子路信号频谱不混叠的情况下，选择合适的抽取因子M，对中频载波调制的C/A信号进行抽取，形成M个子路信号。设一个伪随机码周期的C/A信号样本个数为L，则抽取后的每个子路数据长度$N=L/M$，子路i的数据表示为

$$D_i=[d_i(1),d_i(2),\cdots,d_i(N)],\quad i=1,2,\cdots,M$$

对多速率抽取后形成的各子路数据分别进行载波-相位二维相关捕获，以每个抽取的子路信号中的最大相关峰值点作为该子路信号的PRN码起始点。

根据抽取率和各子路信号的时延关系，并且减去多速率处理和数字下变频带来的时延，求取所有子路信号中PRN码起始点对应的C/A采样信号中的序号：

$$P_i=(i-1)M+T_i-T_{\mathrm{M}}-T_{\mathrm{d}}$$

其中，T_i为第i个子路信号中相关峰值点对应本子路信号样本点的序号；T_{M}为由多抽取率数字信号处理带来的时延；$T_{\mathrm{d}}=\dfrac{M}{2}$为数字下变频引起的时延，它等于数字低通滤波器抽头个数的一半。

求取p_i的最小值，就得到了采样的C/A信号中实际伪码起始点序号：

$$C_{\mathrm{s}}=\min(P_i\mid i=1,2,\cdots,M)$$

对Z计数脉冲信号采样数据进行处理，以Z计数秒脉冲上升沿为GPS卫星C/A信号通道时延基准点，将C/A信号采样数据中实际PRN码起始点的序号与时延基准点序号求差，然后乘以采样周期，减去电缆和衰减器的校准时延，得到C/A信号发射通道绝对时延：

$$T_{\mathrm{s}}=\frac{C_{\mathrm{s}}-T_{\mathrm{p}}}{f_{\mathrm{s}}}-T_{\mathrm{t}} \tag{8.13}$$

其中，T_{s}为导航信号绝对时延，f_{s}为采样频率，T_{p}为Z计数脉冲上升沿对应的序号，T_{t}为

电缆和衰减器的校准时延。

2）测量模型

GPS包括导航卫星、地面站组和用户设备3部分。

GPS一共有24颗导航卫星，基本上均匀分布在6个轨道面上，轨道面相对于赤道面的倾角为55°，各个轨道面之间的交角为60°，当地球自转一周时，这些卫星绕地球运行约两圈。卫星姿态采用三轴稳定方式，保证了卫星上导航天线辐射口总是对准地面。

地面站组包括一个主控站、5个监控站和3个注入站。5个监控站都是无人数据收集中心，在主控站控制下跟踪并接收24颗卫星发射的导航信号，每6s进行一次伪距测量和多普勒观测，采集气象要素等数据，定时将观测数据送到主控站。主控站根据监控站采集的数据计算每一颗卫星的星历时钟改正数状态参数、大气改正数等，并按一定的格式编辑为导航电文送到注入站。注入站将主控站送来的导航信息注入卫星。此外，注入站还负责监测注入卫星的导航信息是否正确。

GPS采用无源工作方式，凡是有GPS导航接收设备的用户都可以使用该系统。用户设备包括GPS接收机和处理控制解算显示设备。GPS接收机包括天线单元和接收单元两部分。天线接收卫星发出的导航信号，控制设备进行信号和信息处理，从中得到卫星星历、距离及距离变化率、时钟校正参量、大气校正参量等，从而算出用户在宇宙直角坐标系中的坐标，同时换算成用户需要的地理坐标等，并在显示器上显示。

8. 相机

相机是一种常见的图像传感器，是飞行机器人视觉系统的输入设备，可以将光的二维图像变换成电信号，以便存储或者传输。当拍摄一个物体时，此物体上反射的光被相机镜头收集，使其聚焦在摄影器件的受光面上，再通过摄影器件把光能转变为电能，便可以得到视频信号。原始的光电信号很微弱，需要使用运算放大电路进行放大，再经过多种电路进行处理和调整，最后得到的标准信号才能送到相机中记录下来。相机具有尺寸小、价格低、工作电压低、功耗小、寿命长、性能稳定、荧光屏的图像残留和视觉残留现象小等特点。

1）标定

相机获取的图像信息是二维的，要想用来对飞行机器人进行定位和导航，必须从中获得三维的视觉信息。机器视觉的研究目的之一就是使机器具有通过二维图像认知三维环境信息的能力。这种能力不仅使机器能感知三维环境信息中物体的几何信息，包括它们的形状、位置、姿态、运动等，而且能对它们进行描述、存储、识别与理解。这些从三维空间点到相机成像平面中二维图像点之间的映射关系是由相机成像模型所决定的。该模型的参数称为相机参数，这些参数必须通过实验与计算确定，实验与计算的过程称为相机标定。

多年以来，有很多学者对相机标定问题进行了研究，也提出了为数众多的标定方法。相机标定方法根据实时情况的不同可以分为离线标定和在线标定，根据标定方式的不同可以分为传统标定方法、自标定方法和基于主动视觉的标定方法。

(1) 传统标定方法。所谓传统标定方法，是指用一个结构已知、精度很高的标定块作为空间参考物，通过空间点和图像点之间的对应关系建立相机模型参数的约束，然后通过优化算法求取这些参数。其基本方法是，在一定的相机模型下，基于特定的实验条件，如形状、尺寸等已知的定标参照物，经过对其图像进行处理，利用一系列数学变换和计算方法求取相机模型的内部参数和外部参数。该方法大致分为基于单帧图像的基本方法和基于多帧已知对应关系的图像的立体视觉方法。传统标定方法的典型代表有 DLT(Direct Linear Transformation,直接线性转换)方法、Tsai 的方法、Weng 的迭代法。传统标定方法的优点在于可以获得较高的精度,但标定过程费时费力,而且在实际应用中的很多情况下无法使用标定物。因此,在要求的精度很高且相机的参数很少变化时,传统标定方法应为首选。

(2) 自标定方法。作为近年来发展起来的另一类相机标定技术,相机自标定方法与传统的相机标定方法的显著不同之处在于:相机自标定方法不需要借助任何外在的特殊标定物或某些三维信息已知的控制点,而是仅仅利用图像对应点的信息,直接通过图像完成标定任务。正是这种独特的标定思想赋予了相机自标定方法极大的灵活性,同时也使得机器视觉技术能够面向范围更广的应用。众所周知,在许多实际应用中经常需要改变相机的参数,而传统的相机标定方法在此类情况下由于需要借助特殊的标定物而变得不再合适。与其他两种方法相比,自标定方法的不足之处在于鲁棒性较差,这是因为有些相机自标定所得到的解既不是唯一的也不是稳定的。更准确地说,由约束关系所得到的解在一般情况下是多解的;同时,在图像中含有噪声的情况下,解得的值也与实际值有较大的差别。因此,如何在存在噪声的情况下提高解的稳定性,一直是自定标领域需要解决的问题。

(3) 基于主动视觉的标定方法。鉴于传统标定方法和自标定方法的不足,人们提出了多种基于主动视觉的相机标定方法。所谓基于主动视觉的相机标定,是指在已知相机的某些运动信息的条件下标定相机的方法。与自标定方法相同,这些方法大多仅利用图像对应点进行标定,而不需要高精度的标定物。已知相机的运动信息包括定量信息(如相机在平台坐标系中朝某一方向平移某一已知量)和定性信息(如相机仅做平移运动或仅做旋转运动等)。基于主动视觉的标定方法的主要优点是:由于标定过程中已知相机的某些运动信息,所以一般来说相机的模型参数可以线性求解,且计算简单,鲁棒性较好。其缺点是不能适用于相机运动未知或无法控制的场合。

2) 测量模型

相机成像模型可以将三维场景中的坐标与相机得到图像的二维坐标联系起来。常用的相机成像模型有 3 种:小孔成像模型、正交投影模型、拟透视投影模型。其中,最常用的成像模型是小孔成像模型。

在图 8.4 的小孔成像模型中,将光心当作小孔,并假设光线满足直线传播的条件。在三

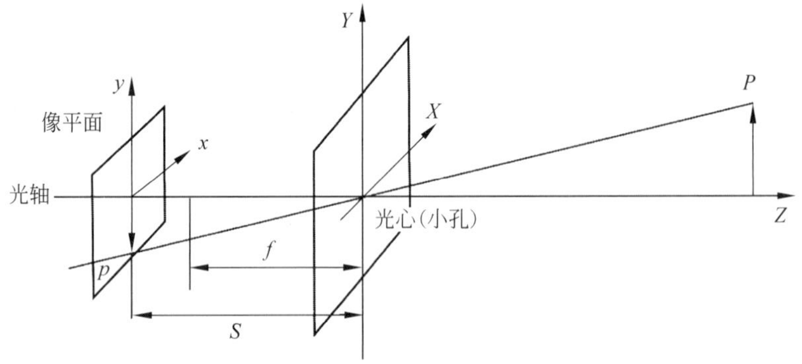

图 8.4　小孔成像原理

维场景中的 P 点经过光心在像平面上投影成倒像 p 点。显然，小孔成像模型主要由光心、光轴、像平面3部分组成。但是，在实际的环境中，由于小孔的透光量非常小，在像平面形成清晰的像需要较长的曝光时间，所以实际的相机的光学系统大多是由透镜组成的。

相机线性成像模型中的坐标转换有以下3种关系：

(1) 从世界坐标到相机坐标的转换。

由于相机与被摄物体可以放置在环境中的任意位置，这样就需要在环境中建立一个坐标系以表示相机和被摄物体的位置，这个坐标系就称为世界坐标系。如图8.5所示，以相机光心为原点 O、以光轴为 Z_c 轴建立的直角坐标系即为相机坐标系。相机坐标与世界坐标的转换可以通过旋转矩阵 $\boldsymbol{R}$ 和三维平移向量 $\boldsymbol{t}$ 完成，表示为

$$\begin{bmatrix} X_C \\ Y_C \\ Z_C \end{bmatrix} = \boldsymbol{R}\begin{bmatrix} X_W \\ Y_W \\ Z_W \end{bmatrix} + \boldsymbol{t} = \begin{bmatrix} r_{11} & r_{12} & r_{13} \\ r_{21} & r_{22} & r_{23} \\ r_{31} & r_{32} & r_{33} \end{bmatrix}\begin{bmatrix} X_W \\ Y_W \\ Z_W \end{bmatrix} + \boldsymbol{t}$$

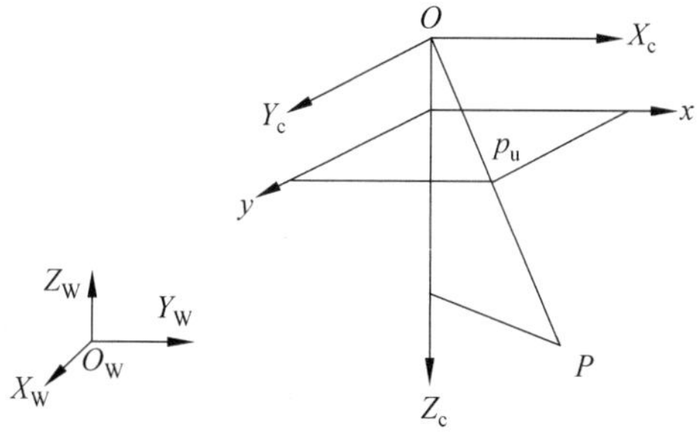

图8.5 相机线性成像模型中坐标的转换关系

其齐次坐标表示为

$$\begin{bmatrix} X_C \\ Y_C \\ Z_C \\ 1 \end{bmatrix} = \begin{bmatrix} \boldsymbol{R} & \boldsymbol{t} \\ \boldsymbol{0}^T & 1 \end{bmatrix}\begin{bmatrix} X_W \\ Y_W \\ Z_W \\ 1 \end{bmatrix} \tag{8.14}$$

其中，$\boldsymbol{t}$ 为三维平移向量；$\boldsymbol{R}$ 为 3×3 的单位正交旋转矩阵，其矩阵元素满足

$$\begin{cases} r_{11}^2 + r_{12}^2 + r_{13}^2 = 1 \\ r_{21}^2 + r_{22}^2 + r_{23}^2 = 1 \\ r_{31}^2 + r_{32}^2 + r_{33}^2 = 1 \end{cases}$$

(2) 从相机坐标到图像物理坐标的转换。

相机的线性成像模型如图8.5所示，三维场景任意一点 P 在相机像平面上的投影为 P_u，它是相机光点 O 与场景中物点 P 的连线与相机像平面的交点，这种关系也称为透视投影。图像物理坐标是一个二维坐标，它的原点是相机光轴与像平面的交点，即光点。x 轴与 X_C 轴平行，y 轴与 Y_C 轴平行，可以得到相机坐标投影到图像物理坐标的转换公式：

$$\begin{cases} x_u = f\dfrac{X_C}{Z_C} \\ y_u = f\dfrac{Y_C}{Z_C} \end{cases}$$

用齐次坐标表示为

$$Z_{\mathrm{C}}\begin{bmatrix} x_{\mathrm{u}} \\ y_{\mathrm{u}} \\ 1 \end{bmatrix}=\begin{bmatrix} f & 0 & 0 & 0 \\ 0 & f & 0 & 0 \\ 0 & 0 & 1 & 0 \end{bmatrix}\begin{bmatrix} X_{\mathrm{C}} \\ Y_{\mathrm{C}} \\ Z_{\mathrm{C}} \\ 1 \end{bmatrix} \tag{8.15}$$

(3) 从图像物理坐标到图像像素坐标的转换。

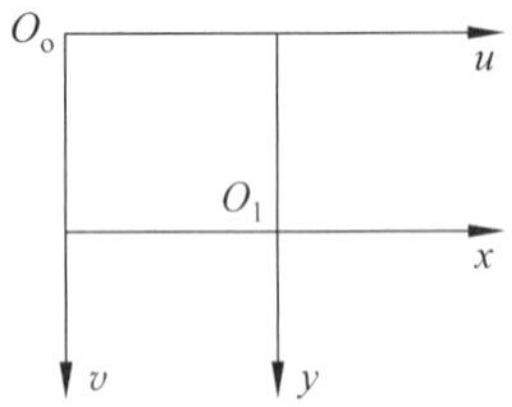

图 8.6　图像像素坐标与图像物理坐标

相机拍摄的图像在计算机中以 $M \times N$ 矩阵的形式存储，其中的一个元素称为像素。显然，在图像上定义的图像像素坐标系是一个直角坐标系，如图 8.6 所示。一般情况下，图像像素坐标系的原点取图像的左上角，u 轴与图像物理坐标系的 x 轴平行，v 轴与图像物理坐标系的 y 轴平行。在图像像素坐标系中，一个点的坐标(u,v)表示其行数和列数，其单位为像素。要知道其图像物理坐标，必须知道每个像素在 u 和 v 方向上的物理长度 k 和 l。

相机的光轴与像平面的交点即为图像物理坐标系的原点，同时也是图像的主点。主点理论上位于图像的中心，但是由于相机制造技术的缺陷，主点往往会偏离图像的中心。设主点在图像像素坐标系中的坐标为(u_0,v_0)，就可以得到图像物理坐标与图像像素坐标之间的转换关系：

$$\begin{cases} u=\dfrac{x_{\mathrm{u}}}{k}+u_0 \\ v=\dfrac{y_{\mathrm{u}}}{l}+v_0 \end{cases}$$

其齐次坐标表示为

$$\begin{bmatrix} u \\ v \\ 1 \end{bmatrix}=\begin{bmatrix} \dfrac{1}{k} & 0 & u_0 \\ 0 & \dfrac{1}{l} & v_0 \\ 0 & 0 & 1 \end{bmatrix}\begin{bmatrix} x_{\mathrm{u}} \\ y_{\mathrm{u}} \\ 1 \end{bmatrix} \tag{8.16}$$

由式(8.14)～式(8.16)，可得图像像素坐标与世界坐标的转换关系：

$$\begin{aligned} Z_{\mathrm{C}}\begin{bmatrix} u \\ v \\ 1 \end{bmatrix}&=\begin{bmatrix} \dfrac{1}{k} & 0 & u_0 \\ 0 & \dfrac{1}{l} & v_0 \\ 0 & 0 & 1 \end{bmatrix}\begin{bmatrix} f & 0 & 0 & 0 \\ 0 & f & 0 & 0 \\ 0 & 0 & 1 & 0 \end{bmatrix}\begin{bmatrix} \boldsymbol{R} & \boldsymbol{t} \\ \boldsymbol{0}^{\mathrm{T}} & 1 \end{bmatrix}\begin{bmatrix} X_{\mathrm{W}} \\ Y_{\mathrm{W}} \\ Z_{\mathrm{W}} \\ 1 \end{bmatrix} \\ &=\begin{bmatrix} f_x & 0 & 0 & 0 \\ 0 & f_y & 0 & 0 \\ 0 & 0 & 1 & 0 \end{bmatrix}\begin{bmatrix} \boldsymbol{R} & \boldsymbol{t} \\ \boldsymbol{0}^{\mathrm{T}} & 1 \end{bmatrix}\begin{bmatrix} X_{\mathrm{W}} \\ Y_{\mathrm{W}} \\ Z_{\mathrm{W}} \\ 1 \end{bmatrix}=\boldsymbol{M}_1\boldsymbol{M}_2\widetilde{\boldsymbol{P}} \end{aligned} \tag{8.17}$$

其中，$\widetilde{\boldsymbol{P}}$称为投影矩阵；$\boldsymbol{M}_1$ 称为内参数矩阵，它由像素焦距和主点坐标这些相机内部参数决定，内参数矩阵在后续的标定过程中是不变的；$\boldsymbol{M}_2$ 称为外参数矩阵，它由旋转矩阵 $\boldsymbol{R}$ 和平

移向量 $\boldsymbol{t}$ 决定，它们描述的是相机相对于世界坐标系的位置和方向。

8.2.2　飞行机器人的运动状态估计

1. 姿态估计

由于飞行机器人体积小，自身有效载荷小，所以一些高精度姿态测量装置无法应用，大多使用由陀螺仪和加速度计组成的低成本惯性测量单元进行姿态估计。而陀螺仪存在积分累积误差，加速度计在进行动态姿态估计时易受高频噪声影响，所以测量精度较低。于是，姿态估计算法设计成为飞行机器人设计中不可或缺的环节。下面主要以四旋翼无人飞行器为例，介绍几种常用的姿态估计算法。

1）四元数算法

四旋翼无人飞行器姿态解算是将飞行器上惯性单元的输出实时转换成飞行器的姿态，即飞行器的机体坐标系（x_B, y_B, z_B）相对于导航坐标系（X_E, Y_E, Z_E）的角位置，它们的关系如下：

$$\begin{bmatrix} x_B \\ y_B \\ z_B \end{bmatrix} = \boldsymbol{R} \begin{bmatrix} X_E \\ Y_E \\ Z_E \end{bmatrix}$$

欧拉角是飞行器的 3 个姿态角，即俯仰角、横滚角、偏航角。根据欧拉旋转定律，可用 3 次旋转使得机体坐标系与导航坐标系重合，每一次旋转都是以导航坐标系的 x、y、z 轴之一为轴转动，转过的角就是欧拉角，每次旋转后坐标关系可用旋转矩阵表示：

$$\boldsymbol{R} = \begin{bmatrix} \cos\theta\cos\varphi & \cos\theta\sin\varphi & -\sin\theta \\ \sin\theta\sin\phi\cos\varphi - \cos\phi\sin\varphi & \sin\theta\sin\phi\sin\varphi + \cos\phi\cos\varphi & \sin\phi\cos\theta \\ \sin\theta\cos\phi\cos\varphi + \sin\phi\sin\varphi & \sin\theta\cos\phi\sin\varphi - \sin\phi\sin\varphi & \cos\phi\cos\theta \end{bmatrix} \tag{8.18}$$

其中，θ、ϕ、φ 分别代表俯仰角、横滚角、偏航角。

为避免欧拉角在表示姿态时可能出现的奇异问题，四元数在飞行机器人的姿态表示方面得到了广泛的应用。

设描述四旋翼无人飞行器姿态的四元数为

$$q = (q_0, q_1, q_2, q_3) = q_0 + q_1\mathrm{i} + q_2\mathrm{j} + q_3\mathrm{k}$$

其中，$q_0 = \cos\frac{\alpha}{2}$，$q_1 = l\sin\frac{\alpha}{2}$，$q_2 = m\sin\frac{\alpha}{2}$，$q_3 = n\sin\frac{\alpha}{2}$。因此，

$$q = \cos\frac{\alpha}{2} + (l\mathrm{i} + m\mathrm{j} + n\mathrm{k})\sin\frac{\alpha}{2}$$

导航坐标系与机体坐标系之间的坐标关系可用矩阵表示，其四元数形式为

$$\boldsymbol{T} = \begin{bmatrix} T_{11} & T_{12} & T_{13} \\ T_{21} & T_{22} & T_{23} \\ T_{31} & T_{32} & T_{33} \end{bmatrix} = \begin{bmatrix} q_0^2 + q_1^2 - q_2^2 - q_3^2 & 2q_1q_2 + 2q_0q_3 & 2q_1q_3 - 2q_0q_2 \\ 2q_1q_2 - 2q_0q_3 & q_0^2 - q_1^2 + q_2^2 - q_3^2 & 2q_2q_3 + 2q_0q_1 \\ 2q_1q_3 + 2q_0q_2 & 2q_2q_3 - 2q_0q_1 & q_0^2 - q_1^2 - q_2^2 + q_3^2 \end{bmatrix} \tag{8.19}$$

导航坐标系到机体坐标系的旋转过程中,坐标系始终保持直角坐标系,所以 $\boldsymbol{T}$ 为正交矩阵。可得飞行器的姿态角为

$$\begin{cases}\theta = \operatorname{arcsinh} T_{13} \\ \phi = \arctan(-T_{31}/T_{32}) \\ \varphi = \arctan(T_{12}/T_{22})\end{cases}$$

将四元数代入上面的姿态角公式,可得

$$\begin{cases}\theta = \operatorname{arcsinh}(2q_1q_3 - 2q_0q_2) \\ \phi = \arctan \dfrac{2q_1q_2 + 2q_0q_3}{q_0^2 + q_1^2 - q_2^2 - q_3^2} \\ \varphi = \arctan \dfrac{2q_2q_3 + 2q_0q_1}{q_0^2 - q_1^2 - q_2^2 + q_3^2}\end{cases}$$

四元数的微分方程为$\dot{q} = \dfrac{1}{2}\Omega q$,即

$$\begin{bmatrix}\dot{q}_0 \\ \dot{q}_1 \\ \dot{q}_2 \\ \dot{q}_3\end{bmatrix} = \frac{1}{2}\begin{bmatrix}0 & -\omega_x & -\omega_y & -\omega_z \\ \omega_x & 0 & \omega_z & \omega_y \\ \omega_y & \omega_z & 0 & \omega_x \\ \omega_z & \omega_y & \omega_x & 0\end{bmatrix}\begin{bmatrix}q_0 \\ q_1 \\ q_2 \\ q_3\end{bmatrix} \tag{8.20}$$

其中,ω_x、ω_y、ω_z 为机体坐标系下的角速度。在已知初始四元数的情况下,通过三轴陀螺仪测量的 3 个轴的角速度就可以实时更新四元数的值,进而更新姿态角,获得姿态信息。

2) 互补滤波补偿算法

陀螺仪存在积分误差,所以解算出来的姿态角也会出现偏差。为了解决这一问题,可以引入互补滤波补偿算法,利用加速度计修正陀螺仪的误差。设加速度计测出来的重力向量为 $\boldsymbol{a}_x$、$\boldsymbol{a}_y$、$\boldsymbol{a}_z$,陀螺仪积分后的姿态推算出来的重力向量为 $\boldsymbol{v}_x$、$\boldsymbol{v}_y$、$\boldsymbol{v}_z$,则有

$$\begin{cases}\boldsymbol{v}_x = 2(q_1q_3 + q_0q_2) \\ \boldsymbol{v}_y = 2(q_2q_3 - q_1q_0) \\ \boldsymbol{v}_z = q_0^2 - q_1^2 - q_2^2 + q_3^2\end{cases}$$

从而陀螺仪积分后的姿态结合加速度计数据得到的姿态误差为

$$\begin{cases}e_x = \boldsymbol{a}_y\boldsymbol{v}_z - \boldsymbol{a}_z\boldsymbol{v}_y \\ e_y = \boldsymbol{a}_z\boldsymbol{v}_x - \boldsymbol{a}_x\boldsymbol{v}_z \\ e_z = \boldsymbol{a}_x\boldsymbol{v}_y - \boldsymbol{a}_y\boldsymbol{v}_x\end{cases}$$

此姿态误差与陀螺仪积分误差成正比,使用互补滤波补偿算法修正陀螺仪角速度积分误差:

$$\begin{cases}\bar{e}_{x\mathrm{int}} = e_{x\mathrm{int}} + e_xk_{\mathrm{i}} \\ \bar{e}_{y\mathrm{int}} = e_{y\mathrm{int}} + e_yk_{\mathrm{i}} \\ \bar{e}_{z\mathrm{int}} = e_{z\mathrm{int}} + e_zk_{\mathrm{i}}\end{cases} \tag{8.21}$$

其中,$\bar{e}_{x\mathrm{int}}$、$\bar{e}_{y\mathrm{int}}$、$\bar{e}_{z\mathrm{int}}$ 是对陀螺仪的纠正量的积分项,k_{i} 为积分系数。

$$\begin{cases}\bar{\omega}_x = \omega_x + k_{\mathrm{p}}e_x + e_{x\mathrm{int}} \\ \bar{\omega}_y = \omega_y + k_{\mathrm{p}}e_y + e_{y\mathrm{int}} \\ \bar{\omega}_z = \omega_z + k_{\mathrm{p}}e_z + e_{z\mathrm{int}}\end{cases}$$

其中，$\bar{\omega}_x$、$\bar{\omega}_y$、$\bar{\omega}_z$ 为陀螺仪修正后的输出角速度，k_p 为比例系数。

在实际测试中，上位机接收到的姿态角数据仍然存在少许噪声干扰，为了排除噪声的干扰，引入卡尔曼滤波算法。设姿态角为 α，对其离散化并构造状态方程和观测方程：

$$\begin{cases}\alpha_k = A\alpha_{k-1} + W_{k-1} \\ Z_k = H_k\alpha_k + V_k\end{cases}$$

算法步骤如下：

(1) 状态一步预测。通过第 $k-1$ 时刻的 α 值预测第 k 时刻的 α 值：$\alpha_{(k|k-1)}=\alpha_k$。

(2) 一步预测均方误差。根据第 $k-1$ 时刻的系统误差估计第 k 时刻的系统误差 $P_{(k|k-1)}$：$P_{(k|k-1)}=P_{k-1}+Q$。

(3) 滤波增益计算：$K_k=P_{(k|k-1)}/(P_{(k|k-1)}+R)$。

(4) 状态更新，计算系统最优估算值：$\alpha_k=\alpha_{k-1}+K_k(Z_k-\alpha_{k-1})$。

(5) 滤波均方误差更新。在卡尔曼滤波运算中，要实现对均方误差的更新，以便计算卡尔曼增益，更新方程如下：$P_k=(I-K_k)P_{(k|k-1)}$。

2. 位置估计

在飞行机器人控制中，对飞行机器人在飞行过程中的实时位置估计是相当重要的，不同类型的飞行机器人飞行位置和轨迹都有区别，对飞行机器人的运动轨迹进行估计，可判断飞行机器人的飞行目标与用途。在地球引力、空气阻力和推进剂的作用下，飞行机器人的运动遵循基本的运动规律，称为运动方程。许多不同的飞行机器人都遵循相同类型的运动方程。这里介绍的方法是：运用变步长四阶五级龙格-库塔(Runge-Kutta)算法对已有的含参微分方程进行求解，再对解进行三次样条插值，得到特定时刻飞行机器人的位置。

下面对变步长四阶五级龙格-库塔算法进行介绍。

首先建立基础坐标系，取为随地心平移的坐标系。取地球中心 O_C 为原点，地球自转轴为 Z 轴，指向北极为正向，X 轴由 O_C 指向零时刻的 0°经线，再按右手系确定 Y 轴，建立直角坐标系 $O_CX_CY_CZ_C$。根据变质量质点动力学，基础坐标系下的飞行机器人在主动段下简化运动方程：

$$\ddot{\boldsymbol{r}}(t)=\boldsymbol{F}_e=-\frac{G_m}{\|\boldsymbol{r}(t)\|^3}\boldsymbol{r}(t) \tag{8.22}$$

结合飞行机器人的初始位置与速度，计算估计出飞行机器人在任何时刻的位置。其中，向量 $\boldsymbol{F}_e$ 指飞行机器人承受外力加速度之和；$\boldsymbol{r}(t)$ 为其位置向量；$\ddot{\boldsymbol{r}}(t)$ 是 $\boldsymbol{r}(t)$ 对时间的二阶导数；G_m 为地球引力常数，取 $G_m=3.986\ 005\times10^{14}\ \mathrm{m^3/s^2}$。借助于 MATLAB 语言，采用四阶五级龙格-库塔函数求解，并设置第一次求解的相对误差容许上限值。第一次求解结束后，对相对误差容许上限进行优化，再次求解，判定解的可信度之后，对此解进行三次样条差值，提取对应时刻飞行机器人的位置。

四阶龙格-库塔算法是数值分析课程中经常介绍到的传统算法，在求解微分方程时十分有效。德国学者 Felhberg 改进了传统龙格-库塔算法，在每个计算步长内对 fi(·)函数进行 6 次求值，称为四阶五级 RKF(Runge-Kutta-Felhberg)算法，它是定步长方法。在实际应用场景下，根据估计时刻的要求设定和修正步长值，可以保证计算精度，因此采用变步长算法求解微分方程得到的估计值更加精确。在求解微分方程时，如果操作不当，会得出不可信的结果。所以在微分方程求解后，采用微分方程数值解的验证与三次样条插值对结果进行科学检验。

将迭代中的相对误差容许上限设置成一个更小的值，观察所得结果和原来的结果是否一致。三次样条插值是通过一系列型值点的一条光滑曲线，通过求解三弯矩方程组得出曲线函数组。用四阶五级 RKF 函数求解微分方程，首次求解时将相对误差容许上限设为 10^{-7}，求解完毕再设为 10^{-9}，如果两次求解得出的数据点相近，则判定解是可信的。对此可信解进行三次样条差值，即可提取对应时刻飞行机器人的三维位置。

3. 速度估计

除了飞行机器人的姿态、位置以外，速度也是其重要的参数。空速管是最常用的测量飞行机器人空速的仪表，但对于大马赫数、大迎角等条件的飞行机器人而言已经不大适用，并且还存在安装、维护困难等问题。随着航空航天技术的飞速发展，大气数据测量系统越来越受重视，产生了许多新的测量方法。例如，嵌入式大气数据传感系统，相对于传统大气数据测量系统，它在精度、可靠性上都有更大的优势；基于稀疏协方差矩阵迭代的单快拍气流速度估计算法计算量较低，具有较强的实时性。

1）基于空速管测量

空速管也叫皮托(Pitot)管，它能感受气流的总压和静压，并将测得的压力数据传送给大气数据计算机、飞行仪表。它的安装位置一定要在飞行机器人外面气流较少受到飞行机器人影响的区域，一般在正前方、垂尾或翼尖前方，同时为了保险起见，应该安装两套以上空速管。空速管的前端正中央开有总压孔，迎面气流经总压孔进入总压室后完全受阻，速度变为0，气流的全部动能转化为势能，使该处的压力上升为总压，经总压导管传送给有关仪表和传感器。空速管上的静压孔开在空速管后部气流不易受干扰的部位上。感受到的静压经静压室由导管传送出去，将静压和总压相比就可以知道冲进来的空气有多快，也就是飞行机器人的速度。

但是，空速管测量的速度并非飞行机器人真正相对于地面的速度，而只是相对于大气的速度，所以称为空速。如果有风，飞行机器人相对地面的速度还应加上顺风风速或减去逆风风速。另外，空速管测速原理利用到总压，而总压和大气密度有关。同样的相对气流速度，如果大气密度低，总压便小，空速表中的膜盒变形就小。所以，相同的空速，在不同的高度测得的相对气流速度不同。而经过各种修正的相当于地面大气压力时的空速才称为实速。

2）单快拍气流速度估计算法

当前，对高速、高机动性飞行机器人的研究受到极大关注，而传统的以空速管为代表的空速测量方法无法满足这类先进飞行机器人的设计要求。现有的空速测量方法大都可以测量飞行机器人的亚声速空速，但是在超声速飞行状态下，空气流动特性发生质的变化而产生激波，使得目前的测量方法要么难以适用，如空速管，要么需要通过参数校正才能适用，如嵌入式大气数据传感系统。

因此，需要建立统一的亚声速和超声速空速测量模型，使模型在各个飞行状态都能输出正确的空速值，同时避免因亚声速和超声速飞行状态的气流差异带来的高成本的参数校正。声向量传感器作为一种新型传感器，可以同步测量声场中同一点处的声波质点振速和声压。采用声向量传感器构成的新型的气流速度测量方法可以利用声向量传感器的测量值计算气流速度，再根据测量装置所在的机体表面形状及飞行姿态进行解算，可由气流速度成功导出飞行机器人的空速。但这种测量方法仅采用单个声向量传感器测量气流速度，使得系统的抗干扰能力和测量精度不高。下面介绍这种基于稀疏协方差矩阵迭代的单快拍气流速度估计算法。

(1) 建立声向量传感器阵列输出数据与气流速度之间的数学模型。

整个管路测量装置可以嵌入式安装在飞行机器人前方，在管路内剖面建立 XOY 直角坐标系。在坐标原点 O 处安装一个声波发射换能器，在管路内壁正上方平行于 X 轴方向布置 L 个声波接收换能器。假设在速度为 v 的气流作用下，L 个声波接收换能器都能接收到声波发射换能器发射的声波信号。考虑声波发射换能器发射一个连续单频声波信号 $s(t)=A\mathrm{e}^{\mathrm{j}(\omega t+\phi)}$，则第 $l(l=1,2,\cdots,L)$ 个声波接收换能器接收的信号可以表示为

$$x_l(t)=\frac{R_1}{R_l}\mathrm{e}^{\mathrm{j}\omega D_{l1}}s_1(t)+n_l(t)$$

其中，$s_1(t)$ 表示第一个接收阵元接收的声波信号，D_{l1} 为声波到达接收换能器 1 和 l 的延时差值，$\frac{R_1}{R_l}$ 为相应接收信号的幅度比值。将各个声波接收换能器的接收信号联立，可得到声波接收换能器基阵的阵列输出模型：

$$\boldsymbol{x}(t)=\boldsymbol{a}(v)s_1(t)+\boldsymbol{n}(t)$$

其中，$\boldsymbol{x}(t)=[x_1(t),x_2(t),\cdots,x_L(t)]^{\mathrm{T}}$，$\boldsymbol{a}(v)=\left[1,\frac{R_1}{R_2}\mathrm{e}^{-\mathrm{j}\omega D_{21}},\cdots,\frac{R_1}{R_L}\mathrm{e}^{-\mathrm{j}\omega D_{L1}}\right]^{\mathrm{T}}$ 为声波接收换能器基阵的 L 阵列流形向量，$\boldsymbol{n}(t)$ 为加性噪声向量。

(2) 协方差矩阵的稀疏表示。

将待处理的气流速度范围进行 N 次均匀网格划分，假设网格划分密度足够大，使得真实的气流速度 v 始终可以落在其中某一网格上，则可得如下稀疏表示模型：

$$\boldsymbol{x}(t)=\boldsymbol{\Phi}\boldsymbol{\alpha}(t)+\boldsymbol{n}(t)$$

其中，$\boldsymbol{\Phi}=[\boldsymbol{a}(v_1),\boldsymbol{a}(v_2),\cdots,\boldsymbol{a}(v_N)]$ 为 $L\times N$ 的稀疏基矩阵，$\boldsymbol{a}(v_n)$ 表示第 $n(n=1,2,\cdots,N)$ 个网格对应的阵列流形向量，$\boldsymbol{\alpha}(t)$ 为 N 维稀疏信号向量。

设 $\boldsymbol{n}(t)$ 内各个分量互不相关，则 $E[\boldsymbol{n}(t)\boldsymbol{n}^{\mathrm{H}}(t)]=\mathrm{diag}[\sigma_1,\sigma_2,\cdots,\sigma_L]$。假设稀疏信号向量 $\boldsymbol{\alpha}(t)$ 和 $\boldsymbol{n}(t)$ 不相关，则有阵列接收数据的稀疏协方差矩阵为

$$\begin{aligned}\boldsymbol{R}&=E[\boldsymbol{n}(t)\boldsymbol{n}^{\mathrm{H}}(t)]\\&=[\boldsymbol{a}(v_1),\boldsymbol{a}(v_2),\cdots,\boldsymbol{a}(v_N),\boldsymbol{I}_L]\times\mathrm{diag}[p_1,p_2,\cdots,p_N,\sigma_1,\sigma_2,\cdots,\sigma_L]\times\\&\quad[\boldsymbol{a}(v_1),\boldsymbol{a}(v_2),\cdots,\boldsymbol{a}(v_N),\boldsymbol{I}_L]\end{aligned}$$

其中，$\boldsymbol{p}_n=\boldsymbol{n}(t)\boldsymbol{n}^{\mathrm{H}}(t)$ 表示 $\boldsymbol{\alpha}(t)$ 中第 $n(n=1,2,\cdots,N)$ 个分量的信号功率，$\sigma_1,\sigma_2,\cdots,\sigma_L$，表示稀疏信号向量 $\boldsymbol{n}(t)$ 的方差向量的取值，$\boldsymbol{I}_L$ 是单位阵。利用单快拍阵列接收数据，通过迭代算法估计功率矩阵中的对角元素 p_N，其中最大元素的下标即为真实气流速度 v 在网格中的位置，由此即实现了气流速度的估计。

(3) 单快拍气流速度估计算法。

对于单快拍阵列接收数据 $\boldsymbol{x}(t)$，用协方差矩阵拟合准则：

$$\min\ \mathrm{tr}(\hat{\boldsymbol{R}}\boldsymbol{R}^{-1}\hat{\boldsymbol{R}}),\omega_n=\|a_n\|/\mathrm{tr}(\hat{\boldsymbol{R}})$$

其中，$\hat{\boldsymbol{R}}=\boldsymbol{x}(t)\boldsymbol{x}^{\mathrm{H}}(t)$为 t 时刻阵列采样协方差矩阵，$\mathrm{tr}(\cdot)$表示求矩阵的迹。这样就可以将问题转变为求解一个与以上优化式相关的优化问题，间接求得其最优解。算法的更新公式如下：

$$\begin{cases}p_n^{i+1}=p_n^i\dfrac{\left\|\boldsymbol{a}_n^{\mathrm{H}}\boldsymbol{R}^{-1}(i)\hat{\boldsymbol{R}}\right\|}{\omega_n^{1/2}\rho(i)} \quad (n=1,2,\cdots,N+L)\\ \rho(i)=\sum\limits_{m=1}^{N+L}\omega_m^{1/2}p_m^i\left\|\boldsymbol{a}_m^{\mathrm{H}}\boldsymbol{R}^{-1}(i)\hat{\boldsymbol{R}}\right\|\end{cases} \tag{8.23}$$

其中，i 是算法迭代次数，$\boldsymbol{R}(i)$表示构造的稀疏协方差矩阵。

该算法综合考虑了亚声速和超声速两种状态下气流流动的差异，建立了统一的跨声速测量模型，从原理上实现了从亚声速到超声速范围内气流速度的统一测量。此算法只需单快拍采样数据就可以对亚声速和超声速气流进行统一测量，这样不仅节省了数据存储空间，而且能实现对快变气流速度的跟踪测量。

4. 障碍估计

在飞行过程中，任何碰撞对于飞行机器人来说都是致命的，所以障碍物检测及规避功能对于飞行机器人是必不可少的。随着传感器技术的发展，越来越多的检测手段被开发出来，并广泛地应用到工程实践中。

1）常用检测方法

超声波凭借其指向性强、能耗小的特点可用于距离测量。超声波测距工程原理简单，费用低，是目前比较成熟的一种测距方法。由于超声波测距会由于环境的温度、换能器收发间隔、硬件响应时间等因素而影响测量精度，限制了它的应用范围，但它在短距测量中仍占有一席之地。

激光测距采用激光对目标物的距离进行测定，与超声波传感器工作原理类似，也是利用测定激光发出经目标物反射后被接收所用的时间计算距离值。但是，激光是一种单色光，具有波长稳定、抗干扰能力强、灵敏度高等优点，可以实现长距离、高精度测量，是目前最成熟的测距方法。但由于黑色物体吸收光的能力强，激光检测该类物体有些困难，缩小了激光测距的适用范围。

雷达采用电磁波对目标进行测距，其发射的电磁波发散到空间中，其中一部分电磁波在接触到目标后导致反射，可被接收机捕获，经过滤波、去噪声、放大等处理后，用于分析目标位置及运动状态。使用雷达进行测距时要考虑电磁干扰的影响。

视觉测距利用摄像头采集环境图像，并通过计算机视觉、模式识别等技术获取目标物的信息。单目视觉系统采用一个相机捕捉环境变化，系统简单，在无外加条件件的情况下只能获取环境的二维空间信息。双目或多目视觉系统采用两个或多个相机进行拍摄，处理算法复杂，能得到环境的三维空间信息，对系统的实时性要求高。

2）角点检测方法

采用单目视觉系统对障碍物进行检测，若不附加其他环境信息，仅使用一台相机很难实现深度检测。单目视觉系统通常需要额外提供背景信息或某些特征，通过图像匹配、角点检测等方法实现测距。

角点是图像的一种特征点，即在某方面属性上表现突出的点，例如在该点的领域内灰度值变化很大。角点检测被广泛应用于三维场景重建、目标识别、运动估计等计算机视觉领域。飞行机器人在室外飞行时，由于相机安装在飞行机器人上，会随着飞行机器人姿态的变化而变化，从而造成拍摄角度变幻不定。同时，室外环境易受天气的影响，光照变化大。Harris 角点检测法对这些变化的适应性良好，是一种基于灰度图像的检测方法。此外，该方法善于处理角点数目较多的情况，还具有算法简单、计算量小、定位准确和抗噪声能力强等优点。下面介绍 Harris 角点检测法。

用(x,y)表示图像上的任意一点，$f(x,y)$表示该点处的灰度值，$I(x,y)$表示角点附近的灰度分布，有

$$I(x,y)=\begin{cases}1, & xy \leqslant 0\\ 0, & xy > 0\end{cases}$$

直观来看，角点是在水平和垂直两个方向上灰度变化很大的点。选取以一个像素为中心的小窗口，根据该窗口沿不同方向移动后的灰度变化情况，可以判断该点是否为角点。像素灰度变化的解析表达式为

$$E(x,y)=\sum_{u,v} w_{u,v}\left|I(x+u,y+v)-I(u,v)\right|^2 \tag{8.24}$$

其中，$E(x,y)$是两个窗口偏移像素(x,y)导致的图像灰度变化平均值；$w_{u,v}$是滤波窗口系数，一般采用高斯窗口差分函数：

$$w_{x,y}=\mathrm{e}^{-(x^2+y^2)/\sigma^2}$$

将 $E(x,y)$转换为二次型：

$$E(x,y)=[x \quad y]\boldsymbol{M}\begin{bmatrix}x\\ y\end{bmatrix}$$

其中，$\boldsymbol{M}$ 为实对称函数

$$\boldsymbol{M}=\sum w_{x,y}\begin{bmatrix}\boldsymbol{I}_x^2 & \boldsymbol{I}_x\boldsymbol{I}_y\\ \boldsymbol{I}_x\boldsymbol{I}_y & \boldsymbol{I}_x^2\end{bmatrix}$$

求出 M 的特征值λ_1、λ_2。若 λ_1、λ_2 均较大，且两者数值相同，则(x,y)为角点；若 λ_1、λ_2 只有一个较大，即 $\lambda_1 \ll \lambda_2$ 或 $\lambda_1 \gg \lambda_2$，则(x,y)为边缘点；若 λ_1、λ_2 均较小，则(x,y)为平坦区域点。

8.2.3　提高飞行机器人导航精度的方法

当飞行机器人在超高速、远距离、长时间的状态下作业时，普通导航系统无法满足其对可靠性、精确性的要求，因此需要以惯性导航系统作支撑。捷联惯性导航系统(Strapdown Inertial Navigation System，SINS)具有结构简单、成本低、体积小等优势，加上计算机技术高速发展带来计算速度的提升，使其越来越多地运用到武器系统中。加速度计和陀螺仪是捷联惯性导航系统的测量元件，它们的误差大小直接决定了整个系统的精度高低。减小惯性器件测量误差的常见方法有两个：一是从惯性器件自身属性入手，通过提高制造工艺，生产更加稳定、精确的惯性器件；二是通过引入惯性系统误差补偿模型，对静态误差进行补偿与修正。

目前我国高精度惯性器件主要采用石英挠性加速度计和激光陀螺仪，而要想进一步提

高惯性器件的制造精度，需要多个领域投入长时间攻关研究，所以短时间内从工业制造水平上提升惯性导航系统精度还难以有较大突破。因此，目前大多数学者主要对第二种方法进行研究，通常在惯性导航系统使用前在高精度转台进行多位置和多转速标定，得到静态误差系数，并对系统静态误差予以补偿。例如，基于建立误差参数与导航误差间的线性关系，为充分激励惯性器件各项误差参数，设计多位置连续旋转方案，利用卡尔曼滤波方法对标定的数据进行处理，进而得到较为准确的陀螺仪和加速度计各项静态误差系数；利用温箱双轴转台可以更快速、高效地标定出 21 个误差参数；通过设计的 26 个位置及其优化的 12 个位置选装方案，更便于在标定过程中分离出干扰因素；降低标定对转台精度的依赖，提升低成本条件下的标定精度；对 3 个轴上加速度计的加速度敏感点不重合产生的尺寸效应进行补偿，克服传统分立式标定方法的不足，得出尺寸参数；通过在精密离心机上进行多位置和多转速测试，对加速度计非线性误差项进行激励，可以标定出部分非线性误差系数，进一步完善误差补偿模型，使其更接近惯性导航系统真实的物理模型。虽然上述误差补偿方法可以有效弥补惯性导航系统因静态误差引起的系统误差，但是在标定完成后因运输、存储等影响仍然会使标定值与真实值之间产生偏差，这样的动态误差将导致误差补偿方法的精度下降。而且由于与视速度二次项及更高阶相关的系数不便得到，使用的误差模型通常只含零次项与一次项误差系数，与惯性导航系统的实际模型仍然存在偏差。

此外，还有很多学者利用卫星、地磁、天文等外界信息，辅助惯性导航系统提高精度。例如，可以利用卡尔曼滤波及其拓展方法，对 GPS 信号与惯性导航信号进行数据融合；利用地磁信息，分别对惯性导航系统误差模型和导航信息进行校准；通过星敏感器(star sensor)获取天文信息，抑制惯性导航系统的累积误差。但是，此类外界信息抗干扰能力差，加之高超声速飞行机器人在飞行过程中可能出现黑障等现象，使得这类辅助方法的应用场景有限。

在纯惯性导航精度的提高上，可以通过神经网络与拓展卡尔曼滤波方法相结合，在 GPS 失效后利用训练得到的网络对滤波参数进行纠正。还可以通过智能优化算法对惯性导航系统的误差参数进行在线辨识，在天地一致性上更佳。但是，上述方法均无法避免模型误差带来的影响。对此，有研究者提出了一种通过构建拟合惯性器件输入与输出关系的神经网络模型的方法，采取对飞行过程中的导航数据和惯组输出脉冲进行收集，然后通过在线训练得到实际飞行过程中的惯性导航系统模型，最后在线使用训练该模型进行导航。仿真表明，该方法能得到比误差补偿模型更准确的惯性导航系统模型，有效提高飞行机器人惯性导航精度。

8.3 空间机器人智能感知

对环境和目标的准确感知是机器人完成任务的前提条件，需要充分、全面地感知环境，尽可能地获得丰富的信息以便理解环境，这样才能做出正确的动作。而空间机器人在太空作业环境条件下面临着许多挑战，由于太空环境的限制，空间机器人作业空间相对狭小且机器人与人的连接相对遥远。因此，空间机器人领域的研究人员研制出不同种类的传感器，让机器人具备采集各种各样信息的能力，并推动研究人员提出各类方法和算法，最终提升空间机器人对信息的智能理解和处理能力。为了促进空间机器人的小型化并降低其造价，采用新型的微技术是十分必要的。在过去的几十年里，基于硅及其相关技术的微传感器得到了迅速发展，这也使得应用于太空的各种敏感器更加智能、精确、稳定、长寿、综合。

8.3.1　姿态测量敏感器

1. 红外地球敏感器

红外地球敏感器是卫星姿态控制系统中广泛使用的光电姿态敏感器之一，通过测量地球与太空之间红外辐射的差别获取航天器姿态信息，由此可以用于测量空间机器人的俯仰姿态角和滚动姿态角。红外地球敏感器大多利用 14～16μm 波段的二氧化碳的吸收带测量地球大气辐射圈所形成的地平圆，以克服季节变化、地球表面和地表辐射差异对地平圆的影响。红外地球敏感器一般由光学系统、带通滤光片、热敏探测器及信息处理电路组成，有些还包括机械扫描部件。因此，可以按照是否含有机械扫描部件将红外地球敏感器分成动态的和静态的两类。按信息处理方式的不同，又可分为数字式和模拟式红外地球敏感器。

动态红外地球敏感器利用运动机械部件带动一个或少量几个探测元的瞬时视场扫过地平圆，从而将地球与太空边界空间分布的辐射图像变换为时间分布的近似方波，通过电子学手段检测地球的宽度或相位，计算出地平圆的位置，从而确定两轴姿态。动态地球敏感器包括摆动扫描和圆锥扫描两种方式。由于包含驱动电路、电机等结构，其体积较大。摆动扫描地球敏感器因其控制难度大，且需要不断施加外力克服惯性，所以需要消耗较多能源，工作寿命不长，已逐渐被淘汰。而圆锥扫描地球敏感器的扫描部件只需做圆周运动，扫描过程中只需克服摩擦力的影响，在目前的工艺条件下，可将摩擦力降低到非常小的程度，因此得到了长足发展，技术已经十分成熟。

静态红外地球敏感器的工作方式更加类似人眼，不需要扫描机械的运动，采用面阵焦平面探测器阵列，将多个探测元放在光学系统的焦平面上，通过探测对投影在焦平面上的地球红外图像的响应计算地球的方位。静态红外地球敏感器与动态红外地球敏感器相比具有质量轻、功耗低等优点，并可通过适当的算法对大气模型的误差进行修正，从而提高姿态测量的精度和可靠性。静态红外地球敏感器包括线阵的和面阵的两种。线阵红外地球敏感器用 4 个探测器元件卡在圆的 4 个点上，通过 4 个点的中心位置判断地平圆的中心位置。面阵红外地球敏感器则要对整个地平圆成像，它通过计算地平圆在整个成像探测器面所成像的中心位置判断地平圆的中心位置，因此面阵红外地球敏感器的精度高于线阵红外地球敏感器。

两种类型的红外地球敏感器由于工作方式的不同而导致了性能的差异。它们各有优缺点，从而适合运用于不同的区域和场所。但从总体来看，静态红外地球敏感器的性能优于动态红外地球敏感器，而且静态红外地球敏感器的发展才刚起步，尤其是微机电技术的发展将促进静态红外地球敏感器的性能得到进一步提高，未来将会成为一种主流。在空间机器人实际工作的环境中，单一种类的敏感器已不能满足卫星姿态控制系统高精度以及高稳定性的要求，因此，大多采用多种敏感器的组合方式，以提高姿态控制的精度和稳定性。

2. 太阳敏感器

太阳敏感器是通过敏感太阳向量的方位确定太阳向量在星体坐标中的方位，从而获取自身相对于太阳的姿态角度信息的光学姿态敏感器，是航天领域应用广泛的一类敏感器。它适用于以下任务：对航天器进行轨道控制和姿态控制；保障灵敏度很高的仪器（如星敏感器、地球敏感器)正常工作;提供星上姿态控制基准信号,以及用于对器件上的太阳帆板定位。因此,几乎所有的卫星和空间机器人都配备了太阳敏感器。

太阳敏感器主要由3部分组成:光学探头、传感器部分和信号处理部分。光学探头包括光学系统和探测器件,它利用光电转换功能实时获取星体相对于太阳的姿态角度信息。光学探头可以采用狭缝、小孔、透镜、棱镜等形式。传感器部分可以采用光电池、CMOS器件、码盘、光栅、光电二极管、线阵CCD、面阵CCD等各种器件。信号处理部分可以采用分离电子元器件、单片机、可编程逻辑器件等。

通常,太阳敏感器分为3类。

1)模拟式太阳敏感器

模拟式太阳敏感器产生的输出信号是星体相对于太阳向量方位(太阳角)的连续函数,也称为余弦检测器,常使用光电池作为其传感器件,它的输出信号强度与太阳光的入射角度有关。模拟式太阳敏感器几乎都是全天球工作的,其视场一般为20°～30°,精度在1°左右,它判断出现太阳信号的阈值以不高于太阳信号的80%(一般为50%)为门限。这样的精度对于通信卫星可以使用,但对于对地观测的卫星来说精度太低。

2)太阳出现敏感器

太阳出现敏感器以数字信号1或0表示太阳是否位于敏感器的视场内,因此也称为0-1式太阳敏感器。只要有太阳,该敏感器就能产生输出信号,可以用来保护仪器,使航天器或实验仪器定位。它的结构也比较简单,敏感器上面开一个狭缝,底面贴光电池,当卫星搜索太阳时,一旦太阳进入该敏感器视场内,则光电池就产生一个阶跃响应,说明发现了太阳,持续的阶跃信号指示太阳位于敏感器视场内。一般来说,卫星的粗定姿是由太阳出现敏感器完成的,主要用来捕获太阳,判断太阳是否出现在视场中。太阳出现敏感器要能够全天球覆盖,且所有敏感器同时工作。该敏感器虽然实现比较简单,但是比较容易受到外来光源的干扰。例如,地球反射的太阳光、太阳帆板反射的太阳光等都容易对这种敏感器形成干扰。因此,该敏感器需要使用滤波器滤掉偶尔出现的电脉冲。

3)数字式太阳敏感器

数字式太阳敏感器的实现原理很简单,它能提供离散的编码输出信号,其输出值是被测太阳角的函数。该敏感器视场大,精度高,寿命和可靠性有很强的优势,已广泛应用于各种型号的航天器上。

太阳敏感器正在向小型化、高精度、高稳定性、低功耗、长寿命的方向发展,其探测器元件由光电池逐渐向CCD、APS等面阵探测器发展,这将促进太阳敏感器的高度集成化和模块化。此外,单一种类的敏感器已不能满足卫星高精度以及高稳定性的要求,需要各种敏感器互为备份,甚至还有一些组合模式的敏感器的出现,为控制提供稳定的保障。

3. 紫外敏感器

紫外敏感器是一种基于感受天体紫外线辐射获得卫星姿态信息的成像式敏感器,可用于地球卫星和月球卫星。对地球卫星而言,空间的紫外线辐射来自地球边缘的大气层和太阳、恒星等天体。紫外敏感器通过同时接收来自地球和太阳或几个恒星的紫外线辐射确定卫星的三轴姿态。紫外敏感器的工作波段为270～300nm,由于大气中的氧和臭氧形成了波长小于300nm的强吸收带,这样在地面和大气以上的高度形成日照边缘,且日照边缘不受地面和气象特征的影响，因此在紫外波段能探测出整个地球边缘的图像，其图像稳定性可与红外图像媲美。同时，紫外波段也是观测恒星的极佳光谱波段，只用一个敏感器组件就能实现红外地球敏感器、太阳敏感器和星敏感器等多个敏感器的功能。此外，紫外敏感器还具有体积小、质量轻、无可动机构、利于长期运行、具有多种敏感器的功能等优点，在将来极有可能取代红外地球敏感器、太阳敏感器和星敏感器，成为姿态测量的主要敏感器。

4. 星敏感器

星敏感器也称恒星敏感器，是一种广泛应用的天体敏感器，它是天文导航系统中一个很重要的组成部分，以恒星作为姿态测量的参考源，可输出恒星在星敏感器坐标下的向量方向，为器件的姿态控制和天文导航提供高精度测量数据，是一种精度很高但结构比较复杂的姿态测量工具。

星敏感器最主要的部件是图像传感器、成像电路和图像处理电路，这些是影响星敏感器测量精度最主要的因素。图像传感器是星敏感器的核心部件，由 CCD 组件和电源电路、模数转换电路等外围电路组成，能够实现光信号到电信号的转换。成像电路实现图像传感器的成像驱动和时序控制。图像处理电路实现星敏感器图像和数据的处理。除此之外，硬件还有遮光罩、光学镜头、电源和数据接口。遮光罩用于消除杂散光，避免其对星敏感器的成像质量造成影响。光学镜头将恒星星光映射到图像传感器的靶面上。电源和数据接口实现星敏感器的稳定供电和数据通信。

恒星在天体坐标系中可以看作是静止的，于是星敏感器可以通过镜头拍摄恒星得到星图，将星图上的星点的相对位置信息提取出来，然后对星光进行能量转换，得到模拟电信号，最后进行模数转换，得到数字图像。但在拍摄恒星过程中会产生大量噪声，因此首先将星图经过预处理，得到噪声水平较低的星图后进行星点的提取，获取星点的位置信息，再将得到的星点信息与星库进行对比，通过星图识别得到导航星信息，通过姿态解算得到当前飞行器的信息。

5. 陀螺仪

绕一个支点高速转动的刚体称为陀螺。通常所说的陀螺特指对称陀螺，它是一个质量均匀分布的、具有轴对称形状的刚体，其几何对称轴就是它的自转轴。在一定的初始条件和一定的外在力矩作用下，陀螺会在不停自转的同时环绕着另一个固定的转轴不停地旋转，这就是陀螺的旋进，又称为回转效应。而陀螺仪就是一种用高速回转体的动量矩敏感壳体相对于惯性空间绕正交于自转轴的轴的角运动检测装置。利用其他原理制成的角运动检测装置具有同样功能的也称陀螺仪。陀螺仪在各个领域有着广泛的应用，如回转罗盘、定向指示仪、炮弹的翻转、陀螺的章动等。

陀螺仪的种类很多，按用途可以分为传感陀螺仪和指示陀螺仪。传感陀螺仪用于飞行体运动的自动控制系统中，作为水平、垂直、俯仰、航向和角速度传感器。指示陀螺仪主要用于飞行状态的指示，用于驾驶和领航仪表。

除此之外，陀螺仪还可以按照功能分为陀螺方向仪、陀螺罗盘、陀螺垂直仪、光纤陀螺仪和激光陀螺仪。陀螺方向仪能给出飞行物体转弯角度和航向指示。陀螺罗盘是为航行和飞行物体提供方向基准的寻找并跟踪地理子午面的三自由度陀螺仪。陀螺垂直仪利用摆式敏感元件对三自由度陀螺仪施加修正力矩以指示地垂线，又称陀螺水平仪。光纤陀螺仪是以光纤线圈为基础的敏感元件，由激光二极管发射出的光线朝两个方向沿光纤传播，光传播路径的变化决定了敏感元件的角位移。与传统的机械陀螺仪相比，光纤陀螺仪的优点是全固态，没有旋转部件和摩擦部件，寿命长，动态范围大，瞬时启动，结构简单，尺寸小，重量轻。与激光陀螺仪相比，光纤陀螺仪没有闭锁问题，也不用在石英块上精密加工光路，成本低。激光陀螺仪利用光程差测量旋转角速度。在闭合光路中，由同一光源发出的沿顺时针方向和逆时针方向传输的两束光产生干涉，检测相位差或干涉条纹的变化，就可以得出闭合光路旋转角速度。

6. 磁强计

磁强计是用来测量磁感应强度的仪器，根据小磁针在磁场作用下能产生偏转或振动的原理制成。从电磁感应定律可以推出，对于给定电阻的闭合回路来说，只要测出流过此回路的电荷，就可以知道此回路内磁通量的变化。

磁强计有很多种类，磁通门磁强计便是其中一种，其测量灵敏度高、携带方便，被广泛应用于弱磁场测量。其内部结构为一个对磁场敏感的磁芯和绕制在磁芯上的两组线圈，一组为激励线圈，另一组为感应线圈。当交变电流施加于激励线圈时，线圈内部会产生激励磁场，使磁芯在饱和与非饱和两种状态之间切换，这样感应电流就会在线圈内部产生。处于外磁场中的磁通门磁强计在感应线圈内部产生的感生电流信号的偶次谐波会包含在外磁场的信息中，通过检测电路便可提取出此信号。

质子磁强计是一种标量磁力计，它通过测量质子在磁场中的拉莫尔进动频率得到磁场强度。富含氢元素的物质（如乙醇、煤油、丙酮等）都可作为磁强计的工作物质。这些工作物质被置于磁场中会发生极化，可用宏观磁矩表征。若撤掉外加磁场，原有磁场所形成的力矩会使工作物质作拉莫尔进动，通过测量其频率就能确定外磁场的强度。以上为静态极化法，除此之外还有动态极化法、光泵法等。目前应用比较广泛的是通过动态极化探测的Overhauser 型磁强计，它可以实现对磁场的连续测量。

8.3.2 绝对导航敏感器

1. 惯性测量单元

惯性测量单元是测量物体姿态角以及加速度的装置，主要包括加速度计和陀螺仪，分别用来测量运动的加速度和旋转运动的角速度。通过将两个测量装置采集的加速度值和旋转角速度值进行整合处理，可以计算出物体的实时运动状态和位置。惯性测量单元被广泛应用于无人机、制导导弹、太空飞船、卫星等的导航系统。现在它也越来越多地应用到生活领域，如人运动行为信号的采集分析以及与外界多媒体信号的交互。

2. 卫星导航敏感器

导航卫星可以连续发射无线电信号，为地面、海洋、空中和空间用户提供导航定位服务。导航卫星装有专用的无线电导航设备，用户接收导航卫星发来的无线电导航信号，通过时间测距或多普勒测速分别获得用户相对于卫星的距离或距离变化率等导航参数，并根据卫星发送的时间、轨道参数求出卫星在定位瞬间的实时位置坐标，从而确定用户的地理位置坐标和速度向量分量。

北斗是我国自行建立的卫星导航系统，致力于向全球用户提供高质量的定位、导航和授时服务，包括开放服务和授权服务两种方式。北斗卫星导航定位系统共有 35 颗卫星，其中有 5 颗静止轨道卫星和 30 颗非静止轨道卫星。30 颗非静止轨道卫星中有 27 颗中轨道卫星和 3 颗倾斜同步卫星，27 颗中轨道卫星平均分布在倾角 55°的 3 个平面上。

北斗卫星系统有许多出色的特点：计时器精度高，拥有非常精密的星载铷原子钟，其精度可以与 GPS 卫星星载铷原子钟媲美；可以提供精密单点定位服务；具有星间链路技术，能够保证在极端条件下在轨卫星的持续导航能力。

3. 空间光学敏感器

空间光学敏感器是指应用于空间环境中基于光学探测原理获取空间工作物体姿态或导航信息的敏感器，如星敏感器、太阳敏感器、地球敏感器、自主导航敏感器、着陆避障敏感器、交会对接光学敏感器等。空间光学敏感器是各种航天器、空间机器人的"眼睛"，为遥感测绘、武器跟瞄、科学观测、深空探测等空间任务提供精确指向或位置信息。空间光学敏感器与遥感相机、空间望远镜、对地激光高度计等光学载荷的探测机制类似，但在功能和作用上又有明显区别，光学载荷的目标一般是为科学探测提供有价值的物理数据，而空间光学敏感器要为平台提供测量数据。空间光学敏感器的数据直接接入控制闭环，输出要求实时性、准确性和可靠性，是航天器平台安全、稳定运行的重要保障。

按照深空探测任务场景的不同，空间光学敏感器可以通过对行星、小天体、X 射线脉冲星等参考目标成像，实现相对定向和自主导航，能够代替地面测控系统用于探测器星际飞行自主导航与目标接近引导。针对不同深空探测任务的具体需要，我国发展了紫外月球敏感器、脉冲星导航敏感器等一系列可用于深空探测的空间自主导航光学敏感器，利用紫外月球敏感器进行航天器姿态确定是我国探月工程的首创。紫外月球敏感器在"嫦娥一号""嫦娥二号"探测器环月过程中对月球表面成像，通过对月球边缘信息进行提取和处理，确定月心向量。对获取的月球影像，采用快速边缘提取算法、晨昏线鉴别算法、月心向量拟合算法等实现月心向量的计算以及探测器的姿态定向。"嫦娥一号"环月飞行期间，紫外月球敏感器成功实现月球捕获，姿态精度优于 0.07°。"嫦娥二号"奔月和环月期间均开展了自主导航离线验证。在我国航天及太空事业中，这一类空间光学敏感器将会发挥重要作用，并取得长足发展。

4. 脉冲星导航敏感器

脉冲星导航敏感器是以脉冲星辐射的 X 射线光子作为天然信标，通过探测多颗脉冲星的光子信号到达太阳系质心和到达航天器的时间差，确定航天器在太阳系质心坐标系下的位置、速度、时间和姿态等导航参数。我国在脉冲星导航方面虽然起步晚，但已成功发射了脉冲星试验卫星，并首次捕获蟹状星云。2016 年，我国成功实现了在轨飞行验证，这为后继的深空探测自主导航提供了新的重要技术实现途径。

8.3.3　相对导航敏感器

1. 微波雷达

微波是波长很短的电磁波，波长一般为 1mm～1m，其频率比较高，一般为 300MHz～300GHz，所以也称为超高频电磁波。微波作为一种电磁波也具有波粒二象性，且方向性很好，传播速度等于光速。微波的基本性质通常呈现为穿透、反射、吸收 3 个特性。对于玻璃、塑料和瓷器，微波几乎可以完全穿越而不被吸收，水和食物等会吸收微波而使自身发热，而对金属则会反射微波。微波在空气中传播损耗很大，传输距离短，但机动性好，工作频宽大，因此广泛应用于雷达中。

微波雷达广泛应用于防撞系统。从20世纪60年代开始，微波雷达被应用于汽车防撞系统，并在航天领域也得到了应用。空间机器人（如火星探测器、月球探测器等）通过微波雷达检测障碍物，在出现危险时会发出警报，能够实现避障功能。

2. 激光雷达

激光雷达是由微波雷达发展而来的。从工作原理上讲，它与微波雷达没有根本的区别，只不过激光雷达利用激光束工作，其波长比微波短得多，只有0.4～0.75μm。激光雷达由激光发射机、转台、光接收机和信息处理系统等组成，用激光器作为发射光源，将电脉冲变成光脉冲发射出去，光接收机再把从目标反射回来的光脉冲还原成电脉冲，随后送到显示器。

由于激光雷达使用激光束进行工作，所以与普通微波雷达相比工作频率高了很多，可以获得极高的角度、距离和速度分辨率。激光沿直线传播，方向性好，光束窄，所以只有在其传播路径上才能接收到它的信号，具有良好的隐蔽性和抗有源干扰能力。另外，激光雷达低空探测性能好，体积小，质量轻。但激光雷达在工作时容易受天气和大气的影响。

激光雷达可以通过激光扫描方法获取三维地理信息，从而可以对地理环境进行全面分析。它可以用来规避障碍物，还可以用于探测化学战剂。激光雷达在海洋中也有重要应用，可对水中目标进行警戒、搜索、定性和跟踪。

3. 光学成像敏感器

光学成像敏感器是一种高智能化的测量设备，在航天器空间交会对接的平移靠拢阶段被广泛应用。它主要用于两个航天器交会对接时的近距离成像测量，作用距离为数米到数百米，由位于一个航天器上的相机和位于目标航天器上的目标标志器组成。在航天领域，光学成像敏感器分为两类：一类是针对在轨服役航天器的交会对接光学成像敏感器；另一类是针对失效卫星或空间碎片的交会测量光学成像敏感器。

4. 差分卫星导航敏感器

差分增强技术作为全球导航卫星系统（Global Navigation Satellite System，GNSS）本身的补充与改进措施，能够有效提高系统服务的精度、可用性、连续性和完好性指标，一直是GNSS领域研究的热点问题。差分技术从最初的单站位置差分、伪距差分发展到载波相位差分、基于多基准站的载波观测值实时差分以及精密单点定位等高精度处理模式，用户获得的定位精度不断提高，用户应用模式不断拓展。差分技术可分为状态空间域差分、观测值域差分两种类型。其中，状态空间域差分技术通过区分GNSS误差源，对不同类型的误差分别进行改正，主要误差源包括卫星轨道误差、卫星钟差与电离层延迟误差；观测值域差分技术不区分误差源，只将影响定位的综合误差模型化，再播发给用户。因此，状态空间域差分技术不受与基准站的距离影响，可以实现广域范围内同精度的差分定位；而观测值域差分技术与测站空间分布关联，差分定位性能受与基准站的距离影响，此类差分模式具有作用距离的限制。

广域差分技术是一种向量化误差改正技术，一般在方圆几千千米区域内布设30～40个参考站，主要利用伪距观测量进行可视卫星轨道、钟差以及空间电离层延迟精确测定，通过中轨道卫星向服务区域内的用户实时广播相对于导航电文的星历、钟差和电离层格网改正数，用户再利用导航卫星观测伪距和导航电文以及接收的改正参数进行差分定位处理。经广域差分改正后，空间信号 URE 性能可以进一步提升，用户定位精度可达 3m 左右。

局域差分技术是一种标量化误差改正技术，一般在方圆几十千米区域内布设几个参考站，主要利用伪距观测量和距离计算量进行可视卫星伪距及导航电文误差综合改正处理，并向服务区域内的用户实时广播这些改正参数。用户在利用导航卫星观测伪距和导航电文进行定位处理的同时，利用接收的改正参数进行差分定位处理。局域差分改正数一般通过 VHF/UHF 链路播发。经局域差分改正后，用户定位精度一般可达亚米级。

如何确保系统服务性能及服务质量，让用户享受高精度、高可靠性的服务，是卫星导航系统供应商需着重考虑的问题之一，而差分增强不失为一种行之有效的方法。目前，多系统集成差分增强已成为发展趋势。对于已投入运行服务的 GNSS 或其相应的差分增强系统，若再增加对其他系统的差分增强功能，可能会涉及地面数据处理中心大量的软硬件调整与更改，工作量较大；而对于正在建设的系统，实现多系统集成增强正是一个契机。

8.3.4　姿态敏感器误差建模

1. 红外地球敏感器误差分析

红外地球敏感器是卫星上常用的一种姿态测量部件。其工作原理是：基于红外探测器的探测原理，将地球红外波段的辐射能量通过光电器件转变为电信号，经过信号处理计算出地平圆中心坐标，再通过变换获得卫星的姿态数据。近年来，静态面阵红外地球敏感器越来越多地应用于中高轨卫星，但由于探测器自身的非均匀性、地球红外辐射以及地球扁率等因素的影响，红外地球敏感器的检测精度仍有待提高。

1）探测器的非均匀性

探测器的非均匀性会影响图像质量，进而产生姿态误差。不同于传统意义的探测器响应率非均匀性，在轨卫星的地球敏感器受到温度交变非均匀性影响，会产生随着温度变化的姿态误差。

2）地球红外辐射

一般的姿态解算软件理论是以地球红外辐射特性与纬度无关为前提的，即地球红外辐射在各地是均匀的、统一的，不存在地理差异性。但实际上，由于太阳直射的地理位置不同，地球不同纬度冷热不均，导致了不同纬度红外辐射量不同。所以，地理纬度相关因素会导致姿态解算软件的计算偏差。

3）地球扁率

通常情况下，红外地平仪在测量过程中将地球的形状近似为球形考虑问题，在有高精度需求的应用场景下，把地球目标近似为球形所引起的误差是不可忽略的。为了提高测量精度，必须采用更加接近实际形状的地球模型。地球模型主要可以分为两部分：一是地球的红外辐射模型，由地球大气吸收太阳辐射产生，具有非均匀性；二是地球的扁率模型，地球的真实形状是一个赤道半径略长、两极半径略短的近似旋转椭球体。地球的红外辐射能量主要由大气中的二氧化碳、水蒸气和臭氧吸收太阳辐射后的二次辐射产生。地球的大气辐射受到天气、季节、经度和纬度等因素的影响，在同一时间，地球不同地区的温度差异很大，

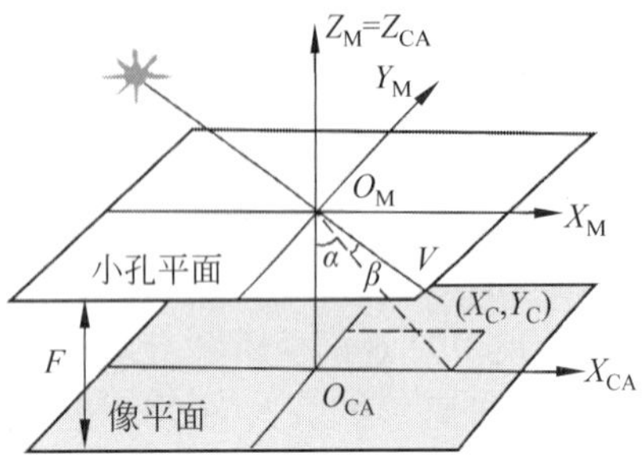

图 8.7　太阳敏感器的工作原理

即使同一个地区也会出现温度的差异，因此红外辐射具有不均匀性，这种不均匀性具体体现为不同海拔高度上的红外辐射强度随经纬度和时间变化，造成红外地平仪检出的地球、太空穿越点的海拔高度不固定，由此引起测量误差。

2. 太阳敏感器误差分析

图 8.7 是太阳敏感器的工作原理，即太阳小孔成像模型的理想图示。

在图 8.7 中，小孔平面与像平面的实际距离为 F；小孔平面绕 Y_M 轴与像平面在 α 方向倾斜 α_0；小孔平面绕 X_M 轴与像平面在 β 方向倾斜 β_0；小孔平面相对于像平面的旋转角度为 ϕ；小孔平面坐标原点相对于像平面坐标原点有平移，假设小孔平面坐标原点在像平面投影的坐标为 (x_0, y_0)。在考虑上述误差的情况下，像点坐标 (X_c, Y_c) 的表达式为

$$\begin{bmatrix} X_c \\ Y_c \end{bmatrix} = \begin{bmatrix} F\dfrac{\tan(\beta-\beta_0)}{\cos(\alpha-\alpha_0)}\sin\phi + F\tan(\alpha-\alpha_0)\cos\phi + x_0 \\ -F\dfrac{\tan(\beta-\beta_0)}{\cos(\alpha-\alpha_0)}\cos\phi + F\tan(\alpha-\alpha_0)\sin\phi + y_0 \end{bmatrix} \tag{8.25}$$

3. 星敏感器误差分析

星敏感器结构复杂，各项误差直接相互影响、相互制约。根据各误差项的起源与主要影响结果，可以将误差源分为以下 3 类：

(1) 光学系统偏置误差。主要包括焦距误差、主点偏差、镜头畸变以及 CCD 感光面移动、倾斜和旋转等，其形成原因主要是星敏感器光学设计、安装等的误差。这些误差具备低频误差的特性，在星敏感器测量时无法通过滤波有效滤除。其中，镜头畸变误差可转换为等效焦距误差，且当入射角较小时该误差可忽略不计，因此一般不单独讨论该误差对测量结果的影响。

(2) 算法偏置误差。主要包括质心算法误差和由于载体运动引起的误差。前者主要是指由星点光斑的质心作为星光实际位置时所产生的算法误差；后者是指在积分时间内由于星敏感器的移动造成的图像拖尾现象。这两类误差在降低图像质量的同时也增加了质心提取难度和误差。

(3) 噪声等效角误差。主要是指 CCD 噪声和电路噪声引起的测量误差，CCD 噪声包括光子散粒噪声、暗电流散粒噪声、读出噪声等，电路噪声包括模拟电路噪声、时钟不均匀性、模数转换量化噪声等。大部分噪声等效角误差可通过滤波手段滤除。其误差模型为

$$\hat{\boldsymbol{w}}_i = \boldsymbol{H}_i^{\mathrm{T}}\boldsymbol{w}_i + g(t_i) + \varepsilon_i \tag{8.26}$$

其中，$\hat{\boldsymbol{w}}_i$ 为参考系下的实际成像坐标向量；$\boldsymbol{w}_i$ 为参考系下的理论成像坐标向量；$\boldsymbol{H}_i^{\mathrm{T}}$ 为误差变换矩阵，一般是各项线性误差矩阵的转换与叠加；$g(t_i)$ 为非线性误差分量；t_i 为误差因素；ε_i 为白噪声残差。

4. 惯性器件误差分析

根据前面对惯性器件的分析可以知道，导致惯性器件精度不高的误差源很多，大致可以

划分为 3 类：确定性误差、随机误差、温度误差。

1）确定性误差

确定性误差包括常值漂移、标度因子误差、与加速度有关的偏置、交叉耦合误差、逐次启动误差、温度带来的误差、安装误差。

2）随机误差

惯性器件的随机误差来源不清，是由一些不确定因素产生的随机漂移，主要由角度随机游走、速率随机游走、量化噪声等十几个独立的误差源构成。这些噪声的种类主要根据噪声的频率进行划分，所以在分析惯性器件的随机误差时需要进行不同频率段的数据分析。因为随机噪声的构成很复杂，仅仅使用单独的信号分析方法难以精确表现其信号特征，不能对它们进行一一辨识。不同的惯性器件噪声含量不一样，有的噪声多，有的噪声少，对整个系统的精度造成的影响不一样。

3）温度误差

惯性器件基于自身的结构，很容易受到外界环境和温度的影响，从而产生温度误差，降低器件精度。尤其是对于微硅机械陀螺仪或者微硅机械加速度计，温度的变化会使器件的结构发生变化，材料的弹性系数和尺寸也会产生相应的变化，弹性刚度受到影响，继而产生温度漂移。硅材质的弹性系数与温度之间的关系式为

$$E(T)=E_0-E_0k_{\mathrm{ET}}(T-T_0)$$

其中，$E(T)$和 E_0 是温度分别为 T 和 T_0 时的硅材料的弹性系数，k_{ET}是硅材料受温度影响的系数。

系统的刚度与弹性系数成正比，系统刚度与温度之间的关系为

$$K(T)=K_0-K_0k_{\mathrm{ET}}(T-T_0)$$

其中，$K(T)$和 K_0 表示温度分别为 T 和 T_0 时的系统刚度。由上述物理量之间的关系可以得到谐振频率随温度变化的表达式：

$$f(T)=\sqrt{\frac{K}{m}}=\sqrt{\frac{K_0[1-k_{\mathrm{ET}}(T-T_0)]}{m}}$$

硅材质在微机械陀螺仪领域的广泛应用，使得硅对温度的敏感性间接地影响到陀螺仪的谐振频率。温度梯度、温度变化率发生的变化都会对陀螺仪的参数产生直接的影响，进而出现温度漂移，导致微机械陀螺仪精度降低。与微机械陀螺仪受温度影响的原理相似，微硅电容式加速度计的内部机械结构、材质的弹性系数和电介质介电常数对温度敏感度高，在不同温度下产生不同温漂，系数的变化导致电容值发生改变，继而改变加速度计的信号输出值。

8.3.5　基于确定性方法的姿态确定算法

随着无陀螺式仪器设备的出现，向量定姿算法受到研究者的重视。向量定姿算法一般可以分为确定性算法与状态估计法。20 世纪中叶，瓦哈比指出了运用星敏感器获取卫星姿态的问题，此后该类问题引起学术界的探索，产生了各种基于向量观测求解三轴姿态的算法。算法基本上可以划分成两种：一种是确定性算法，如 TRIAD、QUEST 等，此类算法可以采用若干向量直接获取姿态结果；另一种称为状态估计法，其中卡尔曼滤波比较出名。

对于向量姿态敏感器：

$$\boldsymbol{b}_i = \boldsymbol{A}\boldsymbol{r}_i + \Delta\boldsymbol{b}_i$$

其中，$\boldsymbol{r}_i$ 是由惯性坐标系里面的某个已知方向定义的单位参考向量，$\boldsymbol{b}_i$ 是机体坐标系中测量该方向得到的相应的单位观测向量，$\boldsymbol{A}$ 是由惯性坐标系到机体坐标系的姿态矩阵，$\Delta\boldsymbol{b}_i$ 是姿态敏感器的测量噪声。$\boldsymbol{r}_i$ 和 $\boldsymbol{b}_i$ 组成一个向量观测对，这就表征且涵盖了要求得的飞行器的姿态信息。瓦哈比提出，满足要求的姿态矩阵是使瓦哈比损失函数

$$L(\boldsymbol{A}) = \frac{1}{2}\sum_{i=1}^{N} a_i \left| \boldsymbol{b}_i - \boldsymbol{A}\boldsymbol{r}_i \right|^2 \tag{8.27}$$

达到最小的最优正交矩阵 $\boldsymbol{A}_{\text{opt}}$，式(8.27)中 a_i 是相关的加权系数。最初解决瓦哈比问题的方法是根据瓦哈比损失函数直接求解姿态矩阵，解得

$$\hat{\boldsymbol{A}} = \boldsymbol{B}[(\boldsymbol{B}^{\mathrm{T}}\boldsymbol{B})^{1/2}]^{-1}$$

其中，$\boldsymbol{B} = \sum_{i=1}^{N} a_i \boldsymbol{b}_i \boldsymbol{r}_i^{\mathrm{T}}$。

1. TRIAD 算法

TRIAD 算法运算比较简便而且很直接，结果明确。已知在参考坐标系中单位参考向量 $\boldsymbol{v}_1$、$\boldsymbol{v}_2$ 互不平行，相应的观测向量是 $\boldsymbol{w}_1$、$\boldsymbol{w}_2$。分别在参考坐标系、机体坐标系中建立坐标系 L 和 S，各坐标轴的单位向量是

$$\boldsymbol{l}_1 = \boldsymbol{r}_1,\quad \boldsymbol{l}_2 = \frac{\boldsymbol{r}_1 \times \boldsymbol{r}_2}{\|\boldsymbol{r}_1 \times \boldsymbol{r}\|},\quad \boldsymbol{l}_3 = \boldsymbol{l}_1 \times \boldsymbol{l}_2$$

$$\boldsymbol{s}_1 = \boldsymbol{b}_1,\quad \boldsymbol{s}_2 = \frac{\boldsymbol{b}_1 \times \boldsymbol{b}_2}{\|\boldsymbol{b}_1 \times \boldsymbol{b}_2\|},\quad \boldsymbol{s}_3 = \boldsymbol{s}_1 \times \boldsymbol{s}_2$$

那么就存在唯一的正交姿态矩阵 $\boldsymbol{A}$，满足

$$\boldsymbol{A} = \sum_{i=1}^{3} \boldsymbol{s}_i \boldsymbol{l}_i^{\mathrm{T}} \tag{8.28}$$

该算法在建立正交基的过程中，第一个向量被作为基准，第二个向量中的部分信息遭到耗损而遗失了，姿态矩阵的解对于下标为 1、2 的两个向量具有不对称性。波特扎克证明了该算法还可以进一步改进，由此提出了一种最优 TRIAD 算法。该算法需要进行两次 TRIAD 运算，分别以下标为 1、2 的向量作为基准，得到姿态矩阵 $\boldsymbol{A}_1$、$\boldsymbol{A}_2$，最后利用测量器件的统计特性对两个姿态矩阵进行加权平均处理，得到一个比 $\boldsymbol{A}_1$、$\boldsymbol{A}_2$ 更精确的姿态矩阵估计值 $\hat{\boldsymbol{A}}$。该算法简便、直接，已被广泛应用到工程实践中。

2. QUEST 算法

QUEST 算法源于针对瓦哈比问题的解答，该算法给出了最小二乘意义下的最优四元数的估计值。该算法可以解决比较广泛的实际问题，对瓦哈比损失函数中的加权系数进行归一化处理：

$$g(\boldsymbol{A}) = 1 - L(\boldsymbol{A}) = \mathrm{tr}[\boldsymbol{A}\boldsymbol{B}^{\mathrm{T}}]$$

因此，姿态求取问题就转变为求增益函数 $g(\boldsymbol{A})$的最大值问题。该函数可以被转换为关于四元数 $\boldsymbol{q}$ 的二次型函数：

$$g(\boldsymbol{q}) = \boldsymbol{q}^{\mathrm{T}}\boldsymbol{K}\boldsymbol{q} \tag{8.29}$$

其中，$\boldsymbol{K}$ 为 4×4 维矩阵：

$$\boldsymbol{K}=\begin{bmatrix}\boldsymbol{B}+\boldsymbol{B}^{\mathrm{T}}-\operatorname{tr}(\boldsymbol{B})\boldsymbol{I}_{3\times 3} & \boldsymbol{Z}\\ \boldsymbol{Z}^{\mathrm{T}} & \operatorname{tr}(\boldsymbol{B})\end{bmatrix}$$

$$\boldsymbol{Z}=[B_{23}-B_{32}\quad B_{31}-B_{13}\quad B_{12}-B_{21}]^{\mathrm{T}}$$

这样就使得确定最优姿态的问题转换为求解使二次型函数 $g(\boldsymbol{q})$ 达到最大的四元数问题。矩阵 $\boldsymbol{K}$ 的最大特征值所对应的特征向量就是令 $g(\boldsymbol{q})$ 取得最大的四元数，也就是最优四元数 $\boldsymbol{q}_{\mathrm{opt}}$，它符合下式：

$$\boldsymbol{K}\boldsymbol{q}_{\mathrm{opt}}=\lambda_{\max}\boldsymbol{q}_{\mathrm{opt}}$$

这就是 QUEST 算法的原理和思路。在飞行过程中，QUEST 算法的应用频率很高。QUEST 算法还被用于 ERBS 项目和空间望远镜的地面支持系统中。对 QUEST 算法和 TRIAD 算法进行协方差分析时，可利用以模型：

$$E[\Delta\boldsymbol{b}_i]=0$$

$$E[\Delta\boldsymbol{b}_i\Delta\boldsymbol{b}_i^{\mathrm{T}}]=\sigma_i{}^2[\boldsymbol{I}_{3\times 3}-\boldsymbol{A}\boldsymbol{r}_i(\boldsymbol{A}\boldsymbol{r}_i)^{\mathrm{T}}]$$

需要注意的是 σ_i^2 是敏感器的测量噪声方差。该式尽管是用近似法求解的，却使得姿态敏感器误差的均值连同协方差更加明确化。上面的模型非常富于实践意义和价值，在很多工程实践中得到了采用。

8.3.6　基于状态估计法的姿态确定算法

用来确定姿态的确定性方法和所得的结果之间有明确的物理或几何上的意义，但这种方法要求参考向量的参数足够精确，因为这种方法原则上很难处理参考向量的不确定性，这种不确定性会对获取足够准确的姿态信息造成困难。下面将介绍基于状态估计法的姿态确定算法。

在状态估计法中定义 3 个向量：状态向量 $\boldsymbol{x}$ 是 n 维向量，必要时还包含精确定姿需要的其他变量，如敏感器的系统误差、轨道参数等。状态向量的元素可以是常值，也可以是时间变量。根据姿态动力学、运动学以及参考向量空间的动态特性，可建立描述状态量变化的状态方程，其一般模式为

$$\dot{\boldsymbol{x}}=f(\boldsymbol{x},t)+g(\boldsymbol{x},t)n(t)$$

其中，$n(t)$ 是状态过程的噪声，一般可归结为白噪声。

观测向量 $\boldsymbol{y}$ 是由姿态敏感器测量值组成的 m 维向量，其元素可以是姿态敏感器的直接测量值，也可以是由测量值以某种模式建立的导出量。

观测模型向量 $\boldsymbol{z}$ 是 m 维向量，是状态向量的估计值，根据观测模型

$$\boldsymbol{z}=h(\boldsymbol{x},t)$$

得出观测模型向量的预测量。此观测模型是根据姿态敏感器的硬件模型、测量几何以及选定的状态向量建模得出的，观测模型向量与观测向量的差即为测量残差 $\boldsymbol{V}$，包括系统误差和随机误差。由此定义观测方程为

$$\boldsymbol{y}=\boldsymbol{z}+\boldsymbol{V}=h(\boldsymbol{x},t)+\boldsymbol{V}$$

当观测模型向量的计算值与观测向量之差比较小时，观测方程的线性化模型可表示为

$$\boldsymbol{y}=\boldsymbol{H}(t)\boldsymbol{x}+\boldsymbol{V}$$

其中，$\boldsymbol{H}(t)$ 是观测模型函数 $h(\boldsymbol{x},t)$ 的导数矩阵。获得状态向量估计值的解算程序取决于应

用何种状态估计法(分组估计或递推估计),一般先确定状态向量的先验初值 $\boldsymbol{x}_0$。然后得出观测模型向量 $\boldsymbol{z}_0$,根据它与观测向量 $\boldsymbol{y}_0$ 的误差选择新的状态估计 $\boldsymbol{x}_1$,再比较观测模型向量与观测向量的误差,不断地重复此过程,最后得到一个最优的状态估计 $\boldsymbol{x}$,使观测模型向量与观测向量之间的残差的平方加权最小。其最优指标函数可写为

$$Q(\boldsymbol{x})=\frac{1}{2}(\boldsymbol{y}-\boldsymbol{z})^{\mathrm{T}}\boldsymbol{W}(\boldsymbol{y}-\boldsymbol{z}) \tag{8.30}$$

在分组估计中,式(8.30)中 $\boldsymbol{y}$、$\boldsymbol{z}$ 是由 N 次观测所得 N 个观测向量和相应的观测模型向量;$\boldsymbol{W}$ 是对称、非负定权系数矩阵,在各测量独立的情况下,$\boldsymbol{W}$ 是对角阵,其元素为测量方差的倒数。在分组估计中用同一观测向量重复上述过程,即为最小二乘估计。

接下来全面考虑各种因素对高精度姿态确定的影响。状态向量元素可能有几十个,实际上这既不现实又不必要,因为有些状态向量元素对数据的影响是冗余的,而且对于一组给定的数据,能求解的只是有限的几个状态向量元素。通常选择状态向量元素有以下原则:

(1) 对于不同的姿态,状态向量应明显地影响观测模型向量。

(2) 状态向量能代表一些实际的物理量或描述物理过程的数学参数,并且这些元素是可观测的,即通过一段时间内的观测能取得姿态的信息。

(3) 状态向量的值在整个观测期间大致保持常值或按某一动力学模型传播。

(4) 要把状态向量的某几个不同元素对数据的影响分离开,有时是十分困难的,因为这些参数的相关性非常紧密,难以确定具体哪个参数是引起误差的根本原因。这时,可把一个参数作为状态元素,而把其他参数限定为其自身的最优估计值。

8.3.7 姿态敏感器的相对误差标定

1. 红外地球敏感器

通常把像元响应模型近似为线性,即

$$V(\varphi)=K\varphi+Q$$

其中,φ 是单位像元接收的辐照度,K 是增益系数,Q 是偏移量,V 是响应输出。该公式描述了某个特定像元在接收到红外辐照度 φ 时的响应输出,与两个系数 K 和 Q 有关。面阵红外探测器通常由像元的矩形阵列焦平面组成,假设其长边有 M 个像元,短边有 N 个像元,以焦平面为平面直角坐标系,某个像元位置为(x,y),则上面的公式变为

$$V_{x,y}=K_{x,y}\varphi+Q_{x,y} \tag{8.31}$$

一般来说,每个像元的 K、Q 值不同,故导致其在焦平面空间上呈现非均匀性。简单的情况下只需要获得每个像元的 K、Q 值,即可得知焦平面每个像元的非均匀性参数,通过式(8.31)即可实现非均匀性校正。一般非均匀性校正有两类方法:一是传统的标定校正方法,即一点法、两点法校正;二是基于场景的校正方法,如时域高通滤波、恒定统计算法等。

1) 两点法

两点法校正是最为经典的非均匀性校正算法。基于上述理论模型,为了得到 $K_{x,y}$、$Q_{x,y}$ 值,在两个不同辐照度 φ_1、φ_2 的情况下,分别测量探测器像元响应值,有

$$V_{x,y}(\varphi_1)=K_{x,y}\varphi_1+Q_{x,y}$$
$$V_{x,y}(\varphi_2)=K_{x,y}\varphi_2+Q_{x,y}$$

由上述两式计算可知

$$K_{x,y}=\frac{V_{x,y}(\varphi_2)-V_{x,y}(\varphi_1)}{\varphi_2-\varphi_1} \tag{8.32}$$

$$Q_{x,y}=V_{x,y}(\varphi_1)-K_{x,y}\varphi_1 \tag{8.33}$$

两点法校正在实践中一般在地面进行标定实验，即获得每个像元的 $K_{x,y}$、$Q_{x,y}$ 值，制作成校正表格。该方法只能校正焦平面本身的非均匀性，由于时间或温度变化引起的非均匀性同样会引起较大误差。另外，由于在空间应用中，地球敏感器工作长达 10 年以上，长期在轨工作的焦平面像元响应率退化，即 $K_{x,y}$、$Q_{x,y}$ 值会发生变化，地面校正的数据将会逐渐失效。因此，两点法无法胜任长期工作的地球敏感器的应用背景需求。

2）时域高通滤波

时域高通滤波是一种基于场景的校正方法。该方法认为，图像中的目标和噪声都属于高频部分，非均匀性属于低频部分。如果通过滤波手段取出其低频部分，保护其高频部分，就可以达到消除非均匀性的目的。

计算方法如下：

$$f_{ij}(n)=\frac{1}{m}x_{ij}(n)+\left(1-\frac{1}{m}\right)f_{ij}(n-1) \tag{8.34}$$

其中，x 是信号输入，f 是信号输出，n 是时域上的信号计数，m 是信号总计数，i 和 j 表征像元在焦平面上的位置。

时域高通滤波相比于两点法不存在周期性标定问题，能有效应对长周期复杂环境变化的使用条件，是典型的场景校正算法，已经在实践中取得了广泛应用。然而，红外地球敏感器只以地平面为拍摄目标，在很长时间里目标仅有微小变化。一旦使用这类场景校正算法进行标定，目标低频部分将会被滤波器消除，从而导致姿态解算错误。其他场景校正算法，如卡尔曼滤波、LMS 滤波、恒定统计算法，也都存在类似问题，在校正非均匀性的同时，也把目标的一部分当作非均匀性，从而影响了目标特性，降低了红外地球敏感器的姿态精度。

2. 太阳敏感器

太阳敏感器在设计阶段需要进行指标测试，其中最重要的测试是精度标定。利用平行于准直光源 0.2～0.3 个太阳常数的地面太阳模拟器提供光照，将太阳敏感器置于太阳模拟器前方。太阳敏感器可放在数字式二轴或三轴转台上，根据转台角度的变化和太阳敏感器输出的实际测量角度值，可得到敏感器角度的修正曲线。而对于可测两轴姿态角的敏感器，由于两轴在实际测量中通常是相关的，很难得到精确的角度修正曲线。这就需要针对敏感器的光学系统及电路进行精度误差补偿。误差补偿通常分为两步：物理补偿和数学补偿。

第一步是物理补偿。通过光学系统分析及电路分析确定误差来源，包括加工误差、装配误差、电路及软件误差，并建立误差模型，以消除物理误差，可提高精度。这种补偿方法通常进行物理补偿后敏感器的精度仍然难以满足要求。比较容易定性地分析误差源，但很难定量计量某些误差的量，这使物理补偿很难进行得较为到位。

第二步是数学补偿。由于敏感器研制、装配、安装完后，其误差来源及量度通常是确定的，可以用数学补偿的方法消除残差。CCD 太阳敏感器测姿态角的数学补偿方法有线性插值、三次插值、神经网络、多项式逼近等方法。在误差校准中应用较为普遍的是神经网络和多项式逼近。神经网络算法补偿精度较高但收敛慢，需要的计算时间较长；而多项式逼近算法可以得到较高的补偿精度，同时收敛快，比较适合在 CCD 太阳敏感器中使用。

3. 星敏感器

近年来，随着星敏感器制造工艺的不断提升，其精度也不断提升。但实际在轨运行结果与地面测试结果有较大出入，这主要是由星敏感器热结构形变相关的低频误差造成的，低频误差目前已经成为制约星敏感器数据精度的重要误差之一。

星敏感器低频误差的成因主要有两方面：一是视场空间误差；二是热弹性形变误差。视场空间误差主要是由点扩散函数随视场位置的变化、镜头焦距和畸变标定后的残差、光行差修正残差以及星表误差造成的。可以通过优化光学系统设计，使得视场空间误差带来的影响达到亚秒级。热弹性形变误差产生的原因则是星敏感器受到周期性的热辐射时，整机温度场产生周期性波动，造成星敏感器安装支架、安装面的热弹性形变。热弹性形变误差主要取决于周期性热输入的来源、地球反照、卫星在轨运动造成的受太阳辐射不均匀、在轨设备的热辐射等，这部分误差不可预测，因此成为低频误差的主要成因。

根据目前公开的低频误差的表现图谱，可以采用傅里叶级数对其进行建模：

$$\begin{cases}\theta_x=\sum_{i=1}^{N}[a_{xi}\cos(i\omega_{\text{orbit}}k\Delta t)+b_{xi}\sin(i\omega_{\text{orbit}}k\Delta t)]\\ \theta_y=\sum_{i=1}^{N}[a_{yi}\cos(i\omega_{\text{orbit}}k\Delta t)+b_{yi}\sin(i\omega_{\text{orbit}}k\Delta t)]\\ \theta_z=\sum_{i=1}^{N}[a_{zi}\cos(i\omega_{\text{orbit}}k\Delta t)+b_{zi}\sin(i\omega_{\text{orbit}}k\Delta t)]\end{cases}\tag{8.35}$$

其中，a、b 为傅里叶系数，ω_{orbit} 为轨道角运动速度，i 表示不同频率的低频分量，k 为仿真步数，Δt 为仿真步长。

首先对陀螺星敏感器的原始数据进行处理，包括误码修补、异常值修补等。处理完成后，首先进行常规滤波，即不考虑低频误差的影响直接进行滤波，完成后进行反向滤波和平滑，这一过程重复多次，并获得多次平滑后的漂移估计量。此时，无论是姿态量还是陀螺漂移量均无法避免低频误差的影响，其中姿态估计可通过降低测量噪声方差来提高预测量比率，从而降低低频误差影响，但这一过程无法对低频误差进行根本校正。然后利用修正的陀螺仪测量数据与星敏感器测量数据结合估计低频参数，此过程只需平滑一次，并在参数收敛阶段进行异常值剔除和取平均值等处理，获取较稳定的参数估计。校正过的星敏感器输出会在下一轮循环中用于陀螺仪漂移量的获取。重复上述过程，直至陀螺仪漂移频谱及姿态频谱中不含有低频误差的影响。在这一过程中，应注意两次估计使用的数据，在每次陀螺仪漂移估计阶段，需使用星敏感器校正结果和陀螺仪原始数据，减小星敏感器低频误差对常值漂移估计的影响；与此相应，在低频误差估计过程中，为了保证低频误差有较高的信噪比和较好的辨识度，应使用星敏感器原始数据和校正后的陀螺仪数据进行处理。

4. 陀螺仪

从世界上多个系列的遥感卫星陀螺仪装配情况看，目前遥感卫星一般会将多组正交陀螺安装于陀螺组件中，再将陀螺组件安装于星上，因此陀螺仪的安装矩阵实际上由陀螺仪相对于陀螺组件的安装和陀螺组件相对于卫星本体的安装构成。由于使用非正交陀螺组进行卫星角速度测量的结果比使用正交陀螺组差，所以在这里仅取正交陀螺组的情况进行分析。然而，除安装误差外，刻度因子误差、时间相关误差、常值漂移等也是不可忽视的误差源，因此陀螺头部输入实际上是由这些因素耦合引起的，这些误差大致可以分离为确定性误差和随机误差。陀螺仪时间相关漂移、随机噪声均是时变的，且具有随机性，因此视为随机性误差，其余量则视为确定性误差，表示为

$$\begin{cases} e_1 = \rho_1^{\mathrm{B}}(\boldsymbol{M}_{\mathrm{B}}^{\mathrm{G}}\omega^{\mathrm{B}})^{\mathrm{T}}\begin{bmatrix}\delta k_1 \\ g_{12} \\ g_{13}\end{bmatrix} + \rho_1^{\mathrm{B}} b_1 \\ e_2 = \rho_2^{\mathrm{B}}(\boldsymbol{M}_{\mathrm{B}}^{\mathrm{G}}\omega^{\mathrm{B}})^{\mathrm{T}}\begin{bmatrix}g_{21} \\ \delta k_2 \\ g_{23}\end{bmatrix} + \rho_2^{\mathrm{B}} b_2 \\ e_3 = \rho_3^{\mathrm{B}}(\boldsymbol{M}_{\mathrm{B}}^{\mathrm{G}}\omega^{\mathrm{B}})^{\mathrm{T}}\begin{bmatrix}g_{31} \\ g_{32} \\ \delta k_3\end{bmatrix} + \rho_3^{\mathrm{B}} b_3 \end{cases}$$

其中，$\boldsymbol{M}_{\mathrm{B}}^{\mathrm{G}} = [\rho_1^{\mathrm{B}} \quad \rho_2^{\mathrm{B}} \quad \rho_3^{\mathrm{B}}]$，$\rho_1^{\mathrm{B}}$、$\rho_2^{\mathrm{B}}$、$\rho_3^{\mathrm{B}}$ 分别为陀螺仪1、2、3在卫星体系下的指向。ω^{B} 为陀螺仪测量角速度，$g_{12} = \sin\alpha \ \sin\beta$，表示陀螺仪1在陀螺仪2标称指向的分量，$\delta k$ 为刻度因子误差，b 为陀螺仪常值漂移。

陀螺仪安装误差、刻度因子误差及常值漂移共含有12个待解未知数，如果卫星不做在轨机动，则只能获得3个方程，无法对所有参数进行求解。考虑到这12个参数在短期内变化较慢，可视为常值，可以利用卫星机动构造多组方程，并利用最小二乘法对这些参数进行估计。

当星体以某一角速度 ω_1^{B} 转动时，通过星敏感器差分等方式估算出陀螺仪等效常值漂移。通过卫星多次机动，获取多个方程组并整理成矩阵形式：

$$\begin{aligned}\begin{bmatrix}(\boldsymbol{M}_{\mathrm{B}}^{\mathrm{G}}\omega_1^{\mathrm{B}})^{\mathrm{T}} & 1 \\ \vdots & \vdots \\ (\boldsymbol{M}_{\mathrm{B}}^{\mathrm{G}}\omega_n^{\mathrm{B}})^{\mathrm{T}} & 1\end{bmatrix}\begin{bmatrix}\delta k_1 \\ g_{12} \\ g_{13} \\ b_1\end{bmatrix} &= \begin{bmatrix}e_{x1} \\ \vdots \\ e_{xn}\end{bmatrix}, \begin{bmatrix}(\boldsymbol{M}_{\mathrm{B}}^{\mathrm{G}}\omega_1^{\mathrm{B}})^{\mathrm{T}} & 1 \\ \vdots & \vdots \\ (\boldsymbol{M}_{\mathrm{B}}^{\mathrm{G}}\omega_n^{\mathrm{B}})^{\mathrm{T}} & 1\end{bmatrix}\begin{bmatrix}g_{21} \\ \delta k_2 \\ g_{23} \\ b_2\end{bmatrix} \\ &= \begin{bmatrix}e_{y1} \\ \vdots \\ e_{yn}\end{bmatrix}, \begin{bmatrix}(\boldsymbol{M}_{\mathrm{B}}^{\mathrm{G}}\omega_1^{\mathrm{B}})^{\mathrm{T}} & 1 \\ \vdots & \vdots \\ (\boldsymbol{M}_{\mathrm{B}}^{\mathrm{G}}\omega_n^{\mathrm{B}})^{\mathrm{T}} & 1\end{bmatrix}\begin{bmatrix}g_{31} \\ g_{32} \\ \delta k_3 \\ b_3\end{bmatrix} \\ &= \begin{bmatrix}e_{z1} \\ \vdots \\ e_{zn}\end{bmatrix}\end{aligned} \tag{8.36}$$

令

$$
\boldsymbol{A}=\begin{bmatrix}(\boldsymbol{M}_{\mathrm{B}}^{\mathrm{G}}\boldsymbol{\omega}_1^{\mathrm{B}})^{\mathrm{T}} & 1\\ \vdots & \vdots\\ (\boldsymbol{M}_{\mathrm{B}}^{\mathrm{G}}\boldsymbol{\omega}_n^{\mathrm{B}})^{\mathrm{T}} & 1\end{bmatrix},\quad \boldsymbol{B}_1=\begin{bmatrix}e_{x1}\\ \vdots\\ e_{xn}\end{bmatrix},\quad \boldsymbol{B}_2=\begin{bmatrix}e_{y1}\\ \vdots\\ e_{yn}\end{bmatrix},\quad \boldsymbol{B}_3=\begin{bmatrix}e_{z1}\\ \vdots\\ e_{zn}\end{bmatrix}
$$

同时令

$$
\boldsymbol{X}_1=\begin{bmatrix}\delta k_1\\ g_{12}\\ g_{13}\\ b_1\end{bmatrix},\quad \boldsymbol{X}_2=\begin{bmatrix}g_{21}\\ \delta k_2\\ g_{23}\\ b_2\end{bmatrix},\quad \boldsymbol{X}_3=\begin{bmatrix}g_{31}\\ g_{32}\\ \delta k_3\\ b_3\end{bmatrix}
$$

则未知数 $\boldsymbol{X}$ 可由最小二乘法求取。

8.3.8 地面事后高精度姿态标校

现代对地观测卫星中,姿态确定精度直接影响遥感图像处理质量,而地面事后姿态处理往往可获得较高的姿态确定精度,因此能够高精度地进行事后姿态确定对遥感卫星至关重要。事后处理主要是利用了处理时可以利用全部时间的测量数据、计算量不受限制等特性。星敏感器是卫星上精度最高的敏感器,但由于受到岁差、章动、低频误差等影响,其精度会受到很大影响,其中低频误差分量可达到十几至几十角秒,且该误差难以在轨消除,一般通过事后处理方可消除。目前,事后处理研究主要集中在星敏感器星图再处理、敏感器数据再处理及敏感器误差事后标定等环节。由于事后处理没有实时性、计算量的限制,因此一些复杂但有效的算法得以实现。同时,事后处理不仅可以利用历史数据进行预测,还可以根据全时间数据进行估计和处理,这一优点使其能够得到更好的收敛性和估计精度。

下面以星敏感器的低频误差为例,介绍其地面事后对姿态的校正。由于低频误差校正与陀螺漂移之间是有相互影响的,所以在对其进行校正和标定时,要考虑滤波过程中低频误差参数与陀螺漂移间的耦合影响。针对此问题,可以用一种基于极大似然估计固定时间窗口的双向自适应平滑算法剥离低频误差与陀螺漂移误差,解决低频误差参数在滤波中调参难、收敛难的问题。

低频误差与陀螺漂移高精度事后校正方法获得陀螺仪与星敏感器原始数据后,首先不考虑低频误差,进行反复平滑漂移估计,此阶段需进行多次平滑以获得陀螺漂移估计值;然后利用经过校正的角速度测量数据与星敏感器原始数据进行低频误差参数估计,此阶段只需要一次平滑以获得收敛精度较高的估计值。上述过程重复多次,直至获得较好的误差估计,即频域上陀螺漂移估计与星敏感器输出均不含有低频分量。需要注意的是,为了保证足够的低频误差轮廓以获得低频误差参数估计值,在每轮循环的低频参数估计阶段均使用星敏感器输出的原始数据;同理,为使陀螺漂移估计尽量不受低频参数的影响,在陀螺漂移估计过程中使用的是上一轮循环校正过的星敏感器姿态数据。

8.4 水下机器人智能感知

8.4.1 水下机器人及传感器概述

1. 水下机器人

水下机器人是近来发展的高新技术,它涉及声呐技术、导航定位技术、自动控制技术和机器人系统集成技术等多个领域。水下机器人可分为两种基本类型，分别是自主式水下机器人和遥控式水下机器人。

1）自主式水下机器人

自主式水下机器人在国际上统称为 AUV（Autonomous Underwater Vehicle，自治式水下机器人）。它根据各种传感器的测量信号，由机器人载体上携带的智能决策系统自治地指挥，完成各种机动航行、动力定位、探测、信息收集、作业等任务，其与岸基和船基支撑基地间的联络通常是靠水声通信完成的。AUV 的能源由其自身携带的可充电电池、燃料电池、闭式柴油机等可携带能源提供。AUV 没有脐带电缆，不会存在缠绕等问题，其活动范围也可以不受限制。

2）遥控式水下机器人

遥控式水下机器人（Remotely Operated Vehicle，ROV）与 AUV 的最大区别在于动力源和控制指令由地面控制台提供。脐带电缆可以为 ROV 提供动力和传输电源，同时地面控制台下发的控制指令也是通过脐带电缆进行传输的，因而脐带电缆常常由特种电缆、同轴电缆或光电复合电缆构成。

ROV 动力充足，可以支撑复杂的探测设备和较大的作业机械用电。信息和数据的传递和交换快捷方便、数据量大。由于其操作、运行和控制等行为最终由地面功能强大的计算机、工作站与操作员通过人机交互的方式进行，因而其总体决策能力和水平往往高于 AUV。

2. 水下机器人传感器

除导航仪器之外，水下机器人对外界信息的获取主要是通过各种传感器完成的。实际用得最多的传感器有两类：一类是低照度水下电视；另一类是各种声呐设备。在清水环境中，水下微光电视最大可视距离为 10m 左右；但在浑浊水域中，该距离常常不足 1m。水声被证明为在水下唯一可以进行远程传输的信息载体。它不仅可以将信息传至几百乃至上千千米的远方，也可以在几千米至几十千米的中等距离对水中目标进行探测和定位，甚至在几米至几百米的范围内对水下目标进行高分辨率的声成像。

水下机器人所用的声呐设备属于小平台声呐技术。对这些声呐的基本要求是尺寸小、质量轻、低功耗。由于多种水下机器人的探测属于近程和极近程的细微探测，因而要求有较高的分辨率。AUV 上所用的声呐设备还应具有自治能力，即不依赖人的自主识别和分辨能力。虽然 ROV 可以放宽对功耗的要求，但功耗过大会引发其他问题。

安装在水下机器人本体上的探测声呐主要有以下几种类型：对水下机器人前方物体和景物声成像的前视声呐，对水下机器人下方和两侧进行运动扫描成像的侧扫声呐，对海底、湖底底质和沉积层进行剖面成像的剖面声呐，用于导航的多普勒声呐和声相关声呐，以及用于对水下机器人进行无缆遥控和信息传输的通信声呐。

8.4.2　声呐传感系统

1. 声呐传感系统的基本概念

声呐是利用水下声波判断水下物体的存在、位置及属性的方法和设备，包括回音探测器、深度探测器、快速扫描声呐、单边扫描声呐和脉冲扇扫描声呐。声呐可以对水下目标进行探测、定位、跟踪和识别，以及利用水下声波进行通信、导航、制导、武器的射击指挥和对抗。

1）声呐传感系统的组成

声呐系统一般由发射机、水声换能器（水听器）、接收机、显示器和控制器等部件组成。发射机产生电信号，激励水声换能器将电信号转换成声信号。声信号遇到目标后会被反射，反射信号返回水声换能器，水声换能器再将声信号转换为电信号。接收机对接收到的电信号进行放大，将结果反馈到控制器进行处理。根据这些信号可以测得目标的位置，完成声呐的使命。

水声换能器是声呐系统的重要部件，根据工作状态的不同，可分为两类：一类称为发射换能器，它将电能转换为机械能，再转换为声能；另一类称为接收换能器，它将声能转换为机械能，再转换为电能。实际应用中的水声换能器兼有发射和接收两种功能。现代声呐技术对水声发射换能器的要求是低频、大功率、高效率以及能在深海中工作等。根据水声学的研究，人们发现，用低频声波传递信号，对于远距离目标的定位和检测有着明显的优越性，因为低频声波在海水中传播时被海水吸收的数值比高频声波要低，故能比高频声波传播更远的距离，这对增大探测距离非常有益。

2）声呐传感系统的分类

声呐传感系统可按多种方式分类，主要分类方式是分成主动声呐传感系统和被动声呐传感系统，因为这决定了它们的主要工作特性。

主动声呐传感系统如图 8.8 所示。主动声呐是水下雷达，它可以提供一种积极的搜索方法，不依赖目标是否暴露。在实际应用中，在交变电压的作用下，压电效应的换能器产生所需频率的振荡，并以同频率声波的形式发射到水中。用几个水声换能器组成基阵，可以产生高能量的声脉冲，每个声脉冲沿着波束向外传递，遇到固态目标后就会被反射。反射的回波一部分到达水声换能器隔膜上，隔膜产生相应的电信号。现代声呐使这个过程自动化，用电子仪器将返回的回波识别出来，可在战术计算机系统中与其他信息一起被处理。在发射与接收时，使水声换能器保持在同一方位上，否则就会收不到回波，回波只有在波束内才能收听到。所以，水声换能器的指向表明引起回波的目标方位。如雷达那样，声呐用发射和接收脉冲之间的时间间隔给出目标距离。

被动声呐总是作为潜艇上的主要工作方式，它的最简单形式是将主动声呐用作被动方式，即仅使用主动声呐的接收部分，当需要时可使用其主动部分。但是，许多现代声呐都只设计了被动工作方式。尽管使用被动声呐仅可得到目标的方位，但可利用接收到的信号的强度推算出距离。使用被动声呐监视时有以下优点：首先，它探测高噪声目标时比主动声呐的探测距离远；其次，使用被动声呐可获得目标的连续信息。

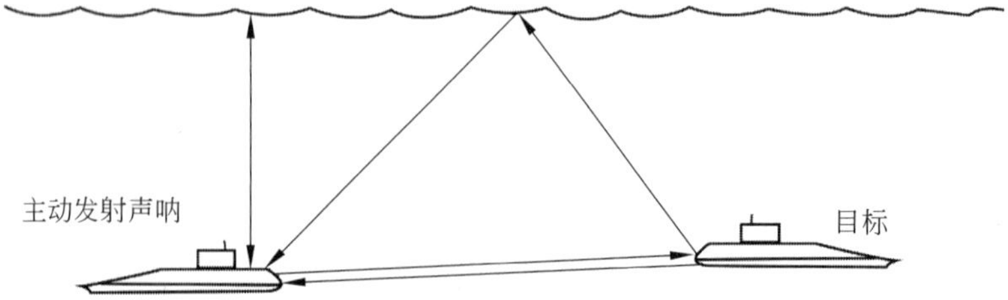

(a) 工作示意图

图 8.8 主动声呐传感系统

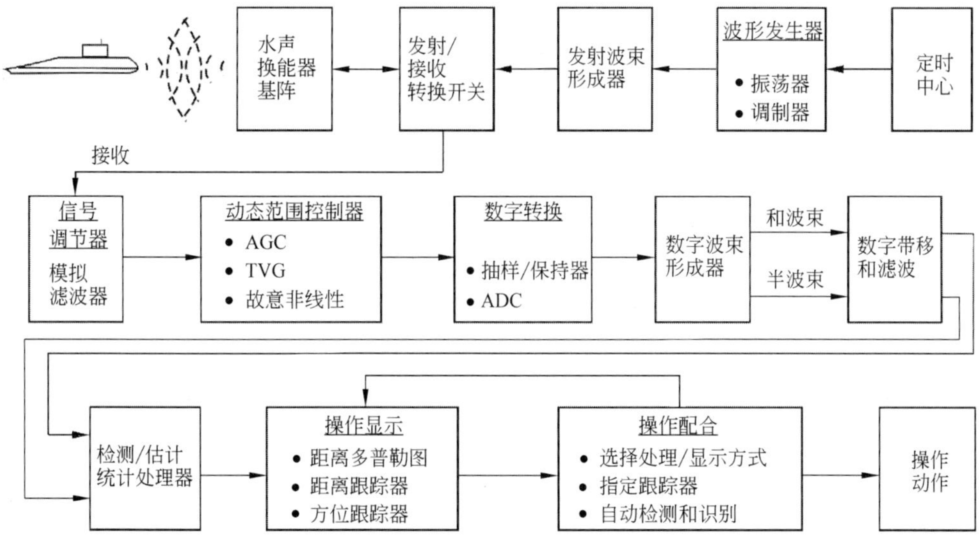

(b) 系统方框图

图 8.8　（续）

被动声呐传感系统如图 8.9 所示。

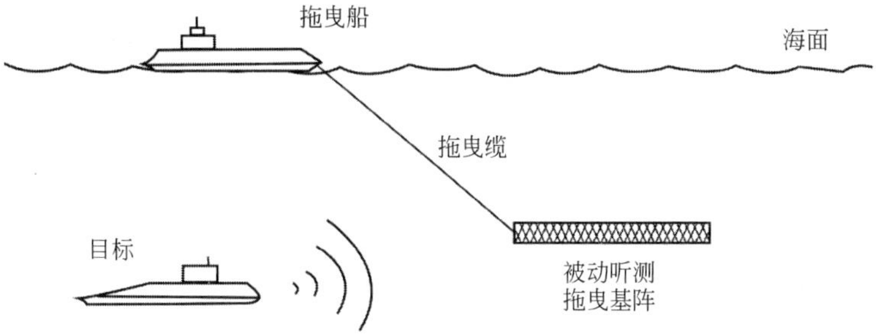

(a) 工作示意图

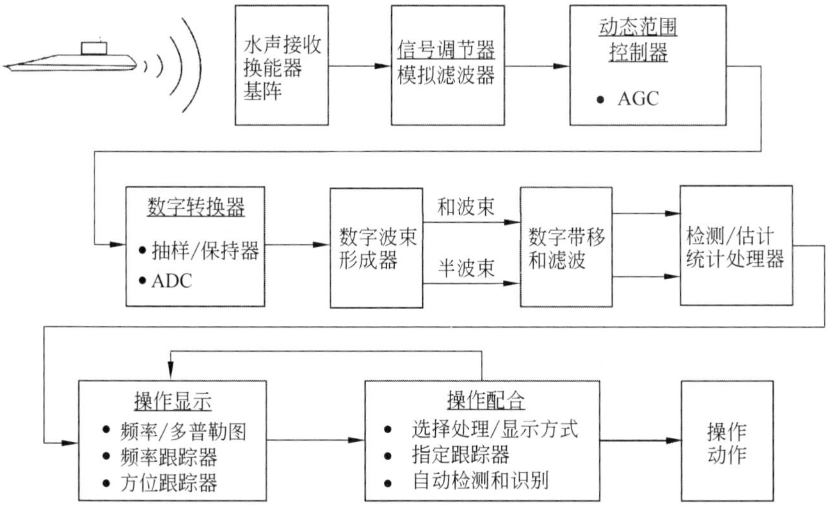

(b) 系统方框图

图 8.9　被动声呐传感系统

2. 声呐传感系统的工作原理

1）目标方位的测定

目标方位的测定是声呐传感系统的主要任务之一，主要包括方位角和距离两个参数。声呐系统对目标方位的测定方法分为振幅法和相位法。振幅法又可分为最大值法、等信号法（或称振幅差值法）和最小值法，利用水声换能器的振幅特性（方向性）测定方位；相位法利用目标回波到达的相位差异测定方位。

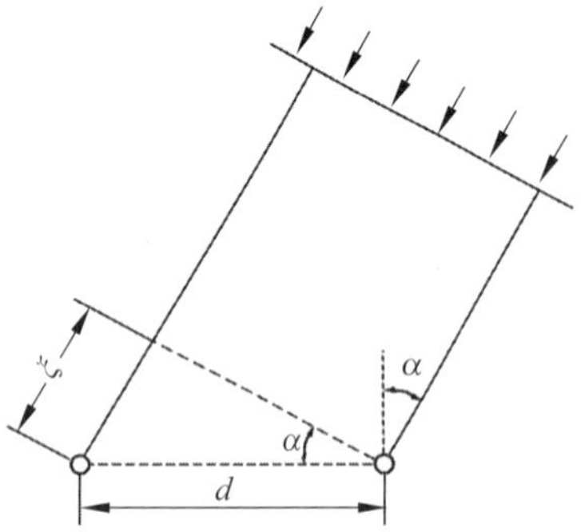

图 8.10　二元基阵

测定方位方法与声学结构有关。不同的声呐系统有不同的测定方位方法，但基本原理都建立在声学系统的声程差和相位差基础上。对于如图 8.10 所示的二元基阵，设其间距为 d，则平面波到达两个基阵单元的声程差为

$$\xi = d\sin\alpha \tag{8.37}$$

其中，$\alpha \in (0, \pm\pi/2)$ 为目标方位角，是声线与基阵法线方向的夹角。两个接收器接收声压或输出声压间的时间差为

$$\tau = \frac{\xi}{c} = \frac{d}{c}\sin\alpha \tag{8.38}$$

其中，c 为声波在水中的传播速度（通常为 1500m/s）。相位差为

$$\varphi = 2\pi f\tau = 2\pi f\ \frac{d}{c}\sin\alpha = 2\pi\ \frac{d}{\lambda}\sin\alpha \tag{8.39}$$

由式（8.37）和式（8.38）可知，两个基阵单元信号的时间差与声程差和目标的方位角一一对应。可见，测量出反映声程差的时间差和相位差，就可测出目标方位。

2）目标距离的测定

在主动声呐中，测定目标的距离要利用目标的回波或应答信号；而在被动声呐中，目标距离的测定只能利用声源发出的信号或噪声。

（1）主动测距法。

脉冲测距法利用接收回波脉冲与发射脉冲间的时间差确定目标的距离。假设声波在水中以固定的速度直线传播，由水声发射换能器发射周期为 T、宽度为 τ、载频为 f_0 的脉冲信号，当它在水中传播遇到目标物体时产生反射，反射的声波（信号）被水声接收换能器接收。声波在声呐和目标之间的往返时间为

$$t = \frac{2s}{c} \tag{8.40}$$

其中，s 为声呐与目标之间的距离。只要测出发射脉冲与接收目标回波脉冲之间的时间 t，就可以确定目标的距离。由于目标距离的测定是根据目标回波滞后于发射脉冲的时间确定，要求在显示器上进行显示时，其扫描起点必须与发射脉冲严格同步。

图 8.11 是脉冲测距法的方框图。由图 8.11 可见，定时器每间隔时间 T 就会发出脉冲信号，脉冲信号的宽度为 τ，发射机将脉冲信号转换为声波信号在水中进行传播。当声波信号遇到固态目标后，其中的一部分声波信号能量将会反射，通过水声接收换能器接收并对信号进行放大、变频等处理，将脉冲加到测距装置上，就可以根据回波信号与发射脉冲的延迟

时间按标尺读出目标距离。在水声发射换能器和水声接收换能器的交点处装有收发转换开关，它的作用是在发射时将水声接收换能器输入端关闭，使强大的发射功率信号不进入水声接收换能器；在发射完成时立即打开。当发射脉冲结束后，转换开关很快恢复。此时它打开水声接收换能器到水声换能器基阵的通道而关闭水声发射换能器的通道，使回波能进入水声接收换能器。

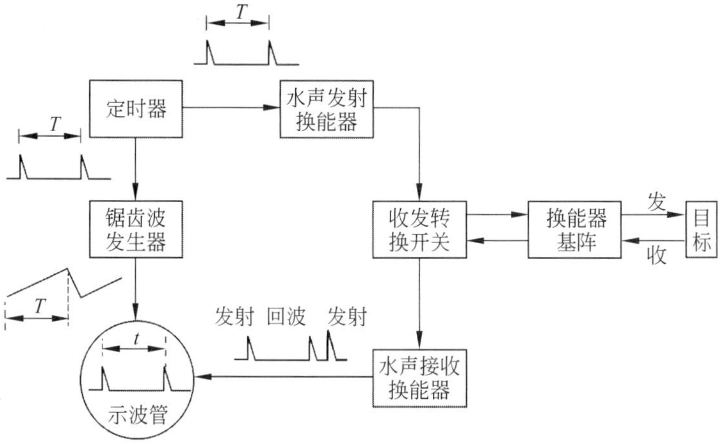

图 8.11　脉冲测距法的方框图

(2) 被动测距法。

被动测距法分为方位法和时差法，都是利用长间距的多个二元或三元子阵，子阵本身具有一定指向性，可以获得较好的空间处理增益。

① 方位法。

方位法被动测距原理如图 8.12 所示。A、B 两个方向性子阵间距为 d。利用两个子阵分别测出两个方位角 α、β。根据正弦定理有

$$\frac{s_1}{\cos\beta}=\frac{d}{\sin(\alpha-\beta)} \tag{8.41}$$

$$\frac{s_2}{\cos\alpha}=\frac{d}{\sin(\alpha-\beta)} \tag{8.42}$$

其中，s_1 和 s_2 为目标 S 与两个子阵中心的距离。因此，目标距离为

$$s=\frac{1}{2}\sqrt{2(s_1^2+s_2^2)-d^2} \tag{8.43}$$

这一方法在远场平面波假设条件下利用各子阵测量目标方位角，即要求子阵的尺寸小于 s_1 和 s_2。此外，d 应足够大，否则 α 和 β 差别太小，误差加大。

② 时差法。

时差法一般利用三元阵，其机理是测量波阵面曲率。此时假设目标是点声源，声波按柱面波或球面波方式传播。时差法被动测距原理如图 8.13 所示。设在直线上布置 3 个等间距的阵元或 3 个子阵，间距为 d。要测量的是点声源 S 与中心阵元 B 的距离。

目标 S 发射的信号到达 B、A 和 C、B 的声程差设为 ξ_1、ξ_2，有

$$\xi_1=SB-SA=s-SA \tag{8.44}$$

$$\xi_2=SC-SB=SC-s \tag{8.45}$$

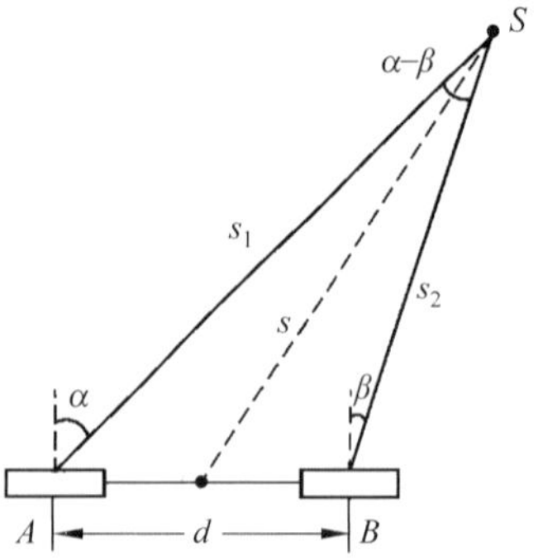

图 8.12 方位法被动测距原理

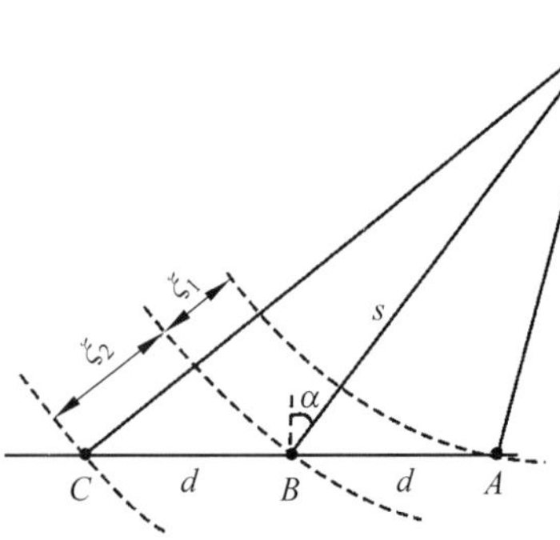

图 8.13 时差法被动测距原理

则

$$\xi_2 - \xi_1 = SA + SC - 2s \tag{8.46}$$

由余弦定理得

$$SA = \sqrt{s^2 + d^2 - 2sd\sin\alpha} = s\left(1 + \frac{d^2}{s^2} - \frac{2d}{s}\sin\alpha\right)^{\frac{1}{2}} \tag{8.47}$$

$$SC = \sqrt{s^2 + d^2 + 2sd\sin\alpha} = s\left(1 + \frac{d^2}{s^2} + \frac{2d}{s}\sin\alpha\right)^{\frac{1}{2}} \tag{8.48}$$

当 $d \ll s$ 时，将式(8.47)和式(8.48)按幂级数展开，并略去 s^2 及以上高次项，两式相加得

$$SA + SC = 2s + \frac{d^2}{s}\cos\alpha \tag{8.49}$$

代入式(8.46)，得

$$\xi_2 - \xi_1 = \frac{d^2}{s}\cos\alpha \tag{8.50}$$

而 ξ_1、ξ_2 可根据式(8.37)求得。α 的测量可根据远场平面波近似求得，即

$$\sin\alpha \approx \frac{\xi_1 + \xi_2}{2d} \tag{8.51}$$

则根据式(8.50)可求得目标距离 s。

3）目标速度的测定

速度测量的基本原理是利用速度引起的信号的某些参数的变化或反映推算速度，一般是间接测量，例如利用位变率、方位变化率、多普勒效应、信号音调的变化等测量目标速度。由于水下或水上目标的移动不容易突变，在不太长的探测时间内可以看作匀速的。速度是向量，具有数值和方向，可分解为径向分量和切向分量，分别称为径向速度和切向速度。沿着目标和声呐之间连线方向的速度分量称为径向速度，垂直于目标与声呐之间连线方向的速度分量称为切向速度。把这两个向量的合成向量称为全速。测量目标的速度时，应测出速度的方向(航向)和速度的数值(速度的模)，或者测出目标的径向速度和切向速度。在各种测速方法中，有些只能测定径向速度，有些只能测定切向速度，也有些可以测得全速。目标速度是根据速度的性质和由速度所引起的一些反映测得的。如果测量的实时性和精度要求不高，可以在已知时间间隔内测得随时间变化的目标位置，就能确定目标速度，也就是说，凡是能测定运动目标位置的系统都能测得速度这个参量。径向速度就是距离的变化率，所以，只要能测定随时间变化的距离就可测得径向速度。切向速度正比于方位角的变化率，所以，只要能测得随时间变化的方位角，再加上一些其他条件就可以获得切向速度。但上述方法不能测得目标的实时速度。如果需要实时地直接测量目标的速度，需要利用多普勒效应，测量运动目标辐射波的多普勒频移推知速度，这是现代声呐广泛使用的测速方法。

多普勒测速原理如图 8.14 所示。设声呐的工作频率为 f_0，经目标反射后接收的信号为 f_0+f_d，目标的径向速度 v_r 所产生的多普勒频移为

$$f_d=\frac{2v_r}{c-v_r}f_0 \tag{8.52}$$

由于 $v_r \ll c$，所以

$$f_d=f_0\frac{2v_r}{c}=\frac{2v_r}{\lambda} \tag{8.53}$$

其中，λ 为声呐的工作波长。由式(8.53)可得

$$v_r=\frac{1}{2}f_d\lambda \tag{8.54}$$

如果目标运动方向与声呐的辐射方向之间的夹角为 α，则目标的运动速度 v 为

$$v=\frac{v_r}{\cos\alpha}=\frac{f_d\lambda}{2\cos\alpha} \tag{8.55}$$

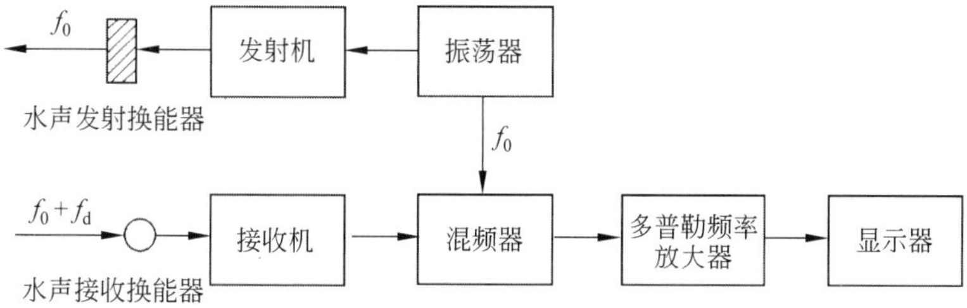

图 8.14　多普勒测速原理

3. 典型声呐传感系统

美国 PADD 便携式多普勒声呐系统主要用来监视水下的特殊设备，如停泊的船只、油井、钻探设备和沿海石油设备，也可以用来监视石油船、管道、水闸或水力发电站周围水域。这样的系统应该简单可靠、成本低、通用性强、便于安装和操作。由于油泵和港口数目庞大，因而要求系统造价低，以便大量生产。

该系统采用隐蔽性较好的遥控多普勒声呐系统，可锚于海底或悬挂在被保护的设备旁边，能探测从各方向来的目标而不必采用多波束。该系统可把自动报警信号输送至耳机和扬声器，以便工作人员对目标进行监听和识别。该系统装有特殊的设备，可以保证只在特定的目标接近时才触发继电器。该系统由运动目标、浮标和岸上监视室组成。浮标由遥控传感器、一个小型电子装置和电源组组成。遥控传感器由两个安装在圆筒形浮标两头的水平全向换能器组成。遥控传感器系统如图 8.15 所示。

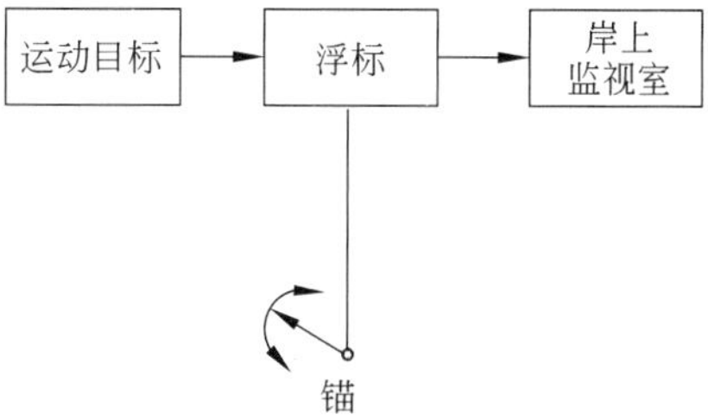

图 8.15　遥控传感器系统

8.4.3 水声换能器

1. PVDF 水声换能器

1）圆柱形 PVDF 水声换能器

圆柱形 PVDF 水声换能器的结构如图 8.16 所示。这种水声换能器主要由背衬、PVDF 薄膜、前置放大器、橡胶垫圈、支架、端盖等组成。PVDF 薄膜粘贴于管形有机材料背衬的内侧，电极通过粘接引线引出，阳极连接到前置放大器的输入端，支架、端盖以及 PVDF 薄膜阴极与前置放大器的地线连接，形成屏蔽回路，前置放大器的输出信号通过电缆引出。

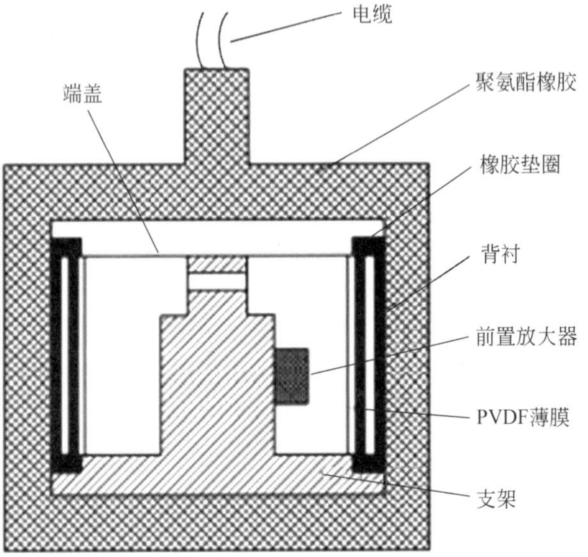

图 8.16　圆柱形 PVDF 水声换能器的结构

2）大面积平板 PVDF 水声换能器

大面积平板 PVDF 水声换能器具有能使流噪声非相干抵消的优点，水声换能器的响应面积越大，对流噪声的抵消作用也越大。PVDF 柔软，但刚度不足，通常将其粘贴于加强板上，以增强其刚度，再加上防水的密封层构成复合的平板，加工成单个的换能器单元。

（1）PVDF 层通常由两片 PVDF 薄膜粘贴而成，两片 PVDF 薄膜的拉伸方向互相垂直或平行。拉伸方向互相垂直的复合板近似横向各向同性，且有最小的压电耦合，可减小横向模，使端射影响降低；当两片 PVDF 薄膜的拉伸方向互相平行时，与拉伸方向垂直的方向有低的灵敏度，流噪声场沿该方向将得到抑制。

（2）加强板通常使用金属板、塑料板或纤维加强的复合板，其材料和尺寸的选取应考虑将横向模设计在感兴趣的频段以外。

（3）密封层通常用聚氨酯橡胶，利用密封材料的高阻尼性质，可使水声换能器的接收电压响应变得平坦。

（4）边框用来增加水声换能器的整体刚度，并有抑制横向模的作用。

2. 光纤水声换能器

光纤水声换能器具有灵敏度高、抗电磁干扰能力强、动态范围大、体积小、质量小等优点。各种光纤水声换能器都是根据声波使纤维光产生应变进行相位调制或者强度调制的效应而设计的，有干涉型和光强度调制型两种。光纤分多模光纤和单模光纤，光纤水声换能器大多由单模光纤制成。

1）干涉型光纤水声换能器

各种干涉型光纤水声换能器的原理如图 8.17 所示，是基于光学干涉仪的原理构造的。图 8.17(a)是基于 Michelson 光纤干涉仪原理的光纤水声换能器。由激光器发出的激光经 3dB 光纤耦合器分为两路：一路构成光纤干涉仪的信号臂，接受声波的调制；另一路则构成参考臂，提供参考相位。两束波经后端反射膜反射后返回光纤耦合器，发生干涉，干涉的光信号经光电探测器转换为电信号，经过信号处理就可以拾取声波信号。图 8.17(b)是基于 Mach-Zehnder 光纤干涉仪原理的光纤水声换能器。激光经 3dB 光纤耦合器分为两路，分别经过信号臂与参考臂，由另一个耦合器合束发生干涉，经光电探测器转换后拾取声波信号。图 8.17(c)是基于 Fabry-Perot 光纤干涉仪原理的光纤水声换能器。由两个反射镜或一个光纤布拉格光栅等形式构成一个 Fabry-Perot 干涉仪，激光经该干涉仪时形成多光束干涉，通过解调干涉的信号得到声波信号。图 8.17(d)是基于 Sagnac 光纤干涉仪原理的光纤水声换能器。它的核心是由一个 3×3 光纤耦合器构成的 Sagnac 光纤环，顺时针或逆时针传播的激光经过信号臂时对称性被破坏，形成相位差，返回耦合器时发生干涉，解调干涉信号得到声波信号。

以双光束干涉为例，干涉后的光信号经光电转换后可以写为

$$U_0 = U[1 + k\cos(\varphi_s + \varphi_n)] + U_n \tag{8.56}$$

其中，U_0 为输出的电压信号，U 为信号强度，k 为干涉仪的可视度，φ_s 为水中声波引起的干涉仪两臂相位差，φ_n 为外界环境变化引起的相位差，U_n 为电路的附加噪声。

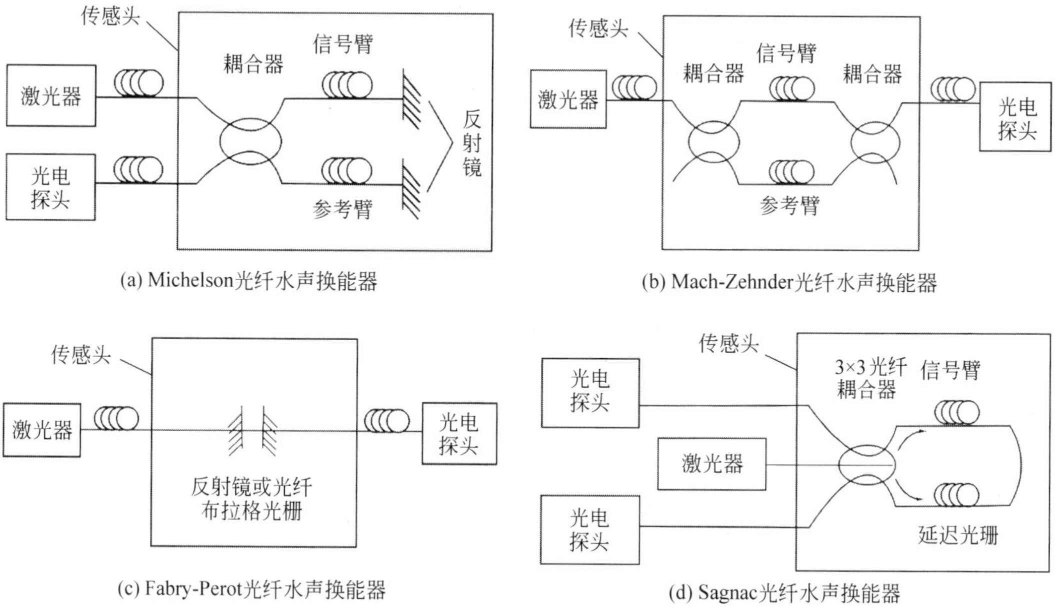

图 8.17　各种干涉型光纤水声换能器的原理

光纤干涉仪输出光波相位差为

$$\varphi=\frac{2\pi nlv}{c} \tag{8.57}$$

其中，n 为光纤纤芯的有效折射率，l 为光纤轴向长度，v 为光频，c 为真空中的光速。

若光源相干长度为 L，相干理论要求 $L\geqslant nl$，由式(8.57)可得，各种因素引起的相位差变化为

$$\Delta\varphi=\frac{2\pi nlv}{c}\left(\frac{\Delta n}{n}+\frac{\Delta l}{l}+\frac{\Delta v}{v}\right) \tag{8.58}$$

由式(8.58)可以看出，相位差的变化包括 3 部分：①由光弹效应产生有效折射率改变引起的光相位变化；②光纤轴向长度的变化引起的光相位变化；③光频的抖动引起的光相位变化。其中，前两部分由声压调制因素产生，第三部分则构成系统的光相位噪声。

一般光纤水声换能器探头都经过增敏处理，最简单的增敏方法是将干涉仪的传感臂缠绕在一个声压弹性体上。这样，声压变化时，弹性体随声压受迫振动，传感光纤长度被调制，这样声压对光纤水声换能器的调制主要表现为光纤轴向长度的调制，这种光纤轴向长度的变化与声压的变化成正比，即

$$\Delta\varphi_{\mathrm{s}}\approx\frac{2\pi nlv}{c}\times\frac{\Delta l}{l} \tag{8.59}$$

式(8.59)表明，由水声引起的相位差变化与声压变化成正比。

2）光强度调制型光纤水声换能器

光强度调制型光纤水声换能器基于光纤中传输光强被声波调制的原理。该型光纤水声换能器研究开发较早，主要调制形式有微弯式及光栅式等。

微弯式光纤水声换能器根据光纤微弯损耗导致光功率变化的原理制成，其原理如图 8.18 所示。两个活塞式构件受声压调制，它们的顶端是一个带凹凸条纹的圆盘，受活塞推动而压迫光纤，光纤由于弯曲而损耗发生变化，这样输出光纤的光强受到调制，转换为电信号，即可得到声场的声压信号。

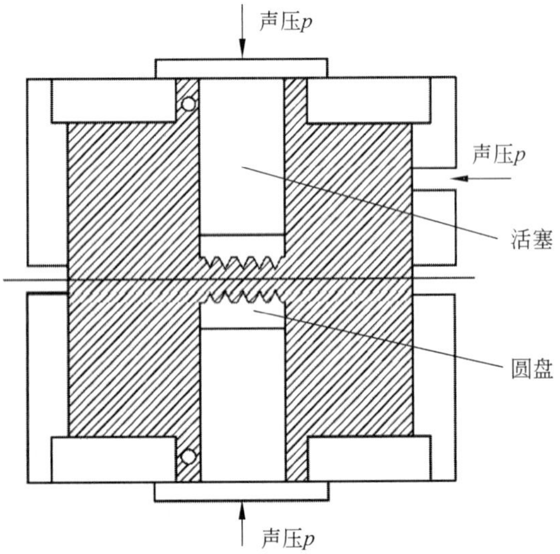

图 8.18　微弯式光纤水声换能器原理

基于光纤光栅技术的水声换能器的基本原理是光纤光栅在外界应力的作用下使布拉格反射波长发生移动。光栅式光纤水声换能器本身主要包括两个轴对准的光波导管(或纤维),其间有一个小的间隙,间隙中控制透射比的孔径提供需要的强度调制。与通常光纤光栅传感器不同的是,由于外界水声作用在光栅上产生的应力应变往往很小,难以直接识别布拉格波长的微小移动量,因此在这种光栅式光纤水声换能器结构中,并不是选择宽带光源,而是选择一个输出波长可调的窄带激光器,将这个激光器的输出光波长调节在光栅透射谱的一个边上。这样,当光栅的透射谱在外界水声信号的作用下移动时,输出光信号就沿着光栅透射谱的一边近似线性地被调制。光栅式光纤水声换能器价格便宜,可达到相当高的灵敏度,且装置制作简单,无须任何先进的光学技术。另外,由于光栅密度、偏移程度、光功率及水声换能器的结构可以灵活选择,因此灵敏度、动态范围、尺寸及工作频率范围方面的设计具有较大的灵活性。

3. 其他新型水声换能器

1) 钹式水声换能器

钹式水声换能器由两片类似打击乐器钹(Cymbal)的金属平顶锥壳夹着一片压电陶瓷晶片构成,也常称为Cymbal换能器。由于金属平顶锥壳颇像一顶帽子,因此它又称为帽状换能器。钹式水声换能器截面如图8.19所示。这种换能器在被压电陶瓷晶片激励时,通过金属平顶锥壳与压电陶瓷晶片的界面耦合作用,将压电陶瓷晶片的径向扩张振动模态改变为金属平顶锥壳的弯张振动模态,并产生较大的轴向位移;当外力作用在换能器上时,通过金属平顶锥壳与压电陶瓷晶片的界面耦合作用改变为径向扩张振动模态,并与压电陶瓷晶片的径向扩张振动模态叠加,产生较大的径向张力。钹式水声换能器体积小,重量轻,灵敏度高,结构较简单,加工方便。

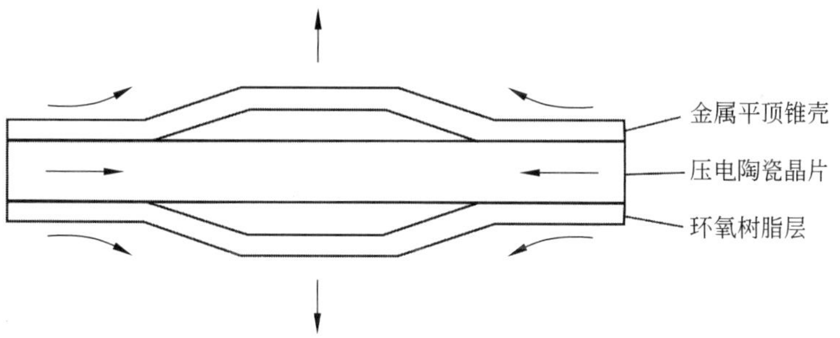

图8.19　钹式水声换能器截面

2) 复合向量水声换能器

复合向量水声换能器可以接收和利用声场中的标量参数(声压)和向量参数(振速),充分利用声场中的信息。在结构形式上,声压梯度水声换能器也称振速水声换能器,可分为双声压式、同振式和压差式等几种。双声压式复合向量水声换能器直接采用两只声压水声换能器构成。不动外壳型声压梯度水声换能器具有固定不动的外壳,双叠片压电敏感元件固定于外壳上,压电板沿其厚度方向在声压梯度作用下作弯曲振动。将敏感元件沿3个正交方向放置而且具有同一相位中心,即构成三维向量水声换能器。将声压水声换能器和向量水声换能器在结构上融合后,整体为球形,海水中浮力为零,便构成了同振式复合向量水声换能器，利用两者的输出信号进行处理。同振式复合向量水声换能器不接触水，传感器的响应是传感器整体的脉动。压差式复合向量水声换能器接触水，适用于高频范围。

复合向量水声换能器的方向性是余弦形的。可以实现单边指向性波束锐化和波束的电子旋转，实现定向。复合向量水声换能器的工作频率可以从几百赫兹到几万赫兹，经过信号处理后，复合向量水声换能器可抑制噪声 10dB。

8.4.4 超短基线定位系统

1. 水下定位方法

目前，水下机器人(ROV)的水下定位方法有 3 种。一是锚定法，定位精度不高，抗干扰能力不强，作业范围比较有限。二是主从手定位方法。其中一个机械手称为主手，负责在水下完成指定的任务；另一个机械手称为从手，在水下作业过程中负责固定任务目标。三是超短基线定位方法，以超短基线作为位置传感器，与其他的姿态传感器构成组合导航系统。其中，位置传感器为 ROV 提供位置数据，深度和方位信息可以由深度传感器和罗盘获得。将超短基线的信息和传感器的信息经过滤波综合，可以得到精度更高的位置信息，从而保证 ROV 相对于某一固定目标的位置和姿态保持不变，实现动力定位。

2. 超短基线定位原理

超短基线定位系统的水声接收换能器又称为水声接收基元。两个水声接收基元的距离称为基线。超短基线定位系统的基阵由至少 3 个水声换能器构成，安装在一个几厘米的机座上。由于基线长度很短，所以是通过测量两个水声换能器的相位差而不是时间差来定位。由水下声源发来的声脉冲到达基阵的每个阵元的相位是不同的，检测这个相位差，经过变换和计算就能得出声源的位置。例如，将声源置于 ROV 上，就可以得到 ROV 的位置。超短基线定位系统的精度略低于短基线定位系统。例如，以基元 2 为原点，以母船航向为 x 轴，建立坐标系。设基元间距为 d，则 3 个基元坐标为 $E_1(d,0,0)$、$E_2(0,0,0)$和 $E_3(0,d,0)$。设目标坐标为 $T(x,y,z)$，则声源到达基元 2 和其他两个基元的相位差为

$$\begin{cases}\varphi_{21}=\dfrac{2\pi}{\lambda}\left[\sqrt{x^2+y^2+z^2}-\sqrt{(d-x)^2+y^2+z^2}\right]\\[2ex]\varphi_{23}=\dfrac{2\pi}{\lambda}\left[\sqrt{x^2+y^2+z^2}-\sqrt{x^2+(d-y)^2+z^2}\right]\end{cases}\tag{8.60}$$

基元 2 和目标之间的距离 $r=x^2+y^2+z^2$，则式(8.60)化为

$$\begin{cases}\varphi_{21}=\dfrac{2\pi}{\lambda}\left[r-\sqrt{r^2+d^2-2dx}\right]\\[2ex]\varphi_{23}=\dfrac{2\pi}{\lambda}\left[r-\sqrt{r^2+d^2-2dy}\right]\end{cases}\tag{8.61}$$

超短基线定位系统的基线长度很短(约几厘米)，因此有 $r\gg d$，式(8.61)用泰勒级数展开，近似为

$$\begin{cases}\varphi_{21}\approx\dfrac{2\pi}{\lambda}\left[r-r\left(1+\dfrac{1}{2}\times\dfrac{d^2-2dx}{r^2}\right)\right]\approx\dfrac{2\pi d}{\lambda}\times\dfrac{x}{r}\\[2ex]\varphi_{23}\approx\dfrac{2\pi}{\lambda}\left[r-r\left(1+\dfrac{1}{2}\times\dfrac{d^2-2dy}{r^2}\right)\right]\approx\dfrac{2\pi d}{\lambda}\times\dfrac{y}{r}\end{cases}\tag{8.62}$$

则

$$\begin{cases} x \approx \dfrac{\lambda r}{2\pi d}\varphi_{21} \\ y \approx \dfrac{\lambda r}{2\pi d}\varphi_{23} \end{cases} \tag{8.63}$$

其中，r 为目标斜距，可以通过公式 $r=ct$ 求得，c 为声波在水中的传播速度，t 为声波在水中的传播时间；λ 为水中声波的波长；φ_{21}、φ_{23} 为两个水声换能器收到的信号与参考基元的相位差；d 为基元间距，同时要求 $|x| \gg d/2$、$|y| \gg d/2$。

深度值由应答器本身所携带的深度传感器测得，并通过水声通道传给导航处理器，通过以上计算就可以得出水下目标相对于母船的位置坐标。应用超短基线进行 ROV 动力定位的原理如图 8.20 所示。其中，应答信标安装在 ROV 上，由水声接收基阵发射声询问信号，应答信标接收到询问信号后，经过一个固定的延时(30ms)返回应答信号。通过测量声波在水中的传播时间可以计算出 ROV 和母船间的斜距，同时测量水声接收基阵各个接收换能器间的相位差，由式(8.63)便可以计算出 ROV 相对于母船的位置坐标。一般情况下，即使是具有动力定位能力的母船，在恶劣的海况下其位置偏移量也是很大的。由于超短基线定位系统采用相对定位方式，如果单纯依靠母船实现 ROV 动力定位，则母船的位置漂移势必影响 ROV 的定位精度。一个好的解决办法是在海底投放一个固定信标作为参考点，首先测出母船与参考信标的相对位置，然后再测出 ROV 与母船的相对位置，根据以上数据就可以计算出 ROV 相对于参考信标的位置参数。这样，母船的漂移将不影响 ROV 的动力定位精度，使得这种基于超短基线的 ROV 动力定位方式更能适应复杂的海况。水声接收基阵安装在母船上，由于超短基线基阵的尺寸很小，所以母船的纵倾和横摇对系统的定位精度会产生很大影响。为解决这一问题，在实际应用时需要在水声接收基阵上安装姿态传感器及运动参考单元。其中，姿态传感器对水声接收基阵进行静态校正，使之更接近理想的水平状态；运动参考单元提供母船的纵倾和横摇的加速度信息，可以对母船的晃动及时进行补偿。

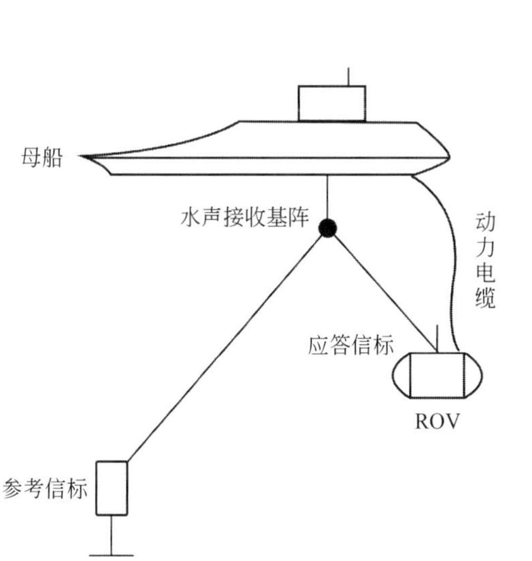

图 8.20　应用超短基线进行 ROV 定位的原理

3. 典型超短基线定位系统

英国 Sonardyne 超短基线定位系统由导航处理器、水声接收基阵、水声应答信标以及键盘、显示器等外围设备组成,如图 8.21 所示。

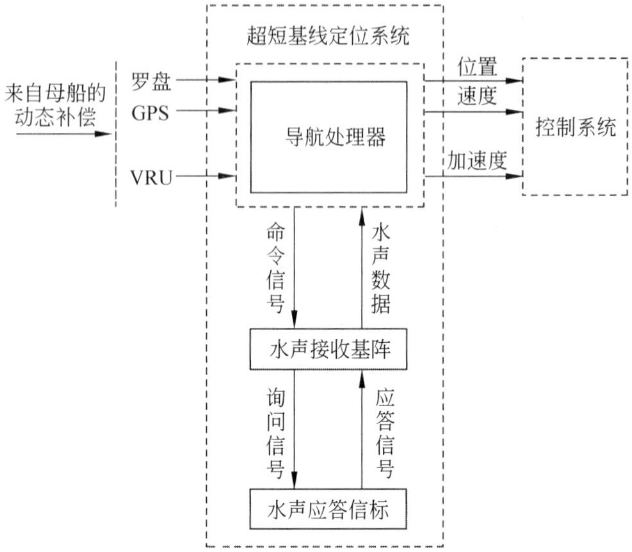

图 8.21 Sonardyne 超短基线定位系统

1) 导航处理器

导航处理器的主要功能是通过水声接收基阵向水声应答信标发送声波命令,同时接收换能器接收来自水声应答信标的应答信号,通过调制解调形成正确的数据格式,可以利用交互系统显示在桌面上,也可以通过串口将数据传送给控制系统。同时,导航处理器还可以接收多种传感器的信号,对支持母船的姿态误差进行动态校正,从而使该系统在恶劣的海况下仍能保证很高的定位精度。同时,由母船上安装的差分全球定位系统(DGPS)可以确定 ROV 的大地惯性坐标。导航处理器可以输出 ROV 的目标位置、速度、加速度等多种信号。

2) 水声接收基阵

水声接收基阵由 5 个接收换能器和一个发射换能器组成。通过任意 3 个接收换能器所得到的信息就可以确定 ROV 的位置。5 个接收换能器提供了更大的冗余度,可以获得更多的数据,选取较精确的数据,使定位精度更高。水声接收基阵的主要功能就是根据来自导航处理器的命令向水声应答信标发送声波询问信号命令,同时接收来自水声应答信标的应答信号,并将应答信号送给导航处理器。由于水声接收基阵在应答机制上将信号的发送和接收过程分开处理,并且发送和接收信号的频率不同,从而可以在很大程度上抑制系统的接收噪声,提高系统的敏感性。同时该系统还可以在不同水声环境下对接收单元及放大器进行优化处理,可以提高在恶劣水声条件下的信号接收精度。

3) 水声应答信标

水声应答信标接收来自水声接收基阵的询问信号,同时发出应答信号。该系统的水声应答信标本身带有深度传感器,应答信号包括位置和深度数据。该系统的水声应答信标可以和大多数中频(19~36kHz)设备兼容,并可以根据需要进行相应的设置。

8.5　仿生机器人智能感知

8.5.1　仿生触须

1. 触须建模及接触距离测量

1）触须力学分析

刚性的探针在接触物体时不发生变形，其力学分析较为简单，但为了获得取外部信息，须保证探针尖端与物体保持接触，而且获取的信息量较少。而柔性的触须无须保证尖端接触，可以通过分析弯曲变形、振动频率等获取外部信息。通常以弹性细杆作为触须，其力学模型如图 8.22 所示。

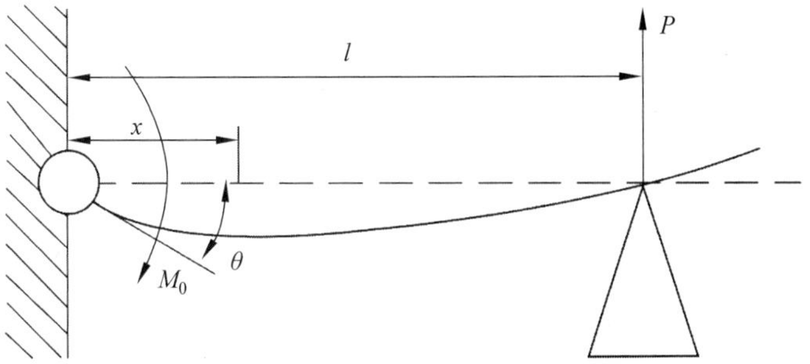

图 8.22　触须力学模型

将触须看作一根弹性梁进行分析，假设触须主动接触一个刚体，通过检测触须自身的弯曲变形即可获得外界物体的信息。在建立模型时，作如下假设：

（1）被测对象为刚性物体。

（2）在触碰过程中，被测对象静止不动。

（3）触须由于轴向力作用引起的变形足够小，相对于径向变形可以忽略不计。

（4）触须的运动在同一平面内。

当触须与被测对象接触时，在触须与被测对象之间产生接触力。于是在触须根部产生弯矩 M_0，触须任意截面上的弯矩可以表示为

$$M(x) = -P(l - x), \quad x \leqslant l \tag{8.64}$$

其中，P 为触须在接触点处所受的力；l 为接触点到触须根部的距离，即接触距离。由材料力学知识可知，触须挠曲线微分方程为

$$\frac{\dfrac{\mathrm{d}^2 v}{\mathrm{d}^2 x}}{\left[1 + \left(\dfrac{\mathrm{d}v}{\mathrm{d}x}\right)^2\right]^{3/2}} = \frac{M(x)}{EI} \tag{8.65}$$

其中，v 为与触须根部距离为 x 处的挠度，E 是弹性杨氏模量，I 是横截面的转动惯量。式(8.65)适用于弯曲变形的任意情况。

假设触须在触碰过程中变形足够小，此时 $\mathrm{d}v/\mathrm{d}x$ 很小，$(\mathrm{d}v/\mathrm{d}x)^2$ 与 l 相比可以省略，触须挠曲线微分方程可近似为

$$EIv''=M(x)=-P(l-x) \tag{8.66}$$

对式(8.66)积分,可得到触须转角方程和挠曲线方程:

$$EIv'=EI\tan\theta=\frac{Px^2}{2}-Plx+C_1 \tag{8.67}$$

$$EIv=\frac{Px^3}{6}-\frac{Plx^2}{2}+C_1x+C_2 \tag{8.68}$$

其中,θ 为与触须根部距离为 x 处的转角,C_1、C_2 为常数。

2) 触须传感器移动测量接触距离方法

将触须传感器安装在移动平台上,传感器随着移动平台一起移动,触须通过移动与物体触碰,如图 8.23 所示。假设在初始位置触须刚好与物体接触。此时可将触须看作一根悬臂梁,通过记录移动平台的移动量 v_l 和触须遮光片处的偏移量 v_h 就可以测出接触距离 l。

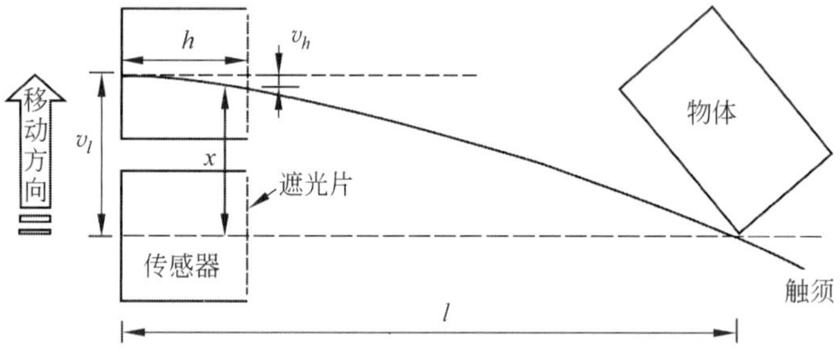

图 8.23　触须传感器移动测量接触距离

接触距离计算公式的推导过程如下。

将边界条件 $v_{x=0}=0$ 和 $v'_{x=0}=0$ 代入式(8.67)和式(8.68)中,得到常数 $C_1=0$,$C_2=0$。则触须转角方程和挠曲线方程可以写成

$$EIv'=\frac{Px^2}{2}-Plx \tag{8.69}$$

$$EIv=\frac{Px^3}{6}-\frac{Plx^2}{2} \tag{8.70}$$

在图 8.23 中,移动平台的移动量 v_l 可看作触须在接触点的挠度,该值由系统给定,为已知量。触须遮光片处的偏移量 v_h 由传感器测得。将移动平台的移动量和触须遮光片处的偏移量代入式(8.70),消去 E、I、P 得

$$\frac{v_h}{v_l}=\frac{3h^2}{2l^2}-\frac{h^3}{2l^3} \tag{8.71}$$

其中,h 为遮光片到触须根部的距离,l 为触须的接触距离。由式(8.71)可知,通过记录平台的移动量和触须遮光片处的偏移量,就可以测出触须的接触距离。

3) 触须传感器转动测量接触距离方法

通过移动触须传感器测量接触距离,有时需要有较大的运动空间。而在未知环境中,可移动的空间往往比较狭小。为了在较小的空间内尽可能多地获得外部信息,可以通过转动触须传感器测量接触距离。将触须传感器安装在转动平台上,使触须能绕其根部转动,通过转动触须传感器触碰物体测量接触距离,如图 8.24 所示。此时将触须看作一根简支梁进行

分析，将边界条件 $v_{x=0}=0$ 和 $v_{x=l}=0$ 代入式(8.68)，得到常数 $C_1=Pl^3/3$，$C_2=0$，则触须转角方程和挠曲线方程可以写成

$$EIv'=EI\tan\theta=\frac{Px^2}{2}-Plx+\frac{Pl^2}{3} \tag{8.72}$$

$$EIv=\frac{Px^3}{6}-\frac{Plx^2}{2}+\frac{Pl^2x}{3} \tag{8.73}$$

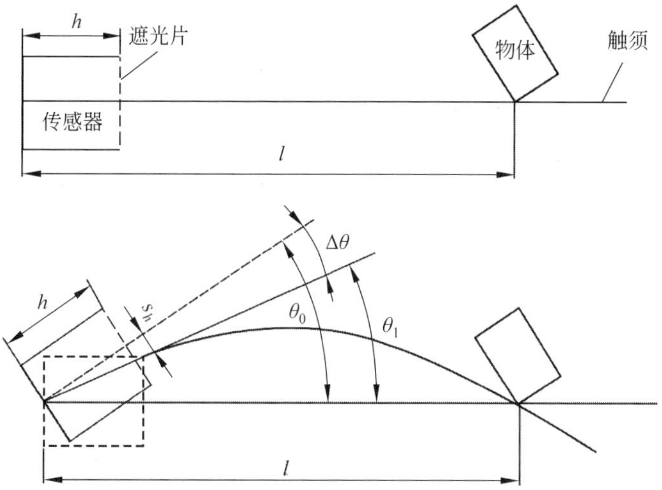

图 8.24　触须传感器转动测量接触距离

假设在初始位置触须刚好与物体接触。在图 8.24 中，θ_0 为转动平台的转动角度，也就是触须传感器的转动角度，可以将其看作触须根部的转角；θ_1 为触须在遮光片处转角的近似值，由于触须变形较小，故可将其看作触须在遮光片处的转角；s_h 为触须在遮光片处的偏移量。

下面根据图 8.24 及式(8.72)推导出触须接触距离的计算公式。由图 8.24 可知

$$\tan\Delta\theta=\frac{s_h}{h} \tag{8.74}$$

$$\theta_1=\theta_0-\Delta\theta \tag{8.75}$$

把触须根部距离 $x=0$ 和遮光片处距离 $x=h$ 代入式(8.72)，消去 E、I、P 得

$$\frac{\tan\theta_1}{\tan\theta_0}=\frac{3h^2}{2l^2}-\frac{3h}{l}+l \tag{8.76}$$

再将式(8.74)代入式(8.76)得

$$\frac{\tan(\theta_0-\Delta\theta)}{\tan\theta_0}=\frac{3h^2}{2l^2}-\frac{3h}{l}+l \tag{8.77}$$

其中，h 为常数值。由式(8.77)可知，通过记录传感器的转动角度 θ_0 和遮光片的偏移量 s_h 就可以计算出触须的接触距离 l。

2. 基于触须传感器阵列的轮廓检测

触须传感器不仅可用于距离测量，而且可用于物体轮廓的检测。有研究表明，老鼠在未知环境中通过来回摆动头部的触须获取更多的外部信息。受此启发，模仿老鼠的触须建立触须传感器阵列，通过左右摆动触须扫描物体，可以实现对物体轮廓的检测。触须传感器阵

列工作原理如图 8.25 所示。触须传感器阵列由电机驱动，使触须能绕各自的根部转动，转动角度相同，由系统给定。为了便于分析，将触须传感器阵列和物体置于空间坐标系中，使各触须的轴线处于 x-z 平面内，并与 z 轴平行。以其中一根触须为例说明触须传感器阵列检测物体轮廓的方法。

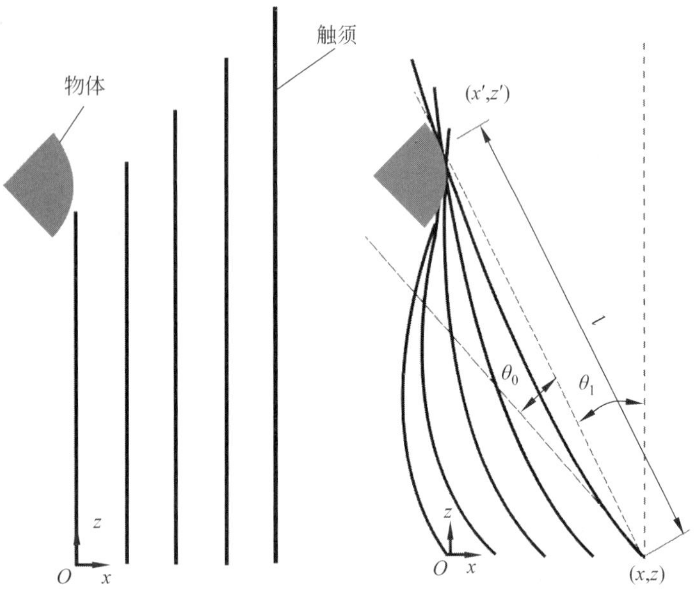

图 8.25 触须传感器阵列工作原理

在图 8.25 中，θ_1 为触须刚接触到物体时转过的角度，θ_0 为触须触碰到物体后转过的角度，l 为接触距离。在初始状态下触须轴向与 z 坐标轴平行，假设触须根部坐标为(x,z)，初始状态接触点坐标为(x',z')。由图 8.25 可知

$$(x',z')=(x-l\sin q_1, z+l\cos q_1) \tag{8.78}$$

由式(8.78)可知，要得到接触点坐标(x',z')，需要先得到转动角和接触距离。下面对这两个参数的检测和求解进行说明。

触须传感器阵列扫描物体时，触须绕各自的根部转动。当触须未触碰到物体时不发生弯曲变形，遮光片不产生偏移，传感器检测到的是噪声信号；当触须触碰到物体时发生弯曲变形，遮光片产生偏移，传感器检测到触须偏移量信号。为了区别真实信号与噪声信号，设定一个阈值，当偏移量超过该值时，则表明触须触碰到物体，此时系统记录触须已转过的角度 θ_1。

测得 θ_1 后还需要知道接触距离 l。当触须触碰到物体后继续转过角度 θ_0，再根据式(8.79)的第一个公式，就可算出接触距离 l。至此可以确定物体表面的一个接触点，同理可以求得其他各触须的接触点。在空间坐标系内改变触须传感器阵列的位置进行扫描，可以测得物体表面的一系列接触点。根据得到的接触点就可以拟合出物体的轮廓。接触点坐标具体计算公式如下：

$$\begin{cases}\dfrac{v_h}{\sin\theta_0}=\dfrac{3h^2}{2l}-\dfrac{h^3}{2l^2}\\(x',y',z')=(x-l\sin\theta_1, y, z+l\cos\theta_1)\end{cases} \tag{8.79}$$

其中，(x,y,z)为触须根部空间坐标，(x',y',z')为接触点的空间坐标，v_h、θ_0、θ_1 由系统测得，l 通过计算得到。

8.5.2　电子鼻

在许多行业中，人的鼻子仍是评判气味的主要手段。但是，由于人的主观因素，判断的结果无法进行定量的表达，因此能够模拟人类鼻子的电子测量设备具有巨大的社会需求。

对气体进行分析的方法主要分为感官评定、化学分析及电子鼻 3 类。传感器技术的发展和人对嗅觉过程的理解决定了电子鼻技术的产生和发展。电子鼻又称人工嗅觉，因其具有寿命长、操作简单、体积小、成本低、可定性和定量测量、可实现原位、在线和实时测量等优点而受到广泛重视。

目前国外已经有许多商用的电子鼻系统，其中一些已经成功应用于食品、环境和航空等行业。法国 Alpha MOS 公司的 FOX 系列电子鼻、美国 Sensigent 公司的 Cyranose 320 和德国 Lennartz Electronic 公司的 MOSES 电子鼻系统是目前世界上有代表性的商用电子鼻系统。

Alpha MOS 公司是最早开发商用电子鼻的公司之一，其开发的 FOX 系列电子鼻在工业上的很多领域获得了成功应用。目前的主流型号是 FOX4000。其技术指标如下：FOX4000 共含有 18 个金属氧化物传感器，平均分布在 3 个测试腔中。传感器平均寿命为 3 年。该仪器可以自动进行校正和补偿，采样的方式是顶进气。该仪器配套软件可实现 PCA、DFA、SQC 等判别方法。FOX4000 有大容量的数据库，为识别提供依据。

美国 Sensigent 公司生产的 Cyranose 320 是一款便携式的电子鼻系统，其具有 32 个导电聚合物传感器组成的阵列，同时也具备了 PCA、KNN 等模式识别方法。该系统主要由传感器阵列和数据分析算法两部分组成，其基本技术是将若干独特的薄膜式碳黑聚合物复合材料化学电阻器配置成一个传感器阵列，然后采用标准的数据分析技术，通过分析由此传感器阵列收集到的输出值识别未知分析物。Cyranose 320 的适用范围包括食品与饮料的生产与保鲜、环境保护、化学品分析与鉴定、疾病诊断、医药分析、工业生产过程控制与消费品的监控与管理等。

嗅觉是生物对某种气体或挥发物质的分子产生的一种生理反应。人的嗅觉系统由 3 部分组成：嗅黏膜（含气体传输系统）、嗅泡、嗅神经皮层。生物嗅觉的产生和传输过程：气体分子被嗅觉受体细胞黏液吸附后扩散到纤毛与嗅黏膜的受体相结合，进而与蛋白质感受器进行反应，引起膜电压的变化，嗅神经纤维产生神经冲动。嗅觉信号由嗅小球传输到大脑的相关区域，产生条件反射。嗅觉系统是一个典型的分层结构系统，如图 8.26 所示。这些模块的划分对电子鼻的设计具有重要的指导意义。

通过对比可以发现，电子鼻系统和人体的嗅觉系统的组成有很大的相似之处。电子鼻系统工作时，首先气体与传感器相接触，激发传感器产生反应，从而将气体的化学信息转换为物理信息。然后传感器将这些物理信息转换为电信号输出。经由数据采集系统采集得到并传输至计算机中存储下来。通过模式识别辨别气体的种类、浓度等信息，在计算机中处理后以曲线的形式显示出来。从图 8.26 中可以看到人的嗅觉系统和电子鼻系统的对应关系。

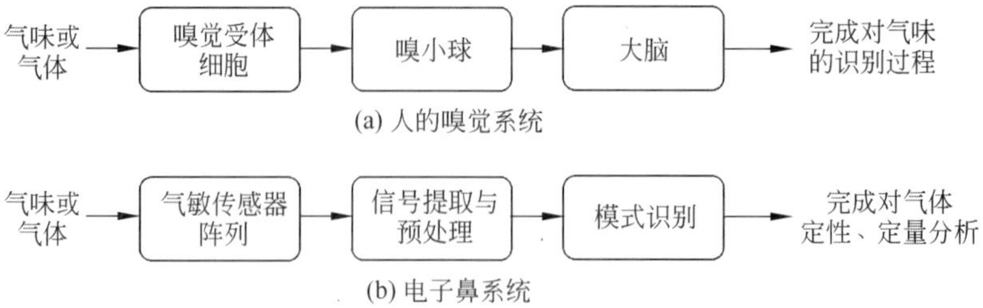

图 8.26　人的嗅觉系统与电子鼻系统的比较

电子鼻系统主要由气敏传感器阵列、信号预处理和模式识别 3 部分组成，如图 8.27 所示。

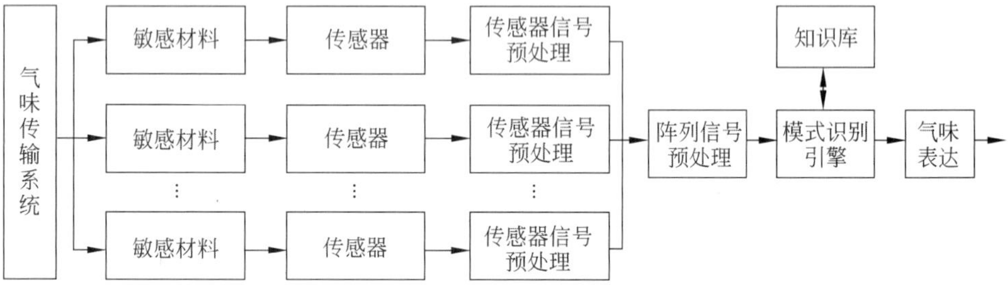

图 8.27　电子鼻系统的结构

1. 气敏传感器阵列

气敏传感器阵列作为电子鼻的关键部件之一，通常由多个气敏传感器构成。气敏传感器的材料是电子鼻研究中的热点问题。按照电子鼻气敏传感器的不同工作原理，可以将其分为以下 3 种类型。

1）金属氧化物半导体传感器

金属氧化物半导体传感器在材料吸附气体后，其表面电阻会发生变化。其结构如图 8.28 所示，有一个 P 型衬底和在衬底上扩散的两个掺杂浓度很高的 N 型区，两个 N 型区的金属触点分别称为源极和漏极。

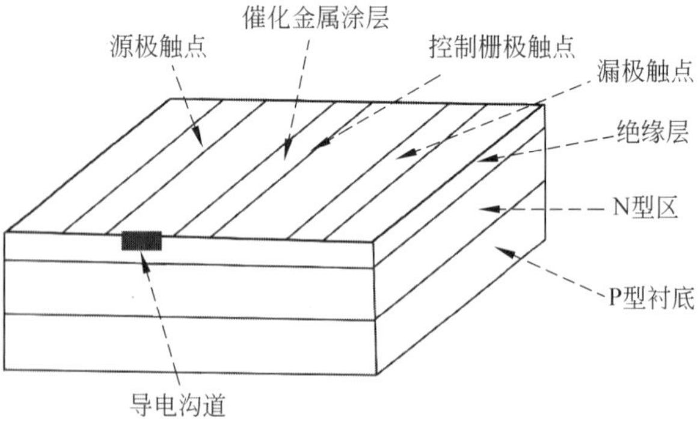

图 8.28　金属氧化物半导体传感器的结构

2）导电性气敏传感器

导电性气敏传感器的结构如图 8.29 所示。此类传感器中的活性材料是锡、锌、钛、钨或铱的氧化物，衬底材料一般是硅、玻璃、塑料，发生接触反应需满足 200～400℃的温度条件，因此在底部设置了加热器。氧化物材料中用铂、钯等贵重金属掺杂形成两条金属接触电极。与挥发性化合物的相互作用改变了活性材料的导电性，使两个电极之间的电阻发生变化，这种电阻变化可用单臂电桥或其他电路测量。

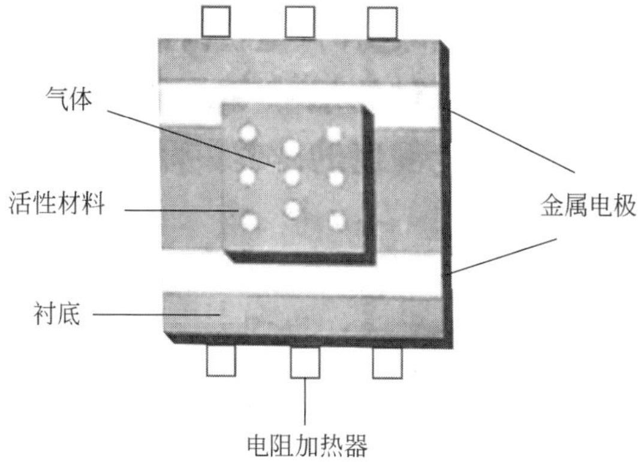

图 8.29　导电性气敏传感器的结构

3）光纤类气敏传感器

光纤类气敏传感器对气体化合物的响应形式是光谱色彩变化，其结构如图 8.30 所示。这种传感器的主干部分是玻璃纤维，在玻璃纤维的各面敷有很薄的化学活性材料涂层。化学活性材料涂层是固定在有机聚合物矩阵中的荧光燃料，当与挥发性复合物接触时，来自外部光源的单频或窄频带光脉冲沿光纤传播并激励活性材料，使其与挥发性复合物发生反应，这种反应改变了燃料的极性，从而改变了荧光发射光谱。对传感器阵列产生的光谱变化进行检测分析，就可以确定对应的气体化合物成分。

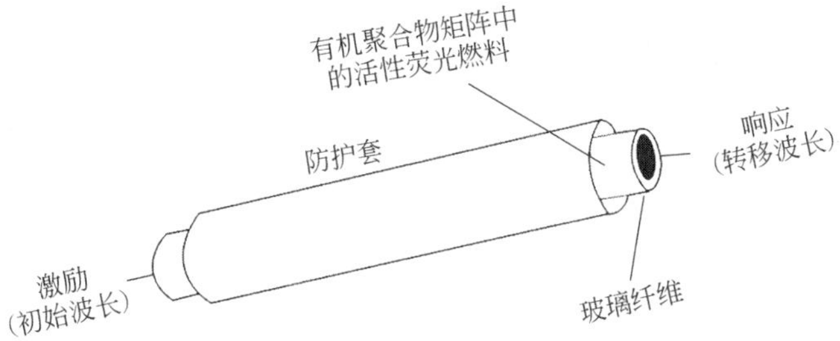

图 8.30　光纤类气敏传感器的结构

2. 信号预处理

电子鼻系统信号预处理的主要目的是完成传感器漂移补偿，从响应曲线中抽取描述参数，形成特征向量。信号预处理一般还包括信号调节和 A/D 采样，前者将传感器对气体的响应转变为容易测量的电信号（电压或电流），后者则将模拟信号转变为模式识别系统所需要的数字信号。两者只有相互配合才能发挥信号预处理的作用，获取关于被测样本的足够多的信息量，为后面的模式识别打下坚实的基础。在电子鼻实际应用中，应根据气敏传感器类型、模式识别方法和识别任务适当地选取处理方法。信号的预处理对于电子鼻系统的性能有着重大的影响，好的信号预处理方法可以降低识别算法的复杂度，从而提高系统识别性能。

3. 模式识别

单个气体传感器无法实现对所测量气体的唯一识别，即非单一选择性。为提高传感器的测量精度，常常将多个不同的具有部分选择性的气敏传感器组合成阵列模型，同时结合合适的模式识别算法，构成气体的检测系统。因而模式识别技术在电子测量中扮演着重要的角色。

模式识别是指对表征事物或者现象的信息进行处理和分析，以达到辨认和分类的过程，是信息科学和人工智能的重要组成部分。在电子模拟嗅觉的过程中，模式识别对传感器阵列的输出信号进行适当的处理，以获得混合气体组成成分信息和浓度信息。根据应用要求，模式识别可以分为两大类：定性识别和定量分析。定性识别是指对所测量的气体的种类做出正确的识别或判断。定量分析则除了要对气体种类做出正确判断外，还需要计算出气体的含量。

目前定性识别采用的算法有最近邻法、判别函数法、主成分分析法、人工神经网络、概率神经网络、学习向量量化、自组织映射等。其中，主成分分析法和人工神经网络应用最为广泛。

8.5.3 柔性可拉伸传感器

随着智能产品的普及，可穿戴电子设备呈现出巨大的市场前景。传感器作为主要的核心部件之一，将影响可穿戴设备的功能设计与未来的发展。近年来，柔性可拉伸传感器在健康监测方面发挥了非常重要的作用，如将传感器固定在人体胸口区域测量人体的呼吸频率，将传感器安装在手腕测量人体心率。然而，实现柔性可拉伸传感器的高灵敏度、高分辨率、快速响应、低成本制造和复杂信号检测仍是很大的挑战。

柔性可拉伸传感器将机械变形转换为电子信号，从中获得所需要的测量信息。柔性可拉伸传感器主要分为电阻型和电容型。

电阻型柔性可拉伸传感器是由导电敏感膜耦合柔性基底构成的。当复合结构拉伸时，在敏感膜上的微结构变化导致电阻变化与应变，形成一个函数。在应变释放之后，敏感膜重建传感器的电阻，恢复到它的初始状态。三星先进技术研究所在 2014 年研发出一种高度可伸缩的电阻型压力传感器，是通过涂覆基板具有高度伸缩性的电极实现的。衬底包含微尺度锥体特征阵列，电极包括聚合物复合材料。电极的压力引起的几何变化在 40%伸长时达到最大值，灵敏度达到 10.3kPa。

电容型柔性可拉伸传感器采用一对可拉伸电极，拉伸应变使两个电极的距离发生变化，导致电容发生变化。这种传感器的优势在于对外界刺激反应敏感，并能够在低耗能情况下检测微小静态力。

8.5.4 典型仿生机器人传感器系统

本节介绍一种仿生传感器的应用实例——仿鱼新型矢量水声传感器。鱼类有种特殊的皮肤感觉器官，称为侧线，鱼类侧线的结构如图 8.31 所示。鱼靠侧线获取水下活动的听觉能力，侧线是鱼类和水陆两栖类所特有的感觉器官，是皮肤感觉器官中最高度分化的构造，呈沟状或管状。侧线管内充满黏液，管壁上有纤毛组织，水声信号通过黏液作用在纤毛上，引起纤毛偏斜，纤毛周围的感觉细胞获得刺激，刺激通过侧线神经传递到鱼的神经中枢，从而使鱼类产生听觉。侧线可以感受声波，从而具有定向的功能，而且能感受内耳所不能感受到的低频率振动，侧线作为一种特殊的听觉器官，为设计用于声呐的定向性水声传感器提供了原型。

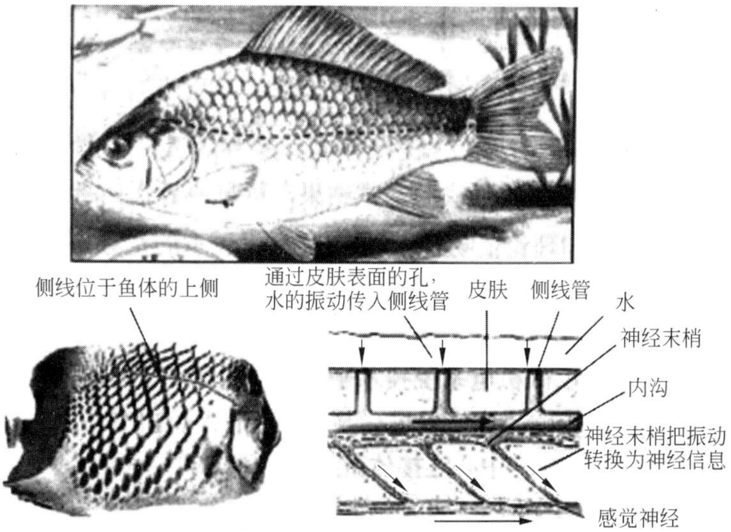

图 8.31　鱼类侧线的结构

流体的声场兼有标量场和向量场的特性。声场中任意点附近质点状态可用声压度 P、密度 ρ 和介质质点速度 V 表示。声场中的声压是标量，但是介质点位移、振速及振动加速度是向量。由此可见，声场兼有标量场和向量场的属性，这为设计向量水声传感器提供了理论依据。新型向量水声传感器相对于传统声压水声传感器具有极性指向性。振速是向量，其方向与声传播方向一致。振速传感器 3 个轴的振速为声波振速在其轴上的投影分量，所以振速传感器不管尺寸如何，均具有 $\cos\theta$ 或者 $\sin\theta$ 的指向性，称为偶极子指向性，且该指向性与频率无关，这意味着甚低频也具有指向性。只要测得质点振速在水平面内的两个分量 V_x、V_y，就可以得到声源在水平面内的方位角 θ，这就是仿生向量水声传感器确定声源的基本原理。声压是标量，因而单个声压水听器是无指向性的。在二维平面波假设条件情况下，向量水声传感器能够同时、共点测量声场中的声压 P 和相互正交的两个振速分量 V_x、V_y。向量水声传感器振速的各个分量具有 8 字形指向性，且具有正负极性，声压 P 没有指向性，如图 8.32 所示。

图 8.32(a)是频率为 1kHz 的入射信号的向量水声传感器振速 V_x、V_y 两个分量的指向性，可见两者指向性呈 8 字形正交状。图 8.32(b)是频率为 1kHz 的入射信号的向量水声传感器声压 P 的指向性，可见声压 P 没有指向性。

该向量水声传感器可以以微机电系统技术平台为依托，利用仿生学理论和压阻原理，通过仿生制造技术及仿生微系统的集成技术进行制造。纤毛式 MEMS 向量水声传感器的仿生微结构包括两部分：高精度四梁-中心连接体微结构和刚硬塑料柱体。将刚硬塑料柱体和压敏电阻分别模仿成鱼类侧线器官的可动纤毛及感觉细胞，并将刚硬塑料柱体固定于四梁-中心连接体的中央(即四梁交叉处)，压阻敏感单元分别设置于四梁的边缘处。其中，四梁-

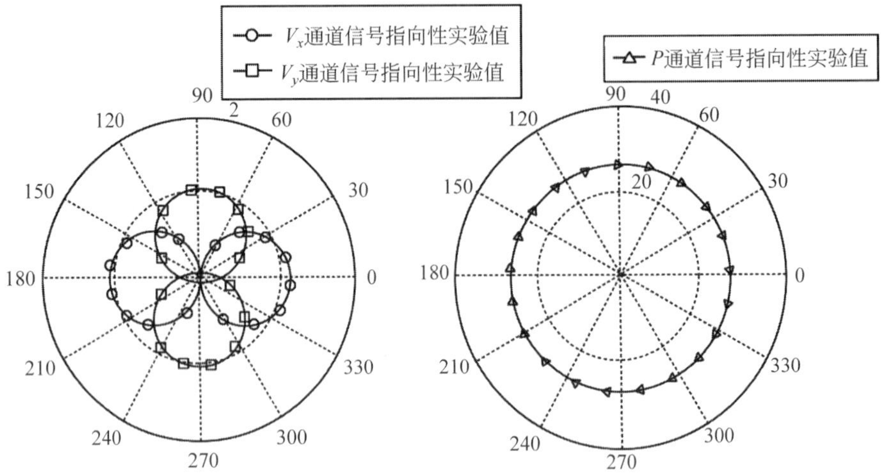

(a) V_x、V_y的指向性　　(b) P的指向性

图 8.32　向量水声传感器指向性实验测量结果

中心连接体采用 MEMS 基硅微机械加工技术加工而成，刚硬塑料柱体则采用塑料成型技术制作而成。纤毛式 MEMS 向量水声传感器的仿生组装原理如图 8.33 所示，将透声橡胶帽、蓖麻油、刚性塑料柱体、压敏电阻、金属导线分别模仿成鱼类侧线器官的感觉顶、感觉顶内部的黏液、可动纤毛、感觉细胞及神经元。因此，当有水下声信号作用于传感器的透声橡胶帽时，透声橡胶帽将会通过蓖麻油把相应的声音信号传递给刚硬塑料柱体。刚硬塑料柱体与其所处的介质质点同振，从而将感受到的声信号传递给压敏电阻，使梁产生应力变化，植入其上的压敏电阻的电阻值便发生变化。通过金属导线及相应的电路信号检测单元即可以实现水下、水平面内声音信号的向量探测。

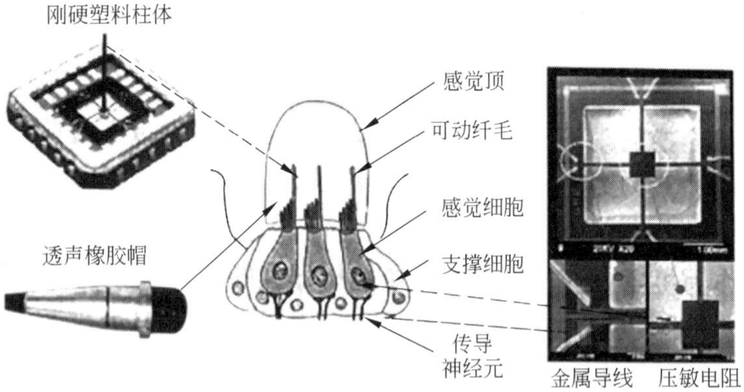

图 8.33　纤毛式 MEMS 向量水声传感器的仿生组装原理

仿生传感器通过对生命有机体的分子和结构的研究和利用设计和改进传感器的工艺，使传感器具有某些生物的独特性能。其研究工作大部分是跨学科的，不但涉及基础学科（如物理学、化学和生物学），还涉及一些专门学科，如材料科学、电子工程学和计算机科学等。仿生传感器的设计理念主要涵盖两方面：一是敏感机制的仿生，包括敏感材料与敏感机理的仿生设计；二是传感器功能的仿生。在仿生敏感材料方面，研究人员通过改变碳纳米管阵

列的形貌及对碳纳米管进行修饰，可以实现对其亲水性能的调控，甚至达到如荷叶般的超疏水性。在传感器功能仿生方面，主要是模仿生物的功能，研制具有与其功能相似的传感器，这也是一个非常活跃的研究领域。基于人手皮肤的触觉感应及肌肉的伸缩原理，意大利与瑞典科学家联合研制了基于传感器阵列的仿生感应系统和由反馈信号控制的机械联动装置，可以模拟人手实现对各种复杂形貌物体的抓放，并进行搬动。前面提到的模仿鱼类侧线的向量水声传感器也是传感器功能仿生方面的典型应用。

8.6 本章小结

本章面向几类典型的智能机器人感知系统需求，主要叙述了移动机器人、飞行机器人、空间机器人、水下机器人和仿生机器人的感知系统的组成和基本工作原理，重点阐述了这些典型智能机器人感知系统中所使用的一些经典内外部传感器和测量原理。移动机器人是发展最成熟且最重要的一类智能机器人，特别是其感知系统已经是智能机器人最为活跃的研究领域。本章主要介绍了移动机器人感知系统使用的惯性导航系统、卫星导航系统、视觉导航系统、激光雷达/红外定位系统等，并对卡尔曼滤波技术及多传感器信息融合技术进行了简要综述。针对飞行机器人则重点叙述了其传感器标定技术和测量模型，进一步对飞行器的运动状态估计方法进行了较为深入的阐述，并给出了提高飞行机器人导航精度的基本思路。针对空间机器人重点综述了一些典型的姿态测量敏感器、绝对导航敏感器、相对导航敏感器的基本工作原理，然后给出了空间机器人的姿态确定算法和姿态敏感器的相对误差标定技术。对于水下机器人的感知系统，本章主要概述了常用的声呐传感系统的组成及其工作原理，简要叙述了几种类型的水声换能器和近年来发展起来的超短基线定位系统和定位原理。由于仿生机器人的智能感知技术依赖多学科交叉和材料化学等基础学科的发展，因此仿生感知技术的发展仍未成熟，本章最后简要介绍了仿生机器人中已经使用的仿生触须、电子鼻、柔性可拉伸传感器等几种感知系统。

习　题　8

1. 移动机器人有哪些常用的传感器？它们各有什么特点？
2. 列举移动机器人常用的定位导航方法并分析这些方法的优缺点。
3. 为什么要对飞行器的运动状态进行估计？常用的估计方法有哪些？
4. 水下机器人常用哪些类型的传感器？简述这些传感器的工作原理。
5. 太空中常用的姿态测量敏感器有哪些？简述它们的工作原理。

第9章 基于多传感器信息融合的自动驾驶汽车位姿估计

自动驾驶汽车技术是当前多传感器信息融合技术发展最快的领域之一，它综合多种不同的智能传感器实现对汽车的精确定位和导航。自动驾驶汽车中搭载了丰富的运动传感测量单元，包括传统汽车的车载传感器（方向盘转角传感器、轮速传感器）、多轴惯性测量单元（IUM）、全球导航卫星系统（GNSS）接收机、相机、磁力计、激光雷达和拉压力传感器等。基于这些传感器即可设计出融合导航算法对汽车位姿进行估计。

车辆的姿态估计是指通过融合算法处理多源传感器信号，计算车辆的姿态。车辆的姿态一般指车身坐标系相对于导航坐标系或者世界坐标系的姿态。车身坐标系以车身前进方向为 x 轴，横向向左为 y 轴，向上为 z 轴，坐标系三轴标记为 x_b-y_b-z_b，坐标轴下标为 b；导航坐标系以当地位置东向为 x 轴，北向为 y 轴，天向为 z 轴，坐标系三轴标记为 x_n-y_n-z_n，坐标轴下标为 n。车身坐标系与导航坐标系的相对角度即为车身姿态角，分别为绕 z 轴的航向角 φ、绕 y 轴的俯仰角 θ、绕 x 轴的侧倾角 ϕ。由此可知，车身姿态角是绝对姿态，实际包含两部分，即悬架变化导致的车身相对于车辆底盘的姿态和当前道路的坡度。常用的车身姿态角表示方法主要有三种：欧拉角、方向余弦矩阵、四元数。它们之间可以相互转换，在实际应用中应该根据表达形式的便捷性加以选择。

车辆的速度估计是指通过多源信息融合算法处理来自不同传感器的信息，对车辆在某个坐标系中的速度进行估计。对于自动驾驶汽车而言，车辆速度一般是指车辆在车身坐标系或者导航坐标系中的速度。在获取准确的姿态角估计结果后，车辆在两个坐标系中的速度便可以相互转换。在姿态角估计技术的发展过程中，大多数估计算法依赖车辆的空间运动学模型，并未涉及车辆的轮胎和整车动力学模型，这是因为车身旋转运动的动力学模型较复杂，模型精度一般，过多依赖动力学模型难以获取准确的姿态估计结果。而在速度估计的现有方法中，在一定工况下车辆动力学模型的精度可以得到保证，基于车辆动力学模型的速度估计方法具有一定的可靠性，所以除了使用基于车辆运动学的速度估计方法外，基于车辆动力学模型的速度估计方法也被广泛采用。融合运动学和动力学的速度估计算法充分发挥了车辆模型和传感器信息的互补特性，为此常将卡尔曼滤波器方法和汽车动力学观测器方法联合使用以提高速度估计精度。事实上，悬架和轮胎是车辆模型的非线性和不确定性的主要来源，已有研究结果表明，使用动力学观测器大都基于简化的车辆模型设计，模型简化带来的建模误差极大地限制了估计器的估计精度。为解决该问题，有必要通过多源异构传感信息融合方法从算法层次减弱对于车辆动力学模型精度的依赖，通过多轴 IMU 和 GNSS

等外界传感器信息弥补车辆动力学模型的不足。

车辆的位置估计是指通过多源信息融合算法处理来自不同传感器的信息源，对车辆在某个坐标系中的位置进行估计，位置通常表达在地球坐标系或者当地局部坐标系中。选择地球坐标系可确定车辆在地球表面的位置。地球坐标系定义如下：该坐标与地球固连，坐标原点通常选在地心，z 轴与地球极轴重合，指向北极为正，x 轴和 y 轴都在地球的赤道平面内，x 轴是格林尼治子午面与赤道平面的交线，y 轴与 x 轴和 z 轴构成右手正交坐标系。在该坐标系下，通常以纬度、经度和高度为坐标表示位置。当地局部坐标系类似导航坐标系，可选取局部某个位置为原点，东向为 x 轴正向，北向为 y 轴正向，天向为 z 轴正向。位置估计通常需要自主或外界提供位置信息，例如通过自身 IMU 的航迹推算、基于 GNSS 辅助的位置估计、基于地图匹配的位置估计等。

9.1　多源传感系统的时空同步

自动驾驶汽车中搭载了丰富的多源异构传感器，有些传感器由于计算量或者数据量大，其测量数据经由传感器输出到使用终端时存在延迟。以 GNSS 接收机输出的数据为例，其位置信息一般存在 30～200ms 的延迟，而在进行多源异构传感系统融合估计车辆姿态、速度和位置时，被融合的数据必须是时间和空间轴上同一点的数据，将时空不一致点的数据直接融合会导致较大的时空同步误差，影响融合算法性能。

现有研究在实际应用过程中，对于时间同步而言，有些传感器中存在时间同步接口，例如 GNSS 接收机可提供秒脉冲信号，若 IMU 可接收该同步信号，则使用该秒脉冲信号即可实现对 GNSS 接收机和 IMU 的时钟对齐，然后根据二者的时间戳即可在算法中实现同步。有些传感器缺乏同步接口，例如低成本的 IMU 或者已经封装好的相机模块。对于这类传感器，只能通过软件算法对传感器间的同步误差进行软估计。例如有学者在研究 GNSS 和 IMU 时间同步时，将同步时间误差当作状态扩张至惯性导航系统(INS)误差状态方程中，然后通过一个统一的卡尔曼滤波器对 INS 误差和同步时间误差进行估计。

对于空间同步而言，不同传感器间的空间同步包含两部分，一个是相对位置同步，另一个是相对角度同步。针对空间同步问题，现有研究大都采用软估计方法，即将不同传感器间的相对位置误差都建模为状态并扩张到算法中。例如有学者在研究 GNSS 和 IMU 空间同步时，将相对位置误差建模为状态，然后通过卡尔曼滤波算法对相对位置误差和 INS 误差一同进行估计。

9.1.1　多源传感系统时间同步

在对 GNSS 与 IMU 进行信息融合或者在对相机与 IMU 等其他传感器进行信息融合时，被融合的传感器测量值需要在时间轴上同步，否则将导致融合算法中出现误差。以 GNSS 和 IMU 组合系统为例，若未对二者做时间同步处理，GNSS 速度和位置测量延迟带来的同步误差会导致速度和位置测量误差。为描述时间同步误差的影响，速度误差与时间同步误差的关系为

$$\delta v_e = v_r - v_G = v_r - \left(v_r - \int_0^{\tau} a(t)\mathrm{d}t\right) = \int_0^{\delta T} a(t)\mathrm{d}t \tag{9.1}$$

其中，δv_e 为时间同步误差导致的速度测量误差，v_G 为安装在车身顶部 GNSS 天线处测量合速度，v_r 为 GNSS 天线处真实合速度，$a(t)$ 为车辆运行加速度，ι 为时间同步误差。同理，带时间同步误差的位置测量误差为

$$\begin{aligned}\delta P_e = P_r - P_G = P_r - \left(P_r - \int_0^{\delta T} v_r \mathrm{d}t - \int_0^{\delta T}\int_0^{\delta T} a(t)\mathrm{d}t\mathrm{d}t\right) \\ = \int_0^{\delta T} v_r \mathrm{d}t + \int_0^{\delta T}\int_0^{\delta T} a(t)\mathrm{d}t\mathrm{d}t\end{aligned} \tag{9.2}$$

其中，δP_e 为时间同步误差导致的位置测量误差，P_r 为 GNSS 天线处真实位置，P_G 为 GNSS 天线处测量位置。时间同步误差带来的测量误差导致 GNSS/INS 组合算法估计出错误的姿态误差、速度误差和位置误差。该误差使用不当可能导致 GNSS/INS 组合系统输出的姿态、速度和位置发散。时间同步误差通常由传感器通信延迟和测量延迟产生。通信延迟与具体的通信形式有关，测量延迟由各个传感器决定。

IMU 通信接口一般为串行外设接口（SPI）或者集成电路总线（I^2C）。这两种形式的信号传输波特率较高，发送一个 IMU 数据包所消耗的时间一般在 2ms 以内。GNSS 接收机的通信接口一般为通用异步收发传输器（UART）串口形式。GNSS 接收机输出的速度和位置信息一般包括较大的时间延迟。时间延迟包含 GNSS 接收机在收到卫星信号后的速度和位置的解算时间以及 GNSS 接收机与外部通信的传输时间。不同接收机解算速度和位置消耗的时间不同。为了实现与 GNSS 接收机时间同步，部分 IMU 具备接收 GNSS 接收机秒脉冲信号的接口，可通过硬件测量延迟时间。对于无秒脉冲信号接口的 IMU，则可以使用软件算法估计 GNSS 位置延迟时间误差，即软同步方法。

1. 硬同步

硬同步方法是指通过硬件设计实现 GNSS 与 INS 的时间同步。对于可接收 GNSS 接收机秒脉冲信号的 IMU，当接收到秒脉冲信号后，其调整内部采样时钟周期实现与 GNSS 时钟的精确同步。主控制器的通信接口为 CAN 总线信号形式，而一般 IMU 通过串口输出，所以需要采用微控制单元（MCU）实现 IMU 信号读取与 CAN 发送，同时将秒脉冲信号输入 MCU 中以实现 IMU 和 MCU 与 GNSS 时间的精确同步。GNSS 接收机接口为 UART 形式，因此也采用一个 MCU 实现 GNSS 接收机信息读取与 CAN 发送，而 GNSS 接收机报文中一般已包含时间戳，只需要将 GNSS 接收机的报文解析后通过 CAN 发送出去。IMU 和 GNSS 接收机输出的信息均标上时间戳，主控制器根据该时间戳实现二者的精确同步。为计算 GNSS 输出信息延迟，以 INS 为基准，GNSS 接收机输出信息相较于惯性导航系统的时间延迟可计算为 $\tau = T_{\mathrm{INS}} - T_{\mathrm{GNSS}}$。

2. 软同步

软同步方法是指使用软件估计算法估计出不同传感器之间的时间同步误差。以 GNSS 接收机为例，即估计出 GNSS 接收机输出位置和速度延迟时间误差，从而使用该延迟时间误差对 GNSS 接收机输出位置和速度及其他信息同步。以下主要介绍 GNSS 位置延迟估计方法。

1）基于轮速辅助的 GNSS 接收机位置延迟时间误差估计系统模型

为估计 GNSS 接收机位置延迟，在小纵向动态和小侧向动态条件下，使用轮速信息对惯

性导航系统进行辅助，以对位置延迟时间误差进行估计。该方法假设位置延迟时间误差为慢变量，轮胎半径已知，车身侧偏角已知。估计算法中包含初始化模块、惯性导航模块、双天线载波相位差分 GNSS 接收机模块和自适应卡尔曼滤波误差估计模块 4 部分。

初始化模块实现对角速度零偏、航向、位置的初始化。初始化模块包括 $\varphi_{\text{ini}}=\frac{1}{k}\sum_{i=1}^{k}\varphi_{G_i}$、$L_{\text{ini}}=\frac{1}{k}\sum_{i=1}^{k}L_{G_i}$、$\lambda_{\text{ini}}=\frac{1}{k}\sum_{i=1}^{k}\lambda_{G_i}$、$\omega_{\text{ini}}=\frac{1}{k}\sum_{i=1}^{k}\omega_{I_i}$、$\theta_{\text{ini}}=\frac{1}{k}\sum_{i=1}^{k}-\arcsin(a_{x_{\text{bg}}i}/g)$、$\phi_{\text{ini}}=\frac{1}{k}\sum_{i=1}^{k}\arcsin(a_{y_{\text{bg}}i}/g\cos\theta_{\text{ini}})$，其中 φ_{ini}、L_{ini}、λ_{ini}、ω_{ini}、θ_{ini} 和 ϕ_{ini} 分别为航向角、纬度、经度、三轴角速度、俯仰角和侧倾角的初始值；φ_G、L_G 和 λ_G 分别为 GNSS 测得的航向、纬度和经度；ω_I 为 IMU 模块测得的角速度；g 为重力加速度；$a_{x_{\text{bg}}}$ 和 $a_{y_{\text{bg}}}$ 分别为车辆坐标系下的纵向和侧向加速度。在车辆静止一段时间的条件下，通过初始化模块中 $\varphi_{\text{ini}}=\frac{1}{k}\sum_{i=1}^{k}\varphi_{G_i}$、$L_{\text{ini}}=\frac{1}{k}\sum_{i=1}^{k}L_{G_i}$、$\lambda_{\text{ini}}=\frac{1}{k}\sum_{i=1}^{k}\lambda_{G_i}$ 对 GNSS 接收机输出的位置和航向信息进行均值处理，作为 INS 模块初始值；通过 $\omega_{\text{ini}}=\frac{1}{k}\sum_{i=1}^{k}\omega_i$ 对 IMU 中的角速度进行均值处理，得到角速度初始上电零偏；通过 $\theta_{\text{ini}}=\frac{1}{k}\sum_{i=1}^{k}-\arcsin(a_{x_{\text{bg}}i}/g)$ 和 $\phi_{\text{ini}}=\frac{1}{k}\sum_{i=1}^{k}\arcsin(a_{y_{\text{bg}}i}/g\cos\theta_{\text{ini}})$ 对 IMU 中测量的纵向和侧向加速度进行均值处理，求解 INS 初始姿态角。初始化时间取 30～60s 即可。从初始化模块可知，初始化操作在车身处于静止条件下进行，然而车身在底盘静止时仍可一定程度地转动，因此根据 IMU 中测量的加速度和角速度通过阈值判断方法对车身是否处于静止状态进行判断。当三轴加速度和三轴角速度前后时刻的差值与最近 5 个采样点的方差超过某个阈值时，即认为车身处于运动状态；否则车身处于静止状态。当判断车身处于运动状态时，停止初始化操作；当判断车身处于静止状态时，继续初始化操作。

惯性导航模块根据轮速估计位置和航向。双天线载波相位差分 GNSS 接收机模块输出 GNSS 天线位置的测量值。自适应卡尔曼滤波误差估计模块对 GNSS 接收机输出位置延迟误差、航向误差和位置误差进行估计。

轮速是在车身坐标系中的车辆纵向运动速度。为了在导航坐标系中根据速度对位置进行推算，需要使用基于 IMU 估计所得到的航向角 φ_I 加上估计所得到的 GNSS 天线处的侧偏角 β_A 以替代估计轨迹角 γ_I 将速度分解至导航坐标系中，真实的轨迹角 γ_r、航向角 φ_r 和 GNSS 天线处侧偏角的关系为 $\gamma_r=\varphi_r+\beta_A$。当纵/侧向加速度较小时，轨迹角的误差来源主要是惯性导航估计所得到的航向角误差 $\delta\varphi$，则有 $\gamma_I=\varphi_I+\beta_A$、$\varphi_I=\varphi_r+\delta\varphi$、$\gamma_I=\gamma_r+\delta\varphi$。因此，惯性导航模块估计航向的公式为

$$\varphi_I(k)=\varphi_I(k-1)+d_{\varphi_I}(k)+k_{\varphi_I}(k)e_{\varphi_I}(k)+b_{\varphi_I}(k)\mathrm{d}t \tag{9.3}$$

其中，$\varphi_I(k-1)$为上一时刻航向估计值，$d_{\varphi_I}(k)$为航向角增量，$e_{\varphi_I}(k)$为航向角估计误差，$k_{\varphi_I}(k)$为反馈系数，$b_{\varphi_I}(k)$为角速度零偏，$\mathrm{d}t$ 为惯导采样时间间隔。进而可得到东向和北向速度的估计值 $\hat{v}_{EW}$ 和 $\hat{v}_{NW}$，v_W 为轮速。因此东向和北向速度的估计公式为

$$\begin{cases}\hat{v}_{EW}=v_W\cos\gamma_I\\ \hat{v}_{NW}=v_W\sin\gamma_I\end{cases}\tag{9.4}$$

进一步，基于东向和北向速度，即可得到位置的积分估计公式：

$$\begin{bmatrix}L_W(k)\\ \lambda_W(k)\end{bmatrix}=\begin{bmatrix}L_W(k-1)+\hat{v}_{EW}dt/(R_M+h)+k_Le_L(k)\\ \lambda_W(k-1)+\hat{v}_{NW}dt/[(R_N+h)\cos L_W(k-1)]+k_\lambda e_\lambda(k)\end{bmatrix}\tag{9.5}$$

其中，下标 W 表示基于轮速积分所得位置信息；$L_W(k-1)$和$\lambda_W(k-1)$表示上一时刻纬度和经度，$\hat{v}_{EW}dt/(R_M+h)$和$\hat{v}_{NW}dt/[(R_M+h)\cos L_W(k-1)]$表示东向和北向速度产生的纬度和经度增量，$R_M$ 和 R_N 分别为当地子午圈和卯酉圈半径，h 为当地高度，$e_L(k)$和 $e_\lambda(k)$为 INS 纬度和经度估计误差，k_L 和 k_λ 为纬度和经度误差反馈系数。

假设真实的东向和北向速度分别为 v_E 和 v_N，即 $v_E=v_W\cos(\gamma_I-\delta\varphi)$和 $v_N=v_W\sin(\gamma_I-\delta\varphi)$，进而得到东向和北向速度误差分别为

$$\begin{aligned}\delta v_{EW}&=\hat{v}_{EW}-v_E=v_W\cos\gamma_I-v_W\cos(\gamma_I-\delta\varphi)\\&=v_W\cos\gamma_I-v_W(\cos\gamma_I\cos\delta\varphi+\sin\gamma_I\sin\delta\varphi)\approx-v_W\sin\gamma_I\cdot\delta\varphi\end{aligned}\tag{9.6}$$

$$\begin{aligned}\delta v_{NW}&=\hat{v}_{NW}-v_N=v_W\sin\gamma_I-v_W\sin(\gamma_I-\delta\varphi)\\&=v_W\sin\gamma_I-v_W(\sin\gamma_I\cos\delta\varphi-\cos\gamma_I\sin\delta\varphi)\approx v_W\cos\gamma_I\cdot\delta\varphi\end{aligned}\tag{9.7}$$

其中，由于航向角误差较小，使得 $\cos\delta\varphi\approx1$ 和 $\sin\delta\varphi\approx\delta\varphi$。进一步得到纬度和经度误差的动态：

$$\begin{bmatrix}\delta\dot{L}\\ \delta\dot{\lambda}\end{bmatrix}=\begin{bmatrix}v_W\dfrac{\cos\gamma_I}{R_M+h}\delta\varphi\\ v_W\dfrac{-\sin\gamma_I}{(R_N+h)\cos L}\delta\varphi\end{bmatrix}\tag{9.8}$$

航向角误差主要由角速度零偏误差 ε_φ 产生，横摆角速度零偏为缓变量，航向角误差和横摆角速度零偏的动态为

$$\begin{bmatrix}\delta\dot{\varphi}\\ \dot{\varepsilon}_\varphi\end{bmatrix}=\begin{bmatrix}\varepsilon_\varphi\\ 0\end{bmatrix}\tag{9.9}$$

此外，时间同步误差 τ 为缓变量，其对时间的导数为 0。

选取状态变量为 $X_W=[\delta L,\delta\lambda,\delta\varphi,\varepsilon_\varphi,\tau]^T$，得到系统方程为

$$\begin{bmatrix}\delta\dot{L}\\ \delta\dot{\lambda}\\ \delta\dot{\varphi}\\ \dot{\varepsilon}_\varphi\\ \dot{\tau}\end{bmatrix}=\begin{bmatrix}0&0&v_W\dfrac{\cos\gamma_I}{R_M+h}&0&0\\ 0&0&v_W\dfrac{-\sin\gamma_I}{(R_N+h)\cos L}&0&0\\ 0&0&0&1&0\\ 0&0&0&0&0\\ 0&0&0&0&0\end{bmatrix}\begin{bmatrix}\delta L\\ \delta\lambda\\ \delta\varphi\\ \varepsilon_\varphi\\ \tau\end{bmatrix}+\begin{bmatrix}w_{\delta L}\\ w_{\delta\lambda}\\ w_{\delta\varphi}\\ w_{\varepsilon_\varphi}\\ w_\tau\end{bmatrix}\tag{9.10}$$

其中，$w_{\delta L}$、$w_{\delta\lambda}$、$w_{\delta\varphi}$、w_{ε_φ} 和 w_τ 分别为纬度误差、经度误差、航向角误差、角速度零偏误差和延迟时间误差的系统模型噪声。

2）基于轮速辅助的 GNSS 接收机位置延迟时间误差估计测量模型

由于轮速推算所得到的经度 λ_W 和纬度 L_W 中包含真实经度 λ 和纬度 L 以及经度误差

$\delta\lambda$ 和纬度误差 δL，其关系为

$$\begin{bmatrix} L_W \\ \lambda_W \end{bmatrix} = \begin{bmatrix} L + \delta L \\ \lambda + \delta\lambda \end{bmatrix} = \begin{bmatrix} L \\ \lambda \end{bmatrix} + \begin{bmatrix} \delta L \\ \delta\lambda \end{bmatrix} \tag{9.11}$$

GNSS 接收机输出位置为

$$\begin{aligned} \begin{bmatrix} L_G \\ \lambda_G \end{bmatrix} &= \begin{bmatrix} L - \dfrac{N_{L_G}}{R_M + h} - \dfrac{1}{R_M + h}\displaystyle\int_0^{\delta T} v_E \mathrm{d}t - \int_0^{\delta T}\int_0^{\delta T} a_N(t)\mathrm{d}t\mathrm{d}t \\ \lambda - \dfrac{N_{\lambda_G}}{(R_N + h)\cos L} - \dfrac{1}{(R_N + h)\cos L}\displaystyle\int_0^{\delta T} v_N \mathrm{d}t - \int_0^{\delta T}\int_0^{\delta T} a_E(t)\mathrm{d}t\mathrm{d}t \end{bmatrix} \\ &\approx \begin{bmatrix} L \\ \lambda \end{bmatrix} + \begin{bmatrix} -\dfrac{N_{L_G}}{R_M + h} \\ -\dfrac{N_{\lambda_G}}{(R_N + h)\cos L} \end{bmatrix} + \begin{bmatrix} -\dfrac{v_E}{R_M + h}\tau \\ -\dfrac{v_N}{(R_N + h)\cos L}\tau \end{bmatrix} \end{aligned} \tag{9.12}$$

其中，N_{L_G} 和 N_{λ_G} 分别为纬度和经度测量噪声；a_E 和 a_N 分别为东向和北向加速度，由于 τ 较小，并且通过位置估计延迟时间误差时车辆行驶加速度较小，加速度导致的位置误差可忽略。综上可得到位置误差观测方程：

$$\begin{aligned} Z_p(t) &= \begin{bmatrix} (L_W - L_G)(R_M + h) \\ (\lambda_W - \lambda_G)(R_N + h)\cos L \end{bmatrix} + \begin{bmatrix} N_L \\ N_\lambda \end{bmatrix} \\ &= \begin{bmatrix} (R_M + h)\cdot\delta L \\ (R_N + h)\cos L \cdot \delta\lambda \end{bmatrix} + \begin{bmatrix} -v_N \cdot \delta T \\ -v_E \cdot \delta T \end{bmatrix} + \begin{bmatrix} N_L \\ N_\lambda \end{bmatrix} \\ &= \begin{bmatrix} R_M + h & 0 & 0 & 0 & -v_N \\ 0 & (R_N + h)\cos L & 0 & 0 & -v_E \end{bmatrix} \begin{bmatrix} \delta L \\ \delta\lambda \\ \delta\varphi \\ \varepsilon_\varphi \\ \tau \end{bmatrix} + \begin{bmatrix} N_L \\ N_\lambda \end{bmatrix} \end{aligned} \tag{9.13}$$

通常系统模型中包含轮速噪声以及 IMU 中加速度和角速度的测量噪声，测量模型中包含 GNSS 输出位置的时变噪声。为解决噪声问题，基于式(9.10)表示的状态方程和式(9.13)表示的测量方程，使用自适应卡尔曼滤波算法估计位置误差、航向角误差和时间延迟误差。对于由状态方程[式(9.10)]和测量方程[式(9.13)]描述的系统，测量方程中的延迟时间误差的系数项与车辆纵向速度有关，且为时变项，因此需要根据时变系统的能观性分析方法分析其能观性。一般而言，当车辆速度较高且有变化时延迟时间误差理论上才能观，此时估计器的输出结果较可靠。因此，在实际使用中，当车辆速度大于 5m/s 时延迟时间误差估计结果才对外输出；不满足该条件时，时间延迟误差估计结果为 0。通过实验验证可知，时间延迟误差估计结果的最大误差约为 120ms，相比硬同步误差估计结果，该误差较大。产生较大误差的原因主要有：控制器并未与 GNSS 和轮速信息作时间同步，导致误差估计算法的位置误差输入计算存在时间同步误差；轮速信息的噪声、轮胎瞬时半径的改变和轮速信息的处理过程会导致积分得到的位置信息存在一定误差；航向角误差在速度较高时会导致较大的东向和北向速度误差，而该速度误差也会导致一定的时间延迟误差。对于速度较高的车辆，

120ms 的估计经度难以应用,需要使用硬同步方法对传感器信息进行时间同步;而对于较低速度的车辆,如智能电动清扫车,该方法有一定应用前景。

9.1.2 多源传感系统空间对准

1. 多轴 IMU 空间对准

多轴 IMU 空间初始对准包括两部分:IMU 与 GNSS 天线的相对位置对准;IMU 传感器坐标系与车身坐标系相对角度对准。

1) 相对位置对准

GNSS 天线与 IMU 一般无法安装在同一位置,因此二者测量的速度和位置为车辆不同位置处的速度和位置,需要将其信息转换至同一位置,从而实现空间相对位置同步。

(1)直接补偿法。

假设能够准确测量 IMU 和 GNSS 天线的相对距离,则相对位置对准方法较为简单,相应公式为

$$\begin{cases} v_{\mathrm{G}}^{\mathrm{n}} = v_{\mathrm{I}}^{\mathrm{n}} + \boldsymbol{C}_{\mathrm{b}}^{\mathrm{n}}(\omega_{\mathrm{ib}}^{\mathrm{b}} \times l^{\mathrm{b}}) \\ P_{\mathrm{G}}^{\mathrm{n}} = P_{\mathrm{I}}^{\mathrm{n}} + \boldsymbol{C}_{\mathrm{b}}^{\mathrm{n}} l^{\mathrm{b}} \end{cases} \tag{9.14}$$

其中,下标 b 表示变量处于车身坐标系,上标 n 表示变量处于导航坐标系,下标 G 表示 GNSS 的输出信息,下标 I 表示 INS 的输出信息;l^{b} 为在车身坐标系中 3 个杆臂方向的测量值,$v_{\mathrm{G}}^{\mathrm{n}}$ 和 $v_{\mathrm{I}}^{\mathrm{n}}$ 为导航坐标系中卫星天线处和 IMU 处东向、北向和天向速度,$P_{\mathrm{G}}^{\mathrm{n}}$ 和 $P_{\mathrm{I}}^{\mathrm{n}}$ 为导航坐标系中卫星天线处和惯导处纬度、经度和高度,$\omega_{\mathrm{ib}}^{\mathrm{b}}$ 为车身坐标系下的车身相对惯性系的角速度,$\boldsymbol{C}_{\mathrm{b}}^{\mathrm{n}}$ 为车身坐标系至导航坐标系的方向余弦矩阵:

$$\boldsymbol{C}_{\mathrm{b}}^{\mathrm{n}} = \begin{bmatrix} \cos\varphi & -\sin\varphi & 0 \\ \sin\varphi & \cos\varphi & 0 \\ 0 & 0 & 1 \end{bmatrix} \begin{bmatrix} \cos\theta & 0 & \sin\theta \\ 0 & 1 & 0 \\ -\sin\theta & 0 & \cos\theta \end{bmatrix} \begin{bmatrix} 1 & 0 & 0 \\ 0 & \cos\phi & -\sin\phi \\ 0 & \sin\phi & \cos\phi \end{bmatrix}$$

$$= \begin{bmatrix} \cos\varphi\cos\theta & -\sin\varphi\cos\phi + \cos\varphi\sin\theta\sin\phi & \sin\varphi\sin\phi + \cos\varphi\sin\theta\cos\phi \\ \sin\varphi\cos\theta & \cos\varphi\cos\phi + \sin\varphi\sin\theta\sin\phi & -\cos\varphi\sin\phi + \sin\varphi\sin\theta\cos\phi \\ -\sin\theta & \cos\theta\sin\phi & \cos\theta\cos\phi \end{bmatrix}$$

其中,ϕ、θ 和 φ 分别表示车身坐标系相对于导航坐标系的侧倾角、俯仰角和航向角。这里使用该直接补偿法可实现空间位置同步。

(2) 动态估计法。

由于 IMU 通常安装于车内,GNSS 天线安装于车顶,二者的相对距离一般难以测量,所以有大量学者通过在线动态估计的方法对该相对距离进行估计,以实现较好的空间同步。限于篇幅在此不介绍这种方法。实际上还可以将 GNSS 天线和 IMU 均安装于车辆顶部,以保证二者之间距离容易以较高精度测量,并以该距离直接补偿 GNSS 和 IMU 的空间同步误差。

2) 坐标系相对角度对准

在安装 IMU 时,传感器坐标系的坐标轴与车身坐标系的坐标轴难以完全重合,一般在空间上存在安装误差角。IUM 坐标系与车身坐标系相对安装误差角对于 IMU 与其他坐标系信息融合至关重要,该角度需在初始化时标定。在车辆静止时,IMU 水平姿态角安装误差可通过重力加速度提取;在车辆行驶时,IMU 水平姿态角误差的能观性也较好,可通过车

辆的速度测量进行观测。若要估计 IMU 天向姿态角安装误差，即航向角安装误差，则需要车辆在水平方向机动行驶以施加一定的加速度激励。机动行驶时，测量需要较高采样频率以实现对车辆动态过程的描述，进而保证较好的航向角误差的估计精度。因此，可以使用车辆动力学辅助方法估计航向角安装误差的方法。该方法只需车辆进行一段变加速直线运动，然后通过车辆动力学方法得到的纵向速度和侧向速度辅助车辆水平坐标系中的惯性导航系统(L-INS)进行 IMU 航向角安装误差估计。基于车辆动力学辅助 INS 角度初始对准算法主要包括 3 部分：①基于车辆动力学的纵/侧向速度估计模块，其利用车辆底盘的轮速和方向盘转角信息估计车辆的纵/侧向速度；②L-INS，即在车辆水平坐标系下的惯性导航模块，对车辆的三维速度和姿态角进行解算；③基于车辆动力学得到的纵/侧向速度与 L-INS 输出的纵/侧向速度的差值作为姿态误差和速度误差估计模块的输入，基于姿态误差和速度误差动态模型，使用自适应卡尔曼滤波算法估计 L-INS 的姿态误差和速度误差，估计所得到的误差反馈至 L-INS 以修正其积累误差。

(1) L 坐标系中的状态积分算法。

车辆水平坐标系(L 坐标系)随车身绕 z 轴转动，x 轴和 y 轴水平，前进方向为 x 轴正方向，左侧为 y 轴正方向，朝上为 z 轴正方向。在车辆水平坐标系 L 下，假设 IMU 安装于车身旋转中心，则速度动态为

$$\dot{\boldsymbol{v}}^{\mathrm{L}}=\boldsymbol{a}^{\mathrm{L}}+\boldsymbol{g}^{\mathrm{L}}-\boldsymbol{\omega}^{\mathrm{L}}\times\boldsymbol{v}^{\mathrm{L}} \tag{9.15}$$

其中，$\boldsymbol{v}^{\mathrm{L}}=[v_x^{\mathrm{L}}\quad v_y^{\mathrm{L}}\quad v_z^{\mathrm{L}}]^{\mathrm{T}}$ 为 L 坐标系中 3 个方向的速度；$\boldsymbol{a}^{\mathrm{L}}=[a_x^{\mathrm{L}}\quad a_y^{\mathrm{L}}\quad a_z^{\mathrm{L}}]^{\mathrm{T}}$ 为 L 坐标系中 3 个方向的加速度；$\boldsymbol{g}^{\mathrm{L}}=[0\quad 0\quad g]^{\mathrm{T}}$ 为重力在 L 坐标系中的投影；$\boldsymbol{\omega}^{\mathrm{L}}=[\dot{\phi}^{\mathrm{L}}\quad \dot{\theta}^{\mathrm{L}}\quad \dot{\varphi}^{\mathrm{L}}]^{\mathrm{T}}$ 为 L 坐标系中 3 个方向的角速度，分别为侧倾角速度、俯仰角速度和横摆角速度。$\boldsymbol{a}^{\mathrm{L}}=\boldsymbol{C}_{\mathrm{b}}^{\mathrm{L}}\boldsymbol{a}^{\mathrm{b}}$，$\boldsymbol{a}^{\mathrm{b}}$ 为车身坐标系中车辆运动的加速度，$\boldsymbol{C}_{\mathrm{b}}^{\mathrm{L}}$ 为车身坐标系至 L 坐标系的方向余弦矩阵，即

$$\begin{aligned}\boldsymbol{C}_{\mathrm{b}}^{\mathrm{L}}&=\begin{bmatrix}\cos\theta & 0 & \sin\theta\\ 0 & 1 & 0\\ -\sin\theta & 0 & \cos\theta\end{bmatrix}\begin{bmatrix}1 & 0 & 0\\ 0 & \cos\phi & -\sin\phi\\ 0 & \sin\phi & \cos\phi\end{bmatrix}\\ &=\begin{bmatrix}\cos\theta & \sin\theta\sin\phi & \sin\theta\cos\phi\\ 0 & \cos\phi & -\sin\phi\\ -\sin\theta & \cos\theta\sin\phi & \cos\theta\cos\phi\end{bmatrix}\end{aligned} \tag{9.16}$$

则由式(9.15)和式(9.16)可以推导出 L 坐标系下速度解算算法为

$$\begin{aligned}\boldsymbol{V}_m^{\mathrm{L}}&=\boldsymbol{V}_{m-1}^{\mathrm{L}}+\boldsymbol{C}_{\mathrm{b}(m-1)}^{\mathrm{L}(m-1)}\int_{t_{m-1}}^{t_m}\boldsymbol{C}_{\mathrm{b}(t)}^{\mathrm{b}(m-1)}(\boldsymbol{a}^{\mathrm{b}}-\boldsymbol{\omega}^{\mathrm{b}}\times\boldsymbol{v}^{\mathrm{L}})\mathrm{d}t+\int_{t_{m-1}}^{t_m}\boldsymbol{g}^{\mathrm{L}}\mathrm{d}t\\ &=\boldsymbol{V}_{m-1}^{\mathrm{L}}+\boldsymbol{C}_{\mathrm{b}(m-1)}^{\mathrm{L}(m-1)}\int_{t_{m-1}}^{t_m}(\boldsymbol{I}+\Delta\boldsymbol{\theta}^{\times})(\boldsymbol{a}^{\mathrm{b}}-\boldsymbol{\omega}^{\mathrm{b}}\times\boldsymbol{v}^{\mathrm{L}})\mathrm{d}t+\int_{t_{m-1}}^{t_m}\boldsymbol{g}^{\mathrm{L}}\mathrm{d}t\\ &=\boldsymbol{V}_{m-1}^{\mathrm{L}}+\boldsymbol{C}_{\mathrm{b}(m-1)}^{\mathrm{L}(m-1)}\int_{t_{m-1}}^{t_m}(\boldsymbol{I}+\Delta\boldsymbol{\theta}^{\times})\boldsymbol{a}^{\mathrm{b}}\mathrm{d}t+\boldsymbol{C}_{\mathrm{b}(m-1)}^{\mathrm{L}(m-1)}\int_{t_{m-1}}^{t_m}(\boldsymbol{I}+\Delta\boldsymbol{\theta}^{\times})(-\boldsymbol{\omega}^{\mathrm{b}}\times\boldsymbol{v}^{\mathrm{L}})\mathrm{d}t+\\ &\quad\int_{t_{m-1}}^{t_m}\boldsymbol{g}^{\mathrm{L}}\mathrm{d}t\\ &=\boldsymbol{V}_{m-1}^{\mathrm{L}}+\boldsymbol{C}_{\mathrm{b}(m-1)}^{\mathrm{L}(m-1)}\left(\Delta\boldsymbol{V}_m+\frac{1}{2}\Delta\boldsymbol{\theta}_m\times\Delta\boldsymbol{V}_m+\Delta\boldsymbol{V}_{\mathrm{sculm}}\right)+\end{aligned}$$

$$
\begin{aligned}
&\boldsymbol{C}_{\mathrm{b}(m-1)}^{\mathrm{L}(m-1)}\left(-\Delta\boldsymbol{\theta}_m\times\Delta\boldsymbol{V}_{m-1}^{\mathrm{L}}-\frac{1}{2}(\Delta\boldsymbol{\theta}_m)^2\right)+\int_{t_{m-1}}^{t_m}\boldsymbol{g}^{\mathrm{L}}\mathrm{d}t\\
&\approx\boldsymbol{V}_{m-1}^{\mathrm{L}}+\boldsymbol{C}_{\mathrm{b}(m-1)}^{\mathrm{L}(m-1)}\left(\Delta\boldsymbol{V}_m+\frac{1}{2}\Delta\boldsymbol{\theta}_m\times\Delta\boldsymbol{V}_m-\Delta\boldsymbol{\theta}_m\times\Delta\boldsymbol{V}_{m-1}^{\mathrm{L}}\right)+\int_{t_{m-1}}^{t_m}\boldsymbol{g}^{\mathrm{L}}\mathrm{d}t
\end{aligned}
\tag{9.17}
$$

其中，$\Delta\boldsymbol{\theta}$ 和 $\Delta\boldsymbol{V}$ 为传感器输出的角增量和速度增量信息，m 和 $m-1$ 表示 L-INS 的 m 时刻和其上一时刻，$\Delta\boldsymbol{\theta}^{\times}$ 表示由 $\Delta\boldsymbol{\theta}$ 生成的反对称矩阵，$\Delta\boldsymbol{V}_{\mathrm{sculm}}=\frac{1}{2}\int_{t_{m-1}}^{t_m}(\Delta\boldsymbol{\theta}^{\times}\boldsymbol{a}^{\mathrm{b}}+\Delta\boldsymbol{V}^{\times}\boldsymbol{\omega}^{\mathrm{b}})\mathrm{d}t$ 和 $\frac{1}{2}(\Delta\boldsymbol{\theta}_m)^2$ 在速度解算时可以忽略。

姿态角使用四元数解算，四元数动态方程为

$$
\begin{bmatrix}\dot{q}_0\\ \dot{q}_1\\ \dot{q}_2\\ \dot{q}_3\end{bmatrix}=\frac{1}{2}\begin{bmatrix}0 & -\dot{\phi} & -\dot{\theta} & -\dot{\varphi}\\ \dot{\phi} & 0 & \dot{\varphi} & -\dot{\theta}\\ \dot{\theta} & -\dot{\varphi} & 0 & \dot{\phi}\\ \dot{\varphi} & \dot{\theta} & -\dot{\phi} & 0\end{bmatrix}\begin{bmatrix}q_0\\ q_1\\ q_2\\ q_3\end{bmatrix}
\tag{9.18}
$$

姿态角与四元数的转换关系为

$$
\begin{bmatrix}q_0\\ q_1\\ q_2\\ q_3\end{bmatrix}=\begin{bmatrix}
\cos\frac{\phi}{2}\cos\frac{\theta}{2}\cos\frac{\varphi}{2}+\sin\frac{\phi}{2}\sin\frac{\theta}{2}\sin\frac{\varphi}{2}\\
\sin\frac{\phi}{2}\cos\frac{\theta}{2}\cos\frac{\varphi}{2}-\cos\frac{\phi}{2}\sin\frac{\theta}{2}\sin\frac{\varphi}{2}\\
\cos\frac{\phi}{2}\sin\frac{\theta}{2}\cos\frac{\varphi}{2}+\sin\frac{\phi}{2}\cos\frac{\theta}{2}\sin\frac{\varphi}{2}\\
\cos\frac{\phi}{2}\cos\frac{\theta}{2}\sin\frac{\varphi}{2}-\sin\frac{\phi}{2}\sin\frac{\theta}{2}\cos\frac{\varphi}{2}
\end{bmatrix}
\tag{9.19}
$$

$$
\begin{cases}
\phi=\arctan\dfrac{2(q_2q_3+q_0q_1)}{1-2(q_1^2+q_2^2)}\\
\theta=-\arcsin 2(q_1q_3-q_0q_2)\\
\varphi=\arctan\dfrac{2(q_1q_2+q_0q_3)}{1-2(q_2^2+q_3^2)}
\end{cases}
\tag{9.20}
$$

由于地球自转，地球转动角速度在传感器敏感轴上存在输入。在姿态解算时，需要将地球自转角速度从角速度测量值中移除。因此，传感器测量角速度与地球自转角速度和车身坐标系相对于导航坐标系转动的角速度的关系为

$$
\boldsymbol{\omega}_{\mathrm{ib}}^{\mathrm{b}}=\boldsymbol{\omega}_{\mathrm{in}}^{\mathrm{b}}+\boldsymbol{\omega}_{\mathrm{nb}}^{\mathrm{b}}=\boldsymbol{C}_{\mathrm{n}}^{\mathrm{b}}(\boldsymbol{\omega}_{\mathrm{ie}}^{\mathrm{n}}+\boldsymbol{\omega}_{\mathrm{en}}^{\mathrm{n}})+\boldsymbol{\omega}_{\mathrm{nb}}^{\mathrm{b}}
\tag{9.21}
$$

车身坐标系相对于导航坐标系转动的角速度为

$$
\boldsymbol{\omega}_{\mathrm{nb}}^{\mathrm{b}}=\boldsymbol{\omega}_{\mathrm{ib}}^{\mathrm{b}}-\boldsymbol{C}_{\mathrm{n}}^{\mathrm{b}}(\boldsymbol{\omega}_{\mathrm{ie}}^{\mathrm{n}}+\boldsymbol{\omega}_{\mathrm{en}}^{\mathrm{n}})
\tag{9.22}
$$

其中，下标 ib 表示车身坐标系相对于导航坐标系，下标 ie 表示地心坐标系相对于惯性坐标系，下标 en 表示导航坐标系相对于地心坐标系；$\boldsymbol{C}_{\mathrm{n}}^{\mathrm{b}}$ 为导航坐标系至车身坐标系的方向余弦矩阵，由 $\boldsymbol{C}_{\mathrm{b}}^{\mathrm{n}}$ 转置得到。地球自转和导航坐标系相对于地球坐标系旋转的角速度之和为

$$\boldsymbol{\omega}_{\mathrm{ie}}^{\mathrm{n}} + \boldsymbol{\omega}_{\mathrm{en}}^{\mathrm{n}} = \begin{bmatrix} \dfrac{-v_{\mathrm{N}}}{R_{\mathrm{M}}+h} \\ \boldsymbol{\omega}_{\mathrm{ie}}^{\mathrm{n}}\cos L + \dfrac{v_{\mathrm{E}}}{R_{\mathrm{N}}+h} \\ \boldsymbol{\omega}_{\mathrm{ie}}^{\mathrm{n}}\sin L + \dfrac{v_{\mathrm{E}}}{R_{\mathrm{N}}+h}\tan L \end{bmatrix} \tag{9.23}$$

式(9.18)表示的四元数微分方程在求解时需要进行离散化处理，其求解过程为

$$\boldsymbol{Q}(t_{k+1}) = \exp\left(\frac{1}{2}\int_{t_k}^{t_{k+1}} \boldsymbol{M}'(\boldsymbol{\omega}_{\mathrm{nb}}^{\mathrm{b}})\mathrm{d}t\right) \cdot \boldsymbol{Q}(t_k) \tag{9.24}$$

$$\begin{aligned} \Delta\boldsymbol{\Theta} &= \int_{t_k}^{t_{k+1}} \boldsymbol{M}'(\boldsymbol{\omega}_{\mathrm{nb}}^{\mathrm{b}})\mathrm{d}t = \int_{t_k}^{t_{k+1}} \begin{bmatrix} 0 & -\dot{\phi} & -\dot{\theta} & -\dot{\varphi} \\ \dot{\phi} & 0 & \dot{\varphi} & -\dot{\theta} \\ \dot{\theta} & -\dot{\varphi} & 0 & \dot{\phi} \\ \dot{\varphi} & \dot{\theta} & -\dot{\phi} & 0 \end{bmatrix} \mathrm{d}t \\ &\approx \begin{bmatrix} 0 & -\Delta\Theta_x & -\Delta\Theta_y & -\Delta\Theta_z \\ \Delta\Theta_x & 0 & \Delta\Theta_z & -\Delta\Theta_y \\ \Delta\Theta_y & -\Delta\Theta_z & 0 & \Delta\Theta_x \\ \Delta\Theta_z & \Delta\Theta_y & -\Delta\Theta_x & 0 \end{bmatrix} \end{aligned} \tag{9.25}$$

$$\begin{aligned} \Delta\boldsymbol{\Phi}^2 &= \begin{bmatrix} 0 & -\Delta\Theta_x & -\Delta\Theta_y & -\Delta\Theta_z \\ \Delta\Theta_x & 0 & \Delta\Theta_z & -\Delta\Theta_y \\ \Delta\Theta_y & -\Delta\Theta_z & 0 & \Delta\Theta_x \\ \Delta\Theta_z & \Delta\Theta_y & -\Delta\Theta_x & 0 \end{bmatrix} \begin{bmatrix} 0 & -\Delta\Theta_x & -\Delta\Theta_y & -\Delta\Theta_z \\ \Delta\Theta_x & 0 & \Delta\Theta_z & -\Delta\Theta_y \\ \Delta\Theta_y & -\Delta\Theta_z & 0 & \Delta\Theta_x \\ \Delta\Theta_z & \Delta\Theta_y & -\Delta\Theta_x & 0 \end{bmatrix} \\ &= \begin{bmatrix} -\Delta\boldsymbol{\Theta}^2 & 0 & 0 & 0 \\ 0 & -\Delta\boldsymbol{\Theta}^2 & 0 & 0 \\ 0 & 0 & -\Delta\boldsymbol{\Theta}^2 & 0 \\ 0 & 0 & 0 & -\Delta\boldsymbol{\Theta}^2 \end{bmatrix} = -\Delta\boldsymbol{\Theta}^2 \boldsymbol{I}_{4\times 4} \end{aligned} \tag{9.26}$$

$$\Delta\boldsymbol{\Phi}^2 = \Delta\Theta_x^2 + \Delta\Theta_y^2 + \Delta\Theta_z^2 \tag{9.27}$$

$$\begin{aligned} \boldsymbol{Q}(t_{k+1}) &= \exp\left(\frac{1}{2}\Delta\boldsymbol{\Theta}\right) \cdot \boldsymbol{Q}(t_k) = \left[\boldsymbol{I} + \frac{1}{2}\Delta\boldsymbol{\Theta} + \frac{1}{2!}\left(\frac{1}{2}\Delta\boldsymbol{\Theta}\right)^2 + \cdots\right] \cdot \boldsymbol{Q}(t_k) \\ &= \left\{\boldsymbol{I}\left[1 - \frac{1}{2!}\left(\frac{1}{2}\Delta\boldsymbol{\Theta}\right)^2 + \frac{1}{4!}\left(\frac{1}{2}\Delta\boldsymbol{\Theta}\right)^4 - \cdots\right] + \right. \\ &\quad \left. \frac{1}{2}\Delta\boldsymbol{\Theta}\left[\frac{1}{2}\Delta\boldsymbol{\Theta} - \frac{1}{3!}\left(\frac{1}{2}\Delta\boldsymbol{\Theta}\right)^3 + \cdots\right]\right\} \cdot \boldsymbol{Q}(t_k) \\ &= \left[\boldsymbol{I}\cos\frac{\Delta\boldsymbol{\Theta}}{2} + \frac{1}{2}\sin\frac{\Delta\boldsymbol{\Theta}}{2}\right] \cdot \boldsymbol{Q}(t_k) \end{aligned} \tag{9.28}$$

将式(9.28)中的三角函数按照泰勒级数展开，即可得到四元数二阶近似算法：

$$\boldsymbol{Q}(t_{k+1}) = \left[\boldsymbol{I}\left(1 - \frac{\Delta\boldsymbol{\Theta}^2}{8}\right) + \frac{\Delta\boldsymbol{\Theta}}{2}\right] \cdot \boldsymbol{Q}(t_k) \tag{9.29}$$

(2) L 坐标系中的状态误差方程。

由式(9.15)可知估计的速度动态为

$$\dot{\hat{\boldsymbol{v}}}^{\mathrm{L}}=\hat{\boldsymbol{a}}^{\mathrm{L}}+\hat{\boldsymbol{g}}^{\mathrm{L}}-\hat{\boldsymbol{\omega}}^{\mathrm{L}}\times\hat{\boldsymbol{v}}^{\mathrm{L}} \tag{9.30}$$

其中的变量定义与式(9.15)相同,上标添加尖号表示估计值。

$$\hat{\boldsymbol{C}}_{\mathrm{b}}^{\mathrm{L}}=\boldsymbol{C}_{\mathrm{L}}^{\hat{\mathrm{L}}}\boldsymbol{C}_{\mathrm{b}}^{\mathrm{L}}=(\boldsymbol{I}-\boldsymbol{\Psi}^{\times})\boldsymbol{C}_{\mathrm{b}}^{\mathrm{L}} \tag{9.31}$$

其中,$\boldsymbol{C}_{\mathrm{L}}^{\hat{\mathrm{L}}}$ 为 L 坐标系至 $\hat{\mathrm{L}}$ 坐标系的方向余弦矩阵,$\boldsymbol{\Psi}$ 表示 3 个姿态误差角,$\boldsymbol{\Psi}^{\times}$ 为 L 坐标系至 $\hat{\mathrm{L}}$ 坐标系的姿态误差角构成的反对称矩阵。

定义估计误差为估计值减去真实值,定义比力误差为 $\Delta\boldsymbol{a}^{\mathrm{b}}$,角速度零偏误差为 $\boldsymbol{\varepsilon}^{\mathrm{b}}$,速度误差为 $\delta\boldsymbol{v}^{\mathrm{L}}$,分别为 $\Delta\boldsymbol{a}^{\mathrm{b}}=\hat{\boldsymbol{a}}^{\mathrm{b}}-\boldsymbol{a}^{\mathrm{b}}$、$\boldsymbol{\varepsilon}^{\mathrm{b}}=\hat{\boldsymbol{\omega}}^{\mathrm{b}}-\boldsymbol{\omega}^{\mathrm{b}}$、$\delta\boldsymbol{v}^{\mathrm{L}}=\hat{\boldsymbol{v}}^{\mathrm{L}}-\boldsymbol{v}^{\mathrm{L}}$,则速度误差动态为

$$\delta\dot{\boldsymbol{v}}^{\mathrm{L}}=\dot{\hat{\boldsymbol{v}}}^{\mathrm{L}}-\dot{\boldsymbol{v}}^{\mathrm{L}}=(\hat{\boldsymbol{a}}^{\mathrm{L}}-\boldsymbol{a}^{\mathrm{L}})+(\hat{\boldsymbol{g}}^{\mathrm{L}}-\boldsymbol{g}^{\mathrm{L}})+(-\hat{\boldsymbol{\omega}}^{\mathrm{L}}\times\hat{\boldsymbol{v}}^{\mathrm{L}}+\boldsymbol{\omega}^{\mathrm{L}}\times\boldsymbol{v}^{\mathrm{L}}) \tag{9.32}$$

其中,第一项中忽略二阶小量相乘,整理可得

$$\begin{aligned}\hat{\boldsymbol{a}}^{\mathrm{L}}-\boldsymbol{a}^{\mathrm{L}}&=\hat{\boldsymbol{C}}_{\mathrm{b}}^{\mathrm{L}}\hat{\boldsymbol{a}}^{\mathrm{b}}-\boldsymbol{C}_{\mathrm{b}}^{\mathrm{L}}\boldsymbol{a}^{\mathrm{b}}=\hat{\boldsymbol{C}}_{\mathrm{b}}^{\mathrm{L}}\hat{\boldsymbol{a}}^{\mathrm{b}}-(\boldsymbol{I}+\boldsymbol{\Psi}^{\times})\hat{\boldsymbol{C}}_{\mathrm{b}}^{\mathrm{L}}(\hat{\boldsymbol{a}}^{\mathrm{b}}-\Delta\boldsymbol{a}^{\mathrm{b}})\\&=\hat{\boldsymbol{C}}_{\mathrm{b}}^{\mathrm{L}}\Delta\boldsymbol{a}^{\mathrm{b}}-\boldsymbol{\Psi}^{\times}\hat{\boldsymbol{C}}_{\mathrm{b}}^{\mathrm{L}}(\hat{\boldsymbol{a}}^{\mathrm{b}}-\Delta\boldsymbol{a}^{\mathrm{b}})=\hat{\boldsymbol{C}}_{\mathrm{b}}^{\mathrm{L}}\Delta\boldsymbol{a}^{\mathrm{b}}-\boldsymbol{\Psi}^{\times}\hat{\boldsymbol{C}}_{\mathrm{b}}^{\mathrm{L}}\hat{\boldsymbol{a}}^{\mathrm{b}}\end{aligned}$$

第二项可直接消去,第三项整理可得

$$\begin{aligned}\boldsymbol{\omega}^{\mathrm{L}}\times\boldsymbol{v}^{\mathrm{L}}-\hat{\boldsymbol{\omega}}^{\mathrm{L}}\times\hat{\boldsymbol{v}}^{\mathrm{L}}&=\boldsymbol{C}_{\mathrm{b}}^{\mathrm{L}}\boldsymbol{\omega}^{\mathrm{b}}\times\boldsymbol{v}^{\mathrm{L}}-\hat{\boldsymbol{C}}_{\mathrm{b}}^{\mathrm{L}}\hat{\boldsymbol{\omega}}^{\mathrm{b}}\times\hat{\boldsymbol{v}}^{\mathrm{L}}\\&=(\boldsymbol{I}+\boldsymbol{\Psi}^{\times})\hat{\boldsymbol{C}}_{\mathrm{b}}^{\mathrm{L}}(\hat{\boldsymbol{\omega}}^{\mathrm{b}}-\Delta\boldsymbol{\omega}^{\mathrm{b}})\times(\hat{\boldsymbol{v}}^{\mathrm{L}}-\delta\boldsymbol{v}^{\mathrm{L}})-\hat{\boldsymbol{C}}_{\mathrm{b}}^{\mathrm{L}}\hat{\boldsymbol{\omega}}^{\mathrm{b}}\times\hat{\boldsymbol{v}}^{\mathrm{L}}\\&=-\hat{\boldsymbol{C}}_{\mathrm{b}}^{\mathrm{L}}\boldsymbol{\varepsilon}^{\mathrm{b}}\times\hat{\boldsymbol{v}}^{\mathrm{L}}-\hat{\boldsymbol{C}}_{\mathrm{b}}^{\mathrm{L}}\hat{\boldsymbol{\omega}}^{\mathrm{b}}\times\delta\boldsymbol{v}^{\mathrm{L}}+\boldsymbol{\Psi}^{\times}\hat{\boldsymbol{C}}_{\mathrm{b}}^{\mathrm{L}}\hat{\boldsymbol{\omega}}^{\mathrm{b}}\times\hat{\boldsymbol{v}}^{\mathrm{L}}\end{aligned}$$

进一步得到速度误差动态为

$$\begin{aligned}\delta\dot{\boldsymbol{v}}^{\mathrm{L}}&=\hat{\boldsymbol{C}}_{\mathrm{b}}^{\mathrm{L}}\Delta\boldsymbol{a}^{\mathrm{b}}-\boldsymbol{\Psi}^{\times}\hat{\boldsymbol{C}}_{\mathrm{b}}^{\mathrm{L}}\hat{\boldsymbol{a}}^{\mathrm{b}}-\hat{\boldsymbol{C}}_{\mathrm{b}}^{\mathrm{L}}\boldsymbol{\varepsilon}^{\mathrm{b}}\times\hat{\boldsymbol{v}}^{\mathrm{L}}-\hat{\boldsymbol{C}}_{\mathrm{b}}^{\mathrm{L}}\hat{\boldsymbol{\omega}}^{\mathrm{b}}\times\delta\boldsymbol{v}^{\mathrm{L}}+\boldsymbol{\Psi}^{\times}\hat{\boldsymbol{C}}_{\mathrm{b}}^{\mathrm{L}}\hat{\boldsymbol{\omega}}^{\mathrm{b}}\times\hat{\boldsymbol{v}}^{\mathrm{L}}\\&=-\boldsymbol{\Psi}^{\times}\hat{\boldsymbol{C}}_{\mathrm{b}}^{\mathrm{L}}(\hat{\boldsymbol{a}}^{\mathrm{b}}-\hat{\boldsymbol{\omega}}^{\mathrm{b}}\times\hat{\boldsymbol{v}}^{\mathrm{L}})-\hat{\boldsymbol{C}}_{\mathrm{b}}^{\mathrm{L}}\boldsymbol{\varepsilon}^{\mathrm{b}}\times\hat{\boldsymbol{v}}^{\mathrm{L}}-\hat{\boldsymbol{C}}_{\mathrm{b}}^{\mathrm{L}}\hat{\boldsymbol{\omega}}^{\mathrm{b}}\times\delta\boldsymbol{v}^{\mathrm{L}}+\hat{\boldsymbol{C}}_{\mathrm{b}}^{\mathrm{L}}\Delta\boldsymbol{a}^{\mathrm{b}}\end{aligned}$$

再忽略角速度零偏和加速度零偏,最终得到速度误差动态为

$$\delta\dot{\boldsymbol{v}}^{\mathrm{L}}=-\hat{\boldsymbol{C}}_{\mathrm{b}}^{\mathrm{L}}\hat{\boldsymbol{\omega}}^{\mathrm{b}}\times\delta\boldsymbol{v}^{\mathrm{L}}+\hat{\boldsymbol{C}}_{\mathrm{b}}^{\mathrm{L}}(\hat{\boldsymbol{a}}^{\mathrm{b}}-\hat{\boldsymbol{\omega}}^{\mathrm{b}}\times\hat{\boldsymbol{v}}^{\mathrm{L}})^{\times}\boldsymbol{\Psi} \tag{9.33}$$

若取速度误差、姿态角误差和角速度零偏误差共 9 个状态为状态变量 $\boldsymbol{X}=[\delta\boldsymbol{v}^{\mathrm{L}}\quad\boldsymbol{\Psi}\quad\boldsymbol{\varepsilon}^{\mathrm{b}}]^{\mathrm{T}}$,则状态方程为

$$\begin{cases}\delta\dot{\boldsymbol{v}}^{\mathrm{L}}=-\hat{\boldsymbol{C}}_{\mathrm{b}}^{\mathrm{L}}\hat{\boldsymbol{\omega}}^{\mathrm{b}}\times\delta\boldsymbol{v}^{\mathrm{L}}+\hat{\boldsymbol{C}}_{\mathrm{b}}^{\mathrm{L}}(\hat{\boldsymbol{a}}^{\mathrm{b}}-\hat{\boldsymbol{\omega}}^{\mathrm{b}}\times\hat{\boldsymbol{v}}^{\mathrm{L}})^{\times}\boldsymbol{\Psi}\\\dot{\boldsymbol{\Psi}}=\boldsymbol{\varepsilon}^{\mathrm{b}}\\\boldsymbol{\varepsilon}^{\mathrm{b}}=0\end{cases} \tag{9.34}$$

由于俯仰角、侧倾角较小,不妨假设 $\hat{\boldsymbol{C}}_{\mathrm{b}}^{\mathrm{L}}=\boldsymbol{I}_{3\times3}$,再将速度误差动态方程展开可得

$$\delta\dot{\boldsymbol{v}}^{\mathrm{L}}=-\hat{\boldsymbol{C}}_{\mathrm{b}}^{\mathrm{L}}\begin{bmatrix}0&-\dot{\varphi}&\dot{\theta}\\\dot{\varphi}&0&-\dot{\phi}\\-\dot{\theta}&\dot{\phi}&0\end{bmatrix}\begin{bmatrix}\delta v_x\\\delta v_y\\\delta v_z\end{bmatrix}+\hat{\boldsymbol{C}}_{\mathrm{b}}^{\mathrm{L}}\left(\begin{bmatrix}a_x\\a_y\\a_z\end{bmatrix}-\begin{bmatrix}0&-\dot{\varphi}&\dot{\theta}\\\dot{\varphi}&0&-\dot{\phi}\\-\dot{\theta}&\dot{\phi}&0\end{bmatrix}\begin{bmatrix}\hat{v}_x\\\hat{v}_y\\\hat{v}_z\end{bmatrix}\right)^{\times}\begin{bmatrix}\boldsymbol{\Psi}_{\phi}\\\boldsymbol{\Psi}_{\theta}\\\boldsymbol{\Psi}_{\varphi}\end{bmatrix} \tag{9.35}$$

其中,a_x、a_y、a_z 分别表示车身坐标系中 3 个方向的加速度,$\hat{v}_x$、$\hat{v}_y$、$\hat{v}_z$ 分别表示车身坐标系中估计的 3 个方向的速度。

(3) L 坐标系中的测量模型。

在 L 坐标系下，车辆的水平速度可通过基于车辆动力学的估计方法得到，将该估计值作为测量值，通过其与 L 坐标系下的 INS 积分所得水平速度相减得到 INS 的水平速度误差：

$$\begin{bmatrix} \hat{v}_{x\_\text{L-INS}} \\ \hat{v}_{y\_\text{L-INS}} \end{bmatrix} = \begin{bmatrix} v_x \\ v_y \end{bmatrix} + \begin{bmatrix} \delta v_x \\ \delta v_y \end{bmatrix} \tag{9.36}$$

$$\begin{bmatrix} \hat{v}_{x\_\text{VD}} \\ \hat{v}_{y\_\text{VD}} \end{bmatrix} = \begin{bmatrix} v_x \\ v_y \end{bmatrix} + \begin{bmatrix} -w_{v_{\text{VD}x}} \\ -w_{v_{\text{VD}y}} \end{bmatrix} \tag{9.37}$$

其中，$\hat{v}_{x\_\text{VD}}$ 和 $\hat{v}_{y\_\text{VD}}$ 表示基于车辆动力学估计所得的纵/侧向速度，$\hat{v}_{x\_\text{L-INS}}$ 和 $\hat{v}_{y\_\text{L-INS}}$ 表示 L-INS 下解算的纵/侧向速度，$w_{v_{\text{VD}x}}$ 和 $w_{v_{\text{VD}y}}$ 表示基于车辆动力学估计所得纵向速度和横向速度的噪声。将两式相减可得速度误差的测量模型：

$$\begin{bmatrix} \delta v_x \\ \delta v_y \end{bmatrix} = \begin{bmatrix} \hat{v}_{x\_\text{L-INS}} \\ \hat{v}_{y\_\text{L-INS}} \end{bmatrix} - \begin{bmatrix} \hat{v}_{x\_\text{VD}} \\ \hat{v}_{y\_\text{VD}} \end{bmatrix} + \begin{bmatrix} w_{v_{\text{VD}x}} \\ w_{v_{\text{VD}y}} \end{bmatrix} = \begin{bmatrix} \delta v_x \\ \delta v_y \end{bmatrix} + \begin{bmatrix} w_{v_{\text{VD}x}} \\ w_{v_{\text{VD}y}} \end{bmatrix} \tag{9.38}$$

基于以上系统模型和测量模型，可通过自适应卡尔曼滤波算法估计系统状态，该算法可处理系统模型中 IMU 加速度和角速度测量中的噪声以及测量模型中车辆动力学估计误差带来的噪声问题，从而得到速度误差和姿态误差的估计。

根据式(9.38)可知，水平速度误差可直接测量，两个水平速度误差能观，其他状态则通过速度误差动态观测。观察水平速度误差动态可知，该动态由两部分构成：第一部分与速度误差自身相关；第二部分与姿态误差相关。可基于第二部分通过水平速度误差估计姿态误差，姿态误差的系数项为与车辆运行速度、加速度和角速度相关的时变项，需要分析该时变系统的能观性。需要注意的是对于式(9.34)，由于根据姿态误差估计角速度零偏误差不存在能观性问题，因此可将 $\dot{\boldsymbol{\Psi}} = \boldsymbol{\varepsilon}^{\text{b}}$ 和 $\boldsymbol{\varepsilon}^{\text{b}} = 0$ 化简为 $\dot{\boldsymbol{\Psi}} = 0$，则状态方程也可相应地进行简化，而测量模型保持不变。在分析能观性时，可将该时变系统转化为分段定常系统处理，在每个时间片段内，系统变为线性定常系统，然后将不同的时间片段综合起来分析系统状态的能观性。事实上通过进一步理论分析和实验可知：首先，航向角安装误差对侧向速度的积分估计有着重要的影响，且该误差无法测量，只能通过估计的方式获取，而已经给出的基于车辆动力学辅助估计方法能够估计出航向角安装误差；其次，航向角安装误差只有车辆在纵向或者侧向存在加速度激励的条件下才变得能观，而且由于系统时变且加速度传感器测量中包含较大噪声，造成航向角安装误差估计结果产生振荡现象，为了提高估计精度，在存在角速度激励条件下需要对航向角安装误差进行均值处理；最后，航向角安装误差对纵向速度积分影响较小，而对侧向速度积分结果影响较大，特别是在估计侧向速度或者侧偏角时，该安装误差角需要补偿。

2. GNSS 双天线航向对准

由于 GNSS 双天线可提供航向信息，所以在自动驾驶位姿估计研究中被广泛使用。同样，由于安装误差，GNSS 双天线所形成的向量通常与车辆的纵轴存在一个恒定的安装误差角。为了得到车辆的航向，需要对 GNSS 双天线进行对准，即对安装误差角进行估计。当车辆近似直线行驶时，轨迹角可作为航向角测量；当使用双天线时，双天线测得的航向角也可作为航向角测量。由于仅在车辆近似直线行驶时使用轨迹角 ψ_{G_C} 作为航向角测量，此时前轮转角较小，可将车辆简化为单轨模型。车辆转向几何特征会导致 GNSS 天线处速度与车辆纵向轴线存在额外的角度误差 δ_c，需要进行补偿。当车辆左转时，根据几何关系有

$$\delta_c = \arctan \frac{L_{Ax}}{(L_{WB}/\arctan \delta) - L_{Ay}} \tag{9.39}$$

当车辆右转时有

$$\delta_c = \arctan \frac{L_{Ax}}{(L_{WB}/\arctan \delta) + L_{Ay}} \tag{9.40}$$

其中，L_{WB} 为车辆轴距，δ 为前轮转角，L_{Ax} 为 GNSS 天线至后轴在 x 轴方向的距离，L_{Ay} 为 GNSS 天线至车辆纵轴在 y 方向的距离。为此需要补偿车辆转角带来的侧偏角 δ_c。

$$\psi_{G\_C} = \varphi_G + \delta_c + \beta_A + \eta \tag{9.41}$$

其中，φ_G 为 GNSS 测量的车辆航向角，η 为随机噪声。当使用 GNSS 航向角作为测量反馈时，GNSS 双天线之间一般存在角度误差 δ_{m_G}，使用双天线方向辅助航向时需要进行补偿。车辆直线行驶时主天线轨迹角 ψ_{G_C} 与航向角间的夹角即 δ_{m_G}，其关系为

$$\psi_{G\_C} = \varphi_G + \delta_{m\_G} + \eta \tag{9.42}$$

δ_{m_G} 可通过最小二乘法或者均值方法辨识。

9.2 自动驾驶汽车位姿估计

9.2.1 自动驾驶汽车位姿估计概述

自动驾驶汽车的位姿信息通常包括车辆姿态、速度和位置，这些信息是实现自动驾驶技术的基础。对于姿态和速度而言，可依靠车辆自主式传感器，即不依赖外界输入信息，实现姿态和速度的估计；对于位置而言，使用传统的航位推算算法长时间估计位置必然导致累积误差，必须使用外界信息消除该误差，如使用 GNSS 或预先建好的地图提供位置信息等。在 GNSS 信号长时间异常的情况下，预先建图技术显得很重要。

对于姿态和速度而言，当 GNSS 信号长时间缺失时，磁力计和加速度计可以用于提供姿态的测量，减少角速度长时间积分导致的误差。另外，车内磁场复杂且运动多变，使用磁力计和加速度计测量车身姿态面临挑战。使用车辆动力学模型设计观测器估计得到的纵/侧向速度也可用于对基于加速度积分得到的速度进行修正，然而现有研究大都考虑的是车辆水平运动的模型，没有考虑车身水平姿态（如俯仰和侧倾）导致的加速度计中的加速度分量。在 GNSS 信号短时间异常情况下，现有自动驾驶汽车位姿估计技术研究大都使用航位推算算法短时间对位置继续进行估计；然而，在 GNSS 信号长时间异常或缺失的条件下，该方法变得不可取，航位推算的位置误差与时间呈现正相关趋势，因此长时间导致的累积误差将使得估计的位置无法再供自动驾驶使用，此时需要使用不依赖于实时 GNSS 信号的位置估计方法修正累积误差。例如，有学者基于激光雷达设计路沿检测算法，然后利用 GNSS/INS 组合导航系统提供的精确位置预先建立路沿地图，在 GNSS 长时间异常条件下，使用当前点云与预先建好的路沿地图进行匹配，以实现累积误差的修正。当 GNSS 信号长时间异常的情况下，还可以使用车辆动力学辅助多轴 IMU 信息，对车辆的车身侧偏角、速度和姿态角进

行估计。受 GNSS/INS 组合方式的启发，基于松耦合组合方式设计融合 IUM 信息和基于车辆动力学的速度观测器信息的方法，可以充分发挥车辆动力学特性对于多轴 IMU 在车辆状态估计方面的辅助作用，以估计车身侧偏角、速度和姿态角。

车辆是由多运动单元组成的整体，在不同的行驶工况下，由于悬架等弹性单元存在，车身相对于底盘发生多维转动。车身的俯仰角和侧倾角经常变化，而 IMU 通常安装于车身，对于加速度传感器，俯仰角和侧倾角的变化会导致重力在加速度测量中产生分量，需要对该分量进行补偿，否则长时间积分会带来较大的速度误差。因此，在估计车身速度和侧偏角时，需要同时对车身姿态角进行估计。以下介绍一种车辆动力学辅助多轴 IMU 的姿态角与纵/侧向速度联合状态估计架构。整体估计器包含两部分：姿态和速度延迟观测器以及姿态和速度预测器。姿态和速度延迟观测器用于估计过去时刻 $t-\tau$ 的姿态和速度，输入预测器中并结合 $t-\tau$ 至 t 时刻的加速度和角速度对当前时刻姿态和速度进行预测。对于姿态和速度延迟观测器，当车辆运行在小激励条件下（即较小的纵/侧向加速度）时，基于车辆动力学模型估计所得的纵/侧向速度及其加速度精度较高，可将其作为测量反馈作用于基于多轴 IMU 的姿态和速度估计器，以消除基于多轴 IMU 的姿态和速度估计器的累积误差；当车辆运行在大激励条件下时，由于模型失配，基于车辆动力学模型估计所得的纵/侧向速度及其加速度精度较差，不能再将其反馈至基于多轴 IMU 的姿态和速度估计器，基于多轴 IMU 的姿态和速度估计器运行于积分模式。由于小激励条件下，通过车辆动力学辅助已将基于多轴 IMU 的姿态和速度估计器维持在较高的精度状态，因此当极限工况持续一段时间时，得益于考虑了车身姿态变化导致的加速度测量中的重力分量，基于多轴 IMU 的姿态和速度估计器仍然可维持较高的估计精度。

一般，车辆进入极限工况一段时间后，算法才可识别车辆已经进入极限工况，该判断行为存在时间延迟。为了保证该段延迟时间内基于车辆动力学估计器的纵/侧向速度异常值不被反馈至基于多轴 IMU 的姿态和速度估计器中，将判断标志位延迟一段时间并与当前时间的判断标志位取或，与此同时将基于车辆动力学估计器和基于多轴 IMU 估计器的估计结果均延迟时间 τ，便可以超前建立判断标志位以切断基于多轴 IMU 估计器的测量反馈，实现对基于车辆动力学估计器的纵/侧向速度异常值检测和隔离。对于姿态和速度预测器，在对 $t-\tau$ 时刻姿态和速度估计值的基础上，基于 $t-\tau$ 时刻至 t 时刻的加速度和角速度，通过姿态和速度预测器对当前时刻的姿态和速度进行预测。

9.2.2　基于多源信息融合的姿态估计

姿态角估计模块使用 EKF 算法对固连在车身的三轴角速度信息、GNSS/INS 组合导航模块输出的航向信息与重力加速度中包含的姿态信息进行融合，以估计车身姿态。

1. 姿态估计模型

1）姿态角估计系统模型

在车身姿态角解算时，用车身坐标系相对于导航坐标系的一组欧拉角表示车身姿态角，导航坐标系至车身坐标系的旋转顺序为 z、y、x。以下过程在车身坐标系中设计，变量均处于车身坐标系。当处于其他坐标系时，变量均添加上标或下标以区分。

绕 z 轴的旋转矩阵为

$$\boldsymbol{R}_n^{n1}(\varphi)=\begin{bmatrix}\cos\varphi & \sin\varphi & 0\\ -\sin\varphi & \cos\varphi & 0\\ 0 & 0 & 1\end{bmatrix}$$

绕 y 轴的旋转矩阵为

$$\boldsymbol{R}_{n1}^{n2}(\theta)=\begin{bmatrix}\cos\theta & 0 & -\sin\theta\\ 0 & 1 & 0\\ \sin\theta & 0 & \cos\theta\end{bmatrix}$$

绕 x 轴的旋转矩阵为

$$\boldsymbol{R}_{n2}^{b}(\phi)=\begin{bmatrix}1 & 0 & 0\\ 0 & \cos\phi & \sin\phi\\ 0 & -\sin\phi & \cos\phi\end{bmatrix}$$

最后得到车身坐标系中测得的角速度与姿态角的关系：

$$\begin{bmatrix}\dot{\phi}_{\mathrm{s}}\\ \dot{\theta}_{\mathrm{s}}\\ \dot{\varphi}_{\mathrm{s}}\end{bmatrix}=\begin{bmatrix}\dot{\phi}\\ 0\\ 0\end{bmatrix}+\boldsymbol{R}_{n2}^{b}(\phi)\begin{bmatrix}0\\ \dot{\theta}\\ 0\end{bmatrix}+\boldsymbol{R}_{n2}^{b}(\phi)\boldsymbol{R}_{n1}^{n2}(\theta)\begin{bmatrix}0\\ 0\\ \dot{\varphi}\end{bmatrix}=\begin{bmatrix}1 & 0 & -\sin\theta\\ 0 & \cos\phi & \sin\phi\cos\theta\\ 0 & -\sin\phi & \cos\phi\cos\theta\end{bmatrix}\begin{bmatrix}\dot{\phi}\\ \dot{\theta}\\ \dot{\varphi}\end{bmatrix} \tag{9.43}$$

其中，下标 s 表示传感器测量值，$\dot{\phi}_{\mathrm{s}}$ 为三轴角速度传感器测得的绕 x 轴的侧倾角速度，$\dot{\theta}_{\mathrm{s}}$ 为绕 y 轴的俯仰角速度，$\dot{\varphi}_{\mathrm{s}}$ 为绕 z 轴的横摆角速度。对式(9.43)求逆，可得车身角速度测量值与欧拉角及其速度的关系：

$$\begin{bmatrix}\dot{\phi}\\ \dot{\theta}\\ \dot{\varphi}\end{bmatrix}=\begin{bmatrix}1 & \sin\phi\tan\theta & \cos\phi\tan\theta\\ 0 & \cos\phi & -\sin\phi\\ 0 & \sin\phi/\cos\theta & \cos\phi/\cos\theta\end{bmatrix}\begin{bmatrix}\dot{\phi}_{\mathrm{s}}\\ \dot{\theta}_{\mathrm{s}}\\ \dot{\varphi}_{\mathrm{s}}\end{bmatrix} \tag{9.44}$$

一般角速度传感器测量值模型为

$$\begin{cases}\dot{\phi}_{\mathrm{s}}=\dot{\phi}_{\mathrm{r}}+b_{\phi0}+b_{\phi1}+w_{\phi}\\ \dot{\theta}_{\mathrm{s}}=\dot{\theta}_{\mathrm{r}}+b_{\theta0}+b_{\theta1}+w_{\theta}\\ \dot{\varphi}_{\mathrm{s}}=\dot{\varphi}_{\mathrm{r}}+b_{\varphi0}+b_{\varphi1}+w_{\varphi}\end{cases} \tag{9.45}$$

其中，下标 r 表示真实值，b_{i0} 表示上电静态偏差，b_{i1} 表示时变偏差，w_i 表示信息噪声，$i=\phi,\theta,\varphi$。通常 b_1 变化非常缓慢，采用缓变量建模为

$$\begin{cases}\dot{b}_{\phi1}=w_{\mathrm{b}_{\phi1}}\\ \dot{b}_{\theta1}=w_{\mathrm{b}_{\theta1}}\\ \dot{b}_{\varphi1}=w_{\mathrm{b}_{\varphi1}}\end{cases} \tag{9.46}$$

其中，w_{b} 表示零均值高斯白噪声。

综上可得姿态角估计的系统模型：

$$\begin{bmatrix}\dot{\phi}\\ \dot{\theta}\\ \dot{\varphi}\\ \dot{b}_{\phi1}\\ \dot{b}_{\theta1}\\ \dot{b}_{\varphi1}\end{bmatrix}=\begin{bmatrix}\dot{\phi}_s-(b_{\phi0}+b_{\phi1})+\sin\phi\tan\theta[\dot{\theta}_s-(b_{\theta0}+b_{\theta1})]+\cos\phi\tan\theta[\dot{\varphi}_s-(b_{\varphi0}+b_{\varphi1})]\\ \cos\phi[\dot{\theta}_s-(b_{\theta0}+b_{\theta1})]-\sin\phi[\dot{\varphi}_s-(b_{\varphi0}+b_{\varphi1})]\\ \sin\phi/\cos\theta[\dot{\theta}_s-(b_{\theta0}+b_{\theta1})]+\cos\phi/\cos\theta[\dot{\varphi}_s-(b_{\varphi0}+b_{\varphi1})]\\ 0\\ 0\\ 0\end{bmatrix}+$$

$$\begin{bmatrix}-1 & -\sin\phi\tan\theta & -\cos\phi\tan\theta & 0 & 0 & 0\\ 0 & -\cos\phi & \sin\phi & 0 & 0 & 0\\ 0 & -\sin\phi/\cos\theta & -\cos\phi/\cos\theta & 0 & 0 & 0\\ 0 & 0 & 0 & 1 & 0 & 0\\ 0 & 0 & 0 & 0 & 1 & 0\\ 0 & 0 & 0 & 0 & 0 & 1\end{bmatrix}\begin{bmatrix}w_{\phi}\\ w_{\theta}\\ w_{\varphi}\\ w_{b_{\phi1}}\\ w_{b_{\theta1}}\\ w_{b_{\varphi1}}\end{bmatrix} \tag{9.47}$$

简写为

$$\dot{\boldsymbol{x}}(t)=\boldsymbol{f}(\boldsymbol{x}(t))+\boldsymbol{\Gamma}(\boldsymbol{x}(t))\boldsymbol{\xi}(t) \tag{9.48}$$

其中

$\boldsymbol{x}(t)=[\phi\quad\theta\quad\varphi\quad b_{\phi1}\quad b_{\theta1}\quad b_{\varphi1}]^{\mathrm{T}}$

$\boldsymbol{\xi}(t)=[w_{\phi}\quad w_{\theta}\quad w_{\varphi}\quad w_{b_{\phi1}}\quad w_{b_{\theta1}}\quad w_{b_{\varphi1}}]^{\mathrm{T}}$

$$\boldsymbol{f}(\boldsymbol{x}(t))=\begin{bmatrix}\dot{\phi}_s-(b_{\phi0}+b_{\phi1})+\sin\phi\tan\theta[\dot{\theta}_s-(b_{\theta0}+b_{\theta1})]+\cos\phi\tan\theta[\dot{\varphi}_s-(b_{\varphi0}+b_{\varphi1})]\\ \cos\phi[\dot{\theta}_s-(b_{\theta0}+b_{\theta1})]-\sin\phi[\dot{\varphi}_s-(b_{\varphi0}+b_{\varphi1})]\\ \sin\phi/\cos\theta[\dot{\theta}_s-(b_{\theta0}+b_{\theta1})]+\cos\phi/\cos\theta[\dot{\varphi}_s-(b_{\varphi0}+b_{\varphi1})]\\ 0\\ 0\\ 0\end{bmatrix}$$

$$\boldsymbol{\Gamma}(\boldsymbol{x}(t))=\begin{bmatrix}-1 & -\sin\phi\tan\theta & -\cos\phi\tan\theta & 0 & 0 & 0\\ 0 & -\cos\phi & \sin\phi & 0 & 0 & 0\\ 0 & -\sin\phi/\cos\theta & -\cos\phi/\cos\theta & 0 & 0 & 0\\ 0 & 0 & 0 & 1 & 0 & 0\\ 0 & 0 & 0 & 0 & 1 & 0\\ 0 & 0 & 0 & 0 & 0 & 1\end{bmatrix}$$

2）姿态角估计测量模型

假设传感器安装于车身旋转中心，则对车身坐标系中传感器安装点的 3 个方向的速度求导可得

$$\frac{dv_b^n}{dt}=\frac{dv_b^b}{dt}+\omega_b^n\times v_b^b \tag{9.49}$$

其中，v_b^n 为车身相对于地面在导航坐标系下的速度，v_b^b 为车身坐标系中的速度，ω_b^n 为车身相对于导航坐标系的角速度。进一步考虑姿态非水平导致的重力加速度，展开得

$$\begin{bmatrix}a_x\\a_y\\a_z\end{bmatrix}=\begin{bmatrix}\dot{v}_x\\\dot{v}_y\\\dot{v}_z\end{bmatrix}+\begin{bmatrix}\dot{\phi}\\\dot{\theta}\\\dot{\varphi}\end{bmatrix}\times\begin{bmatrix}v_x\\v_y\\v_z\end{bmatrix}+\begin{bmatrix}-g\sin\theta\\g\sin\phi\cos\theta\\g\cos\phi\cos\theta\end{bmatrix} \tag{9.50}$$

其中，a_x、a_y 和 a_z 为加速度传感器安装于旋转中心时的测量值，v_x、v_y 和 v_z 为车身坐标系中沿 x 轴、y 轴和 z 轴的速度。

然而，一般传感器的安装位置和旋转中心间存在偏移量 L_{offset}，因此加速度测量值中还包含了车身运动导致的牵连加速度。为了估计旋转中心处的车身速度，需要补偿牵连加速度，待补偿的牵连加速度为

$$\begin{bmatrix}a_{x\_\text{compen}}\\a_{y\_\text{compen}}\\a_{z\_\text{compen}}\end{bmatrix}=\begin{bmatrix}\ddot{\phi}\\\ddot{\theta}\\\ddot{\varphi}\end{bmatrix}\times\begin{bmatrix}L_{\text{offset}\_x}\\L_{\text{offset}\_y}\\L_{\text{offset}\_z}\end{bmatrix}+\begin{bmatrix}\dot{\phi}\\\dot{\theta}\\\dot{\varphi}\end{bmatrix}\times\left(\begin{bmatrix}\dot{\phi}\\\dot{\theta}\\\dot{\varphi}\end{bmatrix}\times\begin{bmatrix}L_{\text{offset}\_x}\\L_{\text{offset}\_y}\\L_{\text{offset}\_z}\end{bmatrix}\right) \tag{9.51}$$

式(9.51)中在加速度补偿时使用了角加速度，而传感器无法获取该变量，需要根据角速度对其进行估计，则当加速度传感器安装于非旋转中心时，加速度传感器测量值为

$$\begin{bmatrix}a_{x_b}\\a_{y_b}\\a_{z_b}\end{bmatrix}=\begin{bmatrix}a_x\\a_y\\a_z\end{bmatrix}+\begin{bmatrix}a_{x\_\text{compen}}\\a_{y\_\text{compen}}\\a_{z\_\text{compen}}\end{bmatrix} \tag{9.52}$$

记车辆运动导致的加速度为 a_{kine}，即

$$\begin{bmatrix}a_{x_\text{kine}}\\a_{y_\text{kine}}\\a_{z_\text{kine}}\end{bmatrix}=\begin{bmatrix}\dot{\hat{v}}_x\\\dot{\hat{v}}_y\\\dot{\hat{v}}_z\end{bmatrix}+\begin{bmatrix}\dot{\phi}\\\dot{\theta}\\\dot{\varphi}\end{bmatrix}\times\begin{bmatrix}\hat{v}_x\\\hat{v}_y\\\hat{v}_z\end{bmatrix} \tag{9.53}$$

则可根据式(9.50)～式(9.53)得出加速度传感器中姿态非水平导致的重力分量：

$$\begin{bmatrix}a_{x_\text{bg}}\\a_{y_\text{bg}}\\a_{z_\text{bg}}\end{bmatrix}=\begin{bmatrix}a_{x_b}\\a_{y_b}\\a_{z_b}\end{bmatrix}-\begin{bmatrix}a_{x_\text{kine}}\\a_{y_\text{kine}}\\a_{z_\text{kine}}\end{bmatrix}-\begin{bmatrix}a_{x\_\text{compen}}\\a_{y\_\text{compen}}\\a_{z\_\text{compen}}\end{bmatrix}=\begin{bmatrix}-g\sin\theta_m\\g\sin\phi_m\cos\theta_m\\g\cos\phi_m\cos\theta_m\end{bmatrix} \tag{9.54}$$

则可得俯仰角 θ_m 和侧倾角 ϕ_m 的测量值：

$$\begin{bmatrix}\theta_m\\\phi_m\end{bmatrix}=\begin{bmatrix}-\arcsin(a_{x_\text{bg}}/g)\\\arcsin(a_{y_\text{bg}}/g\cos\theta_m)\end{bmatrix} \tag{9.55}$$

2. 多源信息融合的姿态估计算法

由于式(9.47)为非线性状态方程，所以采用 EKF 算法对系统模型估计值和测量模型估计值进行融合。根据式(9.50)，加速度传感器测量值中包含重力加速度分量和车辆实际运

动所带来的加速度分量。重力加速度分量为加速度传感器测量值与车辆实际运动加速度之差，而车辆运动加速度难以获取，如侧向速度一直是车辆难以准确获取的变量，特别是侧向运动幅度较大时，小的估计误差会导致重力较大的分量，进而导致较大的姿态角计算值，应根据一定条件适时使用重力对姿态角进行反馈计算。同时，在使用卡尔曼滤波时，噪声模型难以建立并且其对估计效果具有较大的影响，若选取不当会导致算法发散。一般地，IMU 传感器的模型精度比基于车辆动力学观测器的测量纵/侧向速度精度要高，为简化计算，系统模型噪声的协方差矩阵 $\boldsymbol{Q}$ 根据实际效果预先整定，只对测量噪声的协方差矩阵 $\boldsymbol{R}$ 进行在线自适应。基于此，以下使用 EKF 算法估计姿态角，并根据适当条件对测量噪声协方差矩阵进行自适应。

1）多源信息融合的车辆姿态估计

由于式(9.47)为关于状态的非线性方程，首先需要对该状态方程线性化：

$$\dot{x}_k \approx f(\hat{x}_k) + \frac{\partial f(\hat{x}_k)}{\partial \hat{x}_k}(x_k - \hat{x}_k) = \frac{\partial f(\hat{x}_k)}{\partial \hat{x}_k}x_k + \left[f(\hat{x}_k) - \frac{\partial f(\hat{x}_k)}{\partial \hat{x}_k}\hat{x}_k\right] \tag{9.56}$$

其中的系统矩阵为

$$\mathbf{A} = \frac{\partial f(x)}{\partial x}$$

该矩阵第一列为

$$\begin{bmatrix} \cos\phi\tan\theta(\dot{\theta}_s - b_{\theta 1}) - \sin\phi\tan\theta(\dot{\varphi}_s - b_{\varphi 1}) \\ -\sin\phi(\dot{\theta}_s - b_{\theta 1}) - \cos\phi(\dot{\varphi}_s - b_{\varphi 1}) \\ (\cos\phi/\cos\theta)(\dot{\theta}_s - b_{\theta 1}) - (\sin\phi/\cos\theta)(\dot{\varphi}_s - b_{\varphi 1}) \\ 0 \\ 0 \\ 0 \end{bmatrix}$$

该矩阵第二列为

$$\begin{bmatrix} (\sin\phi/\cos^2\theta)(\dot{\theta}_s - b_{\theta 1}) - (\cos\phi/\cos^2\theta)(\dot{\varphi}_s - b_{\varphi 1}) \\ 0 \\ (\sin\phi\sin\theta/\cos^2\theta)(\dot{\theta}_s - b_{\theta 1}) + (\cos\phi\sin\theta/\cos^2\theta)(\dot{\varphi}_s - b_{\varphi 1}) \\ 0 \\ 0 \\ 0 \end{bmatrix}$$

该矩阵其余 4 列为

$$\begin{bmatrix} 0 & -1 & -\sin\phi\tan\theta & -\cos\phi\tan\theta \\ 0 & 0 & -\cos\phi & \sin\phi \\ 0 & 0 & -\sin\phi/\cos\theta & -\cos\phi/\cos\theta \\ 0 & 0 & 0 & 0 \\ 0 & 0 & 0 & 0 \\ 0 & 0 & 0 & 0 \end{bmatrix}$$

其中线性化带来的余项虚拟输入为

$$u_k = f(\hat{x}_k) - \frac{\partial f(\hat{x}_k)}{\partial \hat{x}_k}\hat{x}_k \tag{9.57}$$

根据式(9.47)，噪声分布矩阵为 $\boldsymbol{F} = \boldsymbol{\Gamma}(\boldsymbol{x}(t))$，测量方程为

$$\begin{bmatrix} \phi_{\mathrm{m}} \\ \theta_{\mathrm{m}} \\ \varphi_{\mathrm{m}} \end{bmatrix} = \begin{bmatrix} 1 & 0 & 0 & 0 & 0 & 0 \\ 0 & 1 & 0 & 0 & 0 & 0 \\ 0 & 0 & 1 & 0 & 0 & 0 \end{bmatrix} \begin{bmatrix} \phi \\ \theta \\ \varphi \\ b_{\phi 1} \\ b_{\theta 1} \\ b_{\varphi 1} \end{bmatrix} + \boldsymbol{\eta} \tag{9.58}$$

将状态方程和测量方程简写为

$$\begin{cases} \dot{\boldsymbol{x}}(t) = \boldsymbol{A}\boldsymbol{x}(t) + \boldsymbol{u}(t) + \boldsymbol{F}\boldsymbol{\xi}(t) \\ \boldsymbol{z}(t) = \boldsymbol{C}\boldsymbol{x}(t) + \boldsymbol{\eta}(t) \end{cases} \tag{9.59}$$

其中

$$\boldsymbol{C} = \begin{bmatrix} 1 & 0 & 0 & 0 & 0 & 0 \\ 0 & 1 & 0 & 0 & 0 & 0 \\ 0 & 0 & 1 & 0 & 0 & 0 \end{bmatrix}$$

改写为差分方程可得

$$\begin{cases} \boldsymbol{x}(k+1) = \boldsymbol{G}\boldsymbol{x}(k) + \boldsymbol{F}(k)\boldsymbol{u}(k) \\ \boldsymbol{z}(k) = \boldsymbol{C}\boldsymbol{x}(k) + \boldsymbol{D}\boldsymbol{u}(k) \end{cases} \tag{9.60}$$

滤波算法及其协方差矩阵自适应方法后续将详细阐述。

2）姿态角估计器测量更新

姿态角估计时使用了基于车辆动力学观测器估计的纵/侧向速度及其加速度。在轮胎的力学特性进入强非线性区域时，测量反馈值的精度已难以保证，再使用该测量反馈校正系统模型就会产生适得其反的效果，因此需要判断轮胎的力学特性何时进入强非线性区域，以及设计测量反馈校正姿态角估计系统模型的规则。该部分将在后续关于多源信息融合的姿态估计算法中描述。

俯仰角和侧倾角的测量反馈由基于车辆动力学的纵/侧向速度观测器得到，观测器会给出标志位 Flag，该标志位表示轮胎的力学特性已进入轮胎的强非线性区域。该标志位在轮胎的力学特性进入强非线性区域时才可建立，因此它本身已经包含了一定的延迟时间。为了保证测量对于状态校正的有效性，借鉴成熟的测量平移观点。在使用标志位时，需要将其他加速度和角速度信息延迟一定时间后再使用，以确保在使用测量反馈进行测量更新时测量反馈的精度均保持较高的水平。

将 Flag 人为地延迟 τ 得到 Flag_τ，τ 需大于 Flag 信息本身的真实延迟时间 τ_0。为了实现与 Flag_τ 同步，需要进一步将观测器的输入角速度和测量均延迟 τ。实现同步后，该观测器可看作对延迟时刻 $t-\tau$ 的姿态角进行估计。在此基础上，以下采用预测的方法对当前时

刻的状态进行预测，并且该预测方法能够保持当前状态的估计误差收敛。姿态角估计部分的测量反馈只在标志位为 0 时进行更新，否则姿态估计算法处于积分模式。

3. 基于多源信息融合的速度估计

以下将融合 IMU 中的三轴加速度、姿态角估计器估计的姿态角和基于车辆动力学估计的车辆纵/侧向速度信息，以估计车身坐标系下的速度。

1）速度估计模型

(1) 速度估计系统模型。

车辆速度的动态由式(9.50)描述，加速度传感器测量模型为

$$\begin{cases} a_{xs} = a_x + b_{x0} + b_{x1} + w_{a_x} \\ a_{ys} = a_y + b_{y0} + b_{y1} + w_{a_y} \\ a_{zs} = a_z + b_{z0} + b_{z1} + w_{a_z} \end{cases} \tag{9.61}$$

其中，下标 s 表示传感器测量值，b_{x0}、b_{y0} 和 b_{z0} 为上电静态零偏。传感器误差模型类似角速度零偏误差模型，b_{x1}、b_{y1} 和 b_{z1} 建模为缓变量，其动态为

$$\begin{cases} \dot{b}_{x1} = w_{b_{x1}} \\ \dot{b}_{y1} = w_{b_{y1}} \\ \dot{b}_{z1} = w_{b_{z1}} \end{cases} \tag{9.62}$$

通常垂向速度较小，且大部分时刻为 0，借鉴一阶马尔可夫模型，为防止 v_z 发散，在状态方程中引入阻尼项 $-(1/\tau_{\mathrm{damp}})v_z$，$\tau_{\mathrm{damp}}$ 参数需要整定，则状态方程变为

$$\begin{bmatrix} \dot{v}_x \\ \dot{v}_y \\ \dot{v}_z \\ \dot{b}_{x1} \\ \dot{b}_{y1} \\ \dot{b}_{z1} \end{bmatrix} = \begin{bmatrix} 0 & \dot{\varphi}_s & -\dot{\theta}_s & -1 & 0 & 0 \\ -\dot{\varphi}_s & 0 & \dot{\phi}_s & 0 & -1 & 0 \\ \dot{\theta}_s & -\dot{\phi}_s & -\dfrac{1}{\tau_{\mathrm{damp}}} & 0 & 0 & -1 \\ 0 & 0 & 0 & 0 & 0 & 0 \\ 0 & 0 & 0 & 0 & 0 & 0 \\ 0 & 0 & 0 & 0 & 0 & 0 \end{bmatrix} \begin{bmatrix} v_x \\ v_y \\ v_z \\ b_{x1} \\ b_{y1} \\ b_{z1} \end{bmatrix} + \begin{bmatrix} (a_{xs} - b_{x0}) + g\sin\hat{\theta} \\ (a_{ys} - b_{y0}) - g\sin\hat{\phi}\cos\hat{\theta} \\ (a_{zs} - b_{z0}) - g\cos\hat{\phi}\cos\hat{\theta} \\ 0 \\ 0 \\ 0 \end{bmatrix} + \begin{bmatrix} w_{a_x} \\ w_{a_y} \\ w_{a_z} \\ w_{b_{x1}} \\ w_{b_{y1}} \\ w_{b_{z1}} \end{bmatrix} \tag{9.63}$$

则简写为标准状态空间形式，系统矩阵为

$$
\boldsymbol{A}=\begin{bmatrix} 0 & \dot{\varphi}_{\mathrm{s}} & -\dot{\theta}_{\mathrm{s}} & -1 & 0 & 0 \\ -\dot{\varphi}_{\mathrm{s}} & 0 & \dot{\phi}_{\mathrm{s}} & 0 & -1 & 0 \\ \dot{\theta}_{\mathrm{s}} & -\dot{\phi}_{\mathrm{s}} & -\dfrac{1}{\tau_{\mathrm{damp}}} & 0 & 0 & -1 \\ 0 & 0 & 0 & 0 & 0 & 0 \\ 0 & 0 & 0 & 0 & 0 & 0 \\ 0 & 0 & 0 & 0 & 0 & 0 \end{bmatrix}
$$

输入矩阵 $\boldsymbol{B}$ 和噪声分布矩阵 $\boldsymbol{\Gamma}$ 均为 6 阶单位矩阵，状态向量为

$$
\boldsymbol{x}=[v_x \quad v_y \quad v_z \quad b_{x1} \quad b_{y1} \quad b_{z1}]^{\mathrm{T}}
$$

输入向量为

$$
\boldsymbol{u}=[(a_{xs}-b_{x0})+g\sin\hat{\theta} \quad (a_{ys}-b_{y0})-g\sin\hat{\phi}\cos\hat{\theta} \quad (a_{zs}-b_{z0})-g\cos\hat{\phi}\cos\hat{\theta} \quad 0 \quad 0 \quad 0]^{\mathrm{T}}
$$

噪声向量为

$$
\boldsymbol{\xi}=[w_{a_x} \quad w_{a_y} \quad w_{a_z} \quad w_{b_{x1}} \quad w_{b_{y1}} \quad w_{b_{z1}}]^{\mathrm{T}}
$$

（2）速度估计测量模型。

同样，基于车辆动力学估计器在轮胎的线性区域和弱非线性区域能够输出较准确的纵/侧向速度估计值，此时在估计器中引入动力学估计器的估计结果，有

$$
\begin{bmatrix} v_{\mathrm{VD\_}x} \\ v_{\mathrm{VD\_}y} \end{bmatrix}=\begin{bmatrix} 1 & 0 & 0 & 0 & 0 & 0 \\ 0 & 1 & 0 & 0 & 0 & 0 \end{bmatrix}\begin{bmatrix} v_x \\ v_y \\ v_z \\ b_{x1} \\ b_{y1} \\ b_{z1} \end{bmatrix}+\boldsymbol{\eta} \tag{9.64}
$$

其中，$v_{\mathrm{VD\_}x}$ 和 $v_{\mathrm{VD\_}y}$ 为基于车辆动力学估计所得到的纵/侧向速度，$\boldsymbol{\eta}$ 为测量噪声。

2）多源信息融合的速度估计算法

式(9.63)为线性的状态方程，采用卡尔曼滤波算法对 IMU 的加速度信息和基于车辆动力学估计器估计的纵/侧向速度进行融合，进而估计纵/侧向速度。根据式(9.50)，加速度传感器测量值中包含重力加速度分量和车辆实际运动所带来的加速度分量。重力加速度分量由车身姿态非水平导致，需要根据姿态估计结果将其移除，从而得到水平加速度，对该加速度积分即可得到速度。然而，加速度传感器测量值中包含噪声和不稳定零偏，且姿态估计部分也存在估计误差，长时间积分会导致较大的累积误差。基于车辆动力学的估计器在轮胎的线性区域和弱非线性区域具有较高的速度估计精度，可利用其对基于 IMU 的积分算法适时进行反馈修正。同时，在使用卡尔曼滤波时，噪声模型难以建立并且其对估计效果具有较大的影响，选取不当会导致算法发散。一般，IMU 传感器的模型精度比基于车辆动力学观测器的测量纵/侧向速度精度要高。为简化计算，系统模型噪声的协方差矩阵 $\boldsymbol{Q}$ 根据实际效果整定，不进行自适应更新，只对测量噪声的协方差矩阵 $\boldsymbol{R}$ 进行自适应更新。基于此，以下设计卡尔曼滤波算法估计车身速度，并根据适当条件对测量噪声协方差矩阵进行自适应。

类似姿态估计，将状态方程和测量方程简写为

$$\begin{cases}\dot{\boldsymbol{x}}(t)=\boldsymbol{A}\boldsymbol{x}(t)+\boldsymbol{B}\boldsymbol{u}(t)+\boldsymbol{F}\boldsymbol{\xi}(t)\\ \boldsymbol{z}(t)=\boldsymbol{C}\boldsymbol{x}(t)+\boldsymbol{\eta}(t)\end{cases}\tag{9.65}$$

其中，$\boldsymbol{C}=\begin{bmatrix}1&0&0&0&0&0\\0&1&0&0&0&0\end{bmatrix}$。进一步改写为差分方程可得

$$\begin{cases}\boldsymbol{x}(k+1)=\boldsymbol{G}(T)\boldsymbol{x}(k)+\boldsymbol{F}(T)\boldsymbol{u}(k)\\ \boldsymbol{y}(k)=\boldsymbol{C}\boldsymbol{x}(k)+\boldsymbol{D}\boldsymbol{u}(k)\end{cases}\tag{9.66}$$

由于描述的速度动态为线性系统，因此使用线性卡尔曼滤波算法即可。滤波算法及其协方差矩阵自适应方法见后续叙述。

由于使用了基于车辆动力学观测器估计的纵/侧向速度作为测量反馈，在轮胎的力学特性进入强非线性区域时，测量反馈的精度已经难以保证。再使用该测量反馈校正速度估计系统模型会产生适得其反的效果，需要判断轮胎的力学特性何时进入强非线性区域，以及设计使用测量反馈校正速度估计系统模型的规则，这些将在后续关于纵/侧向速度和加速度估计部分进行描述。和姿态估计相同，根据基于车辆动力学观测器输出的标志位 Flag 设计测量反馈修正规则。该标志位在轮胎的力学特性已经进入强非线性区域时才可建立，建立的过程存在时间延迟，因此该标志位本身已经包含了一定的延迟时间。为了保证测量对于状态校正的有效性，需要将其他加速度和角速度信息延迟一定时间后再使用，以确保在使用测量反馈作测量更新时测量反馈的精度均保持较高的水平。根据延迟同步的加速度、角速度和基于车辆动力学估计器估计的纵/侧向速度设计速度的估计器，实现对 $t-\tau$ 时刻的速度估计。在该速度估计的基础上设计预测器，对当前时刻的状态进行预测。同样该预测方法可保证当前状态的估计误差仍然能够收敛。

3）纵向速度及加速度估计

以单集中电机前置前驱的平台车辆为例，车辆安装了轮速传感器，后轮为从动轮，可通过设计一定规则与 IMU 融合从而估计纵向速度，以下对该对象设计纵向速度及加速度估计算法。

（1）纵向速度估计。

假设车辆的纵向速度为 v_x，前左、前右、后左和后右轮速分别为 ω_{fl}、ω_{fr}、ω_{rl} 和 ω_{rr}，轮速可通过传感器测量；r_{fl}、r_{fr}、r_{rl} 和 r_{rr} 分别为前左、前右、后左和后右轮的轮胎半径。基于 GNSS 输出的速度，可对轮胎半径在 GNSS 信号存在时进行自适应。纵向速度和 4 个轮轮速的关系分别为

$$\begin{cases}v_x=\omega_{\mathrm{fl}}r_{\mathrm{fl}}\cos\delta_{\mathrm{fl}}+\dfrac{1}{2}\dot{\varphi}b_{\mathrm{f}}\\ v_x=\omega_{\mathrm{fr}}r_{\mathrm{fr}}\cos\delta_{\mathrm{fr}}-\dfrac{1}{2}\dot{\varphi}b_{\mathrm{f}}\\ v_x=\omega_{\mathrm{rl}}r_{\mathrm{rl}}+\dfrac{1}{2}\dot{\varphi}b_{\mathrm{r}}\\ v_x=\omega_{\mathrm{rr}}r_{\mathrm{rr}}-\dfrac{1}{2}\dot{\varphi}b_{\mathrm{r}}\end{cases}\tag{9.67}$$

其中，δ_{fl} 和 δ_{fr} 分别表示前左轮和前右轮转角；b_{f} 和 b_{r} 分别表示前轴和后轴轮距。前轮轮速

与速度换算关系中包含前轮转角且为驱动轮,存在滑移现象,不利于速度估计。这里采用后轮轮速估计纵向速度。当车辆驱动行驶或者处于准稳态行驶时,直接使用后轴两轮轮速均值作为纵向速度估计值,即 $v_{\mathrm{VD}\_x}=\frac{1}{2}(\omega_{\mathrm{rl}}r_{\mathrm{rl}}+\omega_{\mathrm{rr}}r_{\mathrm{rr}})$,此时纵向速度估计值的精度较高,可用于姿态角估计和速度估计。当车辆处于制动工况时,由于制动力作用,轮胎存在滑移率 $\lambda=\frac{v_x-\omega r}{v_x}$,此时需要根据滑移率判断轮胎是否打滑,其中 ω 和 r 表示车轮转速和轮胎半径。当轮胎出现打滑时,轮胎力特性已经进入非线性区域,需要设计逻辑规则对其进行判断,并将 $\mathrm{Flag}_{v_{\mathrm{VD}\_x}}$ 置位,以及时切断反馈测量更新。通过车辆的动力学响应判断轮胎进入强非线性区域的方式总是存在一定的时间延迟。为了解决该问题,可采用延迟-预测估计架构,在任意时刻总存在 $t-\tau$ 时刻的速度估计结果,然后通过预测器对当前时刻 t 的速度进行估计。由此可知,从时刻 $t-\tau$ 至时刻 t 这段时间内,预测器并没有使用到基于动力学估计器估计出的纵向速度作为测量反馈更新姿态和速度,因此使用预测器预测的当前速度与式 $v_{\mathrm{VD}\_x}=\frac{1}{2}(\omega_{\mathrm{rl}}r_{\mathrm{rl}}+\omega_{\mathrm{rr}}r_{\mathrm{rr}})$ 计算轮胎滑移率 λ,然后将门限值比较结果作为将 $\mathrm{Flag}_{v_{\mathrm{VD}\_x}}$ 置位的根据之一。

(2) 纵向加速度估计。

在俯仰角估计时,需要根据车辆的运动情况对运动的纵向加速度项 $a_{x_{\mathrm{kine}}}$ 进行估计,在轮胎未打滑时,基于轮速对车辆的运动加速度 $a_{x_{\mathrm{kine}}}$ 进行估计。纵向速度由驾驶员通过油门和制动踏板控制,其动态可由低阶动态系统表示。假设轮速的动态不超过三阶,然后在 t 时刻对由轮速计算的纵向速度多项式进行泰勒级数展开,可得

$$\begin{cases}V_\omega(t+\Delta t)=V_\omega(t)+\Delta t\,\dot{V}_\omega(t)+\frac{1}{2!}\Delta t^2\,\ddot{V}_\omega(t)+\frac{1}{3!}\Delta t^3\,\dddot{V}_\omega(t)+O+w_1\\ \dot{V}_\omega(t+\Delta t)=\dot{V}_\omega(t)+\Delta t\,\ddot{V}_\omega(t)+\frac{1}{2!}\Delta t^2\,\dddot{V}_\omega(t)+O+w_2\\ \ddot{V}_\omega(t+\Delta t)=\ddot{V}_\omega(t)+\Delta t\,\dddot{V}_\omega(t)+O+w_3\\ \dddot{V}_\omega(t+\Delta t)=\dddot{V}_\omega(t)+w_4\end{cases}\tag{9.68}$$

其中,V_ω 为由轮速换算的速度,$\dot{V}_\omega(t)$、$\ddot{V}_\omega(t)$ 和 $\dddot{V}_\omega(t)$ 分别为一阶、二阶和三阶导数,O 为高阶项,$w_1\sim w_4$ 为各阶项的随机噪声。将 V_ω 的动态取到第三阶,忽略高阶动态,将其整理成差分方程,并改写成状态方程:

$$\begin{bmatrix}V_\omega(k+1)\\ \dot{V}_\omega(k+1)\\ \ddot{V}_\omega(k+1)\\ \dddot{V}_\omega(k+1)\end{bmatrix}=\begin{bmatrix}1 & \Delta t & \frac{1}{2!}\Delta t^2 & \frac{1}{3!}\Delta t^3\\ 0 & 1 & \Delta t & \frac{1}{2!}\Delta t^2\\ 0 & 0 & 1 & \Delta t\\ 0 & 0 & 0 & 1\end{bmatrix}\begin{bmatrix}V_\omega(k)\\ \dot{V}_\omega(k)\\ \ddot{V}_\omega(k)\\ \dddot{V}_\omega(k)\end{bmatrix}+\begin{bmatrix}w_1\\ w_2\\ w_3\\ w_4\end{bmatrix}\tag{9.69}$$

$$V_\omega=[1\quad 0\quad 0\quad 0]\begin{bmatrix}V_\omega(k)\\ \dot{V}_\omega(k)\\ \ddot{V}_\omega(k)\\ \dddot{V}_\omega(k)\end{bmatrix}+\boldsymbol{\eta} \tag{9.70}$$

对于式(9.69)和式(9.70)描述的系统，可设计卡尔曼滤波算法对$\dot{V}_\omega$进行估计，其中卡尔曼滤波算法中的状态转移矩阵和测量矩阵分别为

$$\boldsymbol{A}=\begin{bmatrix}1 & \Delta t & \frac{1}{2!}\Delta t^2 & \frac{1}{3!}\Delta t^3\\ 0 & 1 & \Delta t & \frac{1}{2!}\Delta t^2\\ 0 & 0 & 1 & \Delta t\\ 0 & 0 & 0 & 1\end{bmatrix},\quad \boldsymbol{C}=[1\quad 0\quad 0\quad 0]$$

(3) 俯仰角与纵向速度测量反馈规则。

令 $a_{x\_\mathrm{dev}}=|a_{\mathrm{VD}\_x}-(a_{x_\mathrm{b}}+g\sin\theta)|$ 表示由车辆动力学估计的纵向加速度与基于多源信息融合估计器估计的纵向加速度的差值，其中 $a_{\mathrm{VD}\_x}=\dot{V}_\omega$。俯仰角和纵向速度测量反馈标志位建立规则为：当满足条件 $|\lambda_{\mathrm{vir}}|>\lambda_{\mathrm{Thresh}}$ 或 $E(|\lambda_{\mathrm{vir}}|)>\lambda_{\mathrm{E\_Thresh}}$ 或 $\mathrm{Var}(|\lambda_{\mathrm{vir}}|)>\lambda_{\mathrm{Var\_Thresh}}$ 或 $|a_{x\_\mathrm{dev}}|>a_{x\_\mathrm{Thresh}}$ 或 $E(|a_{x\_\mathrm{dev}}|)>a_{x\_\mathrm{EThresh}}$ 或 $\mathrm{Var}(|a_{x\_\mathrm{dev}}|)>a_{x\_\mathrm{VarThresh}}$ 时标志位 $\mathrm{Flag}_{v_{\mathrm{VD}\_x}}$ 赋值为1，否则赋值为0。使用估计滑移率和纵向加速度差值作为 $\mathrm{Flag}_{v_{\mathrm{VD}\_x}}$ 建立的依据，当其绝对值、一段时间窗内的期望和方差的任意条件满足时即将 $\mathrm{Flag}_{v_{\mathrm{VD}\_x}}$ 置位，$\lambda_{\mathrm{Thresh}}$、$\lambda_{\mathrm{E\_Thresh}}$、$\lambda_{\mathrm{Var\_Thresh}}$、$a_{x\_\mathrm{Thresh}}$、$a_{x\_\mathrm{EThresh}}$ 和 $a_{x\_\mathrm{VarThresh}}$ 等参数需要根据实际效果调整，$E(\cdot)$和 $\mathrm{Var}(\cdot)$表示对一段时间数据取均值和方差操作。最终速度测量反馈的标志位 $\mathrm{Flag}_{F\_v_{\mathrm{VD}\_x}}$ 建立原则为

$$\mathrm{Flag}_{F\_v_{\mathrm{VD}\_x}}=\mathrm{Flag}^{\tau}_{v_{\mathrm{VD}\_x}}\ \|\ \mathrm{Flag}_{v_{\mathrm{VD}\_x}}$$

其中，$\mathrm{Flag}^{\tau}_{v_{\mathrm{VD}\_x}}$ 为 $\mathrm{Flag}_{v_{\mathrm{VD}\_x}}$ 延迟 τ 时间后的值。

4）侧向速度及加速度估计

对于侧向速度，可基于车辆的侧向动力学设计估计器。以下针对线性二自由度单轨车辆模型设计侧偏角估计器，估计侧偏角，进而估计侧向速度及其加速度。需要说明的是，与纵向速度类似，侧向速度及其加速度只在车辆侧向激励较小时作为测量反馈用于修正基于多轴IMU估计的速度和姿态。在侧向激励较小时，线性二自由度单轨车辆模型能够较好地描述车辆侧向动态。同时，为了简化模型，这里采用线性二自由度单轨车辆模型设计估计器，估计侧向速度及其加速度。

(1) 侧向速度及加速度估计算法。

在线性二自由度单轨车辆动力学模型中，选取横摆角速度$\dot{\varphi}$和质心侧偏角 β 作为状态变量，车辆侧向运动的动力学模型可描述为

$$\begin{bmatrix}\dot{\beta}\\ \ddot{\varphi}\end{bmatrix}=\begin{bmatrix}\frac{C_\mathrm{f}+C_\mathrm{r}}{mv_x} & \frac{C_\mathrm{f}l_\mathrm{f}-C_\mathrm{r}l_\mathrm{r}}{mv_x^2}-1\\ \frac{C_\mathrm{f}l_\mathrm{f}-C_\mathrm{r}l_\mathrm{r}}{I_z} & \frac{C_\mathrm{f}l_\mathrm{f}^2+C_\mathrm{r}l_\mathrm{r}^2}{I_z}\end{bmatrix}\begin{bmatrix}\beta\\ \dot{\varphi}\end{bmatrix}+\begin{bmatrix}-\frac{C_\mathrm{f}}{mv_x}\\ -\frac{C_\mathrm{f}l_\mathrm{f}}{I_z}\end{bmatrix}\delta_\mathrm{f} \tag{9.71}$$

其中，C_f 和 C_r 分别为前轴和后轴的侧偏刚度，m 为整车质量，l_f 和 l_r 分别为质心至前轴和后轴的距离，I_z 为横摆转动惯量，δ_f 为前轮转角。横摆角速度可直接测量，基于横摆角速度和式(9.71)描述的车辆侧向动力学模型即可使用卡尔曼滤波设计质心侧偏角估计算法，以对质心侧偏角进行估计。当估计出$\hat{\beta}$后，可估计出质心处的侧向速度，即$\hat{v}_{\mathrm{VD_y}}=\hat{\beta}\hat{v}_x$，根据估计所得侧偏角可计算出侧偏角动态：

$$\dot{\hat{\beta}}=\frac{C_f+C_r}{m\hat{v}_x}\hat{\beta}+\left(\frac{C_f l_f-C_r l_r}{m\hat{v}_x^2}-1\right)\dot{\varphi}-\frac{C_f}{m\hat{v}_x}\delta_f \tag{9.72}$$

进一步可估计出质心处侧向运动的加速度，即$\dot{\hat{v}}_{\mathrm{VD_y}}=\dot{\hat{\beta}}\hat{v}_x$。

(2) 侧倾角与侧向速度测量反馈规则。

侧向速度估计使用了车辆的侧向动力学，可基于该模型设计描述车辆非线性程度的指标。使用基于车辆模型估计的横摆角速度与传感器测量的横摆角速度的差值度量车辆的非线性程度。在轮胎力特性的线性或者弱非线性区域内，车辆模型的精度较高，估计的横摆角速度与真实测量的横摆角速度较吻合。当车辆模型失准时，二者的差异便能及时体现，该差值为 $\gamma_{\mathrm{dev}}=|\hat{\gamma}_d-\dot{\varphi}_s|$，估计的横摆角速度$\hat{\gamma}_d$ 可根据方向盘转角输入计算：

$$\hat{\gamma}_d=\frac{\dfrac{v_x}{l_f+l_r}}{1+\dfrac{m}{(l_f+l_r)^2}\left(\dfrac{l_f}{C_r}-\dfrac{l_r}{C_f}\right)v_x^2}\delta_f \tag{9.73}$$

同时还使用侧向速度和侧向加速度差值 $v_{y\_\mathrm{dev}}=|\hat{v}_{\mathrm{VD\_x}}-\hat{v}_y|$ 和 $a_{y\_\mathrm{dev}}=|\dot{\hat{v}}_{\mathrm{VD\_y}}-(a_{y_b}-g\sin\phi\cos\theta)|$。侧倾角和侧向速度测量反馈标志位建立规则为：当满足条件 $|v_{y\_\mathrm{dev}}|>v_{y\_\mathrm{Thresh}}$ 或 $E(|v_{y\_\mathrm{dev}}|)>v_{y\_\mathrm{EThresh}}$ 或 $\mathrm{Var}(|v_{y\_\mathrm{dev}}|)>v_{y\_\mathrm{VarThresh}}$ 或 $|a_{y\_\mathrm{dev}}|>a_{y\_\mathrm{Thresh}}$ 或 $E(|a_{y\_\mathrm{dev}}|)>a_{y\_\mathrm{EThresh}}$ 或 $\mathrm{Var}(|a_{y\_\mathrm{dev}}|)>a_{y\_\mathrm{VarThresh}}$ 或 $|\gamma_{\mathrm{dev}}|>\gamma_{\mathrm{Thresh}}$ 或 $E(|\gamma_{\mathrm{dev}}|)>\gamma_{\mathrm{EThresh}}$ 或 $\mathrm{Var}(|\gamma_{\mathrm{dev}}|)>\gamma_{\mathrm{VarThresh}}$ 时标志位 $\mathrm{Flag}_{v_{\mathrm{VD\_y}}}$ 赋值为 1，否则赋值为 0。进而使用横摆角速度差值、侧向速度差值和侧向加速度差值作为 $\mathrm{Flag}_{v_{\mathrm{VD\_y}}}$ 建立的依据。当其绝对值、一段时间窗内的期望和方差的任意条件满足时即将 $\mathrm{Flag}_{v_{\mathrm{VD\_y}}}$ 置位，v_{y_Thresh}、v_{y_EThresh}、$v_{y\_\mathrm{VarThresh}}$、a_{y_Thresh}、a_{y_EThresh} 和 $a_{y\_\mathrm{VarThresh}}$、γ_{Thresh}、$\gamma_{\mathrm{EThresh}}$ 和 $\gamma_{\mathrm{VarThresh}}$ 等参数需要根据实际效果调整。最终速度测量反馈的标志位 $\mathrm{Flag}_{F\_v_{\mathrm{VD\_y}}}$ 建立原则为

$$\mathrm{Flag}_{F\_v_{\mathrm{VD\_y}}}=\mathrm{Flag}^{\tau}_{v_{\mathrm{VD\_y}}}\parallel\mathrm{Flag}_{v_{\mathrm{VD\_y}}}$$

其中，$\mathrm{Flag}^{\tau}_{v_{\mathrm{VD\_y}}}$ 为 $\mathrm{Flag}_{v_{\mathrm{VD\_y}}}$ 延迟 τ 时间后的值。

4. 基于视觉辅助的状态估计

本节在前面的基础上引入智能汽车中相机所提供的信息估计车辆状态，具体来说，使用一台相机所提供的车辆前方预瞄点与车道线的距离预计与车道线的夹角信息以设计车辆状态估计器。

1) 姿态角估计

前面已经介绍了一种基于 EKF 算法的车身姿态角估计算法。由于关于车身姿态的式(9.44)为非线性状态方程，本节进一步尝试容积卡尔曼滤波算法，该算法能够准确地处理系统中的非线性特征。

(1) 姿态角状态方程。

式(9.44)即为姿态角的状态方程，可以看出该方程为非线性方程。为了避免拓展卡尔曼滤波中局部线性化引入的误差，可尝试采用非线性容积卡尔曼滤波对车身姿态角进行估计。

(2) 测量信号反馈机制。

在设计观测器过程中，需要引入相应的测量信号。磁力计装载在车上得到的姿态角置信度相对较差，并且信号极易受到干扰和污染，难以保证全工况的可靠性。此外，GNSS 信号容易受到遮挡，难以保证全工况稳定输出。本节依然根据车辆本身特性设计观测器估计车身姿态角。为此，结合方向盘转角信息和轮速信息设计测量信号反馈机制。

当车辆纵向加速度为 0 时，在去除加速度传感器中的偏差后，IMU 测得的纵向加速度与侧倾角满足 $a_{xr}=-g\sin\theta$。在去除加速度传感器中的偏差后，IMU 测得的侧向加速度与俯仰角和侧倾角满足 $a_{yr}=g\cos\theta\sin\phi$。为了让两式在部分场景能够作为姿态角的测量反馈信号，接下来需要判断车辆纵/侧向的运动状态，以设置相应的反馈机制。当满足条件 $\delta_{\text{sw}}\leqslant\delta_{\text{threshold}}$、$\dot{\delta}_{\text{sw}}\leqslant\dot{\delta}_{\text{threshold}}$、$\dot{\varphi}\leqslant\dot{\varphi}_{\text{threshold}}$ 并维持时间大于 T_1 时，可认为车辆直线行驶。其中 δ_{sw} 为方向盘转角，$\dot{\delta}_{\text{sw}}$ 为方向盘转角速度，$\dot{\varphi}$ 为车辆横摆角速度，下标 threshold 表示设置的阈值；$\delta_{\text{threshold}}$ 为方向盘转角阈值；$\dot{\delta}_{\text{threshold}}$ 为方向盘转角速度阈值；$\dot{\varphi}_{\text{threshold}}$ 为横摆角速度阈值。当满足条件 $|g\sin\theta-\dot{\omega}_{\text{ws}}r|\leqslant a_{x\text{threshold}}$ 并维持时间大于 T_2 时，认为车辆纵向加速度可以忽略不计。其中，$\dot{\omega}_{\text{ws}}$ 为车轮转动加速度，r 为车轮转动半径，$a_{x\text{threshold}}$ 为纵向加速度阈值。

(3) 姿态角估计算法。

基于式(9.44)所示的姿态角方程，考虑 IMU 传感器角速度的测量偏差，可以构建状态方程：

$$\begin{bmatrix} \dot{\phi} \\ \dot{\theta} \\ \dot{\varphi} \\ \dot{b}_{\dot{\phi}1} \\ \dot{b}_{\dot{\theta}1} \\ \dot{b}_{\dot{\varphi}1} \end{bmatrix} = f(\phi,\theta,\varphi,b_{\dot{\phi}1},b_{\dot{\theta}1},b_{\dot{\varphi}1})$$

$$= \begin{bmatrix} (\dot{\phi}_c-b_{\dot{\phi}1})+\sin\phi\ \tan\theta(\dot{\theta}_c-b_{\dot{\theta}1})+\cos\phi\ \tan\theta(\dot{\varphi}_c-b_{\dot{\varphi}1}) \\ \cos\phi(\dot{\theta}_c-b_{\dot{\theta}1})-\sin\phi(\dot{\varphi}_c-b_{\dot{\varphi}1}) \\ \sin\phi(\dot{\theta}_c-b_{\dot{\theta}1})/\cos\theta+\cos\phi(\dot{\varphi}_c-b_{\dot{\varphi}1})/\cos\theta \\ -b_{\dot{\phi}1}/\tau_{\dot{\phi}1} \\ -b_{\dot{\theta}1}/\tau_{\dot{\theta}1} \\ -b_{\dot{\varphi}1}/\tau_{\dot{\varphi}1} \end{bmatrix} \tag{9.74}$$

对应的测量方程可分为以下 3 类：

① 当没有测量信号时，测量转移矩阵 $\boldsymbol{C}=[0\quad 0\quad 0\quad 0\quad 0\quad 0]$。

② 当测量信号同时包含侧倾角和俯仰角时，测量转移矩阵变为 $\boldsymbol{C}=\begin{bmatrix}1 & 0 & 0 & 0 & 0 & 0\\ 0 & 1 & 0 & 0 & 0 & 0\end{bmatrix}$。

③ 当测量信号只包含侧倾角时，测量转移矩阵变为 $\boldsymbol{C}=[1\quad 0\quad 0\quad 0\quad 0\quad 0]$。

首先对非线性系统[式(9.74)]进行离散化处理：

$$\begin{bmatrix}\phi_{k+1}\\ \theta_{k+1}\\ \varphi_{k+1}\\ b_{\dot{\phi}1,k+1}\\ b_{\dot{\theta}1,k+1}\\ b_{\dot{\varphi}1,k+1}\end{bmatrix}=f(x_k,u_k)$$

$$=\begin{bmatrix}[(\dot{\phi}_{c,k}-b_{\dot{\phi}1,k})+\sin\phi_k\tan\theta_k(\dot{\theta}_{c,k}-b_{\dot{\theta}1,k})+\cos\phi_k\tan\theta_k(\dot{\varphi}_{c,k}-b_{\dot{\varphi}1,k})]T+\phi_k\\ [\cos\phi_k(\dot{\theta}_{c,k}-b_{\dot{\theta}1,k})-\sin\phi_k(\dot{\varphi}_{c,k}-b_{\dot{\varphi}1,k})]T+\varphi_k\\ [\sin\phi(\dot{\theta}_c-b_{\dot{\theta}1})/\cos\theta+\cos\phi(\dot{\varphi}_c-b_{\dot{\varphi}1})/\cos\theta]T+\varphi_k\\ (-b_{\dot{\phi}1}/\tau_{\dot{\phi}1})T+b_{\dot{\phi}1,k}\\ (-b_{\dot{\theta}1}/\tau_{\dot{\theta}1})T+b_{\dot{\theta}1,k}\\ (-b_{\dot{\varphi}1}/\tau_{\dot{\varphi}1})T+b_{\dot{\varphi}1,k}\end{bmatrix} \tag{9.75}$$

考虑到普通卡尔曼滤波在处理非线性状态方程时进行局部线性化处理会引入误差，可考虑构建非线性平方根容积卡尔曼滤波等方法估计车辆姿态角。

2）车辆侧向运动平面几何模型

基于车辆动力学的质心侧偏角估计方法的优点是对 IMU 传感器精度依赖性小，但对模型精度依赖性大，就目前情况而言，通常假设车辆处于平面运动，不考虑车辆侧倾和俯仰运动。当车辆转向行驶时，车辆的侧倾运动会对侧向加速度、车轮垂向力产生很大的影响，二自由度车辆模型难以描述这种多维运动特性，存在较大的建模误差，因此基于车辆动力学的质心侧偏角估计方法在这种工况下的精度会降低。在智能汽车上引入相机能得到车辆前方的预瞄点与车道线的测量距离关系，丰富了信息源。但是，当车辆在高动态侧向运动的时候，基于视觉检测的车道线无法提供准确的检测值，与此同时，需要考虑信号迟滞和采样频率较低的弊端。为此，以下基于运动学车辆姿态角估计信息，为进一步提高车辆动力学建模精度，建立考虑加速度信号测量误差的车辆侧向动力学模型。此外，基于相机获取的侧向距离信息，针对视觉信号迟滞和采样频率较低的问题，设计小侧向加速度工况下基于视觉辅助的动力学质心侧偏角观测器。根据相机测量车道线内测侧向距离的几何关系，可以构建车道线侧向距离与车辆侧向运动的相应关系式。

假设前置相机预瞄点到车道线内侧的侧向距离为 y_{f}，则满足 $y_{\mathrm{f}}=y_{\mathrm{COG}}+l_{\mathrm{cf}}\sin\varphi_{\mathrm{camera}}$，其中 y_{COG} 为车辆质心到侧向车道线的侧向距离，l_{cf} 为车辆质心到预瞄点的距离，$\varphi_{\mathrm{camera}}$ 为相机

测量得到的车辆相对车道线的航向角。质心到车道线的侧向距离求导数可表示为

$$\begin{aligned}\dot{y}_{\mathrm{COG}} &= v\sin(\varphi_{\mathrm{camera}}+\beta) = v\sin\varphi_{\mathrm{camera}}\cos\beta + v\cos\varphi_{\mathrm{camera}}\sin\beta \\ &= v_x\sin\varphi_{\mathrm{camera}} + v_y\cos\varphi_{\mathrm{camera}}\end{aligned} \tag{9.76}$$

将 $y_{\mathrm{f}}=y_{\mathrm{COG}}+l_{\mathrm{cf}}\sin\varphi_{\mathrm{camera}}$两边对时间求导数可得

$$\begin{aligned}\dot{y}_{\mathrm{f}} &= v_x\sin\varphi_{\mathrm{camera}} + v_y\cos\varphi_{\mathrm{camera}} + \dot{\varphi}l_{\mathrm{cf}}\cos\varphi_{\mathrm{camera}} \\ &= v_x\sin\varphi_{\mathrm{camera}} + \beta v_x\cos\varphi_{\mathrm{camera}} + \dot{\varphi}l_{\mathrm{cf}}\cos\varphi_{\mathrm{camera}}\end{aligned} \tag{9.77}$$

由此可建立侧向速度与车辆相对车道线侧向距离的函数关系式。

在利用动力学估计车辆质心侧偏角时，需要涉及车轮侧向力，为此应建立相应的轮胎模型，基于刷子轮胎模型计算车轮侧向力。刷子轮胎模型的侧向力表达式为

$$F_y=\begin{cases}-3\mu F_z\kappa\left(1-|\kappa|+\dfrac{1}{3}\kappa^2\right), & |\alpha|\leqslant\alpha_{\mathrm{st}}\\ -\mu F_z\,\mathrm{sgn}(\alpha), & |\alpha|>\alpha_{\mathrm{st}}\end{cases} \tag{9.78}$$

其中，μ 为路面峰值附着系数；F_z 为轮胎的垂向载荷；$\kappa=\theta_y\tan\alpha$，$\theta_y=\dfrac{c}{3\mu F_z}$，$c$ 为轮胎侧偏刚度；sgn(·)为符号函数；α_{st}为车轮的侧偏角阈值。基于车辆动力学模型可以得到

$$\begin{cases}\dot{\beta}=\dfrac{F_{y\mathrm{f}}\cos\delta+F_{y\mathrm{r}}}{mv_x}-\dot{\varphi}\\ \ddot{\varphi}=\dfrac{l_{\mathrm{f}}F_{y\mathrm{f}}\cos\delta-l_{\mathrm{r}}F_{y\mathrm{r}}}{I_z}\end{cases} \tag{9.79}$$

考虑到纵侧向加速度造成的垂向载荷转移，4 个车轮所受的垂向力为

$$\begin{cases}F_{z\mathrm{fl}}=mg\dfrac{l_{\mathrm{r}}}{2l}-m\dfrac{h_{\mathrm{g}}}{2l}a_x-m\dfrac{h_{\mathrm{g}}l_{\mathrm{r}}}{B_{\mathrm{f}}l}a_y\\ F_{z\mathrm{fr}}=mg\dfrac{l_{\mathrm{r}}}{2l}-m\dfrac{h_{\mathrm{g}}}{2l}a_x+m\dfrac{h_{\mathrm{g}}l_{\mathrm{r}}}{B_{\mathrm{f}}l}a_y\\ F_{z\mathrm{rl}}=mg\dfrac{l_{\mathrm{r}}}{2l}+m\dfrac{h_{\mathrm{g}}}{2l}a_x-m\dfrac{h_{\mathrm{g}}l_{\mathrm{r}}}{B_{\mathrm{f}}l}a_y\\ F_{z\mathrm{rr}}=mg\dfrac{l_{\mathrm{r}}}{2l}+m\dfrac{h_{\mathrm{g}}}{2l}a_x+m\dfrac{h_{\mathrm{g}}l_{\mathrm{r}}}{B_{\mathrm{f}}l}a_y\end{cases} \tag{9.80}$$

基于估计得到的车辆姿态信息，对 IMU 输出的加速度信息进行修正，去除姿态角引入的加速度分量，可以得到纵/侧向加速度：

$$\begin{cases}a_x=a_{x\mathrm{r}}+g\sin\theta\\ a_y=a_{y\mathrm{r}}+g\sin\phi\cos\theta\end{cases} \tag{9.81}$$

前后车轮的侧偏角可以表示为

$$\begin{cases}\alpha_{\mathrm{f}}=\beta+\dfrac{l_{\mathrm{f0}}}{v_x}\dot{\varphi}-\delta\\ \alpha_{\mathrm{r}}=\beta-\dfrac{l_{\mathrm{r0}}}{v_x}\dot{\varphi}\end{cases} \tag{9.82}$$

3）小侧向加速度质心侧偏角估计

基于相机获取车辆相对于车道线的侧向距离，设计基于相机辅助的动力学质心侧偏角

观测器，其状态空间方程为

$$
\begin{cases}
\dot{\beta}=\dfrac{F_{\mathrm{yf}}\cos\delta+F_{\mathrm{yr}}}{mv_x}-\dot{\varphi}\\
\ddot{\varphi}=\dfrac{l_{\mathrm{f}}F_{\mathrm{yf}}\cos\delta-l_{\mathrm{r}}F_{\mathrm{yr}}}{I_z}\\
\dot{y}_{\mathrm{f}}=v_x\sin\varphi_{\mathrm{camera}}+\beta v_x\cos\varphi_{\mathrm{camera}}+\dot{\varphi}l_{\mathrm{cf}}\cos\varphi_{\mathrm{camera}}
\end{cases}
\tag{9.83}
$$

式(9.83)与传统车辆动力学相比增加了一维状态侧向距离。当测量信号有侧向距离时，可以进一步提高系统对质心侧偏角的估计精度。当有相机测量信号时，测量方程为

$$
\begin{bmatrix}\dot{\varphi}\\ y_{\mathrm{f}}\end{bmatrix}=\begin{bmatrix}0&1&0\\0&0&1\end{bmatrix}\begin{bmatrix}\beta\\ \dot{\varphi}\\ y_{\mathrm{f}}\end{bmatrix}
\tag{9.84}
$$

当没有相机测量信号时，测量方程为

$$
\dot{\varphi}=\begin{bmatrix}0&1&0\end{bmatrix}\begin{bmatrix}\beta\\ \dot{\varphi}\\ y_{\mathrm{f}}\end{bmatrix}
\tag{9.85}
$$

上述模型是在小侧向加速度工况下估计车辆质心侧偏角，轮胎模型并没有进入强非线性区域，为此仅需用扩展卡尔曼滤波估计车辆质心侧偏角。线性离散系统的卡尔曼滤波器由预测方程和滤波方程描述。基于以上模型可设计基于视觉辅助的动力学质心侧偏角估计算法。基于动力学估计的信息源包括 IMU、方向盘转角和相机提供的车道线信息。其中，IMU 输出三轴角速度和加速度信息，采样频率为 100Hz，延迟时间较短，可忽略不计。相机输出本车到车辆所处车道的右侧车道线侧向距离和车辆相对右侧车道线的航向角。由于相机获取的信息一般存在 250ms 的迟滞且采样频率相对较低，不能直接作为质心侧偏角估计算法的反馈测量值。假设当前时刻为 t，为了充分利用智能车的视觉信息源，对 IMU 和方向盘输出信号延迟 250ms，用于估计 $t-0.25$(单位为 s)时刻的车辆质心侧偏角。首先利用前面的方法可以估计得到车辆侧倾角和俯仰角，因此在计算 4 个车轮垂向载荷时，剔除由于车辆侧倾和俯仰引入的加速度测量误差。在 $t-0.25$ 时刻，如果当前能够获取车道线侧向距离信息，反馈信号包括横摆角速度和侧向距离；当没有视觉信息输出时，反馈信号只含有横摆角速度。从而可得到 $t-0.25$ 时刻的质心侧偏角估计值，并把其作为当前时刻质心侧偏角观测器的初值输入。基于当前时刻的横摆角速度信息，对当前质心侧偏角进行估计。

5. 自适应卡尔曼滤波算法

为了使用卡尔曼滤波，将状态方程和测量方程改写为差分方程：

$$
\begin{cases}
\boldsymbol{X}_1(k+1)=\boldsymbol{G}_1(k)\boldsymbol{X}_1(k)+\boldsymbol{W}_1(k)\\
\boldsymbol{y}(k)=\boldsymbol{C}\boldsymbol{X}_1(k)+\boldsymbol{N}(k)
\end{cases}
\tag{9.86}
$$

其中，$\boldsymbol{G}_1(k)$为离散状态转移矩阵。下面将推导其具体形式。

对于一般含噪声输入的线性系统，其时域解为

$$
\begin{cases}
\dot{\boldsymbol{x}}(t)=\boldsymbol{A}(t)\boldsymbol{x}(t)+\boldsymbol{B}(t)\boldsymbol{u}(t)+\boldsymbol{\Gamma}(t)\boldsymbol{\xi}(t)\\
\boldsymbol{x}(t)=\boldsymbol{\Phi}(t-t_0)\boldsymbol{x}(t_0)+\displaystyle\int_{t_0}^{t}\boldsymbol{\Phi}(t-\tau)(\boldsymbol{B}(\tau)\boldsymbol{u}(\tau)+\boldsymbol{\Gamma}(\tau)\boldsymbol{\xi}(\tau))\mathrm{d}\tau
\end{cases}
\tag{9.87}
$$

其中，$\boldsymbol{x}(t)$为状态向量，$\boldsymbol{u}(t)$为系统输入，$\boldsymbol{\Gamma}(t)$为系统噪声输入矩阵，$\boldsymbol{\xi}(t)$为系统噪声，$\boldsymbol{A}(t)$为系统矩阵，$\boldsymbol{B}(t)$为系统输入矩阵，$\boldsymbol{\Phi}(t)$为状态转移矩阵，$\boldsymbol{\Phi}(t-t_0)=\mathrm{e}^{\boldsymbol{A}(t_0)(t-t_0)}$。考虑 $t_0=kT$ 至 $t=(k+1)T$ 这段时间，且 $\boldsymbol{B}(\tau)=\boldsymbol{B}(kT)$，$\boldsymbol{u}(\tau)=\boldsymbol{u}(kT)$，则得到

$$\boldsymbol{x}((k+1)T)=\mathrm{e}^{\boldsymbol{A}(kT)T}\boldsymbol{x}(kT)+\int_{kT}^{(k+1)T}\mathrm{e}^{\boldsymbol{A}(kT)((k+1)T-\tau)}\boldsymbol{B}(kT)\boldsymbol{u}(kT)\mathrm{d}\tau+\int_{kT}^{(k+1)T}\mathrm{e}^{\boldsymbol{A}(kT)((k+1)T-\tau)}\boldsymbol{\Gamma}(kT)\boldsymbol{\xi}(\tau)\mathrm{d}\tau \tag{9.88}$$

令 $t=(k+1)T-\tau$，则有

$$\boldsymbol{x}((k+1)T)=\mathrm{e}^{\boldsymbol{A}(kT)T}\boldsymbol{x}(kT)+\int_0^T\mathrm{e}^{\boldsymbol{A}(kT)t}\mathrm{d}t\,\boldsymbol{B}(kT)\boldsymbol{u}(kT)+\int_0^T\mathrm{e}^{\boldsymbol{A}(kT)t}\boldsymbol{\Gamma}(kT)\mathrm{d}t\,\boldsymbol{\xi}(kT) \tag{9.89}$$

离散系统方程变为

$$\boldsymbol{x}((k+1)T)=\boldsymbol{G}(kT)\boldsymbol{x}(kT)+\boldsymbol{H}(T)\boldsymbol{u}(kT)+\int_0^T\mathrm{e}^{\boldsymbol{A}(kT)t}\boldsymbol{\Gamma}(kT)\mathrm{d}t\,\boldsymbol{\xi}(kT) \tag{9.90}$$

其中，$\boldsymbol{G}(kT)=\mathrm{e}^{\boldsymbol{A}(kT)T}$，$\boldsymbol{H}(kT)=\int_0^T\mathrm{e}^{\boldsymbol{A}(kT)t}\mathrm{d}t\,\boldsymbol{B}(kT)$，而 $\boldsymbol{G}(kT)=\boldsymbol{I}+\sum\limits_{i=1}\frac{1}{i!}(\boldsymbol{A}(kT))^iT^i$，$\boldsymbol{H}(kT)=\sum\limits_{i=1}\frac{1}{i!}(\boldsymbol{A}(kT))^{i-1}\boldsymbol{B}(kT)T^i$，当 T 很小时，可只取 $i=1$，即 $\boldsymbol{G}(kT)\approx\boldsymbol{I}+\boldsymbol{A}(kT)T$，$\boldsymbol{H}(kT)\approx\boldsymbol{B}(kT)T$。$\boldsymbol{G}(kT)$ 和 $\boldsymbol{H}(kT)$ 是连续系统转换为离散系统后的系统矩阵和输入矩阵。

进而，可根据式(9.86)使用卡尔曼滤波算法，滤波算法如下：

(1) 测量更新。

① 卡尔曼增益计算：

$$\boldsymbol{G}_k=\boldsymbol{P}_{k|k-1}\boldsymbol{C}_{k|k-1}^{\mathrm{T}}(\boldsymbol{C}_{k|k-1}\boldsymbol{P}_{k|k-1}\boldsymbol{C}_{k|k-1}^{\mathrm{T}}+\boldsymbol{R}_k)^{-1}$$

② 协方差矩阵计算：

$$\boldsymbol{P}_{k|k-1}=(\boldsymbol{I}-\boldsymbol{G}_k\boldsymbol{C}_{k|k-1})\boldsymbol{P}_{k|k-1}$$

③ 状态校正：

$$\hat{\boldsymbol{x}}_{k|k}=\hat{\boldsymbol{x}}_{k|k-1}+\boldsymbol{G}_k(\boldsymbol{z}_k-\boldsymbol{C}_{k|k-1}\hat{\boldsymbol{x}}_{k|k-1})$$

(2) 时间更新。

① 状态预测：

$$\hat{\boldsymbol{x}}_{k|k-1}=\boldsymbol{A}_{k-1}\hat{\boldsymbol{x}}_{k-1}\mathrm{d}t+\hat{\boldsymbol{x}}_{k-1}$$

② 状态误差协方差矩阵预测：

$$\boldsymbol{P}_{k|k-1}=\boldsymbol{A}_{k-1}\boldsymbol{P}_{k-1|k-1}\boldsymbol{A}_{k-1}^{\mathrm{T}}+\boldsymbol{\Gamma}_{k-1}\boldsymbol{Q}_{k-1}\boldsymbol{\Gamma}_{k-1}^{\mathrm{T}}$$

在该算法中，$\boldsymbol{G}_k$ 为卡尔曼滤波增益矩阵，$\boldsymbol{A}_{k-1}$ 为 $k-1$ 时刻系统矩阵，$\boldsymbol{P}_{k|k-1}$ 为 $k-1$ 时刻对 k 时刻预测的状态误差协方差矩阵，$\boldsymbol{P}_{k-1|k-1}$ 为 $k-1$ 时刻协方差矩阵，$\boldsymbol{P}_{k|k}$ 为 k 时刻协方差矩阵，$\boldsymbol{C}_{k|k-1}$ 为测量矩阵，$\hat{\boldsymbol{x}}_{k|k}$ 为 k 时刻最优状态，$\hat{\boldsymbol{x}}_{k-1}$ 为 $k-1$ 时刻最优状态，$\boldsymbol{x}_{k|k-1}$ 为 $k-1$ 时刻预测 k 时刻的状态，$\boldsymbol{z}_k$ 为 k 时刻测量值，$\mathrm{d}t$ 为时间步长，$\boldsymbol{\Gamma}_{k-1}$ 为系统噪声的输入矩阵，$\boldsymbol{Q}_{k-1}$ 为系统噪声协方差矩阵，$\boldsymbol{R}_k$ 为测量噪声协方差矩阵。

在使用标准的卡尔曼滤波过程中，核心在于设定系统模型噪声协方差矩阵 $\boldsymbol{Q}$ 和测量模型噪声协方差矩阵 $\boldsymbol{R}$，其通常被设定为定值，需要对系统模型和测量模型大量分析才可确

定。二者决定了滤波过程中系统信息和测量信息对于估计值贡献的权重，选取不当会导致卡尔曼滤波算法估计出非最优状态甚至滤波发散。有必要对测量模型噪声协方差矩阵 $\boldsymbol{R}$ 自适应，以提升滤波估计过程的稳定性。由于系统噪声由测量系统自身决定，如 INS 测量系统噪声较小且相对于测量噪声改变也小，所以一般不对系统噪声协方差矩阵 $\boldsymbol{Q}$ 自适应。为了对矩阵 $\boldsymbol{R}$ 自适应，定义 k 时刻新息序列为

$$\boldsymbol{d}_k = \boldsymbol{z}_k - \boldsymbol{C}_k \hat{\boldsymbol{x}}_{k|k-1} \tag{9.91}$$

则新息序列期望为

$$\begin{aligned}
E[\boldsymbol{d}_k \boldsymbol{d}_k^{\mathrm{T}}] &= E[(\boldsymbol{z}_k - \boldsymbol{C}_k \hat{\boldsymbol{x}}_{k|k-1})(\boldsymbol{z}_k - \boldsymbol{C}_k \hat{\boldsymbol{x}}_{k|k-1})^{\mathrm{T}}] \\
&= E[(\boldsymbol{C}_k(\boldsymbol{x}_{k|k} - \hat{\boldsymbol{x}}_{k|k-1}) + \boldsymbol{\eta})(\boldsymbol{C}_k(\boldsymbol{x}_{k|k} - \hat{\boldsymbol{x}}_{k|k-1}) + \boldsymbol{\eta})^{\mathrm{T}}] \\
&= E[\boldsymbol{C}_k(\boldsymbol{x}_{k|k} - \hat{\boldsymbol{x}}_{k|k-1})(\boldsymbol{x}_{k|k} - \hat{\boldsymbol{x}}_{k|k-1})^{\mathrm{T}} \boldsymbol{C}_k^{\mathrm{T}}] + E[\boldsymbol{\eta}\boldsymbol{\eta}^{\mathrm{T}}] \\
&= \boldsymbol{C}_k \boldsymbol{P}_{k|k-1} \boldsymbol{C}_k^{\mathrm{T}} + \boldsymbol{R}_k
\end{aligned} \tag{9.92}$$

在实际应用中，$E[\boldsymbol{d}_k \boldsymbol{d}_k^{\mathrm{T}}]$可通过时间滑动窗口平均计算，滑动窗口的长度 n 需根据实际调节，过小的窗口可能导致期望变化较大，过大的窗口导致滤波动态响应变差。根据式(9.92)可估计测量噪声的协方差矩阵：

$$\hat{\boldsymbol{R}}_k = E[\boldsymbol{d}_k \boldsymbol{d}_k^{\mathrm{T}}] - \boldsymbol{C}_k \boldsymbol{P}_{k|k-1} \boldsymbol{C}_k^{\mathrm{T}} = \frac{1}{n}\sum_{i=1}^{n} \boldsymbol{d}_{k-i} \boldsymbol{d}_{k-i}^{\mathrm{T}} - \boldsymbol{C}_k \boldsymbol{P}_{k|k-1} \boldsymbol{C}_k^{\mathrm{T}} \tag{9.93}$$

其中，$\frac{1}{n}\sum_{i=1}^{n} \boldsymbol{d}_{k-i} \boldsymbol{d}_{k-i}^{\mathrm{T}}$ 这一项求和计算量较大，可按照式(9.94)构造测量矩阵协方差矩阵的地推估计公式，$\hat{\boldsymbol{R}}_0$ 根据测量设备的性能按照经验选取。

$$\begin{aligned}
\hat{\boldsymbol{R}}_k &= \sum_{i=1}^{k} \boldsymbol{d}_i \boldsymbol{d}_i^{\mathrm{T}} - \boldsymbol{C}_i \boldsymbol{P}_{i|i-1} \boldsymbol{C}_i^{\mathrm{T}} = \frac{1}{k}\left[\left(\sum_{i=1}^{k-1} \boldsymbol{d}_i \boldsymbol{d}_i^{\mathrm{T}} - \boldsymbol{C}_i \boldsymbol{P}_{i|i-1} \boldsymbol{C}_i^{\mathrm{T}}\right) + (\boldsymbol{d}_k \boldsymbol{d}_k^{\mathrm{T}} - \boldsymbol{C}_k \boldsymbol{P}_{k|k-1} \boldsymbol{C}_k^{\mathrm{T}})\right] \\
&= \frac{1}{k}[(k-1)\hat{\boldsymbol{R}}_{k-1} + (\boldsymbol{d}_k \boldsymbol{d}_k^{\mathrm{T}} - \boldsymbol{C}_k \boldsymbol{P}_{k|k-1} \boldsymbol{C}_k^{\mathrm{T}})] = \frac{k-1}{k}\hat{\boldsymbol{R}}_{k-1} + \frac{1}{k}(\boldsymbol{d}_k \boldsymbol{d}_k^{\mathrm{T}} - \boldsymbol{C}_k \boldsymbol{P}_{k|k-1} \boldsymbol{C}_k^{\mathrm{T}})
\end{aligned} \tag{9.94}$$

为使算法对当前测量信息的统计特性具有更好的动态性能，引入渐消因子对过去时刻的测量值部分遗忘，以削弱过去测量信息对当前估计的影响，渐消因子 b 为(0,1)区间的实数，根据渐消因子得到渐消系数：

$$\alpha_k = \frac{\alpha_{k-1}}{\alpha_{k-1} + b} \tag{9.95}$$

由此得到 $\hat{\boldsymbol{R}}_k$ 的递推形式：

$$\hat{\boldsymbol{R}}_k = (1 - \alpha_k)\hat{\boldsymbol{R}}_{k-1} + \alpha_k(\boldsymbol{d}_k \boldsymbol{d}_k^{\mathrm{T}} - \boldsymbol{C}_k \boldsymbol{P}_{k|k-1} \boldsymbol{C}_k^{\mathrm{T}}) \tag{9.96}$$

其中包含了 $\boldsymbol{d}_k \boldsymbol{d}_k^{\mathrm{T}} - \boldsymbol{C}_k \boldsymbol{P}_{k|k-1} \boldsymbol{C}_k^{\mathrm{T}}$ 减法运算，当 $\boldsymbol{P}_{k|k-1}$ 和 $\boldsymbol{d}_k$ 的估计值不匹配时，该项的符号容易为负，导致 $\boldsymbol{R}_k$ 失去正定性，引起滤波异常，所以需要对 $\hat{\boldsymbol{R}}_k$ 的各元素进行约束。对于第 i 个测量值有

$$\boldsymbol{\chi}_k^i = (\boldsymbol{d}_k^i)^2 - \boldsymbol{C}_k^i \boldsymbol{P}_{k|k-1}^i (\boldsymbol{C}_k^i)^{\mathrm{T}} \tag{9.97}$$

然后按照以下描述的投影准则便可将 $\hat{\boldsymbol{R}}_k^i$ 约束在一定范围内，提升滤波器的稳定性：

$$\hat{\boldsymbol{R}}_k^i = \begin{cases} (1-\alpha_k)\hat{\boldsymbol{R}}_{k-1}^i + \alpha_k \hat{\boldsymbol{R}}_{\min}^i, & \boldsymbol{\chi}_k^i < \hat{\boldsymbol{R}}_{\min}^i \\ \hat{\boldsymbol{R}}_{\max}^i, & \boldsymbol{\chi}_k^i > \hat{\boldsymbol{R}}_{\max}^i \\ (1-\alpha_k)\hat{\boldsymbol{R}}_{k-1}^i + \alpha_k \boldsymbol{\chi}_k^i, & \hat{\boldsymbol{R}}_{\min}^i \leqslant \boldsymbol{\chi}_k^i \leqslant \hat{\boldsymbol{R}}_{\max}^i \end{cases} \tag{9.98}$$

该自适应卡尔曼滤波算法可解决测量噪声协方差矩阵 $\boldsymbol{R}$ 的自适应问题，应对测量信息的短时间测量噪声方差变化或者短时间测量异常情况。例如，可以将该算法应用于GNSS测量速度和位置，以达到融合GNSS信息和INS信息对位置误差、速度误差和姿态误差进行估计的目的。

9.3　本章小结

本章主要介绍了基于多传感器信息融合的自动驾驶汽车位姿估计，即综合多种不同的传感器设计算法实现对汽车位姿的估计。位姿信息包括车辆姿态、速度和位置，知晓这些信息是实现自动驾驶技术的基础。在进行多源异构传感系统融合估计车辆姿态、速度和位置时，被融合的数据必须是时间和空间轴上同一点的数据，否则会影响融合算法性能。本章介绍了硬同步和软同步两种时间同步方法，还介绍了多轴IMU对准和GNSS双天线航向对准两种空间同步方法。在位姿估计方面，本章介绍了不同的算法实现，并在最后介绍了一种可估计误差的自适应卡尔曼滤波算法。

习　题　9

1. 什么是自动驾驶汽车位姿估计？

2. 在自动驾驶中，多源传感系统的时空同步的意义是什么？常用的时空同步方法有哪些？

3. 如何实现多源传感系统空间对准？

4. 实现基于多源信息融合姿态估计应注意哪些问题？

5. 自动驾驶汽车状态估计中常用的传感器有哪些？在选择传感器时需要考虑哪些因素？

参考文献

[1] 刘亚欣,金辉. 机器人感知技术[M]. 北京：机械工业出版社,2022.

[2] 樊尚春. 传感器技术及应用[M]. 2 版. 北京：北京航空航天大学出版社,2010.

[3] 张朝晖. 检测技术及应用[M]. 3 版. 北京：中国质检出版社,2015.

[4] 肖慧荣,杨琳瑜. 传感器原理及应用(项目实例型)[M]. 北京：机械工业出版社,2020.

[5] 卞正岗. 传感器和检测仪表的现状和发展趋势[J]. 自动化博览,2006(S2)：14-15.

[6] 高国富,谢少荣,罗均. 机器人传感器及其应用[M]. 北京：化学工业出版社,2005.

[7] 朱大昌,张春良,吴文强. 机器人结构学基础[M]. 北京：机械工业出版社,2020.

[8] 张福学. 机器人学：智能机器人传感技术[M]. 北京：电子工业出版社,1995.

[9] 熊璐,夏新,余卓平,等. 自动驾驶汽车位姿估计与组合导航[M]. 北京：科学出版社,2022.

[10] 毕欣. 自主无人系统的智能环境感知技术[M]. 武汉：华中科技大学出版社,2020.

[11] 郭巧. 现代机器人学：仿生系统的运动、感知与控制[M]. 北京：北京理工大学出版社,1999.

[12] 谢绪恺. 现代控制理论基础[M]. 沈阳：辽宁人民出版社,1980.

[13] 霍伟. 机器人动力学与控制[M]. 北京：高等教育出版社,2002.

[14] 谭民,徐德,侯增广,等. 先进机器人控制[M]. 北京：高等教育出版社,2007.

[15] 徐德,邹伟. 室内移动式服务机器人的感知、定位与控制[M]. 北京：科学出版社,2008.

[16] 李新德,朱博. 智能机器人环境感知与理解[M]. 北京：国防工业出版社,2022.

[17] 王耀南,彭金柱,卢笑,等. 移动作业机器人感知、规划与控制[M]. 北京：国防工业出版社,2020.

[18] 吴盘龙. 智能传感器技术[M]. 北京：中国电力出版社,2015.

[19] 乔玉晶,郭立东,吕宁,等. 机器人感知系统设计及应用[M]. 北京：化学工业出版社,2021.

[20] 潘泉,张磊,孟晋丽,等. 小波滤波方法及应用[M]. 北京：清华大学出版社,2005.

[21] 潘泉,张磊,崔培玲,等. 动态多尺度系统估计理论与应用[M]. 北京：科学出版社,2007.

[22] 潘泉,梁彦,杨峰,等. 现代目标跟踪与信息融合[M]. 北京：国防工业出版社,2009.

[23] 潘泉. 多源信息融合理论及应用[M]. 北京：清华大学出版社,2013.

[24] 潘泉,王小旭,徐林峰,等. 多源动态系统融合估计[M]. 北京：科学出版社,2019.

[25] 高源. 多传感器信息融合及其应用研究[J]. 产业创新研究,2018(8)：67-68.

[26] 孙宝法. 传感器原理与应用[M]. 北京：清华大学出版社,2021.

[27] 卜乐平. 传感器与检测技术[M]. 北京：清华大学出版社,2021.

[28] 孙圣和. 现代传感器发展方向[J]. 电子测量与仪器学报,2009,23(1)：4-13.

[29] 郭彤颖,张辉. 机器人传感器及其信息融合技术[M]. 北京：化学工业出版社,2017.

[30] 刘迎春,叶湘滨. 传感器原理、设计与应用[M]. 北京：国防工业出版社,2015.

[31] 潘炼. 传感器原理及应用[M]. 北京：电子工业出版社,2012.

[32] 高国富,罗均,谢少荣,等. 机器人传感器及其应用[M]. 北京：化学工业出版社,2005.

[33] 张晓明. 地磁导航理论与实践[M]. 北京：国防工业出版社,2016.

[34] 熊辉丰. 激光雷达[M]. 北京：中国宇航出版社,2007.

[35] 何友. 多传感器信息融合及应用[M]. 北京：电子工业出版社,2007.

[36] 彭冬亮,文成林,薛安克. 多传感器多源信息融合理论及应用[M]. 北京：科学出版社,2010.

[37] 韩崇昭,朱洪艳,段战胜. 多源信息融合[M]. 北京：清华大学出版社,2006.

[38] 刘同明,夏祖勋,解洪成. 数据融合技术及其应用[M]. 北京：国防工业出版社,1998.

[39] 赵小川. 传感器信息融合 MATLAB 程序实现[M]. 北京：机械工业出版社，2014.

[40] 阿桑·弗拉蒂. 多传感器数据融合[M]. 孙合敏，周焰，吴卫华，等译. 北京：国防工业出版社，2019.

[41] 王耀南，梁桥康，朱江. 机器人环境感知与控制技术[M]. 北京：化学工业出版社，2019.

[42] 梁桥康，徐菲，王耀南. 机器人力触觉感知技术[M]. 北京：化学工业出版社，2019.

[43] 宋爱国. 机器人触觉传感器发展概述[J]. 测控技术，2020，39(5)：2-8.

[44] 李嘉杰，宋爱国，操思祺. 带有振动触觉反馈的上肢康复系统[J]. 测控技术，2023，42(4)：42-47.

[45] 沈书馨，宋爱国，阳雨妍，等. 面向空间机械臂的视触融合目标识别系统[J]. 载人航天，2022，28(2)：213-222.

[46] 苏建华，杨明浩，王鹏. 空间机器人智能感知技术[M]. 北京：人民邮电出版社，2020.

[47] 谢广明，郑兴文，翟宇凡. 仿生机器鱼人工侧线感知技术[M]. 北京：人民邮电出版社，2022.

[48] 孟庆浩，李吉功，张勇，等. 机器人主动嗅觉[M]. 北京：国防工业出版社，2022.

[49] 李邓化，陈雯柏，彭书华. 智能传感技术[M]. 北京：清华大学出版社，2011.

[50] 王可东. Kalman 滤波基础及 MATLAB 仿真[M]. 北京：北京航空航天大学出版社，2019.

[51] 丁家琳. 容积卡尔曼滤波算法研究及其在电机状态估计中的应用[D]. 成都：西南交通大学，2015.

[52] BAR-SHALOM Y，LI X R，KIRUBARAJAN T. Estimation with applications to tracking and navigation[M]. New York：John Wiley & Sons Inc，2001.

[53] CRASSIDIS J L，JUNKINS J L. Optimal estimation of dynamic systems[M]. 2nd ed. Boca Raton：Chapman and Hall/CRC，2011.

[54] ARASARATNAM I，HAYKIN S. Cubature Kalman filters[J]. IEEE Transactions on Automatic Control，2009，54(6)：1254-1269.

[55] BUCY R S，RENNE K D. Digital synthesis of nonlinear filter[J]. Automatic，1971，7(3)：287-289.

[56] JULIER S J，UHLMANN J K. A new method for the nonlinear transformation of means and covariances in filters and estimators[J]. IEEE Transactions on Automatic Control，2000，45(3)：477-482.

[57] HANDSCHIN J E. Monte Carlo techniques for prediction and filtering of non-linear stochastic processes[J]. Automatica，1970，6(4)：555-563.

[58] GORDON N J，SALMOND D J，SMITH A F M. Novel approach to nonlinear/non-Gaussian bayesian state estimation[J]. Radar and Signal Processing，IEEE Proceedings F，1993，140(2)：107-113.

[59] SWAIN M J，STRICKER M A. Promising directions in active vision[J]. International Journal of Computer Vision，1993，11(2)：109-126.

[60] TARR M J，BLACK M J. A computational and evolutionary perspective on the role of representation in vision[J]. CVGIP：Image Understanding，1994，60(1)：65-73.

[61] 段峰，王耀南，雷晓峰，等. 机器视觉技术及其应用综述[J]. 自动化博览，2002，19(3)：59-61.

[62] 马颂德，张正友. 计算机视觉：计算理论与算法基础[M]. 北京：科学出版社，1998.

[63] ZHANG Z Y. A flexible new technique for camera calibration[J]. IEEE Transactions on Pattern Analysis and Machine Intelligence，2000，22(11)：1330-1334.

[64] 邱茂林，马颂德，李毅. 计算机视觉中摄像机定标综述[J]. 自动化学报，2000，26(1)：43-55.

[65] 张广军. 机器视觉[M]. 北京：科学出版社，2005.

[66] 张广军. 视觉测量[M]. 北京：科学出版社，2008.

[67] FAIG W. Calibration of close-range photogrammetric systems：mathematical formulation[J]. Photogrammetric Engineering and Remote Sensing，1975，41(12)：1479-1486.

[68] ABDEL-AZIZ Y，KARARA H M，HAUCK M. Direct linear transformation from comparator

coordinates into object space coordinates in close-range photogrammetry [J]. Photogrammetric Engineering and Remote Sensing,2015,81(2): 103-107.
[69] WENG J Y, COHEN P, HERNIOU M. Camera calibration with distortion models and accuracy evaluation[J]. IEEE Transactions on Pattern Analysis and Machine Intelligence, 1992, 14(10): 965-980.
[70] MENG X Q,HU Z Y. A new easy camera calibration technique based on circular points[J]. Pattern Recognition,2003,36(5): 1155-1164.
[71] WU Y H,LI X J,WU F C,et al. Coplanar circles,quasi-affine invariance and calibration[J]. Image Vision Computing,2006,24(4): 319-326.
[72] MAYBANK S J,FAUGERAS O D. A theory of selfcalibration of a moving camera[J]. International Journal of Computer Vision,1992,8(2): 123-151.
[73] POLLEFEYS M, REINHARD V, GOOL L V. Selfcalibration and metric reconstruction inspite of varying and unknown intrinsic camera parameters[J]. International Journal of Computer Vision, 1999,32(1): 7-25.
[74] HARTLEY R. Self-calibration of stationary cameras[J]. International Journal of Computer Vision, 1997,22(1): 5-23.
[75] MA S D. A self-calibration technique for active vision systems[J]. IEEE Transactions on Robotics and Automation,1996,12(1): 114-120.
[76] 雷成,吴福朝,胡占义. 一种新的基于主动视觉系统的摄像机自标定方法[J]. 计算机学报,2000,23(11): 1130-1139.
[77] 吴福朝,胡占义. 摄像机自标定的线性理论与算法[J]. 计算机学报,2001,24(11): 1121-1135.
[78] 吴福朝,胡占义. 线性确定无穷远平面的单应矩阵和摄像机自标定[J]. 自动化学报,2002,28(4): 488-496.
[79] 胡小平,左富勇,谢珂. 微装配机器人手眼标定方法研究[J]. 仪器仪表学报,2012,3(7): 1521-1526.
[80] 张宝昌,杨万扣,林娜娜. 机器学习与视觉感知[M]. 2 版. 北京: 清华大学出版社,2020.
[81] TSAI R Y,LENZ R K. A new technique for fully autonomous and efficient 3D robotics hand/eye calibration[J]. IEEE Transactions on Robotics and Automation,1989,5(3): 345-358.
[82] SHIU Y C, AHMAD S. Calibration of wrist-mounted robotic sensors by solving homogeneous transform equations of the form AX=XB[J]. IEEE Transactions on Robotics and Automation,1989, 5(1): 16-29.
[83] ZHUANG H Q,ROTH Z S,SUDHAKAR R. Simultaneous robot/world and tool/flange calibration by solving homogeneous transformation equations of the form AX=YB[J]. IEEE Transactions on Robotics and Automation,1994,10(4): 549-554.
[84] LIANG R H,MA J F. Hand-eye calibration with a new linear decomposition algorithm[J]. Journal of Zhejiang University SCIENCE A,2008,9(10): 1363-1368.
[85] SHAH M. Solving the robot-world/hand-eye calibration problem using the Kronecker product[J]. Journal of Mechanisms Robotics,2013,5(3): 031007(1-7).
[86] LI A,WANG L,WU D F. Simultaneous robot-world and hand-eye calibration using dual-quaternions and Kronecker product[J]. International Journal of Physical Sciences,2010,5(10): 1530-1536.
[87] HORAUD R, DORNAIKA F. Hand-eye calibration[J]. The International Journal of Robotics Research,1995,14(3): 195-210.
[88] ZHAO Z J. Hand-eye calibration using convex optimization[C]//2011 IEEE International Conference

on Robotics and Automation, Piscataway, USA: IEEE, 2011: 2947-2952.

[89] HELLER J, HAVLENA M, PAJDLA T. Globally optimal hand-eye calibration using branch-and-bound[J]. IEEE Transactions on Pattern Analysis and Machine Intelligence, 2015, 38(5): 1027-1033.

[90] TABB A, YOUSEF K M A. Solving the robot-world hand-eye(s) calibration problem with iterative methods[J]. Machine Vision and Application, 2017, 28(5): 569-590.

[91] GOSHTASBY A. Template matching in rotated images[J]. IEEE Transactions on Pattern Analysis and Machine Intelligence, 1985, 7(2): 338-344.

[92] PEREIRA S, PUN T. Robust template matching for affine resistant image watermarks[J]. IEEE Transactions on Image Processing, 2000, 9(6): 1123-1129.

[93] ROSENFELD A. Axial representations of shape[J]. Computer Vision, Graphics & Image Processing, 1986, 33(2): 156-173.

[94] GORMAN J W, MITCHELL O R, KUHL F P. Partial shape recognition using dynamic programming [J]. IEEE Transactions on Pattern Analysis and Machine Intelligence, 1998, 10(2): 257-266.

[95] 杨旭. 图匹配模型、算法及其在计算机视觉中的应用[D]. 北京：中国科学院大学, 2014.

[96] ITTI L, KOCH C, NIEBUR E. A model of saliency based visual attention for rapid scene analysis[J]. IEEE Transactions on Pattern Analysis and Machine Intelligence, 1998, 20(11): 1254-1259.

[97] CHENG MM, ZHANG G X, Mitra N J, et al. Global contrast based salient region detection[C]//2011 IEEE Conference on Computer Vision and Pattern Recognition. Piscataway, USA: IEEE, 2011, 37(3): 409-416.

[98] PENG P, ZHANG Y, WU Y N, et al. An effective fault diagnosis approach based on gentle AdaBoost and AdaBoost. MH [C]//2018 IEEE International Conference on Automation, Electronics and Electrical Engineering. Piscataway, USA: IEEE, 8-12.

[99] MEENA K, SURULIANDI A. Local binary patterns and its variants for face recognition[C]//2011 International Conference on Recent Trends in Information Technology. Piscataway, USA: IEEE, 2011: 782-786.

[100] GUO Z H, ZHANG L, ZHANG D. A completed modeling of local binary pattern operator for texture classification[J]. IEEE Transactions on Image Processing, 19(6): 1657-1663.

[101] NGUYEN H, CAPLIER A. Local patterns of gradients for face recognition[J]. IEEE Transactions on Information Forensics and Security, 2015, 10(8): 1739-1751.

[102] SMITH S M, BRADY J M. SUSAN—A new approach to low level image processing[J]. International Journal of Computer Vision, 1997, 23(1): 45-78.

[103] LOWE D G. Distinctive image features from scale invariant key points[J]. International Journal of Computer Vision, 2004, 60(2): 91-110.

[104] MELGANI F, BRUZZONE L. Classification of hyperspectral remote sensing images with support vector machines[J]. IEEE Transactions on Geoscience and Remote Sensing, 2004, 42(8): 1778-1790.

[105] HINTON G E, SALAKHUTDINOV R R. Reducing the dimensionality of data with neural networks [J]. Science, 2006, 313(5786): 504-507.

[106] HE K M, GKIOXARI G, DOLLAR P, et al. Mask RCNN[C]//2017 IEEE International Conference on Computer Vision. Piscataway, USA: IEEE, 2017: 2980-2988.

[107] GU J X, WANG Z H, KUEN J, et al. Recent advances in convolutional neural networks[J]. Pattern Recognition, 2018, 77: 354-377.

[108] KRIZHEVSKY A,SUTSKEVER I,HINTON G E. Imagenet classification with deep convolutional neural networks[J]. Advances in Neural Information Processing Systems. 2012,25: 1-9.

[109] HE K M,ZHANG X Y,REN X Q,et al. Deep residual learning for image recognition[C]//2016 IEEE Conference on Computer Vision and Pattern Recognition. Piscataway,USA: IEEE,2016: 770-778.

[110] GIRSHICK R J,DONAHUE J,DARRELL T,et al. Rich feature hierarchies for accurate object detection and semantic segmentation[C]//2014 IEEE Conference on Computer Vision and Pattern Recognition. Piscataway,USA: IEEE,2014: 580-587.

[111] UIJLINGS J, SANDE K E, GEVERS T, et al. Selective search for object recognition[J]. International Journal of Computer Vision,2013,104(2): 154-171.

[112] GIRSHICK R. Fast R-CNN[C]//2015 IEEE Conference on Computer Vision. Piscataway,USA: IEEE,2015: 1440-1448.

[113] HE K M,ZHANG X Y,REN X Q,et al. Spatial pyramid pooling in deep convolutional networks for visual recognition[J]. IEEE Transactions on Pattern Analysis and Machine Intelligence,2015,37(9): 1904-1916.

[114] REDMON J,DIVVALA S,GIRSHICK R,et al. You only look once: unified,real-time object detection[C]//2016 IEEE International Conference on Computer Vision and Pattern Recognition. Piscataway,USA: IEEE,2016: 779-788.

[115] ZHU C C,HE Y H,SAVVIDES M. Feature selective anchor-free module for single-shot object detection[C]//IEEE/CUF Conference on Computer Vision and Pattern Recognition. Long Beach,USA: IEEE,2019: 15-20.

[116] WANG J Q,CHEN K,YANG S,et al. Region proposal by guided anchoring[C]//IEEE/CUF Conference on Computer Vision and Pattern Recognition. Long Beach,USA: IEEE,2019: 1-12.

[117] LIU W,ANGUELOV D,ERHAN D,et al. SSD: single shot multibox detector[C]//European Conference on Computer Vision. Cambridge,UK: Springer,2016: 21-37.

[118] CHOPRA S, HADSELL R, LECUN Y. Learning a similarity metric discriminatively, with application to face verification[C]//2005 IEEE Computer Society Conference on Computer Vision and Pattern Recognition. Piscataway,USA: IEEE,2005,1: 539-546.

[119] LIN T Y,DOLLAR P D,GIRSHICK R,et al. Feature pyramid networks for object detection[C]//2017 IEEE Conference on Computer Vision and Pattern Recognition. Piscataway,USA: IEEE,2017: 2117-2125.

[120] KODIROV E,XIANG T,FU Z Y,et al. Unsupervised domain adaptation for zero-shot learning[C]//2015 IEEE International Conference on Computer Vision. Piscataway,USA: IEEE,2015: 2452-2460.

[121] ZHANG Z M,SALIGRAMA V. Zero-shot learning via semantic similarity embedding[C]//2015 IEEE International Conference on Computer Vision. Piscataway,USA: IEEE,2015: 4166-4174.

[122] CHANGPINYO S,CHAO W L,GONG B Q,et al. Synthesized classifiers for zero-shot learning[C]//2016 IEEE Conference on Computer Vision and Pattern Recognition. Piscataway,USA: IEEE,2016: 5327-5336.

[123] 杨万海. 多传感器数据融合及其应用[M]. 西安: 西安电子科技大学出版社,2004.

[124] 王志超. 传感器动态特性建模方法及模型不确定度研究[D]. 太原: 中北大学,2020.

[125] 全权. 多旋翼飞行器设计与控制[M]. 杜光勋,赵峙尧,戴训华,等译. 北京: 电子工业出版社,2018.

［126］ 全权，戴训华，王帅. 多旋翼飞行器设计与控制实践［M］. 北京：电子工业出版社，2020.
［127］ 石川，林达，张果，等. 基于 QEKF 的四旋翼飞行器姿态估计［J］. 现代雷达，2018，40(11)：49-52，56.
［128］ 钟上焜. 基于人工特征的惯性/视觉无人机位姿估计研究［D］. 哈尔滨：哈尔滨工业大学，2017.
［129］ 王媛. 线性回归模型的二阶最小二乘估计［D］. 北京：北京交通大学，2016.
［130］ 陈智芳，王景雷，孙景生，等. 基于模糊粗糙集和 D-S 证据理论的多源灌溉信息融合方法［J］. 计算机应用，2013，33(10)：2811-2814.
［131］ 杨广，吴晓平，宋业新，等. 基于粗糙集理论的多源信息融合故障诊断方法［J］. 系统工程与电子技术，2009，31(8)：2013-2019.
［132］ 单斌，吴晓光. 多惯性仪表冗余系统测量数据的一致性检验［J］. 导弹与航天运载技术，2007(4)：45-47，51.
［133］ 薛炳如，陆建峰，杨静宇，等. 传感器建模及其相关问题［J］. 南京理工大学学报，1998(4)：92-96.
［134］ 李宏，徐晖，安玮，等. 基于人工神经网络与证据理论相结合的信息融合空间点目标识别方法研究［J］. 信息与控制，1997(2)：72-76.
［135］ 董铭涛，陈家骏，班镜超. 轻小型惯性导航系统研究综述［C］//第五届全国自主导航学术会议(CCAN2021)论文集——下一代轻小型、快响应惯性导航技术，2021：47-52.
［136］ LI Y，HUO W. An algorithm to determine posture of mobile robots with modeling uncertainties［C］//Proceedings of the 24th Chinese Control Conference，IEEE Publishing House，2005：1522-1526.
［137］ 李保国，宗光华. 双轮移动机器人运动目标追踪与避障控制算法［J］. 航空学报，2007，28(2)：445-450.
［138］ 李金龙，曹喜信，王浩然，等. 提升移动机器人激光导航精度的技术研究与实现［J］. 微纳电子与智能制造，2020，2(3)：4-10.
［139］ 赵炳巍，曹岩，贾峰，等. 移动机器人多传感器信息融合方法综述［J］. 电子测试，2020(18)：68-69.
［140］ 李鑫磊，潘阳红，曾明峰，等. 基于激光雷达定位系统的全自主移动机器人［J］. 科学技术创新，2020(19)：91-92.
［141］ 王文波. 基于单目视觉的实时测距方法研究［D］.大连：大连理工大学，2014.
［142］ 王洪涛. 基于北斗卫星导航系统的移动机器人定位技术及应用［D］. 哈尔滨：哈尔滨工程大学，2014.
［143］ 王学瀚. 基于多位置的 MEMS 加速度计快速自标定［J］. 测控技术，2021，40(6)：61-64.
［144］ 伊程毅. 基于地磁和微惯性器件组合的姿态测量系统研究［D］. 哈尔滨：哈尔滨工业大学，2013.
［145］ 赵桂玲，许德富，葛礼赞，等. 基于 Kalman 滤波的 MEMS 加速度计标定方法研究［J］. 传感器与微系统，2021，40(11)：25-27，31.
［146］ 钟浩，章卫国，刘小雄. 基于模值估计的三轴磁力计标定方法研究［J］. 传感技术学报，2017，30(10)：1512-1517.
［147］ 陈红红，任立胜，闫凤. 应用最小解外参数的二维激光测距仪位姿标定［J］. 激光杂志，2021，42(5)：176-180.
［148］ 李招康. 基于二维激光测距仪(LRF)阵列的主动式智能监控系统［D］. 天津：河北工业大学，2019.
［149］ 崔小准，米红，李懿，等. 一种全球定位系统卫星 C/A 信号通道绝对时延标定算法［J］. 上海交通大学学报(自然科学版)，2012，46(11)：1843-1847.
［150］ 宋琛，张蓬蓬，张剑波，等. 基于紫外敏感器的卫星自主导航［J］. 计算机仿真，2010，27(11)：14-17，40.
［151］ 尉志军，刘晓军. 三轴紫外光学成像敏感器［J］. 光电工程，2008(11)：86-90.
［152］ 提舒雯. 基于星敏感器的星图预处理与星点提取技术研究［D］. 哈尔滨：哈尔滨工程大学，2020.

[153] 赵俊祥. 基于腔增强的磁光旋转铯原子磁强计的实验研究[D]. 太原：山西大学，2021.
[154] 解永春，雷拥军，郭建新. 航天器动力学与控制[M]. 北京：北京理工大学出版社，2018.
[155] 王大轶，李茂登，黄翔宇，等. 航天器多源信息融合自主导航技术[M]. 北京：北京理工大学出版社，2018.
[156] 杨子辉，薛彬. 北斗卫星导航系统的发展历程及其发展趋势[J]. 导航定位学报，2022，10(1)：1-14.
[157] 高为广，楼益栋，刘杨，等. 卫星导航系统差分增强技术发展研究[J]. 测绘科学，2013，38(1)：51-53，67.
[158] 王宏昊，陈明，张坤. 基于四元数与卡尔曼滤波的四旋翼飞行器姿态估计[J]. 微型机与应用，2016，35(14)：71-73，76.
[159] 王辰，陈晨. 基于空间飞行器的运动模型估计飞行器的位置[C]//北京力学会第19届学术年会论文集，2013：302-303.
[160] 虞飞，陶建武，陈诚，等. 基于稀疏协方差矩阵迭代的单快拍气流速度估计算法[J]. 电子与信息学报，2015，37(3)：574-579.
[161] 陈诚，陶建武. 基于声矢量传感器阵列的鲁棒 H_∞ 空气流动速度估计算法[J]. 航空学报，2013，34(2)：361-370.
[162] 郑海潮. 四轴飞行器自主飞行控制及避障系统研究[D]. 成都：电子科技大学，2016.
[163] 胥涯杰，鲜勇，李邦杰，等. 基于神经网络的高超声速飞行器惯导系统精度提高方法[J/OL]. 系统工程与电子技术，2022，44(4)：1-12.
[164] 王立，吴奋陟，梁潇. 我国深空探测光学敏感器技术发展与应用[J]. 红外与激光工程，2020，49(5)：41-46.
[165] 王世新，华宝成，袁琦，等. 交会对接光学成像敏感器中合作目标的分析与设计[J]. 空间控制技术与应用，2020，46(6)：56-62.
[166] 由川. 面阵成像式红外地球敏感器在轨姿态测量误差分析与校正方法研究[D]. 上海：中国科学院大学(中国科学院上海技术物理研究所)，2020.
[167] 樊巧云，江洁，张广军. 小型 CMOS 太阳敏感器[J]. 光电工程，2007(2)：133-136，144.
[168] 张宇轩，王宏力，何贻洋，等. 光学畸变耦合下的星敏感器焦距误差建模与分析[J]. 电光与控制，2022，29(2)：63-66.
[169] 高畅. 基于 MEMS 的 IMU 误差建模与温度补偿技术研究[D]. 哈尔滨：哈尔滨工程大学，2017.
[170] 张泽. 基于多矢量观测的姿态确定算法仿真与分析[D]. 太原：中北大学，2018.
[171] 罗志增，蒋静坪. 机器人感觉与多信息融合[M]. 北京：机械工业出版社，2002.
[172] 蒂莫西·巴富特. 机器人学中的状态估计[M]. 高翔，谢晓佳，译. 西安：西安交通大学出版社，2018.
[173] 何勇，王生泽. 光电传感器及其应用[M]. 北京：化学工业出版社，2004.
[174] 高国富，罗均，谢少荣，等. 智能传感器及其应用[M]. 北京：化学工业出版社，2005.
[175] 闫莉萍，夏元清，刘宝生，等. 多传感器最优估计理论及其应用[M]. 北京：科学出版社，2021.
[176] 周东华，李钢，李元. 数据驱动的工业过程故障诊断技术：基于主元分析与偏最小二乘的方法[M]. 北京：科学出版社，2011.
[177] 周东华. 可靠性预测与最优维护技术[M]. 合肥：中国科学技术大学出版社，2013.
[178] 何金田，刘晓旻. 智能传感器原理、设计与应用[M]. 北京：电子工业出版社，2012.
[179] 陈帅. 柔性仿生电子传感器件的集成与性能研究[D]. 北京：北京科技大学，2018.
[180] 赵芝龄，卢俊霖，樊尚春. 传感技术中的仿生与智能[J]. 计测技术，2011，31(4)：42-48.